TRAITÉ D'ANALYSE

DES

MATIÈRES AGRICOLES

EN VENTE AUX MÊMES LIBRAIRIES

Nancy, imp. Berger-Levrault et Cie.

TRAITÉ D'ANALYSE

DES

MATIÈRES AGRICOLES

Sols. — Eaux. — Air. — Engrais industriels
Principes immédiats des végétaux. — Fourrages. — Boissons
Fumier. — Excréments. — Laine. — Produits de la laiterie.

PAR

L. GRANDEAU

Directeur de la Station agronomique de l'Est
Doyen de la Faculté des sciences de Nancy, Professeur à l'École forestière
Membre du Conseil supérieur de l'agriculture.

DEUXIÈME ÉDITION, CONSIDÉRABLEMENT AUGMENTÉE

115 FIGURES DANS LE TEXTE
ET 51 TABLEAUX POUR LE CALCUL DES ANALYSES

PARIS

BERGER-LEVRAULT ET Cie
LIBRAIRES-ÉDITEURS
5, rue des Beaux-Arts, 5

LIBRAIRIE AGRICOLE
DE LA MAISON RUSTIQUE
26, rue Jacob, 26

1883

AVANT-PROPOS

DE LA DEUXIÈME ÉDITION

La préface de la première édition, qu'on trouvera plus loin, fait connaître le plan de l'ouvrage, son but et l'esprit dans lequel il est conçu. Je me bornerai, dans cet *Avant-propos,* à signaler les nombreuses et importantes additions apportées au *Traité d'analyse des matières agricoles,* accueilli, en France et à l'étranger, avec une faveur qui m'imposait le devoir d'introduire toutes les améliorations possibles dans la deuxième édition.

Grâce surtout au concours précieux de mes savants amis, Th. Schlœsing, A. Müntz et U. Gayon, cette édition s'est enrichie de méthodes inédites et de la description, avec figures à l'appui, d'appareils nouveaux dont l'énumération sommaire montrera tout l'intérêt pour les laboratoires des stations agronomiques.

Dans le chapitre spécial où j'ai réuni les procédés d'analyse de l'air et des eaux, j'ai décrit, notamment, les méthodes inédites de Th. Schlœsing pour l'extraction des gaz, leur mesure (*voluménomètre*) et leur analyse (*eudiomètre*). J'y ai joint, avec l'autorisation de l'auteur, la méthode de recherche et de dosage des matières organiques des eaux, imaginée par l'éminent professeur de l'Institution royale de Londres, E. Franckland, ainsi que les procédés Whitley Williams, de R. Warington, Griess, Fleck, etc., pour la recherche et le dosage des nitrites dans les eaux.

Le dosage de l'ammoniaque aérienne (Schlœsing) et celui de l'acide carbonique (A. Müntz et Aubin) sont exposés dans le chapitre de l'air avec tous les détails nécessaires pour leur mise en pratique. Je dois à la plume compétente d'U. Gayon un chapitre spécial, relatif à la récolte des germes de l'atmosphère, à la purification et à la culture des êtres microscopiques qui jouent un rôle capital dans la plupart des phénomènes naturels. Ce chapitre est l'exposé succinct, mais complet, du manuel opératoire, imaginé par L. Pasteur pour la récolte, la purification et la culture des organismes inférieurs.

Le chapitre qui traite de l'analyse des *Sols* a reçu d'importantes additions : dosage de l'azote total du sol (A. Müntz) et de l'alcool produit par l'oxydation des matières organiques (A. Müntz). Exemple d'une analyse complète d'un sol, détermination de la composition des silicates insolubles dans les acides étendus, des argiles, etc....

Dans le chapitre des *Engrais*, on trouvera la méthode de Ruffle pour le dosage simultané de l'azote total, méthode que j'ai cru devoir faire connaître dans ses détails afin que les directeurs des stations pussent la soumettre à un contrôle qui me semble nécessaire. Je décris également, en détail, la méthode de Joulie pour les engrais phosphatés, celles de Carnot et de Corenvinder et Contamine pour le dosage de la potasse et les observations très-intéressantes de Parmentier sur l'influence de la silice dans le dosage de l'acide phosphorique par le molybdate d'ammoniaque. Un paragraphe spécial est consacré à l'analyse des sulfocarbonates, par la méthode de A. Müntz et par celle de la Station de l'Est, inédites toutes deux.

Dans l'analyse des *Fourrages*, j'ai apporté de grandes modifications : j'y expose, avec un soin particulier, les procédés récemment imaginés pour la séparation et le dosage des divers composés azotés, protéiques et corps amidés des fourrages (méthodes de Schulze, Stutzer, etc.) dont aucun ouvrage français n'a fait mention jusqu'ici. Des paragraphes nouveaux traitent du dosage industriel du sucre et de la fécule, de la saccharimétrie optique, etc.... Aux pages consacrées dans l'édition précédente à l'analyse des vins, j'ai ajouté les méthodes de la Station œnologique de Klosterneubourg (Autriche).

Enfin, dans le chapitre consacré à l'analyse de l'*Urine* et des *Excréments* des animaux, j'ai décrit les modifications que nous avons introduites, A. Leclerc et moi, dans l'examen chimique de ces produits importants et, en particulier, dans le dosage de l'urée et des composés azotés des urines et des fèces. — J'ai l'espoir que ces diverses additions, qui ont presque doublé le volume de ce *Traité*, rendront quelques services aux chimistes qui s'occupent spécialement des applications de l'analyse aux questions de physiologie et d'agriculture. Grâce à la publication d'un organe des stations agronomiques françaises et étrangères dont le premier fascicule est *sous presse*[1], je pourrai, à l'avenir, tenir les directeurs des stations et des laboratoires agricoles au courant des progrès de l'analyse appliquée à l'agriculture. Je compte, en effet, consacrer une place importante, dans ce recueil, à l'exposé des méthodes nouvelles publiées tant en France qu'à l'étranger, sans être obligé d'attendre une nouvelle édition de ce *Traité* pour les faire connaître des chimistes qu'elles intéressent.

Il me reste, en terminant, à remercier mes collaborateurs et mes correspondants des communications qu'ils ont bien voulu me faire au sujet de la première édition de ce *Traité :* j'en ai tenu bonne note dans la deuxième édition et je recevrai toujours avec gratitude les observations que les personnes compétentes voudraient bien m'adresser ainsi que les rectifications à faire ou les omissions à réparer qu'elles me signaleraient.

L. Grandeau.

Station agronomique de l'Est,
15 avril 1883.

---

(1) Voir le titre détaillé de cette publication à la fin du volume.

PRÉFACE

DE LA PREMIÈRE ÉDITION

Nos connaissances en chimie agricole reposent entièrement sur l'analyse. Seule, la balance peut nous révéler la nature des transformations, si mal connues encore, que subit la matière minérale pour perpétuer les êtres vivants à la surface du globe. La chimie analytique, appliquée à l'examen des plantes et des animaux, à l'étude des milieux où ils naissent, se développent et meurent, air, sol et eau, doit donc être considérée comme une des branches les plus fécondes et les plus solides de nos connaissances en agriculture.

La reconstitution du haut enseignement agricole coïncidant avec l'extension que prennent, en France, les stations agronomiques[1], me fait espérer qu'un ouvrage présentant, sous un petit volume, l'ensemble des meilleures méthodes d'analyse des matières agri-

(1) On compte, en 1883, en France, 22 stations agronomiques et laboratoires agricoles subventionnés par l'État.

coles, sera favorablement accueilli par les jeunes chimistes qui tournent leurs études du côté des applications de la science à l'agriculture. Je pense, en outre, répondre au désir exprimé si fréquemment dans le sein des Sociétés d'agriculture de France, en essayant de combler une lacune importante de notre littérature scientifique, par la publication d'un traité spécial, présentant un exposé méthodique des procédés d'analyse du sol, des engrais, des produits végétaux et animaux.

Je me suis efforcé, mettant à profit l'expérience acquise par dix années d'étude approfondie des problèmes chimiques qui se rattachent à la production agricole, de résumer, pour chaque cas particulier, les méthodes sûres, dans les résultats desquelles une pratique, déjà longue, m'a donné une confiance basée sur de nombreuses vérifications personnelles.

L'index placé à la fin de ce volume me dispense d'indiquer, même sommairement, les sujets qui y sont traités; mais je tiens à signaler les emprunts faits aux ouvrages étrangers et la part si large qu'a prise à mon œuvre, mon cher et savant ami Th. Schlœsing, directeur de l'École d'application des manufactures de l'État, professeur au Conservatoire des arts et métiers et à l'Institut agronomique.

J'ai fait aux travaux des directeurs des stations allemandes, et notamment à ceux des professeurs

Wolff, Henneberg, Stohmann, etc..., de fréquents emprunts; mais la partie vraiment originale de ce traité est la publication des méthodes si ingénieuses et si précises imaginées par Th. Schlœsing, et connues jusqu'ici, pour la plupart, seulement des auditeurs de l'éminent professeur de l'École des tabacs et du Conservatoire.

Mes lecteurs partageront, j'en suis certain, les sentiments de gratitude que je me plais à témoigner publiquement à mon savant ami, pour la libéralité avec laquelle il a mis à ma disposition toutes ses notes de cours et quelques rédactions que sa regrettable modestie lui faisait garder depuis longtemps dans les cartons de l'École d'application.

Je remercie aussi cordialement mon cher et illustre maître M. Henri Sainte-Claire Deville, de l'autorisation qu'il m'a donnée de faire connaître les élégantes méthodes d'analyse des eaux, des calcaires, etc..., empruntées à ses conférences d'analyse à l'École normale supérieure, restées jusqu'alors inédites.

J'espère que les directeurs des stations agronomiques françaises et étrangères, au nombre desquels j'ai l'honneur de compter déjà plusieurs élèves formés dans mon laboratoire, trouveront dans cet ouvrage, écrit en grande partie à leur intention, un guide sûr et précis pour leurs travaux.

Je serai très-reconnaissant à ceux de mes lecteurs

qui voudront bien me signaler les erreurs et les inexactitudes qu'ils constateraient dans les procédés que j'indique, ainsi que les méthodes qui leur paraîtraient préférables à celles auxquelles je me suis arrêté. Je m'empresserai, le cas échéant, de profiter de tous les éclaircissements et rectifications que voudraient bien m'adresser les hommes compétents, certains à l'avance de l'accueil reconnaissant réservé par moi à leurs communications.

L. GRANDEAU.

Station agronomique de l'Est,
Novembre 1876.

CHAPITRE PREMIER

MÉTHODES GÉNÉRALES D'ANALYSE

Remarques préliminaires. — Dosage de l'eau et de la substance sèche. — Préparation et dosage des cendres. — Dosage des matières organiques. — Dosage de l'azote organique. — Dosage simultané de l'azote sous ses trois formes. — Dosage de l'azote nitrique. — Dosage de l'ammoniaque. — Dosage de l'acide carbonique. — Dosage rigoureux de l'acide phosphorique. — Dosage de l'acide phosphorique par le molybdate d'ammoniaque. — Dosage de l'acide phosphorique en présence du fer seulement. — Dosage de l'acide phosphorique par l'urane. — Dosage de l'acide phosphorique en l'absence du fer et de l'alumine. — Dosage des phosphates solubles dans le citrate d'ammoniaque. — Dosage de la potasse. — Dosage de l'acide chlorhydrique. — Méthode de la voie moyenne. — Analyse des silicates.

I. — REMARQUES PRÉLIMINAIRES.

1. — Importance du choix des méthodes. — Le choix des méthodes à employer dans les laboratoires spécialement affectés aux recherches de chimie agricole et aux analyses d'engrais, de sols, de fourrages, etc..., est un point capital que j'aborderai tout d'abord. Déterminer à l'avance le degré de précision que comportent les recherches auxquelles on se livre, celui qu'elles réclament pour répondre au but à atteindre, telle est la règle qui doit guider le chimiste dans le choix des méthodes qu'il emploiera. S'agit-il de recherches scientifiques, d'expériences sur la nitrification du sol, par exemple, il devra choisir les procédés de dosage les plus rigoureux de l'acide nitrique et de l'ammoniaque que lui offre l'analyse, sans reculer devant les lenteurs et les difficultés d'exécution ; il prendra la meilleure méthode, la plus sûre, dût-elle exiger beaucoup de temps. Se propose-t-il, au contraire, de doser l'acide nitrique dans un engrais composé, souvent peu homogène : il se préoccupera surtout de bien échantillonner la matière à analyser, et il appliquera à l'examen de sa composition une méthode approximative, mais rapide. Il se contentera d'une approximation dans le dosage de l'azote nitrique, approximation qui dépassera, par le procédé que j'indiquerai plus loin, les limites d'exactitude sur lesquelles on peut compter dans la préparation ou dans l'échantillonnage de l'engrais à analyser. De même pour les sols, pour les fourrages, pour les fumiers, le chimiste aura recours de préférence, la plupart du temps, aux méthodes approchées et rapides, réservant les procédés absolument rigoureux, mais d'une exécution longue et délicate, pour les cas où, de la détermination absolue des éléments, dépendrait la solution d'une question théorique ou pratique importante. L'analyse des fourrages par la méthode de Weende, par exemple, est absolument suffisante pour faire connaître la valeur alimentaire d'un fourrage, et permettre d'en calculer l'équivalent par rapport à un type donné ; on lui substituera les procédés d'analyse immédiate indiqués dans un chapitre spécial, s'il s'agit de l'étude complète d'un végétal ou d'expériences délicates sur la nutrition des plantes ou des animaux.

2. — **But à atteindre.** — Ce qui importe le plus aujourd'hui au progrès de la chimie agricole, c'est qu'il soit fait un grand nombre d'analyses de sols, de végétaux, de fourrages, d'amendements, d'engrais, prélevés dans des conditions bien déterminées, analyses exécutées par des méthodes sûres, assez rapides et *identiques*, quels que soient les analystes auxquels on les doive, ce qui per-

mettra des rapprochements entre les résultats obtenus. La nécessité de comparer entre eux un très-grand nombre de résultats d'expériences et d'analyses, jointe aux variations de composition inhérentes à la nature même des produits agricoles, fait que les chimistes qui se consacrent aux recherches si attrayantes et si fécondes à la fois qui forment la tâche principale des Stations agronomiques, doivent chercher à tomber d'accord sur l'application des mêmes procédés analytiques à des produits identiques, et préférer des méthodes approximatives à des méthodes rigoureuses, mais trop longues. Ils pourront ainsi multiplier considérablement les termes de comparaison. Quelques centaines d'analyses de sols ou de produits du sol faites dans ces conditions, avanceront plus les questions fondamentales pour l'agriculture que des déterminations rigoureuses effectuées sur quelques échantillons seulement, en raison du temps qu'elles réclament.

C'est guidé par ces principes, que j'applique depuis quinze ans dans la direction des travaux entrepris à la Station agronomique de l'Est, que je vais exposer les méthodes analytiques auxquelles je me suis arrêté, après de nombreuses vérifications comparatives. Inutile d'ajouter que je suis prêt à substituer aux procédés de dosage dont je recommande l'emploi, les méthodes meilleures qui viendraient à ma connaissance, comme je l'ai fait déjà dans cette deuxième édition, d'après les travaux publiés depuis 1877, époque à laquelle a paru la première édition.

3. — **Plan général.** — Chaque fois que l'occasion s'en présentera, je décrirai, à côté des méthodes rigoureuses, celles qui, tout en étant assez exactes, sont plus expéditives et plus simples, laissant à mes lecteurs le soin de décider celles auxquelles ils auront recours, selon le but qu'ils se proposeront d'atteindre. J'ajouterai que j'ai écarté de ce traité tous les procédés qui, étant

rapides, ne sont pas d'une exactitude suffisante, et que je me suis borné à indiquer, parmi les méthodes connues, celles-là seulement qui donnent de bons résultats, et dont j'ai pu vérifier moi-même la valeur.

Afin d'éviter de nombreuses répétitions, je décris d'abord les méthodes générales de dosage des principaux éléments constitutifs des produits agricoles. — Dans les chapitres suivants, j'indique les applications particulières auxquelles donnent lieu les analyses spéciales. Cette division m'a paru devoir abréger les descriptions, et permettre en même temps au lecteur de trouver, condensées en peu de lignes, les méthodes applicables à tel ou tel cas particulier. C'est ainsi, par exemple, que l'on trouvera dans le chapitre Ier la méthode générale de dosage de l'ammoniaque, et aux paragraphes : *Air atmosphérique*, *Sols*, *Eau*, *Fumier*, les modifications de cette méthode et ses applications, suivant la nature des matières à étudier.

II. — DOSAGE DE L'EAU ET DE LA SUBSTANCE SÈCHE.

4. — **Procédés divers de dessiccation.** — La température à laquelle les produits naturels perdent leur eau, sans subir de décomposition, est éminemment variable avec la nature des corps. Tandis que les uns supporteront, sans altérations, la température du rouge sombre (phosphorites, coprolithes, cendres d'os, par ex.), d'autres s'altèrent profondément bien au-dessous du point d'ébullition de l'eau (urines, liquides organiques, fécule, etc.). La plupart des produits que nous aurons à examiner n'abandonnent que de l'eau sous l'influence de la chaleur, plusieurs cèdent de l'ammoniaque ou d'autres composés volatils à basse température. Pour ceux-là, il y aura lieu,

comme nous l'indiquerons à l'occasion, d'opérer la dessiccation dans des courants de gaz de nature appropriée à la substance examinée, ou mieux encore, dans le vide partiel fait avec une trompe à mercure (Voir fig. 2, p. 15) ou avec une trompe eau.

Les procédés de dessiccation les plus fréquemment en usage sont les suivants :

1° Dessiccation à l'air libre, à la température ordinaire ;

2° Dessiccation à froid ou à une température inférieure à 100°, dans le vide sec plus ou moins complet ;

3° Dessiccation à l'étuve de Gay-Lussac (97° à 98°);

4° Dessiccation à l'étuve à gaz ;

5° Dessiccation à l'étuve à huile ;

6° Dessiccation dans un courant gazeux au-dessus de 100°.

5. — **Dessiccation à l'air libre.** — On place la matière (plantes, sols), ordinairement divisée en petits fragments, dans une étuve à air, chauffée à 100° ou 110°. Lorsqu'elle a perdu son eau, on l'étale sur de grandes feuilles de papier dans un local clos et on l'abandonne à elle-même pendant quelques heures ; elle reprend à l'air une certaine quantité d'humidité, à peu près constante pour chaque substance, dans des conditions moyennes d'état hygrométrique de l'air. On la place ensuite dans des flacons qu'on bouche hermétiquement. C'est ce qu'on désigne sous le nom de matière séchée à l'air. (Voir *Analyse du sol et des fourrages.*)

6. — **Dessiccation à froid dans le vide.** — Un procédé commode consiste à remplir une cloche de verre à double tubulure, de 4 à 5 litres de capacité, avec de l'acide carbonique sec. Cette cloche, rodée à sa partie inférieure, est graissée convenablement et placée sur une plaque de verre dépolie, à la surface de laquelle elle adhère parfaitement. On a disposé une capsule remplie

de chaux vive récemment calcinée, surmontée d'un triangle sur lequel repose un verre de pendule où se trouve étalée la substance à dessécher et préalablement pesée si l'on veut y doser l'eau Après avoir expulsé tout l'air emprisonné sous la cloche, par le passage du courant d'acide carbonique sec, on prolonge le dégagement de gaz assez longtemps pour être certain que toute la cloche est pleine d'acide carbonique ; on ferme alors les deux tubes qui traversent la douille de la cloche. Dans un temps très-court, la chaux a absorbé tout l'acide carbonique et il s'est produit dans la cloche un vide très-suffisant pour hâter le départ de l'eau contenue dans la substance à analyser. La vapeur d'eau ainsi produite est absorbée à son tour par la chaux vive, et l'on arrive assez rapidement à dessécher complétement, sans le concours de la chaleur, une substance altérable à une température supérieure à celle de l'atmosphère Dans certains cas, on place, à côté de la capsule renfermant la chaux, un vase à fond plat contenant de l'acide sulfurique concentré, ce qui accélère considérablement la dessiccation de la matière. On trouvera au chapitre consacré à l'analyse de l'urine la description du procédé que nous employons pour la distillation dans le vide à basse température, des substances facilement altérables sous l'action de la chaleur. Ce procédé peut être appliqué à la dessiccation complète des mêmes substances.

7. — **Dessiccation à 100°.** — Quand l'eau contenue dans la substance à dessécher peut être expulsée à 100°, on se sert de l'étuve de Gay-Lussac, qu'il est inutile de décrire ici. Pour l'alimentation de cette étuve, on doit rejeter l'emploi de l'eau ordinaire, car les incrustations qui se formeraient sur le double fond, épais de 0^{m},005 à 0^{m},010 seulement, pourraient occasionner des explosions. La température intérieure de l'étuve de Gay-Lussac

ne dépasse pas 97° à 98°, la nécessité de laisser circuler l'air dans l'étuve et l'action refroidissante de la porte s'opposant à ce qu'on puisse atteindre la température de 100°. Il est bon de munir l'étuve de Gay-Lussac d'un régulateur de température (régulateurs Schlœsing, d'Arsonval ou autres).

8. — **Dessiccation au-dessus de 100°.** — Dans le cas où une température supérieure à 100° est nécessaire, on a recours à l'étuve à l'huile, qui permet d'atteindre 250° environ. Il est indispensable d'adapter un thermo-régulateur à cette étuve, ou, tout au moins, d'y plonger un thermomètre par l'orifice ménagé à cet usage On peut également se servir d'une étuve à air chaud, si l'on a de grands volumes de matières à dessécher, bois, fourrages, etc. Le thermo-régulateur placé à l'entrée du gaz est également d'un excellent usage dans ce cas.

9. — **Dessiccation dans un courant gazeux ou dans le vide partiel, au-dessous de 100° ou à 100°.** — Il y a des matières, le guano, par exemple, l'urine, etc., dans lesquelles on ne peut pas doser l'eau par l'un des procédés décrits précédemment, parce que ces corps perdent, en même temps que leur eau, une partie de leur azote sous forme d'ammoniaque; d'autres laissent dégager de l'acide carbonique et divers produits volatils qu'il importe de recueillir et de peser, afin d'en défalquer le poids, de la perte totale subie par la substance dans la dessiccation. On trouvera indiqués aux analyses spéciales les procédés à employer pour effectuer le dosage de l'eau dans chacun de ces cas particuliers.

10. — **Dosage de la substance sèche.** — Connaissant le poids primitif de la matière et la perte en eau résultant de la dessiccation, en retranchant le second poids du premier, on a la teneur en substance sèche de la matière à analyser. Ce poids représente l'ensemble des taux

de matière organique sèche et de cendres. Pour connaître la teneur en matière sèche organique pure, il faut incinérer la substance afin de déduire de son poids celui des cendres résultant de la combustion. On a recours, pour cette incinération, à la méthode suivante.

III. — PRÉPARATION ET DOSAGE DES CENDRES.

11. — **Méthode de Schlœsing.** — On ne peut compter obtenir les cendres représentant exactement les substances minérales d'un tissu organique, en calcinant la matière dans un creuset chauffé dans un courant d'air. A la température nécessaire pour opérer la combustion, le carbone peut réduire les sulfates, et si l'on chauffe assez pour brûler les dernières traces de charbon, les chlorures alcalins ont une tension de vapeur suffisante pour que le courant d'air qui traverse la capsule entraîne une proportion considérable de sels volatils.

Pour éviter ces pertes, on doit s'attacher à brûler la matière organique à la plus basse température possible et en renouvelant peu l'atmosphère gazeuse. C'est à quoi l'on arrive par le procédé suivant que nous devons à Th. Schlœsing (¹).

12. — **Description de l'appareil.** — La matière, placée dans une large nacelle de platine, N, fig. 1, est pesée dans un tube en verre, car les cendres dont on devra plus tard déterminer le poids sont rendues hygrométriques par la présence du carbonate de potasse qu'elles

---

(¹) Cours d'analyse inédit professé au Conservatoire des arts et métiers et à l'École d'application des manufactures de l'État.

contiennent presque toujours en plus ou moins grande quantité (1).

La nacelle est constituée simplement par une lame de platine roulée en un demi-cylindre et dont une des extrémités a été relevée afin de donner prise au crochet qui servira plus tard à la ramener. Pour que ce crochet ne puisse pas faire sortir des cendres de la nacelle, on a soin de ne placer les matières à brûler qu'à 1 ou 2 centimètres de la partie redressée. Cette nacelle est introduite dans un large tube de porcelaine, disposé sur une grille à gaz inclinée. On mesure à quelle distance de l'extrémité du tube elle est placée pour éviter des tâtonnements quand il faudra l'extraire.

Derrière la nacelle (fig. 1) on met un tampon d'amiante un peu serré, pour produire une sorte de plaque poreuse que traversera le courant gazeux avant d'arriver à la nacelle, et empêcher ainsi une distillation, en arrière, des goudrons qui s'attacheraient au platine quand on retirerait les cendres et produiraient une erreur de tare.

Le tube T est fermé à ses deux extrémités par des bouchons traversés par des tubes de verre *a*, *b*. Par le tube *a* on fait arriver un courant d'acide carbonique produit par l'appareil continu AB, lavé dans le flacon C et dépouillé de traces d'autres acides par son passage à travers une allonge contenant du bicarbonate de soude D. Le tube *b* est relié à un tube de Will G, contenant un peu d'eau et servant à apprécier la rapidité du dégagement.

(1) M. Nolte a constaté (*Annales de l'Institut agronomique*, t. II, 1877-1878, p. 175 et suiv.) que le chlore des cendres des graines est fréquemment chassé pendant l'incinération, sous l'influence des phosphates acides contenus dans les graines. Il a conseillé d'humecter la matière, avant de l'incinérer, avec une solution de carbonate de soude pur et exempt de chlore. On évite ainsi, d'après l'auteur, les pertes en chlorures, fréquentes dans les incinérations.

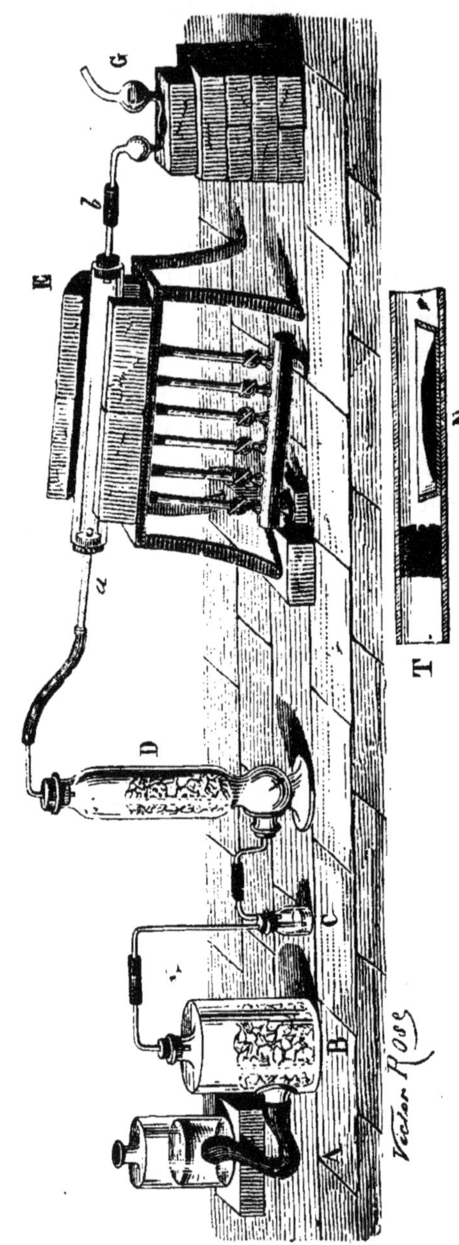

Fig. 1.

Appareil pour l'incinération des matières végétales et animales à basse température.

13. — **Marche de l'opération.** — Quand on juge que l'acide carbonique a rempli tout l'appareil, on continue à faire passer lentement ce gaz, et l'on commence à chauffer le tube, en le maintenant constamment au-dessous du rouge sombre.

Les goudrons et produits empyreumatiques, entraînés par le courant gazeux, viennent se condenser dans la partie inférieure et froide du tube de grès et sortent par le tube *b* que l'on a eu le soin de placer dans la position la plus basse possible. En même temps, il se dégage un gaz inflammable tant que la matière distille. Cette première partie de l'opération se faisant dans un courant d'acide carbonique, la température ne peut s'élever dans l'intérieur du tube au degré nécessaire à la formation de silicates fusibles ou à la fusion des carbonates alcalins qui mettraient le charbon à l'abri d'une combustion ultérieure.

Quand les vapeurs inflammables cessent de se dégager, on supprime le courant d'acide carbonique et on le remplace par un courant lent d'oxygène. Dès lors, la matière s'enflamme peu à peu dans le tube, mais progressivement, puisque l'oxygène arrivant en petite quantité est fortement dilué dans une atmosphère d'acide carbonique. La combustion se propage peu à peu d'un bout à l'autre, et l'on reconnaît que l'opération est terminée quand il ne se dégage plus que de l'oxygène. A ce moment on éteint : on donne tout juste assez de gaz pour empêcher une absorption, jusqu'au moment où l'on peut extraire la nacelle que l'on introduit de suite dans son étui de verre.

En opérant ainsi, 5 ou 6 litres d'oxygène suffisent pour brûler environ 10 grammes de matières organiques. Comme la température s'élève seulement lorsqu'on fait arriver ce gaz, on n'a pas à craindre de pertes sensibles, et l'on obtient des cendres d'un gris blanchâtre, bien exemptes de charbon.

Certaines matières ont besoin d'être carbonisées préalablement en vase clos, parce qu'elles décrépitent quand on les chauffe, tels sont les grains des céréales, par exemple, qu'on humectera, pour la recherche du chlore, avec du carbonate de soude pur. On doit en chauffer, au-dessous du rouge sombre, un poids déterminé dans un creuset fermé, puis on fait tomber la matière dans la nacelle et on continue comme il est dit ci-dessus.

14. — **Incinération du bois.** — Quand on veut analyser les cendres de substances végétales très-pauvres en matières minérales, comme le bois, il faut opérer sur un poids trop grand pour que le procédé de Schlœsing soit praticable. Alors on met les corps à incinérer dans un grand creuset dont le fond est percé et bouché imparfaitement par quelques petits cailloux; le creuset couvert est chauffé modérément; quand la carbonisation est terminée, on déplace légèrement le couvercle; alors il se produit un faible courant d'air à travers le creuset, et le charbon se brûle peu à peu à basse température.

S'il s'agit de préparer des cendres de bois en quantité un peu considérable, on peut même se servir d'un fourneau ordinaire dont la sole a été préalablement nettoyée avec grand soin. Le bois, desséché auparavant à l'air libre ou mieux dans une étuve, est fendu en fragments minces, disposé en tas dans le fourneau et allumé à l'aide d'un jet de gaz dirigé sous la grille du fourneau; on modère ensuite la combustion en diminuant le tirage, et l'on arrive à obtenir des cendres très-blanches en menant convenablement l'opération. Pour évaluer le taux p. 100 de cendres laissées par le bois, on a recours à la combustion dans l'oxygène d'un échantillon moyen de faible poids.

IV. — DOSAGE ET ANALYSE DES MATIÈRES ORGANIQUES.

15. — **Dosage sommaire.** — Nous avons jusqu'ici dosé : 1° l'eau, 2° la matière sèche, 3° les cendres. Examinons le dosage des matières organiques. Dans un grand nombre de cas, l'incinération effectuée avec soin par la méthode de Schlœsing suffira pour faire connaître le taux brut de la matière organique d'une substance agricole, la présence constante d'oxygène permettant d'effectuer l'incinération à une température inférieure à la décomposition du carbonate de chaux.

Si l'on calcine un sol, préalablement privé d'eau, à l'air libre dans une capsule de platine, ou le résidu d'une eau, il faut, avant de peser les cendres, les humecter avec quelques gouttes d'une solution de carbonate d'ammoniaque, chauffer de nouveau le résidu jusqu'à 150° ou 160°, et peser. On fait repasser ainsi à l'état de carbonate la chaux devenue libre dans la calcination.

Cette méthode n'est qu'approximative ; suffisante dans quelques cas, elle ne saurait servir à évaluer, d'une manière exacte, le taux de carbone, d'hydrogène, d'oxygène, d'azote contenus dans une matière dont on veut connaître la richesse en principes organiques.

16. — **Méthode de Schlœsing.** — Pour effectuer rigoureusement ces divers dosages, il faut avoir recours à l'analyse élémentaire. Un grand nombre de méthodes reposant toutes sur l'oxydation du carbone et de l'hydrogène, et leur transformation en acide carbonique et en eau, ont été proposées par divers chimistes. La méthode que je vais décrire est celle qu'a imaginée Th. Schlœsing, et qui est employée de préférence à la Station agronomique de l'Est pour l'analyse des produits agricoles.

17. — **Description de l'appareil.** — Commençons par décrire l'appareil (fig. 2) dont on se sert et l'agencement de ses diverses parties :

a, colonne de cuivre réduit.

b, colonne d'oxyde de cuivre.

c, nacelle contenant la matière à analyser.

d, nacelle contenant le carbonate de plomb.

e, *e'*, *e''*, *e'''*, tampons d'amiante.

f, fenêtre servant à surveiller l'oxydation du cuivre.

Le tube servant à l'analyse est en verre de Bohême; il est étiré et légèrement incliné vers le bas à l'extrémité par laquelle doivent s'échapper les produits de la combustion; on évite, par cette disposition, que l'eau résultant de l'analyse revienne au contact des parties chaudes du tube.

A la naissance du rétrécissement se trouve un tampon d'amiante, *e*, qui retient une colonne de cuivre réduit d'environ $0^m,25$, puis une colonne d'oxyde de cuivre provenant du grillage de planure de cuivre, de $0^m,25$ de longueur; un deuxième tampon d'amiante, *e'*, maintient l'oxyde.

Le tube devant être porté au rouge est protégé par une couche de sable contenue dans un cylindre de cuivre qui repose directement sur la grille.

A partir du tampon *e'*, on a enlevé la moitié supérieure du tube de cuivre pour permettre à l'opérateur de surveiller la marche de l'analyse. Toutefois, on a ménagé deux parties annulaires, *n* et *n'*, pour empêcher le tube de se courber sous l'influence de la température élevée à laquelle il est soumis. Une fenêtre, *f*, est ménagée sur le tube pour permettre de surveiller l'oxydation de la colonne de cuivre.

18. — **Montage de l'appareil.** — Pour monter l'appareil, on bouche la fenêtre *f*, en enroulant autour du cylindre

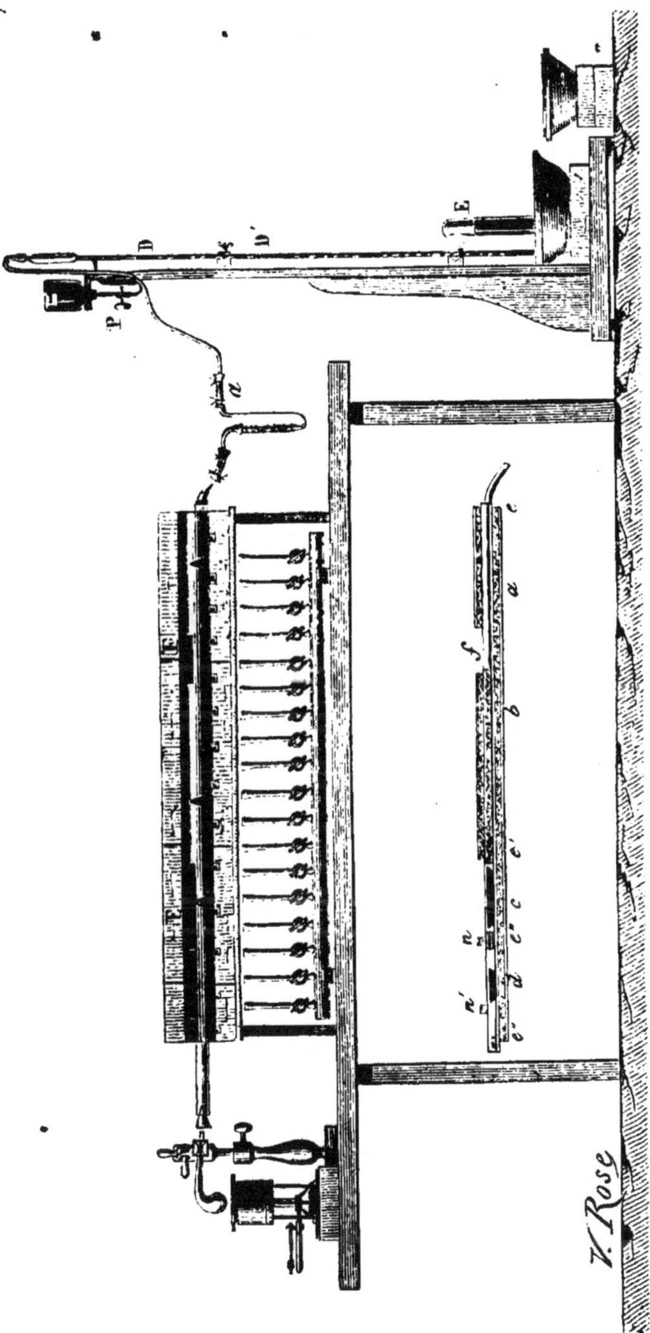

Fig. 2.
Appareil pour le dosage des matières organiques.

de cuivre une feuille de papier; on introduit le tube à combustion dans son enveloppe et l'on a soin de le caler aux deux extrémités avec de l'amiante, de manière qu'il occupe, aussi exactement que possible, l'axe du cylindre de cuivre. Puis on dispose le tout verticalement et l'on indroduit dans l'espace annulaire qui règne entre les deux tubes, du sable fin et bien sec que l'on tasse très-légèrement en frappant avec la main l'enveloppe de cuivre; quand le sable est arrivé à la hauteur du tampon *e'*, on dispose un anneau d'amiante qui l'empêchera de s'échapper, puis on replace le tube horizontalement, et l'on fait tomber le sable qui occupait la fenêtre *f*, dont on garnit la bande avec de l'amiante. Il ne reste plus qu'à remplir la partie hémi-cylindrique qui se trouve à la naissance du tube, et à bourrer légèrement de l'amiante sous les deux portées *n* et *n'*.

19. — **Marche de l'analyse.** — Proposons-nous de doser dans une matière l'hydrogène, le carbone, l'azote, l'oxygène et les substances minérales qu'elle peut contenir.

On commence par sécher le tube à analyse. A cet effet, on le chauffe très-doucement, puis on le met, d'une part, en communication avec la trompe à mercure, d'autre part avec une éprouvette à dessécher les gaz, et l'on détermine un courant d'air sec en faisant couler lentement le mercure dans la trompe.

La jonction du tube avec la trompe DD' se fait au moyen d'un tube de caoutchouc épais, long de $0^m,07$ environ, fixé solidement par un lien de cuivre sur un tube en plomb étiré, qui est réuni à la trompe d'une manière parfaite par de la cire Golaz ; on peut aussi se contenter d'employer un morceau de caoutchouc épais de $0^m,50$ à $0^m,60$ de longueur au lieu et place du tube de plomb.

On voit bientôt l'humidité se condenser dans les parties étirées du tube à analyse ; on la fait disparaître en chauffant légèrement; au bout de très-peu de temps, il n'en reste plus que des traces que l'on achève de vaporiser en fermant le tube et en faisant le vide, puis on laisse refroidir l'appareil. Pendant ce temps, on a pesé dans un petit tube fermé une nacelle de platine contenant la matière à analyser, et, dans une autre nacelle, on a mis un poids connu de carbonate de plomb pur et sec (0gr900 à 1 gramme environ); le carbonate de plomb est placé de nouveau sur le bain de sable pour qu'il demeure bien sec.

D'autre part, on prépare un tube à chlorure de calcium, *e*, semblable à celui que représente la figure 3. Le chlorure doit avoir été chauffé une ou deux heures à une température un peu inférieure au rouge sombre; on le verse dans le tube C sur un petit tampon d'amiante. Au-dessus du chlorure, on met un petit tube fermé, *a*, destiné à retenir la majeure partie de l'eau. Le tube est muni d'un bouchon recouvert d'un enduit, *d*, de cire parfaitement uni; il est taré fermé. Quand tout est prêt et lorsque le tube à analyse est froid, on rend l'air et on adapte le tube absorbant au moyen de deux caoutchoucs épais serrés avec du fil de cuivre recuit. On a soin de fermer parfaitement les joints avec un enduit formé de suif et d'huile. Le tube de caoutchouc qui met l'appareil en communication avec la trompe doit être assez long pour qu'on puisse le pincer sans détériorer les joints. Ces joints sont protégés par un écran contre le rayonnement de la grille.

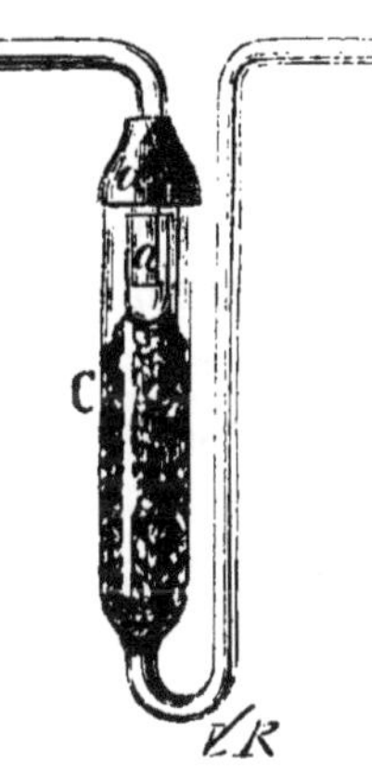

Fig. 3.

On introduit ensuite la nacelle qui contient la matière, et, à sa suite, un tampon d'amiante qu'on a chauffé au rouge, puis la nacelle de carbonate de plomb et un deuxième tampon d'amiante. Les deux nacelles sont assez éloignées l'une de l'autre pour qu'on puisse chauffer la seconde sans faire distiller les matières contenues dans la première (voir fig. 2). Enfin on adapte à l'extrémité du tube, au moyen d'un bon bouchon de caoutchouc suiffé, une petite cornue bien sèche contenant du chlorate de potasse fondu. L'appareil étant monté comme le présente la figure 2, tout est prêt pour l'analyse (1).

On commence à faire le vide, on chauffe la partie *a* du tube, contenant le cuivre, à une température inférieure au rouge sombre, mais suffisante pour l'absorption de l'oxygène, et on fait dégager de l'oxygène pour balayer la cornue et le tube. Quand on juge que le vide sera bientôt fait, on diminue le dégagement pour ne pas oxyder inutilement le cuivre. Au bout de 20 à 25 minutes, le vide est généralement obtenu. Alors on chauffe le carbonate de plomb; l'acide carbonique, en se dégageant, ramène bientôt la pression intérieure du tube à la pression atmosphérique; on recueille le gaz qui se dégage.

Dès lors, on peut chauffer sans danger; on commence par la partie qui contient le cuivre, puis on ouvre peu à peu les becs de gaz, de manière qu'une partie de l'oxyde de cuivre soit déjà au rouge avant que la matière à analyser puisse se décomposer. A cause de la grande conductibilité de l'enveloppe de cuivre, qui répartit la chaleur, on peut mener assez vivement cette opération sans crainte de briser le tube; toutefois, il faut chauffer avec plus de précaution la partie qui correspond à la fenêtre *f*.

Bientôt la matière commence à distiller; on a soin de

(1) Si l'on a de nombreux dosages à effectuer, on peut remplacer la cornue à chlorate par un tube abducteur muni d'un robinet et mis en communication avec un gazomètre à oxygène.

maintenir un léger courant d'oxygène pour empêcher les goudrons de venir en arrière, et on gouverne le feu en se guidant sur le dégagement des gaz. La distillation se fait d'une manière très-régulière ; quand elle est terminée, la matière commence à brûler. On peut alors allumer toute la rampe ; on dirige la combustion en activant ou en diminuant le dégagement d'oxygène. La combustion se propage avec une régularité parfaite de *e''* vers *e'*; quand tout est brûlé, l'oxygène se précipite sur l'oxyde de cuivre réduit et le régénère. A ce moment, il y aurait une production de chaleur suffisante pour détériorer le tube, si l'on n'avait la précaution d'éteindre le gaz sous la partie *b* ; en même temps on éteint presque complétement sous la partie *a* (fig. 2). Tant que le cuivre réduit se réoxyde, on aperçoit une lueur dans le tube; quand cette lueur a disparu, on attend encore quelques minutes pour que l'appreil puisse supporter la pression atmosphérique sans se déformer. On fait alors le vide en s'aidant par le dégagement de l'oxygène. Quand la pression est devenue très-faible, on arrête le dégagement. Cette dernière opération est très-rapide, puisque l'on n'a réellement à faire le vide que dans la partie *a* et dans le tube absorbant, le reste étant plein d'oxygène qui est arrêté par le cuivre.

En général, il s'est condensé de l'eau dans la partie étirée du tube à analyse ; on la fait se vaporiser, pendant la dernière période de l'opération, au moyen d'un jet de vapeur d'eau que l'on dirige aussi sur le joint de caoutchouc ; on doit avoir soin d'empêcher alors le suif de couler sur le tube à chlorure de calcium.

Presque toujours une seule cloche ne pourrait pas contenir tous les produits de l'analyse ; on en a disposé plusieurs à l'avance, et quand l'une est pleine, on pince le caoutchouc pour pouvoir changer de cloche sans perdre de gaz.

20. **Mesure de l'acide carbonique et de l'azote.** — On porte les cloches dans une salle à température constante, on les rend parfaitement verticales et l'on suspend à côté d'elles un thermomètre sensible; pour plus de sûreté, on les protége par des écrans contre le rayonnement.

Au bout d'environ une heure, on observe le volume de gaz, et après lui avoir fait subir les corrections convenables de température et de pression, on connaît le volume total de l'acide carbonique et de l'azote. On porte ensuite les cloches sur la cuve à mercure, on absorbe l'acide carbonique par de la potasse à 40° B. et l'on attend quelque temps pour être sûr que le gaz a complétement disparu.

Il n'est pas possible de mesurer directement dans les cloches les résidus d'azote, car les dissolutions de potasse n'ont pas la même tension de vapeur que l'eau pure. Aussi, après s'être assuré que tout l'acide carbonique a été absorbé, porte-t-on les cloches dans un vase contenant de l'eau distillée et fait-on tomber le mercure et la potasse, qui sont remplacés par l'eau pure : puis on transvase les gaz dans une cloche graduée, contenant déjà de l'air, ou mieux de l'azote, de manière à n'avoir pas à tenir compte de l'influence des ménisques. On mesure l'azote au sein de l'eau, pour qu'il se soit mis en équilibre de température avec le milieu ambiant, avant que les gaz de l'eau aient eu le temps de se diffuser.

Une fois la lecture faite, il est bon de vérifier par l'odorat ou, mieux, au moyen d'une dissolution de sulfate de protoxyde de fer, s'il n'y a pas de traces de bioxyde d'azote mélangées au gaz.

On connaît maintenant le volume d'azote dégagé par la matière, on le retranche du volume total obtenu par les premières mesures, il reste l'acide carbonique dégagé. Si de celui-ci on déduit la quantité qui correspond au carbonate de plomb employé, on connaît, en prenant les $\frac{3}{11}$ du reste, la quantité de carbone contenue dans la matière.

Souvent les matières minérales contenues dans la substance qu'on analyse ou qui s'y trouvent mélangées sont capables de fournir ou de retenir de l'acide carbonique. Il faut alors doser ce corps dans un échantillon de la matière primitive et dans le résidu de l'analyse et tenir compte de la différence obtenue.

21. — **Dosage de l'hydrogène.** — Une fois l'appareil refroidi, on détache doucement les tubes absorbants de manière que l'air rentre peu à peu et ne dérange pas le contenu des nacelles; on défait les joints en commençant par celui qui réunit le tube à chlorure au tube à analyse, sans cela il y aurait de la vapeur d'eau entraînée dans le tube et perdue. On nettoie parfaitement les parties qui étaient en contact avec la graisse des joints, on rajuste les obturateurs et on pèse; la neuvième partie de l'augmentation de poids représente l'hydrogène de la matière.

22. — **Pesée des cendres.** — Enfin on enlève la cornue et le bouchon qui la fixait, on nettoie parfaitement l'extrémité du tube, on retire avec un crochet le contenu de l'appareil et l'on remet immédiatement la nacelle renfermant les cendres dans le tube qui a servi à la peser, pour que les cendres ne puissent pas absorber d'humidité.

Le tube de verre, on le voit, est prêt à servir à une nouvelle analyse.

23. — **Poids de l'oxygène.** — Le poids primitif de la matière, diminué de la somme des poids de l'azote, du carbone, de l'hydrogène et des cendres, donne le poids de l'oxygène.

Quand on veut seulement doser le carbone et l'azote, on se dispense de sécher l'appareil et d'y adapter le tube à chlorure de calcium.

Si, enfin, on se contente de doser l'azote, on mettra directement la potasse dans la cloche qui sert à recueillir les gaz, et on remplacera le carbonate de plomb par du bicarbonate de potasse. Toutefois, comme ce corps décrépite sous l'action de la chaleur, au lieu de le mettre dans une nacelle, on l'enfermera dans une petite cartouche de platine, bouchée avec de l'amiante. Dans ce cas, il est clair qu'on n'arrivera jamais, au commencement de l'analyse, à un vide parfait, puisque le bicarbonate dégage un peu d'acide carbonique, mais en revanche, une fois arrivé à la limite de raréfaction, en chauffant légèrement le sel, on balayera parfaitement le tube.

La méthode que je viens de décrire est la seule qui donne des résultats absolument certains Les divers procédés, acide chromique, acide permanganique, etc., substitués à la méthode dite par combustion, laissent celle-ci bien loin derrière eux pour l'exactitude des résultats.

V. — DOSAGE DE L'AZOTE PAR LA CHAUX SODÉE.

24. — **Composés azotés à doser.** — On a très-fréquemment à doser l'azote sous ses trois principaux états de combinaison savoir : 1° l'azote engagé dans les composés organiques; 2° l'azote à l'état d'ammoniaque ou de sel ammoniacal ; 3° l'azote à l'état d'acide nitrique associé à diverses bases. A l'aide des méthodes que nous allons décrire, on arrive à doser exactement ces corps dans toutes les matières qui intéressent l'agriculteur, en modifiant légèrement les procédés, suivant le cas spécial qui

se présente, comme nous l'indiquerons lors de l'examen des principaux produits agricoles. Le haut prix de l'azote donne une importance toute particulière aux méthodes qui permettent d'en déterminer le taux exact dans la substance analysée, aussi ferons-nous connaître avec détail les méthodes auxquelles nous nous sommes arrêté pour les différents dosages.

Je décrirai d'abord les méthodes applicables aux trois cas particuliers que je viens d'indiquer, puis je ferai connaître la méthode que J. Ruffle a récemment proposée pour le dosage simultané de l'azote sous ses trois formes.

25. — **Dosage de l'azote par la chaux sodée.** — a) *Préparation de la matière.* — Deux cas principaux peuvent se présenter : 1° la matière est homogène et peut être réduite en poudre fine ; 2° elle n'est pas homogène ou n'est pas susceptible de division mécanique suffisante pour que l'échantillon d'un poids très-faible (0gr,500 à 2 gr.), sur lequel on fait l'analyse, offre toutes les garanties nécessaires de sécurité. A la première catégorie appartiennent les sols, les matières organiques d'origine végétale, grains, etc., les substances animales à demi torréfiées, chair, etc. — Dans la seconde catégorie se rangent les tissus ou déchets de drap, laine, les nerfs, tendons, cuirs, poils, etc.

Le procédé que j'ai imaginé permet de ramener facilement l'analyse à un seul cas, celui des substances homogènes. Voici en quoi il consiste :

b) *Traitement préalable de la matière.* — On traite un poids exactement déterminé de la substance à analyser, 50 à 100 grammes (cuir, débris de drap, etc.), par une quantité d'acide sulfurique monohydraté suffisante pour obtenir une bouillie claire résultant de la désagrégation complète de la matière. On atteint d'ordinaire ce résultat par le contact de l'acide avec la substance pendant quelques heures, à froid. Si la désagrégation n'est pas obtenue au bout de ce temps, on chauffe au bain de sable et la désagrégation s'effectue rapidement.

On ajoute ensuite, peu à peu, au mélange acide du carbonate de chaux très-finement pulvérisé, en triturant le tout dans un mortier jusqu'à ce que la masse, qui devient absolument sèche, soit réduite en poudre impalpable. On pèse le composé de sulfate de chaux et de la matière ainsi obtenu et l'on en prend 2 grammes pour le dosage de l'azote. Une simple proportion permettra ensuite de déduire du chiffre de l'azote trouvé le taux p. 100 d'azote existant dans la substance primitive.

Ce procédé est particulièrement convenable pour l'analyse de fragments un peu volumineux de chair, et pour le dosage de l'azote total dans un animal de petite taille; dans les recherches physiologiques, c'est le seul qui puisse être appliqué, à ma connaissance, à la détermination exacte de l'azote dans les composés ou mélanges mal définis et auxquels le triage mécanique ne peut pas être appliqué.

26. — **Principe de la méthode de la chaux sodée.** — La méthode de dosage de l'azote par la chaux sodée repose sur la transformation de ce gaz en ammoniaque. Lorsqu'on chauffe une matière azotée d'origine animale ou végétale (ne contenant pas de nitrates ni de cyanures) avec une base alcaline hydratée [1], l'eau de cette dernière se décompose, cède de l'oxygène au carbone, l'acide carbonique formé s'unit à la base alcaline, et l'hydrogène naissant s'empare de la totalité de l'azote de la matière pour former de l'ammoniaque. L'analyse élémentaire des substances organiques azotées a décelé dans

---

[1] Voir plus loin la méthode de Ruffle, applicable dans le cas de la présence de nitrates et de composés cyaniques.

ces matières une proportion de carbone bien supérieure à celle de l'azote ; il résulte de là que, quelle que soit la substance azotée (cuirs, laine, poils, matières organiques du sol, etc.) que nous envisagions, sa combustion en présence d'un hydrate alcalin donnera toujours naissance à une quantité d'hydrogène bien supérieure à celle qui est nécessaire pour faire passer tout l'azote à l'état d'ammoniaque. Si, en effet, nous considérons le cyanogène, composé azoté beaucoup plus riche en azote qu'aucune des substances que nous pouvons avoir à analyser, nous trouvons que sa décomposition, en présence de la chaux ou de la soude hydratée doit s'effectuer avec dégagement d'hydrogène en excès. En effet :

$$C^2Az + 4HO = 2CO^2 + AzH^3 + H.$$

Or le cyanogène contient 53.84 p. 100 d'azote, tandis que les substances organiques que nous pouvons avoir à analyser ne renferment jamais plus de 46.6 p. 100 (urée pure) ou 21.21 p 100 (sulfate d'ammoniaque pur). Généralement on a affaire à des substances dont la richesse en azote s'élève de 0.5 à 8 p. 100 et dépasse rarement 10 à 12 p. 100. A ce point de vue, la décomposition de la substance et la transformation en ammoniaque de l'azote qu'elle contient peuvent donc être considérées comme parfaites.

Pour assurer cette décomposition et produire une sorte de dissémination de l'azote et de l'hydrogène naissant qui favorise leur combinaison, il est utile, lorsqu'on opère sur une matière très-riche en azote, de la mélanger avec une certaine quantité de substance non azotée. Le sucre de canne réduit en poudre fine remplit parfaitement ce but. Le principe de la méthode étant connu, voyons comment on opère le dosage.

Deux procédés différents peuvent être mis en usage

pour recueillir et peser l'ammoniaque provenant de la transformation de l'azote.

Le premier, dû aux inventeurs de la méthode dite de la chaux sodée, Varrentrapp et Will, consiste à recueillir l'ammoniaque dans du chlorure de platine et à déduire du poids du chlorure double formé celui de l'azote. Le second, imaginé par Péligot, repose sur l'absorption de l'ammoniaque par une solution titrée d'acide sulfurique ou d'acide oxalique. C'est celui que l'on emploie de préférence et que je recommande particulièrement; il est aussi exact et plus rapide que le procédé primitif de Varrentrapp et Will.

27. — **Description de l'appareil.** — On tire à l'une de ses extrémités un tube de verre de Bohême d'un diamètre intérieur de 12 à 15 millimètres, et l'on relève la pointe vers le haut, en ayant soin que l'extrémité étirée soit assez solide pour résister à une légère augmentation de pression intérieure et assez mince cependant pour être facilement cassée à la fin de l'analyse.

On choisit un bon bouchon à analyse qu'on adapte à l'extrémité du tube bordée à la lampe, puis on le dispose à recevoir le tube à boule en y perçant un trou qui permette au tube d'entrer à frottement dur.

On mesure ensuite 20 centimètres cubes d'acide titré (1) à l'aide de la pipette qui a servi à prendre les liqueurs lors du titrage et qu'on doit toujours employer pour les analyses. On place ces 20 centimètres cubes dans un vase à fond plat; on aspire avec la bouche le liquide acide qu'on fait ainsi pénétrer dans le tube à boule; on lave convenablement à l'aide de la pissette l'extrémité du tube à boule au-dessus du vase à fond plat. On met ce dernier

(1) Voir pour le titrage de l'acide et de la liqueur alcaline au *Dosage de l'ammoniaque*, § 46.

de côté : il servira à faire le titrage après la combustion de la matière.

On pèse ensuite exactement de $0^{gr},5$ à 2 grammes de la substance à analyser; on dessèche dans une capsule de platine la chaux sodée. On place dans le tube une longueur de chaux sodée, égale à 3 centimètres environ; puis on mélange la matière dans un mortier chaud avec une quantité de chaux sodée pouvant occuper environ 15 centimètres, en ayant soin d'éviter de triturer le mélange. On verse avec précaution ce mélange dans le tube; puis on lave le mortier avec de la chaux sodée (5 centimètres cubes); ensuite on ajoute encore une couche d'environ 10 à 12 centimètres de chaux sodée, un tampon d'amiante calciné, et enfin, après avoir tassé légèrement la chaux en frappant le tube doucement sur une table, on adapte le tube à boule On entoure le tube avec du clinquant et on le place dans la grille à gaz. On s'assure que le tube tient bien en échauffant la boule extérieure avec un charbon : le liquide doit monter dans la boule la plus voisine du tube à combustion.

On commence alors à chauffer par la partie antérieure, afin d'éviter toute condensation ultérieure de goudron et de produits empyreumatiques dans l'acide.

On dirige le feu de manière à obtenir un dégagement de gaz très-régulier; l'opération de la combustion doit durer au moins trois quarts d'heure; il faut que le dégagement soit continu, le danger étant surtout qu'il y ait absorption et que l'acide ne vienne à remonter dans la boule voisine du tube, auquel cas l'analyse est manquée. L'addition d'un peu de sucre permet toujours d'éviter cet inconvénient en donnant lieu à un abondant dégagement de gaz.

Lorsque tout le tube a été porté au rouge, qu'il ne se dégage plus de gaz et que le liquide tend à reprendre son niveau dans le tube de Will, on casse la pointe effilée avec précaution en aspirant légèrement par l'autre extrémité à l'aide d'un caoutchouc enfilé dans la pointe du tube à boule. Cette dernière opération a pour but de balayer le tube et d'entraîner dans l'acide titré jusqu'aux dernières traces d'ammoniaque.

On détache alors avec précaution le tube à boule, on verse son contenu dans le vase de Bohême qui a servi à prendre l'acide, on lave avec soin le tube avec de l'eau distillée en réunissant les eaux de lavage à la liqueur, puis on titre de nouveau l'acide sulfurique; la différence fait connaître le poids de l'azote contenu dans la matière soumise à la combustion.

Si l'on a employé du chlorure de platine, on recueille sur un filtre en décantant, on dessèche et calcine le chlorure de platine après lavages à l'alcool (¹).

28. — **Appareil modifié.** — On peut remplacer le tube de verre par un tube de fer, comme l'a indiqué Péligot. Cette substitution n'influe en rien sur les résultats du dosage, ainsi que je l'ai soigneusement vérifié. On prend un canon de fusil long de 50 à 65 centimètres et fermé par soudure autogène à l'une de ses extrémités. Au fond du tube, on place, sur une longueur de 2 à 3 centimètres, de l'acide oxalique cristallisé pur, puis un tampon d'amiante calciné. On verse alors dans le tube de la chaux sodée, sur une longueur de 8 à 10 centimètres, puis la matière mélangée à de la chaux sodée (ce mélange doit occuper également 8 à 10 centimètres), ensuite de la chaux sodée seule jusqu'a 25 ou 30 centimètres de l'orifice; enfin un dernier tampon d'amiante. Il faut avoir soin de fair couler un filet d'eau froide sur l'extrémité du tube de fer qui porte le bouchon, afin d'éviter un trop grand échauffement du tube qui y mettrait feu. Le reste de l'ana-

---

(¹) Voir, pour les précautions à prendre, au *Dosage de la potasse.*

lyse est conduit comme il est dit plus haut, si ce n'est qu'à la fin on chauffe l'acide oxalique, dont les produits de décomposition balayent le tube qui ne peut être mis en communication avec l'air extérieur, comme le tube de Bohême dont on se sert dans la méthode de Will et Varrentrapp.

Il est un autre procédé que je recommande comme plus simple et plus commode encore. Je me sers d'un tube de fer ouvert à ses deux extrémités. Ce tube est mis en communication avec un appareil à dégagement continu d'hydrogène lavé et séché; on fait passer un courant lent de ce gaz pendant toute la durée de la combustion, et l'on entraîne ainsi jusqu'aux dernières traces d'ammoniaque dans le tube à boule. Le tube en fer, ouvert aux deux extrémités, se nettoie très-facilement et sert indéfiniment. — Il n'est plus besoin de recourir à l'addition de sucre à la matière.

29. — **De la valeur de la méthode**. — Plusieurs chimistes ont, à diverses reprises, élevé des doutes sur l'exactitude des résultats obtenus à l'aide de la chaux sodée, les uns accusant des chiffres trop élevés d'azote, les autres des chiffres trop bas, si l'on compare les résultats obtenus par le procédé de Varrentrapp et Will à ceux que fournit la méthode de dosage de l'azote en volume, appliquée aux mêmes substances.

Le grand nombre d'analyses de matières azotées publiées jusqu'à ce jour, d'une part; de l'autre, les services considérables que rend, dans un laboratoire de chimie agricole, l'emploi de la chaux sodée, m'engagent à insister tout particulièrement sur la valeur réelle de cette méthode et à montrer comment et pourquoi les accusations qu'on a tournées contre elle ne sont pas fondées.

Dans un travail qui remonte à quelques années, Nowak et Seegen ont cherché à établir que la combustion des matières organiques azotées, et en particulier celle des substances protéiques animales et végétales, avec la chaux sodée, ne donne pas la totalité de l'azote existant dans ces matières.

En vue de vérifier cette assertion, qui, si elle était fondée, mettrait en doute la plupart des résultats analytiques que l'on considère jusqu'ici comme acquis à la science, Petersen, Mærcker, Abesser et Kreusler, de la Station agronomique de Poppelsdorf, ont repris l'étude de la question, et les résultats obtenus par ces chimistes ne laissent aucun doute sur la valeur de la méthode de Varrentrapp et Will.

Ces savants ont opéré sur de la chair de bœuf, sur des résidus de viande (employés comme aliments pour les animaux) et sur la conglutine. Ils ont dosé l'azote par trois méthodes :

1° Méthode en volume de Dumas ;

2° Méthode de Varrentrapp et Will, chaux sodée et chlorure de platine ;

3° Méthode de Varrentrapp et Will, modifiée par Péligot, chaux sodée et acide sulfurique.

Voici les résultats de ces trois séries d'analyses :

Méthodes.	Azote p. 100 trouvé dans		
	chair de bœuf.	résidu de viande.	conglutine.
1° Dumas.	14.01	12.15	15.37
Id. corrigée (1) . . .	13.77	11.99	15.18
2° Chaux sodée :			
a) titrée	13.77	12.12	14.96
b) Par pesées. . . .	13.62	12.14	15.00
avec addition de sucre.	13.79	12.13	15.01

(1) Frésénius et d'autres analystes ont observé que dans la méthode de Dumas les nombres sont, en général, un peu trop forts, environ 0.2 à 0.5 p. 100, ce qui tient à ce que le courant d'acide

Les nombres obtenus par les trois méthodes sont sensiblement identiques. L'addition de sucre ne change pas non plus les résultats.

L'impureté de la chaux sodée du commerce et la présence dans ce réactif de composés nitrés expliquent les différences constatées dans les analyses. Kreusler a montré qu'une chaux sodée, à laquelle il avait artificiellement incorporé des nitrates en quantités telles que la chaux sodée contînt 0.03 p. 100 seulement d'azote, pouvait faire trouver, dans du sucre pur, jusqu'à 0.79 p. 100 d'azote. Il est donc essentiel d'essayer la chaux sodée, soit avec le réactif de Nessler, soit autrement, afin de s'assurer qu'elle est complétement exempte d'acide nitrique ou de composés nitrés (1).

Kreusler a, en outre, vérifié une remarque importante de Knop relative au chiffre trop faible qu'on peut trouver pour l'azote, dans certaines circonstances. Knop a constaté que lorsque la couche de chaux sodée que les gaz doivent traverser avant de se rendre dans le tube à boule, est trop longue, il y a une partie de l'ammoniaque formée qui se brûle et échappe, par suite, à la condensation. Kreusler est arrivé à obtenir une telle perte d'azote, en augmentant la longueur de la colonne de chaux sodée, que non-seulement elle faisait disparaître l'augmentation due aux impuretés de la chaux sodée employée, mais qu'elle pouvait conduire à trouver 1.57 p. 100 d'azote en moins que n'en

---

carbonique, même prolongé, n'enlève pas tout l'air qui reste adhérent à l'oxyde de cuivre. La méthode de Schlœsing, que j'ai précédemment décrite, § 16, obvie entièrement à cet inconvénient et donne des résultats absolument exacts, le vide étant préalablement fait dans l'appareil.

(1) Il est préférable en général de préparer soi-même la chaux dont on se sert; le procédé indiqué plus loin d'après Ruffle est très-bon.

contenait la matière analysée. Les nombres suivants présentent un réel intérêt :

Dosage avec chaux sodée :	Azote p. 100 dans chair.		conglutine.	
Longueur de couche convenable	13.77	+0.39		
Dosage avec couche chaux sodée impure.	14.16		14.96	
Dosage avec couche de 18 cent. chaux sodée pure.	13.77			−0.27
Dosage avec couche de 35 cent. chaux sodée impure. . . .	12.20	−1.57	14.69	

		35cc
Chaux sodée impure	14.16	12.20
— pure	13.77	13.77
Différence.	+0.39	1.57

La conclusion finale de ces recherches est que, bien appliquée, la méthode de la chaux sodée donne de bons résultats, et que les trois méthodes de dosage de l'azote sont également exactes.

Des recherches de Kreusler, Fleischer et Mærcker, résulte aussi que l'état de division extrême de la matière est une condition importante d'exactitude. Les essais suivants, faits sur des sons de froment grossièrement pulvérisés ou très-finement moulus, donnent des indications utiles à enregistrer et qui peuvent expliquer aussi des divergences observées dans les dosages faits sans toutes les précautions nécessaires pour l'échantillonnage :

	Sons grossiers.		Sons moulus.
Az.	11.90		12.03
	12.08		12.03
	12.11		12.11
	12.27		12.13
	12.32		12.29
	12.41	M =	12.12
M =	12.18	Diff. max.	0.2
Diff. maxim.	0.51		

(Méthode de la chaux sodée et acide titré.)

Par le chlorure de platine, ils ont trouvé :

$$\left.\begin{array}{l}11.95\\11.96\\12.08\end{array}\right\}\text{moy.} = 12.00$$

Conclusion : La méthode de la chaux sodée bien appliquée donne des résultats sur lesquels on peut compter.

Ces dosages sur des matières de grains différents confirment les bons effets à attendre du traitement préalable, par l'acide sulfurique, des matières à analyser, que je recommande pour toutes les substances d'une division mécanique imparfaite et sur lequel je reviendrai.

30. — **Méthode de Ruffle. — Dosage simultané de l'azote total.** — Lors du Congrès des directeurs des Stations agronomiques (juin 1881), j'ai fait connaître aux membres du Congrès un procédé entièrement nouveau de dosage de l'azote, dû à M. Ruffle [1], et qui permet de déterminer directement et simultanément l'azote contenu dans une substance quelconque sous les divers états suivants : azote organique, ammoniaque, acide nitrique et cyanogène.

M. Ruffle commence par faire remarquer que le procédé de la chaux sodée ne permet pas de doser l'azote provenant de l'acide nitrique : de même, dit-il, l'azote des autres composés oxygénés échappe très-souvent par la chaux sodée et, dans les meilleures conditions, n'est que partiellement transformé en ammoniaque. Dans les cas où l'on a affaire à de l'azote nitrique, la chaux sodée donnera souvent des résultats inférieurs à ce qu'ils devraient être, à cause des produits acides provenant de la décomposition de l'acide nitrique : à tel point que même

---

[1] *On the estimation of nitrogen by combustion, including the nitro-compound.* (Chem. Soc., 1881.)

l'ammoniaque déjà formée ne sera que partiellement dosée dans ce cas. Si la substance soumise à l'analyse, ou la chaux sodée employée, ou bien l'une et l'autre de ces matières renferment de l'azote organique, les résultats donneront non-seulement l'azote déterminé correctement comme à l'ordinaire, mais en plus une partie de l'azote nitrique. Recommence-t-on l'analyse? On trouve des taux différents.

A la suite d'un grand nombre d'expériences, où J. Ruffle employait tour à tour la chaux sodée avec un courant de différents gaz, la chaux sodée mélangée avec de nombreuses substances organiques et inorganiques en diverses proportions, enfin la chaux sodée et les mêmes réactifs séparément, il est arrivé aux résultats cités plus bas, par la méthode suivante :

Il se sert d'une grille à gaz ordinaire.

On mélange environ 1 gramme à $1^{gr},5$ de la substance à analyser avec un mélange contenant de la fleur de soufre et du charbon de bois très-finement pulvérisé, en proportions égales.

Le tube à combustion dont on se sert, est en fer et mesure 22 pouces ($0^{m},55$) de longueur sur $\frac{5}{8}$ de pouce (environ $0^{m},016$) de diamètre intérieur.

On dissout 160 grammes de soude caustique dans 160 centimètres cubes d'eau chaude. Dans la solution chaude, on verse 56 grammes de chaux finement pulvérisée, obtenue au moyen du marbre, et l'on remue jusqu'à ce que l'extinction soit complète. Cette chaux sodée est ensuite entièrement desséchée, pulvérisée finement, et enfermée dans un flacon hermétiquement bouché.

On broie finement dans un mortier de fer 21 grammes d'hyposulfite de soude en cristaux, puis on y ajoute, en mélange intime, 18 grammes de la chaux sodée préparée comme nous venons de le dire.

Environ 5 grammes de ce mélange d'hyposulfite et de chaux sodée sont d'abord introduits dans le tube à combustion au moyen d'un entonnoir propre et bien sec. Puis on place à peu près 30 grammes de ce même mélange dans l'entonnoir et on y mêle légèrement, mais avec rapidité, la substance à analyser. On fait tomber le tout dans le tube à combustion et on y ajoute ensuite le reste du mélange d'hyposulfite et de chaux sodée. Enfin, on verse par-dessus le tout 18 grammes de chaux sodée ordinaire; on secoue légèrement le tube pour tasser la masse; on place un bon tampon d'amiante, pas trop serré, et on termine l'appareil par le tube ordinairement employé dans les dosages d'azote et contenant l'acide titré.

La masse contenue dans le tube doit se trouver à 8 pouces ($0^m,20$) de la partie antérieure du tube et le premier bec de gaz qu'on allume est à 4 pouces ($0^m,10$) de cette partie antérieure, par conséquent à 4 pouces ($0^m,10$) en avant de la matière. Les autres becs sont allumés successivement, suivant le dégagement du gaz dans l'acide titré, jusqu'à ce que le tube devienne entièrement rouge. On le laisse en cet état pendant 10 minutes, pour être sûr que la combustion des matières contenues dans le tube est complète. On détache ensuite le tube à acide et on titre cet acide au moyen d'une solution alcaline connue.

De cette façon, la substance à analyser a été brûlée en présence de:

2 équivalents de soude = 160 } éteints exactement			} environ.
1 équivalent de chaux = 56 }	ensemble	= 216 : 12 = 18	
1 — d'hyposulfite de soude	— . .	= 218 : 12 = 21	

Si la chaux sodée ordinaire n'était pas placée en tête du mélange d'hyposulfite, la combustion mettrait en liberté une certaine quantité d'hydrogène sulfuré, malgré la présence d'une aussi grande quantité d'alcali; tandis qu'avec la chaux sodée placée en tête et chauffée avant les autres matières, tout l'hydrogène sulfuré est décomposé.

Les résultats suivants que j'emprunte aux mémoires de J. Ruffle démontrent l'exactitude de sa méthode. On remarquera que parmi les composés oxygénés de l'azote, le protoxyde seul n'est pas représenté : il se rencontre rarement et n'a pas d'importance.

Le bioxyde d'azote est représenté par le nitro-prussiate de soude. Le tritoxyde par l'azotite d'argent. Le tetroxyde par l'acide picrique. Et le pentoxyde par le nitrate de soude.

Le nitro-prussiate de soude peut aussi être pris pour représenter plusieurs corps azotés, habituellement convertis en ammoniaque dans le procédé ordinaire à la chaux sodée.

Les matières albuminoïdes sont représentées par le tourteau de lin de l'Inde orientale, lait, etc.

	Nitro-prussiate de soude $NaO\,FeCy\,^5AzO + 2aq$ renferm. 28.18 °/₀ d'azote.	Nitrite d'argent $Ag^2O\,Az^2O^3$ renferm. 8 86 °/₀ d'azote.	Acide picrique $C^6H^3\,(AzO^2)^3O$ renferm. 18.34 °/₀ d'azote.	Nitrate de soude $Na^2O\,Az^2O^5$ renferm. 16.47 °/₀ d'azote.
	—	—	—	—
	28,23	8,58	18,22	16,32
	27,92	—	18,25	16,33
	27,49	—	17,87	16,22
	27,98	—	18,21	16,35
	27,81	—	17,77	16,37
	27,97	—	18,06	16,48
	28,24	—	18,36	16,54
M =	27,92	8,58	18,10	16,37

	TOURTEAU DE L'INDE ORIENTALE.		RÉSIDU DE LAIT.		
	Azote dosé par la chaux sodée.	Azote dosé par la méthode de Ruffle.	Azote dosé par la chaux sodée.	Azote dosé par la chaux sodée contenant 5 °/₀ de sucre.	Azote dosé par la méthode de Ruffle.
	—	—	—	—	—
	3,07	3,39	4,47	4,36	4,89
	3,19	3,42	4,46		4,93
M =	3,13	3,40	4,46		4,91

VIANDE DESSÉCHÉE.		ÉCHANTILLON provenant de 14 cargaisons de guano du Pérou.	
Azote par la chaux sodée.	Azote par la méthode de Ruffle.	Ammoniaque par la chaux sodée.	Ammoniaque par la méthode de Ruffle.
—	—	—	—
10,03	10,44	4,67	5,03
10,09	10,38	4,62	4,96
M = 10,06	10,41	4,64	4,99

Pour avoir un type de l'azote nitrique contenu dans beaucoup de substances soumises chaque jour à l'analyse, Ruffle a fait un mélange, par moitié, de nitrate de soude pur et de sulfate d'ammoniaque pur; puis il a procédé à 4 combustions, savoir :

1° Avec de la chaux sodée pure et employée seule;

2° Avec de la chaux sodée et 0gr,5 de sucre placés à l'extrémité du tube à combustion;

3° Avec de la chaux sodée ordinaire mélangée de 5 % de sucre et avec 0gr,5 de sucre à l'extrémité du tube;

4° Par la nouvelle méthode.

Il a obtenu les résultats suivants :

		P. 100.		P. 100.
		—		—
Sulfate d'ammoniaque renfermant azote.		= 21.21 : 2	=	10.60
Nitrate de soude	—	= 16.47 : 2	=	8.23
				18.83

1re combustion.	2e combustion.	3e combustion.	4e combustion.
—	—	—	—
9.17	9.59	12.68	18.76

On voit, d'après cela, que la chaux sodée pure employée seule ne donne même pas l'azote provenant de l'ammoniaque déjà formée (10.60 — 9.17 = 1.53, soit 1.53 % en moins). Elle ne le donne pas non plus, quand on place une matière organique à l'extrémité du tube (10.60 — 9.59 = 1.01, soit 1.01 % de perte). Quand la chaux sodée contient de la matière organique, la quantité d'ammoniaque obtenue est plus grande que celle de l'ammoniaque déjà formée, mais bien inférieure à celle de l'azote total : 12.68 °/₀ au lieu de 10.60 dans un cas, et 12.68 au lieu de 18.83 dans l'autre. La nouvelle méthode, au contraire, donne pratiquement des résultats exacts (18.76 au lieu de 18.83), et ces remarquables résultats ont été confirmés par de nombreuses analyses exécutées au cours des recherches de l'auteur.

Il sera facile de se rendre compte de la supériorité de cette nouvelle réaction en comparant les résultats obtenus plus haut pour le nitro-prussiate de soude, l'acide picrique et le nitrate de soude, avec quelques chiffres obtenus pour les mêmes sels par la méthode ordinaire (chaux sodée pure employée seule et chaux sodée additionnée de sucre).

	Azote par la chaux sodée seule.	Azote par la chaux sodée avec 10 °/₀ de sucre.
	—	—
Nitro-prussiate de soude. .	23,88	26,29
Acide picrique.	10,35	12,54
Nitrate de soude	Néant.	8,00

Il arrive souvent qu'une réaction qui réussit dans la généralité des cas nécessite une modification spéciale pour être employée dans un cas donné. C'est ce qui se produit, par exemple, pour la méthode de Ruffle, dans les circonstances suivantes : un chimiste reçoit un engrais artificiel ordinaire et, quand il le prépare pour l'analyse, cet engrais se prend en une masse pâteuse. Si l'on en découpe une partie en petits morceaux; qu'on en dessèche une autre portion dans l'étuve à eau et qu'on la pulvérise, et qu'à ces deux échantillons différemment préparés on applique la nouvelle méthode de combustion que nous venons de décrire, on obtient des résultats trop faibles :

Par exemple, plusieurs échantillons d'un superphosphate contenant 25 % de nitrate de soude (soit 4.11 % d'azote) ont donné :

	Coupés en petits fragments.		Desséchés à 100°.
	—		—
1er échantillon. .	3.37	7e échantillon . .	3.82
2e — . .	3.54	8e — . .	3.50
3e — . .	3.50	9e — . .	3.53
4e — . .	3.66		
5e — . .	3.38		
6e — . .	3.62		

Dans ce cas, l'obstacle qui s'oppose au succès de la réaction est, sans aucun doute, la couche de sulfate de chaux qui recouvre les particules de la matière azotée au moment du broyage de l'échantillon et empêche le contact complet du mélange d'hyposulfite et de chaux sodée avec la substance. Mais, comme l'hyposulfite de soude est, en solution fortement concentrée, un dissolvant du sulfate de chaux, on est conduit à opérer de la façon suivante :

On mélange et broie intimement dans un mortier la pâte de l'engrais artificiel avec un poids égal de cristaux d'hyposulfite de soude. On pèse une partie de ce mélange sur un verre de montre, qu'on place ensuite pendant deux heures dans l'étuve à eau à 100 degrés centigrades. Puis on pèse de nouveau pour déterminer la perte, on pulvérise et on prend 3 à 4 grammes de cette poudre dont on opère la combustion, avec le mélange de chaux sodée et d'hyposulfite, comme il a été indiqué précédemment. On arrive ainsi à des résultats parfaits. Les déterminations suivantes ont été faites sur plusieurs échantillons d'engrais préparés de toutes pièces et sont confirmées par un grand nombre d'autres que l'auteur a jugé inutile de reproduire.

Superphosphates renfermant :

	Azote $^0/_0$.		Azote $^0/_0$.	
25 $^0/_0$ de nitrate de soude correspondant à	4.11	d'azote a donné	4.22	azote.
— —	—		4.25	
— —	—		4.23	
— —	—		4.05	
20 $^0/_0$ de nitrate de soude correspondant à	3.29		3.17	
— —	—		3.18	
25 $^0/_0$ de nitrate d'ammoniaque correspondant à	8.75		8.98	
— —	—		8.81	

La nouvelle méthode est essentiellement une méthode de réduction par un très-puissant désoxydant, en présence d'un alcali énergique. Le sel qu'on appelle « hyposulfite de soude » peut être considéré d'après J. Ruffle comme le sel acide de soude du protoxyde de soufre ($S^2O^3Na^2 = Na^2O.2SO$). Les cristaux de ce sel ne peuvent être mis en contact avec un alcali pur sans donner naissance immédiatement à une masse humide qu'il est impossible d'employer. On ne se sert de la chaux sodée, composée de deux équivalents de soude et d'un de chaux, que dans le but de fournir assez d'alcali à l'acide mono-oxydé (SO) pour former le sel sodique mono-acide de SO, sel qui n'est pas encore isolé.

Les réactions citées plus haut assurent le succès de la méthode pour toutes les combustions. Les « anilines » sont attaquées par ce procédé jusqu'à complète décomposition ; mais ne peuvent être analysées.

Pour nettoyer le tube à combustion après l'expérience, on prépare une tige de fer de $\frac{3}{8}$ de pouce de diamètre et de 2 pieds de long. Quand le dernier robinet à gaz est tourné, on place en long la tige sur la flamme pour la chauffer ; quand la combustion est terminée, on enlève le tube à acide et le bouchon, on tire dehors l'amiante, et, pendant que le tube se refroidit, on entre la tige deux ou trois fois d'un bout à l'autre du tube.

Quand le tube est froid, on y verse de l'eau et on laisse le tout reposer pendant une heure. Puis on agite l'eau en tirant plusieurs fois la tige de bas en haut; on retire l'eau sale, remplit à nouveau, agite, etc., ainsi de suite jusqu'à ce que l'eau sorte propre. Si on emploie de l'eau chaude, le nettoyage se fait beaucoup plus vite. Quand le tube est propre, on le chauffe pendant une minute dans le fourneau pour le sécher et il est prêt pour une autre opération.

Précautions à prendre :

a) Se servir de chaux sodée seule là où cela est indiqué.

b) Allumer le premier bec de gaz à 4 pouces ($0^m,10$) en avant de la masse et maintenir cette partie du tube au rouge pour que la masse ne s'avance pas dans la partie antérieure du tube.

VI. — DOSAGE DE L'ACIDE NITRIQUE.

31. — **Méthode de Th. Schlœsing.** — L'azote à l'état de combinaison organique n'est qu'une des formes sous lesquelles nous avons à doser ce gaz dans les produits agricoles. Combiné à l'oxygène, l'azote se rencontre dans les sols, les végétaux et les engrais, à l'état d'acide nitrique dont la détermination exacte, grâce aux recherches de Th. Schlœsing, ne présente plus aujourd'hui de difficultés.

Le dosage exact et rapide de l'acide nitrique a constitué jusqu'aux travaux de Schlœsing un *desideratum* important pour les chimistes qui ont de fréquentes analyses de nitrates et d'engrais azotés à effectuer. Parmi les méthodes assez nombreuses qui ont été proposées pour faire ce dosage, aucune ne remplissait les conditions d'exactitude, de rapidité et de simplicité que doit offrir un procédé destiné à l'analyse des matières agricoles: la méthode de Ruffle seule donne des résultats exacts lorsqu'on a affaire à des mélanges de nitrates, d'ammoniaque et de matières organiques; les autres exigent une longue série de manipulations qui les rendent inapplicables quand on a un grand nombre d'analyses à effectuer.

La méthode de Th. Schlœsing, modifiée pour les essais d'engrais, que nous allons décrire, joint à une grande exactitude une simplicité et une rapidité d'exécution qui lu idonnent sur toutes les méthodes proposées jusqu'ici une incontestable supériorité. C'est la seule qui soit employée à la Station agronomique de l'Est; de très-nombreux dosages d'acide nitrique exécutés dans mon laboratoire, me permettent de la recommander tout particulièrement. Applicable en présence des matières organiques et des sels ammoniacaux qui ne gênent en rien sa marche, la méthode de Th. Schlœsing rend les plus grands services dans les laboratoires agricoles. Toutes les méthodes par différence ou par volatilisation (expulsion de l'acide nitrique par la chaleur en présence de la silice ou autres corps) sont plus ou moins entachées d'erreur et je crois devoir recommander l'emploi de la méthode de Schlœsing à l'exclusion de toute autre pour l'analyse des nitrates et engrais nitratés du commerce.

32. — **Principe de la méthode rigoureuse.** — Lorsqu'on introduit un nitrate dans une liqueur bouillante tenant en dissolution un sel de protoxyde de fer et de l'acide chlorhydrique en excès, l'acide nitrique est décomposé exactement en un équivalent de bioxyde d'azote, gaz que l'ébullition dégage complétement, et en trois équivalents d'oxygène employés à faire passer à l'état de sel de sesquioxyde six équivalents de sel ferreux. Quand celui-ci est, par exemple, du protochlorure, la réaction est représentée par la formule :

$$AzO^5 + 3HCl + 6FeCl = AzO^2 + 3HO + 3Fe^2Cl^3.$$

On sait que cette réaction a été utilisée, d'abord par Gossart, puis par Pelouze, pour l'essai des nitrates. C'est encore sur elle que Th. Schlœsing a fondé un procédé qui diffère essentiellement des méthodes antérieures; car, au lieu de déterminer la quantité de sel de fer suroxydé par l'acide nitrique, il a réussi à recueillir le bioxyde d'azote produit, à l'isoler, puis à lui rendre du gaz oxygène qui régénère l'acide nitrique. Celui-ci est alors dosé par une liqueur alcaline titrée. Cette méthode offre toute sécurité parce qu'elle est directe, la réaction employée n'étant plus qu'un moyen de faire passer momentanément l'acide nitrique par un état gazeux qui permet de le séparer exactement de toutes les substances qui l'accompagnent. De plus, les matières d'origine organique, qui rendent inapplicable le procédé de Pelouze, ne troublent pas la réaction fondamentale et ne nuisent point à la précision des résultats. La séparation du bioxyde d'azote et sa transformation en acide exigent des manipulations assez délicates, auxquelles il faut avoir recours chaque fois que l'on veut obtenir des résultats rigoureux, dans des recherches sur la nitrification et pour le dosage de l'acide nitrique dans le sol par exemple, mais dont on peut se dispenser pour l'essai des engrais. Je vais décrire cette excellente méthode devenue classique aujourd'hui en France et à l'étranger. Je ferai connaître ensuite les simplifications que l'auteur y a récemment apportées et qui en font un procédé à la fois très-exact et très-rapide pour l'examen des engrais. Je commencerai par indiquer le mode de préparation de la liqueur de protochlorure de fer.

33. — **Préparation du chlorure de fer.** — On attaque, dans un ballon de 2 litres environ, 200 grammes de petits clous, par l'acide chlorhydrique, à une température modérée; l'acide sera versé par petites fractions, jusqu'à dissolution complète du fer. La liqueur sera filtrée, pour

être débarrassée du charbon en suspension, et reçue dans une carafe de 1 litre, qu'on achèvera de remplir avec les eaux de lavage du filtre.

34. — **Description de l'appareil.** — La figure 4 représente l'appareil imaginé par Th. Schlœsing. L'acide chlorhydrique, le protochlorure de fer et l'acide nitrique réagissent dans un ballon, A; le bioxyde d'azote se rend, avec beaucoup de vapeurs d'acide chlorhydrique, dans une cloche, C, placée sur une cuve à mercure et remplie exac-

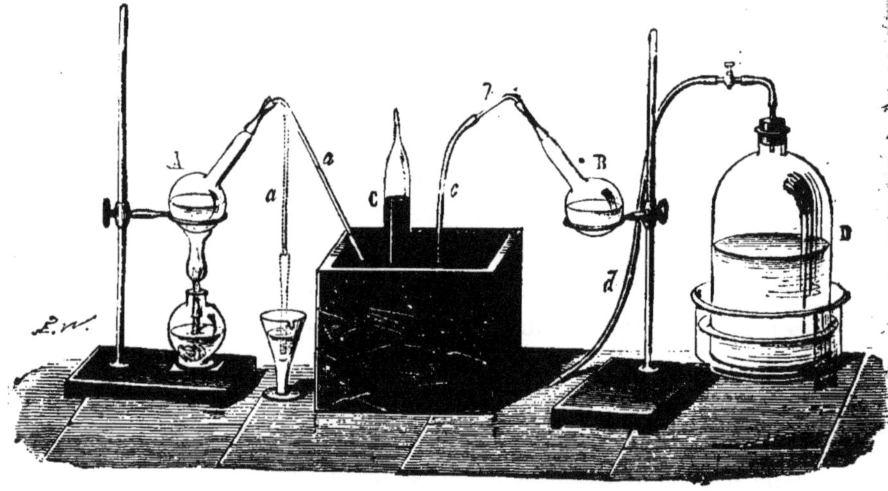

Fig. 4.
Appareil pour le dosage de l'acide nitrique.

tement par du mercure et du lait de chaux. Lorsque les vapeurs acides sont entièrement absorbées par l'alcali, le bioxyde d'azote est transvasé de la cloche C dans un ballon, B. D est un réservoir d'oxygène dans lequel on puisera le gaz pour l'introduire dans le ballon B et transformer le bioxyde d'azote en acide azotique.

35. — **Marche de l'analyse.** — Entrons dans le détail des manipulations.

On commence par introduire la solution de la matière à analyser dans le ballon A, dont on engage le col, étiré d'avance, dans un tube en caoutchouc, *a;* ce tube est lié sur un tube en verre, de très-petit diamètre, et ce dernier porte un deuxième tube de caoutchouc de petit diamètre intérieur et de 15 centimètres environ de longueur. Il est essentiel qu'avant la réaction du nitrate sur le protochlorure de fer, le ballon soit purgé d'air; sinon le bioxyde d'azote serait immédiatement converti, en tout ou en partie, en acide hypoazotique absorbable par la dissolution alcaline de la cloche B. On fait donc bouillir la solution azotique jusqu'à ce qu'elle soit réduite à un petit volume; la solution à analyser étant neutre, il ne peut se perdre d'acide azotique pendant l'ébullition.

L'air étant chaud, il s'agit d'introduire dans le ballon A le protochlorure de fer et l'acide chlorhydrique. A cet effet, avant d'arrêter l'ébullition, on plonge l'extrémité du tube *a* dans un verre contenant un mélange, à parties égales, de protochlorure de fer, préparé comme je l'indique § 33, et d'acide chlorhydrique, puis on éloigne la lampe; le ballon se refroidissant, le sel de fer est bientôt absorbé. On modère l'absorption à sa guise en serrant plus ou moins le tube *a* entre les doigts; quand il ne reste plus que très-peu de dissolution ferreuse au fond du verre, on y verse de l'acide chlorhydrique qu'on laisse absorber à son tour. Cette addition d'acide est suivie de deux ou trois autres; l'acide est ainsi versé par fractions, afin d'assurer le lavage du tube *a* dans toute sa longueur. On conçoit que si ce dernier retenait du chlorure de fer, ce sel serait entraîné plus tard dans la cloche B, où l'oxyde de fer produirait une perte de bioxyde d'azote.

Après l'introduction de l'acide, on ferme le tube *c* en l'engageant dans une pince faite simplement avec un morceau de gros fil de fer plié en deux; on plonge son extrémité dans le mercure de la cuve, et on l'introduit dans la cloche C. On replace la lampe sous le ballon A pour produire la réaction qui transforme l'acide nitrique en bioxyde d'azote, puis il faut déboucher le tube *a* en retirant la pince. Ici se présente une difficulté apparente : si on se hâte de retirer la pince, on est menacé d'une absorption de mercure dans le ballon; si l'on tarde, on doit redouter une explosion. Il est facile de conjurer ce double danger en enlevant la pince dès que la lampe est placée sous le ballon et en remplaçant son effet par la pression des doigts. On desserre légèrement jusqu'à ce qu'apparaisse à la base du tube une colonne de mercure; à de très-courts intervalles de temps, on diminue avec précaution la pression des doigts, afin d'observer si la tendance de la colonne est toujours ascensionnelle; quand cette tendance devient inverse, on peut lâcher le tube *a*. Sept à huit minutes suffisent pour que la réaction soit complète; quand elle est terminée, on retire le tube *a* de la cloche C; dans cette dernière, on a introduit à l'avance, à l'aide d'une pipette recourbée, un lait de chaux épais et privé d'air par une courte ébullition; le bioxyde d'azote s'y dépouille de toute trace de vapeur acide. Il s'agit ensuite de faire passer le gaz dans le ballon B, où il doit reprendre l'état d'acide nitrique. La cloche C se termine par une pointe sur laquelle on devra pouvoir adapter un tube en caoutchouc; le ballon B, de son côté, a un col étiré à la lampe, qui s'engage dans un tube en caoutchouc, *b*; celui-ci s'engage à son tour sur un tube de verre, *c*, courbé à angle droit et portant à son extrémité un deuxième tube en caoutchouc, de 10 centimètres de longueur. Le ballon B contient de l'eau pure qu'on fait bouillir jusqu'à ce que l'air soit complétement chassé, puis on adapte le tube *b* sur la pointe de la cloche et l'on casse l'extrémité de cette pointe. La vapeur se précipite d'abord dans la cloche, mais bientôt un courant inverse se produit et le bioxyde d'azote passe dans le ballon. Si l'absorption est trop rapide, on la modère en comprimant le tube *b* entre les doigts; on l'arrête tout à fait quand la chaux arrive dans la cloche à la hauteur du bord du tube *b*, et on rend la liberté à la main qui dirigeait l'absorption, en plaçant à cheval sur le tube *b* la pince en fer dont il a déjà été question.

Actuellement, la majeure partie du bioxyde d'azote est entrée dans le ballon B, mais il en reste dans les tubes *b*, *e* et dans le sommet de la cloche.

Pour balayer le reste du gaz, on introduit dans la cloche, par son ouverture inférieure, bien entendu, 20 à 30 centimètres cubes d'hydrogène exempt d'oxygène [1]. On fait absorber ce gaz à son tour, puis la pince étant replacée sur le tube *b*, on détache celui-ci de la cloche. Le réservoir d'oxygène D porte un tube en caoutchouc, *d*, muni d'un robinet, *r*, et terminé par un petit tube en verre; on engage le tube *b* dans le caoutchouc *f*, on ouvre le robinet *r*, et on enlève la pince. L'oxygène se précipite dans le ballon. On referme *r*, on sépare les deux tubes *b* et on attend un quart d'heure, temps nécessaire pour la complète condensation des vapeurs azotiques. Il reste à doser l'acide nitrique avec une liqueur titrée de chaux; il n'y a rien à dire de cette opération, si ce n'est que la liqueur alcaline ayant été titrée comme à l'ordinaire, avec de l'acide sulfurique, on multiplie le nombre trouvé par $\frac{54}{40}$, rapport des équivalents des acides azotique et sulfurique

---

[1] On se procure, en quelques minutes, de l'hydrogène pour plusieurs analyses en attaquant quelques fragments de zinc par l'acide sulfurique étendu dans une petite cloche munie d'un tube de dégagement. Avant de recueillir le gaz, on chasse parfaitement l'air du tube en déterminant, par la chaleur, une formation de mousse dans la cloche. Cette mousse, montant jusqu'au tube de dégagement, expulse tout l'air.

pour transformer le titre, obtenu par rapport à l'acide sulfurique, en sa valeur correspondante en acide azotique. Au lieu d'introduire d'abord la dissolution du tube dans le ballon A, on peut commencer par y faire bouillir le protochlorure de fer et introduire la dissolution comme l'acide chlorhydrique, par absorption.

36. — **Remarques importantes.** — On sait que du bioxyde d'azote placé dans une cloche, en présence d'une dissolution alcaline, ne se transforme pas en acide azotique, mais en acide azoteux que l'alcali absorbe bientôt; ainsi, un seul équivalent d'oxygène, et non pas trois, suffit pour faire disparaître un équivalent de bioxyde d'azote, et quand il s'agit d'un dosage d'acide nitrique par le procédé de Schlœsing, 1 d'oxygène en poids fait perdre 6,75 d'acide. On ne saurait donc apporter trop de soin à bien chasser l'air des appareils. Une ébullition prolongée suffit pour purger parfaitement les deux ballons A et B. Quant à la cloche C, elle pourrait retenir quelques bulles d'air attachées à la paroi si, pour la remplir de mercure, on la plongeait simplement dans la cuve; on évitera cet inconvénient en n'y introduisant le mercure qu'après l'avoir remplie d'eau.

Après cinq ou six dosages, il faut remplacer les deux tubes *a*; l'acide chlorhydrique bouillant désagrége rapidement le caoutchouc vulcanisé, et après quelques opérations, le tube *a* s'obstrue ou se déchire.

Au moment où la pointe de la cloche C doit être brisée, elle se trouve engagée et cachée dans un tube en caoutchouc; de là, pour elle, une condition de forme, sans laquelle on court risque de manquer l'analyse. Si la pointe est trop arrondie, il est malaisé de la casser par la pression des doigts sur le tube qui l'entoure; si elle est trop effilée, on la brisera le plus souvent en l'introduisant dans le tube. On trace à l'extrémité, avec un tire-point bien aiguisé, un trait. La même cloche peut servir en quelque sorte indéfiniment. A l'extrémité de la pointe se trouve toujours une petite quantité de chaux retenue là par capillarité; si l'on attendait le refroidissement du ballon B avant de casser la pointe, cet alcali serait projeté dans les tubes *c* et *b*, et pourrait pénétrer jusque dans le ballon; de là une erreur grave. C'est pour éviter cet inconvénient qu'on ne cesse de chauffer le ballon qu'au moment où la pointe est brisée; la vapeur, ayant atteint une pression supérieure à celle de l'atmosphère, s'élance dans la cloche, et la chaux est projetée par elle en dedans, au lieu de l'être en dehors par le bioxyde d'azote.

La cloche C est simplement une allonge ordinaire étirée dans sa partie rétrécie. Pendant que la réaction s'opère dans le ballon A, il arrive souvent que les vapeurs ne se condensent pas assez rapidement dans la cloche, qui court alors le risque d'être renversée; en pareil cas, on la tient plongée dans la cuve, qui sert ainsi de réfrigérant. La cloche doit avoir trois à quatre fois le volume du gaz que l'on pense y recueillir.

Lorsque les tubes en caoutchouc sont de petits diamètres et qu'on ne distingue pas à l'intérieur la trace de la soudure, il est inutile de les lier; il suffit de graisser les tubes en verre sur lesquels on les applique.

37. — **Modification au procédé.** — Depuis la publication de son mémoire, Schlœsing a simplifié les manipulations par lesquelles on transforme l'acide nitrique en bioxyde d'azote. Le ballon A est remplacé par une très-petite cornue portant au haut de la panse à l'opposé du col un tube dans lequel pénètre un petit entonnoir effilé, servant à introduire successivement la dissolution de nitrate, du chlorure de fer concentré, de l'acide chlorhydrique et quelques gouttes d'eau. Le chlorure de fer et l'acide chlorhydrique sont versés dans le vase qui conte-

nait la dissolution de nitrate, et lui servent de lavage. L'intérieur du petit tube et la queue de l'entonnoir doivent être graissés légèrement pour éviter que les liquides introduits ne se répandent dans l'intervalle. Au col de la cornue est adapté le tube à dégagement *a* (fig. 4), qui doit conduire les gaz dans la cloche C. Après l'introduction des liquides, on fait passer dans la cornue un courant d'acide carbonique pur, produit au moyen de l'appareil continu de H. Deville. Un robinet placé à la jonction de l'appareil et de la cornue permet de régler le courant. L'air est bientôt entièrement expulsé; on ferme alors le robinet, on place la cloche C sur l'orifice du tube à dégagement et on chauffe la cornue pour produire du bioxyde d'azote. Pendant la réaction on ouvre légèrement, à deux ou trois reprises, le robinet d'amenée de l'acide carbonique pour chasser de la tubulure le bioxyde d'azote qui pourrait s'y accumuler. En définitive, on voit que cette modification consiste simplement à expulser l'air du vase où se fait la réaction au moyen de l'acide carbonique, au lieu d'avoir recours à une ébullition préalable de l'eau dans le ballon A.

38. — **Dosage industriel de l'acide nitrique** (1). — A la méthode rigoureuse que nous venons de décrire, on peut substituer très-avantageusement, dans la plupart des cas, le procédé suivant, imaginé par Th. Schlœsing spécialement pour les essais de nitrates de soude et de potasse. L'expérience m'a démontré que ce procédé peut être appliqué avec succès à la recherche de l'acide nitrique dans presque tous les cas, j'ai donc cru devoir comprendre sa description dans le chapitre des méthodes générales.

J'indiquerai, aux paragraphes relatifs à l'analyse des en-

(1) Cours inédit du Conservatoire des arts et métiers.

grais composés, le traitement à faire subir aux matières qui contiennent des nitrates, pour rendre le procédé applicable dans les divers cas où le chimiste devra y recourir. Pour le moment, je me bornerai à faire connaître la méthode générale et à préciser la limite d'exactitude des résultats qu'elle fournit.

39. — **Principe de la méthode.** — Supposons qu'une dissolution de protochlorure de fer additionné d'acide chlorhydrique soit mise en ébullition dans un petit ballon dont le bouchon porte deux tubes (fig. 5) : l'un à dégagement, conduisant gaz et vapeurs dans une cuve à eau ; l'autre, droit, plongeant par son extrémité inférieure dans le liquide et surmonté par en haut d'un entonnoir. L'air contenu dans le ballon ayant été complétement expulsé par l'ébullition, nous introduisons lentement, par le tube droit, une dissolution d'un nitrate : la réaction connue commence à l'instant, et il se dégage du bioxyde d'azote que nous recueillons dans une cloche pleine d'eau Le gaz ainsi obtenu est en quantité proportionnelle à l'acide nitrique employé ; la détermination de celui-ci doit donc pouvoir se déduire aisément de la mesure du volume du gaz. Mais plusieurs objections s'élèvent contre un tel mode d'évaluation : d'abord, la mesure exacte d'un volume gazeux comporte celles de la température et de la pression atmosphérique ; or, un procédé d'analyse est bien près de cesser d'être industriel quand on y introduit des corrections calculées sur des observations du thermomètre et du baromètre. En second lieu, le bioxyde d'azote est très-légèrement soluble dans l'eau ; on doit en perdre pendant qu'il traverse l'eau contenue dans la cloche ou qu'il séjourne sur la cuve. Une cause de perte plus grave peut-être est la présence de l'oxygène dissous dans l'eau par contact direct ou par diffusion ; les deux gaz doivent se rencontrer et former des acides nitreux et ni-

trique que l'eau dissout et fait disparaître. — Th. Schlœsing a trouvé un moyen bien simple de supprimer d'un coup ces diverses objections; c'est de faire deux opérations comparables, l'une avec un poids déterminé d'un nitrate pur, l'autre avec un poids égal du nitrate qu'on veut essayer. Les deux volumes de bioxyde d'azote ainsi obtenus sont dans les mêmes conditions de température et de pression atmosphérique, et resteront proportionnels, sous ce rapport, aux quantités de nitrates qui les auront produits; ils auront d'ailleurs été recueillis dans des circonstances identiques et auront subi les mêmes causes de pertes; sous ce rapport encore, on doit penser que leur comparabilité ne sera pas sensiblement atténuée; c'est ce que l'expérience a du reste démontré. De nombreux essais de vérification ont permis de constater en outre que le bioxyde d'azote peut rester dans une cloche, sur la cuve à eau pendant plusieurs heures, sans subir des altérations de volume dont il faille tenir compte, et qu'une dizaine d'essais de nitrate peuvent se succéder (sans qu'il soit nécessaire de changer le sel de fer dans le ballon) avec une telle rapidité que la détermination d'un volume de gaz type auquel on comparera tous les autres ne peut être considérée comme une complication sérieuse de la méthode.

Il suffit de 300 à 400 milligrammes de nitrates pour produire une centaine de centimètres cubes de bioxyde d'azote. L'emploi d'aussi faibles quantités de sels présenterait l'inconvénient de ne pas offrir la certitude nécessaire sur l'homogénéité de la prise d'essai. Il est préférable d'opérer sur des liqueurs obtenues en dissolvant, sous un volume donné, des quantités assez grandes de nitrate.

Ces dissolutions seront de deux sortes : les unes, *normales*, contiendront sous un volume déterminé, des poids convenus une fois pour toutes, de nitrate de soude, pour les essais de nitrates de soude du commerce, ou de nitrate de potasse pour les essais de salpêtres; les autres, obtenues avec les mêmes poids de sels à analyser et sous les mêmes volumes, seront préparées pour chaque analyse à faire. — Le rapport entre les volumes de bioxyde d'azote fournis par la dissolution du sel commercial et par la dissolution normale donnera immédiatement le titre du sel. Par exemple, s'il s'agit d'un essai de nitrate de soude et que le rapport entre les volumes de gaz soit 0,86, le sel essayé contiendra 86 p. 100 de nitrate de soude pur.

On voit que, dans cette méthode, le poids des sels employés pour la préparation des liqueurs normales, le volume de ces liqueurs, la fraction de la liqueur normale employée à l'analyse, sont arbitraires. La seule condition pour que les résultats des essais soient comparables, c'est que toutes les circonstances des opérations soient identiques pour les liqueurs normales et pour les liqueurs d'essai.

J'indiquerai plus loin, à l'occasion de l'analyse des nitrates, des engrais composés, des sols ou d'autres produits agricoles, la marche à suivre pour ramener le dosage de l'acide nitrique, dans les substances qui en renferment très-peu, à un dosage d'acide nitrique par la méthode applicable aux nitrates de soude et de potasse du commerce.

Ces préliminaires étant bien compris, passons à la description de l'outillage nécessaire pour le dosage industriel d'acide nitrique et à la marche à suivre pour effectuer l'analyse.

40. — **Description de l'appareil.** — Dans un ballon, B (fig. 5), d'une capacité de 200 centimètres cubes environ, on verse 40 centimètres cubes (à peu près) d'une dissolution de protochlorure, dont la préparation est indiquée § 32, puis un égal volume d'acide chlorhydrique

du commerce (exempt d'acide nitrique). On coiffe le ballon d'un bouchon en caoutchouc, *c*, qui est traversé par deux tubes. Le tube *a*, deux fois recourbé, sert au dégagement du bioxyde d'azote. Sa partie horizontale est pincée entre les mâchoires d'un support Gay-Lussac; son extrémité est reliée par un tube de caoutchouc à un tube (fig. 5) qui plonge dans l'eau d'une cuve et fait ainsi fonction de serpentin pour condenser les vapeurs produites en B; il aboutit dans un petit têt en plomb, *t* (fig. 6), sur lequel sera posée la cloche à gaz graduée. L'autre tube est droit; il descend jusqu'au fond du ballon; il est relié à un petit entonnoir par un tube de caoutchouc. Une pince, mise à cheval sur le caoutchouc, l'écrase et ferme la communication entre l'intérieur du ballon et l'air extérieur. Le tube droit est capillaire, on verra bientôt pour quel motif.

Après l'introduction du chlorure de fer et de l'acide chlorhydrique et la mise en place du bouchon, on verse dans l'entonnoir 2 ou 3 centimètres cubes d'acide chlorhydrique, dans le seul but de chasser l'air que renferme le tube capillaire, et l'on pince le caoutchouc avant que l'entonnoir soit vide, de manière que le tube capillaire reste plein de liquide. Sans cette précaution, le tube *b b* fournirait de petites quantités d'air pendant la réaction, ce qui occasionnerait une légère erreur. On chauffe alors le liquide et on y entretient une ébullition assez vive. Le chauffage peut être fait par un bec à gaz Bunsen, muni d'une couronne qui divise la flamme en plusieurs jets et abrité des courants d'air par une enveloppe servant en même temps de support au ballon. A défaut de gaz, on peut employer une lampe à alcool. Bientôt l'air est complétement chassé, comme l'indique la condensation des vapeurs dans le serpentin sans résidu gazeux : alors, après avoir placé sur le têt une cloche graduée et pleine d'eau, maintenue par le support *s*, on laisse tomber dans l'entonnoir le contenu d'une pipette de 5 centimètres cubes,

Fig 5. Appareil pour l'analyse des nitrates.

remplie de la solution à essayer. On ouvre la pince et le liquide circule lentement dans le ballon. Le petit diamètre du tube capillaire a précisément pour effet de retarder l'arrivée du liquide froid, autrement l'ébullition s'arrêterait net et l'on aurait une absorption. Avant que l'entonnoir soit tout à fait vide, on le rince en faisant couler, sur les bords, environ 10 centimètres cubes d'acide chlorhydrique qui descendent à leur tour par le tube capillaire. On fait un nouveau rinçage avec 10 autres centimètres cubes d'acide, puis on serre le caoutchouc avec la pince en ayant bien soin de ne pas laisser pénétrer l'air dans le tube *b b*. Pendant l'introduction de la liqueur nitrique et durant les deux lavages, la réaction s'effectue et continue encore deux ou trois minutes après ; on est

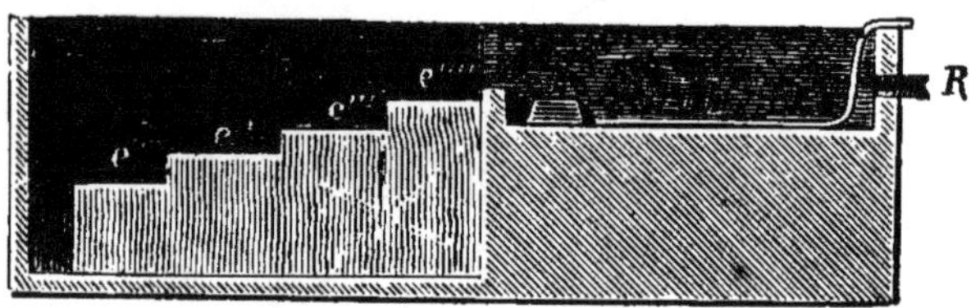

Fig. 6. Coupe de la cuve à eau.

prévenu de sa fin quand les vapeurs qui se condensent dans le serpentin y forment une colonne liquide qui n'est pas interrompue par des bulles de gaz. Il est essentiel que le serpentin *b* soit de petit diamètre, afin que les dernières bulles de bioxyde d'azote soient entraînées au dehors par les liquides de la condensation ; dans un tube trop large, ces bulles resteraient attachées au verre. Quand l'opération est terminée, on enlève la cloche, on la remplace par une autre et on recommence immédiatement un nouvel essai, en se gardant bien d'interrompre l'ébullition.

41. — **Cuve à eau.** — Disons quelques mots de la disposition de la cuve à eau. Elle est représentée en perspective dans la figure 5, en coupe dans la figure 6 ; c'est une simple boîte en bois doublée de plomb ; contre la paroi opposée à l'expérimentateur sont établis des

gradins en bois, *e e' e'' e''' e''''*, sur lesquels on place les cloches graduées *c e' e''* après qu'elles ont reçu le bioxyde d'azote. Ils permettent d'égaliser à très-peu près le niveau de l'eau dans les cloches, de sorte que les pressions soient partout les mêmes et que les volumes soient comparables. La stabilité des cloches est assurée par des fils de cuivre tendus entre deux montants en bois, *e e'*, et reliés transversalement en divers points. Les vapeurs d'acide chlorhydrique qui se condensent dans le serpentin et sont rejetées ensuite dans la cuve, finiraient par donner à l'eau un degré d'acidité que la main de l'opérateur ne supporterait pas. Il convient donc de renouveler continuellement cette eau ; c'est la fonction du tuyau (fig. 5) dont le débit est réglé par un robinet. Au reste, la partie de la cuve où se fait la condensation de l'acide est une simple rigole séparée de la cuve par un pont (fig. 6) qui s'élève sous l'eau jusqu'à 2 ou 3 millimètres de la surface.

Par cette disposition, l'acide ne pénètre pas dans la cuve proprement dite, mais il est emporté incessamment par la tubulure du trop-plein R.

L'eau introduite par la dissolution nitrée et l'acide chlorhydrique des lavages remplacent dans chaque essai les liquides distillés dans l'opération précédente, et comme on est libre d'introduire plus ou moins d'acide, il est bien facile de maintenir à peu près constant le volume du liquide bouillant en B.

Quand on a fini de traiter dans l'appareil toutes les dissolutions qu'on se propose d'essayer, y compris la liqueur normale, il faut avoir soin de n'éteindre le feu qu'après avoir soulevé hors de l'eau l'extrémité du serpentin, pour éviter une absorption brusque d'eau froide qui pourrait briser le ballon. Toutes les cloches étant disposées sur des gradins à hauteur convenable, il reste à faire la lecture des volumes de gaz en plaçant l'œil dans le plan horizontal qui passe par le niveau commun, et à calculer le rapport de chaque volume observé au volume type.

Les tables calculées à la Station agronomique de l'Est et qui donnent, par une simple lecture, la richesse en nitrate et en azote de la matière analysée, sont d'un usage très-commode. (Voir Appendice, tables 1 à 40.)

42. — **Préparation des liqueurs.** — Il faut maintenant poser les conventions à suivre dans la préparation des dissolutions normales des nitrates de potasse et de soude et des dissolutions des nitrates à essayer.

a) **Liqueurs normales.** — Les cloches de 100 centimètres cubes graduées en centièmes ou en demi-centièmes sont bien assez grandes pour permettre une lecture approchée à moins d'un quart de centimètre cube. Mais l'erreur de lecture étant la même pour tous les volumes de gaz, il est évidemment avantageux d'y mesurer des volumes aussi grands que possible, c'est-à-dire voisins de 100 centimètres cubes. Ainsi, les liqueurs normales devront avoir des titres tels que 5 centimètres cubes donnent environ 100 centimètres de bioxyde d'azote, à la pression moyenne de 760^{mm} de mercure et à une température ordinaire, estimée à 20° centigrades. Calculons ces titres.

L'équivalent de l'hydrogène étant pris pour unité, celui du nitrate de potasse est 101, celui du bioxyde d'azote, 30.

101 de nitrate de potasse		donnent ainsi	30 de bioxyde
1^{gr}	—	donne donc	$\frac{30}{101} = 0^{gr},297$

Le litre de bioxyde d'azote à 0° et à 760^{mm} pèse, en nombres ronds, 1^{gr},35 ; donc le poids de 0^{gr},297 correspond à un volume de $\frac{0,297}{1,35} = 220$ centimètres cubes, lequel, passant à 20°, devient 231 centimètres cubes.

Ainsi, 1 gramme de nitrate de potasse donne 231 centimètres cubes de bioxyde d'azote; donc 0gr,433 donnent 100 centimètres cubes.

Un calcul analogue, fait pour le nitrate de soude, dont l'équivalent est 85, montre que :

0gr,364 de nitrate de soude donnent également 100 centimètres cubes de bioxyde d'azote.

Comme la température peut dépasser 20°, il convient d'abaisser un peu ces quantités de sel ; nous prendrons les poids suivants :

Nitrate de potasse	0gr,400
Nitrate de soude.	0 ,330

Ces poids de sel sont dissous dans 5 centimètres cubes : donc les liqueurs normales contiendront par litre :

Celle de nitrate de potasse.	80 grammes.
Celle de nitrate de soude	66 grammes.

Pour être certain de la dessiccation des sels destinés à la préparation des liqueurs normales, on fera bien de les fondre d'abord dans une capsule de porcelaine ou de platine. Après refroidissement, on les concassera dans un mortier bien sec et l'on procédera immédiatement aux pesées. On mettra ensuite chaque sel à dissoudre dans une carafe jaugée de 1 litre, avec 600 à 800 centimètres d'eau. Après dissolution complète, on achèvera de remplir jusqu'au trait avec de l'eau distillée, en ayant soin d'effectuer le mélange par agitation. Ces liqueurs normales seront ensuite renfermées dans des flacons secs bouchés à l'émeri.

b) **Solutions à analyser.** — Quant aux sels du commerce (salpêtre ou nitrate de soude), après un échantillonnage soigné, on en pèsera 80 grammes ou 66 grammes (suivant la base des nitrates à analyser) qu'on dissoudra dans l'eau distillée; on filtrera les liqueurs pour éliminer les matières terreuses, l'entonnoir étant placé directement sur la carafe jaugée. Après des lavages suffisants, on achèvera de remplir la carafe jusqu'au trait de jauge.

Il est facile de se convaincre que 30 ou 40 centimètres cubes de la dissolution dont j'ai donné la préparation (voir § 32) peuvent servir à plusieurs analyses consécutives.

En effet, la quantité de fer correspondant à $0^{gr},330$ de nitrate de soude est $0^{gr},660$. Or, 40 centimètres cubes de la dissolution contiendraient 8 grammes de fer, c'est-à-dire 12 fois 0,660 à peu près; ils pourront donc servir à douze analyses.

Th. Schlœsing a soumis cette méthode à un contrôle direct dont je vais indiquer les résultats absolument satisfaisants :

Il a préparé cinq solutions de nitrate de soude pur, à des titres différents :

I. $6^{gr},400$ dans 100^{cc} III. $5^{gr},790$ dans 100^{cc}
II. 6 ,109 id. IV. 5 ,515 id.
V. $5^{gr},305$ dans 100^{cc}.

Les rapports des titres des quatre dernières à la première sont :

Pour II. $95^{gr},45$ p. 100. Pour IV. $86^{gr},17$ p. 100.
III. 90 ,47 — V. 82 ,89 —

Les cinq volumes de bioxyde d'azote donnés par l'analyse sont :

I. $93^{cc},6$ III. $84^{cc},5$
II. 89 ,3 IV. 80 ,8
V. $77^{cc},5$

Les rapports des quatre derniers au premier sont :

	Trouvé.	Théorique.
Pour II.	95.3	95.45
III.	90.3	90.47
IV.	86.3	86.17
V.	82.8	82.89

On voit que l'accord est aussi complet qu'on peut le demander à un procédé industriel.

Ainsi la vérification du procédé est faite pour les cas où l'on analyse des matières riches en acide nitrique, telles que les nitrates du commerce.

Passons au cas des matières pauvres, comme il s'en présente souvent dans les engrais composés.

On a préparé les quatre dissolutions suivantes :

VI.	2gr,9735	nitrate de soude	dans 100cc.
VII.	2 ,017	—	—
VIII.	0 ,993	—	—
IX.	0 ,5185	—	—

Rapports calculés des titres de ces dissolutions au titre de la solution I :

VI.	46.46	p. 100.
VII.	31.51	—
VIII.	15.51	—
IX.	8.101	—

On a soumis ces dissolutions à l'analyse ; on a opéré en même temps sur la dissolution I ; les cinq volumes de bioxyde d'azote obtenus ont été :

I.	94cc,0.
VI.	43 ,9
VII.	30 ,1
VIII.	15 ,0
IX.	8 ,1

Rapports des quatre derniers au premier :

	Trouvé.		Théorique.
VI.	46.7	p. 100.	46.46
VII.	32.0	—	31.51
VIII.	15.95	—	15.31
IX.	8.61	—	8.101

L'accord n'a donc plus lieu à un demi p. 100 près, ce qui tient à ce que les conditions des opérations ne sont plus absolument comparables, les quantités de gaz dégagées à travers l'eau étant très-différentes. Si on veut atteindre, dans le cas des dissolutions pauvres, le degré d'approximation obtenu avec les dissolutions riches, rien n'est plus facile : il suffit, comme je l'indiquerai à propos des engrais, d'employer à l'analyse le double, le triple de liquide, c'est-à-dire 2, 3, 4 pipettes de 5 centimètres cubes, et de diviser par 2, 3, etc... le titre fourni par l'analyse.

VII. — DOSAGE DE L'AMMONIAQUE.

43. — **Dosage de l'azote à l'état d'ammoniaque.** — L'analyste qui s'occupe spécialement de l'examen chimique des matières agricoles peut avoir à doser l'azote à l'état d'ammoniaque dans un grand nombre de produits tout à fait différents : dans l'air, dans le sol, dans les eaux d'égout ou les eaux vannes, dans l'eau de pluie, dans les fumiers, les excréments, et enfin dans les engrais industriels, sulfate d'ammoniaque, engrais résultant du traitement des matières animales par l'acide sulfurique, etc. L'azote peut exister, sous forme d'ammoniaque seulement, dans les produits à analyser ou s'y rencontrer associé à l'azote organique ou à l'acide nitrique, ou à tous deux à la fois.

On trouvera l'examen de ces divers cas aux chapitres spéciaux consacrés à ces différentes matières. Je me bornerai pour l'instant à indiquer la méthode générale de dosage de l'ammoniaque, renvoyant pour les détails particuliers à chaque substance aux chapitres suivants.

La méthode imaginée par Bineau, employée par Boussingault et modifiée par Schlœsing pour la recherche de traces d'ammoniaque (voir *Dosage de l'ammoniaque dans l'air*), fondée sur le déplacement par une base fixe de

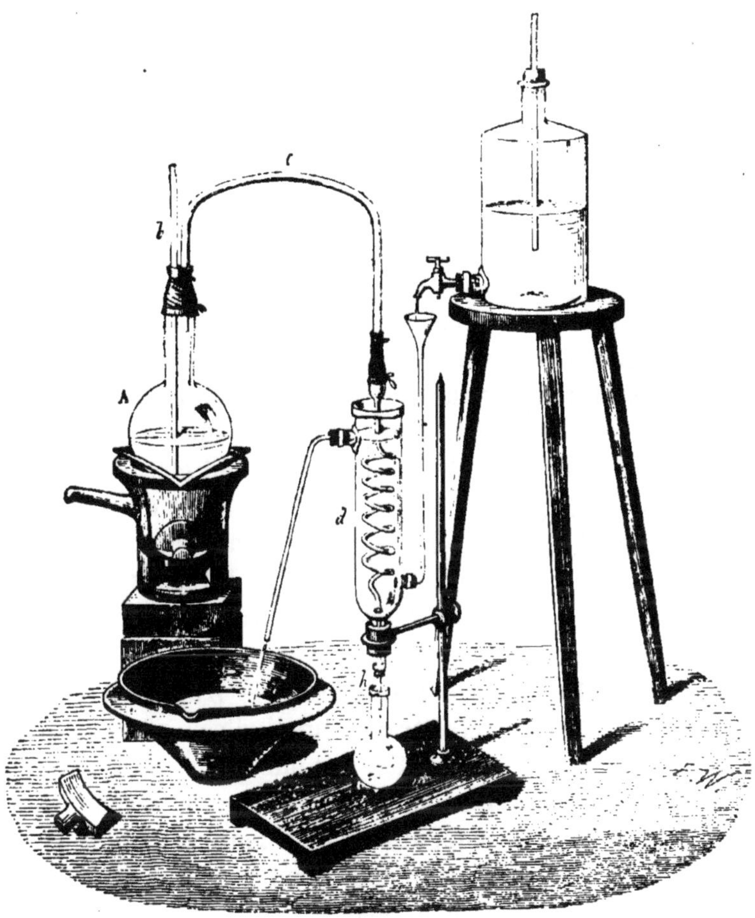

Fig. 7.
Appareil de Boussingault pour le dosage de l'ammoniaque.

l'ammoniaque existant à l'état de sel dans une dissolution, est celle qui fournit les résultats les plus exacts. C'est la seule que je décrirai ici. Nous supposerons l'ammoniaque en dissolution dans l'eau et combinée à un acide pouvant former avec la chaux ou avec la magnésie un sel fixe.

44. — **Description de l'appareil.** — L'appareil distillateur dont se sert Boussingault est représenté par la figure 7. C'est un ballon de verre d'une capacité qui varie, suivant les cas, de 500 centimètres cubes à 1,500 centimètres cubes, reposant sur un réchaud ou sur un support à gaz. Le bouchon du ballon est traversé par deux tubes: l'un, *b*, est droit, l'autre est un tube en S qui sert à introduire la dissolution de la matière contenant l'ammoniaque et l'eau de lavage. — Le tube *b* est recourbé en *a*, comme l'indique la figure; il conduit la vapeur qui se dégage du ballon dans le réfrigérant.

Le diamètre du tube *b* est d'environ un centimètre; il est nécessaire que ce tube ait au moins ce diamètre pour que, pendant l'ébullition, il n'y ait pas de liquide entraîné. Le bouchon qui ferme le col du ballon doit être en liége de très-bonne qualité, auquel cas tout mode de couverture, caoutchouc, lut, etc., peut être, sans inconvénient, négligé. L'extrémité du tube qui pénètre dans le serpentin doit être également assujettie par un bon bouchon en liége.

45. — **Marche de l'analyse.** — L'appareil étant ainsi disposé et le réfrigérant rempli d'eau et alimenté soit par un flacon de Mariotte, soit mieux par un réservoir, on introduit, dans le ballon, de la magnésie récemment calcinée et par conséquent complétement exempte d'ammoniaque; on ferme convenablement les deux bouchons qui relient le ballon au serpentin, on place à l'extrémité de ce dernier un matras à fond plat contenant l'acide sulfurique titré comme il est dit pages 65 et suiv., en s'arrangeant de manière que l'extrémité du tube du serpentin plonge de 4 à 5 millimètres dans l'acide titré. On verse alors le liquide ammoniacal par le tube en S et on lave

avec soin ce dernier avec de l'eau distillée exempte d'ammoniaque.

On ajoute ensuite assez d'eau par le tube en S pour que le volume du liquide du ballon soit égal à 250 centimètres cubes. Tout est alors prêt; on allume le gaz placé sous le ballon et l'on porte le liquide à l'ébullition; les vapeurs se condensant dans le serpentin, viennent se rendre dans l'acide sulfurique titré; on continue à faire bouillir jusqu'à ce qu'on ait recueilli, dans le ballon B, 100 centimètres cubes de liquide, soit les $\frac{2}{5}$ de la liqueur contenue primitivement dans le ballon A; on est certain à ce moment, comme l'a établi Boussingault, que toute l'ammoniaque a passé à la distillation.

On retire doucement le petit ballon de dessous le serpentin, on lave avec précaution, à l'aide d'une pissette, la partie du serpentin qui plongeait dans l'acide sulfurique en faisant tomber l'eau de lavage dans le matras B. On éteint le gaz, on retire complétement le matras et l'on prend le titre de la liqueur sulfurique incomplétement saturée par l'ammoniaque dégagée. Un calcul très-simple donne alors la teneur en azote de la quantité du liquide soumise à la distillation.

46. — Préparation des liqueurs titrées d'acide sulfurique et de soude. — Les difficultés que présente la préparation de liqueurs alcalines normales d'un titre certain et d'une pureté absolue avec la soude ou la potasse du commerce, m'ont fait rechercher un moyen à la fois plus simple et plus sûr d'établir le titre d'un acide sans recourir aux solutions *normales* de potasse ou de soude. La méthode usitée à la Station de l'Est repose sur l'emploi du carbonate de chaux pur pour le titrage des acides. Le carbonate de chaux possède sur la soude, sur la potasse caustique et sur le carbonate de soude deux avantages incontestables : la facilité avec laquelle on peut l'obtenir chimiquement pur (¹) et son inaltérabilité. De plus, l'emploi de ce composé, pour le titrage des liqueurs acides, permet de faire usage des acides du commerce.

a) **Titrage par le carbonate de chaux.** — Pour titrer un acide, on opère de la manière suivante : Supposons qu'il s'agisse de déterminer la richesse de l'acide chlorhydrique du commerce. On prend un volume connu de l'acide à essayer, soit 100 centimètres cubes par exemple, on l'étend d'eau de manière à former un litre. On pèse 2gr,500 de carbonate de chaux pur et desséché au bain de sable, on les introduit dans un matras à fond plat et à large ouverture, puis, à l'aide d'une pipette graduée, on verse dans le ballon 10 centimètres cubes de la liqueur chlorhydrique ; dès que l'effervescence a disparu, on ajoute encore 10 centimètres cubes de la liqueur, et l'on recommence cette opération jusqu'à ce que le carbonate de chaux soit entièrement décomposé. On note le nombre de centimètres cubes employés ; supposons qu'il soit ici égal à 80 ; on verse dans un autre

---

(¹) Il faut dissoudre du marbre blanc dans l'acide nitrique, amener à sec et calciner dans une capsule de platine jusqu'à ce qu'on ait décomposé un peu de nitrate de chaux et formé de la chaux caustique à la surface ; reprendre par l'eau distillée et faire bouillir la liqueur trouble pendant quelque temps ; on filtre à travers du papier à analyse et on verse la dissolution froide dans du carbonate d'ammoniaque concentré et en excès. On décante et on lave longtemps à l'eau chaude sur un entonnoir obstrué par une mèche de coton. S'il restait du nitrate d'ammoniaque dans le carbonate de chaux, il se formerait du nitrate pendant la dessiccation ou au commencement de la calcination, et la perte de poids que ce carbonate de chaux accuserait au feu serait fautive. Le carbonate pur perd exactement 44 p. 100 de son poids par la calcination. (*Nouvelle Méthode générale d'analyse chimique*, par H. Sainte-Claire-Deville ; *Annales de chimie et de physique*, 3e série, t. XXXVIII, p. 1.)

vase une quantité de liqueur chlorhydrique égale à celle qu'on a employée pour dissoudre le carbonate de chaux, et l'on colore les deux liquides par quelques gouttes de teinture de tournesol. On sature alors exactement les deux liqueurs au moyen d'une solution *quelconque* de soude ou de potasse caustiques [1], en mesurant le volume employé à cette opération. Supposons que la liqueur chlorhydrique ait exigé 77 centimètres cubes de soude et la liqueur chlorhydrico-calcique 15 centimètres cubes seulement de la même dissolution.

La différence des deux nombres ($77-15=62$) exprime le volume de soude correspondant au volume d'acide saturé par le carbonate de chaux ; la proportion :

$$77 : 80 :: 62 : x$$

nous donnera le volume de cet acide. $x=64,4$ centimètres cubes, c'est-à-dire que les $\frac{64,4}{80}$ du liquide acide employé ont été saturés par $2^{gr},500$ de carbonate de chaux; donc 80 centimètres cubes exigeraient $3^{gr},106$ et 1 litre $38^{gr},825$ de carbonate de chaux : 50 grammes de carbonate de chaux correspondent à $36^{gr},5$ d'acide chlorhydrique sec et pur; donc un litre de notre dissolution renferme $28^{gr},346$ d'acide pur, et l'acide essayé en renferme dix fois plus ou $283^{gr},46$ par litre.

On peut effectuer le calcul d'une manière plus simple encore en tenant compte directement des volumes de soude employés à saturer chacune des deux liqueurs, sans chercher les volumes d'acide auxquels ils correspondent.

On a trouvé que $2^{gr},500$ de carbonate de chaux correspondent à $76^{cc}-16^{cc}=62^{cc}$ de soude et que, d'autre part,

---

[1] La lessive de soude du commerce étendue de 8 à 10 fois son volume d'eau, convient parfaitement pour cet usage.

80 centimètres cubes de liqueur acide correspondent a 77 centimètres cubes de la même soude; l'équation

$$\frac{2,5 \times 77}{77 - 15} = x$$

nous donnera la quantité de carbonate de chaux correspondant à 80 centimètres cubes d'acide. On voit donc qu'il suffira de multiplier le poids du carbonate de chaux employé, par le rapport des volumes des solutions de soude, pour trouver le poids du carbonate de chaux correspondant au volume d'acide employé. Il suffira de rappeler que 50 grammes de carbonate de chaux correspondent à un équivalent d'un acide quelconque pour faire voir qu'en divisant par 50 le poids du carbonate de chaux, $3^{gr},106$, qui sature 80 centimètres cubes de liqueur acide, on obtiendra un coefficient qui, multiplié par l'équivalent de l'acide chlorhydrique, donnera en grammes la richesse de l'acide employé. Si l'acide essayé était l'acide azotique, en remplaçant 36,5 par 54, on aurait sa richesse, et ainsi de suite.

Les deux formules générales suivantes sont d'une grande simplicité et ne nécessitent dans leur application qu'un calcul très-peu compliqué.

$$P \times \frac{S}{S - S'} = Q \qquad \frac{Q}{50} = C$$

P = *Le poids de carbonate de chaux employé.*

S = *La quantité, en volume, de la soude qui sature la liqueur acide.*

S' = *La quantité, en volume, de la soude qui sature la liqueur acido-calcaire.*

Q = *La quantité de chaux correspondant au volume de liqueur employé.*

50 = *Équivalent du carbonate de chaux.*

C = *Coefficient à multiplier par l'équivalent de l'acide en dissolution pour avoir la richesse d'un acide quelconque.*

Enfin, nous observerons, en terminant, que le point de départ de cette méthode étant la loi des équivalents, la pureté des acides employés est sans influence sur les résultats obtenus.

b) **Titrages par la chaux pure.** — Schlœsing, de son côté, emploie des liqueurs titrées par un procédé un peu différent, mais identique dans le fond ; voici comment il procède :

La liqueur titrée doit contenir environ, par exemple, 0gr,05 SO^3 dans 10 centimètres cubes.

On pèse acide sulfurique pur . . . . . . 61gr,3.

On étend l'eau distillée jusqu'à . . . . . 10 litres.

On laisse refroidir.

Pour titrer exactement cette liqueur, on pèse dans un creuset de platine : carbonate de chaux pur (H. Deville), 1gr,250.

On chauffe au blanc et on pèse de nouveau.

On verse le contenu du creuset dans un ballon *bien sec* de 1 litre et demi à 2 litres de capacité. On reporte le creuset sur la balance et on prend le poids ; par différence on connaît celui de la chaux employée, soit, par exemple, 0gr,688.

On incline le ballon pour éviter les projections, et l'on y verse quelques centimètres cubes d'eau distillée.

On mesure exactement 200 centimètres cubes de la liqueur sulfurique (avec une pipette de 100 centimètres cubes). On les verse dans le ballon et on ajoute 5 à 6 centimètres d'eau pure en lavant le col. On agite et l'on teinte la liqueur avec quelques gouttes de tournesol.

On a employé 1gr,250 CO^2CaO et 200 centimètres cubes SO^3HO = 1gr,50 SO^3.

Ces quantités sont équivalentes, mais la neutralisation n'est presque jamais parfaite, parce que d'une part on laisse un peu de chaux dans le creuset, et que de l'autre on n'est pas sûr que les 200 centimètres cubes contiennent rigoureusement 1gr,50 SO^3. D'ordinaire, la neutralisation n'est pas exacte ; la liqueur est alors bleue ou rouge.

1er cas : la liqueur est bleue (alcaline).

On remplit une burette de 25 centimètres cubes avec la liqueur acide.

On remplit une autre burette avec une liqueur de chaux qu'on titre par rapport à l'acide sulfurique à titrer (supposons que 10 centimètres cubes de liqueur à titrer = 15 centimètres cubes liqueur calcaire).

On verse la liqueur acide, goutte à goutte, dans le ballon jusqu'à ce que la teinte rouge soit bien permanente. S'il y a quelques fragments de chaux adhérents aux parois du ballon, on les écrase avec un tube plein aplati à l'une de ses extrémités.

Si l'on craint que tout CO^2 n'ait pas été chassé, on fait bouillir et l'on refroidit.

On prend alors la burette à liqueur calcaire et l'on neutralise exactement la liqueur sulfurique ; le titrage est alors terminé.

Supposons qu'il ait donné les résultats suivants :

Chaux employée 0gr,688

Acide employé. 200cc

Liqueur acide en plus, 12 centimètres cubes, exigeant pour se saturer 9 centimètres cubes de liqueur calcaire correspondant à liqueur à déduire. 6cc

Différence. 6cc

Liqueur acide totale. 206cc

donc, 206cc acide = 0gr,688 chaux = $\left(688 \times \frac{40}{28}\right)$ SO^3.

10cc liqueur = 0gr,0476 SO^3.

2e cas : La liqueur est acide : on ramène après dissolution complète de la chaux, la teinte bleue par la liqueur calcaire et l'on fait le calcul.

c) **Titrage par la soude.** — Voici enfin le mode de préparation suivi dans beaucoup de laboratoires et qui, bien appliqué, peut donner également de bons résultats :

1° *Liqueur sulfurique.* — On pèse environ 60 grammes d'acide sulfurique pur monohydraté ; on l'étend d'eau de manière à former exactement deux litres de liquide à la température de 15° C. On prend alors avec la pipette qui sert toujours à ces dosages, 20 centimètres cubes de solution dans lesquels on dose SO^3 par le nitrate de baryte avec toutes les précautions usitées pour ce dosage. On a ainsi le titre de la liqueur en acide sulfurique anhydre. La proportion que j'indique (60 grammes pur) correspond à $0^{gr},16$ ou $0^{gr},18$ d'azote, c'est-à-dire nécessite $0^{gr},180$ à $0^{gr},200$ d'ammoniaque pour sa saturation.

2° *Liqueur alcaline.* — La liqueur alcaline qui sert à prendre le titre de l'acide sulfurique après la distillation de la liqueur ammoniacale s'obtient en dissolvant 50 grammes environ de soude caustique pure dans deux litres d'eau à la température de 15° C.

On filtre la dissolution et on la titre à l'aide de l'acide sulfurique obtenu comme il vient d'être dit.

On a ainsi deux liqueurs titrées qui, conservées dans des vases en verre bien bouchés, ne s'altèrent pas (leur titre reste invariable pendant des mois) et qui se saturent l'une par l'autre, sensiblement à volume égal.

47. — **Procédé de Th. Schlœsing.** — Dans la plupart des cas, et notamment pour l'analyse des matières ammoniacales employées comme engrais, l'appareil imaginé par Boussingault donne des résultats suffisamment exacts. S'il s'agit de la recherche de très-faibles quantités d'ammoniaque, dans les eaux météoriques, dans l'air, etc., il est préférable de recourir à la modification adoptée par

Schlœsing à l'occasion de ses travaux sur l'ammoniaque atmosphérique. Le principe de la méthode est le même, la disposition seule de l'appareil est changée et permet d'écarter complétement la principale cause d'erreur qu'on a à redouter en se servant de l'appareil de Boussingault : dans cette méthode, il est impossible d'éviter l'attaque du verre, qui cède toujours une faible quantité d'alcali à l'eau avec laquelle il se trouve en contact.

Le serpentin renversé adopté par Schlœsing a pour but

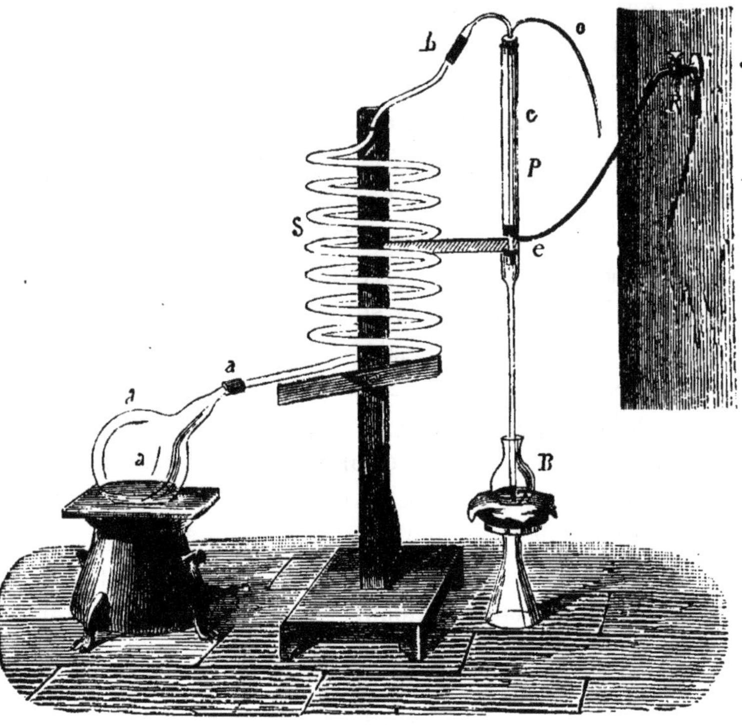

Fig. 8.
Appareil de Schlœsing pour le dosage de l'ammoniaque.

principal de condenser la plus grande partie de la vapeur qui retourne à l'état d'eau dans le ballon. L'ammoniaque étant beaucoup plus volatile que l'eau, demeure dans la portion de vapeur qui va se condenser dans le tube en platine. Le fonctionnement du serpentin est tout à fait analogue à celui des compartiments successifs d'un appareil à rectification d'alcool. On peut donc réunir dans un très-petit volume d'eau la totalité de l'ammoniaque extraite d'un grand volume de liquide, et les indications du tournesol deviennent beaucoup plus sensibles. On peut doser ainsi l'ammoniaque à un centième de milligramme près.

48. — **Description de l'appareil.** — La distillation se fait *per ascensum*, dans le serpentin S relié au ballon *a* par un tube en caoutchouc. Les vapeurs condensées dans le serpentin placé dans l'air se réunissent et retombent incessamment dans le ballon *a*. En *b* l'extrémité supérieure du serpentin est reliée par un caoutchouc à un tube de platine recourbé, *c*, placé dans un petit réfrigérant, *p*, alimenté de bas en haut par un réservoir, R. L'eau chaude s'écoule à la partie supérieure par le tube *o*.

L'extrémité inférieure du tube en platine *e* plonge dans un tube de verre à entonnoir dont la partie inférieure repose en B dans l'acide titré où se condense l'ammoniaque dégagée. Je reviendrai, à propos de l'analyse de l'air, sur cette excellente modification qui fait du procédé une méthode irréprochable.

VIII. — DOSAGE DE L'ACIDE CARBONIQUE (1).

49. — **Principe de la méthode.** — Le procédé de dosage imaginé par Th. Schlœsing, présente sur tous ceux qui ont été décrits jusqu'ici, des avantages considérables; il permet d'atteindre un degré d'exactitude que

(1) Cours inédit du Conservatoire des arts et métiers.

n'offre aucune des méthodes publiées jusqu'à ce jour ; il réalise complétement les conditions suivantes : remplir l'appareil distillatoire de la dissolution carbonique, sans perte ni gain de gaz dus à la diffusion ; y renvoyer les produits liquides de la distillation principale, cause d'incertitude dans les appareils ordinairement employés ; entraîner la totalité de l'acide carbonique dans un absorbant.

50. — **Description de l'appareil.** — La distillation a lieu dans un ballon, B (fig. 9), de capacité variable selon les cas, mais généralement de 1 litre et demi ; son col, réduit par l'étirement à la lampe au diamètre de 1 centimètre, est relié par un tube de caoutchouc à un tube, ***a b***, en T de même diamètre, dont la branche *b* est adaptée à un condenseur Gay-Lussac incliné à rebours (fig. 10). Sur l'extrémité supérieure du T est fixé un tube de caoutchouc, qui est lié en son milieu sur un tube, *d*, et au bout sur un robinet de cuivre, *r*, en sorte que le tube *c*, qui doit descendre dans le liquide et s'y terminer en pointe effilée, est comme un prolongement du robinet.

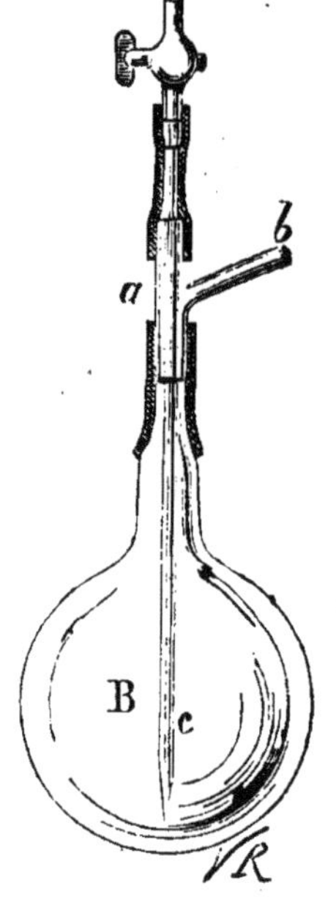

Fig. 9.

Le tube qui fait fonction de serpentin dans le condenseur Gay-Lussac, est large d'un centimètre, afin que les gaz puissent le parcourir librement, sans gêner le retour de l'eau condensée au ballon ; il porte en *d* une petite tubulure surmontée d'un robinet de verre et d'un entonnoir : c'est par là qu'on introduira au moment convenable, s'il en est besoin, l'acide chargé de décomposer les carbonates. Le condenseur est relié par un tube de caoutchouc, *e*, à un système de trois tubes, *t*, *t'*, *t''* ; *t* et *t''* sont garnis de chlorure de calcium ; *t'* contient de la potasse ; ce dernier a la forme des tubes absorbants décrits par Schlœsing dans les *Annales de physique et de chimie*, t. XXI, 3e série.

Il est à peine besoin de faire observer que la potasse doit y être remplacée par de la baryte ou par une solution ammoniacale d'un sel barytique, dans le cas où l'acide carbonique serait accompagné de quelque autre acide volatil.

Le tube *t''* communique par un tube en caoutchouc, *g*, avec un aspirateur, V (fig. 10) ; le dessin dispense de décrire ce complément de l'appareil : je ferai seulement observer, à son sujet, que le tube *s*, ouvert dans l'atmosphère, permet de connaître à chaque instant, par la comparaison des niveaux en V et en *s*, l'énergie de l'aspiration ; et que le vase V, avec son gréement, auquel on ajoutera un thermomètre, pourra au besoin remplir la fonction d'un gazomètre chargé de recueillir et de mesurer un gaz, ce qui en fait un appareil à plusieurs fins, fort utile dans un laboratoire.

51. — **Marche de l'analyse.** — Maintenant je décrirai les manipulations d'une analyse, en prenant pour exemple le dosage de l'acide carbonique contenu dans une eau.

On fait d'abord le vide dans le ballon B ; dans ce but, on y introduit de 50 à 100 centimètres cubes d'eau pure ; on le coiffe du tube en T dont le robinet est fermé, et on fait bouillir pendant quelques minutes ; puis, tout en maintenant l'ébullition, on incline le ballon de manière à projeter l'excès d'eau par la branche *b* du T, et on ferme celle-ci en introduisant dans son caoutchouc un obturateur graissé ; le ballon refroidi est porté sur une balance pouvant peser 2 kilogr., à un demi-gramme près. Pour y

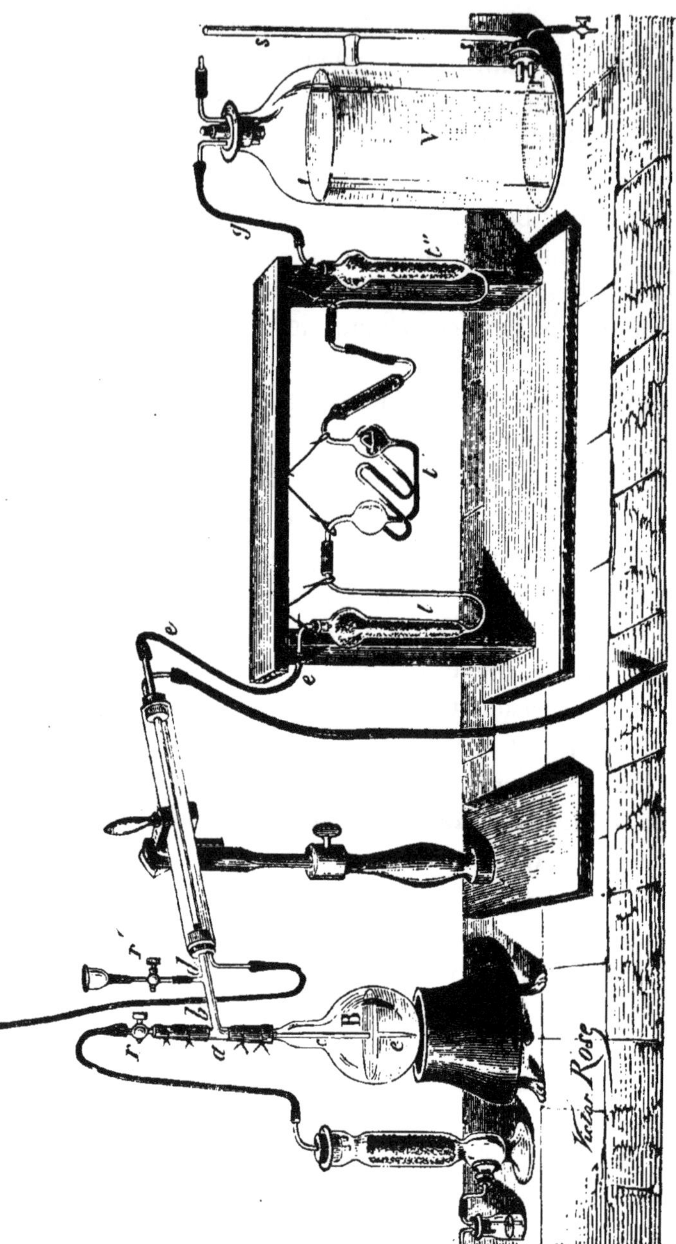

Fig. 10.
Appareil pour lo dosage de l'acide carbonique.

introduire l'eau, il suffit de plonger le robinet dans le liquide et de le tenir ouvert jusqu'à ce que le ballon soit plein aux deux tiers ; une deuxième pesée donne le poids de l'eau introduite. On place alors le ballon sur son fourneau, et on le met en rapport, par le caoutchouc appliqué sur le robinet *r*, avec une éprouvette à pied remplie de ponce potassée; ouvrant avec précaution le robinet, on laisse entrer lentement et jusqu'à refus de l'air exempt d'acide carbonique, puis on retire l'obturateur, tout en pinçant entre les doigts le caoutchouc devenu libre, et on adapte celui-ci sur le condenseur; le ballon est dès lors en libre communication avec la série des tubes t, t', t'' et l'aspirateur; on introduit, par le robinet en verre *r*, l'acide destiné à décomposer les carbonates, et on allume le feu.

Pour éviter toute chance de perte d'acide carbonique, il convient de maintenir dans les appareils, dès le début et pendant toute la durée de l'analyse, une pression légèrement inférieure (5 à 10 centimètres d'eau) à la pression atmosphérique; l'aspirateur V fournit à la fin le moyen et la mesure de l'aspiration; il faut modérer le feu, surtout au moment où le liquide commence à bouillir, afin de ralentir en même temps la circulation des gaz dans le tube à potasse; l'ébullition doit être faible, aussi longtemps qu'elle chasse de l'eau des quantités sensibles d'acide carbonique; puis on l'active par degré, et on ouvre le robinet *r*, en sorte que le balayage de l'appareil par l'air pur ait lieu en même temps que l'ébullition franche de l'eau. Schlœsing a trouvé un grand avantage à faire pénétrer l'air au sein du liquide par un tube effilé, l'ébullition acquiert par là une continuité parfaite, condition importante pour la régularité de la marche des gaz. On mesure l'eau écoulée de l'aspirateur à partir du moment où commence le balayage; après en avoir recueilli 300 centimètres cubes, écoulés en vingt minutes, on met fin à l'opération, et pour cela il suffit d'éteindre le feu et de détacher aussitôt le tube à potasse d'abord du tube t'', puis du tube t'.

Rien n'empêche de doser l'acide carbonique en deux fois, dans une eau naturelle, et de déterminer d'abord celui qui est expulsé par l'ébullition, sans le secours d'un acide, puis celui qu'on attribue à des carbonates neutres. Après avoir soutenu l'ébullition pendant dix ou quinze minutes, on suspend l'aspiration, on modère le feu, et on pèse le tube à potasse; puis, l'ayant remis en place, on poursuit, après avoir introduit de l'acide, goutte à goutte, par le robinet du condenseur; mais il ne faudra pas croire, quand on opérera sur une eau naturelle, que le premier dosage représente exactement l'acide carbonique libre, ou dégagé par les bicarbonates, le second appartenant exclusivement aux carbonates neutres produits par l'ébullition. La silice des eaux naturelles, en effet, réagit sur les carbonates, et on élimine des quantités d'acide carbonique proportionnées à la durée de l'ébullition, en sorte que, dans ce genre de recherches, on est placé entre deux écueils : en abrégeant le premier temps de l'opération, on risque de ne pas dégager la totalité de l'acide libre ou en excès dans les carbonates; en la prolongeant, on peut recueillir en trop de l'acide perdu par les carbonates neutres.

52. — **Dosage de CO^2 dans le sol.** — On se sert du même appareil pour doser l'acide carbonique dans les matières solides, dans la terre arable par exemple, dans les calcaires, etc. En pareil cas, on remplit B à moitié d'eau pure, que l'on porte à l'ébullition; on ferme le T, et on laisse refroidir le ballon dans l'eau; après avoir rendu au ballon de l'air pur, on enlève le T pour introduire la terre, et l'on dispose tout ensuite pour l'analyse.

L'acide est versé goutte à goutte, à froid, tant qu'il se dégage de l'acide carbonique; on continue ensuite comme il a été dit précédemment.

IX. — DOSAGE DE L'ACIDE PHOSPHORIQUE.

53. — **Importance du dosage exact de l'acide phosphorique.** — Le phosphore est un élément absolument indispensable à l'existence et au développement de tout être vivant, plante ou animal. C'est toujours à l'état de combinaison avec l'oxygène et avec les bases, c'est-à-dire à l'état de phosphate, qu'on a à le doser dans les sols, dans les engrais naturels ou industriels, dans les cendres des végétaux et dans celles des matières animales. Il n'est peut-être pas de composé chimique dont le dosage soit plus fréquent dans les laboratoires de chimie agricole, il n'en est guère non plus dont la détermination exacte présente autant de difficultés.

54. — **État de l'acide phosphorique dans les matières agricoles.** — On rencontre l'acide phosphorique dans les sols, engrais, cendres, etc., sous les principaux états suivants :

1° Phosphate tribasique de chaux ($PhO^5 3CaO$);

2° Phosphate bibasique ou *rétrogradé* ($PhO^5 2CaOHO$) ;

3° Phosphate acide (superphosphate) ($PhO^5 CaO^2 HO$) ;

4° Phosphate de fer ($PhO^5 Fe^2 O^3$) ;

5° Phosphate d'alumine ($PhO^5 Al^2 O^3$) ;

6° Phosphate de potasse ou de soude.

Associé à la chaux, à la potasse ou à la soude seulement, et en l'absence de fer et d'alumine, l'acide phosphorique peut être dosé exactement par différentes méthodes simples. Lorsqu'il est uni à du fer ou à de l'alumine, ou lorsque ces deux oxydes existent dans la matière phosphatée à analyser, il en est autrement, et, dans certains cas, la séparation de l'acide phosphorique d'avec les bases que je viens d'indiquer présente à l'analyse de sérieuses difficultés. Suivant qu'on voudra déterminer rigoureusement le taux d'acide phosphorique contenu dans une substance renfermant du fer et de l'alumine ou qu'on se contentera d'un dosage exact, à une certaine approximation près, on aura recours à la méthode Schlœsing ou à l'emploi du molybdate d'ammoniaque.

Il y a trois cas principaux à considérer dans le dosage de l'acide phosphorique : *a*) PhO^5 est associé à du fer et à de l'alumine (ex. : sols, cendres de certains végétaux); *b*) il est associé à du fer seulement; *c*) enfin la matière à analyser est exempte de fer et d'alumine. Nous allons successivement examiner les méthodes générales à appliquer suivant ces divers cas. Les indications spéciales trouveront place dans chacun des paragraphes consacrés à l'examen des sols, engrais, etc.

A. — DOSAGE RIGOUREUX DE L'ACIDE PHOSPHORIQUE.

55. — **Méthode de Schlœsing.** — Afin de montrer tout le parti que les analystes peuvent tirer de cette méthode, je prendrai pour exemple l'analyse d'une fonte, mélange complexe renfermant très-peu de phosphore uni à de grandes quantités de fer et associé à du soufre, du carbone, du silicium, etc.

Il sera très-facile de passer de l'analyse d'une fonte à l'analyse d'un sol, par exemple, comme je l'indiquerai en décrivant l'analyse des terres arables. Je donnerai d'abord le moyen de ramener toutes les analyses au cas d'une fonte.

56. — **Principes de la méthode.** — Si l'on fond, dans un creuset brasqué, un mélange, en proportions convenables, d'un sel de fer, de calcaire, d'argile, etc., on

sait qu'on arrive à réduire l'oxyde de fer ; c'est ce que l'on fait dans les essais de fer, en petit, dans les hauts-fourneaux, en grand. En général, le phosphore se partage entre le laitier et le culot de fonte. Nous verrons qu'on peut arriver à tout faire passer dans le culot.

Les phosphates terreux, irréductibles par le charbon seul, ne résistent pas en présence du fer quand leurs bases peuvent être transformées en silicates : il se forme du phosphure de fer, et si le métal fondu ne se sépare pas des phosphates avant la transformation complète, il est clair qu'il pourra absorber tout le phosphore.

Or, en introduisant, dans le mélange à fondre, du silicate de fer basique, il est réduit à l'état de silicate de fer ($2FeO.3SiO^2$) irréductible, et cède peu à peu du fer qui absorbe le phosphore mis en liberté ; de plus, il se forme du phosphate de fer qui est directement réduit par le charbon et même par l'oxyde de carbone.

Avant d'aller plus loin, indiquons la préparation du silicate de fer. On prend :

70 grammes de sable blanc en poudre fine, lavé à l'acide chlorhydrique bouillant;

120 grammes de peroxyde de fer provenant de la calcination au rouge du sulfate de fer purifié par cristallisation;

40 grammes de limaille fournie par du fer aussi pur que possible.

La limaille donne du protoxyde de fer avec l'excès d'oxygène du sesquioxyde.

On chauffe ce mélange dans un creuset brasqué en élevant rapidement la température, de façon à empêcher la réduction de l'oxyde de fer par l'oxyde de carbone avant sa combinaison avec la silice, et celle du silicate par la brasque. On atteint le plus vite possible le rouge-blanc, et on prolonge le chauffage jusqu'à ce que le creuset projette une foule d'étincelles brillantes, ce qui prouve que le silicate fondu entre en contact avec la brasque et commence à être réduit en fer et en silicate acide. On laisse aussitôt refroidir et on trouve une matière verte fondue, mais bulleuse, un culot de fer et des grenailles disséminées. En concassant la masse et en la pulvérisant, on sépare le culot de fer et les grenailles avec un barreau aimanté; cet excès de fer est destiné à absorber les traces de phosphore qui auraient pu exister dans le mélange. La masse obtenue contient environ 40 p. 100 de silice.

57. — **Dose du silicate de fer à employer.** — Des expériences synthétiques ont fourni les résultats suivants :

La soude élimine l'oxyde ferreux de son silicate jusqu'à ce qu'elle ait pris à peu près 3 équivalents de SiO^2.

	Équivalents.
La potasse.	2.5
La chaux	2.0
L'alumine et la magnésie.	1.5

Il est facile, d'après cela, de calculer la quantité de silicate de fer au delà de laquelle toute addition de ce composé se retrouvera en excès dans le laitier, si l'on connaît la composition de la substance que l'on veut fondre.

Soit, par exemple, un mélange d'argile et de calcaire contenant, en équivalents, 1 d'alumine, 3 de silice, 2 de carbonate de chaux.

1 équivalent d'alumine exige.	1.5	équivalent de silice.
2 de chaux.	4.0	—
	5.5	

Le mélange contient déjà 3 équivalents de silice, le silicate de fer devra donc en fournir 2.5 pour la saturation des bases; toute quantité de ce sel ajoutée en excès demeurera dans la scorie à l'état de silicate irréductible ($2FeO.3SiO^2$). Il n'y a d'ailleurs aucun inconvénient à en ajouter un excès : c'est ce que l'on fera quand on n'aura qu'une connaissance incomplète de la composition de la matière. Dans ce cas, on suppose un maximum de bases, ce qui donne un excès de silicate ; au reste, on est averti du succès de l'opération par deux caractères : la fusion parfaite de la scorie et la couleur verdâtre de sa poussière.

Il faut souvent ajouter du carbonate de chaux pour rendre la fusion possible.

58. — **Fusion de la matière avec le silicate.** — Le mélange de matière et de silicate est versé au fond d'un creuset brasqué et recouvert d'un disque en charbon de cornue ; on lute le couvercle du creuset avec de la terre à four, en laissant un petit orifice pour l'écoulement des gaz, puis on place le creuset dans le fourneau. Le chauffage, très-faible au début, est augmenté au bout de quelques minutes, jusqu'à la chaleur blanche, qu'on maintient vingt minutes, puis on éteint et on enlève le creuset. La scorie n'adhère pas à la brasque, on peut l'extraire avec le culot ; toutefois, à l'aide du barreau aimanté, on recueille les parcelles de fer que la brasque aurait pu retenir. On concasse la masse au tas d'acier, le culot en fragments et les grenailles sont séparées par le barreau aimanté, la scorie est pilée et visitée de nouveau avec le barreau aimanté, qui enlève les dernières parcelles de fonte [1].

L'attaque de cette fonte par le chlore est dirigée comme dans le cas d'une analyse complète de fonte, seulement on n'a pas besoin de mettre le métal dans une nacelle ; si

---

[1] On trouvera, à l'Analyse des silicates, la description du four Schlœsing pour la préparation du culot de fonte phosphorée.

l'on craint d'avoir laissé de la fonte dans la scorie, on peut placer celle-ci dans le tube à analyse, entre deux tampons d'amiante, derrière la fonte.

59. — **Analyse d'une fonte.** — On sait que le chlore attaque à une douce chaleur le fer, l'acier et la fonte, et transforme en chlorures le métal et les métalloïdes qui l'accompagnent, sauf le charbon. Cette transformation ne peut, à elle seule, être employée pour séparer le fer des métalloïdes à doser, car le sesquichlorure de fer forme avec le perchlorure de phosphore une combinaison moins volatile que les deux composants, ce qui rend impraticable toute tentative pour éliminer le chlorure de fer par l'application de la chaleur seule. Mais si l'on fait passer les chlorures volatilisés sur du chlorure de potassium chauffé vers 300° à 400°, le sesquichlorure de fer y est absolument retenu, alors même que la température s'élèverait ensuite jusqu'au rouge sombre, tandis que le chlorure de phosphore est mis en liberté. Comme les autres chlorures produits par l'attaque des métalloïdes ne réagissent pas sur le sel employé, on a un procédé très-simple pour fixer tout le fer. Ainsi, en disposant convenablement l'appareil, il est possible de séparer d'un côté le charbon et les scories intercalées, d'un autre le fer, retenu à l'état de chlorure double de potassium et de sesquioxyde de fer, et, d'autre part, les chlorures volatils des métalloïdes : soufre, silicium, phosphore et arsenic.

60. — **Description de l'appareil.** — La pièce principale est un tube en verre vert, d'environ 7 millimètres de diamètre, ABA (fig. 11), façonné à la lampe, comme on le voit figure 11. Le chlorure de potassium, parfaitement pur et sec, réduit en fragments de la grosseur d'une tête d'épingle et très-légèrement tassé, est maintenu entre deux petits tampons d'amiante. On emploie environ 10 grammes de sel pour 1 gramme de métal. L'ampoule re-

cevra quelques centimètres d'eau distillée dans laquelle les chlorures métalloïdiques viendront se condenser et se transformer en acides silicique, sulfurique, phosphorique, arsénique.

Le tube est couché au-dessus d'une rampe à gaz.

Le chlore est produit dans un appareil à deux flacons communiquant, A et B (fig. 11), l'un renfermant le bioxyde de manganèse et chauffé au bain-marie, vers 35° à 40°, l'autre contenant de l'acide chlorhydrique concentré. Le gaz produit se dégage par un large tube, incliné de façon à faire retomber dans le vase l'humidité condensée sur ses parois, et muni d'un robinet en verre ; de là, il se rend dans un tout petit flacon laveur, servant surtout de témoin du dégagement, puis dans une éprouvette pleine de chlorure de calcium.

Le chlore devant être pur, il est essentiel de purger l'appareil producteur ; à cet effet, on remplit d'acide chlorhydrique le flacon à bioxyde de manganèse, jusqu'à la naissance du tube à dégagement, puis on chauffe le bain ; on ouvre le robinet quand le gaz a refoulé l'acide dans l'autre flacon : le dégagement sert en même temps à purger le flacon laveur et l'éprouvette desséchante. On reconnaît que le gaz est pur en le recueillant dans une petite cloche et en absorbant le chlore par la potasse.

Pendant qu'on prépare l'appareil à chlore, on introduit dans le tube à analyse une nacelle de porcelaine contenant un poids connu de la matière à attaquer, on place derrière elle un fort tampon d'amiante pour empêcher tout retour des vapeurs produites. On allume la rampe et on fait traverser le tube par un courant d'air sec, de manière à enlever toute trace de vapeur d'eau qui réagirait sur les chlorures des métalloïdes et les transformerait en acides oxygénés qui resteraient fixés sur le tube ou sur la potasse du chlorure de potassium. En même temps, on chasse avec la flamme d'un bec Bunsen la buée qui vient se condenser dans la partie effilée faisant suite au dernier tampon d'amiante.

61. — **Marche de l'analyse.** — Quand le chlore est prêt et le tube sec, on éteint le feu sous la nacelle, on introduit dans l'ampoule quelques centimètres cubes d'eau distillée, et l'on met son extrémité en relation avec un tube vertical en verre G, contenant des fragments de porcelaine imbibés d'eau et communiquant avec une cheminée d'appel par un petit flacon laveur et un tube de verre. On met le tube à analyse en communication avec l'appareil à chlore, et ce gaz balaye tout l'air des tubes ; quand l'eau du petit flacon laveur est verte, on rallume le gaz sous la nacelle de façon à produire une chaleur très-modérée. L'attaque commence peu après, et l'on voit voltiger au-dessus du métal une multitude de paillettes brillantes de sesquichlorure de fer, jusqu'au moment où la paroi du tube est fortement échauffée, alors on ne distingue plus qu'une vapeur rouge-orange qui persiste jusqu'à la fin ; sa disparition indique que l'opération est terminée.

Pendant toute la durée de l'attaque, le chlorure de potassium s'imbibe progressivement et très-nettement d'un liquide rouge foncé ; la ligne de démarcation entre le blanc du chlorure alcalin et le rouge du chlorure double est tranchée, ce qui montre combien la fixation du fer est parfaite.

Quand le métal contient des quantités sensibles de phosphore, on voit le perchlorure de phosphore se condenser en croûtes blanches cristallines dans la partie effilée. On les fait disparaître en chauffant avec une lampe à alcool.

On y voit passer aussi des gouttes jaunes de chlorure de soufre, d'autres très-mobiles de chlorure de silicium. La chaleur de la lampe chasse ces divers corps

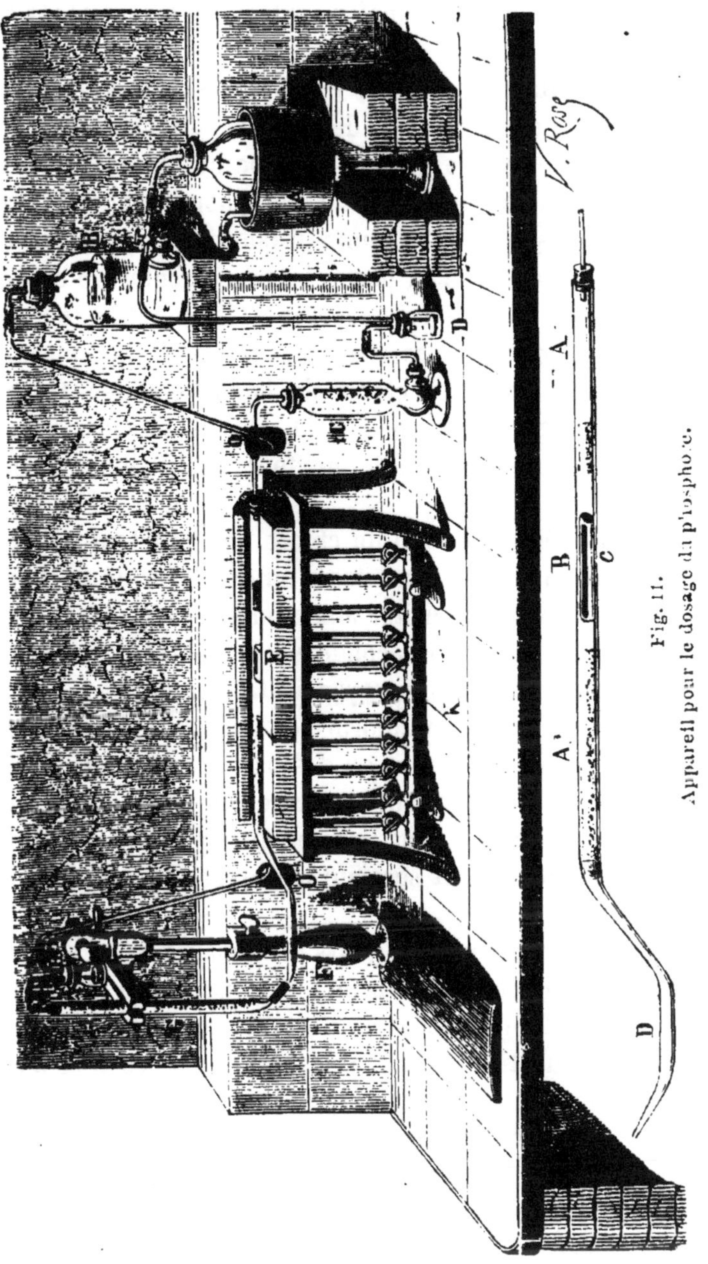

Fig. 11.
Appareil pour le dosage du phosphore.

dans l'eau, où ils se transforment en acides oxygénés au maximum.

Quand l'attaque est finie, il est nécessaire d'élever la température de la colonne de chlorure de potassium. En effet, il peut s'y être condensé de petites gouttelettes de chlorure double de fer et de phosphore qui n'ont pas réagi sur le sel de potassium ; il faut donc les volatiliser et les faire arriver à la partie intacte de chlorure de potassium pour les y détruire. Après cette opération, on voit presque toujours réapparaître des traces de perchlorure de phosphore, que l'on chasse de la partie effilée. Quand celle-ci demeure nette malgré la continuation du chauffage, on peut être assuré que tout le phosphore a été expulsé.

On doit régler le débit du chlore pendant toute l'opération, de manière à maintenir un très-léger excès de ce gaz dans l'appareil et éviter ainsi toute rentrée d'air. Une vitesse d'une bulle par seconde à la sortie est convenable; car il faut éviter d'en envoyer un très-grand excès; sans cela, les vapeurs de perchlorure de phosphore et de chlorure de silicium, passant au-dessus du liquide de l'ampoule et s'y transformant en acides oxygénés solides et pulvérulents, ne seraient pas retenues par les grains de porcelaine mouillés et seraient entraînées jusque dans le barboteur.

On observe presque toujours la formation d'un anneau infiniment mince, rouge-brun, à la naissance de l'ampoule : il est probable que c'est du chlorure de vanadium ; sa quantité est si faible qu'il n'y a pas lieu d'en tenir compte.

Il arrive souvent que le métal atteint le rouge pendant l'attaque ; cela ne présente d'inconvénient que si le fer était légèrement oxydé; dans ce cas, l'oxyde pourrait, grâce à la chaleur, être réduit par le charbon, ce qui fausserait le dosage de ce dernier corps. Dans ce cas, il faut opérer à la plus basse température possible et se résigner à voir l'analyse durer plus longtemps.

Quand l'opération est terminée, on laisse le tube refroidir dans un courant de chlore, puis on détache l'ampoule, par un trait de lime dans la partie effilée ; on fait couler le liquide dans une capsule de porcelaine, et, sans détacher l'ampoule du tube vertical, on lave celui-ci, à trois ou quatre reprises, avec de petites quantités d'eau : le liquide recueilli ne dépasse guère 25 centimètres cubes. Il reste de la silice sur les parois de l'ampoule, on l'enlève par une dissolution chaude de soude pure obtenue par l'oxydation de sodium dans de l'eau distillée.

Avant d'en venir au dosage, faisons encore quelques recommandations. Il faut que le chlorure de potassium soit exempt de corps oxygénés, silice et sulfates, qui, réagissant sur les chlorures, donneraient lieu à la formation d'acide phosphorique et de silice perdus pour l'analyse. On le prépare en desséchant le chlorure du commerce, le dissolvant, précipitant exactement les sulfates par le chlorure de baryum, filtrant, évaporant la liqueur légèrement acidifiée par l'acide chlorhydrique et faisant cristalliser par refroidissement.

Le chlorure de potassium doit remplir le rôle d'éponge pour empêcher le chlorure de fer et de potassium, qu reste fondu pendant l'opération, d'obstruer le tube : on doit le piler grossièrement après l'avoir calciné, et séparer la poussière avec un crible dont les mailles ont 1 millimètre de côté.

62. — **Dosage des métalloïdes autres que le carbone.** — Le liquide extrait de l'ampoule contient du chlore, de l'acide phosphorique, de l'acide arsénique, de l'acide sulfurique, de la silice et de la soude, ajoutée, comme on l'a vu plus haut, pour enlever toute la silice ;

il y a, en outre, de l'acide chlorhydrique provenant de la décomposition par l'eau des chlorures métalloïdiques.

On commence par exposer à une douce chaleur la capsule de porcelaine contenant le liquide, pour chasser le chlore dissous. On continue l'évaporation en remplaçant l'eau évaporée par de l'acide nitrique, qui donne lieu à un dégagement de vapeurs nitrochlorées. On reconnaît que l'élimination de l'acide chlorhydrique est complète en condensant sur une lame de verre les vapeurs qui s'échappent de la capsule, et en constatant que les gouttelettes obtenues ne donnent plus de trouble avec le nitrate d'argent.

On verse alors dans la capsule une dissolution concentrée de nitrate d'argent, on évapore à sec, et on fond le nitrate à une température tout juste assez élevée pour pouvoir le faire couler sur les parois de la capsule. En présence d'un excès de nitrate d'argent en fusion, les acides phosphorique ou arsénique libres ou combinés à un alcali, se transforment en sels d'argent, à trois équivalents de base. La présence de la soude ne modifie en rien cette réaction. (Il n'en serait pas de même avec une base terreuse.) On reconnaît que la transformation est terminée, quand on ne voit plus se produire de bulles à la surface du nitrate en fusion.

Si l'on a soin de ne pas élever la température beaucoup au-dessus du point nécessaire, la silice ne décompose pas le nitrate pour se charger d'oxyde, comme elle le ferait en présence de nitrates de potasse ou de soude : il y a plus, les nitrates alcalins sont à l'abri de cette action quand on les fond avec le nitrate d'argent. Si donc on conduit avec prudence l'opération, la silice reste à l'état libre.

On laisse refroidir la capsule et l'on reprend son contenu par l'eau bouillante : on dissout ainsi le nitrate de soude, le nitrate d'argent en excès et le sulfate d'argent;

il reste dans la capsule de la silice, du phosphate et de l'arséniate d'argent. On filtre.

63. — **Dosage du soufre.** — Dans le liquide filtré on précipite l'argent par un chlorure soluble, puis l'acide sulfurique à l'état de sulfate de baryte, du poids duquel on déduit le soufre. Il est essentiel, pour un dosage exact, de se débarrasser d'abord de l'argent; sans cela, le sulfate de baryte entraînerait une petite quantité de sulfate d'argent.

64. — **Dosage du phosphore et de l'arsenic.** — Les matières insolubles provenant du premier traitement cèdent à l'acide azotique étendu le phosphate et l'arséniate d'argent, que l'on sépare ainsi de la silice. En pesant la capsule avant et après, on a, par différence, le poids de ces deux sels. Il faut faire attention que la silice ne devienne pas anhydre à la température de fusion du nitrate d'argent; or, elle doit garder le même poids dans les deux pesées, il importe donc de ne pas l'exposer, pendant la dessiccation qui précède la deuxième pesée, à une température supérieure à celle de la première dessiccation: il suffit de lui enlever l'eau d'imbibition, sans toucher à l'eau d'hydratation qu'elle conserve.

Pour séparer les acides arsénique et phosphorique, on précipite, dans la solution nitrique, l'argent par l'acide chlorhydrique (le poids du chlorure sert à vérifier les résultats de l'analyse); la liqueur filtrée est saturée successivement par l'ammoniaque et par l'acide sulfurique, puis acidifiée à chaud par l'acide chlorhydrique; l'arsenic se précipite à l'état de sulfure avec un peu de soufre. La liqueur, réduite à un petit volume et filtrée, fournit, d'une part, le sulfure d'arsenic, d'autre part, l'acide phosphorique que l'on transforme, comme ci-dessus, en phosphate tribasique d'argent que l'on pèse.

Quant au sulfure d'arsenic, on le fait tomber dans un

petit vase de Bohême ; les traces qui restent sur le filtre sont dissoutes par quelques gouttes d'ammoniaque et ajoutées au sulfure décanté ; on fait ensuite digérer le tout à chaud, avec de l'acide nitrique. Le sulfure est complétement oxydé, et donne de l'acide arsénique. Après avoir réduit à un très-petit volume et ajouté de l'eau pour filtrer, on sépare le soufre par le filtre et l'on a une solution d'acide arsénique que l'on transforme de nouveau en arséniate tribasique d'argent.

65. — **Dosage du silicium.** — Dans la séparation du phosphore et de l'arsenic à l'état de phosphate et d'arséniate d'argent, la silice est restée sur le filtre (§ 63) ; après l'élimination complète de ces deux sels, on porte le filtre, qui ne contient plus que la silice, dans un petit creuset de platine, on calcine au rouge et l'on pèse le résidu avec toutes les précautions usitées en pareil cas.

On connaît ainsi le poids de silice correspondant au silicium de la fonte, pour éviter l'hydratation de la silice.

66. — **Dosage du carbone.** — Le résidu contenu dans la nacelle renferme, outre le carbone, des scories que le chlore n'attaque pas, et un mélange indéterminé de protochlorure et de sesquichlorure de fer condensés dans le charbon, ainsi que du chlorure de manganèse. On ne peut doser le carbone par combustion et perte de poids, car une partie des chlorures est volatilisée et l'autre transformée en oxydes. On ne peut non plus songer à expulser les chlorures par lavage, bien qu'ils soient complétement éliminés par de l'eau chargée d'acide chlorhydrique, parce que le charbon retient de l'acide chlorhydrique, même dans une étuve chauffée à 160°.

Après avoir laissé la nacelle refroidir dans le courant de chlore, on l'extrait du tube et on la pose sur un bain de sable pour laisser dégager le chlore condensé.

On l'introduit ensuite dans un tube de Bohême de 45 centimètres de long, contenant une colonne de tournure de cuivre grillée de 15 centimètres de long, et relié à un tube à chlorure de calcium, suivi d'un tube à boules contenant de la potasse.

Après avoir chauffé l'oxyde de cuivre au rouge, on fait passer de l'air sec et dépouillé d'acide carbonique sur la nacelle chauffée au rouge très-sombre ; le carbone combiné brûle complétement sans que le graphite soit attaqué. Cette combustion achevée, on pèse le tube à potasse ; puis on le remet en place et l'on chauffe la nacelle au rouge vif dans un courant d'oxygène fourni par une petite cornue à chlorate de potasse ; le graphite brûle alors, et en pesant de nouveau l'acide carbonique formé, on a le poids du graphite.

67. — **Fabrication des creusets brasqués.** — La préparation ordinaire des creusets brasqués, longue et fastidieuse, peut être remplacée par le procédé suivant : on enduit l'intérieur d'un creuset en terre, sur une épaisseur variant de 2 à 4 millimètres du bord au fond, d'une pâte ferme formée d'eau sucrée et de charbon de cornue en poudre fine : on lisse la pâte avec une cloche de verre et on laisse sécher à une douce chaleur. Cette brasque, préparée en quelques minutes, prend au feu une telle consistance, qu'elle demeure ferme et intacte lorsque la terre du creuset se ramollit et se déforme.

On doit laisser sécher le creuset à une douce chaleur, et quand on veut y fondre des substances pulvérulentes, on élève progressivement la température, pour éviter que les gaz produits par la décomposition de l'eau sucrée entraînent une partie du corps à traiter.

Cette pâte d'eau sucrée et de charbon peut servir à confectionner différents objets en charbon d'un usage fréquent.

Pour faire un creuset de charbon, on enduit de pâte l'intérieur d'un creuset de porcelaine vernie, on fait sécher doucement, on chauffe au rouge le creuset fermé, après quoi on détache facilement du moule le creuset de charbon. Quand celui-ci a servi plusieurs fois et qu'il commence à s'user, il suffit souvent de le plonger dans une solution concentrée de sucre et de le sécher de nouveau pour le remettre en état.

Veut-on un tube? On enroule du papier à filtre autour d'un tube de verre, on retire celui-ci, on ferme en bas le tuyau de papier, et on y verse, en le tenant vertical, une pâte liquide de charbon et d'eau sucrée : l'eau est absorbée par le papier, sur lequel se fixe un dépôt cylindrique de charbon ; on laisse écouler le restant du liquide, puis on fait sécher lentement, et on calcine à l'abri de l'air; après la calcination, le charbon du papier se détache sans peine. Ce tube, scié longitudinalement, fournit des nacelles.

On applique un procédé analogue pour obtenir des couvercles de creuset en charbon.

B. — DOSAGE DE L'ACIDE PHOSPHORIQUE PAR LE MOLYBDATE D'AMMONIAQUE.

68. — **Dosage rapide de PhO^5.** — Lorsqu'il n'est pas nécessaire d'atteindre, dans le dosage de l'acide phosphorique, la rigueur sur laquelle on peut compter par l'emploi de la méthode de Schlœsing, on peut en toute confiance faire usage du molybdate d'ammoniaque (procédé de Sonnenschein modifié par divers analystes), à la condition toutefois d'observer exactement les précautions que je vais indiquer. Cette méthode est la seule que je puisse recommander pour le dosage rapide de l'acide phosphorique dans les sols, dans les engrais contenant du fer et de l'alumine, et en général dans tous les cas où l'on

a à doser l'acide phosphorique dans des substances à composition inconnue ou qui renferment de très-faibles quantités seulement d'acide phosphorique.

69. — **Marche de l'analyse : précautions à observer.** — On dissout la matière phosphatée dans l'acide nitrique, et l'on verse dans la dissolution le réactif molybdique, préparé comme il est dit plus loin. On porte rapidement le mélange à l'ébullition [Alterberg] (¹) pour éviter la précipitation d'acide molybdique, on filtre, on lave le précipité avec de l'eau contenant 1 p. 100 d'acide nitrique. Puis on le transforme en phosphate ammoniaco-magnésien, comme il est dit plus bas (7). Il est bon d'observer dans ces manipulations les précautions suivantes :

1. Dans le dosage par le molybdate, il faut opérer sur $0^{gr},1$ à $0^{gr},2$ de $Ph\dot{O}^5$ au plus, jamais sur plus de $0^{gr},2$. On doit concentrer la liqueur phosphorique de manière à la réduire à 50 ou 100 centimètres cubes pour $0^{gr},1$ à $0^{gr},2$ d'acide phosphorique.

2. On prépare la solution de molybdate en dissolvant 150 grammes de molybdate d'ammoniaque dans un litre d'eau, et versant dans la solution un litre d'acide nitrique pur du commerce (²). [Ne pas faire l'inverse, c'est-à-dire verser le molybdate dans l'acide.]

3. Ajouter à la liqueur qui contient l'acide phosphorique à doser assez de solution de molybdate pour qu'à une partie en poids d'acide phosphorique correspondent 50 parties d'acide molybdique. Comme le molybdate d'ammoniaque contient environ 83 p. 100 d'acide molybdique,

---

(¹) *Landw. Vers.-Stat.*, t. XXVI, p. 423 et suiv.

(²) On peut également préparer le molybdate en dissolvant 100 grammes d'acide molybdique pur dans 400 grammes d'ammoniaque à 0.96 de densité et versant dans cette solution, après refroidissement, 1,500 grammes d'acide nitrique de 1.20 de densité.

pour $0^{gr},1$ de PhO^5, il faut employer environ 100 centimètres cubes de molybdate préparé comme plus haut.

4. Un trop grand excès de molybdate n'empêche pas le dosage d'être exact, mais, à raison de l'acide molybdique qui peut rester dans le précipité et se dissoudre ensuite difficilement dans l'ammoniaque, il faut l'éviter.

5. Opérer la précipitation à l'ébullition rapidement obtenue et filtrer *immédiatement* le phospho-molybdate produit.

6. Le précipité jaune, séparé, après refroidissement, par filtration, est lavé avec un mélange de molybdate et d'eau (1 de molybdate, 3 d'eau) ou mieux avec de l'eau contenant 1 p. 100 d'acide nitrique.

7. Ensuite le précipité jaune de phospho-molybdate d'ammoniaque est dissous sur le filtre avec de l'ammoniaque étendue et *chaude* (1 partie d'ammoniaque du commerce, 3 parties d'eau). La dissolution s'effectue mieux dans l'ammoniaque chaude qu'à froid, et comme il faut neutraliser l'excès d'ammoniaque par l'acide chlorhydrique et que le chlorhydrate d'ammoniaque en trop grand excès peut ensuite gêner, il faut s'arranger de manière à dissoudre le phospho-molybdate dans le plus petit volume possible d'ammoniaque.

8. La plus grande partie de l'ammoniaque employée en excès est ensuite neutralisée par l'acide chlorhydrique versé peu à peu jusqu'au moment où le précipité formé se redissout lentement et non plus instantanément.

9. On refroidit la liqueur avant d'y verser le mélange magnésien, parce que, à chaud, il se précipiterait des sels magnésiens basiques qui augmenteraient le poids du phosphate ammoniaco-magnésien. (Brunner.)

10. La précipitation de l'acide phosphorique dans la liqueur faiblement ammoniacale se fait avec le mélange magnésien suivant :

100 grammes de chlorure de magnésium cristallisé ;

140 grammes de chlorhydrate d'ammoniaque;
700 grammes d'ammoniaque pure ;
1300 grammes d'eau distillée.

11. Pour précipiter $0^{gr},1$ d'acide phosphorique, on ajoute 10 centimètres cubes de ce mélange ; ces 10 centimètres cubes contiennent une quantité de magnésie double, environ, de celle qu'exige la précipitation de l'acide phosphorique.

12. Après l'addition du mélange magnésien, on ajoute de l'ammoniaque caustique (environ un tiers du volume de la liqueur), en ayant soin toutefois que le volume total n'excède pas 100 à 110 centimètres cubes.

13. Dans l'espace de deux à trois heures, le phosphate ammoniaco-magnésien est complétement déposé et peut être filtré.

14. Le précipité est lavé sur le filtre avec de l'ammoniaque étendue (1 : 3), jusqu'à ce que la réaction du *chlore* ait complétement disparu dans la liqueur qui filtre. Il ne faut pas trop prolonger les lavages, l'insolubilité du phosphate ammoniaco-magnésien dans l'ammoniaque étendue n'étant pas absolue. Si l'on opère bien, la correction indiquée par Frésénius, pour les 110 centimètres cubes, relativement au phosphate soluble, est inutile.

15. Après dessiccation sur le filtre, le phosphate ammoniaco-magnésien en est séparé, le filtre est brûlé à part ; on calcine ensuite le précipité à la lampe Bunsen ordinaire, puis à la soufflerie. Cette dernière calcination ne doit pas être omise, car elle chasse les petites quantités d'acide molybdique qui pourraient rester avec le phosphate ammoniaco-magnésien et qui ne disparaissent qu'à haute température.

On trouvera plus loin les applications de cette méthode à l'analyse des sols et des engrais phosphatés.

C. — DOSAGE DE L'ACIDE PHOSPHORIQUE EN PRÉSENCE DU FER SEULEMENT.

70. — **Par le nitrate de fer titré (Schlœsing).** — Lorsqu'on s'est assuré que la matière à analyser ne renferme pas d'alumine, on en dissout un poids connu dans l'acide nitrique, et l'on verse, dans une quantité déterminée de la solution, de l'ammoniaque en quantité suffisante pour produire un précipité permanent. Par l'addition d'acide acétique jusqu'à réaction franchement acide, on redissout le phosphate de chaux qui s'était précipité avec le phosphate de fer, si la matière en contenait. Il est utile de faire chauffer le liquide sur le bain de sable dans un vase de Bohême pour déterminer la précipitation et la coagulation du précipité. On recueille le phosphate de fer sur un filtre, on le lave convenablement en réunissant les eaux du lavage au liquide filtré, on dessèche le précipité, on le calcine et on le pèse. Dans la liqueur filtrée, on verse goutte à goutte une solution titrée de nitrate de peroxyde de fer (pour faire le titrage, il suffit d'évaporer à sec un volume connu et de peser le résidu) jusqu'à ce que le précipité ait pris une teinte ocreuse. On fait chauffer sur le bain de sable pour rassembler le précipité ; on filtre, lave, calcine et pèse. La matière pesée est du phosphate de fer dont le poids d'oxyde est donné par le volume de liqueur titrée employée : on a donc par différence le poids de l'acide phosphorique.

D. — DOSAGE DE L'ACIDE PHOSPHORIQUE PAR L'URANE.

71. — **Principe de la méthode.** — Lorsque dans une solution phosphorique rendue acide par l'acide acétique, on verse de l'acétate d'urane, il se forme un préci-

pité de phosphate d'urane ; si la liqueur phosphorique contient beaucoup de sels ammoniacaux, le précipité est formé de phosphate double d'urane et d'ammoniaque ; mais, dans les deux cas, à une quantité d'acide phosphorique donnée correspond toujours un poids proportionnel identique d'oxyde d'urane, de telle sorte qu'une seule liqueur titrée peut servir au dosage, que la solution phosphorique renferme ou non des sels ammoniacaux.

Le cyanoferrure de potassium est sans action sur le phosphate d'urane et sur le phosphate uranique ammoniacal, mais en présence de traces d'acétate d'urane, il donne naissance à du ferrocyanure d'urane, insoluble dans la liqueur et coloré en brun-rouge foncé. Cette propriété, qui permet de déceler des traces d'acétate d'urane libre dans une liqueur acétique, est mise à profit pour constater la fin du titrage, comme nous le verrons tout à l'heure.

Cette réaction, découverte en 1853 par Leconte, qui l'appliqua dès le début au dosage des phosphates contenus dans l'urine, a été introduite par Pincus dans l'analyse des engrais phosphatés.

Commençons par indiquer la composition des liqueurs nécessaires pour effectuer le dosage :

Acétate de soude.

Acétate de soude cristallisé, 100 grammes ;

Acide acétique cristallisable, 100 grammes ;

On étend d'eau distillée, jusqu'à 1000 centimètres cubes.

72. — **Titrage de la solution uranique.** — Si l'on dissout 500 grammes de nitrate ou d'acétate d'urane cristallisé dans 14 litres d'eau, on obtient une liqueur dont 1 centimètre cube correspond à peu près à 5 milligrammes d'acide phosphorique. Il vaut mieux employer un excès de

25 à 30 grammes de sel d'urane, en raison de la séparation presque constante de sels basiques insolubles lors de la dissolution dans l'eau.

Comme le nitrate d'urane renferme presque toujours de l'acide nitrique libre, on ajoute aux 500 grammes de sel d'urane 50 grammes d'acétate de soude.

Si l'on emploie l'acétate au lieu du nitrate, pour 500 grammes de sel, on ajoute 50 à 100 grammes d'acide acétique concentré, un excès d'acide acétique libre rendant la liqueur d'une conservation plus sûre. Il est nécessaire de laisser reposer la solution uranique pendant quelques jours avant d'en déterminer le titre, parce que la précipitation des sels basiques ne se fait pas immédiatement.

On titre la liqueur, non pas par rapport à une solution de phosphate de soude, mais bien avec une solution de phosphate acide de chaux de richesse à peu près analogue à celle des liqueurs de superphosphates à analyser.

Pour procéder à ce titrage, on opère de la façon suivante : on pèse environ $5^{gr},5$ de phosphate tribasique de chaux sec, on les met en digestion avec de l'acide sulfurique étendu (il faut environ $2^{gr},85$ à $2^{gr},90$ de $SO^3.HO$ pour $5^{gr},5$ de $PhO^5.3CaO$). Après digestion, on étend la liqueur à un litre. On sépare, par filtration, le sulfate de chaux et le résidu non dissous de phosphate tribasique. Dans 50 centimètres cubes de cette liqueur, on dose PhO^5 par le molybdate d'ammoniaque, avec toutes les précautions décrites précédemment, ou par le mélange magnésien (§ 74).

Si l'on a du phosphate tribasique pur, on peut, ce qui va plus vite, le dissoudre dans un léger excès d'acide nitrique et titrer la liqueur phosphorique par précipitation directe par l'ammoniaque, calciner et peser. Il faut, en tout cas, dessécher complétement le phosphate tribasique qui sert au titrage.

On prend 50 centimètres cubes de cette solution phosphatique (correspondant à une solution d'un superphosphate à 12.5 p. 100 de PhO^5 ; 20 grammes dans un litre), on ajoute 10 centimètres cubes d'acétate de soude, puis à froid, de l'acétate d'urane (ou du nitrate), jusqu'au moment où la réaction avec le prussiate va se produire ; on chauffe alors à l'ébullition, puis on fait le titrage sur l'assiette avec le prussiate.

On arrive très-nettement et le plus sûrement à la réaction finale en employant du prussiate en poudre ; une solution toute récente de prussiate donne de très-bons résultats, une solution un peu ancienne va moins bien. Il faut donc, si l'on opère avec la solution, l'employer constamment récente. J'emploie de préférence le prussiate finement pulvérisé : sur une assiette de porcelaine très-légèrement enduite d'un corps gras, on dispose, de distance en distance, de petites quantités de prussiate en poudre : à l'aide d'un agitateur, on touche successivement ces petites masses de cyanure avec une goutte de la solution à titrer ; on arrive ainsi à saisir très-nettement le point exact de la saturation et la fin du titrage.

La titration de 50 centimètres cubes de solution de superphosphate se fait exactement de la même manière. Si les superphosphates sont trop riches, la réaction finale perd en netteté. On obvie à cet inconvénient en employant 25 centimètres cubes au lieu de 50 centimètres cubes ou en étendant davantage la liqueur de superphosphate.

73. — Marche d'un essai. — Nous supposons la matière phosphatée dissoute dans l'eau, soit seule, soit additionnée d'acide nitrique. La liqueur peut contenir du fer, mais elle doit être exempte entièrement d'alumine; sans quoi, l'on ne peut pas compter sur l'exactitude du dosage de l'acide phosphorique. Si la liqueur contient de l'acide nitrique libre, on ajoute de la soude; presque jusqu'à neutralisation.

Supposons, pour fixer les idées, qu'on ait à doser l'acide phosphorique dans une solution de superphosphate [20 grammes de superphosphate dans 1 litre d'eau] [1].

a) On prend 200 centimètres cubes du liquide filtré et l'on y verse 50 centimètres cubes de la liqueur titrée d'acétate de soude; s'il y a du fer dans le liquide à analyser, il se précipite du phosphate de fer. On le recueille sur un filtre, on le lave trois ou quatre fois à l'eau bouillante (pas davantage, l'eau bouillante pouvant dissoudre un peu du précipité), on dessèche, calcine et pèse $PhO^5Fe^2O^3$. Du liquide filtré on prend 50 centimètres cubes (correspondant à 40 centimètres cubes de la solution primitive par suite de l'addition de 50 centimètres cubes d'acétate de soude), on verse goutte à goutte la solution titrée d'urane, on porte à l'ébullition en essayant de temps en temps l'action d'une goutte du mélange sur du prussiate en poudre placé sur une assiette de porcelaine, jusqu'à ce que l'addition d'une seule goutte d'acétate d'urane à la liqueur fasse apparaître la coloration rouge-brun dont il a été question plus haut.

b) Si l'addition d'acétate de soude ne produit pas de précipité de phosphate de fer, on prend 50 centimètres cubes de la liqueur phosphatée, on y verse 10 centimètres cubes de la solution titrée d'acétate de soude et l'on procède au dosage par l'urane, comme il vient d'être dit.

L'acétate de soude et surtout l'acide acétique libre ne sont pas sans action sur la réaction finale de la solution uranique avec le prussiate. Il faut, par conséquent, opérer sensiblement sur la même quantité de ce mélange pour le titrage de la solution uranique par le phosphate de chaux qu'on emploiera dans l'analyse de la matière phos-

---

[1] J'indiquerai, à l'article *Superphosphate*, comment il faut préparer cette solution.

phatée. On peut remarquer que, dans le cas d'un superphosphate ferrugineux, on emploie, par 40 centimètres cubes de la solution, 10 centimètres cubes du mélange d'acétate et d'acide acétique, tandis que dans le cas d'une matière exempte de fer, on ajoute 10 centimètres cubes seulement pour 50 centimètres cubes de solution phosphatée. Dans le titrage, comme dans le dosage de PhO^5, il faudrait prendre 12^{cc},5 de solution titrée d'acétate de soude, au lieu de 10 centimètres cubes. Mais cette différence de 2^{cc},5 est, dans la plupart des cas, sans influence notable sur l'exactitude du dosage.

Cette méthode, à la fois exacte et rapide quand elle est bien appliquée, rend les plus grands services dans l'analyse des engrais phosphatés, notamment dans celle des superphosphates d'os.

E. — DOSAGE DE L'ACIDE PHOSPHORIQUE EN L'ABSENCE DU FER ET DE L'ALUMINE.

74. — **Dosage de l'acide phosphorique à l'état de phosphate ammoniaco-magnésien.** — Quand la matière à analyser ne contient ni fer ni alumine, le dosage de l'acide phosphorique s'effectue très-exactement soit à l'aide du procédé que nous venons de décrire (liqueur titrée d'urane), soit par le mélange magnésien.

Deux cas peuvent se présenter : le phosphate de chaux est dissous à la faveur de l'eau seule ou à l'aide d'une certaine quantité d'acide nitrique. (Voir *Analyse des engrais.*)

1er cas : *Phosphate soluble dans l'eau, phosphate de chaux, soude ou potasse.* — On prend 50 ou 100 centimètres cubes de la dissolution, suivant sa richesse (soit 0^{gr},5 à 1 gramme de phosphate). On précipite à chaud par une addition d'oxalate d'ammoniaque pulvérisé, et dans la liqueur filtrée et refroidie on verse 20 à 25 centimètres cubes de la solution magnésienne, dont j'ai indiqué la composition (page 97).

2e cas : *Phosphate dissous en présence de l'acide nitrique.* — Dans 50 ou 100 centimètres cubes de la liqueur, on neutralise l'excès d'acide aussi exactement que possible par l'ammoniaque, on redissout le phosphate de chaux par l'addition d'une petite quantité d'acide acétique, et l'on procède à la séparation du phosphate ammoniaco-magnésien, comme il vient d'être dit.

F. — DOSAGE DE L'ACIDE PHOSPHORIQUE SOLUBLE DANS LE CITRATE D'AMMONIAQUE.

($PhO^5 2CaO.HO$ — $PhO^5 Fe^2O^3$ — $PhO^5 Al^2O^3$.)

75. — **Principe de la méthode.** — Le phosphate de chaux bibasique, et en général les phosphates solubles dans les sels organiques, citrate, tartrate, etc., étant considérés comme plus rapidement assimilables par les végétaux que les phosphates insolubles dans les mêmes conditions, on est généralement d'accord pour leur attribuer une valeur vénale identique à celle du phosphate soluble (1). Il importe donc d'en déterminer le taux dans les principaux engrais phosphatés rendus en partie solubles par l'acide sulfurique.

---

(1) Les directeurs des Stations agronomiques réunis en congrès international à Versailles, au mois de juin 1881, ont été à peu près unanimes sur ce point capital. Je renverrai mes lecteurs au *Compte rendu du Congrès international des directeurs des Stations agronomiques.* (1 vol. in-8°. Berger-Levrault et Cie.) Outre les discussions relatives à l'acide phosphorique qui n'ont pas occupé moins de deux séances du congrès, on trouvera, dans ce volume, l'exposé complet des faits qui établissent la valeur agricole des phosphates sous leurs diverses formes.

Un chimiste anglais, Warington, a le premier signalé la solubilité de $PhO^{5}2CaO.HO$ dans l'acétate d'ammoniaque ; un jeune chimiste français, Brassier, a simplifié la méthode décrite par Warrington, en supprimant la séparation de la chaux préalablement au dosage par la magnésie; Frésénius, Neubauer et Lücke, à qui l'on doit l'adaptation à la fois simple et exacte de ce procédé à l'analyse des superphosphates, ont fait connaître, le 2 juillet 1871 (¹), à la réunion des chimistes et des fabricants d'engrais qui s'est tenue à Coblentz, la méthode dont nous allons donner le principe. La description détaillée de la méthode, avec toutes les vérifications désirables à l'appui, a paru dans la *Zeitschrift für Chemie* de Frésénius, t. X, 1871.

Enfin, M. Joulie a proposé diverses améliorations au procédé allemand. Je décrirai complétement la méthode de M. Joulie à propos de l'analyse des engrais phosphatés, me bornant ici à faire connaître les réactions fondamentales du procédé au citrate.

Une solution de citrate ammoniacal neutre ou légèrement alcalin, d'une densité de 1,09, laisse intact le phosphate tribasique et dissout rapidement (en une demi-heure) le phosphate bibasique avec lequel on l'agite de temps en temps, en maintenant le mélange à la température de 30 à 40 degrés centigrades.

Étant donné un mélange de phosphate tribasique et de phosphate bibasique (ou phosphate rétrogradé), si l'on place 2 grammes de ce mélange (je suppose le phosphate acide complétement enlevé par un lavage) dans 50 centimètres cubes de citrate d'ammoniaque neutre ou légèrement ammoniacal, maintenu à 30 ou 40 degrés centi-

(¹) *Landwirthschaftlicher Anzeiger*, n° 40, septembre 1871, Berlin.

grades, et qu'on agite de temps en temps la liqueur, au bout de 20 à 25 minutes, tout le phosphate bibasique aura passé en dissolution. Un lavage renouvelé deux fois avec une solution étendue de citrate enlèvera jusqu'aux dernières traces de phosphate rétrogradé et laissera intact $PhO^5 3CaO$. Si l'on connaît la richesse du mélange de phosphate en acide phosphorique total (avant traitement par le citrate); si, d'autre part, on dose l'acide phosphorique restant après la digestion avec le citrate, on aura par différence le taux de l'acide bibasique. Tel est le principe très-simple de cette méthode, qui nous a donné depuis dix ans les meilleurs résultats dans les nombreux dosages que nous avons faits, avec les précautions qui seront indiquées dans le chapitre des analyses spéciales.

X. — DOSAGE DE LA POTASSE.

76. — **État de la potasse dans les matières agricoles.** — La potasse est, après l'azote et l'acide phosphorique, le composé dont on a le plus fréquemment à opérer la recherche et le dosage dans les engrais, les végétaux et le sol. Dans les analyses qui se présentent le plus souvent, on rencontre la potasse combinée aux acides sulfurique, nitrique et carbonique, au chlore et, plus rarement, à l'acide phosphorique. Presque toujours ces sels sont associés aux sels alcalins ou alcalino-terreux.

77. — **Procédés de dosage.** — Les procédés de dosage dans les laboratoires agricoles dont je puis recommander l'emploi, sont au nombre de quatre, savoir : 1° procédé ancien fondé sur l'insolubilité à peu près complète du chloro-platinate de potassium dans l'alcool; 2° procédé Schlœsing, basé sur l'insolubilité du perchlorate de potasse dans le même liquide; 3° procédé Coren-

winder et Contamine (réduction du chloro-platinate par l'acide formique); 4° procédé Carnot (dosage volumétrique, par l'hyposulfite double de potasse et de bismuth). Je vais décrire successivement ces quatre méthodes, renvoyant pour leur application à l'analyse des engrais.

78. — **Dosage à l'état de chloro-platinate.** — Il faut commencer par éliminer de la solution contenant la potasse à doser : la silice, l'alumine, le fer, la chaux, l'acide sulfurique et l'acide phosphorique, par l'emploi successif de l'ammoniaque, de l'oxalate d'ammoniaque et d'un sel barytique; on concentre la liqueur; on transforme, s'il y a lieu, les nitrates en carbonates par le procédé indiqué à l'analyse des silicates; on sépare la magnésie et l'on verse goutte à goutte dans la liqueur, aussi concentrée que possible, un excès d'une solution de chlorure de platine au dixième (100 grammes par litre). On évapore ensuite à siccité, au bain-marie, la solution contenant le précipité platinique, on humecte la masse avec de l'alcool éthéré et on laisse digérer le tout pendant quelques heures; on lave ensuite à l'eau alcoolisée ($^1/_3$ d'alcool, $^2/_3$ d'eau) jusqu'à ce que l'eau de lavage, jaune d'abord (chlorure de platine et de sodium), soit devenue tout à fait incolore : on dessèche le chloro-platinate à 125° ou 130° et on le pèse dans la capsule de platine où s'est effectuée la précipitation. Le poids de chloro-platinate trouvé, multiplié par 0,193, donne le poids correspondant de potasse.

79. — **Dosage à l'état de perchlorate de potasse.** La séparation à l'état de perchlorate (Sérullas et Schlœsing), qui permet de doser directement la potasse en présence des substances auxquelles elle est généralement associée dans les matières agricoles (sols et engrais), sans séparation préalable des bases alcalines et alcalino-terreuses, est appelée à rendre les plus grands services dans les laboratoires agricoles. A la fois très-exact et très-

rapide, ce procédé peut remplacer, dans presque tous les cas, l'emploi long et assez dispendieux du chlorure de platine.

L'insolubilité du perchlorate de potasse dans l'alcool à 40°, signalée par Sérullas, est devenue, entre les mains de Schlœsing, la base d'un procédé expéditif et très-exact de séparation de la potasse d'avec la soude. Ce procédé est d'autant plus précieux qu'il n'exige pas l'éloignement préalable des autres bases (chaux, magnésie, baryte) et peut être ainsi pratiqué au début d'une analyse de sol ou d'engrais. La seule condition à remplir est l'élimination de l'acide sulfurique et des autres acides fixes, phosphorique, etc. Un mélange présentant la composition suivante :

	Milligr.
Chlorure de potassium. . .	83,5
Sulfate de magnésie. . . .	574,0
Chlorure de sodium. . . .	1298,0
Chlorure de calcium . . .	233,0

a donné, après élimination de l'acide sulfurique par le chlorure de baryum et conversion des bases en perchlorates :

	Milligr.
Perchlorate de potasse. . .	153,1

correspondant à :

Chlorure de potassium. . .	81,4 [1]

Ce seul exemple suffit à montrer l'exactitude de la méthode et le parti qu'on en peut tirer dans les recherches de chimie agricole.

80. — **Préparation de l'acide perchlorique et du perchlorate d'ammoniaque.** — Je commencerai par décrire le procédé de préparation du réactif de Schlœsing.

---

[1] Schlœsing, *Comptes rendus Acad.*, 27 novembre 1871.

1° *Perchlorate de potasse.* — On prend 700 à 800 grammes de chlorate de potasse pur et fondu [1]. On les place dans un ballon de verre de 1 litre et demi de capacité environ, suspendu au fléau d'une balance. Sur le plateau opposé on met des poids en quantité telle que l'équilibre se trouve rompu en faveur du ballon, de sorte que ce dernier ne soit entraîné par les poids qu'au moment où il aura perdu 7 ½ p. 100 de son poids, par suite de la décomposition du chlorate. Le ballon, entouré de briques réfractaires, est chauffé progressivement comme s'il s'agissait de la préparation de l'oxygène; le four en briques dans lequel on le place a pour objet de répartir également la chaleur et d'éviter les explosions résultant de la décomposition trop brusque du chlorate.

Lorsque, par suite du départ de l'oxygène, l'équilibre est rétabli, on enlève le ballon, on lui imprime quelques légers mouvements de rotation pour étaler le chlorate sur les parois et s'opposer ainsi à l'emprisonnement d'oxygène dans la masse, ce qui pourrait amener des explosions violentes; on laisse refroidir. On reprend ensuite le contenu du ballon par l'eau bouillante, on refroidit brusquement la dissolution, le perchlorate se dépose en très-petits cristaux. Le chlorure de potassium formé reste en solution avec un peu de perchlorate; on se sert de ces eaux mères pour le traitement du perchlorate obtenu dans une autre opération.

On procède ensuite au lavage méthodique du perchlorate de potasse, jusqu'à cessation du trouble de la liqueur de lavage, par le nitrate d'argent. On laisse enfin ressuyer les cristaux dans l'entonnoir où s'est fait le dernier lavage.

---

[1] Il est dangereux, quand on opère la décomposition en grand, d'employer du chlorate cristallisé à raison de l'eau qu'il peut retenir.

2° *Transformation de* KO.ClO⁷ *en perchlorate d'ammoniaque.* — Sur quelques grammes des cristaux obtenus dans l'opération précédente, on dose, par dessiccation, le taux réel de perchlorate qu'il renferme. Par un titrage alcalimétrique, on détermine la richesse d'une solution d'acide hydrofluosilicique. Dans cet acide hydrofluosilicique, on ajoute assez de cristaux de perchlorate pour obtenir $SiFl^2KFl + ClO^7$; on agite fréquemment le mélange; à la fin, on chauffe au bain-marie vers 40°. Cette réaction demande un jour et demi à deux jours pour s'effectuer complétement. On s'assure qu'elle est terminée, en ajoutant de l'ammoniaque dans le liquide clair surnageant; l'alcali ne doit pas produire de trouble. On décante, on sépare par filtration le fluo-silicate et l'on a une solution étendue d'acide perchlorique. On concentre par la chaleur, on abandonne ensuite le liquide à lui-même; il se sépare quelques cristaux de $KO.ClO^7$, insoluble dans l'acide perchlorique concentré. On sature alors la liqueur acide par l'ammoniaque; il se produit un précipité abondant contenant les impuretés, telles que fer, silice, etc. On filtre à chaud et l'on purifie le perchlorate d'ammoniaque qui se dépose, par deux cristallisations. On a ainsi préparé du perchlorate d'ammoniaque pur qui va servir à obtenir l'acide perchlorique.

3° *Transformation du perchlorate d'ammoniaque en acide perchlorique.* — Dans une capsule de porcelaine, on décompose le perchlorate d'ammoniaque par l'acide chlorhydrique additionné d'un excès d'acide nitrique. On concentre le liquide jusqu'à consistance sirupeuse et on l'abandonne à lui-même pendant un jour ou deux, afin de laisser se séparer les dernières traces de perchlorate de potasse qu'il pourrait contenir. C'est le liquide surnageant qui sert au dosage de la potasse. On en essaie 5 centimètres cubes par l'addition d'alcool et s'il se précipite encore quelques cristaux de $KO.ClO^7$, on en tient compte par une correction, une fois faite, sur le liquide réactif.

81. — Préparation de l'acide perchlorique pur (procédé Perrey). — Perrey, directeur du laboratoire agronomique de Mettray, a fait connaître le procédé suivant, qui a pour but, d'après l'auteur, d'éviter complétement la présence de la potasse dans le réactif obtenu.

On obtient l'acide perchlorique pur, ou du moins complétement volatil et ne contenant qu'un peu d'acide chlorique, qui est complétement détruit pendant les opérations de l'analyse, par un troisième procédé, reposant sur cé fait, autrefois reconnu par Sérullas, que l'acide chlorique distillé fournit un tiers de son poids d'acide perchlorique

On prend du chlorate de baryte, sel facile à préparer, que le commerce fournit aujourd'hui à très-bon compte, et qui n'a pas besoin d'être purifié. On en dissout 1 kilogr. dans 5 litres d'eau tiède. On ajoute à la dissolution, en remuant, 322 grammes d'acide sulfurique à 66° B., étendu de 400 à 500 grammes d'eau. La liqueur s'éclaircit rapidement; on en filtre quelques centimètres cubes, on les essaie avec une solution de chlorate de baryte (25 grammes dans 100^{cc}) dont on ajoute, par tâtonnements, assez pour que le chlorate se trouve en léger excès.

Après un repos de vingt-quatre heures, on siphonne la liqueur limpide, on met égoutter le précipité vingt-quatre heures sur un entonnoir bouché par un tampon d'amiante. Ce précipité peut être lavé une fois par décantation avec 1 litre d'eau chaude.

Enfin, toutes les liqueurs sont évaporées rapidement dans une grande capsule de porcelaine jusqu'à ce qu'elles n'occupent plus qu'un volume de 350 à 400^{cc} et on les transvase chaudes (elles cristalliseraient par refroidissement) dans une cornue à laquelle on adapte, sans bouchon, un ballon à long col refroidi par un courant d'eau.

On soumet le liquide à feu nu à une vive ébullition, et dès que des vapeurs blanches se montrent dans la panse de la cornue, on change le récipient; le produit que l'on recueille alors renferme 130 à 140 grammes d'acide réel (ClO^7), souillé d'un peu d'acide chlorique et d'un peu de chlore qu'on peut chasser au bain-marie.

Le rendement, rapporté à l'acide chlorique du chlorate employé, est sensiblement le même que dans le procédé Schlœsing, 250 à 300 grammes de perchlorate d'ammoniaque par kilogramme de chlorate employé.

82. — **Séparation de la potasse par ClO^7.** — Comme exemple de séparation de la potasse à l'état de perchlorate, je prendrai le mélange complexe suivant (sel de Stassfurt brut). Ce mélange contient :

Chlorure de sodium,	Sulfate de potasse,
Chlorure de potassium,	Sulfate de chaux.
Sulfate de magnésie,	

On pèse 50 grammes de sel de Stassfurt; on les dissout dans l'eau et l'on étend la solution à 1,000 centimètres cubes. On prend 20 centimètres cubes de cette solution, on y verse un léger excès de nitrate de baryte, on évapore presque à siccité. On chasse l'acide chlorhydrique par l'addition répétée d'acide nitrique. On concentre de manière à réduire le volume du liquide à 4 ou 5 centimètres cubes, on ajoute l'acide perchlorique. On évapore à siccité pour chasser l'excès d'acide perchlorique et l'on reprend le résidu par un peu d'eau pour éviter la transformation du sulfate de baryte en sulfate de potasse et perchlorate de baryte; les sels barytiques se précipitent en présence de l'eau. On évapore de nouveau à sec, on ajoute de l'alcool qui dissout les perchlorates de baryte, de soude, de chaux et de magnésie. On décante; on lave à l'alcool les cristaux de perchlorate de potasse en les écrasant avec un agitateur pour éviter l'interposition d'autres sels; on reprend par l'eau, évapore à sec et reprend par l'alcool. On filtre, on sépare le sulfate de baryte en mélange sur le filtre avec le perchlorate, à l'aide de l'eau bouillante, on évapore à sec et l'on pèse. En multipliant par 0,3393 le poids de perchlorate obtenu, on a celui de la potasse. Nous indiquerons aux chapitres spéciaux les applications de cette méthode de dosage.

83. — **Procédé au formiate de soude** (1). — Je ne crois pouvoir mieux faire que d'emprunter textuellement au mémoire de Corenwinder et Contamine, la description de leur procédé :

Voici comment nous procédons pour faire ce dosage :

Nous prélevons dans la dissolution préparée un volume représentant 4 ou 5 décigrammes de matière. Nous rendons le liquide franchement acide par l'acide chlorhydrique, nous y ajoutons une quantité suffisante de bichlorure de platine, et, sans nous préoccuper de l'acide sulfurique, de l'acide phosphorique, de la silice qui se trouvent en présence, nous évaporons ce liquide dans une capsule, au bain-marie, comme d'habitude.

La capsule est placée sur un rond de fer qui est séparé des bords du bain-marie par un rond de gros carton. Cette précaution est nécessaire pour éviter que le bichlorure de platine ne soit chauffé au delà de 100°. Au-dessus de cette température, il peut se former un peu de sous-chlorure de platine qui est insoluble dans l'alcool.

On continue l'évaporation, en ayant soin de l'arrêter au

(1) Ce procédé dont l'exactitude et la rapidité ont été vérifiées dans le laboratoire de la Station agronomique de l'Est, a été publié dans le *Bulletin de la Société industrielle du Nord*, sous le titre : *Nouvelle Méthode pour analyser avec précision les potasses de commerce*, par B. Corenwinder et G. Contamine. Lille, 1879.

moment où le produit est en consistance pâteuse, et se prend en masse par le refroidissement. Il y a des inconvénients à le dessécher tout à fait [1].

Lorsque le chloroplatinate est froid, on le met en digestion, pendant quelques heures, avec un mélange d'alcool à 95° et d'éther (9 parties d'alcool, 1 d'éther). On le lave ensuite sur un filtre avec le même mélange, jusqu'à ce que le liquide qui passe soit parfaitement clair.

En poursuivant ces opérations on s'aperçoit que le chloroplatinate est souillé d'une poudre blanche plus légère que ce sel. Cette poudre est composée principalement de sulfate de soude et d'une quantité variable de phosphate de soude, de silice, et même de fer.

Le filtre étant égoutté, nous procédons à la reprise du chloroplatinate. A cet effet, nous versons sur le filtre lui-même, avec une pipette, de l'eau pure en pleine ébullition, nous continuons ce lavage jusqu'à ce que tout le chloroplatinate soit enlevé.

Nous avons constaté, après cette opération, qu'il reste sur le filtre un résidu jaunâtre insoluble dans l'eau, dont la quantité varie suivant l'origine des potasses ; ce résidu est de la silice mélangée ordinairement de quelques traces de fer.

En opérant comme nous l'indiquons, il n'est donc pas nécessaire de se préoccuper de la silice soluble qui peut exister dans le salin.

La dissolution bouillante de chloroplatinate de potasse est reçue dans une capsule de porcelaine bien vernissée, n'ayant pas de stries dans sa couverte. On la porte à l'ébullition et on y verse, avec précaution, du formiate de soude que l'on a fait dissoudre dans l'eau ; le liquide

---

[1] Lorsqu'il est sec, le chloroplatinate de soude se dissout plus difficilement dans l'alcool que lorsqu'il est un peu hydraté.

change de nuance et la réaction a lieu avec une certaine vivacité. Aussi faut-il avoir la précaution, à ce moment, de retirer la capsule du feu pour éviter des projections.

Il est plus avantageux de procéder à cette opération en sens inverse, c'est-à-dire de verser peu à peu le chloroplatinate de potasse dans la dissolution bouillante de formiate de soude. On évite de cette manière les projections, et le platine réduit n'adhère pas aux parois de la capsule, ce qui arrive quelquefois, lorsqu'on opère comme nous le disions en premier lieu.

Si l'on a employé une quantité de formiate de soude suffisante, le liquide est complétement décoloré, et le platine, en poudre noire, se sépare avec netteté.

On évapore ensuite le liquide pendant quelque temps pour concréter le platine et le rendre plus facile à laver. Le liquide est décanté sur un filtre, le platine est repris par de l'eau froide légèrement acidulée, et lorsqu'il est réuni au fond du filtre, on achève le lavage à l'eau bouillante jusqu'à ce que celle-ci ne contienne plus de chlorure [1].

Ces précautions sont nécessaires, car si on les néglige, le platine en poudre impalpable passe quelquefois à travers le filtre, ce qui complique l'opération.

Il n'y a plus alors qu'à faire sécher le filtre et à le calciner pour connaître le poids du platine qui donne, par le calcul, celui de la potasse totale.

En opérant de cette manière et en faisant avec soin les autres déterminations qui, nous le répétons, ne présentent aucune complication, on peut achever une analyse de

---

[1] Nous nous sommes assurés que ce liquide de lavage renfermait, en outre du sulfate de soude, une certaine proportion de phosphate de soude. Par conséquent ces deux sels étaient mélangés au chloroplatinate de potasse.

salin ou de potasse raffinée rapidement et avec une précision qui ne laisse rien à désirer. On n'a pas à se préoccuper d'autres matières que de celle que l'on a en vue, c'est-à-dire de la potasse : toutes les substances étrangères étant éliminées, qu'elles soient ou qu'elles ne soient pas solubles dans l'alcool.

Lorsqu'on se propose de doser la potasse dans un liquide par le bichlorure de platine, il importe d'employer un excès de ce réactif. Si l'on n'a pas cette précaution, on a des résultats inexacts.

Supposons un liquide renfermant des sels de potasse et des sels de soude : on se tromperait si l'on croyait qu'il suffit d'y verser la quantité de bichlorure de platine nécessaire pour transformer la potasse en chloroplatinate de potasse, il faut, de toute nécessité, que le réactif soit assez abondant pour que la soude elle-même soit entièrement combinée sous forme de chloroplatinate de soude.

Nous avons fait un essai sur un volume déterminé de dissolution qui contenait des sels purs de potasse et de soude en quantités connues. Nous y avons ajouté du bichlorure de platine en proportion insuffisante, mais assez forte cependant pour qu'après traitement du résidu par l'alcool, le liquide fût coloré en jaune serin.

L'opération terminée, nous avons trouvé :

Platine	0.3897

Tandis que d'après le calcul nous aurions dû avoir :

Platine	0.4084
Perte.	0.0187

Tous les chimistes exercés à ce genre d'opérations savent, du reste, qu'il faut employer assez de bichlorure de platine pour que la dissolution alcoolique de chloroplatinate de soude soit fortement colorée en rouge. Nous pensons que c'est pour avoir négligé cette précaution que, dans des analyses comparatives, certains chimistes n'ont pas obtenu les mêmes résultats que d'autres.

84. — **Procédé au bismuth.** — Carnot [1], professeur à l'Institut agronomique, a proposé le procédé suivant, que je vais faire connaître d'après sa communication au Congrès international des directeurs des Stations agronomiques.

La méthode en question est fondée sur les propriétés de l'hyposulfite double de potasse et de bismuth, qui, même en liqueur acide, est insoluble dans l'alcool concentré, tandis que les sels correspondants des autres alcalis et de toutes les bases qui peuvent se rencontrer avec la potasse y sont, au contraire, très-solubles. Cette propriété spéciale permet de reconnaître facilement la présence de la potasse et de l'isoler des autres substances sans s'astreindre à des séparations préalables plus ou moins longues.

Si l'on mêle, en proportions rigoureuses, un équivalent de chlorure de bismuth avec deux équivalents d'hyposulfite de soude ou de chaux, on obtient une dissolution jaune d'hyposulfite double, qui ne précipite ni par l'eau, ni par l'alcool, — propriété assez remarquable, puisque, d'une part, tous les autres sels minéraux de bismuth donnent, par addition d'eau, un précipité de sous-sel ou d'oxysel, et que, d'autre part, les hyposulfites sont, en général, insolubles dans l'alcool. Le sel double a aussi la propriété de résister mieux que les hyposulfites simples à l'action des acides. Cependant il est peu stable et sa dissolution aqueuse ou alcoolique peut être à peine conservée quelques heures sans décomposition ; elle donne, suivant

(1) *Congrès international des directeurs des Stations agronomiques*, p. 112 et 358. Ce procédé est employé avec succès au laboratoire de l'Institut national agronomique.

les circonstances, soit un dépôt de soufre, soit un dépôt de sulfure de bismuth rouge, brun ou noir.

Pour n'être pas gêné par cette décomposition, il importe d'opérer en peu de temps et avec une liqueur faiblement acide.

Dans la dissolution alcoolique d'hyposulfite double, parfaitement limpide, si l'on vient à verser une goutte d'un sel de potasse, il se forme aussitôt un précipité jaune caractéristique. Rien de semblable ne se produit avec les sels de soude, de lithine, d'ammoniaque, de chaux, de magnésie, d'alumine, de fer ou de manganèse. Seules parmi les bases qui ne sont pas précipitées par l'hydrogène sulfuré, la baryte et la strontiane donneraient des composés insolubles; mais ces bases ne se rencontrent jamais dans les engrais potassiques ni dans les sols végétaux. Leur réaction mérite cependant d'être signalée, parce qu'elle pourrait causer des erreurs si, dans les opérations préliminaires, pour se débarrasser de l'acide sulfurique, on avait introduit un excès de sel de baryte. Il faudrait, en pareil cas, éliminer tout d'abord la baryte par ébullition avec de l'ammoniaque et du carbonate d'ammoniaque.

Le précipité jaune d'hyposulfite double produit par la potasse se manifeste également bien, quel que soit le genre du sel mis en expérience, chlorure, azotate, sulfate, phosphate, etc. Le cas des alcalis caustiques ou carbonatés se ramène aisément à celui du chlorure par addition d'un peu d'acide. Il est prudent d'y ramener aussi celui des sels à acides organiques, comme les tartrates qui formeraient dans l'alcool d'autres composés insolubles.

Le précipité jaune se rassemble assez vite, surtout après agitation vive; il est volumineux, mais cristallin et facile à laver; insoluble dans l'alcool concentré, progressivement plus soluble dans un alcool moins fort et très-soluble dans l'eau pure, où il forme une dissolution jaune verdâtre.

Purifié des sels étrangers par une seconde précipitation et séché à froid, il répond à la composition :

$$Bi^2O^3 3S^2O^2 + 3(KO.S^2O^2) + 2HO, \text{ ou } Bi^2O^3 3KO. 6S^2O^2 + 2HO$$

On peut mettre la cristallinité du sel en évidence par une addition très-progressive d'alcool, on peut même, en versant l'alcool concentré dans un dialyseur, obtenir l'hyposulfite double en fines aiguilles prismatiques, d'un jaune verdâtre, très-brillantes, de 2 à 3 et quelquefois même de 8 à 10 millimètres de longueur.

J'aborde maintenant la question pratique de la recherche qualitative et du dosage de la potasse.

Réactifs. — Les réactifs nécessaires sont : le chlorure de bismuth et l'hyposulfite de soude ou de chaux.

Le *chlorure de bismuth* se prépare très-aisément en traitant le sous-nitrate de bismuth par l'acide chlorhydrique et chauffant doucement. Il ne faut employer d'acide que la quantité nécessaire pour opérer la dissolution. Celle-ci une fois obtenue, on laisse refroidir et on ajoute de l'alcool concentré. Après repos, on filtre et on enlève ainsi, à l'état de chlorure insoluble, la petite quantité de plomb souvent contenue dans le sous-nitrate de bismuth du commerce.

L'*hyposulfite de soude* est livré par les fabricants de produits chimiques en cristaux d'une pureté suffisante.

L'*hyposulfite de chaux* est toujours, par son mode de fabrication, complétement exempt d'alcalis; mais il retient quelquefois un peu d'eau mère légèrement acide, et se décompose alors lentement dans les flacons, où l'on ne trouve plus, au bout d'un certain temps, que du soufre et du sulfite de chaux insoluble. Si l'on ne doit pas le dissoudre presque aussitôt, il faut l'étendre sur une feuille de papier buvard et le laisser sécher complétement à l'air, avant de l'enfermer dans un flacon.

Le sel de chaux peut être préféré à l'hyposulfite de soude, lorsque les sels potassiques à essayer renferment des sulfates. On ne pourrait employer que lui si l'on se proposait de rechercher la soude dans la liqueur après séparation de la potasse.

Quelle est la proportion de réactif qu'il convient d'employer? Il importe, pour le dosage de la potasse, que l'addition d'alcool dans le mélange des deux réactifs ne produise pas un précipité d'hyposulfite de soude ou de chaux; pour cela, il faut éviter avec soin qu'il y ait excès de l'hyposulfite par rapport au sel de bismuth; un excès de ce dernier est, au contraire, sans inconvénient. Il faut donc plus d'un équivalent de chlorure de bismuth pour deux équivalents d'hyposulfite. On aura une proportion convenable des deux sels en prenant des volumes égaux de leurs dissolutions préparées de la façon suivante :

1° 100 grammes de sous-nitrate de bismuth sont dissous, comme je l'ai dit plus haut; après filtration, on ajoute de l'alcool concentré jusqu'à former un litre;

2° On dissout dans l'eau 200 grammes d'hyposulfite; on filtre et l'on étend d'eau pure jusqu'à un litre également.

10 centimètres cubes de chacune de ces liqueurs suffisent pour le dosage, quand la teneur présumée ne dépasse pas 30 centigrammes de potasse. On en prendrait 15 ou 20 si, par hasard, la teneur était plus élevée.

Ces deux dissolutions peuvent être conservées longtemps sans altération et être employées soit pour une recherche qualitative, soit pour un dosage.

Recherche qualitative. — On mêle rapidement deux volumes égaux des réactifs, en versant l'hyposulfite dans le chlorure de bismuth, afin que ce dernier soit constamment en excès et qu'il ne se produise pas de décomposition de l'hyposulfite. On verse dans le mélange bien limpide quelques gouttes de dissolution à essayer, neutre ou faiblement acide, et on ajoute de l'alcool concentré. S'il y a de la potasse, on voit apparaître aussitôt, ou après agitation, le précipité jaune caractéristique.

On peut aussi déposer sur un petit morceau de papier-filtre quelques gouttes de la dissolution à essayer, faire sécher, ajouter encore quelques gouttes et recommencer ainsi à plusieurs reprises, ce qui aboutit à concentrer très-rapidement une petite quantité de liquide, puis tremper le papier dans le mélange alcoolique des deux réactifs. Il se produit une coloration jaune, principalement sur les bords du papier, s'il y a de la potasse. On peut ainsi reconnaître des traces de cet alcali, qui échapperaient à d'autres modes d'investigation.

Séparation et dosage volumétrique. — Supposons tout de suite qu'il s'agisse d'un engrais simple ou complexe contenant un sel de potasse. On prend 1 gramme de la matière, qu'on dissout dans un peu d'eau, ou mieux, si la matière est peu homogène, on dissout dans l'eau une prise d'essai pesée de 20 à 50 grammes et on prend $\frac{1}{20}$ ou $\frac{1}{50}$ de la dissolution, après l'avoir bien mêlée par agitation, de manière à opérer sur un poids de sel égal à 1 gramme et présentant réellement la composition moyenne de la matière. On réduit par évaporation dans une petite fiole à un volume de 8 à 10 centimètres au plus et on laisse refroidir.

La liqueur étant supposée neutre, on y mêle 10 centimètres cubes de la solution d'hyposulfite de soude ou de chaux, puis on verse d'un seul trait les 10 centimètres cubes de chlorure de bismuth et on mélange aussitôt. On ajoute alors une centaine de centimètres cubes d'alcool concentré (à 95 p. 100 environ d'alcool pur) et on agite vivement la fiole; on y verse encore un peu d'alcool pour nettoyer les parois et on laisse reposer au moins un quart d'heure.

Lorsque les sels renferment des sulfates, on se sert de l'hyposulfite de chaux, de préférence à celui de soude. On peut aussi employer ce dernier, mais en modifiant un peu l'opération. Dans la liqueur concentrée et froide, on introduit une quantité suffisante de chlorure de calcium et un peu d'alcool et on laisse digérer, de manière à déterminer la précipitation du sulfate de chaux; puis on ajoute le chlorure de bismuth et ensuite l'hyposulfite de soude ou bien le mélange fait à part des deux réactifs, on mélange bien et on complète l'addition d'alcool concentré, comme il est dit plus haut.

Le précipité jaune d'hyposulfite double de bismuth et de potasse se dépose assez vite. On décante la liqueur claire en la faisant passer par un filtre, on agite de nouveau avec de l'alcool concentré et on reçoit le tout sur le filtre, on achève enfin le lavage du précipité avec l'alcool fort en se servant d'une fiole à jet ou d'une pipette. Il importe que le lavage soit fait avec soin, pour que le précipité ne retienne aucune trace sensible d'hyposulfite soluble; mais, d'autre part, il convient d'y employer une quantité d'alcool aussi réduite que possible, l'alcool concentré étant d'un prix élevé, et l'alcool faible pouvant dissoudre une proportion très-appréciable du précipité. Le lavage par succion peut être avantageusement employé comme remplissant bien cette double condition.

On est donc arrivé, par une seule précipitation, à isoler la potasse de toutes les autres bases qui se trouvaient avec elle; l'hyposulfite double est seulement mêlé de sulfate de chaux, si les sels primitifs renfermaient des sulfates.

On place le filtre avec son entonnoir sur une fiole propre ou sur un verre à fond plat et on dissout l'hyposulfite de bismuth et de potasse, avec plus ou moins de sulfate de chaux, au moyen d'eau froide lancée par une pissette. La dissolution se fait très-aisément et rapidement ; si la liqueur filtre trouble, soit à cause du sulfate de chaux, soit à cause d'une petite quantité d'oxychlorure de bismuth provenant d'un peu de chlorure resté dans le précipité, on la fait passer une seconde fois sur le même filtre, afin de l'avoir bien limpide.

On peut, dans cette dissolution aqueuse, doser la potasse à l'état de sulfate ; on peut aussi doser le bismuth à l'état du sulfure et calculer la potasse d'après la formule de constitution du sel double ; mais il est plus facile et plus exact, si les opérations ont été jusque-là bien conduites, d'employer une méthode volumétrique pour déterminer l'acide hyposulfureux et calculer la proportion de potasse correspondante.

La détermination se fait au moyen d'une liqueur titrée d'iode en présence d'empois d'amidon. On sait, depuis les travaux de Fordos et Gélis, que l'iode transforme l'hyposulfite de soude en tétrathionate :

$$2\,NaO\,S^2O^2 + I = NaI + NaO.S^4O^5$$

En versant l'iode progressivement, la fin de la réaction se manifeste par l'apparition de la teinte bleue caractéristique de l'iodure d'amidon.

Avec l'hyposulfite double, la réaction serait exprimée par la formule :

$$Bi^2O^3.\ 3KO.\ 6S^2O^2 + 3I = Bi^2I^3 + 3(KO.S^4O^5)$$

Mais, si l'on opérait en liqueur neutre, comme avec l'hyposulfite simple, il se formerait un précipité d'un beau rouge d'oxyodure de bismuth, qui entraverait l'opération. Il faut empêcher cette réaction secondaire en acidifiant la liqueur ; on y verse à cet effet un peu d'acide chlorhydrique étendu, qui ne produit, en peu de temps du moins, aucune décomposition sensible de l'hyposulfite double.

La dissolution d'iode, versée peu à peu au moyen d'une burette graduée, donne à la dissolution d'abord verdâtre, une coloration d'un jaune d'or; si elle devenait trop intense, on y remédierait en ajoutant de nouveau un peu d'acide chlorhydrique. Quand on approche du terme de la transformation, les gouttes d'iode en tombant produisent une teinte brune qui disparaît de moins en moins vite par l'agitation. Lorsqu'elle est complétement achevée, une seule goutte d'iode suffit pour déterminer un changement de couleur persistant et parfaitement net. La dissolution passe subitement du jaune au vert sombre, produit par la superposition du jaune de la liqueur avec le bleu de l'iodure d'amidon. Le changement est également tranché à la clarté du jour et à la lumière artificielle.

La lecture du volume de liqueur titrée employé jusqu'à ce moment précis permet de fixer immédiatement le poids de la potasse.. On voit, en effet, d'après la dernière formule, que 3 équivalents d'iode correspondent à 3 équivalents de potasse, et par conséquent, en poids, 127 d'iode à 47,11 de potasse.

Si la liqueur titrée d'iode a été préparée avec 12^{gr},7 d'iode pur et 18 grammes environ d'iodure de potassium pour former un litre, comme le conseille Mohr, chaque centimètre cube de liqueur titrée correspondra à 0^{gr},4711 de potasse.

Dans un laboratoire organisé pour faire couramment des essais de sels de potasse, on peut s'épargner tout calcul en préparant la liqueur titrée d'iode avec 56^{gr},96 d'iode pur pour un litre, de telle façon que chaque centimètre cube réponde exactement à 1 centigramme de potasse.

On peut aussi, dans le même but, prendre pour point de départ de l'essai une quantité du sel potassique égale à $0^{gr},4711$ et employer la liqueur titrée $12^{gr},7$ d'iode par litre. Chaque centimètre cube de cette liqueur répondra alors à une teneur de 1 p. 100, et chaque division de $\frac{1}{10}$ de centimètre cube à 0.1 p. 100 de potasse.

La méthode que je viens de décrire avec détail se résume en quelques opérations simples et rapides : addition de volumes égaux d'hyposulfite et de sel de bismuth, précipitation et lavage par l'alcool concentré, dissolution par l'eau pure et dosage au moyen d'une liqueur titrée d'iode en présence d'empois d'amidon.

La série des opérations demande à peine une heure ou deux et il est facile de conduire plusieurs essais à la fois. L'épreuve en a été faite avec du salpêtre, avec des chlorures et des sulfates de commerce, avec des mélanges de sels alcalins et terreux, avec des engrais composés destinés à l'agriculture. Les résultats, d'après l'auteur, ont été des plus satisfaisants.

La même méthode peut également être appliquée à la recherche de la potasse dans les terres végétales.

On traite un poids suffisant de la terre à examiner par l'acide azotique étendu d'eau. La proportion d'une partie d'acide et cinq parties d'eau est souvent adoptée comme convenable pour ne pas attaquer les silicates qui résistent à l'action des agents atmosphériques et de la végétation. On filtre, puis on évapore la dissolution jusqu'à siccité; on chauffe au rouge sombre pour détruire les matières organiques et on reprend par de l'eau seule ou avec quelques gouttes d'acide azotique; on laisse ainsi insoluble la totalité ou la majeure partie de l'alumine et de l'oxyde de fer. On se débarrasse de la chaux et de la magnésie, si elles sont en trop grande proportion, par ébullition de la liqueur avec de l'ammoniaque et du carbonate d'ammoniaque; on filtre et on évapore à siccité. On se trouve ainsi ramené au cas très-simple du mélange de sels alcalins et ammoniacaux, dont l'essai, au point de vue de la potasse, se fait très-rapidement et exactement par la méthode volumétrique précédemment exposée.

XI. — DOSAGE DE L'ACIDE CHLORHYDRIQUE (1).

85. — **Principe de la méthode.** — On a souvent besoin d'éliminer l'acide chlorhydrique au début d'une analyse, par exemple lorsqu'on veut appliquer la méthode de H. Sainte-Claire Deville, fondée sur les différences d'action de la chaleur à l'égard des nitrates (voir XII, *Analyse des silicates*) : en pareil cas, on peut transformer les chlorures en nitrates, par l'acide nitrique en excès; mais s'il faut doser le chlore, on est obligé d'avoir recours à un sel d'argent, et d'ajouter ainsi au moins une filtration, souvent une évaporation, à toutes les manipulations que les matières analysées devront subir pendant le cours des séparations. Il est cependant possible d'éviter la précipitation par l'argent dans la dissolution même des matières, si l'on arrive à distiller de l'eau régale, sans aucune perte des vapeurs, à l'aide de quelque appareil dans lequel le liége ou le caoutchouc, substances dont on ne peut guère se passer quand on veut arrêter toute fuite de corps volatils, sont préservés de l'attaque violente des vapeurs chloronitrées. Le chlore sera dosé toujours par le nitrate d'argent, dans les produits distillés, mais non plus en présence des autres matières, et l'on sera fidèle à cet excellent principe de l'analyse, d'après lequel il faut, autant que possible, séparer les corps, en mettant à profit leurs caractères physiques, avant d'avoir recours pour les isoler aux réactions qui exigent l'introduction de substances étrangères

(1) Cours inédit du Conservatoire des arts et métiers.

fixes. Le procédé suivant, dû à Schlœsing, permet de réaliser ces conditions.

86. — Description de l'appareil. — L'appareil en question (fig. 12) peut être établi d'une manière bien simple : la matière, liquide ou solide, est introduite dans un ballon, B, dont le col a été rétréci vers son milieu; on y verse de l'acide nitrique pur, en évitant de mouiller

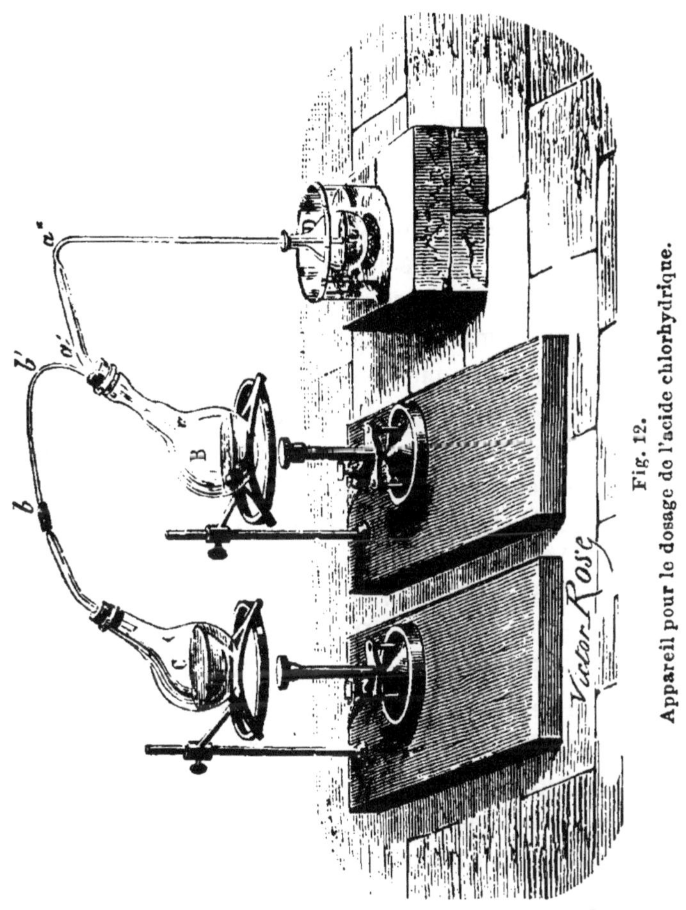

Fig. 12.
Appareil pour le dosage de l'acide chlorhydrique.

l'extrémité du col, et l'on ferme avec un bouchon porteur de deux tubes : l'un, *a*, descendant jusqu'à la naissance du col, chargé de porter les vapeurs d'eau régale dans un récipient, D, entouré d'eau froide; l'autre, faisant communiquer B avec un autre ballon, C, où l'on fera tout à l'heure bouillir de l'eau pure. Le tube *a* est de diamètre assez large pour que les projections du liquide ou ébullition retombent et ne soient point entraînées; pour la même raison, il est incliné de *a'* en *a''* vers le ballon B; il se termine par un rétrécissement *a'''*, qui a pour effet d'empêcher les absorptions : sans cette précaution, si l'ébullition en B devenait intermittente, les produits distillés, remontant sans gêne et très-vite dans le tube *a''' a''*, menaceraient constamment d'absorption. Enfin le tube *a* doit occuper presque en totalité la section rétrécie du col. L'extrémité *a'''* doit être, dès le début de la distillation, noyée dans de l'eau pure et froide, ce qui assure l'entière condensation des premières vapeurs.

On chauffe en même temps B et C, mais on dispose les flammes de manière que l'ébullition de C précède de quelques instants celle de B. La partie du col de B comprise entre le bouchon et le rétrécissement, est constamment remplie de vapeur d'eau; et l'écoulement de cette vapeur par un passage circulaire étroit est un obstacle infranchissable pour les vapeurs régaliennes; les deux vapeurs prennent d'ailleurs le même chemin en *a'* et vont se condenser ensemble en D. Quand on veut arrêter l'opération, on éteint d'abord le feu sous B, on enlève le récipient D, on retire le bouchon de B, et on éteint sous C. Le courant de vapeur d'eau préserve si bien le liége, qu'après un grand nombre d'opérations, on y voit à peine une légère teinte jaune.

En général, on est averti que le chlore est entièrement expulsé par la distillation même, qui devient irrégulière quand cesse la production des gaz au sein du liquide; il convient cependant, avant de terminer, de remplacer D par un autre récipient pour mettre à part les derniers produits et y constater l'absence du chlore.

Lorsqu'on opère sur des dissolutions, il peut arriver que l'acide nitrique, trop affaibli, n'agisse pas immédiatement ; en pareil cas, la concentration de l'acide se produit avant la réaction chimique. Quant aux quantités d'acide nitrique à employer, il est clair qu'elles varient selon la capacité du ballon et le volume déjà occupé par la dissolution des matières, si l'on a affaire à des liquides ; on s'arrange d'ordinaire de manière à ce que le ballon soit à moitié plein quand la réaction commence ; à partir de ce moment, on distille au moins la moitié du liquide.

Il est presque superflu d'ajouter que Schlœsing a vérifié l'exactitude de ce procédé par des dosages faits sur des quantités connues de chlorures purs, ceux de sodium et de potassium.

XII. — ANALYSE DES MATIÈRES SILICATÉES.

MÉTHODE DE LA VOIE MOYENNE.

87. — **But de la méthode.** — On a fréquemment l'occasion, dans les recherches agricoles, d'analyser des débris de roches d'origine ancienne (feldspathiques, granitiques, porphyriques) dont les produits de décomposition constituent les sols arables d'une grande partie de la France. Certains produits de désagrégation de roches anciennes ou récentes sont employés comme amendements des terres et, à ce titre, rentrent dans la catégorie des matières dont l'analyse est demandée aux laboratoires agricoles. Je vais faire connaître la méthode générale applicable à ces substances, dont la silice et l'alumine constituent la base. Cette méthode, imaginée par H. Sainte-

Claire Deville, connue sous le nom de ***méthode de la voie moyenne***, par opposition aux procédés par voie sèche et par voie humide, est d'ailleurs d'un emploi très-fréquent dans l'examen des produits naturels ou des cendres de beaucoup d'entre eux. Elle rend les plus grands services pour la séparation exacte des composés suivants : silice, alumine, oxyde de fer, chaux, magnésie, potasse et soude, c'est-à-dire pour le dosage des corps que le chimiste agricole a si fréquemment l'occasion de rencontrer, associés en diverses proportions.

88. — **Principes généraux de la méthode.** — Les caractères qui distinguent la *voie moyenne* des autres méthodes d'analyse sont les suivants :

1° Emploi exclusif de réactifs gazeux, volatils ou absolument fixes ; utilisation des réactifs gazeux : azote, hydrogène, gaz acide chlorhydrique.

2° Substitution de la chaux, facile à obtenir à l'état de pureté, à la soude ou à la potasse, pour rendre les silicates attaquables par l'acide nitrique : cette substitution a le double avantage d'introduire dans les matières à analyser un réactif absolument fixe, chimiquement pur et facile à doser, au lieu et place de substances très-rarement pures et d'un dosage difficile (soude ou potasse).

3° Dans l'attaque des matières dures, substitution du broyage à la porphyrisation.

89. — **Réactifs de la voie moyenne.** — Les réactifs qu'on emploie sont : l'acide nitrique, le nitrate d'ammoniaque, l'acide chlorhydrique gazeux, l'acide oxalique, l'hydrogène et la chaux vive pure.

Avant de décrire les méthodes d'attaque et de séparation, je rappellerai les réactions principales sur lesquelles H. Sainte-Claire Deville a fondé sa méthode.

90. — **Acide nitrique.** — Le point de départ des procédés de séparation des bases par voie moyenne réside

dans la résistance très-variable que les nitrates opposent à leur décomposition sous l'influence de la chaleur. Les nitrates se classent, d'après cette propriété, dans l'ordre suivant :

1. *Nitrates qui abandonnent leur acide à l'état d'*AzO^5 *à une température peu supérieure à celle de l'eau bouillante :*

a) *Nitrate d'alumine.* — Il fond dans son eau de cristallisation et se décompose entièrement à 140 degrés. Le résidu de cette décomposition présente la composition suivante :

$$
\begin{array}{lcl}
6HO & = & 51.3 \\
Al^2O^3 & = & 48.7 \\
\hline
Al^2O^3.6HO & = & 100.0
\end{array}
$$

b) *Nitrate de fer.* — Supporte à peine l'évaporation sans se décomposer. Le résidu est de l'oxyde pur anhydre. Porté à une très-basse température, il ne dégage, comme le nitrate d'alumine, que de l'acide nitrique.

2. *Nitrates qui abandonnent leur acide à une température peu élevée, avec dégagement de vapeurs nitreuses* (AzO^4) *et formation d'un peroxyde.*

Les nitrates de manganèse, de cobalt et de nickel sont dans ce cas ; le premier seul nous intéresse.

Une solution de nitrate de manganèse, portée à 140 degrés, laisse déjà déposer des flocons ; à 155 degrés, la décomposition est rapide et s'accompagne d'un dégagement de vapeurs nitreuses. Il se dépose de l'oxyde MnO^2, anhydre et pur. Le peroxyde est insoluble dans l'acide nitrique faible à chaud, l'acide concentré n'en dissout que des traces.

Les oxydes de nickel et de cobalt donnent de l'oxyde pur, anhydre, mais cela seulement à une température plus élevée. Ces oxydes sont solubles dans AzO^5 faible, avec dégagement d'hydrogène.

3. *Nitrates se décomposant avec dégagement de vapeurs nitreuses et formation partielle de sous-nitrates entre 250 et 350 degrés.*

Un seul nitrate de cette catégorie nous intéresse, c'est le nitrate de magnésie, particulièrement étudié par H. Deville, la décomposition de ce nitrate fournissant la seule méthode exacte de séparation de la magnésie d'avec l'alumine. Une solution de nitrate de magnésie bout à 170 degrés, le produit de la distillation est de l'eau pure; entre 210 et 310 degrés, ce sel subit un commencement de décomposition, il se dégage un peu d'AzO^5 exempt d'AzO^4; vers 330 degrés apparaissent seulement les vapeurs nitreuses : le résidu de la décomposition du nitrate de magnésie est formé, pour les 9 dixièmes, de sous-nitrate, et pour l'autre dixième, d'oxyde de magnésie hydraté, tous deux entièrement solubles à une douce chaleur (20 à 50 degrés) dans le nitrate d'ammoniaque.

91. — **Nitrate d'ammoniaque.** — L'acide nitrique et l'ammoniaque ne se combinent qu'en une seule proportion, sous l'influence de la chaleur; il n'y a donc aucune tendance à la formation de composés secondaires. L'affinité de l'ammoniaque pour les acides diminue à mesure que la température augmente (tension de dissociation). Le nitrate d'ammoniaque est facilement décomposé par les bases; sous l'influence simultanée de la chaleur et d'une base, il se dédouble en eau et en protoxyde d'azote; la réaction est représentée par l'équation suivante : $AzH^4O.AzO^5 = 2AzO + 4HO$. Les nitrates de sesquioxydes n'existent plus à cette température; ils sont détruits.

En présence de l'acide chlorhydrique, le nitrate d'ammoniaque en dissolution se décompose, amenant en même temps la destruction de l'acide chlorhydrique suivant la réaction :

$$2\,HCl + AzH^4O.AzO^5 = 2\,Cl + 2\,Az + 6\,HO,$$

qui nous offre un moyen très-commode d'éliminer l'eau régale. Nous verrons plus tard le parti qu'on tire de cette décomposition dans l'analyse des eaux.

Toutes les bases alcalines et presque tous les protoxydes se dissolvent dans le nitrate d'ammoniaque avec dégagement d'ammoniaque (KO, NaO, CaO, MgO, MnO, etc.). Nous utiliserons tout à l'heure cette propriété pour la séparation de ces bases d'avec les sesquioxydes.

92. — **Acide sulfurique.** — Il faut en exclure l'emploi dans toutes les analyses où il pourrait former avec deux bases à la fois des composés indécomposables par la chaleur. On peut, au contraire, l'employer avec succès pour les dosages du manganèse, du zinc, du nickel, dont les sulfates sont indécomposables à la température d'ébullition de l'acide sulfurique monohydraté.

93. —**Acide chlorhydrique.** —Tous les chlorures sont volatils ou décomposables par la chaleur. Ils s'entraînent tous mutuellement en plus ou moins grande quantité, parce que tous ont une tension, même à basse température. L'emploi de l'acide chlorhydrique liquide est dangereux dans l'analyse, à cause de l'entraînement inévitable des chlorures avec la vapeur d'eau. HCl gazeux et sec donne au contraire un précieux réactif; il est sans action sur les oxydes irréductibles par l'hydrogène et forme, avec ceux que l'hydrogène réduit, des chlorures volatils. C'est sur cette réaction que H. Deville a fondé la séparation du fer et du zinc d'avec l'alumine, en opérant comme je l'indique plus loin.

94. — **Acide oxalique.**—Plus fixe qu'AzO^5, il chasse ce dernier de toutes les combinaisons salines sans le décomposer. H. Deville a basé sur cette réaction, la transformation des nitrates en carbonates, décrite plus loin. En évaporant une solution nitrique à peu près neutre avec de l'acide oxalique, chauffant assez pour chasser l'excès d'acide oxa-

lique et décomposer les oxalates, on obtient les carbonates des bases préalablement combinées à l'acide nitrique.

L'acide oxalique facilite la décomposition de presque tous les sesquioxydes métalliques. Il rend possible la dissolution de MnO^2 à basse température, dans l'acide nitrique. Associé, équivalent à équivalent, avec ce dernier, il constitue un réactif précieux pour ces séparations (acide oxalo-nitrique).

A froid, l'oxalate de chaux se dépose complétement au bout de huit à dix heures. S'il y a de la magnésie dans la liqueur où l'on précipite la chaux, il faut se garder de chauffer, même légèrement, la solution, la solubilité de l'oxalate de magnésie étant plus faible à chaud qu'à froid.

95. — **Analyse des silicates.** — Deux cas peuvent se présenter :

1° La matière silicatée est directement attaquable par les acides ;

2° Elle ne peut pas être intégralement dissoute dans l'acide sans addition préalable de chaux destinée à rendre le silicate très-basique. On peut toujours faire rentrer le second cas dans le premier en fondant la matière avec du carbonate de chaux pur. (Pour la préparation de ce dernier, voir, au *Dosage de l'ammoniaque,* la note, p. 66.)

Prenons le cas le plus général, celui d'un silicate inattaquable (résidu du sol après le traitement par l'acide nitrique ou chlorhydrique, débris de roches porphyriques, feldspathiques, granit, etc.). La matière à analyser renferme les composés suivants :

Silice.	Chaux.
Alumine.	Magnésie.
Oxyde de fer.	Potasse.
Manganèse.	Soude.

Il s'agit : 1° de séparer la silice, l'alumine et ses isomorphes des bases alcalines et alcalino-terreuses ; 2° de séparer l'alumine du fer.

On cherche d'abord si la matière perd de son poids lorsqu'on la chauffe. S'il y a une perte, il y a lieu d'examiner à quoi elle est due (eau ou matières fluorées). La température donnée par la lampe de Deville ([1]), par le four Schlœsing ou par le chalumeau Leclerc et Forquignon, qui sont décrits §§ 107 et 108, est nécessaire pour cette détermination. Quand la substance renferme de l'eau, celle-ci est chassée à la température rouge donnée par la lampe d'émailleur ordinaire, s'il s'agit des silicates. Le talc et ses analogues retiennent leur eau jusqu'au rouge-blanc. La lampe à gaz ordinaire ne suffit pas.

Quand les minéraux ne perdent de matières volatiles qu'à haute température (lampe Deville, four Schlœsing ou chalumeau Leclerc et Forquignon), c'est qu'ils contiennent du fluor.

96. — **Attaque par la chaux.** — La quantité de chaux, variable, proportionnelle à la quantité de silice contenue dans l'échantillon à analyser, doit être suffisante pour que le verre obtenu par la fusion donne de la silice gélatineuse lorsqu'on le traite par l'acide nitrique. Elle varie entre 15 et 100 de carbonate de chaux pour 100 du poids de la matière à attaquer. Dans le cas de la silice pure, 110 à 120 p. 100 de carbonate de chaux suffisent pour obtenir un silicate entièrement attaquable par les acides.

Le chalumeau peut servir à indiquer approximativement la teneur en silice de la matière à analyser, mais dans l'incertitude où l'on est sur le taux exact de cet élément, il vaut mieux employer plus de chaux que moins. Ce-

---

([1]) Voir la description de cette lampe, *Traité pratique d'analyse chimique*, par Wœhler, Grandeau et Troost, 1865. Gauthier-Villars.

pendant il ne faudrait pas pousser trop loin la quantité de chaux employée pour l'attaque, de peur de mettre en liberté la potasse ou la soude, qui se volatiliseraient lors de la fusion du silicate.

Mais avant de mélanger la matière avec la chaux, il faut d'abord voir si elle ne perd rien par la calcination. On l'introduit en petits fragments dans un creuset taré à l'avance; on pèse, puis on porte sur la petite lampe([1]) pendant quelques minutes afin de chasser l'eau, et s'il y a une perte, ce que la balance indique, on chauffe jusqu'à ce que la perte cesse; puis on porte sur la lampe moyenne([2]), puis sur la grande lampe ([3]); à cette température, la matière peut fondre, se fritter, changer de couleur; on note tout cela sur le cahier d'analyse; une fois qu'on est sûr que la matière ne perd plus, on procède à l'analyse.

On commencera par broyer le silicate en le passant au tamis de soie; il n'est pas nécessaire de pousser très-loin le broyage, à moins que le silicate ne soit très-dur et inattaquable; alors il vaut mieux le broyer dans un petit tas d'acier plutôt que d'employer le mortier d'agate, qu'il use très-vite.

Quand on s'est servi du tas d'acier, il faut mettre la poudre obtenue en digestion avec l'acide nitrique, laver avec de l'eau, calciner légèrement et sécher dans une étuve de manière à ramener à l'état primitif; on peut, dans beaucoup de cas, se contenter de passer dans la poussière un barreau aimanté; cela fait, on porte le creuset plein sur la balance et l'on pèse.

Je suppose qu'on agisse sur 1,220 milligrammes de

([1]) Lampe à gaz de Bunsen.

([2]) Lampe d'émailleur.

([3]) Lampe Deville, four Schlœsing ou chalumeau Leclerc et Forquignon.

feldspath, il faut y ajouter $1,220 \times \frac{85}{100}$ de carbonate de chaux ou 671 milligrammes.

Le mélange étant pesé, on le rend aussi intime que possible avec une petite spatule de platine; puis, avec une plume de corbeau, on fait tomber dans le creuset toute la portion de poussière adhérente à la spatule de platine, et l'on passe la plume sur les parois supérieures du creuset de manière à tout réunir au fond : on passe même la plume entre le creuset et la matière pour détacher le mélange.

Pendant ce temps, toute cette poussière a pu prendre de l'humidité; on met un instant le creuset sur la petite lampe et l'on chauffe à une température telle qu'aucune partie de la surface de la matière ne devienne incandescente; on laisse refroidir, et l'on reporte sur la balance. On trouve toujours une légère différence provenant de ce que le carbonate de chaux avait repris de l'eau.

97. — **Fusion du silicate.** — La matière étant ainsi préparée, on chauffe pendant 15 ou 20 minutes à la lampe moyenne, de manière que le carbonate agisse sur le silicate sans fondre; puis l'acide carbonique s'étant dégagé, on porte sur la grande lampe, et il faut que le verre obtenu soit bien fondu, homogène et, s'il est incolore, transparent.

On note toutes les particularités observées, et on détermine le poids du verre.

Puis on détache le verre du creuset avec autant de soin qu'il est possible, de manière à n'en point perdre; on l'introduit dans un mortier d'agate recouvert d'une peau de mouton; on broie le verre avec précaution, mais sans pousser trop loin la trituration. Cela fait, on met le verre pulvérisé dans une capsule de platine tarée à l'avance, on la porte sur la balance après avoir chauffé à 200 ou 300 degrés, et l'on pèse la capsule et son contenu; on a ainsi un certain poids de verre sur lequel portera l'analyse.

98. — Dissolution du silicate. — La matière vitreuse, humectée d'eau, est attaquée par l'acide nitrique ; on remue constamment avec une petite baguette de verre. Il faut éviter que la matière ne se prenne en masse dans le fond.

On détache bien tout ce qui se trouve sur la baguette de verre, et on la fait chauffer à la lampe pour voir s'il n'y reste rien de solide, puis on met la capsule sur le bain de sable ; on chauffe à une température telle qu'il ne se dégage plus d'acide nitrique et qu'il commence à se produire des vapeurs nitreuses.

Le meilleur système de bain de sable est celui de Schlœsing, représenté par la figure 13, qui me dispense de décrire cet excellent appareil [1].

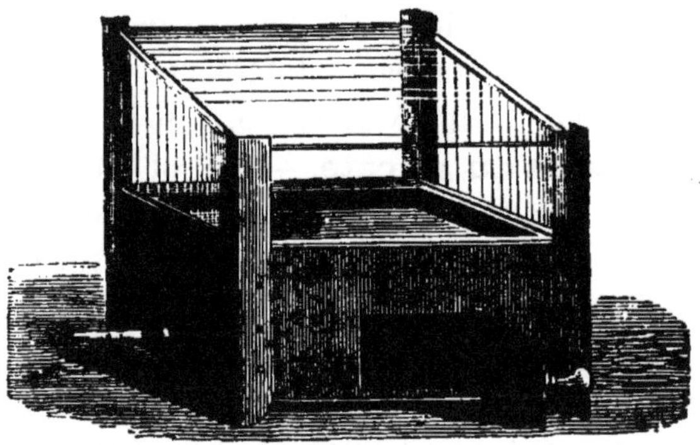

Fig. 13.
Étuve de Schlœsing.

Si la matière contient du fer ou du manganèse, il faut attendre que la teinte soit uniformément rouge ou noire ; alors on ajoute dans la capsule, du nitrate d'ammoniaque en dissolution, en quantité suffisante pour bien humecter la masse ; on fait chauffer sur le bain de sable, en recouvrant la capsule avec un entonnoir, puis on découvre après

[1] Construit par V. Wiesnegg, rue Gay-Lussac, à Paris.

un instant et l'on flaire la matière. Si l'on perçoit nettement l'odeur de l'ammoniaque, on continue, sinon, avec une baguette de verre, on ajoute une goutte d'ammoniaque; on remue la matière en agitant la capsule, et l'on voit si l'odeur ammoniacale persiste et s'il se forme un précipité. Ordinairement il ne se forme pas de précipité, et l'on peut être certain que toute l'alumine est devenue insoluble par la calcination. On laisse la capsule sur le bain de sable jusqu'à dessiccation complète, puis on ajoute un peu d'eau et l'on décante sur un filtre pour prévenir tout accident.

On rapporte de l'eau dans la capsule ; on fait bouillir, on décante encore, on lave ainsi une douzaine de fois en s'assurant bien que l'eau bouillante pénètre dans toute la masse, enfin on arrête ce lavage, quand, en évaporant une partie de la liqueur décantée, cette dernière ne laisse plus aucun résidu.

Alors l'analyse est partagée en deux : d'une part, on a dans un vase les matières solubles dans le nitrate d'ammoniaque; d'autre part, les matières insolubles dans ce réactif.

99. — **Séparation et dosage de la silice et de l'oxyde de manganèse.** — Les matières insolubles sont traitées par l'acide nitrique qu'on laisse digérer à chaud ; l'acide nitrique dissout l'alumine et le peroxyde de fer.

S'il n'y a pas de manganèse, la silice qui reste est blanche ; s'il y a du manganèse, la silice est noire.

On lave la silice ; le résidu des eaux de lavage évaporées dans un creuset de platine est calciné.

On pèse le mélange d'alumine et d'oxyde de fer.

Si la silice contient du peroxyde de manganèse, on la lave avec de l'acide sulfurique étendu en y ajoutant un cristal d'acide oxalique.

L'acide oxalique décompose le bioxyde de manganèse et le transforme en protoxyde qui se dissout dans l'acide sulfurique ; on lave le sulfate de manganèse, on évapore l'acide sulfurique dans un creuset de platine, on calcine à 300 ou 400 degrés et l'on pèse le sulfate de manganèse ; la silice est restée pure après tous ces traitements et ces lavages, tant dans la capsule que sur le filtre qui sert aux décantations.

Toutes les décantations ont dû être faites sur le même filtre.

On remet le filtre sur la silice dans la capsule, on sèche le tout ensemble doucement sur le bain de sable et l'on calcine très-modérément le filtre qui doit brûler facilement, et la silice, qui doit devenir blanche.

Alors on porte la capsule et son couvercle sur la balance, et l'on pèse rapidement ; tant que la capsule se refroidit, le poids qu'il faut mettre sur la balance du côté de la silice pour effectuer l'équilibre, diminue de plus en plus par suite du refroidissement de l'air environnant ; d'un autre côté, à mesure que ce refroidissement a lieu, la silice absorbe l'humidité au point que son poids en soit altéré et augmente à vue d'œil.

On met donc la capsule chaude sur la balance, on retire des poids du côté de la silice jusqu'à ce que l'augmentation de poids de la silice cesse d'être rapide ; il y a un moment d'arrêt pendant lequel la balance reste en repos ; on note le poids à ce moment ; on a le poids de la silice.

Au point où nous en sommes de l'analyse, on a pesé : 1° la silice, 2° le mélange d'alumine et de fer contenant un peu de manganèse. Pour en avoir fini avec cette partie de l'analyse, il faut : 1° vérifier la pureté de la silice, 2° séparer le fer et les traces de manganèse de l'alumine.

Pour vérifier la pureté de la silice, on la dissout dans l'acide fluorhydrique très-étendu ; si elle est bien pure, elle ne doit laisser aucun résidu sensible, sauf les cendres du papier. On évapore avec un peu d'acide sulfurique ; le résidu doit être nul.

100.— Séparation du fer et de l'alumine. — Après avoir pesé le creuset qui contient le mélange calciné de fer et d'alumine, on extrait avec précaution la matière du creuset ; le mélange est introduit dans une petite nacelle de platine, tarée préalablement dans un tube bouché avec du liége ; cette nacelle est chauffée au rouge, puis pesée de nouveau avec son étui. Introduisons maintenant la nacelle dans un tube de platine ou de porcelaine PP (fig. 14) au moyen d'un petit chariot en platine qui conduit la nacelle jusqu'à la partie du tube que l'on doit chauffer.

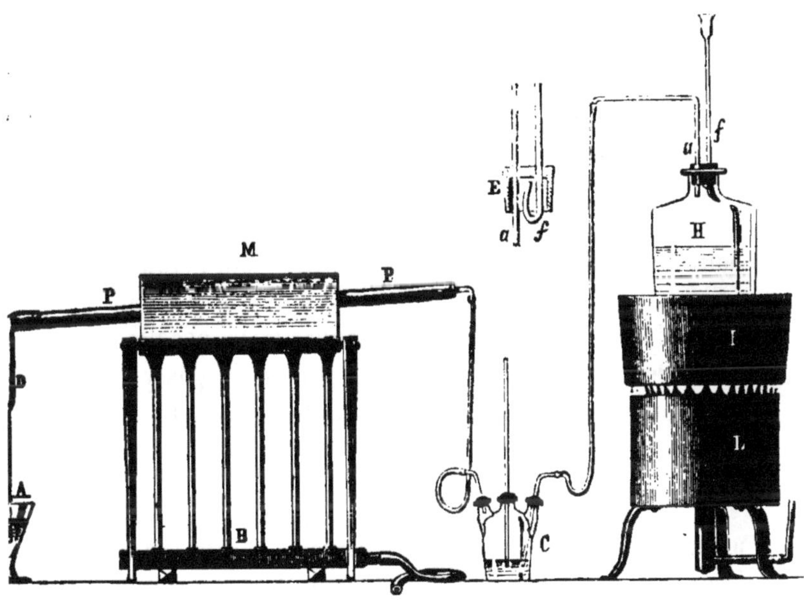

Fig. 14.
Appareil pour la séparation du fer et de l'alumine.

On porte le tube au rouge après avoir fait passer un courant d'hydrogène ; quand le fer est réduit, on remplace le courant d'hydrogène par un courant d'acide chlorhydrique gazeux ([1]) que l'on maintient pendant une heure ou deux. On a eu soin de mettre à l'extrémité du tube un petit ballon dans lequel peuvent se rendre les matières volatiles, s'il s'en exhale du tube. Quand le passage du courant d'acide chlorhydrique a été jugé suffisant, ce qui a lieu lorsqu'il ne se produit plus de protochlorure de fer, on supprime le gaz chlorhydrique ; on fait passer de nouveau de l'hydrogène pour chasser les vapeurs d'acide, puis on laisse refroidir le tube avant d'en extraire la nacelle. Celle-ci est remise dans son étui et pesée de nouveau, l'augmentation de poids qu'elle a subie donne le poids de l'alumine.

La séparation de l'alumine serait complète si cette dernière était parfaitement pure, ce qui n'arrive pas si l'on n'a pas suffisamment lavé la matière qui provient de la dessiccation des nitrates. Cette matière, qui a été successivement traitée par l'acide nitrique, puis par l'acide chlorhydrique, peut contenir de la chaux restée avec l'alumine. La chaux se trouve alors à l'état de chlorure de calcium ; pour s'assurer de sa présence, on humecte l'alumine avec une petite quantité d'eau et l'on décante ; on lave plusieurs fois l'alumine, on la sèche de nouveau ; la nacelle est remise dans son étui et pesée : il ne doit pas y avoir de changement de poids et une goutte d'oxalate d'ammo-

---

([1]) Pour obtenir l'acide chlorhydrique gazeux, on introduit dans un grand flacon tubulé H (fig. 14), bouché à l'émeri, du sel marin fondu, puis de l'acide chlorhydrique du commerce en quantité suffisante pour remplir la moitié du flacon; on verse ensuite, par le tube à entonnoir *f*, de l'acide sulfurique concentré; on refroidit le flacon en le plongeant dans l'eau pendant l'addition d'acide sulfurique. Il y a d'abord un dégagement de gaz provenant de l'acide chlorhydrique déplacé; puis le sel marin s'attaque peu à peu et, à partir de ce moment, on obtient un courant très-rapide de HCl, facile à régler par la température de l'eau du vase dans lequel repose le flacon.

niaque ne doit pas donner de précipité dans l'eau de lavage si l'alumine est pure.

Dans le cas d'un précipité, on a en même temps une diminution du poids de l'alumine ; on lave l'alumine, on la sèche et on la pèse. On prend pour poids définitif de l'alumine le dernier poids obtenu ; la différence avec l'ancien, divisée par 2, donne le poids de la chaux ($CaO=28$ $CaCl=56$). Pour vérifier ce poids, on précipite par l'oxalate d'ammoniaque toute la chaux contenue dans les eaux de lavage ; on calcine et on pèse, ce qui donne directement le poids de la chaux.

Pour connaître par différence, la quantité de fer et de manganèse qui existe dans la matière en même temps que l'alumine, on retranche de la quantité totale soumise à l'analyse : 1° le poids d'alumine pure, 2° le poids de la chaux ; la différence donne le poids du mélange de fer et de manganèse.

101. — **Séparation du fer et du manganèse**. — Si la matière ne contient pas de manganèse, ou s'il n'est pas nécessaire de doser le manganèse séparément, l'analyse des matières insolubles dans le nitrate d'ammoniaque est terminée. Mais si nous voulons séparer le fer et le manganèse, nous emploierons la méthode suivante :

Nous ferons arriver dans le tube de platine (fig. 14) un courant de vapeur d'eau provenant d'une cornue contenant de l'eau distillée et quelques gouttes d'acide chlorhydrique. Cette eau se condensera dans le tube et entraînera avec elle dans le ballon tout le chlorure de fer et de manganèse produit par volatilisation. Le lavage opéré, on placera l'eau condensée dans un petit creuset et l'on ajoutera quelques gouttes d'acide sulfurique. On évapore à sec et on calcine doucement les sulfates jusqu'à ce qu'ils ne perdent plus de poids et l'on pèse le mélange de sesquioxyde de fer et de sulfate de manganèse. On verse un peu d'eau sur le sulfate, on décante, on lave sur un filtre, puis on calcine le filtre avec le peroxyde de fer ; enfin, par pesée, on obtient un poids d'oxyde de fer qui, retranché du poids obtenu précédemment, donne celui du sulfate de manganèse. En ajoutant la quantité d'oxyde rouge de manganèse déduit du poids du sulfate, à l'oxyde de fer, on doit arriver exactement au poids sommaire de manganèse et de fer qu'on a calculé par différence au moment où l'on a fait la pesée de l'alumine pure. Cette vérification dispense de la pesée directe du sulfate de manganèse : si cependant on voulait la faire, on évaporerait le liquide résultant du lavage et l'on pèserait le manganèse à l'état de sulfate.

102. — **Vérifications.** — On vérifie les opérations précédentes de la manière suivante :

1° L'alumine doit être incolore ou à peine colorée en gris ; elle doit être soluble dans le bisulfate de potasse en grand excès et au rouge sans laisser de résidu ;

2° L'oxyde de fer traité au chalumeau par le carbonate de soude à la flamme d'oxydation ne doit donner aucune coloration verte ;

3° Le sulfate de manganèse, traité par le sulfate d'ammoniaque, un peu d'acide nitrique et de l'ammoniaque, ne doit donner aucun précipité sensible.

103. — **Dosage de la chaux.** — Les matières solubles dans le nitrate d'ammoniaque contiennent : 1° chaux, 2° magnésie et quelquefois manganèse, 3° potasse, 4° soude.

La liqueur renferme d'abord une certaine quantité de chaux, celle que l'on a introduite pour l'attaque. On pèse grossièrement une quantité d'oxalate d'ammoniaque pur et cristallisé telle qu'elle précipite entièrement et au delà cette quantité de chaux. Il suffit pour cela de multiplier le poids de la chaux par 2,5 et de mettre ce poids d'oxalate bien pulvérisé dans la liqueur ; on agite et on laisse reposer. Quand la liqueur est éclaircie, on ajoute deux ou trois gouttes d'oxalate d'ammoniaque dissous, et s'il y a un précipité, on peut être sûr qu'il y avait de la chaux dans la matière à analyser. On ajoute successivement de l'oxalate d'ammoniaque solide et quelques gouttes d'oxalate dissous, de manière à être sûr d'avoir un excès d'oxalate d'ammoniaque et en employant le plus possible d'oxalate solide, afin de ne pas trop augmenter le volume de la liqueur. On laisse reposer pendant huit ou dix heures à froid, puis on décante sur un filtre ; on met tout l'oxalate de chaux sur le filtre en le lavant peu à peu par décantation avec de l'eau tiède. Le précipité est ensuite séché, calciné un nombre de fois suffisant, puis pesé ; on a ainsi le poids de la chaux. De ce poids, augmenté de celui qu'on a déjà trouvé, on retranche le poids de la chaux introduite pour l'attaque ; on connaît ainsi le poids de la chaux existant dans la substance.

104. — **Dosage de la magnésie et du manganèse.** — La liqueur qui reste est évaporée dans une capsule de platine ; on obtient une matière sirupeuse très-concentrée, contenant du nitrate d'ammoniaque, un peu d'oxalate d'ammoniaque et des nitrates de magnésie, de manganèse, de potasse et de soude. On couvre avec un entonnoir de verre de manière à transformer la capsule en un vase clos, et l'on chauffe le mélange salin. Le nitrate d'ammoniaque se transforme en protoxyde d'azote, l'oxalate se décompose et se volatilise. Il reste dans la capsule et un peu sur les parois de l'entonnoir qu'il faut chauffer vers 300 degrés à la lampe à alcool : 1° des nitrates et sous-nitrates de magnésie et de manganèse, 2° du nitrate de potasse, 3° du nitrate de soude.

On ajoute un peu d'eau, une trace d'acide tartrique pur, on évapore à sec, et il se dégage des vapeurs d'acide nitrique. L'intérieur de la capsule se remplit de beaux cristaux d'acide oxalique volatilisé ; on chauffe au rouge naissant en couvrant la capsule pour que les vapeurs d'oxyde de carbone ne soient pas brûlées dans l'intérieur. Dans cette opération, l'acide oxalique a chassé l'acide nitrique et a transformé les nitrates en oxalates ; ceux-ci, au rouge, se sont transformés en carbonates, et si, par hasard, des nitrates avaient échappé à la réduction, les vapeurs d'oxyde de carbone et l'acide tartrique en auraient fait justice, de sorte qu'il ne reste plus que des carbonates.

On reprend par l'eau ; dans la capsule restent la magnésie et le manganèse, les carbonates alcalins se sont dissous. On décante sur un très-petit filtre, parce qu'il ne faut pas laver beaucoup le carbonate de magnésie : il est notablement soluble, surtout dans l'eau froide ; il faudra chaque fois faire bouillir l'eau de lavage.

On calcine au rouge le mélange de carbonate de magnésie et de manganèse, qui se transforme en magnésie et en oxyde rouge. On pèse le mélange de magnésie et d'oxyde dans la capsule même où l'on a fait l'évaporation ; on traite alors par le nitrate d'ammoniaque en dissolution concentrée et bouillante et l'on chauffe jusqu'à ce qu'il n'y ait plus de vapeurs ammoniacales. On décante et on lave la matière insoluble, s'il en existe, et qui doit être colorée en brun ; on porte la capsule au rouge et l'on pèse. La différence entre ces deux pesées donne la magnésie, et ce qui reste dans la capsule fournit le poids du manganèse. On met de côté la liqueur ammoniacale contenant la magnésie, pour l'essayer, comme nous le dirons plus loin.

105. — **Dosage de la potasse et de la soude.** — Les carbonates solubles de soude et de potasse sont traités par l'acide chlorhydrique dans un verre à expérience recouvert d'un entonnoir. Ce verre est mis dans un endroit chaud pendant quelques heures, pour que tout dégagement d'acide carbonique cesse dans la liqueur ; on lave l'entonnoir, on évapore le liquide contenu dans le verre

et les eaux du lavage dans un creuset de platine : l'eau et l'excès d'acide chlorhydrique se dégagent ; on obtient un mélange de chlorures de potassium et de sodium qui cristallise toujours en cubes lorsque le chlorure de sodium prédomine. Quelquefois ces chlorures ont une légère teinte rougeâtre ; cela tient à ce qu'on a laissé un peu de nitrate dans les carbonates ; il suffit, pour éviter toute erreur, de chauffer les chlorures à une température suffisante pour décomposer le chlorure de platine formé, les chlorures deviennent noirs par la présence du platine ; mais ce métal appartenant aux vases, le poids des chlorures de potassium et de sodium n'est pas altéré.

Les chlorures alcalins étant pesés, on met de l'eau en petite quantité et l'on ajoute du chlorure de platine, s'il y a de la potasse. On évapore le mélange de chlorure de platine et de sels alcalins jusqu'à consistance sirupeuse et l'on reprend par de l'alcool pur. Le résidu est du chlorure double de platine et de potassium et du chlorure de sodium. On dessèche et on calcine pour réduire le platine. On enlève par l'eau les chlorures de potassium et de sodium, on calcine de nouveau et l'on pèse. La matière qui demeure dans le creuset est le platine provenant du chlorure double. Du poids obtenu, on déduit celui du chlorure de potassium qu'il renferme ; en retranchant du poids des chlorures alcalins le poids du chlorure de potassium, on a le poids du chlorure de sodium. Ayant ces poids, il est facile d'en déduire ceux de la potasse et de la soude.

106. — **Vérifications.** — Il reste à faire les vérifications suivantes :

1° La chaux qui a été chauffée jusqu'à cessation de perte de poids doit être soluble dans le nitrate d'ammoniaque sans autre résidu que les cendres du filtre ;

2° En versant de l'ammoniaque et du phosphate de soude dans la solution ammoniacale de magnésie, on doit avoir un précipité suffisamment abondant de phosphate ammoniaco-magnésien ;

3° Le manganèse se vérifie comme nous l'avons dit plus haut.

Les chlorures de sodium et de potassium évaporés, calcinés doucement et traités par un mélange d'alcool et d'éther, ne doivent céder à ce mélange aucune substance capable de colorer la flamme en rouge, ce qui indiquerait la présence de la lithine.

Les matières attaquables par les acides se traitent directement comme les matières que l'on a rendues attaquables par la chaux ; mais il est une précaution qu'il faut toujours prendre, c'est de faire en sorte que la silice se sépare en masse gélatineuse. Dans le cas où il n'en est pas ainsi, il faut la calciner avec de la chaux pour la rendre attaquable. Ainsi, une condition pour que l'attaque soit complète, c'est que la substance soit susceptible d'être dissoute dans les acides avec production de silice gélatineuse.

Nota. — Le verre résultant de l'attaque du minéral par la chaux doit avoir pour poids la somme des poids de la matière employée et de la chaux ajoutée. — La différence doit être de 1 milligramme ou de 2 milligrammes au plus : elle est plus souvent nulle.

XIII. — FOURS A HAUTES TEMPÉRATURES.

107. — **Four Schlœsing à gaz et à air.** — L'attaque des silicates par la chaux, la réduction de l'oxalate et toutes les opérations analytiques qui nécessitent l'application d'une haute température se font également bien à l'aide d'un des systèmes que je vais décrire (1).

---

(1) J'emprunte à l'intéressante notice de V. Wiesnegg, sur les appareils de chauffage, la description du four Schlœsing et celle du

Vers 1866, Th. Schlœsing eut l'idée de mélanger l'air et le gaz dans le brûleur même, et avant leur combustion, constituant ainsi un bec Bunsen à haute pression, mais dans lequel le moteur d'entraînement est l'air au lieu d'être le gaz d'éclairage. Ce mélange complet et intime, incombustible s'il n'est maintenu en présence d'un corps lumineux, est projeté sur un creuset enveloppé d'une paroi circulaire aussi réfractaire et aussi épaisse que possible.

La température de ce chalumeau est telle que l'on peut fondre en quelques minutes une centaine de grammes de fer très-doux; la flamme projetée dans un petit four en chaux à double paroi, permet, sinon la coulée, en raison de sa petite quantité, du moins la liquéfaction complète de 200 à 300 grammes de platine.

Le soufflet employé par Th. Schlœsing manquant de régularité par suite de la grande quantité d'air qu'il doit fournir, il l'a accompagné d'un gazomètre à cloche de 150 à 200 litres de capacité, chargé de façon à régulariser l'air sous une pression de 80 centimètres d'eau environ.

Le prix de l'appareil et aussi le peu de facilité de déplacement qu'il offre ont conduit V. Wiesnegg, quelques mois plus tard, à substituer au soufflet une pompe foulante (fig. 15) à mouvement rotatif et à simple effet, montée sur un bâti de petites dimensions : l'air, comprimé sous une pression de 70 centimètres de mercure, est envoyé dans un réservoir *sec* ou *tambour* d'une cinquantaine de litres, c'est-à-dire d'une contenance de 30 fois environ la capacité du corps de pompe. La pression de l'air ainsi régularisée par le passage du gaz à travers ce *matelas élastique,* est injecté par un très-petit bec, au centre de

---

fourneau construit dans mon laboratoire, en 1872, par A. Leclerc et Forquignon.

l'extrémité restée libre du chalumeau de Schlœsing; le bec aspirateur, sorte de Giffard à air, est disposé de telle sorte que le premier vide produit s'exerce sur la tubulure ame-

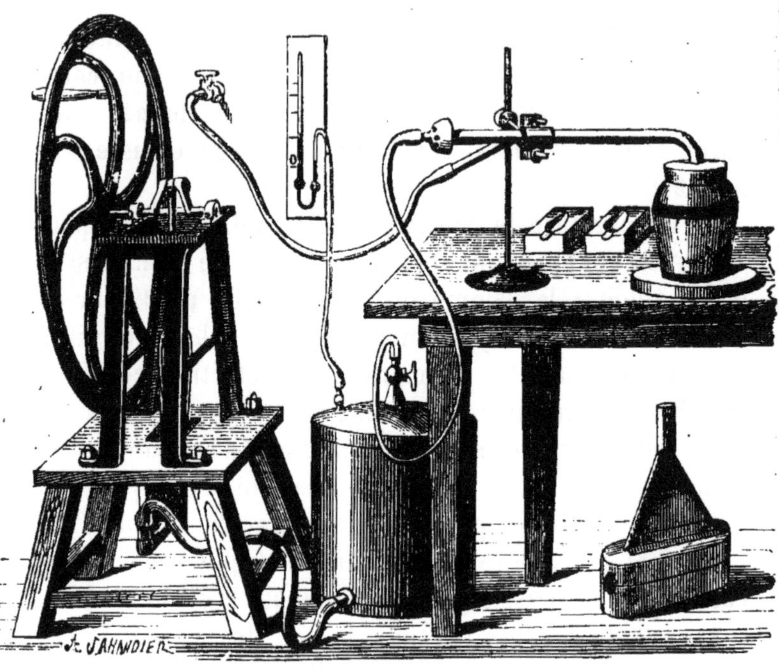

Fig. 15.
Chalumeau de Schlœsing.

nant le gaz, le reste de l'air, dans la proportion de 8 à 9 dixièmes, est pris dans l'atmosphère. Cette disposition a permis à Wiesnegg d'établir l'appareil à un prix moins élevé, mais surtout sous un volume moindre que lorsqu'il est accompagné du soufflet et de son régulateur hydraulique. L'appareil se dispose à peu près comme l'indique la figure 15, de façon que le sommet du creuset muni de son couvercle affleure le sommet du four avant l'apposition du dôme; on couvre généralement le creuset avec une plaque mince de terre réfractaire dite *plaque d'émailleur,* et l'on soude ensemble le creuset et ce couvercle improvisé, avec de la terre de même qualité, pulvérisée et mêlée d'un peu d'argile. L'allumage s'effectue ainsi : le chalumeau étant élevé d'une quinzaine de centimètres au-dessus du dôme du four, pendant que l'aide commence à comprimer l'air avec la pompe, l'opérateur bouche d'une main les prises d'air atmosphérique, placées à l'une des extrémités du brûleur, et de l'autre enflamme le gaz; il abaisse ensuite lentement la *pince* qui le supporte en découvrant graduellement les prises d'air, jusqu'à ce que le bec du chalumeau soit complétement enfoncé dans le dôme du four; le réglage du gaz s'effectue proportionnellement à la pression de l'air, pression qu'il est inutile d'élever à plus de 70 centimètres de mercure.

Th. Schlœsing indique le moyen facile et sûr de déterminer la quantité de gaz nécessaire à l'obtention du maximum de la température, en plaçant sur la *sole* de brique qui sert de base au four, un morceau de cuivre, et en réglant l'émission du gaz par le robinet *local* de façon que la flamme soit réductrice dans le four, y compris son épaisseur inférieure et oxydante au dehors; le morceau de cuivre, enfoncé de quelques millimètres sous le four, trahit très-nettement par ses diverses nuances la composition des produits de la combustion. S'il devient brillant au dehors du four, il est bon de diminuer un peu le gaz; s'il est noir au-dessous du four, il faut au contraire en ajouter ou diminuer la pression de l'air. La vitesse du mélange est telle qu'un fragment d'allumette introduit par l'une des prises d'air du chalumeau peut traverser jusqu'à trois fois le brûleur et le four chauffé à blanc sans être seulement carbonisé; la limaille de fer aspirée par les mêmes orifices brûle avec le plus vif éclat à la sortie du four. Cet appareil et le suivant conviennent très-bien pour l'attaque des silicates par la chaux.

108. — **Four Leclerc et Forquignon.** — En 1872, A. Leclerc et Forquignon ont réalisé, dans le laboratoire de la Station de l'Est, un petit appareil destiné à produire, en l'espace de cinq à six minutes, une température de 1,600° à 1,800° autour d'un creuset de biscuit ou de platine de 7 à 8 centimètres cubes, en surmontant le tube à prise d'air de Schlœsing du four à double paroi de Goor (fig. 16).

La combinaison de ces deux appareils, réduits à leur plus simple expression, a ceci de remarquable que leur construction est des plus simples et que les très-petites proportions de l'ensemble permettent l'emploi du chalumeau de laboratoire ou celui d'une trompe à eau comme moteur d'entraînement des gaz, ainsi que du plus petit soufflet d'émailleur comme compresseur et régulateur d'air. La rapidité d'élévation de la température permet la fusion de plusieurs grammes de cuivre ou de fonte de fer, avant même que la paroi extérieure soit sensiblement échauffée.

Après avoir retiré le *capuchon* ordinaire du chalumeau de laboratoire, on lui substitue le tube à prise d'air, de forme cintrée, qui oblige à disposer le chalumeau horizontalement sous le four posé sur un cercle de support métallique quelconque : fermant la prise d'air atmosphérique de ce bec cintré, on souffle légèrement avant et pendant l'allumage et on expose lentement le creuset de biscuit au-dessus de la flamme un peu fuligineuse, en le descendant jusqu'à son triangle de platine. Puis, soufflant un peu plus énergiquement, on ouvre progressivement la prise d'air, en proportionnant l'émission du gaz de façon que la flamme reste sous le creuset; le dôme se place enfin sur la base du four. Le réglage du gaz doit être tel que l'on voie à peine sortir l'extrémité de la flamme à travers les ouvertures inférieures de ce dôme; la combustion étant d'ailleurs celle de l'appareil type de Th. Schlœsing, le réglage mécanique par le frottement de la flamme sur le cuivre peut être appliqué ici la première fois que l'on emploie ce petit instrument.

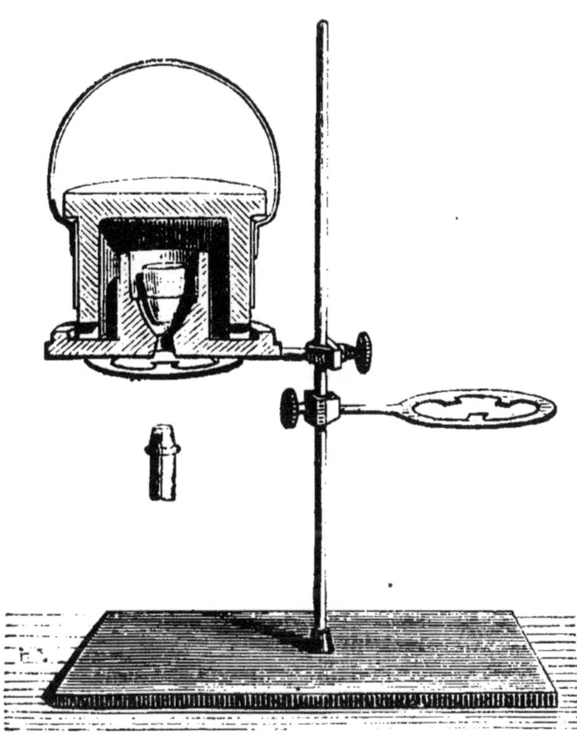

Fig. 16.
Four Leclerc et Forquignon.

Pour l'obtention de températures supérieures à celle de la liquéfaction du cuivre ou de l'or, il est prudent de substituer au triangle de platine trois cales de magnésie, ou, mieux encore, trois bouts de tube de terre de pipe, enfoncés par l'extérieur du four central et maintenus en place par le cylindre métallique qui enveloppe le four.

CHAPITRE II

ANALYSE DES SOLS, DES ARGILES ET DES CALCAIRES

Prise des échantillons. — Analyse mécanique du sol. — Analyse physico-chimique du sol. — Analyse chimique du sol. — Analyse des argiles et de la partie du sol insoluble dans les acides. — Analyse des carbonates ou pierres calcaires. — Analyse complète d'un calcaire. — Analyse de la chaux destinée au chaulage. — Analyse des écumes ou boues de défécation. — Analyse d'une marne. — Analyse du plâtre. — Recherche des principes nuisibles à la fertilité du sol.

I. — PRISE DES ÉCHANTILLONS.

109. — **Importance de l'analyse des sols.** — Aussi longtemps qu'on a regardé le sol comme un simple support de la plante, l'examen chimique de la terre arable a été fort négligé, les propriétés physiques étant seules considérées comme exerçant sur la végétation une influence décisive. Aujourd'hui, il ne viendrait à l'esprit d'aucun agronome de nier le rôle prépondérant dans certains cas, manifeste dans tous, de la nature chimique du sol sur la production des végétaux et, partant, sur les récoltes.

Sans nul doute, les propriétés physiques jouent un rôle considérable dans le développement des plantes, mais leur examen seul ne saurait nous donner une connaissance suffisante d'une terre et de ses rapports avec les récoltes qu'on lui demande.

Bien que l'analyse de la terre soit impuissante à résoudre tous les problèmes culturaux, il n'en est pas moins certain qu'exécutée dans des conditions déterminées, elle jette une vive lumière sur des questions qui, sans elle, demeureraient tout à fait obscures. C'est ainsi que l'analyse d'une terre peut nous renseigner très-utilement sur les points suivants :

1° Quantités relatives des principes assimilables et composition de la réserve du sol;

2° Détermination des éléments nutritifs manquant dans le sol; nature des aliments à introduire (engrais et amendements);

3° Causes prochaines de la stérilité des terres arables: d'une façon absolue; relativement à telle ou telle récolte.

110. — **Des méthodes à employer**. — Le chimiste que l'on consulte sur la nature d'une terre arable doit procéder à trois sortes de déterminations dont l'ensemble fournit, sur la valeur agricole de cette terre, des données suffisantes pour guider le cultivateur, savoir :

1° Analyse mécanique du sol;

2° Analyse physico-chimique;

3° Analyse chimique de la terre fine.

L'étude du pouvoir absorbant, celle des propriétés physiques, faculté d'imbibition, évaporation, etc., complètent très-heureusement l'examen d'un sol, mais elles entraînent d'assez grandes difficultés, et l'exposé des méthodes qu'elles comportent me ferait sortir du cadre que je me suis tracé.

111. — **De la prise des échantillons.** — Comme pour toutes les analyses du ressort des applications de la chimie à l'agriculture, l'un des points les plus importants consiste dans la prise de l'échantillon. Je commencerai donc par indiquer comment il faut opérer pour prélever les échantillons destinés au laboratoire. Voici, à ce sujet,

l'instruction publiée par la Station agronomique de l'Est, que je crois devoir reproduire textuellement :

1° Prise des échantillons.

Il y a deux cas à considérer pour un même champ : 1° cas d'un sol homogène ; 2° cas d'un sol variable dans son aspect et dans sa composition.

1° Si le sol présente, en ce qui concerne sa constitution géologique, sa fertilité ou son aspect physique, des parties très-différentes, il sera bon, dans le cas d'une étude complète à faire, de prélever, dans chacune de ces différentes parties des échantillons spéciaux. Cette prise d'essai se fera avec toutes les précautions indiquées plus loin.

2° Si le sol est homogène, s'il appartient dans toute l'étendue du champ à la même formation géologique, il suffira de prélever un échantillon *moyen* en observant exactement les indications qui vont suivre.

On commence par diviser le champ par des diagonales, ou par des lignes transversales dont la direction ne saurait être précisée à l'avance, mais que l'inspection de la forme et la configuration extérieure du champ indiquent suffisamment. — Dans les conditions ordinaires d'homogénéité (sols franchement calcaires, granitiques, argileux, siliceux), il suffit de déterminer une quinzaine de points (par hectare) où devront être prélevés les échantillons de terre.

Ces points une fois déterminés, on nettoie la surface du sol à l'aide d'une pelle, de manière à éloigner du lieu où l'on prélèvera la terre, les détritus qui la couvrent accidentellement, tels que feuilles sèches, fragments de bois, corps étrangers, débris de vaisselle, fer-blanc, etc., etc. La place étant bien propre, sur une surface de $0^{m},50$ à $0^{m},60$ de côté, on pratique à la bêche un trou à parois aussi verticales que possible, en rejetant au dehors la terre qu'on extrait de cette petite fosse. La longueur du trou doit être d'environ $0^{m},40$; sa largeur est déterminée par celle de l'instrument qu'on emploie ; quant à sa profondeur, elle varie avec celle des labours en usage dans le pays ; la couche de terre arable est, en effet, celle qui constitue le sol proprement dit, et ne doit pas être mélangée, dans l'échantillonnage, avec la terre du sous-sol. Lorsque la fosse est complétement nettoyée, on enlève, par tranches verticales, à la bêche, des couches parallèles, en pratiquant un nombre suffisant de sections perpendiculaires pour extraire environ 4 à 5 kilogrammes de terre. Au sortir de la fosse, la terre est déposée sur une petite bâche en toile dont s'est muni l'opérateur.

On répète ce prélèvement d'échantillons sur autant de points du champ qu'il est nécessaire pour obtenir une représentation aussi exacte que possible de la composition moyenne du champ. On réunit ensuite, sur une bâche de plus grande dimension, tous les échantillons de terre, on les mélange aussi intimement que possible avec la bêche et l'on prélève sur la masse deux échantillons moyens, chacun du poids de 4 à 5 kilogrammes environ. L'un d'eux est renfermé immédiatement dans des flacons ou dans des vases en terre qu'on bouche avec de bons bouchons et qu'on étiquette soigneusement. L'autre est desséché au soleil ou sur la sole d'un four; lorsque la dessiccation est suffisante, la terre du deuxième lot est également mise en flacons. Durant le mélange des divers échantillons sur la bâche, on a écarté les pierres et les cailloux qui dépassent le volume d'une noix, en notant approximativement leur nombre, relativement à un poids donné de terre, leur grosseur et leur nature géologique et chimique (calcaire, siliceux, etc.).

On procède ensuite, exactement de la même manière et avec les mêmes précautions, à la prise d'échantillons du sous-sol, en utilisant les petites fosses faites en vue du prélèvement du sol. — La nature, l'aspect et la disposition des couches indiquent à quelle profondeur il faut prélever le sous-sol; en général, une profondeur égale à celle du sol cultivé suffit. Si la couche arable a $0^m,15$ de profondeur, on prélèvera le sous-sol sur la même profondeur. La profondeur à laquelle pénètrent les racines des plantes récoltées dans le terrain fournit aussi une indication précieuse.

Quand il s'agit de sols forestiers, le sous-sol doit être recueilli entre $0^m,40$ et $0^m,50$ au-dessous du niveau du sol. Un peu de coup d'œil et d'habitude renseignent d'ailleurs très-vite à ce sujet.

2° Examen des conditions générales du sol; renseignements généraux à recueillir sur place.

I. — Indication de la nature géologique du sol. Fossiles et roches caractéristiques.

II. — Nature des couches profondes (de 1m,50 à 2 mètres au-dessous de la surface). Ce renseignement peut être fourni, soit par l'examen d'une tranchée existant, soit par une fouille spéciale. Une coupe transversale et longitudinale du terrain, jointe à l'échantillon, est très-utile.

III. — Altitude moyenne du champ.

IV. — Orientation du champ. Sens des planches rapporté à la ligne nord-sud.

V. — Pentes naturelles du sol, avec leur orientation.

VI. — Indiquer si le champ est drainé et dans quelles conditions, dans le cas de l'affirmative (drains, fagots, pierres, etc.).

VII. — Indiquer si le sol est irrigué et s'il peut l'être.

VIII. — Faire connaître la nature des eaux du pays (calcaire, siliceuse, sulfatée).

IX. — Indiquer la profondeur moyenne des labours.

X. — Indiquer la nature physique apparente du sol. (Cailloux. — Pierres. — Terrain humide, sec, noir, blanc, etc.)

XI. — Si c'est possible, faire connaître la hauteur du plan d'eau, c'est-à-dire la profondeur à laquelle on rencontre la nappe d'eau, à son niveau moyen annuel.

XII. — Données météorologiques. — Nombre de jours de pluie par an; hauteur moyenne annuelle d'eau tombée. Températures moyenne, maxima, minima. — Fréquence des orages. — Sens des courants de vent. — Le pays est-il abrité ou non?

XIII. — Nature et quantité des fumures reçues par le champ pendant la période de la rotation.

XIV. — Nature de l'assolement. — Nature des récoltes; leur succession. — Rendements moyens annuels.

Tous les autres renseignements statistiques ou descriptifs qui pourront être recueillis sont utiles à consigner, tels que : espèces végétales dominantes, plantes caractéristiques, présence de minerais de fer, affleurement de marnes. — Distance d'un chemin de fer. — Voies de communication, etc., etc.

II. — ANALYSE MÉCANIQUE DU SOL.

112. — **Préparation de la terre.** — Nous avons vu précédemment qu'il faut prélever sur place, pour chaque analyse, deux échantillons de sol dont l'un, renfermé immédiatement dans un vase étanche, sera expédié tel quel, l'autre étant préalablement séché à l'air libre, ou mieux sur la sole tiède d'un four. Ce prélèvement d'un double échantillon a pour objet de livrer au chimiste le sol tel qu'il est au moment de la prise d'essai dans le champ, c'est-à-dire avec sa teneur en eau, et de lui fournir en même temps une terre (échantillon desséché) dépourvue des moisissures, champignons et autres parasites qui pourraient se développer dans l'échantillon humide s'il était trop longtemps abandonné à lui-même. Avant d'effectuer aucune détermination sur le sol envoyé au laboratoire, on prélève, dans le flacon de terre non desséchée, un échantillon de 100 à 150 grammes qui servira à déterminer le taux pour cent d'humidité du sol naturel, par dessiccation dans l'étuve chauffée à 150°.

Le reste du contenu du flacon sera versé sur une table et l'on procédera aux opérations suivantes : On commence par émietter la terre à la main, opération qui s'exécute facilement lorsque le sol possède un degré particulier d'humidité, variable avec la nature du sol, que l'expérience indique bientôt à l'opérateur. Si la terre est trop humide, elle se prend en mottes; si elle est trop sèche, elle constitue des masses plus ou moins dures, difficiles à rompre sous les doigts. La dessiccation à l'air libre dans le premier cas, l'addition d'une petite quantité d'eau à l'aide de la pissette dans le second, amènent bientôt la terre à l'état particulier d'humidité qui rend facile l'émiettement dont je viens de parler. Lorsque le sol est ainsi divisé à la main, on l'abandonne à l'air libre, en le remuant de temps en temps, et lorsqu'il a perdu la plus grande partie de son eau hygrométrique, on procède à la détermination suivante:

113. — **Détermination du poids du litre.** — Il est toujours très-utile de constater la densité apparente du sol qu'on analyse, c'est-à-dire le poids d'un litre de cette terre légèrement tassée. Pour cela, dans un vase cubique en métal, d'un décimètre de côté (dimension intérieure), on verse la terre séchée à l'air, on la tasse légèrement en frappant la paroi inférieure du vase sur la table, et l'on porte le vase, ainsi rempli jusqu'à ses bords, sur une balance Roberval. On lui fait équilibre avec une tare placée sur l'autre plateau, puis on vide le vase et l'on rétablit l'équilibre avec des poids marqués. L'on a ainsi le poids spécifique apparent du sol; ce poids varie dans des limites assez larges (550 à 1,600 grammes) avec la nature géologique et chimique du sol. Il sert à déterminer le poids de la couche dans laquelle les végétaux vont puiser leur alimentation. Supposons qu'un sol pèse 1,200 grammes par litre, que la couche cultivée ait 20 centimètres d'épaisseur, le volume de la couche arable étant, par hectare, égal à 10,000 mètres $\times$ 0^{m},20 = 2,000 mètres cubes, le poids de la couche cultivée sera 1,200 kilogrammes $\times$ 2,000 = 2,400,000 kilogrammes, soit 2,400 tonnes métriques. Lorsqu'on connaîtra la teneur centésimale de ce sol en potasse, acide phosphorique, etc., rien ne sera plus facile que d'établir le poids, par hectare, de chacun des éléments contenus dans la couche arable.

114. — **Séparation des éléments du sol par ordre de grosseur.** — Toutes choses égales d'ailleurs, un sol est d'autant plus fécond que les éléments nutritifs qu'il renferme (KO, CaO, Az, PhO^5) s'y trouvent à un état de dissémination physique plus considérable. Il importe donc de déterminer avec exactitude les proportions rela-

tives de cailloux, fragments de roches, terre de grains de finesses diverses, que renferment les sols soumis à l'analyse. Voici comment l'on procède à ces évaluations.

On pèse 1 kilogramme de terre séchée à l'air, puis, à l'aide de tamis de diverses grosseurs, on sépare la terre en quatre lots :

1° Terre passant au travers du tamis n° 1, terre fine (1);

2° Terre passant au tamis n° 2, terre moyenne;

3° Terre passant au tamis n° 3, petits cailloux;

4° Fragments restant sur le tamis n° 3, cailloux.

C'est toujours la terre n° 1 qui est employée pour l'analyse chimique du sol.

On note avec soin les poids de chacun de ces quatre lots; les chiffres ainsi obtenus fournissent déjà des indications précieuses sur l'état physique du sol. Cette séparation étant effectuée, on peut établir rapidement, à l'aide d'un agitateur effilé et plongé dans l'acide nitrique, les quantités respectives de cailloux siliceux ou calcaires dont le lot n° 4 est formé. Pour cela, il suffit de toucher rapidement les cailloux avec l'agitateur, de séparer ceux qui font effervescence de ceux que n'attaque pas l'acide, et de prendre le poids des deux lots ainsi formés. La même opération, pratiquée sur le lot n° 3, fournirait l'indication du taux pour cent de cailloux calcaires qu'il renferme; mais à raison du petit volume de chacun des fragments qui composent ce lot, cette manière de procéder serait

---

(1) Les tamis dont je me sers présentent les écartements suivants entre leurs mailles :

Tamis n° 1. — 0^m,001.
Tamis n° 2. — 0^m,003.
Tamis n° 3. — 0^m,005.

Tout ce qui reste sur le tamis n° 3 est considéré comme cailloux.

trop longue. On arrive rapidement au même but en pesant 50 grammes de terre du lot n° 3, en les attaquant par l'eau acidulée jusqu'à cessation du dégagement d'acide carbonique, décantant, lavant et desséchant le résidu, dont on prend le poids. On a, par différence, le taux pour cent de cailloux calcaires.

III. — ANALYSE PHYSICO-CHIMIQUE DU SOL.

115. — **Imperfections des anciennes méthodes.** — L'analyse physico-chimique d'un sol constitue l'une des déterminations les plus importantes sous le rapport des indications à fournir à l'agriculteur sur la nature de ses terres. On a proposé jusqu'ici beaucoup de procédés pour effectuer cette analyse : un seul, celui que je vais décrire, fournit des indications exactes. Toutes les méthodes autres que celle-là donnent des résultats erronés. En effet, aucune d'elles ne permet la séparation du sable fin d'avec l'argile, la lévigation, base de tous les procédés anciens, faisant considérer comme argile un poids variable, mais toujours assez élevé, de sable siliceux ou de calcaire très-fins.

L'analyse physico-chimique exécutée avec soin par l'excellente méthode de Th. Schlœsing fournit des renseignements précieux sur la constitution d'un sol ; elle a sur toutes les méthodes dites *mécaniques* proposées jusqu'ici, l'énorme avantage de faire connaître la teneur exacte d'une terre en argile et en sable. Le sable très-fin, que ses propriétés physiques rapprochent beaucoup de l'argile, tandis que ses caractères chimiques l'en distinguent si complétement, n'est plus ici, comme dans toutes les analyses mécaniques, confondu avec l'argile ; cela explique les résultats si différents auxquels on arrive en soumettant un sol quelconque aux deux procédés d'analyse. Th. Schlœsing n'a pas rencontré jusqu'ici de sol arable, si argileux qu'il paraisse, contenant plus de 25 à 30 p. 100 de son poids d'argile. Il a constaté, en outre, et je l'ai maintes fois reconnu après lui, que 5 à 10 p. 100 d'argile unie à des matières organiques suffisent pour donner du corps à une terre et en faire une véritable glaise. Les proportions d'argile (40, 50, 60 p. 100) indiquées par les différents auteurs qui ont analysé des sols arables par les méthodes de lévigation, sont absolument controuvées; c'est le sable fin déposé avec l'argile qui a induit les analystes en erreur. On trouve fréquemment 4, 5, 10 p. 100 d'argile, rarement 15 p. 100, plus rarement encore 20 p. 100 et jamais plus de 30 p. 100 dans les sols fertiles ou livrés à la culture.

116. — **Méthode de Th. Schlœsing**. — Cette méthode a pour but de doser directement et par pesées :

1° Le sable insoluble dans les acides;

2° L'argile;

3° La matière noire (humus);

4° Par différence ou directement le calcaire.

117. — **Précaution importante**. — On doit avoir recours, pour toutes les opérations que nous allons décrire, *uniquement* à de l'eau distillée. Les plus légères quantités de sels calcaires, magnésiens ou alcalins, dans l'eau employée à la lévigation, coagulent l'argile et la précipitent avec le sable fin. C'est là la principale cause d'erreur des procédés anciens.

118. — **Dosage de l'eau**. — On pèse 5 grammes ou mieux 10 grammes de terre fine (tamis de 1 millimètre) préalablement séchée à l'air; on les place dans une capsule de porcelaine ou de platine et on met cette capsule à l'étuve à huile ou sur le bain de sable maintenus à la température de 150 degrés. On s'assure, par deux pesées consécutives qui ne doivent plus indiquer de variations

dans le poids de la terre, que toute l'eau a été chassée. On note la perte de poids, qui indique le taux pour cent d'humidité.

119. — **Dosage du calcaire et du sable.** — On pèse un second lot de 10 grammes de terre fine (non desséchée à l'étuve), et, dans une capsule de porcelaine, on en fait une pâte ferme, par additions successives, avec la pissette, de petites quantités d'eau distillée. Ensuite, on ajoute peu à peu de l'eau, et on délaie la pâte par frottement doux de l'index contre les parois de la capsule; le délayage mécanique doit être exécuté avec d'autant plus de soin que la terre à analyser est plus pauvre en calcaire; en effet, si le sol contient, en mélange avec l'argile, une assez grande proportion de chaux, l'action de l'acide qu'on ajoutera, comme nous le verrons tout à l'heure, rendra la désagrégation complète et suppléera très-bien à ce que le délayage mécanique aurait pu présenter d'imparfait. On décante, au fur et à mesure, le liquide chargé de matières en suspension, et l'on recommence avec de nouvelle eau distillée jusqu'à ce que la pâte soit entièrement délayée. Il faut, autant que possible, éviter d'employer de trop grandes quantités d'eau; la masse entière provenant de cette première partie de l'opération ne doit pas excéder un cinquième à un quart de litre. Tout le liquide étant réuni dans un vase à précipité d'environ un quart de litre, on ajoute goutte à goutte de l'acide nitrique ou de l'acide chlorhydrique jusqu'à ce que le calcaire soit entièrement décomposé. S'il s'agit d'un sol moyennement calcaire, l'opération se fait à froid; si l'on a, au contraire, affaire à un sol fortement crayeux, tel que ceux de Champagne, il est bon de chauffer légèrement au bain de sable et d'attendre que tout dégagement d'acide carbonique ait cessé avant de faire une nouvelle addition d'acide. Dans tous les cas, la liqueur doit rester sensiblement acide à la

fin de l'opération, après plusieurs agitations. Le but de ce traitement par l'acide est de détruire la combinaison de chaux et d'argile et celle de la chaux avec la matière noire. On laisse alors reposer le liquide jusqu'à ce qu'il se soit éclairci ; cela demande généralement un quart d'heure ou une demi-heure. On décante le liquide sur un filtre ; à la fin, on y jette tout le dépôt et on lave complétement à l'eau distillée en prolongeant les lavages jusqu'au moment où la liqueur qui filtre ne contient plus de chaux, ce dont on s'assure à l'aide de quelques gouttes d'oxalate d'ammoniaque. Si le sol contient plus de 4 à 5 p. 100 de calcaire, on peut doser ce dernier par différence. Quand la proportion de calcaire n'atteint pas 5 p. 100, il faut doser la chaux, dans le liquide filtré, par les procédés ordinaires. Revenons au résidu solide déposé sur le filtre ; on perce le filtre, puis à l'aide de la pissette on transvase la terre dans le vase d'un quart de litre qui a servi déjà. On ajoute alors un demi-gramme de potasse caustique ou 2 à 3 centimètres cubes d'ammoniaque. On agite à diverses reprises et on laisse l'action se prolonger pendant quatre à cinq heures. L'addition d'alcali a pour but de dissoudre la matière noire associée à l'argile. Au bout de cinq heures, la dissolution est complétement effectuée si l'on n'a pas employé trop d'eau pour détacher la terre du filtre. On achève alors de remplir d'eau distillée le vase à précipité, on agite convenablement et l'on abandonne le tout au repos pendant 24 heures. A ce moment, on décante le liquide surnageant avec un syphon dans un vase d'un litre et demi. On remplace le liquide enlevé par de l'eau distillée, on agite et on laisse de nouveau reposer la liqueur pendant 24 heures. On fait ainsi 4, 5 ou 6 lavages avec les mêmes précautions jusqu'à ce que le liquide (après 24 heures de repos) soit à peu près limpide. Par ce traitement, on a réuni dans le vase d'un litre et demi l'argile et la matière noire dissoute par la potasse. Dans le vase d'un quart de litre reste un mélange de sable de différentes grosseurs, qu'on peut séparer en deux lots (sable fin et sable grossier) par les méthodes de lévigation usitées dans l'analyse mécanique des terres.

Je recommande, de préférence à la lévigation, l'appareil de E. Wolff (1), consistant en cinq tamis superposés dont les mailles offrent respectivement les écartements suivants :

$1^{mm},0$, $0,^{mm}5$, $0^{mm},25$, $0^{mm},1$, le 5e moins de $0^{mm},1$.

Un axe vertical portant un système de brosses très-bien disposées, permet de séparer rapidement des lots de chacune des grosseurs indiquées plus haut.

120. — **Dosage de l'argile.** — Quant au liquide du grand vase, il arrive souvent qu'en présence de l'excès de potasse employée pour dissoudre la matière noire, l'argile s'y dépose spontanément, mais il est préférable d'assurer la coagulation complète de l'argile en dissolvant dans le liquide 5 à 10 grammes de chlorure de potassium, suivant la quantité de terre employée pour l'analyse. La matière noire reste en dissolution et l'argile seule se rassemble au fond du vase. Lorsque la liqueur s'est éclaircie par le repos, on siphonne la majeure partie du liquide plus ou moins coloré et l'on décante le reste sur un filtre; on rassemble ensuite toute l'argile sur le filtre et on la lave à l'eau distillée jusqu'à ce que le liquide versé sur l'entonnoir refuse de filtrer, ce qui est le signe que l'argile lavée (toute trace de sel ayant été enlevée) a repris son caractère colloïdal. Dans cet état, l'argile est collée au papier et l'on peut décanter, sans perte, le liquide clair qui la recouvre sur le filtre. On déploie le filtre et on le ressuie avec précaution, entre les doubles de papier bu-

---

(1) Construit par Huggersdorf, à Leipzig.

vard. On peut alors séparer du filtre la presque totalité de l'argile, qu'on recueille dans une capsule de platine tarée à l'avance; on place cette capsule dans une étuve à 150° et on pèse; lorsque le poids est devenu stationnaire, on l'inscrit; c'est le poids de l'argile débarrassée d'eau. Dans le cas où l'on n'aurait pu détacher la totalité de l'argile du filtre, on incinère ce dernier et l'on ajoute le résidu de la calcination à l'argile obtenue plus haut. (Voir, à l'*Analyse des argiles*, les méthodes de séparation de leurs principes constituants.)

121. — **Dosage de la matière noire.** — On reprend le liquide coloré et on l'additionne d'acide acétique jusqu'à réaction franchement acide; on fait bouillir pour chasser l'acide carbonique, et l'on ajoute de l'acétate de plomb jusqu'à ce que la liqueur qui surnage le précipité soit absolument incolore. On laisse reposer, on décante l'excès de liquide, on filtre et on lave le précipité; on ressuie le filtre, on détache la matière brune; on la dessèche à l'étuve (à 100°) et on la pèse. Comme cette matière brune contient une certaine quantité de principes minéraux, on l'incinère après l'avoir pesée et l'on déduit du poids primitif le poids des cendres. Nous reviendrons plus loin à l'analyse de la matière noire des sols.

IV. — ANALYSE CHIMIQUE DU SOL.

122. — **Éléments à doser.** — L'analyse physicochimique ne suffit pas à faire connaître la composition d'un sol, sa teneur en principes minéraux immédiatement assimilables, la richesse de sa réserve en éléments inorganiques. La détermination de ces divers coefficients de la fertilité exige un certain nombre de dosages spéciaux que je vais successivement aborder. Voici la nomenclature

des matières qu'on a coutume, à la Station de l'Est, de doser dans les sols et dont la détermination donne une idée exacte de la composition d'une terre et, partant, des substances qu'il importe de lui fournir à titre d'engrais ou d'amendements :

1° Matière noire et sa teneur en principes minéraux, notamment en acide phosphorique ;

2° Acide phosphorique total;
3° Potasse ;
4° Chaux ;
5° Magnésie ;
6° Alumine et fer ;
7° Chlore ;
8° Acide sulfurique ;
9° Acide nitrique ;
10° Ammoniaque ;
11° Azote total.

Une analyse physico-chimique, complétée par le dosage, de l'acide phosphorique combiné à la matière organique et du même composé à l'état minéral, de la potasse, de la chaux, de la magnésie et de l'azote suffit dans la plupart des cas pour éclairer le cultivateur sur la richesse de sa terre. Les proportions d'azote à l'état d'acide nitrique et d'ammoniaque sont presque toujours très-faibles.

Sous le rapport chimique, la fertilité d'un sol dépend de deux conditions fondamentales : 1° sa richesse en principes nutritifs à un état très-grand de dissémination et, par conséquent, presque immédiatement assimilables ; 2° sa richesse en principes nutritifs destinés à devenir assimilables, au bout d'un certain temps seulement, sous l'influence de l'air, du soleil, des eaux, des labours, etc., principes que Liebig a justement appelés la réserve du sol.

Il importe donc de distinguer, autant que le permet l'état actuel de la science analytique, les éléments minéraux prochainement assimilables, des mêmes éléments existant dans le sol à l'état de réserve, et sur lesquels, par conséquent, le cultivateur ne peut pas actuellement compter pour les récoltes prochaines. L'analyse d'un sol, faite selon les méthodes applicables à la détermination de la composition chimique d'une roche ou de tout autre minéral, c'est-à-dire ne tenant pas compte de l'état d'assimilabilité des éléments du sol, n'aurait pour le cultivateur qu'un intérêt secondaire ; si, au contraire, le chimiste, par une sorte d'analyse immédiate du sol, peut renseigner approximativement l'agriculteur sur les poids d'acide phosphorique, de potasse, de chaux et de magnésie que la terre met actuellement à la disposition des végétaux, il lui rendra un grand service et lui permettra de choisir, au mieux, les engrais et amendements. C'est dans cette voie, notablement différente de celle qu'on a suivie jusqu'ici, que je voudrais voir s'engager les jeunes chimistes qui débutent dans l'applicatiou de l'analyse aux matières agricoles. Pour arriver à la connaissance de la constitution chimique d'un sol, entendue comme je viens de le dire, et pouvoir indiquer au cultivateur les matières fertilisantes sur lesquelles son choix doit principalement se porter, le chimiste aura à effectuer les opérations suivantes :

1° Analyse physico-chimique ;

2° Dosage de l'acide phosphorique total ;

3° Dosage de l'acide phosphorique combiné à la matière noire ;

4° Dosage de la chaux ;

5° Dosage de la magnésie ;

6° Dosage de la potasse ;

7° Dosage de l'azote sous ses trois formes.

Je n'ai rien à ajouter à ce que j'ai dit plus haut sur l'analyse physico-chimique, et j'arrive aux dosages destinés à compléter l'examen du sol.

123. — Dosage de l'acide phosphorique total. — On prend 100 grammes de terre fine séchée à l'air. On les place dans un matras de verre de Bohême à parois inclinées, et l'on y verse, avec précaution et par petites quantités, de l'acide nitrique du commerce. Si la terre est fortement calcaire, il faut l'humecter avec de l'eau distillée avant d'ajouter l'acide, et verser ce dernier par très-petites portions en attendant, pour introduire de nouvelles quantités d'acide, qu'il n'y ait plus d'effervescence. On ajoute une quantité d'acide nitrique suffisante pour baigner complétement la terre. On laisse le mélange digérer à chaud, au bain de sable, pendant deux heures ; assez longtemps, en tout cas, pour qu'il n'y ait plus de dégagement de vapeurs nitreuses, ce qui indique la destruction complète des matières organiques. Dans le cas d'un sol très-riche en substances organiques, il pourrait paraître préférable de brûler la terre à basse température dans l'oxygène [1] avant de l'attaquer par AzO^5; mais cette opération peut rendre insoluble dans l'acide une partie des phosphates qui sont, dans le sol naturel, attaquables par lui. On décante avec précaution la liqueur devenue limpide par le repos ; on verse un peu d'eau distillée sur le résidu, qu'on jette alors sur un filtre et qu'on lave à l'eau distillée jusqu'à ce que la liqueur qui filtre soit incolore. On réunit les eaux de lavage à la solution azotique et l'on étend d'eau distillée, de manière à obtenir un volume total égal à un litre. On mesure exactement 200 centimètres cubes de la solution azotique qui contient l'acide phosphorique combiné à la chaux, à l'alumine, à l'oxyde de fer et quelquefois aux alcalis. On verse ces 200 centimètres cubes dans une capsule de porcelaine, on concentre sur le bain de sable jusqu'à réduction de la liqueur à un volume de 40 à 50 centimètres cubes environ. On transvase dans un verre de Bohême, à fond plat, le liquide de la capsule qu'on lave à l'eau distillée, et l'on réunit l'eau de lavage à la liqueur azotique. Le volume total ne doit pas excéder 70 à 80 centimètres cubes.

---

[1] L'appareil décrit § 14 convient très-bien pour cette opération.

Dans cette solution, portée à la température de 100°, on verse un grand excès de molybdate d'ammoniaque (voir pages 94 et suiv.), on place le mélange au-dessus d'un bec de gaz, et l'on porte rapidement à l'ébullition : le précipité de phospho-molybdate d'ammoniaque ne tarde pas à se rassembler au fond du vase. On décante sur un filtre, le liquide surnageant, en évitant autant que possible d'y laisser tomber le précipité ; on concentre la liqueur filtrée et l'on y ajoute une nouvelle quantité de molybdate d'ammoniaque ; il n'est pas rare que tout l'acide phosphorique n'ait pas été précipité la première fois, bien qu'on ait cru employer un excès de réactif. Il est bon même de s'assurer que le second liquide filtré ne précipite plus par le molybdate. On filtre ces liquides sur le même filtre, on réunit les précipités de phospho-molybdate, on les lave complétement, d'abord avec de l'eau additionnée de 1 p. 100 d'acide nitrique, puis avec de l'eau distillée. On s'assure, à la fin des lavages, que tout le molybdate a disparu, en recevant les dernières eaux qui filtrent dans une solution étendue de phosphate de soude. Le phospho-molybdate ainsi bien lavé est dissous dans l'ammoniaque chaude, on étend d'un peu d'eau et l'on jette le liquide sur le filtre qui a servi à toutes les décantations et retenu, par suite, une petite quantité de phospho-molybdate ; on lave le filtre avec de l'eau ammoniacale et l'on réunit les eaux de lavage à la solution. On sature aussi exactement que possible par l'acide chlorhydrique. Le volume du liquide ne doit pas excéder 100 à 150 centimètres cubes. Dans le liquide limpide on verse un léger excès de mélange magnésien [1] ; on agite et le précipité de phosphate ammoniaco-magnésien se rassemble rapidement. On filtre, on lave jusqu'à ce que l'eau

[1] Voir sa préparation pages 96 et 97.

de lavage ne précipite plus par l'azotate d'argent. On dessèche le filtre et on le calcine dans une capsule de platine tarée à l'avance. Si le charbon du filtre n'est pas complétement brûlé et le résidu parfaitement blanc, on l'humecte avec quelques gouttes d'acide nitrique pur, on chasse l'acide par la chaleur et l'on calcine de nouveau à la lampe moyenne. On pèse : l'augmentation de poids donne le poids du phosphate $PhO^5.2MgO$. En multipliant le poids trouvé (correction de tare faite, s'il y a lieu) par 0.64, on a le poids de l'acide phosphorique contenu dans 20 grammes de terre. Le quintuple de ce poids indique le taux pour cent d'acide phosphorique total du sol analysé.

124. — **Dosage de l'acide phosphorique combiné à la matière organique.** — La détermination quantitative de l'acide phosphorique engagé en combinaison avec les matières organiques du sol exige deux opérations distinctes :

1° Dosage direct du poids des cendres de la matière noire ;

2° Dosage de l'acide phosphorique dans ces cendres.

a) *Préparation de la terre.* — On prend 300 grammes environ de terre fine, séchée à l'air. On place cette terre dans un entonnoir d'une capacité de 500 centimètres cubes, au fond duquel on a mis un petit entonnoir rempli de fragments de verre ou de porcelaine. On a soin de tasser modérément la terre, assez pour que le liquide qu'on y versera s'écoule goutte à goutte, pas trop, afin que l'eau puisse s'échapper par la partie inférieure. L'entonnoir ainsi disposé, on verse sur la terre, à l'aide d'une pissette, de l'eau acidulée par l'acide chlorhydrique (10 à 25 centimètres cubes par litre, suivant la richesse des sols en calcaire). Si la terre à analyser ne renferme que des traces de carbonate de chaux, l'eau acidulée au $\frac{1}{500}$ suffit. Si, au contraire, il s'agit de sols très-riches en carbonate de chaux, on procède comme je l'indiquerai plus loin. Le liquide qui ne tarde pas à s'écouler de l'entonnoir est toujours très-faiblement coloré par un peu de fer; il renferme de petites quantités d'alumine, du chlorure de calcium et des traces d'acide phosphorique provenant de l'attaque des phosphates non combinés à la matière noire et dont on n'a, par conséquent, pas à se préoccuper, l'acide phosphorique total ayant été dosé précédemment. Lorsque l'eau qui a traversé le sol ne renferme plus de chaux, ce dont on s'assure à l'aide de l'oxalate d'ammoniaque, on lave à diverses reprises avec de l'eau distillée pure pour enlever les dernières traces d'acide chlorhydrique et l'on s'arrête quand la liqueur ne précipite plus par l'azotate d'argent. On laisse égoutter la terre, on la sèche ensuite à l'air libre, en l'étendant par couches minces sur du papier buvard ou sur de la porcelaine dégourdie. Lorsque la terre est sèche, on la passe au tamis de 1 millimètre et l'on obtient la terre fine qui va servir au dosage de la matière noire et de l'acide phosphorique.

Si le sol à analyser renferme plus de 5 à 10 p. 100 de calcaire, au lieu de le mettre dans un entonnoir pour le traitement par HCl, il est préférable de l'attaquer directement dans un vase à précipité par de l'acide chlorhydrique étendu d'un dixième de son poids d'eau, afin de dissoudre tout le carbonate avant de placer la terre dans l'entonnoir. Lorsque tout le carbonate est transformé en chlorure, on achève le lavage comme dans le cas précédent, puis on sèche la terre. Il va sans dire que si la quantité de calcaire contenue dans un sol dépasse 1 p. 100, il faut en tenir compte pour les calculs ultérieurs relatifs au dosage de la matière noire et de l'acide phosphorique, et rapporter les nombres trouvés à 100 parties de terre non privée de son calcaire, c'est-à-dire telle qu'elle est avant le traitement par l'acide chlorhydrique.

b) *Dosage de la matière noire.* — On prend 10 grammes de terre fine provenant de l'opération précédente, on la mélange, pour la diviser mécaniquement, à du sable siliceux grossier, préalablement traité par les acides et calciné; on place le mélange dans un petit entonnoir garni, au fond, de fragments de verre ou de porcelaine. On humecte le tout avec de l'ammoniaque étendue de son volume d'eau distillée et on laisse digérer pendant quelque temps (trois à quatre heures); l'ammoniaque dissout la matière noire sans attaquer la silice, ce qui arriverait si l'on employait la potasse. On peut retirer ensuite, par déplacement avec de l'eau seule ou additionnée d'ammoniaque, si le sol est riche en humus, la totalité de la matière noire combinée aux substances minérales et notamment avec l'acide phosphorique. On obtient ainsi 20 et 50 centimètres cubes d'un liquide plus ou moins fortement coloré en noir, on l'évapore à siccité dans une capsule de platine tarée et l'on pèse le résidu. On détermine ainsi la richesse du sol en matière noire. On calcine ensuite le résidu noir et l'on obtient une cendre rougeâtre plus ou moins abondante, suivant la richesse du sol. On pèse cette cendre.

La plupart des terres arables ne sont pas assez riches en matière noire pour qu'on puisse, avec les cendres obtenues sur 10 grammes de terre, doser l'acide phosphorique exactement. D'un autre côté, il est très-long d'épuiser complétement par l'ammoniaque une quantité de terre un peu considérable. Il est bon, par conséquent, d'opérer comme je viens de le dire pour déterminer le taux pour cent de la matière noire et de faire le dosage de PhO^5 sur une plus grande quantité de résidu rougeâtre obtenu en traitant 50, 60 ou 100 grammes de terre préparée, par l'ammoniaque. La composition de la matière noire d'une terre donnée étant très-sensiblement homogène, il n'y a pas d'inconvénient à faire ce dosage en deux temps. On prend donc 60 à 80 grammes de terre lavée à l'acide chlorhydrique et séchée, on la traite par l'ammoniaque et l'on extrait, autant que possible, la matière noire sans se préoccuper d'en laisser un peu dans la terre. On évapore la liqueur noire à siccité, on pèse le résidu, on le calcine et l'on obtient assez de cendres pour pouvoir les peser exactement et y doser l'acide phosphorique. Reprises par l'acide azotique pur, ces cendres sont ensuite traitées par le molybdate d'ammoniaque en observant les précautions indiquées à propos du dosage de l'acide phosphorique à l'état de $PhO^5.2MgO$.

125. — Dosage de la chaux. — On prend 50 centimètres cubes de la solution nitrique du sol préparée pour le dosage de l'acide phosphorique, § 123, on neutralise par l'ammoniaque : l'alumine, l'oxyde de fer, se précipitent ; on les sépare par filtration, on les lave et pèse si l'on veut doser Al^2O^3 et F^2O^3, ce qui n'a, dans la plupart des cas, presque aucun intérêt. Dans la liqueur filtrée on ajoute de l'oxalate d'ammoniaque en poudre très-fine, on abandonne le mélange ; au bout de cinq à six heures, l'oxalate de chaux est rassemblé ; on filtre, lave et calcine l'oxalate dans le four Leclerc et Forquignon.

126. — Dosage de la magnésie et de la potasse. — On prend 100 centimètres cubes de la solution nitrique (correspondant à 50 grammes de terre), on neutralise par l'ammoniaque aussi exactement que possible, afin de ne pas avoir un trop grand excès de sels ammoniacaux, on sépare, par filtration, le fer et l'alumine et on lave le précipité. Comme on connaît, par le dosage précédent, la quantité de chaux contenue dans le sol, il est facile d'ajouter à la liqueur filtrée la quantité exacte d'oxalate d'ammoniaque (en poudre) nécessaire pour séparer la chaux. Après avoir mélangé cette quantité d'oxalate à la liqueur et avoir laissé reposer quelque temps le tout, on s'assure, par l'addition de quelques gouttes d'oxalate d'ammoniaque en dissolution, que la séparation de la chaux est complète.

Quand le liquide est éclairci, on le filtre, on lave convenablement le précipité d'oxalate de chaux et l'on évapore dans une capsule de platine, le liquide filtré auquel on a réuni les eaux de lavage. Lorsque le liquide est fortement concentré, on le place sur le bain de sable et on pousse l'évaporation à siccité, en ayant soin de couvrir la capsule avec un entonnoir afin d'éviter les pertes par projection. Le résidu étant bien sec, on le calcine sur la flamme d'un bec de Bunsen, en ajoutant une petite quantité d'acide oxalique pur et un fragment d'acide tartrique de la grosseur d'une forte tête d'épingle. Le résidu de la calcination est un mélange de carbonates alcalins (potasse et soude) et de magnésie anhydre (MgO). On reprend par l'eau froide, on filtre et on lave le résidu. On a soin, dans cette dernière partie de l'analyse, d'employer le moins d'eau possible. On dessèche le filtre, on le calcine et on pèse; on a ainsi le poids de la magnésie à l'état d'oxyde. La liqueur filtrée est additionnée, avec précaution, de quelques gouttes d'acide chlorhydrique jusqu'à réaction franchement acide; on transforme ainsi les carbonates en chlorures, on évapore à siccité et l'on pèse. Le poids obtenu est celui du mélange de chlorure de potassium et de chlorure de sodium. On reprend par un peu d'eau et l'on verse dans le liquide une solution concentrée de chlorure de platine. Le chloro-platinate se forme immédiatement s'il y a une quantité notable de potasse; on évapore à consistance sirupeuse et l'on ajoute de l'alcool; le chloro-platinate se sépare sous forme de paillettes cristallines. On laisse reposer; on décante la liqueur surnageante, qui doit être fortement colorée en jaune (ce qui indique qu'il y a un excès de chlorure de platine) et on lave le précipité par décantation, avec un mélange à parties égales d'alcool et d'eau. On dessèche et on pèse. On dose la soude par différence. En multipliant par 0.193 le poids de $PtCl^2KCl$ trouvé, on a le poids de la potasse.

On peut aussi appliquer à la liqueur qui renferme la potasse, le traitement indiqué § 83, dû à Correnwinder et Contamine.

On peut enfin avantageusement substituer le perchlorate d'ammoniaque au chlorure de platine en suivant la méthode indiquée page 107, § 78. La solution du sol, débarrassée de la silice, de l'alumine, du fer, de l'acide phosphorique et de l'acide sulfurique, est traitée avec les précautions indiquées § 78.

On peut également appliquer le procédé Correnvinder et Contamine, § 83.

127. — **Dosage de l'ammoniaque et de l'acide nitrique.** — Tous les sols fertiles renferment des quantités variables et généralement très-faibles d'ammoniaque et de nitrates, qu'il importe de doser lorsqu'on fait l'analyse complète d'une terre arable. Constamment associés à des matières organiques azotées, l'ammoniaque et l'acide nitrique des sols peuvent être déterminés exactement par les méthodes que je vais décrire.

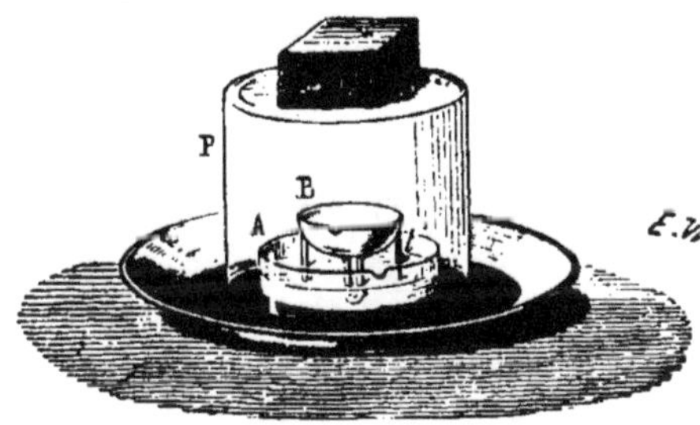

Fig. 17.
Dosage de l'ammoniaque.

128. — **Dosage approximatif de l'ammoniaque.** — Les figures 17 et 18 représentent les appareils qu'on emploie généralement pour le dosage de l'ammoniaque. Un cristallisoir, au fond duquel on place du mercure pour former fermeture hydraulique, porte un vase du plus petit diamètre A (fig. 17), contenant de l'acide sulfurique

titré : la terre, émiettée et pesée, est placée dans la capsule (B fig. 17 et *b* fig. 18) ; on l'humecte avec une solution de chaux ou de soude caustiques. Le dispositif de la figure 18 (H. Deville) permet l'introduction régulière et en quantité voulue de la solution alcaline placée dans la pipette AB. Le titre de l'acide sulfurique, après dégagement de l'ammoniaque contenue dans la matière, fait connaître le taux d'alcali du sol analysé.

L'emploi d'un lait de chaux ou d'une solution de lessive de soude froide et concentrée, le traitement de la terre par la magnésie calcinée (méthode de Boussingault), donnent des résultats souvent incertains et doivent être rejetés chaque fois que l'on se proposera de doser exactement l'ammoniaque contenue dans un sol. En voici la raison : Lorsqu'on distille, par la méthode de Boussingault, un mélange d'eau, de terre et de magnésie calcinée, on obtient indéfiniment de l'ammoniaque dans les produits de la distillation ; la magnésie, réagissant, après la volatilisation de l'ammoniaque toute formée, sur les matières organiques azotées, met de nouveau en liberté de petites quantités d'ammoniaque que le titrage de la liqueur distillée fera,

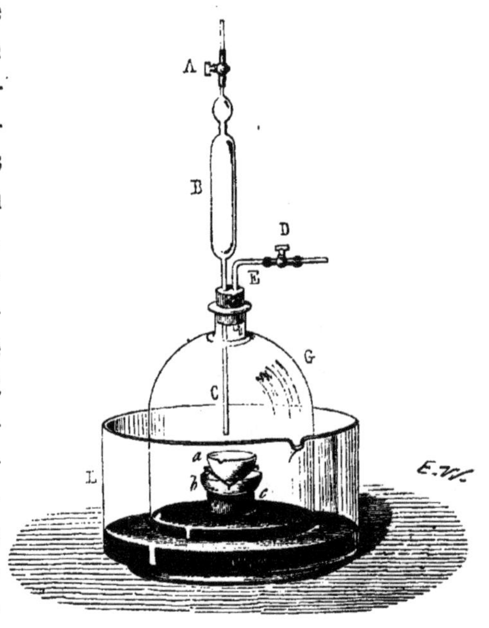

Fig. 18.
Dosage de l'ammoniaque.

à tort, confondre avec l'ammoniaque préexistant dans le sol. L'humectation, à froid, de la terre à analyser, avec une solution de chaux ou de soude, présente moins d'inconvénient, mais on ne doit, malgré cela, attacher qu'une valeur relative à ce procédé de dosage, et la seule méthode qui m'ait jusqu'ici donné des résultats absolument sûrs est celle de Th. Schlœsing. Elle est demeurée inédite jusqu'à la publication de la première édition de ce *Traité d'analyse*; je vais la décrire complétement.

129. — **Méthode de Schlœsing pour le dosage de l'ammoniaque.** — On commence par préparer une certaine quantité d'acide chlorhydrique du commerce étendu d'eau (1 litre d'acide et 4 litres d'eau); on dose

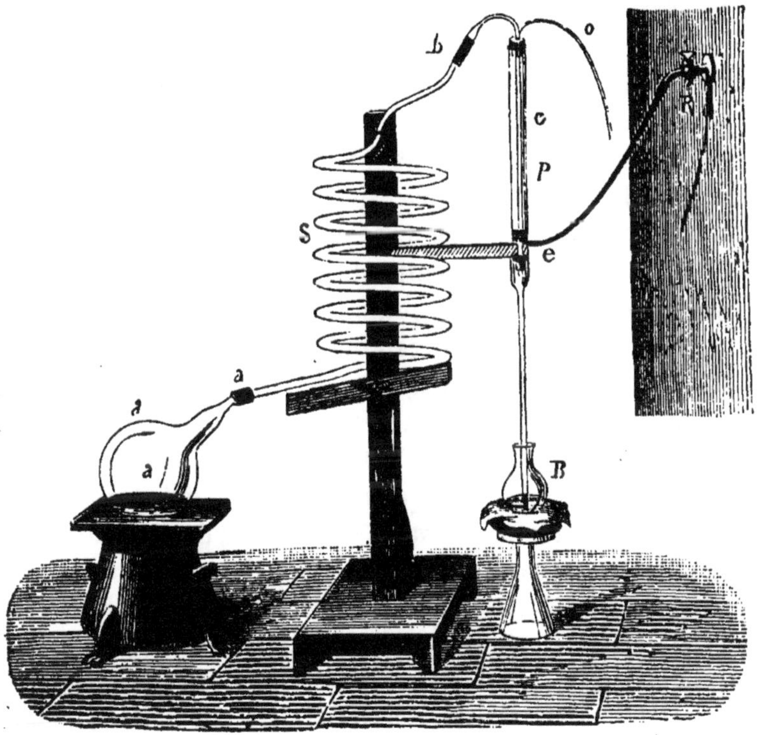

Fig. 19.
Appareil de Schlœsing pour le dosage de l'ammoniaque.

l'ammoniaque que peut contenir cet acide (fig. 19) par la méthode précédemment décrite (voir § 47).

On se sert, pour doser l'ammoniaque du sol, d'un ballon de 1 à 2 litres, suivant que la terre est plus ou moins calcaire. On pèse 100 grammes de terre fine qu'on place au fond du ballon, on y verse 50 centimètres cubes de l'acide chlorhydrique au cinquième; l'acide carbonique du calcaire se dégage : lorsque l'effervescence est passée, on ajoute 50 centimètres cubes d'acide, on agite le mélange et, si cela est nécessaire, on verse encore une nouvelle quantité d'acide chlorhydrique (50 centimètres cubes ou 100 centimètres cubes, par exemple) jusqu'à ce que la liqueur reste franchement acide. Il est indispensable, en effet, d'employer assez d'acide chlorhydrique pour faire passer la totalité des terres alcalines et des alcalis du sol à l'état de chlorures acides, afin de détruire complétement la faculté absorbante du sol pour l'ammoniaque. Les additions successives d'acide se font à froid.

Quand la liqueur surnageante demeure manifestement acide, après agitation réitérée du mélange, on ajoute assez d'eau pour avoir 400 centimètres cubes de liquide en tout. Si l'on a employé 100 centimètres cubes d'acide au cinquième, on ajoute 300 centimètres cubes d'eau distillée bien exempte d'ammoniaque.

On porte alors le ballon et son contenu sur la balance et on les tare exactement. On abandonne ensuite au repos, afin de laisser la liqueur s'éclaircir. Généralement, au bout d'un temps qui varie entre six et douze heures, le liquide surnageant est devenu limpide, le chlorure de calcium formé coagulant l'argile : on décante alors la partie claire à l'aide d'un siphon dont la longue branche est engagée, à son extrémité, dans un petit tube en caoutchouc qui sert à garantir l'écoulement à volonté, puisqu'on peut diminuer l'orifice en comprimant le caoutchouc à l'aide du doigt ou d'une pince métallique. On porte de nouveau le ballon sur la balance, on rétablit l'équilibre, à l'aide de poids marqués, et l'on connaît ainsi le poids du liquide décanté. Supposons, pour fixer les idées, qu'il soit égal à 302 grammes. On jette alors sur un filtre séché et taré le reste du contenu du ballon, on lave le résidu de terre, on le dessèche et on le pèse. Supposons que le résidu insoluble dans l'acide pèse 56 grammes. On lave avec soin le ballon vide, on le décante et on le porte sur la balance. Admettons qu'il faille ajouter sur le plateau 510 grammes pour rétablir l'équilibre avec la tare primitive. Ces 510 grammes représentent le poids de la terre primitivement employée, puis celui du liquide.

On a donc :

Poids de la terre + liquide. . . .	510	grammes.
Poids du liquide décanté	302	—
Poids de la terre insoluble	56	—

Le poids total du liquide, après attaque de la terre, sera donc égal à 510 — 56 = 454 grammes. Le poids du liquide destiné au dosage de l'ammoniaque s'élevant à 302 grammes seulement, pour connaître le poids total de l'ammoniaque existant dans 100 grammes de terre, il faudra multiplier le poids d'ammoniaque trouvé, par $\frac{510 - 56}{302}$, soit par 1,5033.

Dans les 302 grammes de liquide décanté, on dose l'ammoniaque par la méthode de Schlœsing (voir § 47), en ayant le double soin de calciner préalablement la magnésie afin d'expulser toute trace d'ammoniaque qu'elle pourrait contenir, et d'en ajouter à la liqueur une quantité suffisante pour obtenir un précipité apparent.

130. — **Dosage de l'acide nitrique dans les sols.** — L'appareil représenté par la figure 20 permet de dé-

biter très-lentement un liquide; le long tube capillaire adapté à la tubulure inférieure d'un flacon de Mariotte remplace très-avantageusement un robinet. Le frottement du liquide dans le tube retarde tellement le débit qu'il faut une pression de plusieurs centimètres d'eau pour obtenir quelques gouttes dans une minute; on a donc toute la marge nécessaire pour régler l'écoulement, en abaissant ou élevant, suivant le besoin, le tube droit du flacon.

Dans une petite allonge en verre, on place 50 grammes de la terre à analyser; on couvre la surface de la terre avec un peu de coton cardé, afin d'éviter les projections que pourrait amener la chute de la goutte d'eau. Le flacon de Mariotte renferme de l'eau distillée contenant $\frac{1}{10000}$ de chlorure de calcium destiné à empêcher le liquide qui s'écoule de l'allonge de se troubler (argile en suspension); on recueille 150 centimètres cubes d'eau dans le vase placé sous l'allonge, et le courant doit être réglé de telle sorte que le lavage des 50 grammes de terre dure 4 heures environ. On a ainsi dissous tous les nitrates du sol; on concentre la liqueur de manière à la réduire à 10 ou 15 centimètres et l'on y dose l'acide nitrique par le procédé décrit § 35.

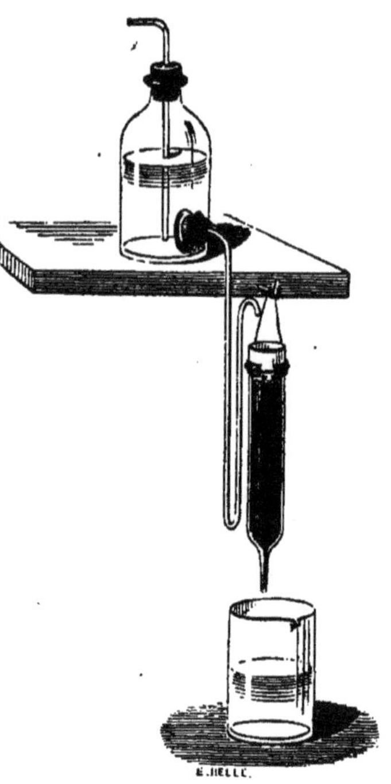

Fig. 20.

On peut aussi mettre 200 grammes de terre en digestion avec de l'eau distillée. Agiter fréquemment le mélange et, après 24 heures de contact, filtrer le liquide et laver le résidu à deux ou trois reprises à l'eau distillée. On étend alors le liquide réuni aux eaux de lavage à 500 centimètres cubes, on évapore ensuite 250 centimètres

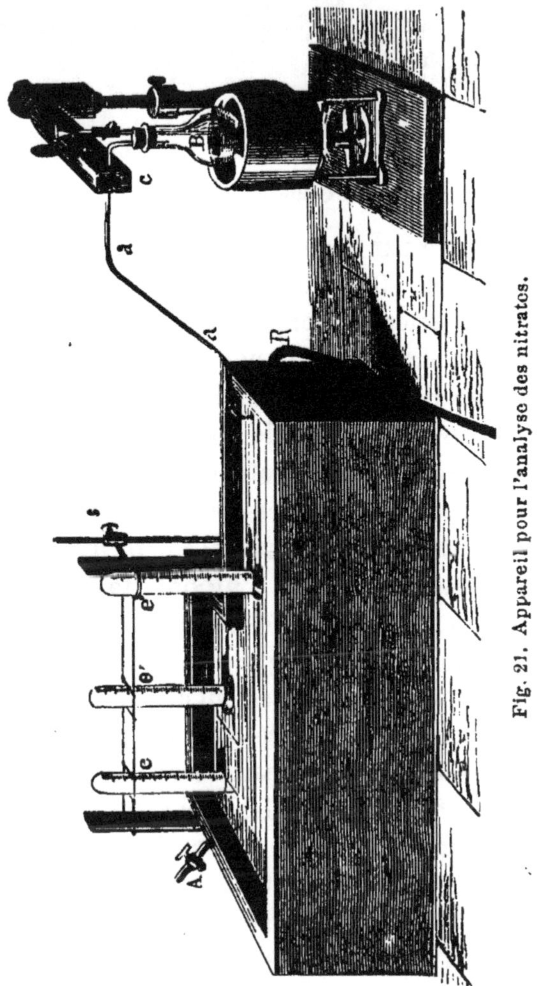

Fig. 21. Appareil pour l'analyse des nitrates.

cubes de la liqueur jusqu'à réduction à son volume de 30 à 40 centimètres cubes et l'on dose l'acide nitrique par la méthode rapide de Schlœsing, § 40.

Dans la plupart des cas, on peut employer l'appareil de Schlœsing représenté par les figures 21 et 22, en s'arrangeant de manière que la liqueur obtenue dans l'épuise-

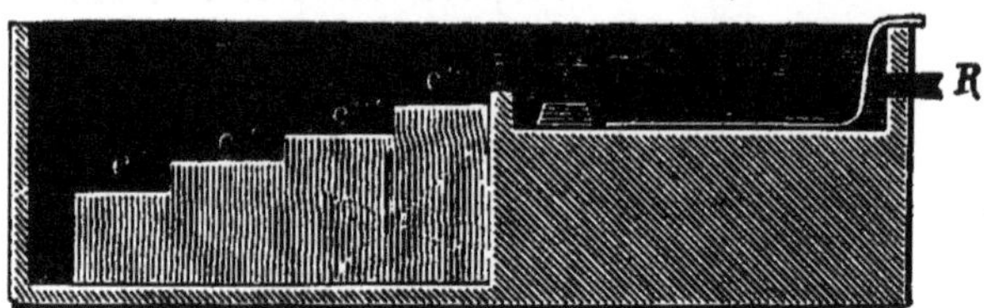

Fig. 22. Coupe de la cuve à eau.

ment de la terre par l'eau soit assez riche en nitrate pour fournir au moins 50 centimètres cubes de bioxyde d'azote.

On opère exactement comme pour l'analyse des nitrates, en se servant de la liqueur normale de nitrate de soude comme terme de comparaison. On cherche dans la table intitulée : *Nitrate de soude,* le taux d'azote correspondant aux volumes de bioxyde d'azote obtenus.

Cette table, d'un usage très-commode, donne en milligrammes l'azote existant dans le sol à l'état d'acide nitrique.

131. — **Recherche de l'alcool dans les terres arables.** — A. Müntz, chef des travaux chimiques à l'Institut agronomique, a communiqué à l'Académie des sciences, en 1881 (1), un fait très-intéressant découvert et étudié par lui depuis quatre ans : la présence constante de l'alcool dans la terre arable, dans les eaux terrestres et météoriques et dans l'air atmosphérique. L'alcool résulte de la destruction des matières carbonées, très-probablement sous l'influence d'agents de fermentation variés. Sauf dans les terreaux et dans les terres très-riches en matières organiques, d'où l'on peut extraire l'alcool en nature et en vérifier les propriétés essentielles, ce composé se trouve

(1) *Comptes rendus de l'Académie des sciences,* t. XCII, p. 497.

Fig. 23. Premier appareil de distillation.

généralement en très-faibles quantités, que l'élégant procédé imaginé par Müntz et que je vais décrire permet de constater très-facilement.

Un ou deux kilogrammes de terre sont introduits dans une boîte B de tôle étamée (fig. 23) avec 5 ou 6 litres d'eau qu'on a préalablement soumise à une ébullition de 2 heures. La boîte B est reliée avec un serpentin ascendant en plomb qui communique lui-même avec un réfrigérant T. L'en-

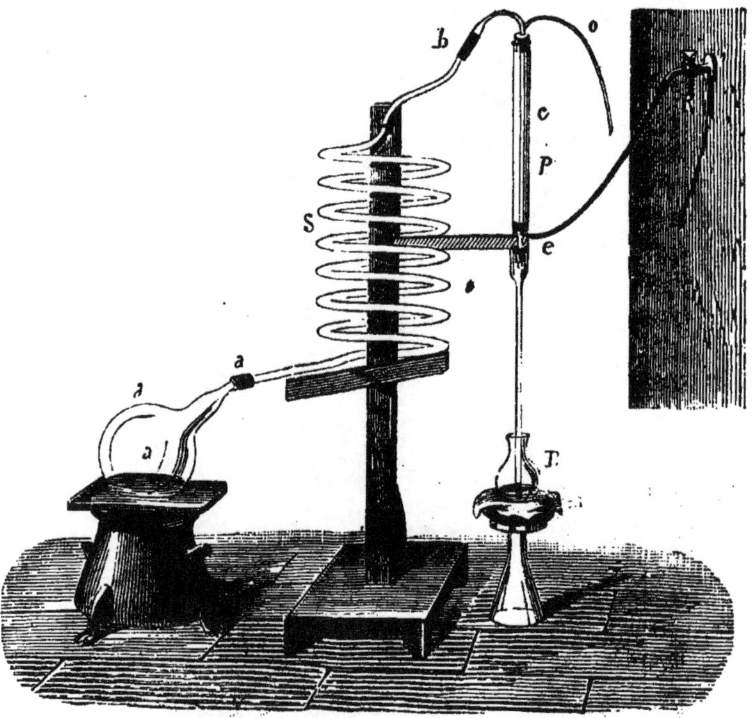

Fig. 24. Deuxième appareil de distillation.

semble représente l'appareil dont Th. Schlœsing se sert pour le dosage de l'ammoniaque, sauf les dimensions qui sont beaucoup plus grandes. On distille lentement de manière à recueillir environ 500 centimètres cubes de liqueur; cette liqueur, qui contient des traces d'ammoniaque, est additionnée de quelques gouttes d'acide sulfurique dilué, destiné à fixer cet alcali; on introduit alors dans l'appareil à doser l'ammoniaque de Schlœsing (fig. 24) et on distille lentement jusqu'à ce qu'on ait recueilli dans un tube à essai 8 ou 10 centimètres cubes de liqueur, à laquelle on ajoute environ 15 gouttes de dissolution d'iode et 2 ou 3 gouttes d'une solution saturée de carbonate de soude pur; on chauffe alors pendant 2 ou 3 minutes à une température comprise entre 50° à 60°, en ajoutant goutte à goutte du carbonate de soude

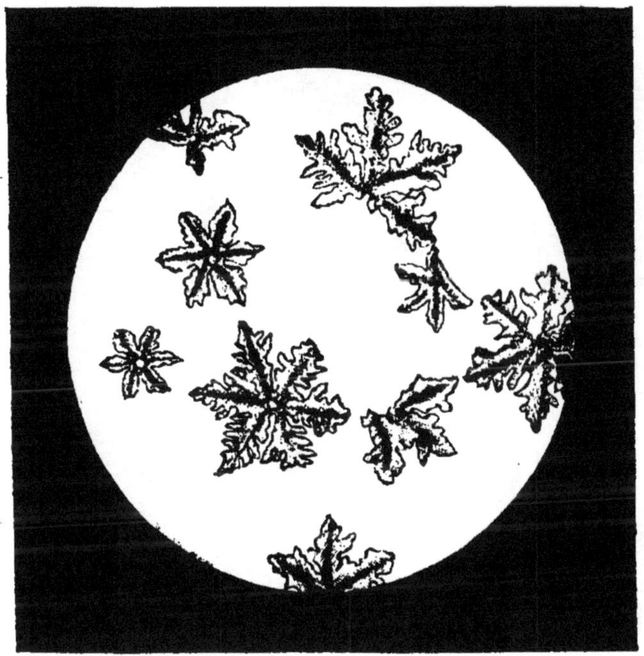

Fig. 25. Cristaux d'iodoforme obtenus avec le terreau ou le sol arable.

jusqu'à ce que la liqueur ne soit plus que faiblement colorée en jaune. Au bout de quelques heures, il se forme un dépôt jaune d'iodoforme; on décante avec une pipette le liquide clair et on vérifie au microscope la forme des cristaux, qui sont constitués par des étoiles hexagonales de dimensions variées... Cet iodoforme dénote la présence de l'alcool dans la terre. On s'assure au préalable par une expérience à blanc, en employant les mêmes appareils, les mêmes réactifs et le même mode opératoire, que la production de ces cristaux est bien réellement due à la terre. Du reste, dans une expérience faite sur une grande échelle, à l'aide de distillations fractionnées répétées, Müntz a pu extraire de l'alcool en nature de la terre des champs d'expérience de l'Institut agronomique.

Fig. 26. Cristaux d'iodoforme obtenus directement (très-grossis).

Pour rechercher l'alcool dans la neige, les eaux pluviales ou terrestres, on emploie le même procédé, mais en opérant sur 15 à 20 litres de liquide; l'appareil distillatoire peut être aisément réalisé par une boîte à lait de 20 litres, à laquelle on a soudé son couvercle muni d'un tube C, qui s'adapte au tube de plomb du serpentin. (Voir *Analyse des eaux.*)

La solution d'iode est préparée en dissolvant 10 grammes d'iode dans une quantité suffisante d'iodure de potassium et amenant le volume à 100 centimètres cubes.

Cette liqueur ainsi que la solution de carbonate de soude doivent être conservées dans des flacons munis de bouchons de verre.

132. — **Dosage de l'azote total.** — On prend 25 à 30 grammes de terre fine qu'on traite par la méthode décrite page 24, § 27. La seule modification au procédé de la chaux sodée, appliqué à l'analyse du sol, consiste à employer un tube de verre suffisamment long pour étaler les 30 grammes de terre. Il faut d'ailleurs observer toutes les précautions indiquées précédemment pour mener à bien ce dosage.

A. Müntz a imaginé une modification qui permet d'opérer sur plusieurs centaines de grammes de terre à la fois. J'espère pouvoir la faire connaître sous forme d'appendice à la fin de ce traité.

V. — ANALYSE DES ARGILES ET DE LA PARTIE DU SOL INSOLUBLE DANS LES ACIDES.

133. — **Utilité de ces analyses.** — L'examen physico-chimique et l'analyse de la partie d'un sol soluble dans les acides nitrique et chlorhydrique nous renseignent, en général, d'une façon suffisante sur les conditions présentes de fertilité des sols. La connaissance de la réserve, c'est-à-dire la nature et la quantité des principes minéraux qui seront mis, dans un temps plus ou moins long, à la disposition des récoltes, ne peut nous être donnée

que par l'étude chimique des matériaux du sol insolubles dans les acides.

Ce résidu est constitué par deux ordres d'éléments distincts, le sable siliceux et l'argile.

Les divers dépôts obtenus dans l'analyse physico-chimique effectuée par la méthode de Schlœsing sont également très-intéressants à étudier. Leur analyse se faisant comme celle des résidus insolubles du sol, les méthodes que je vais décrire s'appliquent aux deux cas.

134. — **Attaque par la chaux.** — La méthode d'analyse des silicates (§§ 96 et suiv.) peut être employée par l'attaque des argiles. On ajoute 100 pour 100 de carbonate de chaux pur à la matière à analyser, on fond à la grande lampe et l'on obtient un verre attaquable par les acides qu'on traite comme il a été dit (§§ 98 à 102).

135. — **Attaque par l'acide sulfurique** (1). — Toutes les matières alumineuses, sauf le corindon et le disthène, sont hydratées et solubles dans l'acide sulfurique concentré, employé en grand excès. Le corindon et le disthène, additionnés de moitié de leur poids de chaux, deviennent solubles dans les acides.

Les matières alumineuses hydratées sont d'ailleurs les plus importantes à examiner. L'eau est la substance volatile qu'elles contiennent dans presque tous les cas, mais cette eau ne peut être chassée quelquefois qu'à une température très-élevée.

Les argiles peuvent renfermer les éléments suivants :

Eau.	Soude.
Acide carbonique.	Chaux.
Silice.	Magnésie.
Alumine.	Soufre.
Fer.	Titane.
Potasse.	Vanadium.

(1) H. Sainte-Claire Deville, Cours inédit de l'École normale.

136. — **Dosage de l'eau et des matières volatiles.** — Le dosage de l'eau exige certaines précautions; dans les argiles et le silicate d'alumine, elle ne peut être chassée qu'à une température élevée. Dans les argiles, la perte due aux matières volatiles est très-compliquée; ces dernières peuvent être formées notamment d'eau, d'acide carbonique et de soufre provenant des pyrites. Il faut aussi tenir compte de l'absorption d'oxygène qui résulte du grillage des sulfures; enfin, l'acide carbonique se dégage à des températures différentes, suivant qu'il est combiné à la chaux, à la magnésie et au fer. Si la matière renferme du carbonate de protoxyde de fer, FeO se transforme en Fe^2O^3 et il y a dégagement d'oxyde de carbone.

Dans la plupart des cas, il suffira de doser l'eau, l'acide carbonique et le soufre par la méthode indiquée à l'*Analyse des pierres calcaires*.

L'eau et l'ensemble des matières volatiles se déterminent par la calcination jusqu'à cessation de perte de poids.

137. — **Dosage du carbonate de chaux** (¹). — On traite la matière alumineuse brute par l'acide chlorhydrique faible, l'acide acétique ou l'acide azotique étendus. La chaux se dissout; on filtre, on dose la chaux et la magnésie dans la liqueur acide avec les précautions suivantes: Quand on emploie l'acide nitrique ou l'acide chlorhydrique faibles, on peut dissoudre du phosphate de chaux en même temps qu'on attaque les carbonates. Il faut s'assurer par l'analyse qualitative (avec le molybdate d'ammoniaque, par exemple) si la matière contient de l'acide phosphorique.

On sursature la liqueur filtrée par l'ammoniaque. S'il y a du phosphate de chaux, il se produit un trouble qui ne

---

(¹) Dans l'analyse des résidus du sol insolubles dans les acides, il n'y a pas lieu de se préoccuper du dosage du carbonate de chaux, ce sel ayant été précédemment éliminé et dosé.

peut être dû à l'alumine, si l'acide employé était faible. On recueille le phosphate sur un filtre, on le lave, calcine et pèse. On le dissout ensuite dans l'acide azotique que l'on sature par l'ammoniaque, ajoutée jusqu'à ce que le précipité se redissolve avec peine; on verse à ce moment de l'oxalate d'ammoniaque qui précipite toute la chaux. La liqueur filtrée est placée dans une capsule de platine contenant un poids connu de chaux pure. On évapore à sec et l'on porte le résidu au rouge, jusqu'à décomposition de toutes les matières volatiles. Dans la capsule reste la chaux introduite, plus l'acide phosphorique dont le poids est fourni par une nouvelle pesée (1).

La liqueur, après la séparation de la chaux, est évaporée à sec; le résidu calciné est de la magnésie.

138. — **Attaque de l'argile.** — L'argile, débarrassée de calcaire, est restée sur le filtre, après traitement par l'acide; on dessèche ce filtre, on détache avec précaution l'argile qu'on met dans une capsule de platine, on incinère le filtre et on ajoute ses cendres à l'argile; enfin, on traite le tout par un grand excès d'acide sulfurique (5 à 6 fois le poids de la matière). On ajoute d'abord à l'acide sulfurique le tiers de son poids d'eau environ, et l'on évapore jusqu'à dégagement abondant de vapeurs acides, en ayant soin d'agiter la matière de temps en temps.

139. — **Dosage de la silice et du titane.** — Quand l'attaque est complète, on a un magma presque solide qu'on fait tomber dans un vase d'un demi-litre contenant de l'eau distillée; on a soin d'agiter constamment pour éviter un trop grand échauffement. La capsule est ensuite lavée avec soin; tout a été dissous, sauf la silice.

La liqueur renferme tous les sulfates; s'il y a du titane

---

(1) On peut aussi doser directement l'acide phosphorique par le molybdate, en observant les précautions indiquées page 95.

dans l'argile à analyser, ce dernier ne restera en dissolution qu'à la condition que la liqueur soit maintenue toujours froide. Il peut arriver que la dissolution du magma ne se fasse qu'avec lenteur, car le sulfate d'alumine, chauffé avec un excès d'acide sulfurique, se dissout difficilement dans l'eau. On favorise la dissolution en ajoutant à la liqueur 10 à 15 centimètres cubes d'acide chlorhydrique. S'il y a du fer, la liqueur prend alors une teinte jaune. Quand la dissolution est complète, on décante et l'on jette sur le filtre la silice demeurée insoluble. On lave le résidu à l'eau froide et l'on réunit toutes les eaux de lavage dans un grand ballon où on les porte à l'ébullition. L'acide titanique se précipite sous forme de poudre blanche et, au bout d'une heure, on le jette sur un filtre et on lave. C'est la seule forme sous laquelle le titane se laisse séparer, par filtration, quoique difficilement, d'une solution acide.

140. — **Dosage de l'alumine, du fer et des alcalis.** — La dissolution filtrée renferme les sulfates d'alumine et de fer et les sulfates alcalins. On l'évapore à siccité et l'on chasse tout l'acide sulfurique par la chaleur; on calcine le résidu dans le moufle à gaz (fig. 27) pour éliminer les dernières traces d'acide; on peut atteindre le même résultat en chauffant à la lampe moyenne jusqu'à cessation de perte de poids. On favorise beaucoup la décomposition des sulfates en plaçant dans la matière chaude un fragment de carbonate d'ammoniaque. Ce sel prend l'état sphéroïdal et se volatilise lentement, de sorte qu'il se forme une atmosphère de carbonate d'ammoniaque qui facilite la décomposition. On traite par l'eau; les oxydes d'alumine et de fer restent; les sulfates alcalins se dissolvent; on évapore la solution. Les sulfates alcalins, calcinés au rouge et pesés, sont traités par le chlorure de platine; on évapore à sec, on reprend par l'alcool absolu qui laisse le chlorure double et le sulfate de soude.

On calcine de nouveau, on reprend par l'eau qui ne laisse que le platine dont le poids sert à déterminer la potasse et, par différence, la soude.

141. — **Dosage du soufre.** — Les argiles peuvent contenir de la pyrite, qu'on dose de la manière suivante.

Fig. 27. Moufle à gaz.

On traite un poids connu d'argile par l'acide hypochloreux(1) ou par l'acide hypochlorique, qui la décolorent en

(1) On prépare l'acide hypochloreux en faisant passer un courant de chlore sec et pur, sur de l'oxyde de mercure divisé à l'aide de fragments de ponce; le mélange ne doit pas être trop tassé; de cette

dissolvant les matières organiques et la pyrite. Ces réactifs ont l'avantage de ne pas attaquer facilement la chaux. Le sulfure est transformé en sulfate et on ne trouve ordinairement que du sulfate de fer dans la liqueur filtrée. On dose l'acide sulfurique par l'addition d'acide nitrique et d'azotate de baryte. Quant au fer, on l'a par différence; on peut aussi évaporer la liqueur, la chauffer vers 200°, puis reprendre par l'eau, qui dissout les nitrates de baryte et de chaux et laisse l'oxyde de fer; c'est là une très-bonne vérification du dosage de l'acide sulfurique.

142. — **Recherche et dosage du vanadium.** — Les matières alumineuses contiennent fréquemment du vanadium. La détermination de ce métal ne présente aucun intérêt au point de vue agricole; cependant, j'indiquerai la méthode donnée par H. Sainte-Claire Deville pour la recherche et le dosage de ce métal, parce qu'elle s'applique à la recherche de toutes les matières colorantes des minéraux. Les acides métalliques qui colorent les minéraux donnent avec des sulfures alcalins des liquides colorés. C'est cette réaction que nous allons utiliser.

Le meilleur moyen pour déterminer la présence du vanadium dans l'argile consiste à fondre cette dernière avec trois fois son poids de soude caustique à laquelle on ajoute 15 à 20 centimètres d'un nitrate alcalin. La matière fondue présente fréquemment une coloration verte due à la présence d'un peu de manganèse. On reprend par l'eau; le résidu insoluble est un silico-aluminate de potasse et de soude. On ajoute quelques gouttes d'alcool à la dissolution alcaline et on chauffe : tout le manganèse se précipite à l'état d'oxyde rouge. On décante et l'on fait passer

---

façon, on évite toute obstruction du tube et l'opération marche très-bien. Si l'on veut avoir l'acide hypochloreux en dissolution, on le recueille dans de l'eau refoidie à l'aide de glace ou de neige.

un courant d'acide sulfhydrique. Quand la liqueur contient du vanadium, elle devient alors rouge vineux, d'une teinte analogue à celle du permanganate de potasse.

On décompose le sulfure de sodium par l'acide chlorhydrique, en n'employant de ce dernier que la quantité strictement nécessaire pour effectuer la décomposition. Il est bon de mettre à part une portion de la liqueur sulfureuse pour saturer l'acide chlorhydrique, dans le cas où l'on en aurait trop ajouté. On abandonne la liqueur à elle-même jusqu'à ce qu'il n'y ait plus d'hydrogène sulfuré, et le sulfure de vanadium, de couleur brune, se précipite. On le dessèche, et on le grille à une température très-basse. L'acide vanadique fond ; on pèse.

L'acide vanadique est fusible, d'un rouge très-foncé. Chauffé en petite quantité avec du sel de phosphore, il devient jaune clair dans la flamme d'oxydation et vert dans la flamme de réduction. A la flamme d'oxydation, il colore le nitre en rouge. Si, dans la capsule, on verse de l'acide chlorhydrique, la matière se dissout, en colorant en rouge la liqueur et en dégageant du chlore. Par la chaleur, la coloration passe au bleu céleste ou au vert.

Le dosage du vanadium doit se faire sur 100 grammes, au moins, de matière argileuse.

143. — **Dosage du fer dans le kaolin et dans l'alun.** — Le fer existe dans ces matières à l'état soluble dans les acides, à l'ébullition. On fait bouillir la matière avec de l'acide chlorhydrique pur et on ajoute du tartrate d'ammoniaque pur, en quantité proportionnelle à l'alumine et au fer sur lesquels on veut agir. Ce sel a pour effet d'empêcher la précipitation, par l'ammoniaque, de l'alumine et du fer, de sorte que si, à la liqueur acide ou neutre, on ajoute de l'ammoniaque, rien ne se précipite. On fait chauffer et l'on verse goutte à goutte une dissolution très-étendue de sulfure de sodium titrée. Le sulfure

de fer se précipite et l'on continue jusqu'à ce que, en faisant bouillir la liqueur, puis ajoutant une nouvelle goutte de sulfure de sodium, il cesse de se produire une coloration verte. Il est évident qu'on ne devra ainsi déterminer que de petites quantités de fer. Mais c'est précisément ce qu'on se propose, car des traces de fer nuisent à certains emplois industriels du kaolin et de l'alun.

144. — **Titrage du sulfure de sodium.** — Pour déterminer la richesse du sulfure de sodium, on dissout dans l'acide chlorhydrique 1 décigramme de fer (pointes de Paris), on verse dans la dissolution du tartrate d'ammoniaque et de l'ammoniaque, puis l'on y laisse tomber, goutte à goutte, la solution du sulfure de sodium à titrer, jusqu'à ce qu'il n'y ait plus de dépôt de sulfure de fer. Le nombre de divisions de la burette employée donne la valeur en fer de chacune des divisions. Il faut, en général, s'arranger de manière que 1 centimètre cube de sulfure précipite $0^{gr},01$ de fer.

Pour préparer le tartrate, on fait dissoudre de la crème de tartre dans l'ammoniaque, on ajoute un peu d'acide sulfhydrique et l'on fait bouillir; le fer, le tartrate et le sulfate de chaux se précipitent. En filtrant et en faisant cristalliser, on obtient un tartrate double de potasse et d'ammoniaque qui sert à l'analyse. Il est préférable de traiter, par l'ammoniaque, de l'acide tartrique pur, de porter à l'ébullition avec de l'acide sulfhydrique et de faire cristalliser.

La méthode d'analyse des argiles que je viens d'exposer s'applique très-bien à l'examen chimique des résidus du sol insolubles dans les acides; seulement, dans ce cas, il y a lieu de rechercher l'acide phosphorique soit par le molybdate, soit par la méthode de Schlœsing.

145. — **Exemple d'analyse complète d'un sol.** — Pour compléter l'exposé des méthodes relatives à l'analyse des sols et de leurs principes constituants, je crois

utile de donner un exemple d'une analyse complète d'un sol et de sa discussion en vue d'expériences culturales (1).

Cet exemple montre l'application des méthodes décrites précédemment à l'étude physico-chimique et chimique d'une terre arable.

a) *Renseignements généraux sur l'état actuel du terrain.* — La colonie de Mettray repose sur la formation géologique désignée sous le nom de terrains tertiaires moyens. Les faluns, les calcaires d'eau douce, les meulières, silex et grès de Fontainebleau, forment la roche sous-jacente de la couche végétale. D'après les renseignements donnés par M. Blanchard, directeur de la colonie, la pièce où les échantillons ont été prélevés est située à 1,500 mètres environ au nord de la colonie; son sol et son sous-sol sont argileux : à une profondeur de 2 mètres, on rencontre encore une argile d'un blanc jaunâtre; mais plus bas se trouve la même roche calcaire qui forme les coteaux environnants. La présence du silex pyromaque a été constatée dans les échantillons n° 2 et n° 3. Les sillons sont dans la direction du nord au midi, avec une légère inclinaison au midi; à leur partie inférieure, c'est-à-dire au sud, coule un petit ruisseau alimenté par des sources venant des collines environnantes; ses eaux sont calcaires et font défaut lorsque l'été est sec. Ce terrain, qui a une contenance de 7 hectares, était très-humide et très-difficile à cultiver. Un drainage effectué il y a vingt-quatre

(1) Je n'en puis choisir de meilleur que l'analyse du sol de la colonie de Mettray, faite en 1874 sous ma direction, par mon élève et mon ami A. Leclerc, alors préparateur à la Station agronomique de l'Est, aujourd'hui directeur du laboratoire de recherches de la Compagnie générale des voitures. Cette étude m'avait été demandée par M. Drouin de Lhuys en vue de recherches sur la culture de la betterave que la Société des agriculteurs de France se proposait d'entreprendre à la colonie de Mettray.

ans l'a bien assaini : aujourd'hui, ce sol se cultive facilement. Un drain collecteur coupe le champ en deux en descendant du nord au sud. Les drains sont espacés les uns des autres de 12 mètres et situés à une profondeur moyenne de 1 mètre; ils aboutissent au drain collecteur en faisant avec ce dernier un angle de 45 degrés. Le sol n'est pas irrigué. Le labour est en billons d'une largeur de 2 à 3 mètres et d'une profondeur de 20 centimètres, une trop grande humidité ne permettant pas le labour à plat.

b) *Méthode suivie dans l'analyse chimique des échantillons.* — Les échantillons envoyés à la Station agronomique de l'Est ont été soumis à une analyse aussi complète que possible. La méthode suivie dans leur étude consiste à attaquer à chaud la terre fine (passée au tamis de 1 millimètre) par de l'acide nitrique pur et concentré, à déterminer le résidu insoluble dans l'acide, et, dans la liqueur, à doser les éléments dissous. On a effectué la séparation de l'alumine des sesquioxydes de fer et de manganèse au moyen de la potasse caustique : l'alumine a été pesée séparément, les sesquioxydes de fer et de manganèse ensemble. Le dosage du sesquioxyde de manganèse a été fait suivant le procédé décrit plus loin. (Voir : *Analyse des cendres des végétaux.*) Par différence, on obtenait le taux du sesquioxyde de fer. La chaux a été séparée à l'état d'oxalate de chaux et pesée après la transformation de ce dernier en chaux vive. La magnésie a été dosée à l'état de magnésie caustique, et les sels alcalins, pesés à l'état de chlorures, ont été séparés à l'aide du bichlorure de platine. L'acide phosphorique a été séparé par le molybdate d'ammoniaque et dosé sous forme de phosphate ammoniaco-magnésien. On a déterminé l'acide sulfurique avec le nitrate de baryte, le chlore avec le nitrate d'argent et l'acide carbonique par une pesée directe. L'eau a été obtenue par une dessiccation à 110 degrés, et la matière organique par incinération. Cette dernière détermination demande une explication : avant de peser après l'incinération, on ajoutait à la terre un peu de carbonate d'ammoniaque destiné à régénérer les carbonates de chaux et de magnésie qui pouvaient être décomposés à la température d'incinération, puis on desséchait la matière à 110 degrés et l'on pesait. Il est nécessaire de faire remarquer que ce dernier dosage comporte une erreur qui peut, dans certains cas, atteindre un chiffre élevé. En effet, les sols agricoles renferment des proportions d'argile très-variables ; cette argile jouit de la propriété de retenir, au-dessus de 110 degrés, de l'eau qui n'est volatile qu'à une température comprise entre 110 degrés et la chaleur rouge; cette eau a été seulement éliminée pendant l'incinération, en même temps que la matière organique a été détruite; le taux de cette dernière, par ce fait, s'est trouvé trop élevé, et l'erreur commise est d'autant plus grande que le sol est plus argileux. Les chiffres obtenus seront néanmoins maintenus; mais, dans la suite, on indiquera le taux réel de la matière organique et la méthode suivie pour l'obtenir.

L'attaque de la terre par l'acide nitrique était effectuée au bain de sable, dont on élevait graduellement la température jusqu'à l'ébullition de l'acide; on la continuait jusqu'à cessation complète des vapeurs nitreuses dues à la réaction de la matière organique sur l'acide.

c) *Analyse chimique des échantillons.* — Appliquée aux trois sols et aux trois sous-sols de la colonie, dont les poids respectifs du litre, après dessiccation à l'air libre, sont :

Pour les sols :	N° 1. . . .	1,600 grammes.
—	N° 2. . . .	1,156 —
—	N° 3. . . .	1,171 —
Pour les sous-sols :	N° 1. . . .	1,061 —
—	N° 2. . . .	1,225 —
—	N° 3. . . .	1,194 —

la méthode précédente a donné les résultats suivants :

ÉLÉMENTS dosés.	SOLS no 1.	SOLS no 2.	SOLS no 3.	SOUS-SOLS no 1.	SOUS-SOLS no 2.	SOUS-SOLS no 3
Eau volatile à 110°	10.940	9.760	9.930	11.240	5.327	10.450
Matières organiques	4.730	3.130	3.460	3.277	2.783	2.512
Alumine	3.170	2.060	1.950			
Sexquioxyde de fer	3.110	2.360	2.441	4.580	3.036	3.508
Sexquioxyde de manganèse	0.023	0.026	0.019			
Chaux	0.780	0.950	1.120	0.528	0.828	0.744
Magnésie	0.224	0.220	0.224	0.160	0.120	0.280
Soude	0.131	0.055	0.050	0.156	0.208	0.128
Potasse	0.146	0.145	0.124	0.060	0.100	0.088
Acide sulfurique	0.153	0.123	Traces	Traces	Traces	Traces
Acide phosphorique	0.061	0.059	0.100	0.104	0.080	0.140
Chlore	Traces	0.008	Traces	»	»	»
Acide carbonique	Traces	0.260	0.360	Traces	Traces	Traces
Résidu insoluble	76.560	80.650	80.250	80.870	87.745	82.800
Totaux	100.028	99.806	100.128	100.975	100.227	100.642

Ces six analyses renseignent fort peu sur l'état de fertilité et sur les propriétés des terrains dont il s'agit. Elles indiquent la richesse relative des divers sols et les variations des divers principes fertilisants dans chacun d'eux. Le sol n° 2 est relativement pauvre en acide phosphorique si on le compare au sol n° 3; mais sous le rapport de la potasse, c'est l'inverse qui a lieu.

Pour compléter ces analyses, dans la terre humide, on a dosé l'azote qui s'y trouvait à l'état d'ammoniaque et d'acide nitrique. A cet effet, 1 kilogramme de chacun des sols a été lessivé par de l'eau chargée d'acide chlorhydrique. Une moitié de la liqueur, additionnée d'un léger excès de potasse pour la rendre légèrement alcaline, a servi, après forte concentration, à doser l'acide nitrique sous forme de bioxyde d'azote, à l'aide de la méthode de Th. Schlœsing pour la détermination de l'azote dans les nitrates. Dans l'autre moitié, également concentrée, mais sans addition aucune de base, on a dosé l'ammoniaque par la méthode de Th. Schlœsing. Quant à l'azote combiné aux matières organiques, il a été déterminé par la chaux sodée dans le sol desséché à l'air libre. On a trouvé :

Dans les sols humides :

	N° 1.	N° 2.	N° 3.
Eau	17 p. 100	15.8 p. 100	16 p. 100
Azote à l'état d'ammoniaque	0gr,0167 p. kil.	0gr,0206 p. kil.	0gr,0158 p. kil.
Azote à l'état d'acide nitrique	0gr,0113 p. kil.	0gr,0127 p. kil.	0gr,0099 p. kil.

Dans les sols desséchés à l'air :

Eau	10gr,94 p. 100	9gr,76 p. 100	9gr,93 p. 100
Azote combiné à la matière organique	1gr,247 p. kil.	9gr,9444 p. k.	1gr,1232 p. k.

d) *Étude physique des sols.*—Tous les chiffres précédents apprennent fort peu de chose sur les propriétés physiques du terrain. Il fallait donc, pour en compléter l'étude, examiner sa constitution physique. La connaissance de cette constitution offre au cultivateur, dans la plupart des cas, un intérêt bien plus grand qu'une analyse chimique complète. En effet, la détermination des divers éléments d'une terre, tels que calcaire, sable, argile et humus, peut éclairer sur ses propriétés physiques dont les variations sont en rapport constant avec les différentes proportions de ces mêmes éléments constitutifs. L'argile, à cause de ses propriétés si curieuses et si importantes d'absorber les gaz atmosphériques, l'humidité et l'eau et d'en former pour ainsi dire une réserve mise à la disposition des plantes, doit surtout être l'objet d'une recherche spéciale. On sait que c'est elle qui, dans le sol, fixe les bases alcalines, l'acide phosphorique des liquides qui le traversent et qu'elle agit en outre comme un antiseptique, c'est-à-dire qu'elle forme avec les matières organiques en décomposition des mélanges, peut-être des combinaisons imputrescibles. Elle ralentit la combustion lente, continue et en pure perte des matières organiques de la couche végétale.

Résultat de la désagrégation de roches importantes au point de vue agricole, l'argile contient en proportion notable les éléments indispensables à la fertilité des terrains. La ténacité d'un sol, sa dessiccation spontanée, sa faculté hygrométrique peuvent varier à l'infini suivant les proportions diverses d'argile qu'il renferme. L'argile présente donc le plus grand intérêt dans l'étude d'un terrain, aussi a-t-on pris soin de la déterminer exactement dans les trois sols soumis à l'examen de la Station agronomique de l'Est. La méthode de séparation suivie à cet effet a été instituée par Th. Schlœsing. (*Compte rendu de l'Académie des sciences*, t. LXXVIII, p. 1,276.) Appliquée aux trois sols, elle a donné les résultats suivants :

	Nº 1.	Nº 2.	Nº 3.
Eau	10.940	9.760	9.930
Débris organiques	1.207	1.384	1.600
Sable	58.273	69.496	67.097
Argile du dépôt circulaire	2.320	2.090	1.770
Argile (amorphe)	25.880	15.500	15.870
Matière enlevée à froid par l'eau acidulée	1.621	1.815	2.138
	100.331	100.045	98.408

Quelques observations sont nécessaires pour l'intelligence de ces chiffres. Par débris organiques, il faut entendre les racines et détritus végétaux de toutes sortes provenant des racines, des récoltes et des fumures antérieures. Ils ont été séparés et pesés. La matière organique appelée généralement humus, c'est-à-dire celle qui se trouve en combinaison avec la chaux principalement et les autres principes des sols, existait en trop faible proportion pour qu'il fût possible de la doser : les liqueurs alcalines étaient à peine colorées, et il eût fallu opérer sur de grandes masses. Les humates sont restés, en partie, combinés à l'argile au moment de sa coagulation. Ces taux de débris organiques qu'il convient de substituer aux taux des matières organiques inscrits dans les tableaux de l'analyse physique sont tous des mínima, puisque l'humus n'a pu être pesé.

Dans ses belles recherches sur la constitution des argiles, M. Th. Schlœsing a remarqué qu'elles sont formées en général par deux argiles spéciales différant entre elles par la manière de se comporter avec l'eau distillée. L'une, qui est à l'état de paillettes cristallines et que ses propriétés physiques rapprochent du sable fin, se dépose au sein de l'eau pure; l'autre, qui se tient en suspension dans l'eau distillée, jouit de la singulière propriété de se coaguler d'abord, puis de se déposer, par l'addition des sels calcaires. Cette dernière a été indiquée sous le nom d'argile amorphe, tandis que l'argile cristalline a été désignée sous le nom d'argile du dépôt circulaire, afin de rappeler la propriété caractéristique qu'elle possède *de ne se former que sur une étroite bande circulaire bordant le fond du vase.* C'est le dépôt formé après quarante heures de repos. Sous le nom de matières enlevées à froid par l'eau acidulée, on a compris tous les éléments dissous par l'eau acidulée (par l'acide nitrique) employée pour la destruction du calcaire et de la combinaison calcaire de la matière organique. L'eau a été déterminée par une dessiccation à 110 degrés. Les dessiccations du sable des débris organiques et des argiles ont été faites également à cette température.

La comparaison de ces trois analyses physiques fait déjà prévoir l'état général d'ameublissement de chacun des sols et leurs propriétés physiques. Le sol n° 1 est fortement argileux, très-tenace et de culture difficile. Les sols n° 2 et 3 ayant une composition à peu près identique, leurs propriétés physiques seront sensiblement les mêmes. Ils sont néanmoins moins argileux que le n° 1 et d'une culture plus facile.

Outre les propriétés physiques que ces analyses révèlent, elles permettent d'indiquer les améliorations dont ces sols pourront être l'objet. En effet, le calcaire faisant presque complétement défaut dans le sol n° 1 et étant peu abondant dans les autres, les chaulages produiront de bons résultats, pourvu toutefois qu'ils soient accompagnés d'un apport convenable d'engrais, riches surtout en matières organiques. On sait, depuis les recherches de M. Grandeau *Sur le rôle des matières organiques du sol dans les phénomènes de la nutrition des végétaux,* qu'il existe fréquemment une corrélation entre la fertilité d'un sol et sa teneur en matières organiques. La chaux, en réagissant sur l'argile, met en liberté la potasse insoluble qui s'y trouve à l'état de silicate et qui, en présence de la matière organique, s'y combine et devient ainsi apte à être assimilée par les plantes.

L'analyse physique des sols étant effectuée, il a paru intéressant d'examiner séparément chacun des lots de sable et d'argile au point de vue de leur constitution chimique : les argiles, le sable et les éléments dissous dans l'eau acidulée ont donc été étudiés. Pour l'analyse et la séparation des éléments dissous, on a suivi la même méthode que celle qui a été employée pour l'analyse chimique des sols et des sous-sols. La méthode appliquée au sable et aux argiles est un peu différente : c'est celle de H. Sainte-Claire Deville (§ 129 et suiv.); cependant, on y a introduit quelques légères modifications.

e) *Composition chimique des sables et des argiles.* — On attaque par un poids d'acide sulfurique égal à cinq à six fois celui de la matière : on ajoute à l'acide le tiers de son poids d'eau, puis on évapore jusqu'à formation des vapeurs acides en agitant fréquemment. Quand l'attaque est complète, on étend de beaucoup d'eau, et l'on filtre pour séparer la silice qui est seule insoluble et reste bien blanche après incinération lorsqu'elle est pure. Les sels solubles ont passé dans la liqueur à l'état de sulfates. On les évapore à sec dans une capsule de platine, puis on calcine au blanc. Les sulfates de fer, d'alumine et de magnésie sont décomposés. On reprend par quelques gouttes de nitrate d'ammoniaque en suivant les prescriptions indiquées dans la méthode de la voie moyenne, puis par l'eau, et l'on filtre. Il reste sur le filtre l'alumine, le fer à l'état de sesquioxyde et, s'il y en a, l'acide phosphorique à l'état de phosphate. La liqueur renferme du nitrate de magnésie et les sulfates de chaux, de potasse et de soude. La chaux est séparée à l'état d'oxalate, la magnésie par évaporation à sec de la liqueur débarrassée de la chaux et calcination au blanc. Les sulfates alcalins sont alors séparés par l'eau, évaporés à sec, calcinés au rouge, puis pesés. On les traite ensuite par le bichlorure de platine, évapore à sec et reprend par l'alcool absolu qui laisse insolubles le chlorure double et le sulfate de soude. On calcine de nouveau, puis on reprend par l'eau qui ne laisse plus que le platine, dont le poids sert à déterminer la potasse et, par suite, la soude.

Les sesquioxydes sont pesés, puis traités par l'acide nitrique pour dissoudre le phosphate de fer ou d'alumine qu'on recherche avec le molybdate d'ammoniaque, et que l'on dose sous forme de phosphate ammoniaco-magnésien. Le fer est ensuite séparé de l'alumine au moyen de la potasse.

On n'a pas fait d'analyse spéciale pour les débris organiques ; leurs cendres ont été ajoutées au sable avant l'attaque.

Voici les résultats rapportés à 100 grammes de terre fine séchée à l'air :

	SOL n° 1.	SOL n° 2.	SOL n° 3.
Matières enlevées par l'eau acidulée	= 1.621	= 1.815	= 1.621
Fe^2O^3, Al^2O^3	= 0.686	= 0.356	= 0.393
CaO	= 0.790	= 0.970	= 1.140
MgO	= 0.060	= 0.080	= 0.120
NaO	= 0.000	= 0.053	= 0.034
KO	= 0.021	= 0.032	= 0.034
PhO^5	= 0.064	= 0.064	= 0.057
CO^2	= Traces	= 0.260	= 0.360
Matières organiques et sable	= 59.570	= 70.880	= 68.700
Fe^2O^3, Al^2O^3	= 2.410	= 2.000	= 2.600
CaO	= 0.090	= 0.130	= 0.130
MgO	= 0.100	= 0.080	= »
NaO	= 0.104	= 0.056	= 0.062
KO	= 0.059	= 0.100	= 0.085
PhO^5	= Traces	= Traces	= »
Silice	= 55.510	= 67.130	= 64.220
Dépôt circulaire	= 2.320	= 2.090	= 1.1770
Fe^2O^3, Al^2O^3	= 0.330	= 0.519	= 0.370
CaO	= 0.050	= 0.060	= 0.050
MgO	= »	= Traces	= »
NaO	= »	= 0.014	= 0.016
KO	= 0.063	= 0.052	= 0.018
PhO^5	= Traces	= 0.051	= Traces
Silice	= 1.820	= 1.280	= 1.130
Argile	= 25.880	= 15.500	= 15.870
Fe^2O^3	= 3.030	Fe^2O^3, Al^2O^3 = 4.466	= 1.850
Al^2O^3	= 4.571		= 2.613
CaO	= 0.220	= 0.060	= 0.110
MgO	= »	= »	= 0.040
NaO	= 0.320	= 0.017	= 0.310
KO	= 0.515	= 0.080	= 0.218
PhO^5	= 0.089	= 0.064	= 0.057
Silice	= 15.500	= 8.350	= 8.250

Il importe de remarquer qu'en faisant la somme des taux des éléments dosés pour le sable, l'argile et le dépôt circulaire, on ne retrouve point le même nombre que celui qui exprime leur taux dans le sol. Pour le sable, il ne saurait en être autrement, puisqu'on y a ajouté les cendres de la matière organique avant d'en faire l'attaque.

Dans les argiles, cela tient à ce qu'une partie de l'eau qu'elles renferment n'est volatile qu'à une température supérieure à 110 degrés. Ainsi l'on a trouvé que de l'argile extraite du sol n° 1 après dessiccation à 110 degrés a perdu, dans un cas, 8.70 p. 100, et, dans un autre, 12 p. 100 de son poids, en passant de 110 degrés à la chaleur rouge. Cette différence tient probablement à un état différent dans leur constitution physique. Les argiles amorphes des sols n° 2 et n° 3 ont donné 14 p. 100 de perte au feu. Ces argiles renferment, en outre, un peu de matière organique qu'elles ont entraînée dans leur précipitation ; mais la perte au feu qui résulte de ce chef doit être très-faible et peut même, sans grave inconvénient, être considérée comme nulle. L'acide phosphorique a été décelé dans tous les lots à l'aide du molybdate d'ammoniaque ; mais souvent on s'est trouvé dans l'impossibilité de le doser ; il en est de même pour la magnésie : il aurait fallu opérer sur une grande quantité de matière.

f) *Composition absolue des sols.* — A l'aide des chiffres précédents, il est facile d'établir la composition absolue des sols. On trouve que 100 parties renferment :

	Sol n° 1.	Sol n° 2.	Sol n° 3.
Alumine et sesquioxyde de fer.	11.027	7.341	7.826
Chaux	1.150	1.220	1.430
Magnésie.	0.160*	0.160*	0.160
Soude	0.424*	0.140	0.422
Potasse.	0.658	0.264	0.355
Acide phosphorique.	0.153*	0.179*	0.114*
Acide carbonique.	Traces.	0.260	0.360
Eau volatile à 110 degrés . .	10.940	9.760	9.930
Eau volatile au rouge et matières organiques.	2.989	3.961	4.211
Silice	72.830	76.760	73.200
	100.331	100.045	98.408

Les chiffres qui sont suivis d'un astérique (*) doivent être considérés comme des minima, puisque, dans certains cas, il y a eu impossibilité de doser les éléments, bien que leur présence ait été constatée.

g) *Composition centésimale du sable et des argiles de chacun des sols.* — Si l'on détermine la composition centésimale du sable et des argiles dans chacun des sols, on verra, par une comparaison intéressante, les variations des éléments d'un même lot dans les divers terrains. On obtient :

1° *Pour les sables :*

	N° 1.	N° 2.	N° 3.
Alumine et sesquioxyde de fer	4.135	2.880	3.875
Chaux	0.154	0.187	0.193
Magnésie	0.171	0.115	»
Soude	0.178	0.080	0.092
Potasse	0.101	0.143	0.126
Acide phosphorique	»	»	»
Silice	95.258	96.595	95.712

2° *Pour les dépôts circulaires :*

	N° 1.	N° 2.	N° 3.
Alumine et sesquioxyde de fer	14.224	26.300	23.358
Chaux	2.155	3.030	3.156
Magnésie	»	»	»
Soude	»	0.700	1.010
Potasse	2.715	2.630	1.136
Acide phosphorique	»	2.580	»
Silice	78.448	64.700	71.338

3° *Pour les argiles :*

	N° 1.	N° 2.	N° 3.
Alumine	18.85	34.26	19.430
Sesquioxyde de fer	12.50		13.756
Chaux	0.91	0.46	0.818
Magnésie	»	»	0.297
Soude	1.32	0.13	2.305
Potasse	2.12	0.61	1.621
Acide phosphorique	0.37	0.49	0.424
Silice	63.93	64.05	61.317

On est frappé de la pauvreté relative en potasse de l'argile n° 2 : elle est plus rapprochée de son état de pureté que les deux autres. Vraisemblablement, on pourrait expliquer ce fait en admettant que les roches dont elle est le produit de décomposition n'étaient pas les mêmes que celles qui ont produit les argiles n°s 1 et 3; mais le dépôt circulaire n° 2 se rapprochant beaucoup par sa teneur en potasse de l'argile n° 1, va en donner la véritable explication. Les argiles peuvent, comme on l'a vu, être considérées comme formées de deux matières, l'une cristalline, se déposant au sein des liqueurs alcalines; elle provient de la désagrégation plutôt mécanique que chimique des roches; l'autre amorphe, restant en suspension pendant plusieurs semaines dans le même liquide, et dérivant de la décomposition chimique des mêmes roches. Les dépôts circulaires, c'est-à-dire les argiles cristallines, représentent des roches incomplétement décomposées, et les argiles amorphes, celles qui ont subi une altération plus profonde dans leur constitution intime. L'argile n° 2 montre que le sol dont elle provient a été plus énergiquement attaqué par les agents destructifs que les sols n° 1 et n° 3. On ne saurait attribuer la diminution de la potasse, dans la composition de l'argile, à l'action des végétaux; il n'est pas admissible, en effet, de supposer que les éléments fertilisants insolubles dans l'eau acidulée puissent être absorbés par les plantes pendant leur période de développement. On se trouve déjà très-éloigné de la vérité en admettant que les éléments immédiatement assimilables comprennent ceux qui sont solubles dans les liqueurs acides. Cette diminution ne peut provenir non plus de l'action de chaulages ou de plâtrages, car le résultat final est une fixation de la chaux par la silice, par conséquent, une augmentation du taux de la chaux dans l'argile, en même temps qu'une quantité correspondante de potasse et de soude est mise en liberté, c'est-à-dire une diminution, dans l'argile, de potasse et de soude qui deviennent solubles dans l'eau acidulée; or, il n'y a pas d'augmentation dans le taux de la chaux, il y a même une légère diminution. Ces quelques réflexions semblent confirmer l'hypothèse qu'on vient de faire, c'est-à-dire que le sol n° 2, et surtout l'argile, est le résultat d'une action plus complète des agents destructifs sur les roches primitives, et que, sur les sols n° 1 et n° 3, l'action a été beaucoup moins énergique.

h) *Éléments fertilisants contenus par hectare dans la couche végétale.* — En partant des données analytiques précédentes, on peut facilement déterminer la quantité d'éléments fertilisants contenus dans la couche arable d'un hectare des différents sols. Le labour étant effectué à $0^m,20$, on trouve par hectare :

Sol n° 1.

Poids de la terre végétale, 2,092,000 kilogrammes, contenant en :

Argile : 511,409 kil., renfermant	Potasse	= 10.774 kil.
	Acide phosphorique	= 1.862 —
Dépôt circulaire : 48,534 kil., renfermant	Potasse	= 1.317 —
	Acide phosphorique	= » —
Sable et débris végétaux : 1,246,201 kil., renfermant	Potasse	= 1.234 —
	Acide phosphorique	= » —
Les matières solubles dans l'acide étendu donnent	Potasse	= 439 —
	Acide phosphorique	= 1.289 —

soit, par hectare, 13,764 kilogrammes de potasse et 3,151 kilogrammes d'acide phosphorique.

Sol n° 2.

Poids de la terre végétale, 2,312,000 kilogrammes, contenant en :

Argile : 358,360 kil., renfermant	Potasse	= 1.819 kil.
	Acide phosphorique	= 1.479 —
Dépôt circulaire : 48,321 kil., renfermant	Potasse	= 1.202 —
	Acide phosphorique	= 1.178 —
Sable et débris végétaux : 1,638,745 kil., renfermant	Potasse	= 2.312 —
	Acide phosphorique	= » —
Les matières solubles dans l'acide étendu donnent	Potasse	= 740 —
	Acide phosphorique	= 1.479 —

soit, par hectare, 6,103 kilogrammes de potasse et 4,136 kilogrammes d'acide phosphorique.

Sol n° 3.

Poids de la terre végétale, 2,342,000 kilogrammes, contenant en :

Argile : 371,675 kil., renfermant	Potasse	=	5.105 kil.
	Acide phosphorique	=	1.334 —
Dépôt circulaire : 41,453 kil., renfermant	Potasse	=	421 —
	Acide phosphorique	=	» —
Sable et débris végétaux : 1,608,954 kil , renfermant	Potasse	=	1.990 —
	Acide phosphorique	=	» —
Les matières solubles dans l'acide étendu donnent	Potasse	=	796 —
	Acide phosphorique	=	1.335 —

soit, par hectare, 8,312 kilogrammes de potasse et 2,669 kilogrammes d'acide phosphorique.

Si l'on admet que les éléments solubles dans l'acide étendu représentent les éléments immédiatement assimilables, et si on les compare aux mêmes éléments totaux contenus dans les mêmes sols, on trouve que :

Pour le sol n° 1. La potasse soluble : la potasse totale :: 1 : 31.3.
L'acide phosphorique assimilable : l'acide phosphorique total :: 1 : 2.4.

Pour le sol n° 2. La potasse soluble : la potasse totale :: 1 : 8.2.
L'acide phosphorique assimilable : l'acide phosphorique total :: 1 : 2.7.

Pour le sol n° 3. La potasse soluble : la potasse totale :: 1 : 10.4.
L'acide phosphorique assimilable : l'acide phosphorique total :: 1 : 2.

i) *Épuisement du sol.* — Le cultivateur qui n'est pas habitué à estimer la fertilité de son sol en rapportant les calculs à un hectare, sera sans doute étonné de ces chiffres de potasse et d'acide phosphorique. Afin de mieux se rendre compte de leur importance, on peut calculer l'épuisement produit par une récolte, celle des betteraves, par exemple, qui croissent sur les terrains examinés. On admettra une production moyenne (terres de bonne qualité) de 40,000 kilogrammes de racines par hectare.

D'après Heuzé, le poids des feuilles est à celui des racines : : 1 : 3. Le poids des feuilles de la récolte sera donc le tiers de celui des racines, soit 13,200 kilogrammes. L. Grandeau, dans le *Journal d'Agriculture pratique,* a donné pour les betteraves fourragères les quantités suivantes d'éléments enlevés au sol par 100 kilogrammes de substance fraîche :

Pour les feuilles :					
Acide phosphorique .	$0^k,800$.	Potasse	$1^k,100$		
Pour les racines :					
Acide phosphorique .	$0^k,600$.	—	$1^k,100$		
Par conséquent, les 13,200 kil. de feuilles enlèvent	$54^k,12$	de potasse et	$10^k,56$	d'acide phosph.	
Les 40,000 kil. de racines enlèvent . .	$164^k,00$	—	$24^k,00$	—	—
Soit, pour la récolte.	$218^k,12$	de potasse et	$34^k,56$	d'acide phosph.	

Comparant la potasse enlevée par la récolte à celle que l'eau acidulée a dissoute dans les différents sols, on trouve que les betteraves ont prélevé la moitié de la potasse assimilable du sol n° 1, presque le tiers de celle du sol n° 2, et un peu plus du quart de celle du sol n° 3. Si l'on ne fumait pas ces sols, et si l'on y cultivait tous les ans de la betterave, théoriquement le sol n° 1 serait épuisé :

En potasse, par 63 récoltes, chacune de 40,000 kilogrammes de racines ;

En acide phosphorique, par 91 récoltes, chacune de 40,000 kilogrammes de racines.

Le sol n° 2 le serait également :

En potasse, par 28 récoltes, chacune de 40,000 kilogrammes de racines;

En acide phosphorique, par 119 récoltes, chacune de 40,000 kilogrammes de racines;

Et le sol n° 3 :

En potasse, par 38 récoltes, chacune de 40,000 kilogrammes de racines;

En acide phosphorique, par 77 récoltes, chacune de 40,000 kilogrammes de racines.

Ces calculs purement hypothétiques montrent clairement l'état de chacun de ces trois sols. Il est bien évident que ce raisonnement ne pourra jamais être appliqué dans la réalité; il n'est cependant pas sans intérêt, puisqu'il éclaire sur la richesse d'un sol, sur sa réserve alimentaire et, dans une certaine mesure, sur son degré de fertilité.

Conclusions. — Pour résumer cette étude, et comme conclusion, on fera remarquer que les trois sols possèdent une réserve alimentaire considérable; que cette réserve ne peut devenir apte à être assimilée par les plantes qu'autant qu'elle sera mise en liberté par l'action des amendements calcaires, tels que plâtre et chaux; que la matière organique qui sert de véhicule à ces réserves ne doit jamais faire défaut, c'est-à-dire que, par son apport dans des fumures convenables, elle doit remplacer celle qui se brûle sans cesse au contact de l'air; enfin, qu'il faut établir un assolement choisi de telle manière que, en tenant compte, bien entendu, des fumures subséquentes, les matières fertilisantes, potasse, acide phosphorique et azote, enlevées pendant la rotation restent constamment dans un rapport, autant que possible, invariable avec les mêmes éléments contenus dans les sols.

VI. — ANALYSE DES MATIÈRES CALCAIRES.

146. — **Matières à analyser.** — Dans les laboratoires agricoles, on a fréquemment à analyser des calcaires destinés à la fabrication de la chaux pour chaulage ou pour construction, des chaux vives, de la marne, du sulfate de chaux, gypse et plâtre, et des résidus de certaines industries, employés comme amendements : écumes ou boues de défécation, etc.

Nous étudierons ces matières dans l'ordre suivant : 1° plâtre ; 2° calcaires à chaux ; 3° chaux vives ; 4° marnes ; 5° écumes de défécation.

A. — ANALYSE DU SULFATE DE CHAUX (GYPSE ET PLATRE).

147. — **Dosage de l'eau.** — Dans une capsule de platine, on pèse 2 à 3 grammes de plâtre finement broyé et préalablement bien mélangé, et l'on dessèche au petit rouge, jusqu'à ce que la matière ne perde plus de poids.

148. — **Dosage des matières étrangères, sable, etc.** — On fait bouillir, pendant une heure environ, un gramme du plâtre parfaitement pulvérisé avec de l'eau distillée contenant 5 à 6 grammes de soude caustique pure ; on laisse la liqueur s'éclaircir, on décante sur un filtre et l'on traite à nouveau, à l'ébullition, le résidu par la soude caustique étendue. On jette alors le tout sur le filtre et on lave le résidu avec de l'eau chaude. Le résidu recueilli sur le filtre est humecté avec précaution par de l'acide chlorhydrique étendu, puis épuisé à l'eau chaude. Le résidu desséché, calciné et pesé, fait connaître le poids du sable, de l'alumine et du fer.

149. — **Dosage de la chaux et de la magnésie.** — La liqueur chlorhydrique provenant du traitement précédent est saturée par l'ammoniaque ; s'il y a un léger précipité de fer et d'alumine, on filtre pour s'en débarrasser. On dose la chaux par l'addition d'oxalate d'ammoniaque. Dans la liqueur séparée de la chaux, on recherche, à l'aide du phosphate de soude, la présence de la magnésie, que l'on pèse à l'état de phosphate ammoniaco-magnésien.

150. — **Dosage de l'acide sulfurique et de la silice.** — Le liquide alcalin provenant de l'attaque du plâtre par la soude caustique (§ 148) est sursaturé par l'acide nitrique. On évapore à sec pour séparer la silice ; on reprend par de l'eau, additionnée de quelques gouttes d'acide nitrique, et, dans la dissolution filtrée, on dose l'acide sulfurique par le nitrate de baryte.

151. — **Dosage de la potasse et de la soude.** — Si l'on veut doser les alcalis, ce qui n'est presque jamais nécessaire, il faut opérer sur 10 grammes de plâtre environ, qu'on dissout à chaud dans l'eau chargée d'acide azotique : on filtre, on étend à un litre et, dans 200 centimètres cubes, on dose la potasse et la soude par l'une des méthodes décrites page 106 et suiv., après avoir séparé les oxydes terreux et métalliques par l'ammoniaque et l'oxalate d'ammoniaque, et l'acide sulfurique par la baryte.

B. — ANALYSE COMPLÈTE D'UN CALCAIRE.

152. — **Examen préalable des calcaires.** — Nous commencerons par envisager le cas de l'analyse complète d'un calcaire, laissant le soin aux analystes de borner leurs recherches, s'il y a lieu, au dosage de deux ou trois des éléments dont nous allons indiquer le mode de séparation. On peut faire l'analyse d'un calcaire à deux points de vue différents : si l'on se propose le dosage des corps

simples qui constituent le minéral, on fera l'analyse élémentaire; si l'on veut savoir à quel état de combinaison les éléments existent dans le calcaire, on procédera à l'analyse immédiate.

La première chose à faire, quelle que soit la solution cherchée, c'est de se livrer à un examen préalable du calcaire, c'est-à-dire de se rendre compte par l'analyse qualitative des substances qu'il renferme.

Les calcaires donnent, on le sait, par la cuisson, des chaux de deux espèces très-différentes par leurs propriétés : la chaux maigre et la chaux grasse.

Pour savoir à quelle catégorie appartient un calcaire, il faut en dissoudre une petite quantité dans l'acide chlorhydrique. S'il n'y a pas de résidu, on a affaire à un calcaire pur ; on a des chances d'obtenir par la cuisson de ce calcaire de la chaux grasse, sauf le cas particulier où il existe de la magnésie associée à la chaux. Pour le reconnaître, il faut saturer la solution chlorhydrique par l'ammoniaque, ajouter de l'oxalate d'ammoniaque, filtrer, puis verser dans le liquide clair une certaine quantité de phosphate de soude : à l'inspection de la quantité de magnésie précipitée, on peut dire immédiatement si la chaux sera grasse ou maigre.

Avec certains calcaires, on obtient un faible résidu ; il n'y a pas lieu d'en tenir compte. Dans d'autres cas, on a un résidu considérable, ressemblant à de l'argile ; quelquefois aussi on obtient pour résidu un véritable sable. Il ne sera pas toujours possible d'indiquer la nature de la chaux qu'on fabriquera avec ces calcaires. La plupart du temps, le résidu est formé d'argile; si, alors, on a le soin d'opérer dans un tube gradué, d'après les dépôts fournis par des calcaires dont on connaît les produits après cuisson, le volume de l'argile qui se sera déposée au bout de vingt-quatre ou quarante-huit heures, donnera à peu près la quantité d'argile, c'est-à-dire la partie active contenue dans le calcaire.

Dans le cas du sable, il est si facile d'en prendre le poids, qu'il n'est pas besoin d'employer le tube gradué. Mais la présence du sable n'indique pas nécessairement la qualité de la chaux hydraulique ; il faudra faire une pâte avec de l'eau, cuire la pâte et l'essayer avec l'aiguille d'épreuve.

Il y a encore une matière qui peut avoir une grande influence sur la nature de la chaux, c'est la pyrite. La plupart du temps, les matières à ciment appartiennent au lias. Elles sont bitumineuses et quelquefois pyriteuses ; elles renferment des fossiles qui ont été entièrement transformés en pyrites, sous l'influence des matières organiques et du sulfate de chaux. Lorsqu'on chauffe des calcaires de cette nature, la pyrite abandonne son soufre qui passe à l'état d'acide sulfureux, se combine avec la chaux pour former du sulfite, puis du sulfate de chaux ; c'est ainsi que dans les calcaires de Vassy, de Pouilly, on trouve une quantité très-considérable de plâtre. Or, le plâtre prend à l'eau ; on comprend donc que, s'il y en a 5 à 6 p. 100 dans le ciment, ce sel exerce de l'influence sur la prise du ciment.

Dans les calcaires, il faut chercher la pyrite, qui est insoluble dans les acides. On traitera donc, comme nous l'avons dit précédemment, par l'acide chlorhydrique. Le résidu, sorte d'argile, sera lavé sur un filtre, puis introduit dans un matras à fond plat avec de l'acide hypochloreux. Le filtre sera immédiatement transformé en acide carbonique ; la pyrite elle-même sera rapidement attaquée par l'acide hypochloreux, de sorte que l'argile, grisâtre tout à l'heure, deviendra blanche et la liqueur se colorera en rouge. S'il y a du bitume qui colore le calcaire en noir, il sera aussitôt décomposé et disparaîtra avec la pyrite.

On fait bouillir la dissolution jusqu'à ce qu'elle ait perdu toute odeur de chlore, et on l'agite avec quelques gouttes d'acide chlorhydrique. On filtre, on ajoute du nitrate de baryte et on laisse reposer huit à dix heures. S'il n'y a pas de précipité, c'est que le calcaire ne renferme pas de pyrite ; dans le cas contraire, le précipité de sulfate de baryte indique la présence d'une quantité plus ou moins grande de pyrite.

La présence du sulfate de chaux dans la chaux caustique se décèle très-facilement : il suffit, après avoir traité la chaux par un acide, d'évaporer à sec, de laver de manière à dissoudre tout le sulfate ; on filtre et l'on traite la dissolution par le nitrate de baryte.

Il faut toujours cuire le calcaire à haute température (lampe moyenne) pour voir ce qu'il devient. Dans le cas d'une chaux grasse, le calcaire diminue de volume et l'on reconnaît facilement la nature de la chaux ; le retrait des calcaires hydrauliques est encore plus considérable.

L'hydraulicité tient à la présence de la silice ; à une haute température, il se produit une petite quantité de verre qui pénètre dans le calcaire et en diminue le volume ; à une température plus élevée encore (four Leclerc et Forquignon, chalumeau Schlœsing), la matière est frittée, c'est-à-dire qu'elle a l'aspect d'une matière infusible mélangée à une substance fusible. Si l'on augmente la proportion de matière hydraulisante, on a une véritable scorie; dans le cas d'un ciment, on obtient un verre.

153. — **Analyse élémentaire d'un calcaire.** — L'analyse élémentaire a pour but de déterminer, en nombre et en poids, les éléments qui entrent dans la composition du carbonate ; l'analyse immédiate donne le nombre et la nature des minéraux de la roche calcaire.

Voici l'énumération des substances qu'on a à rechercher : les carbonates de chaux, de magnésie, de fer, de manganèse, les alcalis, l'alumine, le sesquioxyde de fer, la pyrite, la silice, divers silicates, le bitume, les matières organiques et l'eau.

L'analyse élémentaire se fera exactement d'après le procédé employé à la détermination des éléments des silicates.

On chauffera le calcaire à une température telle que l'eau puisse se dégager et qui dédouble la matière organique en eau et acide carbonique, décomposition qui transforme le plus souvent la pyrite en sesquioxyde de fer.

La perte de poids due à l'application d'une température relativement basse est un élément dont on ne peut pas tirer grand parti, car si le calcaire renferme de la magnésie, le carbonate de magnésie se décompose à basse température ; s'il y a de la pyrite, celle-ci éprouve une perte de poids par la calcination, de telle sorte qu'on ne peut attribuer à l'eau et à la matière organique seules la perte de poids constatée.

Néanmoins, on pèse le résidu de cette première calcination, puis on chauffe à une température telle que la matière soit transformée en silicate, c'est-à-dire jusqu'à ce que l'union de la silice et de l'alumine avec la chaux soit effectuée ; si l'on poussait plus loin, on pourrait fondre le calcaire, mais c'est un inconvénient, car le verre s'extrait difficilement du creuset. Il faut cependant chauffer à une température suffisante pour qu'il n'y ait plus de perte au feu possible, par une nouvelle application de chaleur.

Les calcaires pyriteux chauffés dans des vases de platine, à l'abri de l'air, dans une atmosphère réductrice, contiennent rarement du sulfate de chaux, parce que c'est du sulfite de chaux qui peut se former, et les sulfites sont facilement décomposables par la silice.

La matière calcinée et pesée renferme donc : silice, alumine, oxyde de fer et les bases des carbonates énumérés plus haut.

On prend une partie de la matière, on broie grossièrement, on pèse et l'on traite exactement comme je l'ai indiqué à propos des silicates. Si la matière fondue contenait des sulfates, ce qui arrive rarement, il faudrait modifier légèrement le procédé, et voici comment :

Après avoir séparé la chaux par l'oxalate d'ammoniaque, on rend la liqueur très-acide et l'on y verse quelques gouttes de nitrate de baryte : on abandonne la liqueur à l'étuve pendant un temps suffisant pour que tout le sulfate de baryte soit rassemblé ; on décante, on évapore à sec la liqueur contenant les sels ammoniacaux, la magnésie, la potasse et la soude, des traces de manganèse et la baryte qu'on a ajoutée. Les sels ammoniacaux sont détruits par la chaleur, le résidu transformé en oxalates, calciné, repris par l'eau, et les carbonates de potasse et de soude séparés ainsi. Le résidu est traité par l'acide sulfurique étendu qui laisse la baryte et dissout le manganèse et la magnésie ; on évapore à sec le mélange des sulfates, on calcine légèrement et on pèse.

Après la pesée, on reprend par l'eau contenant un peu de nitrate d'ammoniaque et l'on ajoute une goutte de sulfhydrate d'ammoniaque ; pour peu qu'il y ait de manganèse, on pourra le séparer à l'état de sulfure. On transforme ce dernier, par calcination et addition d'une goutte d'acide sulfurique, en sulfate. On pèse le sulfate ; le poids trouvé, retranché du poids primitif du sulfate de magnésie et de manganèse, donnera le poids du sulfate de magnésie.

On fera les vérifications indiquées précédemment ; en un mot, sauf la présence de l'acide sulfurique, la méthode est celle qu'on emploie pour l'analyse des silicates.

154. — **Analyse immédiate des calcaires.** — a) *Recherches et dosage des matières volatiles.* — On peut, dans certains cas, déterminer le bitume qui se trouve

dans un calcaire en traitant la matière pulvérisée par l'éther d'abord, puis par un mélange d'alcool et d'éther, enfin par l'alcool pur ; mais on enlève rarement la totalité du bitume par ce procédé.

La détermination de l'eau est aussi assez difficile ; en effet, la dessiccation à 100° ou 110° ne suffit pas pour enlever l'eau, et, à une température plus élevée, le bitume se détruit, l'acide carbonique se dégage. S'il est possible de restituer à la chaux son acide carbonique en l'humectant avec du carbonate d'ammoniaque, on ne peut en faire autant pour les carbonates métalliques, de sorte que c'est toujours par différence qu'il faut doser l'eau et le bitume. — Nous verrons tout à l'heure qu'il y a des vérifications qui correspondent à de véritables déterminations.

b) *Matières carbonatées.* — On prend 2 grammes du calcaire qu'on se propose d'analyser, réduit en poudre fine et passé au tamis de soie.

On place cette poudre dans un petit ballon qu'on bouche avec un bouchon percé d'un trou pour donner passage à la queue d'un entonnoir. Par cet entonnoir, on verse d'abord les 2 grammes de matière pulvérisée, puis une petite quantité d'eau (30 à 50 centimètres cubes) et 10 à 15 centimètres d'une solution de chlorhydrate d'ammoniaque parfaitement pur. On fait bouillir le mélange d'une manière continue pendant 12 à 15 heures, en remettant de l'eau bouillante par l'entonnoir quand cela est nécessaire, et, s'il y a lieu, un peu de chlorhydrate d'ammoniaque. On est certain que la matière est complétement attaquée quand les vapeurs qui s'exhalent du vase n'ont plus d'odeur ammoniacale ; cela indique que la totalité des carbonates est transformée en chlorures. Quand il y a beaucoup de carbonate de protoxyde de fer dans le calcaire, il arrive souvent que l'air y fait naître un petit dépôt de sesquioxyde de fer ; cet oxyde de fer adhère aux parois du ballon et, quoi qu'on fasse, il y reste attaché. On le dissoudra plus tard dans l'acide nitrique, et l'on évaporera le nitrate dans une capsule de platine. Le résidu calciné et pesé fera connaître le poids de fer à transformer, par le calcul, en carbonate de protoxyde de fer.

Après l'ébullition prolongée avec le chlorhydrate, on décante rapidement sur un filtre le contenu du ballon, on lave, rapidement aussi, à l'eau bouillante le ballon et le filtre.

Le résidu insoluble est formé par l'argile, la pyrite, les silicates et la silice, les oxydes de fer et de manganèse que peut contenir le calcaire (1) ; la solution renferme du chlorhydrate d'ammoniaque en excès, des chlorures de fer, manganèse, calcium, magnésium, potassium et sodium.

Après l'avoir laissée refroidir, on verse dans la dissolution de l'oxalate d'ammoniaque en poudre, en quantité telle que toute la chaux du calcaire soit précipitée, en supposant qu'il s'agisse de carbonate de chaux pur. On agite à plusieurs reprises, afin de bien dissoudre l'oxalate d'ammoniaque ; en même temps que le précipité d'oxalate de chaud d'abord très-blanc, il se forme, au contact de l'air, de l'oxalate de peroxyde de fer qui se dépose avec l'oxalate de chaux. On sépare le précipité, par filtration, on calcine de manière à transformer en chaux vive l'oxalate de cette base, puis on traite la chaux ainsi obtenue par le nitrate d'ammoniaque qui dissout la chaux et laisse l'oxyde de fer : on pèse et, par différence, on a le poids de la chaux et celui du fer.

Les liqueurs qui ont été séparées de l'oxalate de chaux contiennent beaucoup de chlorhydrate d'ammoniaque ; on détruit ce sel, ainsi que tous les sels ammoniacaux, avec

---

(1) S'il y a un peu de phosphate de chaux, insoluble dans le chlorhydrate d'ammoniaque, on le dose par le molybdate d'ammoniaque.

facilité, en ajoutant à la liqueur, au moment de l'évaporation, un peu d'acide nitrique. Les sels ammoniacaux et l'acide nitrique se transforment mutuellement en azote, eau et chlore. Il ne reste plus alors dans la liqueur que des nitrates et les oxalates des matières dissoutes par le chlorhydrate d'ammoniaque.

On évapore la liqueur dans un vase de verre, et lorsqu'on s'est assuré qu'il ne reste plus que de l'acide nitrique dans la liqueur amenée à sec, on la transvase dans une capsule de platine pour achever la calcination ; on ajoute encore une ou deux gouttes d'acide nitrique ; on a alors des nitrates de fer, de manganèse, de magnésie, de potasse et de soude. En reprenant, après calcination, par le nitrate d'ammoniaque, les alcalis et la magnésie se dissolvent, le fer et le manganèse restent dans la capsule.

On calcine les deux oxydes (fer et manganèse), on les pèse et on les sépare par l'acide sulfurique.

On évapore à sec la liqueur contenant les alcalis, la magnésie et le nitrate d'ammoniaque, on chasse ce dernier par la chaleur, et l'on continue la séparation de la magnésie et des alcalis par les procédés précédemment décrits.

Il pourrait à la rigueur, ce qui est excessivement rare, se trouver du sulfate de chaux dans le calcaire, par exemple dans ceux qui se rencontrent au contact du gypse ; dans ce cas, on doserait l'acide sulfurique au moment où l'on ajoute de l'acide nitrique dans le chlorhydrate d'ammoniaque ; quelques gouttes de nitrate de baryte précipitent l'acide sulfurique.

On modifie, dans ce cas, le reste de l'analyse comme suit : on évapore à sec, on ajoute de l'acide oxalique et l'on calcine. On reprend par l'eau qui dissout les carbonates de potasse et de soude; le résidu est traité par l'acide sulfurique qui dissout le fer, le manganèse et la magnésie. On évapore à sec, le fer se transforme en sulfate de protoxyde, on calcine le mélange des sulfates jusqu'à cessation de perte de poids et l'on reprend par l'eau qui laisse le protoxyde de fer, qu'on pèse.

Dans la liqueur on verse un peu de chlorhydrate d'ammoniaque qui précipite le manganèse, que l'on ramène à l'état de sulfate et qu'on pèse ; on a ainsi le manganèse et le fer ; en retranchant leur poids du poids primitif de la matière, on a le sulfate de magnésie ; on vérifie d'ailleurs tous les dosages par les méthodes déjà indiquées.

155. — **Examen de l'argile et de la matière étrangère autre que les carbonates.** — Le résidu resté sur le filtre après la séparation des chlorures est repris ; on doit y chercher : 1° la pyrite ; 2° les silicates. La première chose à faire est de peser la matière. Pour cela, on dessèche doucement le filtre et son contenu, à 50° au plus. On détache avec précaution, à l'aide d'un pinceau, toute la matière non adhérente au filtre et on l'introduit dans un creuset de platine. On brûle le filtre sur le couvercle du creuset et l'on pèse le tout. On a ainsi le poids total de la matière argileuse ou siliceuse dans l'état où elle se trouvait dans le calcaire, sauf la petite quantité de matière brûlée sur le couvercle du creuset. On introduit le tout dans un matras contenant de l'acide hypochloreux. La pyrite se dissout, on fait bouillir la liqueur pour chasser l'excès de réactif, on ajoute de l'eau et l'on décante : la liqueur, additionnée d'acide nitrique, est traitée par le nitrate de baryte, le sulfate de baryte est pesé après calcination. Le taux de pyrite est ainsi connu.

Pour doser les silicates, on reprend le résidu du traitement par l'acide hypochloreux, on le lave complétement et on l'introduit dans une capsule de platine où l'on verse ensuite de l'acide fluorhydrique. On évapore, tout se dissout ; on ajoute un peu d'acide sulfurique, et l'on évapore de

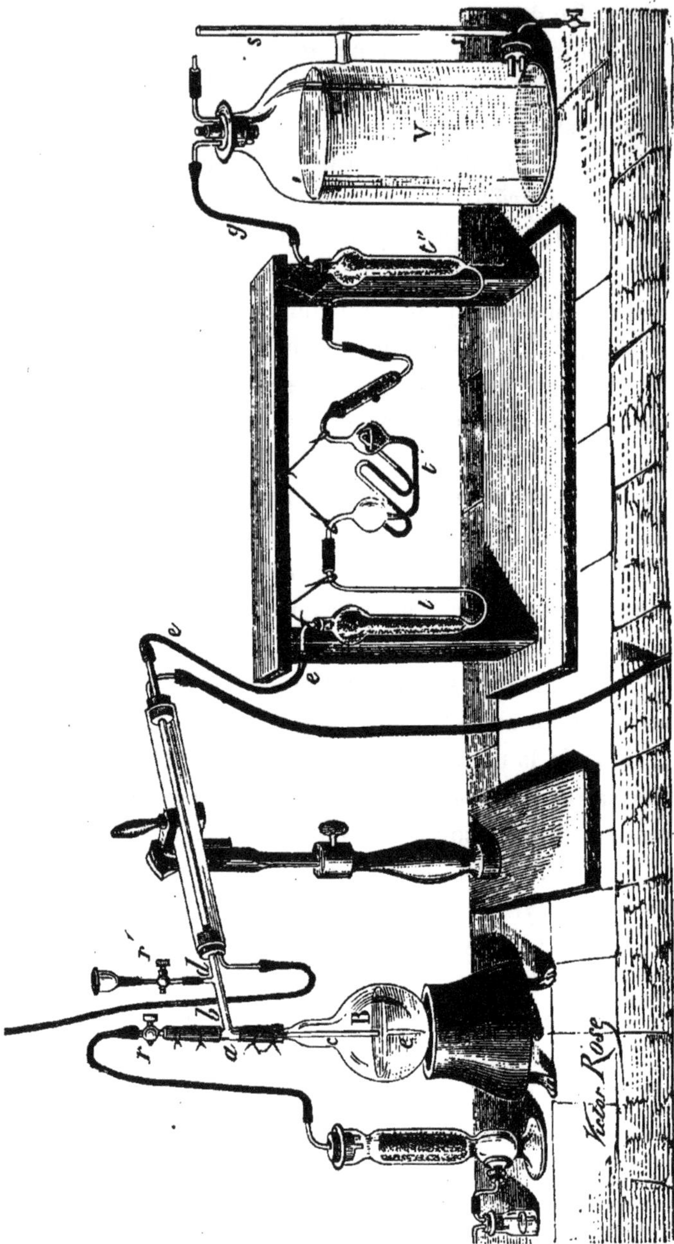

Fig. 28. — Appareil pour le dosage de l'acide carbonique dans les calcaires.

nouveau pour chasser l'acide fluosilicique, qui est ainsi complétement expulsé. On reprend les sulfates par l'eau et, après avoir fait bouillir la liqueur avec de l'ammoniaque en excès, on traite par l'oxalate d'ammoniaque pour éliminer la chaux.

La matière évaporée à sec et calcinée ne doit pas donner de résidu, sinon elle contient des alcalis et de la magnésie à l'état de sulfates. On les ramène alors, au moyen du nitrate de baryte, à l'état de nitrates, puis, à l'aide d'acide oxalique, on les transforme en oxalates et en carbonates et l'on sépare la magnésie et les alcalis par les procédés décrits précédemment.

On a ainsi tous les éléments nécessaires à la détermination des matières contenues dans un calcaire. Il ne reste plus qu'à calculer sa composition.

156. — **Dosage de l'acide carbonique dans les calcaires.** — La présence d'eau et de matières volatiles, telles que le bitume, s'oppose au dosage de l'acide carbonique par calcination ; il faut, si l'on veut connaître exactement la proportion de ce gaz contenu dans un calcaire, procéder à un dosage direct, par pesée ou en volume. La méthode décrite §§ 49 et suiv. est applicable au dosage de l'acide carbonique dans les calcaires. La figure 28 représente l'appareil de Schlœsing décrit pages 75 et 77.

On prend 2 à 3 grammes du calcaire finement pulvérisé et exactement pesé. On remplit le ballon B à moitié avec de l'eau pure que l'on porte à l'ébullition. On ferme le T, puis on laisse refroidir le ballon en le plaçant dans l'eau. On rend alors de l'air privé d'acide carbonique par son passage à travers l'éprouvette remplie de ponce potassée ; on enlève le T, on introduit le carbonate, on referme promptement et l'on met le ballon en communication avec les tubes t, t', t'', et avec l'aspirateur ; on introduit peu à peu, à l'aide du robinet en verre, l'acide sulfurique destiné à décomposer le carbonate et l'on chauffe en observant toutes les précautions indiquées pages 76 et 77. On peut aussi faire usage de la méthode suivante, avantageuse surtout lorsqu'on a beaucoup d'analyses de calcaires à faire en même temps.

157. — **Dosage de l'acide carbonique en volume (Scheibler)** (¹). — a) *Description de l'appareil.* — L'appareil représenté par la figure 29 se compose d'un support A, haut de 0m,96 et large de 0m,25, sur lequel sont assujettis deux tubes communiquants, *b* et *c*, dont l'un *b* est ouvert à la partie supérieure et muni, à son extrémité inférieure, d'un bouchon percé de deux trous mettant le tube *b* en communication avec le tube *c*, d'une part, et, de l'autre, avec un réservoir à eau *d*. Le tube *c* est en communication par le haut avec un réservoir à air *e* et avec le flacon *f* contenant le carbonate à analyser. Le tube *c* est un tube calibré de 300 centimètres cubes de capacité, il est gradué en demi-centimètres cubes. *b* est un niveau à eau de même diamètre que *c*. Le vase *f* a une capacité de 275 centimètres: fermé par un bouchon de verre ou par un bon bouchon graissé, il est mis en communication, par un tube en caoutchouc à parois épaisses, long de 0m,25 environ, avec le réservoir à air *e*. Un thermomètre *g* et un baromètre à syphon *h* sont fixés au support à côté de l'appareil. La communication entre le tube mesureur *c* et le réservoir à air est obtenue par un tube court muni d'une pince *i*, permettant de supprimer à volonté la communication. Il en est de même du réservoir à eau *b* et du flacon *d*.

b) *Maniement de l'appareil.* — L'appareil étant fermé, on place le flacon *d* sur la plate-forme du support; on

(¹) J'emprunte cette description et la figure qui l'accompagne au traité d'analyse du Dr Post. (*Chemisch-technische Analyse.* In-8°. Friedrich Vieweg und Sohn. — Brunswick. 1881.)

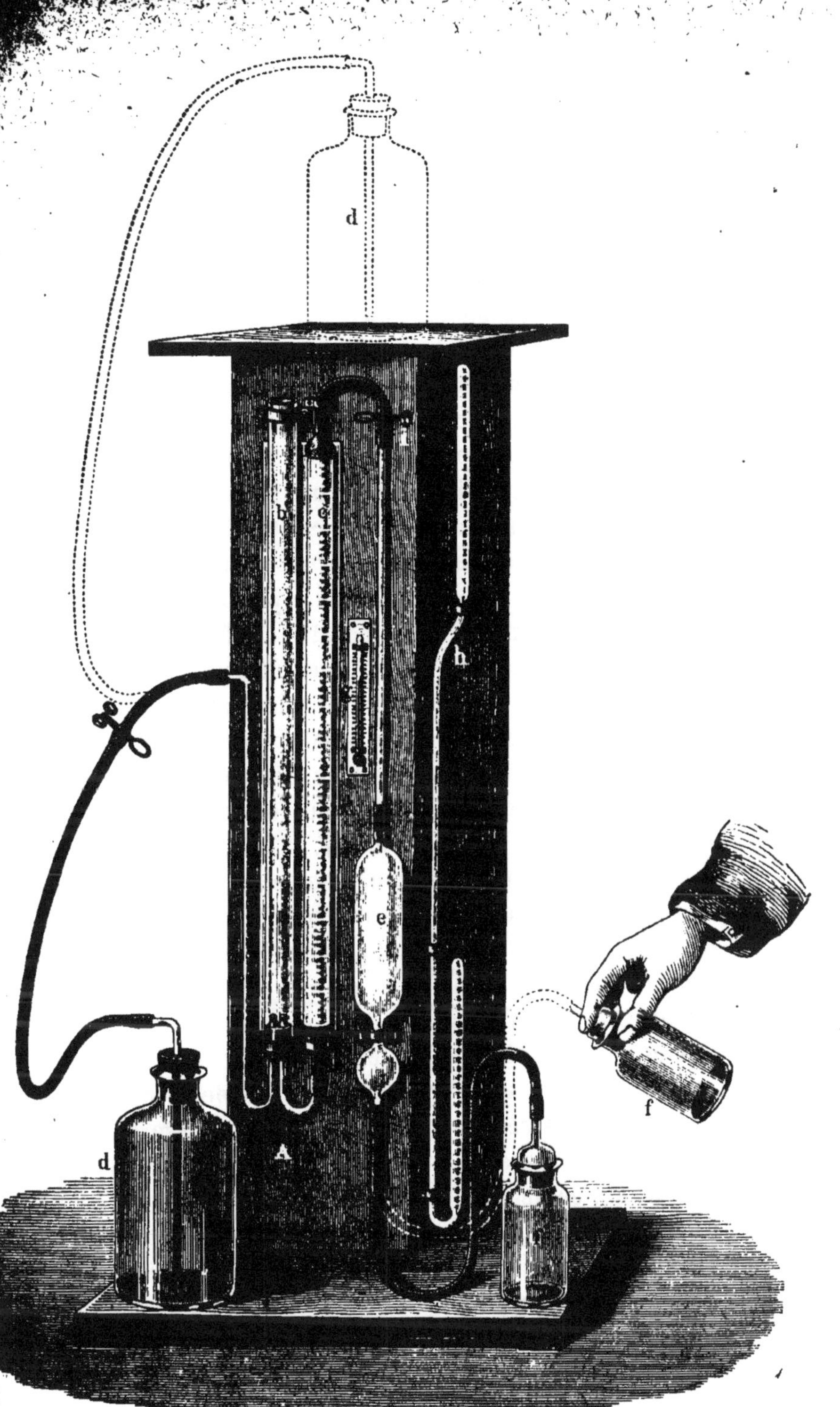

Fig. 29. Appareil de Scheibler pour le dosage de l'acide carbonique.

ouvre les deux robinets à pince et on laisse monter l'eau dans le mesureur jusqu'à la division zéro. On descend alors le flacon *d* et on laisse s'écouler une colonne d'eau de 20 à 30 centimètres de hauteur. De cette façon, l'air du mesureur se dilate, il s'établit une différence de niveau dans les deux tubes.

Pour faire un essai, on dessèche bien le flacon *f*, on y verse 1 centimètre cube d'une solution concentrée de sel marin, on ferme l'appareil et on l'abandonne à lui-même pendant un quart d'heure environ. L'air du flacon se sature ainsi de vapeur d'eau. On pèse la substance à analyser dans un creuset de porcelaine après l'avoir bien desséchée et pulvérisée (s'agit-il d'un calcaire pur, on en prend 0gr,8 à 0gr,9; d'un ciment, on prend 1gr,1; il faut toujours opérer avec une quantité de matière suffisante pour obtenir 200 centimètres cubes environ d'acide carbonique).

Alors on mesure avec une pipette 15 centimètres cubes d'acide chlorhydrique de 1,12 de densité (acide du commerce étendu de son volume d'eau), on verse les 15 centimètres cubes au fond du flacon *f*, on descend ensuite avec précaution au fond du flacon, à l'aide d'une pince, le creuset et son contenu et l'on ferme hermétiquement le flacon avec le bouchon légèrement graissé. On rétablit le niveau de l'eau dans les deux tubes en ouvrant le robinet supérieur. On laisse s'écouler au dehors environ 25 centimètres cubes d'eau et l'on incline le flacon *f*, en mettant le doigt sur le bouchon, afin de faire arriver l'acide au contact de la matière. La réaction se produit et on laisse s'écouler l'eau dans le flacon *d*, proportionnellement à la quantité de gaz qui se dégage. On arrive aisément par un peu d'habitude à maintenir sensiblement le niveau de l'eau, par écoulement, dans les deux tubes. On évite d'échauffer avec la main le flacon qu'on tient par le goulot à l'aide du pouce, de l'indicateur et du médium. On agite le flacon aussi longtemps qu'il se dégage du gaz ; quand tout dégagement a cessé, on ramène au niveau et on lit la hauteur de la colonne. On note la température du thermomètre, la hauteur du baromètre et l'on n'a plus qu'à multiplier le nombre de centimètres cubes mesurés par le coefficient indiqué sur le tableau qui accompagne l'appareil, pour connaître la teneur en carbonate de chaux de la matière analysée. On en déduit aisément le taux centésimal. Il faut que l'appareil ne change pas sensiblement de température pendant l'opération.

C. — ANALYSE DE LA CHAUX DESTINÉE AU CHAULAGE.

158. — **Dosage de la chaux libre.** — Les dosages de l'eau, de l'acide carbonique et du résidu insoluble dans les acides se font d'après les méthodes précédemment décrites.

Voici le seul moyen connu pour déterminer la chaux libre, dans une chaux brute.

On prend la chaux cuite qu'on broie rapidement si elle est frittée et qu'on réduit en poudre très-fine si elle est fondue (mauvaises conditions pour l'emploi agricole). On pèse rapidement 2 à 3 grammes de la poudre bien homogène et on les introduit dans un flacon d'une capacité de 150 à 200 centimètres cubes. D'autre part, on prépare une solution, moyennement concentrée, de nitrate d'ammoniaque dans l'eau ; on la fait bouillir pendant longtemps pour chasser tout l'acide carbonique qu'elle peut contenir, puis on introduit la liqueur encore chaude dans le flacon, qu'on ferme avec un bon bouchon de liége. On agite le mélange pendant quelques minutes, de manière à faire réagir le nitrate d'ammoniaque sur la chaux et l'on prolonge ensuite, plus ou moins, le contact des matières, suivant l'état d'agrégation de la substance. Le précipité doit toujours être plus ou moins gélatineux. On laisse déposer ; on décante rapidement avec un syphon et l'on remplit le flacon avec de l'eau bouillie. On décante de nouveau et l'on répète cette opération jusqu'à ce que, tout le nitrate de chaux ammoniacal étant enlevé, on puisse sans inconvénient jeter sur un filtre le résidu de l'attaque par le nitrate d'ammoniaque. On lave encore le résidu à l'eau distillée chaude. Puis on verse dans le liquide filtré de l'oxalate d'ammoniaque en excès. Toutes ces opérations doivent être faites, autant que possible, à l'abri du contact de l'air, afin d'éviter que l'acide carbonique de l'atmosphère, se combinant avec l'ammoniaque de la dissolution, ne donne avec la chaux, du carbonate qui se mélangerait au silicate. D'un autre côté, il faut éviter de trop prolonger les lavages, parce que les silicates de chaux, formés au contact d'un excès de base, se décomposent assez facilement par l'eau pour qu'on puisse craindre l'action de ce liquide sur ces matières. Enfin, il faut avoir soin de traiter immédiatement par l'oxalate d'ammoniaque toutes les eaux de lavage, de peur que le carbonate d'ammoniaque qui pourrait se former ne donne des cristaux très-durs de carbonate de chaux, qui adhèrent aux vases et qu'on ne peut en détacher qu'avec l'intervention d'un acide.

Le poids du résidu de l'oxalate de chaux calciné fait connaître le taux de la chaux vive.

Si l'on veut pousser plus loin l'analyse, on dose la magnésie et les alcalis par les méthodes précédemment décrites. Quant au silicate restant sur le filtre, il est soluble dans les acides, où il se prend en gelée, et s'analyse par le procédé décrit à l'article *Matières silicatées*.

D. — ANALYSE DES ÉCUMES DE DÉFÉCATION.

159. — **Dosage de l'eau et de la chaux.** — Dans les régions où les sucreries ont pris un grand développe-

ment, les usines offrent à l'agriculture, sous le nom d'écume ou boue de défécation, des produits de composition variable renfermant de la chaux, un peu d'acide phosphorique, de potasse et des matières azotées.

L'analyse de ces écumes se fait de la manière suivante:

On prend 50 grammes de matière qu'on dessèche à 110°. La perte de poids correspond à l'eau.

10 grammes de la matière sèche correspondant, suivant les cas, à 20 ou 30 grammes d'écume fraîche, sont traités par l'acide nitrique et la liqueur, après filtration, étendue à 250 centimètres cubes. Dans 25 centimètres cubes, on dose la chaux par l'oxalate d'ammoniaque avec toutes les précautions indiquées précédemment.

160. — **Dosage de l'acide phosphorique.** — On réduit au cinquième environ de leur volume 50 centimètres cubes de la dissolution et l'on précipite l'acide phosphorique par le molybdate d'ammoniaque (voir § 69) en présence d'un excès d'acide nitrique. On dose l'acide phosphorique à l'état de phosphate ammoniaco-magnésien.

161. — **Dosage de la potasse.** — 50 centimètres cubes de liqueur débarrassée de la chaux, du fer et de l'alumine, sont concentrés et la potasse dosée soit par le chlorure de platine, soit par le perchlorate d'ammoniaque.

162. — **Dosage de l'azote.** — 2 grammes de matière sèche, finement broyée, sont mélangés à de la chaux sodée pure et l'azote dosé par la méthode de Will et Varrentrapp.

E. — ANALYSE D'UNE MARNE.

163. — Les marnes tirent, en grande partie, leur valeur comme amendement, de la quantité de carbonate de chaux qu'elles renferment. On peut donc, dans la plupart des cas, se contenter de déterminer les quantités d'acide

carbonique et de chaux contenues dans l'échantillon à examiner. On aura recours, pour ces déterminations, aux procédés décrits plus haut. — Si l'on veut faire l'analyse complète de la marne, on suivra exactement la méthode indiquée pour l'analyse des calcaires et des argiles.

Suivant les cas particuliers qui se présenteront, on pourra se borner à certains dosages ou faire l'analyse complète; les méthodes auxquelles je renvoie fourniront toutes les indications qu'on peut désirer sur la composition élémentaire ou immédiate des marnes.

VII. — RECHERCHE DES PRINCIPES NUISIBLES A LA FERTILITÉ DES SOLS.

164. — **Causes de stérilité du sol.** — Les sols peuvent être stériles par des causes très-différentes; l'état physique et la nature chimique des terrains les embrassent presque toutes. Je n'ai à m'occuper ici que des conditions chimiques de la stérilité. Elles peuvent être de deux ordres inverses : ou bien la couche arable manque de certains principes indispensables au développement des plantes : chaux, potasse, acide phosphorique, matières azotées; ou bien il s'y trouve des substances dangereuses pour le végétal, soit par leur trop grande abondance, soit par elles-mêmes.

L'analyse du sol faite avec soin, d'après les méthodes décrites au commencement de ce chapitre, fera connaître l'insuffisance du sol en principes nutritifs; je n'y reviendrai pas et je me bornerai à examiner la seconde partie de la question.

On sait qu'un excès de principes nutritifs immédiatement assimilables nuit à la végétation, au point de rendre le sol entièrement stérile, comme le montrent certaines régions de la Hongrie, de l'Inde, etc., où la présence d'un excès de nitrates amène l'infécondité de la terre.

Les cas qui se présentent le plus fréquemment à l'examen du chimiste sont la présence dans le sol : 1° de matières acides d'origine organique (terrains tourbeux, sols de bruyères, etc.); 2° du sel marin au delà d'une certaine dose; 3° de sels de protoxyde de fer; 4° du sulfure de fer. Je vais successivement indiquer les constatations à faire dans chacun de ces cas.

165. — **Acidité du sol et sels de protoxyde de fer.** — Lorsqu'on épuise à froid certaines terres par l'eau distillée, on obtient un liquide acide qui rougit manifestement la teinture de tournesol. Si le sol à analyser, signalé comme peu ou pas fertile, fournit un semblable liquide, la cause de sa stérilité est très-certainement le résultat de cette acidité. Il y a lieu de rechercher si, aux acides provenant de la décomposition de détritus organiques, ne s'ajoute pas la présence de sulfate de protoxyde de fer. Il suffit pour cela d'évaporer, à sec, le liquide provenant de l'épuisement du sol par l'eau distillée, de calciner le résidu et d'y chercher par la méthode ordinaire la présence du sulfate de fer. Le chaulage à haute dose, le marnage, l'emploi des sels de Stassfurt, sels de potasse, cendres, etc., sont les remèdes à conseiller aux propriétaires de semblables terrains.

166. — **Sel marin.** — Les belles recherches de Völcker (1), entièrement confirmées par les nombreuses analyses que j'ai eu occasion de faire des sols situés dans les environs des salines de l'Est, ont montré que dès que le taux du sel marin dépasse $0^{gr},1$ pour 100 grammes de terre, le sol devient entièrement et promptement stérile.

---

(1) *On same Causes of improductiveness of soils.* — Journal de la Soc. roy. d'Agr. d'Angleterre, 1865.

Pour doser le sel, je procède de la manière suivante : 50 grammes de terre placés dans l'appareil de Schlœsing (fig. 30) sont épuisés par 200 à 250 centimètres cubes d'eau distillée s'écoulant très-lentement sur le sol ; la liqueur est mesurée exactement; on en prend 50 centimètres cubes, on y verse quelques gouttes de prussiate jaune de potasse et l'on dose le chlore par une liqueur titrée d'azotate d'argent correspondant à $0^{gr},002$ à $0^{gr},003$ de chlore par centimètre cube. Il faut avoir soin d'aciduler préalablement l'eau du sol avec l'acide nitrique, avant d'y verser la liqueur d'argent.

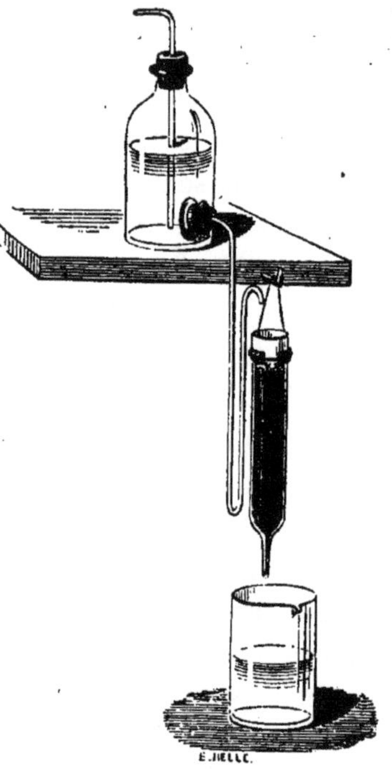

Fig. 30. Dosage du sel dans le sol.

167. — **Sulfure de fer.** — Certains sols argileux, appartenant notamment aux couches des argiles bleues du lias, renferment parfois des quantités suffisantes de pyrite pour amener leur stérilité jusqu'après transformation du sulfure en sulfate, par le contact prolongé de l'air. Après avoir traité la terre par l'acide nitrique étendu pour détruire tous les carbonates, on introduit le résidu lavé dans un flacon, on l'attaque par l'acide hypochloreux et l'on y dose le soufre comme cela a été dit plus haut (voir § 155). Dans les terrains qui renferment des sels de protoxyde de fer ou du sulfure de ce métal, les labours profonds doivent être conduits avec beaucoup d'attention et le défonçage doit, la plupart du temps, être préféré au labour profond.

CHAPITRE III.

ANALYSE DES ENGRAIS INDUSTRIELS

Des engrais industriels. — De l'échantillonnage des engrais. — Analyse des engrais azotés. — Chair et sang desséchés. — Déchets de laine, de cuir, de drap et corne. — Sulfate d'ammoniaque. — Nitrate de soude et de potasse. — Analyse des engrais phosphatés : Phosphorites, coprolithes. — Phosphate précipité. — Cendre d'os. — Superphosphates minéraux. — Engrais phosphatés et azotés : Superphosphates de noir d'os, poudre d'os, poudrette. — Superphosphates azotés. — Guano brut, guanos traités par l'acide sulfurique. — Phospho-guano. — Tourteaux divers, de colle, etc. — Cendres de bois, de houille, de tourbe. — Engrais potassiques. — Sels de Stassfurt. — Salins du Midi, salins de betterave. — Engrais complexes. — Mélanges divers.

I. — REMARQUES PRÉLIMINAIRES.

168. — **Les engrais industriels.** — En dehors du fumier de ferme, qui reste et restera toujours l'engrais par excellence, quoi qu'en puissent dire quelques esprits faux ou absolus, l'agriculture doit demander à l'industrie certains principes nutritifs dont l'exportation régulière, par l'enlèvement des récoltes, appauvrit chaque année le sol. On peut, on le sait, à part quelques rares exceptions, réduire à trois les substances que le cultivateur doit importer dans son exploitation pour augmenter les rendements ou seulement même maintenir la fertilité du sol. Ces principes nutritifs sont : l'azote, l'acide phosphorique et la potasse. Tous les engrais industriels, quelle qu'en soit l'origine, tirent leur efficacité de la présence de ces substances, et leur valeur vénale peut s'établir presque

exclusivement d'après leur richesse en chacun de ces principes.

169. — **Renseignements à demander aux expéditeurs.** — La conséquence nécessaire du développement de l'emploi des engrais vendus sur titre est de multiplier les analyses que vendeurs ou acheteurs demandent aux laboratoires agricoles. Je décrirai tout à l'heure la manière dont les échantillons doivent être prélevés; je commencerai par appeler l'attention des chimistes sur les indications qui devraient accompagner tous les envois adressés à un laboratoire. Il ne suffit pas, en effet, que l'intégrité de l'échantillon ou son authenticité soient garanties par les mesures indiquées plus loin. Il importe beaucoup que l'expéditeur prenne la peine de spécifier au chimiste la nature de l'engrais à analyser et les substances à doser dans l'échantillon dont il demande l'analyse. Il ne faut pas, comme le font quelques agriculteurs, traiter les chimistes en devins et leur adresser sans aucun renseignement un échantillon dont l'examen complet, sans point de départ fourni par l'expéditeur, peut entraîner à de longues et inutiles recherches.

Les matières qui servent à établir la valeur d'un engrais sont les suivantes:

1° *Azote sous trois formes :*

a. Azote organique insoluble.
b. Azote ammoniacal.
c. Azote nitrique.

2° *Acide phosphorique sous trois formes :*

a. Acide phosphorique soluble dans l'eau.
b. Acide phosphorique soluble dans le citrate.
c. Acide phosphorique insoluble.

3° *Potasse à l'état de sel soluble :*

a Chlorure. *c*. Carbonate.
b. Sulfate. *d*. Nitrate.

A moins que le vendeur ou l'acheteur ne le demandent explicitement, le chimiste chargé de l'analyse d'un engrais peut se borner à doser, en bloc, l'acide phosphorique soluble dans l'eau et l'acide phosphorique soluble dans le citrate d'ammoniaque, ces deux corps ont, en effet, même valeur agricole [1].

Afin de faciliter aux chimistes la rédaction du programme des questions à adresser à tout expéditeur d'échantillons à analyser, je vais rappeler, pour chacun des principaux engrais industriels, les dosages que les intéressés doivent réclamer s'ils désirent obtenir une analyse complète et pouvant les renseigner exactement sur la valeur des engrais. Si, par suite de l'arrangement fait avec le vendeur, la garantie ne porte que sur une des matières fertilisantes, l'expéditeur pourra se borner à l'indication de cette substance.

NATURE DES ENGRAIS INDUSTRIELS.	PRINCIPES A DOSER POUR ÉTABLIR LA VALEUR VÉNALE ET AGRICOLE.
I. Superphosphates minéraux (phosphorites et coprolithes traités par l'acide sulfurique).	Ac. phosphorique soluble. Id. soluble dans le citr. Id. insoluble.
II. Superphosphates d'os, de noir de raffinerie, etc.	Ac. phosphorique soluble. Id. soluble dans le citr. Id. insoluble. Azote total.
III. Guanos traités par l'acide sulfurique. Phospho-guanos. .	Ac. phosphorique soluble. Id. soluble dans le citr. Id. insoluble. Azote ammoniacal. Azote organique.

[1] Les directeurs de laboratoires agricoles consulteront à ce sujet avec profit les discussions du *Congrès international des directeurs des Stations agronomiques*. In-8°. Paris, Berger-Levrault et Cie.

NATURE DES ENGRAIS INDUSTRIELS.	PRINCIPES A DOSER POUR ÉTABLIR LA VALEUR VÉNALE ET AGRICOLE.
IV. Phosphorites; coprolithes; phosphates d'os précipités; cendre d'os.	Acide phosphorique total.
V. Poudre d'os; tournures d'os; poudrette; noir de raffinerie; os dégélatinés.	Acide phosphorique total. Azote organique.
VI. Nitrate de potasse.	Azote nitrique. Potasse.
VII. Nitrate de soude.	Azote nitrique.
VIII. Sulfate d'ammoniaque . .	Azote ammoniacal.
IX. Laine, azotine, déchets de drap. Corne. Cuir. Sang desséché. — Débris animaux. .	Azote total.
X. Cendres de bois, de houille, de tourbe	Acide phosphorique total. Potasse.
XI. Sels de potasse. (Indiquer si ce sont des chlorures, sulfates, carbonates, salins, etc.). . .	Potasse.

XII. Engrais composés. Cette dernière catégorie peut contenir tous les principes nutritifs (azote et acide phosphorique sous leurs trois formes et de la potasse). Il importe d'indiquer si ces mélanges sont formés de nitrate de soude ou de potasse, comme source d'azote; s'ils contiennent du sulfate d'ammoniaque, des superphosphates, etc.

Un certain nombre de cultivateurs pratiquent eux-mêmes aujourd'hui la préparation de leurs engrais composés; ils achètent les matières premières et opèrent le mélange à la ferme. Je ne saurais trop les engager à adresser aux laboratoires auxquels ils demandent des analyses les *échantillons des matières premières* qui leur sont vendues sur titre, et non le mélange plus ou moins homogène qu'ils en font. Ils éviteront ainsi des discussions entre eux et les vendeurs, les différences trouvées à l'analyse, j'en pourrais donner des preuves nombreuses, résultant, pour la plupart du temps, du défaut d'homogénéité de l'échantillon. Il arrive fréquemment, en effet, qu'un agriculteur, se basant sur l'analyse faite, dans un laboratoire, sur l'échantillon d'engrais composé par lui avec des matières qui lui ont été vendues sur titre, croit avoir été lésé par son vendeur, l'analyse indiquant des proportions d'une ou de plusieurs substances, inférieures à celles que donne le calcul. Cela vient de la grande difficulté qu'il y a à mélanger intimement une masse un peu considérable de substances de densité, d'humidité et de texture physique différentes.

On obvie complétement à ces inconvénients, en prélevant, avant tout mélange, des échantillons de matières premières et en les adressant au chimiste. S'il trouve dans chacun des engrais isolés les proportions d'azote, d'acide phosphorique aux divers états et de potasse garanties par le vendeur, le plus ou moins d'homogénéité du mélange fait à la ferme perdra de son importance, les quantités de principes fertilisants garanties à l'agriculteur lui ayant été réellement livrées.

Suivant les arrangements intervenus entre le producteur et le consommateur, il y aura lieu d'indiquer au chimiste la nature des principes fertilisants à doser. Quelques exemples feront mieux ressortir ce point.

Pour les superphosphates, par exemple, certains vendeurs garantissent tant pour 100 d'acide phosphorique *soluble;* d'autres, tant pour 100 d'acide phosphorique soluble dans le citrate d'ammoniaque. C'est cette dernière base d'évaluation qui est la plus équitable pour les deux parties contractantes [l'acide soluble et l'acide rétrogradé (ou soluble dans le citrate) ayant très-sensiblement même valeur agricole]. Dans le premier cas, le chimiste pourra se borner au dosage du phosphate soluble dans l'eau; dans le second, il devra déterminer la richesse en acide phosphorique soluble dans l'eau et dans le citrate d'ammoniaque: l'expéditeur doit toujours indiquer ce qu'il désire et la garantie que lui donne son vendeur, quant à l'état sous lequel se trouvent les principes fertilisants.

Faute de le faire, il place le chimiste auquel il s'adresse dans l'embarras. Si ce dernier ne dose que l'acide phosphorique soluble, il arrive fréquemment que l'engrais n'ayant pas le titre garanti, le vendeur invoque l'absence de dosage du phosphate soluble dans le citrate. D'autre part, certains agriculteurs trouvent mauvais que le chimiste leur envoie le dosage des deux acides, alors qu'ils n'ont demandé que le phosphate soluble dans l'eau.

Il importe donc qu'une indication précise des éléments à doser accompagne l'envoi de l'échantillon. Si l'acheteur est indécis sur la nature de ces éléments, il peut toujours indiquer au chimiste l'origine de l'azote et de l'acide phosphorique par les mots nitrate, sulfate d'ammoniaque, matières organiques azotées, superphosphates, etc.

Pour le nitrate de potasse, même observation : on peut garantir tant pour 100 *d'azote* seulement, ou tant pour 100 de *nitrate de potasse ;* dans le premier cas, un dosage d'azote nitrique suffira ; dans le second, il faudra doser, à la fois, l'azote nitrique et la potasse.

L'agriculteur qui s'adresse, pour compléter ses fumures, aux engrais industriels, doit exiger des vendeurs la garantie écrite du taux pour 100 des principes suivants, nominativement désignés : *Azote organique, nitrique, ammoniacal ; acide phosphorique soluble dans l'eau et dans le citrate ; acide phosphorique insoluble ; potasse.*

Lorsqu'il désire faire vérifier, dans un laboratoire, la composition des engrais achetés par lui, afin de s'assurer qu'elle est bien conforme à la garantie, il doit fournir au chimiste auquel il s'adresse les mêmes indications. Son intérêt, celui du vendeur et, dans une certaine limite, celui du chimiste, se trouvent solidaires. Une analyse faite d'après les indications que je viens de rappeler, peut prévenir des difficultés que j'ai souvent vu résulter d'analyses exécutées avec tous les soins désirables, mais en l'absence de renseignements sur les principes à doser et sur la garantie fournie par le vendeur.

J'appelle donc toute l'attention des chimistes et des agriculteurs sur les précautions que je viens d'indiquer; bien prises, elles éviteront aux expéditeurs, aux chimistes et aux vendeurs, des ennuis et des difficultés parfois très-préjudiciables aux intérêts des cultivateurs et des commerçants honnêtes.

II. — DE L'ÉCHANTILLONNAGE DES ENGRAIS A ANALYSER.

170. — **Importance de cette opération.** — Au premier rang des difficultés, quelquefois assez grandes, qui s'offrent au chimiste, il faut placer l'échantillonnage de l'engrais à analyser, et la prise d'essai de la quantité de matière sur laquelle seront faits les dosages. On ne saurait entrer dans des détails trop précis sur ces deux opérations, de la conduite desquelles dépendent *presque toujours* les écarts constatés par deux chimistes, supposés également habiles, dans l'analyse d'un engrais. J'insisterai donc sur ces deux premières phases des manipulations.

171. — **Échantillonnage de l'engrais.** — Opération relativement simple lorsque l'engrais est un sel, tel que sulfate d'ammoniaque ou nitrate de potasse, ou une matière homogène, comme le superphosphate de chaux bien préparé, l'échantillonnage présente des difficultés réelles lorsqu'il s'agit d'engrais complexes, non homogènes ou frelatés, c'est-à-dire mélangés d'une faible quantité d'une substance chimique définie, à une masse plus ou moins considérable de matières inertes.

Si l'engrais est pulvérulent, l'échantillonnage est encore assez facile, mais s'il contient des débris d'os, de laine, de drap, de corne ou autres déchets industriels non réduits en poudre, la prise de l'échantillon exige du chimiste un soin tout particulier. — Envisageons successivement les cas principaux.

a) *Engrais homogènes ou en poudre.* — (Sulfate d'ammoniaque, nitrate de soude, nitrate de potasse, coprolithe; phosphorite, phosphate précipité, superphosphate, cendre d'os, poudre d'os, guano brut, guano à azote fixé, noir de raffinerie, cendres lessivées, cendre de bois, de houille.)

A l'aide d'une sonde en fer, on prélève sur le plus grand nombre de sacs ou de tonneaux possible environ 2 à 3 kilogr. de l'engrais à analyser, pris dans 10 à 15 points différents ; on mélange le tout aussi exactement que faire se peut sur une bâche en toile, et le mélange intime étant opéré, on prélève sur la masse 400 à 500 grammes d'engrais qu'on place dans un flacon de verre étiqueté et qui est ensuite bouché hermétiquement.

Le plus ou moins d'homogénéité du lot d'engrais (humidité, couleur, finesse de la poudre, etc.) guidera, mieux qu'une description, le choix du chimiste, qui devra toujours, autant que possible, procéder lui-même à la levée de l'échantillon, et dans les autres cas, donnera au cultivateur ou à tout autre intéressé les indications précédentes.

b) *Engrais plus ou moins pulvérulents provenant de mélanges de sels ou de matières diverses.* — Sels de Stassfurt (chlorure, sulfate de potasse et de magnésie, salins de betterave, potasse brute).

On procédera comme plus haut, en multipliant les prises de matière à la sonde dans chacun des sacs ou tonneaux, afin d'amener la composition moyenne la plus exacte de l'échantillon destiné à l'analyse.

La difficulté s'accroît ici du mélange de plusieurs sels

obtenus soit isolément, soit ensemble, mais dans des proportions différentes suivant les couches. Il faut prendre également 400 à 500 grammes de matière.

c) *Engrais non pulvérulents.* — (Déchets de corne, peaux, cuirs, laine, découturage de drap, sang et chair desséchés, déchets industriels divers.)

S'il est possible, évaluer sur place, par pesées successives, la proportion relative des matières, diverses par leur nature chimique, leur volume et leur origine, qui constituent le mélange à analyser. Chercher ensuite à constituer par un triage un échantillon représentant, *autant que possible,* la composition moyenne du lot d'engrais. Le lot à emporter au laboratoire doit peser au moins 1 kilogramme.

172. — **Prise d'essai pour les dosages.** — a) *Engrais pulvérulents.* — On prélève moitié de l'échantillon reçu qu'on place dans un flacon étiqueté et bien bouché. Cette partie intacte ne doit plus être touchée et servira, en cas de contestation, à une nouvelle analyse. — On vide dans un mortier l'autre moitié de l'échantillon envoyé au laboratoire et, à l'aide d'une spatule de porcelaine, on mélange intimement la masse en en écartant les fragments de matières étrangères qui pourraient y être mêlées; si le nombre et le volume de ces derniers sont relativement minimes, on les néglige; dans le cas contraire, on les pèse et on établit par le calcul la proportion qu'en renferment 100 parties de l'échantillon. Cela fait, on broie au pilon, si cela est nécessaire, comme cela arrive fréquemment pour le sulfate d'ammoniaque, les superphosphates et les sels de Stassfurt, les fragments un peu volumineux de sels. — Si l'état de dessiccation naturelle de l'engrais le permet, on passe alors le tout au tamis de 1 millimètre et on broie ce qui reste sur le tamis après en avoir écarté les matières étrangères, en en notant le poids.

On tamise de nouveau et l'on mélange une dernière fois la masse, qui est ensuite replacée dans le flacon, qu'on bouche soigneusement afin d'éviter les pertes ou gains d'humidité par le contact avec l'air.

Si la matière est très-humide, pâteuse, on peut incorporer à un poids connu de la substance à analyser du sable siliceux blanc très-fin ou du sulfate de chaux en poudre, suivant les cas; on pèse ensuite le mélange fait au mortier et réduit en poudre sèche et l'on tient compte dans les calculs ultérieurs du poids de la matière inerte ajoutée.

b) *Engrais non pulvérulents.* — La prise d'essai est souvent entourée de beaucoup de difficultés, surtout s'il s'agit de découturages de draps, de chiffons de laine et de déchets industriels du même genre. Comme dans le cas précédent, moitié de l'échantillon est mise de côté dans un flacon étiqueté et bouché ; l'autre moitié est étendue sur une table et l'on procède au triage en faisant deux lots distincts : le premier formé par les matières étrangères, cailloux, fragments de bois, chiffons de toile et de coton, etc. ; le second comprenant les matières qui doivent constituer l'engrais, cuirs, chiffons de laine, corne, fragments d'os, etc., suivant les cas. On pèse les deux lots et l'on calcule le taux pour 100 de substances étrangères.

173. — **Précaution applicable à tous les cas.** — Tous les envois de substances à analyser doivent être adressés au laboratoire dans des vases de verre, de grès ou de métal hermétiquement clos, afin d'éviter les variations dans le taux de l'eau de la matière à analyser.

L'expéditeur doit prendre les précautions nécessaires pour que les flacons parviennent intacts au laboratoire.

174. — **Des quantités d'engrais à employer pour les différents dosages.** — La difficulté qu'on éprouve à opérer, en général, sur des quantités un peu considérables de matières, pour chaque dosage, est une

des raisons principales pour lesquelles j'attache tant de prix à un échantillonnage aussi parfait que possible. Presque tous les traités d'analyse indiquent les quantités de 2 à 5 grammes comme celles qu'on doit employer pour les diverses déterminations quantitatives. Ces poids sont *beaucoup trop faibles* et ne donnent pas des garanties suffisantes sur l'état *moyen* de la prise d'essai.

Au laboratoire de la Station agronomique de l'Est, les prises d'essai varient, d'ordinaire, dans les limites suivantes pour les différents engrais :

a) *Engrais pulvérulents.*

Superphosphates. Phosphate précipité. Poudre d'os. Phosphorite. Coprolithe. Poudrette. Guano.	10 à 30 grammes.

b) *Engrais non pulvérulents.*

Sulfate d'ammoniaque. Sels de Stassfurt. Salins de betterave. Nitrates. Déchets de laine. Déchets de corne. Découturages de laine. Engrais complexes.	50 à 100 grammes.

J'indiquerai plus loin, à propos de chacun de ces engrais, la manière de traiter cette prise d'essai ; mais je ne saurais trop insister sur l'avantage qu'il y a, dans la plupart des cas, à employer, contrairement à ce qui se fait d'ordinaire, des quantités relativement considérables de matière.

III. — CLASSIFICATION DES ENGRAIS INDUSTRIELS.

175. — **Principes constituants des engrais industriels.** — Le chimiste qui s'occupe d'analyse d'engrais peut avoir à doser les 17 matières suivantes, diversement associées les unes aux autres et rarement réunies dans un seul et même engrais :

1° Eau.

2° Matières organiques non azotées.

3° Résidu minéral (cendres).

4° Résidu insoluble dans les acides.

5° Azote (à l'état de combinaison organique).

6° Azote à l'état d'ammoniaque.

7° Azote à l'état d'acide nitrique.

8° Acide phosphorique total.

9° Acide phosphorique à l'état de phosphate tribasique insoluble.

10° Acide phosphorique à l'état de phosphate bibasique (soluble dans le citrate d'ammoniaque).

11° Acide phosphorique à l'état de phosphate acide (soluble dans l'eau).

12° Potasse à divers états de combinaison et de solubilité.

13° Chaux.

14° Magnésie.

15° Chlore.

16° Acide sulfurique.

17° Acide carbonique.

Je ne m'occuperai, dans ce chapitre, que du dosage des trois éléments dominants, azote, acide phosphorique et potasse, renvoyant pour la détermination des autres substances, eau, chlore, acide carbonique, etc., aux méthodes précédemment décrites.

176. — **Classification des engrais industriels.** — Associées deux à deux, trois à trois ou en plus grand nombre, les dix-sept substances que je viens d'énumérer constituent tous les engrais que le commerce livre à l'agriculture, et qu'on peut comprendre, sous cinq groupes distincts, savoir :

I. — Engrais azotés.

	Éléments à doser et servant à fixer la valeur de l'engrais.
1. Débris de chair desséchée. 2. Sang desséché. 3. Déchets de laine, de drap. Azotine. 4. Déchets de corne, de cuirs, poils.	Azote à l'état insoluble.
5. Sulfate d'ammoniaque. 6. Nitrate de potasse. 7. Nitrate de soude.	Azote à l'état soluble et potasse (dans le salpêtre).

II. — Engrais phosphatés.

8. Phosphorites ou coprolithes. 9. Phosphate précipité. 10. Cendre d'os.	Acide phosphorique insoluble.
11. Superphosphates minéraux. 12. Superphosphates de noir d'os.	Acide phosphorique sous ses trois formes.

III. — Engrais phosphatés et azotés.

13. Poudre d'os. 14. Poudrette. 15. Noir de raffinerie. 16. Tourteaux divers, etc.	Acide phosphorique total et azote organique.
17. Superphosphates azotés. 18. Guanos bruts. 19. Guanos traités par l'acide sulfurique. 20. Phospho-guano.	Acide phosphorique sous ses trois formes. Azote insoluble. Azote ammoniacal.

IV. — Engrais phosphatés et potassés.

	Éléments à doser et servant à fixer la valeur de l'engrais.
21. Cendres de bois. 22. Cendres de tourbe. 23. Cendres de houille.	Acide phosphorique insoluble. Potasse.

V. — Engrais potassiques.

24. Chlorure de potassium. 25. Sulfate de potasse et de magnésie. 26. Nitrate de potasse. 27. Salins de betterave. 28. Carbonate de potasse (potasse brute).	Potasse.

A ces cinq groupes, il convient d'ajouter les engrais complexes renfermant à la fois l'azote et l'acide phosphorique, sous leurs trois formes, et la potasse.

IV. — ANALYSE DES ENGRAIS AZOTÉS.

A. — ENGRAIS A AZOTE INSOLUBLE OU ORGANIQUE.

177. — **Débris de chair et sang desséché. — Déchets de laine, de drap, de cuir et de corne.** — Ces divers déchets industriels sont généralement vendus d'après leur richesse en azote, qui dépasse rarement 10 p. 100 et qu'on détermine par la méthode de la chaux sodée (§§ 25 et suiv.) ou par combustion avec l'oxyde de cuivre.

L'analyse d'un même échantillon de ces matières peut fournir des résultats très-différents, si l'on opère, comme l'indiquent presque tous les auteurs, sur 1 gramme ou 2, au plus, de substance préalablement desséchée. —

En effet, presque toujours, ces engrais sont des mélanges, à proportions variables, de substances azotées et de matières sans valeur au point de vue agricole, coton, fil, fragments de bois, etc. Or, il est très-difficile, souvent impraticable, tant qu'on opère sur de semblables mélanges, d'obtenir un échantillon du poids de 1 à 2 grammes présentant la composition moyenne de l'engrais. L'embarras que m'a causé, il y a plusieurs années déjà, l'examen chimique de ces produits m'a conduit à imaginer un procédé détourné, à la fois rigoureux et expéditif, pour obtenir un échantillon moyen dont je soumets alors 1 à 2 grammes au dosage par la chaux sodée.

Voici comment j'opère pour obtenir des résultats exacts.

178. — **Attaque par l'acide sulfurique.** — a) *Sang desséché, chair, tendons, cuirs, corne et poils.* — On prend 100 grammes de la matière qu'on dessèche à 110° dans l'étuve représentée par la figure 31. Cette étuve, en fonte émaillée, est chauffée par le gaz dont l'arrivée est réglée soit par un régulateur Schlœsing (¹), soit par l'appareil représenté figure 32, imaginé par Moitessier (²) : la température demeure invariable à moins de $^1/_2$ degré pendant aussi longtemps qu'on le désire. — Quand l'eau a été chassée, ce dont on s'assure par deux pesées consécutives accusant le même poids, on verse la matière desséchée dans un vase de Bohême à fond plat et on l'humecte entièrement avec de l'acide sulfurique monohydraté, ajouté en quantité suffisante pour baigner complétement la substance. Le vase de Bohême doit être assez grand pour éviter toute perte de substance par effervescence ou boursouflement. On reporte le vase dans l'étuve, dont on laisse tomber la

(¹) Voir la description, *Annales de chimie et de physique,* 1870.

(²) Les deux appareils se trouvent chez V. Wiessnegg, rue Gay-Lussac, 64, à Paris.

température à 80° ou 70°, et on l'y abandonne pendant un temps qui varie de 6 à 12 heures, suivant la nature et la quantité de la matière à analyser. Les substances azotées

Fig. 31.
Étuve en fonte émaillée.

subissent, dans ce cas, des modifications complètes dont le résultat est de transformer une partie de l'azote (30 à 60 p. 100 suivant les cas) en ammoniaque, qui s'unit à l'acide sulfurique, et le reste en azote soluble dans l'acide, à un état particulier, différent de l'ammoniaque. On agite de temps en temps avec une spatule de platine ou un tube de verre plein et l'on ne retire du feu que lorsque toute la masse est devenue liquide ou tout au moins pâteuse. La forme des fragments de corne, cuir, bois, etc., doit avoir

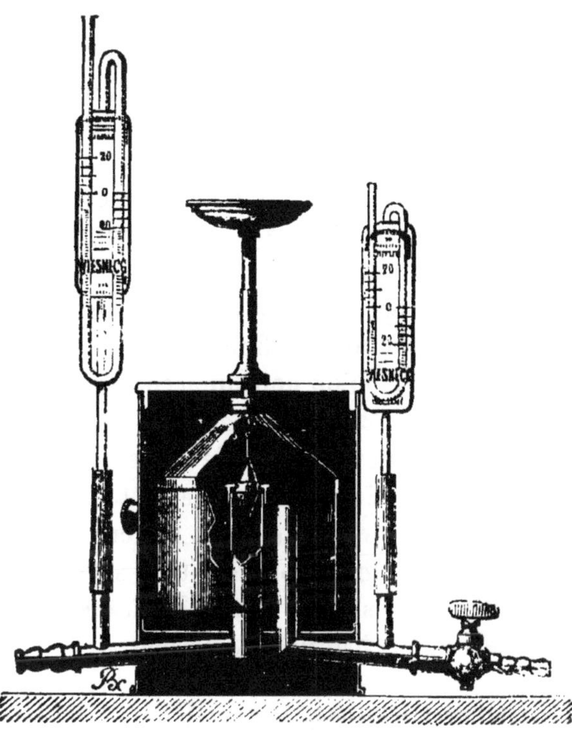

Fig. 32.
Régulateur Moitessier.

complétement disparu, et la masse peut toujours s'écraser sous la spatule. Lorsque la matière est arrivée à cet état, on la verse dans un mortier en porcelaine, assez vaste, on lave le vase de verre en y versant du carbonate de chaux en poudre impalpable (blanc de Meudon porphyrisé), qui détache jusqu'aux dernières parcelles des substances organiques, et l'on continue à ajouter dans le mortier du carbonate en poudre jusqu'au moment où toute la masse, de couleur grisâtre, est *absolument* sèche et pulvérulente. A cet état, elle n'adhère plus du tout au mortier et peut en être enlevée sans la moindre perte. La trituration qui accompagne le mélange du carbonate au magma sulfurique a rendu la matière très-homogène. On pèse alors la poudre grise ainsi obtenue et intimement mélangée, et l'on en prend 2 grammes pour le dosage de l'azote, que l'on conduit alors comme lorsqu'il s'agit d'une substance homogène. Un simple calcul donne le poids réel de la matière primitive sur lequel on dose l'azote. Ce procédé, que j'emploie depuis longues années, m'a donné constamment des résultats excellents : toutes les vérifications auxquelles je l'ai soumis, en opérant sur des produits organiques azotés à composition bien définie, m'ont confirmé dans le degré de confiance qu'on doit lui accorder.

b) *Déchets de drap et chiffons de laine.* — L'industrie livre à l'agriculture des chiffons de laine et des découturages de drap, mélange de laine, coton et fil, qui n'ont de valeur que par l'azote qu'ils renferment. La première chose à faire, lorsqu'on reçoit de semblables mélanges à analyser, c'est d'en peser 300 à 400 grammes, plus si le poids de l'échantillon le permet, et de procéder à un triage des tissus de laine, de coton et de fil : on réunit ces deux dernières matières et l'on en prend le poids. On connaît ainsi le taux pour 100 de matières étrangères séparables à la main. Les chiffons de laine, contenant encore des fragments adhérents de coton et de fil, sont pesés à part, puis l'on procède sur eux exactement comme il vient d'être dit. Le triage à la main et l'attaque par l'acide sulfurique permettent, lorsqu'ils sont convenablement effectués, d'arriver à établir assez exactement le taux d'azote et, partant, la valeur agricole de ces produits.

179. — **Dosage de la potasse et de l'acide phos-**

phorique. — L'expéditeur demande quelquefois la teneur de ces produits en acide phosphorique et en potasse. Ces deux dosages s'effectuent de la manière suivante : Dans le moufle à gaz, représenté figure 33, on calcine la ma-

Fig. 33.

tière desséchée, pesée (25 gr. au moins), et étendue sur une plaque de porcelaine dégourdie. Le résidu est ensuite attaqué par l'acide nitrique ; après une digestion d'une demi-heure environ sur le bain de sable, on évapore à siccité pour rendre la silice insoluble, et l'on verse de l'eau distillée dans la capsule où s'est faite l'attaque et l'on filtre. On lave le résidu à l'eau, en recueillant les eaux de lavage et l'on étend à 100 centimètres cubes. — Dans

50 centimètres cubes, on dose l'acide phosphorique par le molybdate d'ammoniaque, avec toutes les précautions voulues (§ 69). Dans le reste de la liqueur, on dose la potasse par le perchlorate d'ammoniaque; pour cela, on concentre la liqueur jusqu'à 4 ou 5 centimètres cubes, on y verse de l'acide perchlorique, on évapore à sec pour chasser l'excès du réactif. Puis on ajoute de l'alcool, on lave avec soin les cristaux de perchlorate de potasse (§ 82) et on les pèse. On peut faire aussi le dosage de la potasse, à l'aide du bichlorure de platine ou par le formiate : pour cela, il faut transformer d'abord les nitrates en carbonates par l'acide oxalique (voir § 83). — La méthode de Schlœsing, par le perchlorate, est beaucoup plus expéditive.

B. — ENGRAIS A AZOTE SOLUBLE.

180. — **Sulfate d'ammoniaque.** — Le sulfate d'ammoniaque chimiquement pur contient 21.21 p. 100 d'azote, soit 25.75 p. 100 d'ammoniaque ; c'est, après l'urée, la matière fertilisante la plus riche en azote. L'épuration du gaz, la fabrication du noir animal et le traitement des eaux-vannes sont les trois sources les plus abondantes de sulfate d'ammoniaque pour l'agriculture. Les sulfates d'ammoniaque d'origine française contiennent de 19.5 à 20.50 d'azote. Les sulfates anglais sont généralement noirs, plus pauvres en azote et quelquefois mélangés en proportion considérable d'un sel ammoniacal très-vénéneux pour les plantes, le sulfocyanhydrate d'ammoniaque, dont on peut très-facilement constater la présence à l'aide de la réaction des sulfocyanures sur les sels de fer.

Dans l'analyse du sulfate d'ammoniaque, on se borne au dosage de l'azote, qu'on effectue de la façon suivante. Si le sel à analyser paraît bien homogène, on en pèse exactement 20 grammes ; on les place dans un vase jaugé d'un litre qu'on remplit d'eau distillée jusqu'au trait. On agite le flacon et lorsque la dissolution du sel est complète, on en prend, avec une pipette, 50 centimètres cubes qu'on

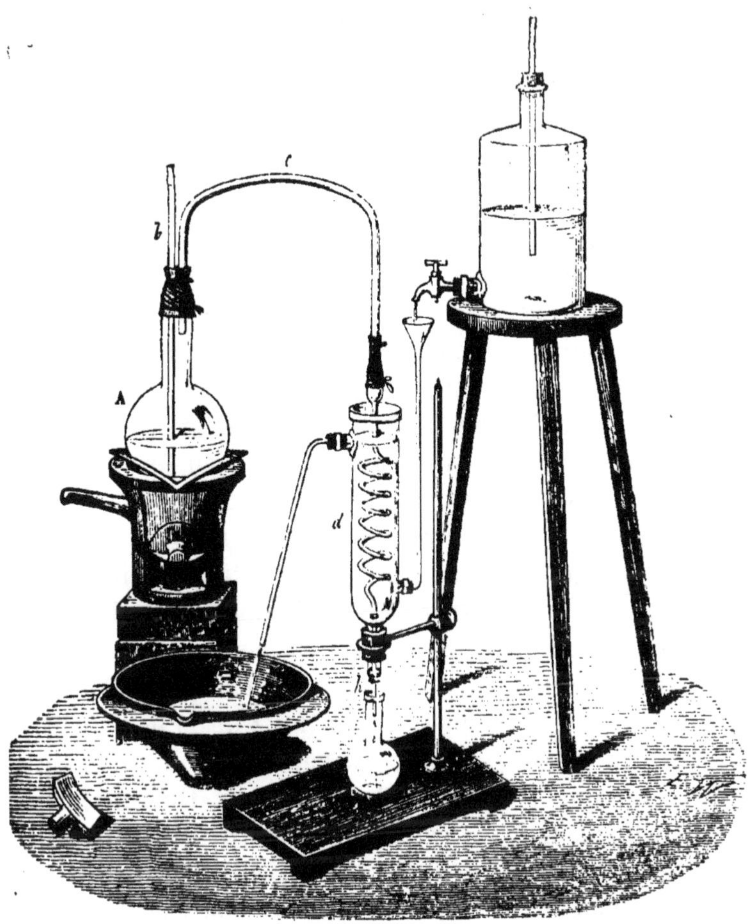

Fig. 31.
Appareil de Boussingault pour le dosage de l'ammoniaque.

distille au contact de la magnésie récemment calcinée dans l'appareil de Boussingault, représenté par la figure 34.

L'extrémité *h* du serpentin en verre doit plonger dans l'acide sulfurique titré (10 centimètres d'acide, contenant environ $0^{gr},1$ d'acide supposé anhydre et titré comme il est dit § 46, *c*, p. 71).

Si le sel paraît peu homogène, on en pèse 100 grammes qu'on dissout dans l'eau, de manière à avoir un litre de liquide. On fait alors le dosage sur 10 centimètres cubes de cette dissolution. Dans tous les cas, on opère sur une quantité de liquide correspondant à 1 gramme du sulfate à analyser.

Ce dosage doit être conduit de la façon suivante : La solution du sulfate (50 centim. cubes ou 10 centim. cubes suivant le cas) est versée dans le ballon, on y ajoute 200 centimètres cubes d'eau distillée exempte d'ammoniaque et une quantité suffisante ($0^{gr},5$ à 1 gr.) de magnésie calcinée. On ferme immédiatement le ballon avec un bon bouchon, ce qui dispense de lut, puis on relie le tube de dégagement au serpentin, par un bouchon fermant hermétiquement. L'extrémité du serpentin plonge dans l'acide sulfurique (10 centimètres cubes) titré placé dans le petit matras et additionné de quelques gouttes de teinture de tournesol. On chauffe et la distillation ne tarde pas à commencer ; on la pousse jusqu'au moment où le liquide distillé s'élève dans le matras au trait marqué à 100 centimètres cubes. On recueille ainsi les $\frac{2}{5}$ de la liqueur contenant le sulfate, ce qui est suffisant pour que toute l'ammoniaque ait passé à la distillation. On retire avec précaution le matras ; avec une pissette, on lave l'extrémité du serpentin à l'eau distillée, en recueillant l'eau de lavage dans la liqueur titrée, puis on prend à nouveau le titre de la solution acide. Par différence, on calcule aisément le taux d'ammoniaque contenu dans le nombre de centimètres cubes employés, et, partant, la richesse du sulfate à analyser.

181. — **Nitrates de potasse et de soude.** — Les procédés indiqués dans les traités d'analyses pour la

détermination de la composition des nitrates du commerce sont très-imparfaits. Le procédé, trop fréquemment employé, qui consiste à déterminer, par pesées, sur un poids connu du nitrate à analyser, les substances étrangères (NaCl, SO^3, NaO, KO, etc.....) et à doser, par différence, le nitrate pur, est tout à fait défectueux et doit être complétement rejeté.

Le déplacement de l'acide nitrique par la silice, à haute température, ne donne pas de résultats plus exacts. — Je puis, au contraire, recommander comme donnant les meilleurs résultats, la méthode de Schlœsing, décrite § 38 et suivants, que j'emploie depuis plus de dix années avec un succès complet; il me reste peu de chose à ajouter à ce que j'ai dit précédemment à ce sujet. (Voir pages 50 et suiv.)

On pèse exactement 66 grammes du nitrate de soude ou 80 grammes du nitrate de potasse à analyser. On dissout le sel dans l'eau à 15° environ, en s'arrangeant de manière à obtenir exactement 1 litre de dissolution.

5 centimètres cubes de cette liqueur sont décomposés par le protochlorure de fer dans l'appareil décrit § 40, figures 5 et 6.

On prend ensuite 5 centimètres cubes de la liqueur normale (§ 42) et l'on compare, sur l'eau, les volumes de bioxyde d'azote obtenus, en suivant toutes les indications données précédemment. On cherche ensuite dans les *Tables d'analyse des nitrates*, la richesse du sel correspondant aux volumes de bioxyde d'azote mesurés.

Je suppose que 5 centimètres cubes de nitrate pur donnent, à la température et à la pression où l'on fait l'analyse, 95 centimètres cubes de bioxyde d'azote, tandis que même volume de la solution du nitrate à analyser fournit $82^{cc},5$, on voit, à la simple inspection des tables, que le sel soumis à l'analyse contient 86,84 p. 100 de nitrate pur, correspondant à 14,302 p. 100 d'azote, si le sel est du nitrate de soude, et à 12,036 p. 100 seulement, s'il s'agit de nitrate de potasse.

Ce procédé d'analyse, bien exécuté, ne laisse absolument rien à désirer et doit être préféré à toutes les autres méthodes, sans exception.

V. — ANALYSE DES ENGRAIS PHOSPHATÉS.

I. PHOSPHORITES. — COPROLITHES.

182. — **Dosages à effectuer.** — Les phosphates naturels, phosphorites, coprolithes, etc., sont rarement exempts de fer et d'alumine.

Ces phosphates, que le commerce livre d'ordinaire sous forme de poudre impalpable, sont employés soit directement pour épandage sur les fumiers et sur le sol, soit pour la préparation des superphosphates. L'acide phosphorique et le carbonate de chaux sont les seules substances dont, en général, on demande le dosage aux chimistes.

183. — **Dosage de l'acide phosphorique.** — La présence de quantités quelquefois notables de fer et d'alumine rend impraticable le dosage par l'urane : le seul procédé exact consiste dans l'emploi du molybdate d'ammoniaque.

On prend 20 grammes de phosphorite ou de coprolithe, on les traite par l'acide nitrique de concentration moyenne (40 à 50 centimètres cubes d'acide étendu de leur volume d'eau, suffisent généralement pour attaquer complétement la matière) : après digestion, sur le bain de sable, pendant une demi-heure, on ajoute de l'eau et l'on décante sur un filtre, on lave le résidu et l'on étend la liqueur à 1000 centimètres cubes.

On prend avec une pipette 25 centimètres cubes de cette liqueur, correspondant à $0^{gr},5$ de phosphorite, et l'on dose l'acide phosphorique par le molybdate (voir § 69, page 95).

184. — **Dosage de l'acide phosphorique par le molybdate en présence de la silice** (1). — Dans l'attaque des coprolithes, des phosphates naturels et des sols en général par l'acide nitrique, on dissout presque toujours une certaine quantité de silice ou de silicates terreux. La combinaison découverte par Parmentier justifie les précautions à prendre pour débarrasser complétement les liqueurs de la silice soluble qu'elles peuvent renfermer avant d'y doser par le molybdate l'acide phosphorique dissous à la faveur de l'acide azotique Sans cette précaution, on serait conduit à commettre des erreurs graves dans les dosages et même à trouver de l'acide phosphorique dans des matières qui n'en renferment pas trace.

H. Debray a fait voir dans ses belles recherches sur le molybdène que les précipités produits par l'acide phosphorique dans la liqueur molybdique sont des composés parfaitement définis correspondant à la combinaison des bases avec un acide qui donne de magnifiques cristaux, l'acide phospho-molybdique, qui a pour formule :

$$PhO^5, 20 MoO^3 + 25 HO$$

Les sels jaunes formés par cet acide ont pour formule :

$$3 KO, PhO^5, 20 MoO^3 + n Aq.$$

Parmentier, au travail duquel j'emprunte les renseignements suivants, montre que la silice peut se combiner

---

(1) Au moment de donner le bon à tirer de cette partie du *Traité d'analyses*, je reçois de M. Parmentier, agrégé préparateur à l'École normale supérieure, communication d'un travail très-intéressant fait par lui et encore inédit sur les combinaisons de l'acide phosphomolybdique. L'importance des faits constatés par M. Parmentier n'échappera pas aux analystes.

avec l'acide molybdique pour donner naissance à un acide qui ressemble beaucoup par sa couleur, sa forme cristalline, sa volatilité, à l'acide phospho-molybdique. C'est l'acide silico-molybdique, qui a pour formule :

$$SiO^2, 12MoO^3, 26HO$$

et qui donne des sels cristallisés dont la formule générale est :

$$2KO, SiO^2, 12MoO^3 + n\ Aq$$

De ces sels, le plus intéressant au point de vue analytique, est le sel d'ammoniaque.

Un rapide parallèle entre le mode de formation et les propriétés du silico-molybdate et du phospho-molybdate montrera nettement les causes d'erreur de la recherche de l'acide phosphorique en présence de la silice dissoute.

Les deux sels prennent naissance dans les mêmes conditions lorsqu'on ajoute au molybdate d'ammoniaque soit de la silice dyalisée, soit un silicate dissous dans l'acide nitrique, soit de l'acide phosphorique ou un phosphate dissous dans le même acide.

Les deux sels ont même couleur ; ils sont jaunes tous les deux et il est bien difficile de les distinguer à leur aspect extérieur, bien que le silico-molybdate soit cristallisé, tandis que le phospho-molybdate est amorphe.

La silice et l'acide phosphorique, en petites quantités, en présence de la liqueur molybdique généralement employée, donnent d'abord tous deux naissance à une coloration jaune. Le phospho-molybdate d'ammoniaque, insoluble dans l'eau et dans les acides, se dépose au bout d'un temps plus ou moins court; le silico-molybdate, soluble dans l'eau et dans les acides, mais insoluble dans les sels ammoniacaux en solution concentrée, se dépose seulement en partie, par refroidissement de la liqueur, et met un certain temps à se précipiter totalement. Dans la liqueur molybdique employée, il existe des quantités considérables d'azotate d'ammoniaque et cette circonstance hâte la précipitation du silico-molybdate d'ammoniaque. De plus, si la matière à examiner contient du cæsium et du rubidium, il se forme des silico-molybdates de ces métaux qui sont insolubles et pourraient faire conclure à l'existence d'acide phosphorique dans une liqueur nitrique qui n'en renfermerait pas trace.

En reprenant, par l'ammoniaque, le précipité obtenu et en pesant l'acide phosphorique à l'état de phosphate ammoniaco-magnésien, on n'échappe pas à l'erreur due à la présence du silico-molybdate d'ammoniaque. En effet, ce sel est décoloré par l'ammoniaque avec précipitation partielle de la silice ; mais une notable quantité d'acide silicique reste dissoute et la liqueur filtrée, traitée par le mélange magnésien, donne naissance à un précipité blanc, gélatineux, de silicate de magnésie pouvant être confondu, à l'aspect et par quelques-unes de ses propriétés, avec le phosphate ammoniaco-magnésien. C'est donc du silicate de magnésie qu'on pèse au lieu et place du phosphate, et l'erreur commise au début de l'analyse se poursuit jusqu'au bout.

Pour éviter cette grave cause d'erreur, il faut, dans l'analyse des sols comme dans celle des phosphates naturels, amener à siccité la solution nitrique d'après la méthode de H. Sainte-Claire Deville (voir § 99), afin de rendre la silice insoluble. Une nouvelle digestion de la matière avec de l'eau fortement chargée d'acide nitrique permettra de redissoudre les phosphates, la silice restant dans le vase où l'on fera l'attaque. Dans la liqueur décantée, on recherchera l'acide phosphorique par le molybdate avec toutes les précautions indiquées précédemment.

185. — **Dosage de l'acide carbonique.** — Il arrive fréquemment que les fabricants et même certains cultiva-

teurs demandent au chimiste auquel ils adressent leurs échantillons de phosphorite à analyser, quelle quantité d'acide sulfurique il faut employer pour transformer cette matière en superphosphate. Pour répondre à cette question, le chimiste, après avoir dosé l'acide phosphorique, déterminera dans l'échantillon la quantité de carbonate. Il dosera l'acide carbonique par une des méthodes indiquées §§ 156 ou 157, en opérant sur 10 grammes de matière finement pulvérisée et desséchée à 150°.

II. — PHOSPHATE PRÉCIPITÉ. — NOIR D'OS. — CENDRE D'OS.

186. — **Dosage de l'acide phosphorique total.** — On prend 20 grammes de la matière broyée dans un mortier et bien mélangée, on les traite par l'acide azotique étendu de son volume d'eau (40 à 50 centimètres cubes d'acide) après digestion à chaud, on filtre et l'on étend à 1000 centimètres cubes. Dans 50 centimètres cubes de cette liqueur, on dose l'acide phosphorique par la solution titrée d'urane avec toutes les précautions connues (voir § 73).

187. — **Dosage de l'acide soluble dans le citrate.** — Il arrive fréquemment que l'acheteur de phosphate précipité désire connaître le taux d'acide phosphorique soluble dans le citrate. Pour cette détermination, on mélange intimement l'échantillon, d'ailleurs très-homogène d'ordinaire, et l'on en pèse exactement 2 grammes qu'on traite par le citrate d'ammoniaque (voir § 75), le résidu lavé est dissous dans l'acide nitrique, on étend à 100 centimètres cubes et on dose l'acide phosphorique non attaqué, par la solution d'urane dans 50 centimètres cubes de cette liqueur. On calcule, par différence, le taux de l'acide bibasique (soluble dans le citrate).

VI. — ENGRAIS PHOSPHATÉS ET AZOTÉS.

I. — POUDRE D'OS. — TOURNURE D'OS. — NOIR DES RAFFINERIES.

188. — **État naturel.** — La poudre ou la tournure d'os sont livrées à des états très-variables de finesse. Si la poudre est fine, on fait l'analyse sur 10 grammes de matière; si elle est grossière, on en emploie 50 grammes. La valeur agricole de la poudre d'os ne dépend pas seulement de sa teneur en azote et en acide phosphorique, mais beaucoup aussi de son état de division; plus elle est fine, plus grande est sa dissémination dans le sol et, par conséquent, plus rapide son action sur la végétation. Il importe donc de noter, à l'aide de tamisage sur des tamis dont les mailles varient de $0^{m},001$ à $0^{m},005$, le degré de finesse de la tournure d'os soumise à l'analyse. — En général, on se borne à doser le taux de l'azote et de l'acide phosphorique total.

On pèse 10 grammes ou 50 grammes de poudre d'os, suivant la grosseur du grain, on les dessèche complétement à 110°; on les calcine dans une capsule de platine et l'on note le poids du résidu. Ce dernier est attaqué, à une douce chaleur, par l'acide azotique et la solution étendue à 1000 centimètres cubes. On lave, dessèche, calcine et pèse le résidu insoluble dans l'acide.

189. — **Dosage de l'acide phosphorique total.** — Pour les poudres fines, on prend 50 centimètres cubes de liqueur (correspondant à $0^{gr},500$ de matière) en neutralisant avec de la soude (pas avec de l'ammoniaque), de façon que la liqueur n'ait plus qu'une très-faible réaction acide, et l'on titre par la solution d'urane.

190. — **Tournure d'os grossière**. — Les 50 grammes de tournure sont calcinés dans le moufle sur une feuille de platine, on pèse les cendres, on les broie et on les mé-

lange intimement. On en prend le $\frac{1}{5}$ en poids qu'on traite comme précédemment par l'acide nitrique, on étend à 1000 centimètres cubes et on procède comme il vient d'être dit au dosage de l'acide phosphorique.

191. — **Dosage de l'azote.** — Sur 1 gramme environ de poudre d'os fine, on dose l'azote par la chaux sodée. — Pour la tournure, il faut moudre dans le moulin à engrais 25 à 30 grammes avant de prendre l'échantillon à analyser ([1]). — Si la tournure renferme beaucoup de matières étrangères, on l'attaque par l'acide sulfurique et l'on procède comme il est dit au § 178, au sujet du dosage de l'azote dans les matières hétérogènes.

II. — SUPERPHOSPHATES. — PHOSPHO-GUANO. — GUANO DISSOUS, ETC.

192. — **Nature diverse de ces engrais.** — L'industrie livre aujourd'hui sous des noms divers, des matières phosphatées d'origines différentes, traitées par l'acide sulfurique et dont une partie plus ou moins considérable de l'acide phosphorique est devenue soluble, soit dans l'eau (PhO^5 soluble), soit dans le citrate d'ammoniaque (phosphate bibasique de chaux, d'alumine, de fer, etc.).

Il y a deux cas principaux à considérer dans l'analyse des superphosphates : les uns, préparés avec des poudres d'os, du noir animal, du guano, du phosphate précipité provenant de la dégélatinisation des os, ne renferment que des traces de phosphate de fer ou d'alumine, négligeables dans presque tous les échantillons de ces provenances ; les autres, obtenus avec des coprolithes, des phosphorites ou des phosphates minéraux d'origines diverses, contiennent presque toujours des quantités de fer et surtout d'alumine

([1]) Le meilleur modèle de moulin à engrais pour les matières dures est celui qu'a construit, sur mes indications, M. Lenoir, mécanicien à Raon-l'Étape (Vosges).

qui obligent à recourir à une méthode spéciale. — Nous allons décrire successivement les procédés applicables à ces deux classes de superphosphates.

Il y a aussi lieu de doser l'azote ammoniacal et l'azote organique dans les superphosphates d'os, les guanos dissous, le phospho-guano, qui en renferment des quantités variables, mais dont on doit tenir compte à raison de la plus-value qu'ils donnent à l'engrais phosphaté.

Fréquemment, pour satisfaire à la demande de l'expéditeur, il faut, dans l'analyse d'un superphosphate, doser l'acide phosphorique sous ses trois formes de combinaison, savoir : 1° acide phosphorique soluble dans l'eau ; 2° acide phosphorique soluble dans le citrate d'ammoniaque et insoluble dans l'eau (acide phosphorique rétrogradé, phosphate bibasique de chaux et phosphate de fer); 3° enfin, acide phosphorique insoluble dans l'eau et dans le citrate, mais soluble dans les acides minéraux étendus.

Après avoir mélangé aussi intimement que possible, l'échantillon envoyé pour l'analyse, on en pèse exactement 20 grammes qu'on triture ensuite, avec précaution, dans un mortier en présence d'une petite quantité d'eau (50 à 60 centimètres cubes). On décante dans un vase jaugé de 1000 centimètres cubes et on répète la trituration avec l'eau jusqu'à ce qu'on ait mis en suspension dans le liquide tout le superphosphate complétement pulvérisé. On lave le mortier et l'on réunit avec soin les eaux de lavage à la solution obtenue dans le broyage; on étend à 1000 centimètres cubes, en remplissant le flacon jusqu'au trait; on bouche hermétiquement et l'on agite vivement le tout, à plusieurs reprises, pendant un quart d'heure ou 20 minutes. Il est inutile de prolonger davantage le contact de l'eau avec le superphosphate : en tout cas, on ne doit jamais le laisser durer au delà de deux heures.

On filtre alors le liquide et lorsqu'on a versé tout le

contenu du flacon sur le filtre, on réunit avec soin, sur ce dernier, le résidu insoluble. On enlève alors la solution filtrée et l'on continue à laver le résidu insoluble jusqu'à ce qu'il ne cède plus rien à l'eau : 200 à 300 centimètres cubes d'eau suffisent en général pour atteindre ce but. On jette cette eau de lavage, l'opération étant destinée seulement à enlever la solution d'acide phosphorique soluble qui imprégnait le résidu. On dessèche avec précaution le résidu insoluble, on le détache du filtre et l'on en prend exactement le poids. On mélange intimement le résidu en le broyant dans un mortier. Nous reviendrons tout à l'heure à l'examen de cette matière.

193. — **Dosage de l'acide phosphorique soluble.** — On mesure 50 centimètres cubes du liquide filtré, correspondant à 1 gramme de superphosphate et l'on y dose l'acide phosphorique soit par la liqueur d'urane, avec toutes les précautions indiquées page 95, § 69, soit par le mélange magnésien.

194. — **Dosage de l'acide phosphorique rétrogradé et de l'acide insoluble.** — On pèse 2 grammes du résidu insoluble, qu'on traite par le citrate d'ammoniaque et qu'on lave, en suivant les indications données § 75. Le résidu, complétement lavé, est dissous dans quelques centimètres cubes d'acide azotique, on étend d'eau, environ jusqu'à 50 centimètres cubes, puis, après avoir ajouté de la solution de soude, en quantité suffisante pour neutraliser presque tout l'acide nitrique libre, on traite la liqueur par la solution d'urane. — Sur deux autres grammes du résidu, on dose l'acide phosphorique total, en traitant la matière par l'acide nitrique, filtrant, ajoutant de la soude et titrant par l'urane. La différence dans les taux d'acide phosphorique trouvés par ces deux dosages correspond au taux de l'acide soluble dans le citrate.

On peut aussi suivre, pour le dosage simultané des acides

phosphoriques rétrogradé et insoluble, la méthode suivante : On prend 2 grammes de résidu, on les attaque par l'acide nitrique faible, on filtre, et l'on étend à 100 centimètres cubes. On neutralise par l'ammoniaque, on redissout le précipité par l'addition d'acide acétique ; on recueille, lave et pèse le phosphate de fer insoluble, s'il est en quantité appréciable. — La liqueur filtrée est précipitée, à chaud, par l'oxalate d'ammoniaque, et après séparation de la chaux, l'acide phosphorique est dosé par le mélange magnésien. On a ainsi la somme des acides rétrogradé et insoluble.

On opère de la même manière sur 2 grammes de résidu préalablement traité par le citrate d'ammoniaque, et l'on retranche le poids d'acide phosphorique obtenu, du poids trouvé dans le dosage précédent. — On a ainsi, par différence, le taux de l'acide dit rétrogradé.

195. — **Remarque importante.** — Il ne faut jamais recourir, comme le font certains chimistes, à l'emploi de l'oxalate d'ammoniaque pour le dosage du phosphate bibasique (rétrogradé). Frésénius, Neubauer et Lücke ont démontré, dans leur mémoire sur l'analyse des engrais phosphatés, que l'oxalate d'ammoniaque dissout des quantités quelquefois très-considérables de phosphate de chaux tribasique. J'ai maintes fois vérifié le fait, et j'ai pu me convaincre des erreurs *très-notables* qu'on commet dans le dosage du phosphate dit rétrogradé en employant l'oxalate. Je ne saurais trop recommander de ne jamais recourir à ce réactif dans les analyses de superphosphates ; le citrate d'ammoniaque, employé avec les précautions indiquées, dès 1871, par Frésénius, Neubauer et Lücke, donne, au contraire, constamment les meilleurs résultats.

196. — **Dosage de l'azote.** — Les superphosphates fabriqués avec les os ou avec des produits qui en proviennent, renferment généralement un peu d'azote (de 0.25 à 1 p. 100). On dose cet élément sur 2 grammes de la ma-

tière primitive convenablement mélangée, par la méthode de la chaux sodée, décrite §§ 27 et suivants.

Si le superphosphate est enrichi en azote par l'addition de sulfate d'ammoniaque, on dose l'ammoniaque par la magnésie sur 50 centimètres cubes de la liqueur filtrée (V. § 43).

197. — **Superphosphates riches en fer et en alumine.** — Tous les superphosphates fabriqués avec les coprolithes, les phosphorites et autres phosphates fossiles, renferment des quantités variables de fer et d'alumine qui rendent inexact le dosage par l'urane et qui donnent même lieu, par le procédé reposant sur la séparation du fer par l'acide acétique, à des incertitudes qui m'engagent à recommander, comme seule méthode convenable, le dosage par le molybdate. — On opère sur 10 à 20 grammes de superphosphate bien mélangé préalablement. On triture doucement dans une capsule la matière additionnée d'une petite quantité d'eau. On laisse la substance insoluble se déposer, on décante la liqueur surnageant sur un filtre et l'on répète ce traitement à l'eau froide tant que la liqueur obtenue est acide. Il faut éviter l'agitation avec de grandes quantités d'eau. Quand le lavage est terminé, on évapore à sec, on reprend par l'acide nitrique et par l'eau, et l'on étend la liqueur à 1000 centimètres cubes.

198. — **Dosage de l'acide soluble.** — On prend 50 centimètres cubes de la solution aqueuse et l'on dose l'acide phosphorique par le molybdate, en observant toutes les précautions décrites plus haut (§ 69).

199. — **Dosage du rétrogradé et de l'insoluble.** — Le résidu desséché est détaché du filtre et pesé. On en prend 1 gramme qu'on traite par l'acide nitrique, puis par le molybdate. On fait subir le même traitement à un autre gramme, préalablement épuisé par le citrate, et l'on a, par la différence des deux dosages, le taux des acides rétrogradé et insoluble.

200. — **Remarque générale.** — On voit que, dans l'analyse des superphosphates par les méthodes que je viens de décrire, on opère, pour chaque dosage, sur une quantité de matière bien homogène correspondant à un poids relativement considérable de matière première (10 ou 20 grammes). — Autant que possible, au laboratoire de la Station agronomique de l'Est, on n'opère pas directement sur 2 grammes du superphosphate à analyser, quantité beaucoup trop faible et qui peut introduire des erreurs graves dans les résultats, les superphosphates ne pouvant pas facilement être séchés et rendus homogènes par un broyage préalable. En lessivant 10, 15 ou 20 grammes de matière, au contraire, on obtient un résidu très-homogène et l'on atténue singulièrement l'erreur provenant d'un défaut d'homogénéité dans la matière première.

L'analyse des matières phosphatées présente parfois de sérieuses difficultés; elle constitue d'ailleurs une partie très-importante des recherches que l'on demande aux laboratoires agricoles. Pour ce double motif, je crois devoir réunir dans ce traité, tous les documents de nature à éclairer les chimistes qui s'occupent d'analyses des matières agricoles. Je crois donc rendre service en reproduisant, à la suite des procédés employés à la Station agronomique de l'Est, les modifications apportées par Joulie à la méthode de Neubauer, Frésénius et Lücke et le résumé des méthodes adoptées dans la réunion des directeurs des stations allemandes, tenue en septembre 1881, à Munich.

201. — **Méthode de Joulie.** — Je commencerai par reproduire les parties essentielles de la méthode au citrate modifiée par Joulie et telle que l'auteur l'a décrite dans son mémoire original (1).

---

(1) *Méthode citro-uranique pour le dosage de l'acide phosphorique dans les phosphates et dans les engrais,* 1876.

DISSOLUTION DES PHOSPHATES.

Si l'échantillon est liquide, la dissolution est toute faite. S'il est solide, il faut le dissoudre.

On peut employer pour cela les acides chlorhydrique ou nitrique et même l'acide sulfurique. Nous nous servons habituellement de l'acide chlorhydrique pour les essais ordinaires. S'il s'agit de faire l'analyse complète d'un phosphate, nous employons l'eau régale.

Sur un trébuchet sensible au milligramme, on pèse 5 grammes de l'échantillon en poudre. On les introduit dans un verre de Bohême à fond plat, de 60 à 80 centimètres cubes de capacité, on couvre avec un verre de montre, et, au moyen d'une pipette, on introduit dans le vase, en soulevant un peu le verre de montre avec le bec de la pipette, 20 centimètres cubes d'acide chlorhydrique pur, en vidant lentement et avec précaution pour donner à l'acide carbonique, qui se produit quelquefois en grande abondance, le temps de se dégager. Lorsque tout l'acide a été introduit et que toute effervescence a cessé, on agite le vase pour bien délayer l'échantillon dans l'acide et on le place sur un bain de sable chauffé pour porter le liquide à l'ébullition. Lorsqu'il a bouilli quelques instants, on le retire du feu, on enlève le verre de montre qu'on lave au-dessus du verre par un jet de pissette à eau distillée et on ajoute de l'eau pour former un volume de 40 à 50 centimètres cubes environ, on agite et on laisse reposer. Lorsque les parties lourdes sont rassemblées au fond du verre, on décante avec précaution la partie claire (alors même qu'elle serait un peu louche) dans un matras jaugé de 100 centimètres cubes de capacité. Le dépôt est ensuite arrosé d'eau distillée, agité et abandonné de nouveau au repos jusqu'à ce qu'on puisse décanter le liquide dans le matras comme précédemment. On lave ainsi le dépôt à cinq ou six reprises successives, en réunissant les liquides dans le matras jaugé jusqu'à ce qu'il soit plein jusqu'au trait de jauge. Si l'opération a été bien conduite, le dernier liquide versé dans le matras ne doit plus être acide.

S'il l'était encore, il faudrait filtrer le liquide obtenu dans un matras de 200 centimètres cubes et continuer le lavage jusqu'à ce que le liquide ne rougisse plus le papier de tournesol. On remplirait ensuite le matras jusqu'au trait de jauge avec de l'eau distillée.

La dissolution ainsi obtenue est jetée sur un filtre au-dessus d'un flacon à large ouverture, de manière à ce qu'on puisse y plonger les pipettes pour faire les prises d'essai. Si la filtration est lente, il est bon de recouvrir l'entonnoir avec une plaque de verre ou avec une cloche pour éviter toute évaporation.

Je préfère le lavage par décantation, que je viens de décrire, au lavage sur filtre qui se pratique ordinairement, parce qu'il est beaucoup plus rapide et tout aussi exact, la petite quantité de matière solide qui passe dans le matras jaugé étant parfaitement négligeable.

On peut aussi opérer la dissolution dans le matras jaugé lui-même, la faire refroidir et le remplir jusqu'au trait de jauge. Ce procédé très-rapide est excellent pour les produits qui se dissolvent en totalité ou qui ne laissent qu'un très-faible résidu. Pour ceux qui contiennent une proportion notable de matières insolubles, cette manière de procéder fait commettre une erreur en plus qui est d'autant plus grande que la partie insoluble représente une partie plus importante du volume total. Supposons, en effet, deux phosphates dont l'un laissera un résidu insoluble occupant 1 centimètre cube et l'autre 4 centimètres cubes. La dissolution du premier contiendra l'acide phosphorique des 5 grammes d'échantillon dans

99 centimètres cubes de liquide et celle du second dans 96 seulement. En négligeant le volume de l'insoluble, et en calculant l'analyse comme si tout était dissous, dans les deux cas on commettra une erreur en plus qui sera, dans le premier cas, de $^1/_{100}$ de l'acide phosphorique dosé, et de $^4/_{100}$ dans le second.

Dans bien des cas, lorsqu'il s'agit, par exemple, de se renseigner sur la marche d'une fabrication, une erreur qui ne dépasse pas 5 p. 100 de l'élément dosé peut être négligeable, et alors on peut faire la dissolution volumétrique sans lavage pour abréger le travail, mais toutes les fois que l'on tient à un dosage rigoureux, et notamment lorsque l'analyse a pour but de vérifier l'exactitude et la loyauté d'une livraison, on doit opérer comme je l'ai indiqué en commençant.

Il est bien évident que si la quantité de matière dont on dispose est faible, on pourra ne prendre que 2^gr^,50 au lieu de 5 grammes et même moins si cela est nécessaire. De même, si l'échantillon, quoi qu'on ait pu faire, n'a pu être amené à une grande homogénéité ou ne contient qu'une très-faible proportion d'acide phosphorique, on pourra faire une prise d'essai de 10, 20, 30 et même 50 grammes.

On emploiera alors des matras jaugés de plus grande capacité et, dans tous les cas, on tiendra note de la quantité de matière employée et du volume du matras, afin de pouvoir faire ensuite les corrections nécessaires.

A. — SÉPARATION DE L'ACIDE PHOSPHORIQUE.

Précipitation. — On prend, au moyen d'une pipette jaugée, 5, 10, ou 20 centimètres cubes de la dissolution préparée comme je viens de le dire et on les vide dans un verre à précipiter de 100 centimètres cubes de capacité environ.

La quantité de solution que l'on prendra sera d'autant plus forte que la solution sera supposée plus pauvre.

On est dans les meilleures conditions lorsque la quantité de solution employée représente de 20 à 40 milligrammes d'acide phosphorique. On peut presque toujours se rapprocher de cette richesse, en calculant la prise de liqueur sur la richesse présumée de la matière à essayer. Si l'on ne possède aucune donnée qui permette de faire ce calcul, on fait un premier essai avec 5 centimètres cubes de liqueur, et quand on en connaît le résultat, on fait une seconde précipitation avec la quantité convenable.

On verse ensuite dans le verre à précipiter où se trouve la prise de dissolution phosphatée, 10 centimètres cubes de liqueur citro-magnésienne ainsi composée :

Acide citrique.	400	grammes.
Carbonate de magnésie pur . . .	22	—
Eau distillée	200	—

Mélanger dans une capsule et laisser dissoudre le carbonate de magnésie ; lorsqu'il a disparu, ajouter :

Ammoniaque liquide à 21°-22°. 400 centimètres cubes.

Le liquide s'échauffe et l'acide citrique achève de se dissoudre. On laisse refroidir, on verse dans une carafe jaugée, on parfait le volume d'un litre avec de l'eau distillée et on conserve pour l'usage. Cette liqueur doit rester fortement acide.

Le carbonate de magnésie employé à la préparation de cette liqueur doit être pur et surtout exempt de phosphate, ce qui est fort rare avec les carbonates naturels. Le meilleur moyen de l'obtenir ainsi est de précipiter une dissolution de sulfate de magnésie purifié par plusieurs cristallisations, à l'aide d'une dissolution de carbonate de potasse (sel de tartre).

Je n'emploie pas le carbonate de soude, parce qu'il contient presque toujours du phosphate de soude. Le sel de tartre, au contraire, obtenu par la calcination du bitartrate de potasse, fournit un carbonate très-pur. Le carbonate de magnésie obtenu est complétement lavé par décantation avec de l'eau filtrée, puis avec de l'eau distillée. On le fait égoutter sur une toile également lavée à l'eau distillée, on le sèche et on le conserve.

Si on veut employer du carbonate de magnésie pur du commerce, il faut avoir soin de l'essayer pour s'assurer de l'absence de l'acide phosphorique.

Dans la préparation de la liqueur citro-magnésienne, le carbonate de magnésie peut être remplacé par la magnésie calcinée à la dose de 10 grammes, mais il n'est pas plus facile de trouver de la magnésie pure que du carbonate de magnésie, et la magnésie caustique apporte une incertitude de plus, parce qu'il arrive fréquemment qu'elle est partiellement carbonatée.

Après l'addition de la liqueur citro-magnésienne à la solution phosphatée, on ajoute dans le verre à précipiter un grand excès d'ammoniaque et on mélange les liqueurs en les agitant *légèrement*. Il ne doit se produire tout d'abord ni trouble ni précipité. S'il s'en produisait un, ce serait l'indice d'une insuffisance de la liqueur citro-magnésienne et il faudrait recommencer en en mettant 20 centimètres cubes au lieu de 10.

Si la première agitation, faite légèrement et seulement pour opérer le mélange des liqueurs, n'a produit aucun trouble, on agite ensuite fortement et on voit lentement apparaître le précipité cristallin et caractéristique de phosphate ammoniaco-magnésien. Lorsqu'on ne le voit plus augmenter par l'agitation, on place le verre sous une cloche et on le laisse reposer pendant deux heures au moins. Au bout de ce temps, le précipité est complètement déposé et on peut procéder à la filtration, surtout si le précipité est abondant.

Si la liqueur n'a pas donné de précipité par l'agitation et si, au bout de deux heures de repos, on ne voit au fond du verre qu'une légère poussière cristalline, on devra le laisser reposer douze heures et même vingt-quatre heures pour être certain d'avoir une précipitation complète, car le phosphate ammoniaco-magnésien se dépose d'autant plus lentement que la liqueur est moins riche.

Dans les conditions ordinaires, c'est-à-dire lorsque la prise de la liqueur phosphatée contient de 20 à 40 milligrammes d'acide phosphorique, le dépôt est complet en moins de deux heures. Je m'en suis assuré par des expériences directes.

On a préparé cinq liquides de la même façon :

Le premier a été filtré au bout d'une heure.
Le second — — de deux heures.
Le troisième — — de cinq heures.
Le quatrième — — de douze heures.
Le cinquième — — de vingt-quatre heures.

Tous ont donné le même résultat. On pourrait donc, à la rigueur, filtrer au bout d'une heure, mais, par excès de prudence, il vaut mieux laisser deux heures de repos.

Filtration. — La filtration se fait sur de petits filtres en papier Berzélius ou en papier à filtrer ordinaire lavé à l'acide chlorhydrique.

Pour faire ces filtres, on coupe de petits carrés de papier de 6 à 7 centimètres de côté, on les plie en quatre, puis à l'aide d'un compas ouvert de 25 à 30 millimètres, on décrit un arc de cercle ayant pour centre l'angle plié du papier; on coupe ensuite avec des ciseaux sur le trait décrit. On obtient ainsi un filtre sans plis qu'il n'y a plus qu'à ouvrir et appliquer dans l'entonnoir.

Les entonnoirs que j'emploie pour recueillir le phosphate ammoniaco-magnésien sont soufflés à la lampe d'émailleur. Ils ont une douille cylindrique formée par un tube presque capillaire de 2 millimètres environ de diamètre intérieur et longue de 10 à 12 centimètres.

La partie supérieure a un évasement tel que le papier plié en quatre et ouvert s'y applique exactement. La hauteur de la partie évasée doit être de 20 à 25 millimètres et le bord du filtre, mis en place, doit dépasser le bord de l'entonnoir de 1 à 2 millimètres environ.

On dispose ces entonnoirs sur un support formé par des anneaux de verre, dont la queue est fixée dans le bord de la planchette supérieure d'un petit banc sur lequel on peut déposer les verres contenant les liquides à filtrer. On installe ainsi une série de six ou huit anneaux espacés de 8 centimètres sur le même banc à filtrer, ce qui permet de conduire de front six ou huit essais.

Les choses étant ainsi disposées, si on remplit le filtre de liquide, il se colle si bien aux parois de l'entonnoir que l'eau ne peut plus passer entre celles-ci et le papier. Il en résulte que la douille se remplit d'une colonne liquide qui, par son poids, détermine une aspiration continue et accélère ainsi la filtration dans une très-large mesure.

Ces petits filtres sont aussi très-faciles à laver avec une très-petite quantité de liquide, car il suffit de les remplir trois ou quatre fois après les avoir laissés entièrement égoutter, chaque fois [1].

Le filtre étant préparé comme je viens de le dire et placé au-dessus d'un verre de 150 centimètres cubes de capacité environ, on y verse le contenu du verre à précipiter en le faisant couler le long de l'agitateur et après

---

[1] Ces entonnoirs et leurs supports se trouvent aujourd'hui dans le commerce.

avoir eu soin de graisser le bec du verre en dehors pour éviter les pertes de liquide. On décante soigneusement la partie limpide en agitant le moins possible le précipité. Lorsque tout le liquide est filtré, on change le verre récipient, on arrose le précipité de 10 à 15 centimètres cubes d'eau ammoniacale au dixième, et l'on continue la filtration et le lavage en laissant tomber cette fois sur le filtre tout le précipité qui n'adhère pas au verre. On repasse ainsi à plusieurs reprises de l'eau ammoniacale dans le verre et sur le filtre, de manière à laver complétement le précipité, qui se trouve finalement rassemblé en grande partie sur le filtre et reste, pour une petite portion, adhérent à l'agitateur et au verre à précipiter.

Le liquide chargé d'acide citrique, recueilli dans le premier verre, est mis de côté dans un grand flacon étiqueté : *Résidus citriques,* pour en extraire plus tard l'acide citrique par une méthode que nous indiquerons tout à l'heure.

Dans les premières parties de la seconde filtration, on ajoute quelques gouttes de solution de phosphate de soude ou de phosphate d'ammoniaque qui doivent déterminer rapidement un trouble attestant la présence d'un excès de magnésie dans l'essai. Si la première eau de lavage ne précipitait pas par cette addition, ce serait la preuve que l'on n'aurait pas employé une quantité de liqueur citro-magnésienne suffisante, et la précipitation serait à recommencer, l'acide phosphorique n'ayant pas été précipité en totalité, faute de magnésie. Cet accident ne peut se produire que lorsqu'on n'a aucune donnée sur la richesse de la matière essayée ou lorsqu'elle se trouve beaucoup plus riche qu'on ne pouvait le supposer, car 10 centimètres cubes de liqueur citro-magnésienne peuvent précipiter théoriquement 192 milligrammes d'acide phosphorique, et il ne doit pas y en avoir dans l'essai plus de 20 à 40 milligrammes. Si donc l'opération a été conduite comme nous l'avons indiqué, on est assuré d'avoir employé au moins cinq fois plus de magnésie qu'il n'en faut *théoriquement*, et c'est là la condition pratique obligée d'une précipitation complète de l'acide phosphorique.

DOSAGE DE L'ACIDE PHOSPHORIQUE

On verse dans le verre à précipiter 10 centimètres cubes environ d'acide nitrique étendu au $^1/_{10}$ qui dissout le précipité resté adhérent au verre et à l'agitateur.

On place au-dessous du filtre un verre de Bohême à fond plat de 150 centimètres cubes de capacité environ et marqué d'un trait de jauge au volume de 75 centimètres cubes.

Le contenu du verre à précipiter est alors versé sur le filtre. Le phosphate ammoniaco-magnésien se dissout et passe dans le verre de Bohême à l'état de solution nitrique. On lave le verre et le filtre à l'eau acidulée tant qu'on y aperçoit du précipité ; lorsqu'il est entièrement dissous, on achève le lavage avec de l'eau distillée.

Si la redissolution et le lavage ont été conduits convenablement, il ne doit pas y avoir dans le verre de Bohême, lorsque l'opération est terminée, plus de 25 à à 30 centimètres cubes de liquide. On y ajoute alors, au moyen d'une pissette et par petites portions, de l'eau ammoniacale au $^1/_{10}$ tant que le louche qui se produit à chaque addition disparaît par l'agitation. Lorsqu'il persiste, on ajoute quelques gouttes d'acide nitrique au $^1/_{10}$ pour le faire disparaître et on place le verre sur un bain de sable chauffé pour porter le liquide à l'ébullition.

On y ajoute alors 5 centimètres cubes d'une solution acide d'acétate de soude ainsi composée :

Acétate de soude cristallisé, pur.	100 grammes.
Acide acétique cristallisable. . .	50 centim. cubes.
Eau distillée.	Q. S. pour dissoudre et faire 1 litre de dissolution.

Il n'y a plus alors qu'à prendre le titre au moyen de la iolution titrée d'urane. Mais, avant de décrire la manière le procéder pour cela, nous devons indiquer la préparaion des liqueurs nécessaires et la manière d'en fixer le itre qui devra servir de base à tous les calculs.

Solution d'acide phosphorique titrée.

Pour préparer cette solution, on s'est longtemps servi le phosphate de soude pur qui a l'inconvénient de conteiir 24 équivalents d'eau de cristallisation. Il en résulte ju'il s'effleurit facilement lorsqu'on le fait sécher, de telle orte qu'il est très-difficile de l'obtenir *normal,* c'est-àlire complétement sec, mais non effleuri.

Dans mon premier Mémoire, j'ai indiqué le pyrophoshate de magnésie, mais j'y ai depuis renoncé à cause de a nécessité de le ramener à l'état de phosphate ordinaire ar l'acide nitrique, et aussi parce qu'il n'est pas trèsacile de l'obtenir absolument pur.

Le sel que j'emploie aujourd'hui et depuis longtemps éjà est le phosphate acide d'ammoniaque[1] :

$$\left.\begin{matrix}AzH^4O\\2HO\end{matrix}\right\}PhO^5$$

Ce sel cristallise facilement en beaux cristaux qui donient toute garantie sur sa pureté et qui ne contiennent as d'eau de cristallisation. Il peut, par conséquent, être éché à 100 degrés sans altération.

On le prépare très-facilement de la manière suivante:

Acide phosphorique pur (obtenu avec le phosphore) et n solution marquant 20 degrés au pèse-acides Baumé,

---

[1] Je préfère l'emploi du phosphate acide de chaux pour les moifs indiqués au § 72. L. G.

500 centimètres cubes d'ammoniaque à 20 ou 22 degrés, ajoutée par petites portions jusqu'à ce que la liqueur bleuisse faiblement le papier de tournesol rouge. Ajouter alors 500 centimètres cubes d'acide phosphorique à 20 degrés, évaporer à pellicule et laisser cristalliser par refroidissement.

On égoutte les cristaux et on les sèche entre des feuilles de papier buvard, puis on les pulvérise et on achève de sécher à 100 degrés la poudre obtenue.

Ce sel est entièrement soluble dans l'eau distillée et contient exactement 61.74 p. 100 d'acide phosphorique anhydre. Rien n'est plus facile d'ailleurs que de s'assurer de l'exactitude de sa composition par l'analyse.

On pèse environ 2 grammes de litharge pure dans un creuset de porcelaine ; on chauffe le creuset au bain de sable jusqu'à commencement de fusion de quelques particules de litharge, on laisse refroidir et on pèse. On ajoute ensuite $0^{gr},50$ de la poudre à essayer, un peu d'eau et environ 1 gramme d'acide nitrique pur. On évapore à sec et on calcine de nouveau jusqu'à commencement de fusion. Le phosphate d'ammoniaque est décomposé ainsi que le nitrate de plomb formé d'abord, et l'augmentation de poids du creuset donne la quantité d'acide phosphorique contenue dans le sel.

Si on n'avait pas soin d'ajouter de l'acide nitrique, l'analyse serait inexacte, l'oxyde de plomb ne pouvant retenir la totalité de l'acide phosphorique qu'à la condition d'avoir été intimement mélangé avec le sel, ce qui s'obtient infiniment mieux par l'emploi d'un peu d'acide azotique que par tout autre moyen.

Le sel étant reconnu complétement pur, on en pèse $3^{gr},087$; on les fait tomber dans une carafe jaugée au volume d'un litre, on ajoute de l'eau distillée, on fait dissoudre et on remplit d'eau jusqu'au trait.

Cette solution est ensuite conservée dans un flacon portant l'étiquette suivante :

Solution normale de phosphate d'ammoniaque.

3gr,087 par litre. .	=	2 grammes . .	PhO^5
20 centimètres cubes	=	10 milligrammes	PhO^5

Si l'analyse par l'oxyde de plomb a fait reconnaître une légère impureté du phosphate acide d'ammoniaque, c'est-à-dire si deux ou trois essais pratiqués comme je viens de le dire n'ont pas donné exactement 308 à 309 milligrammes d'acide phosphorique pour 0gr,50 de sel, on peut néanmoins l'employer, mais alors en modifiant le poids de manière à avoir toujours 2 grammes d'acide phosphorique dans 1 litre de solution.

Si l'impureté du sel dépasse 1 p. 100 de l'acide phosphorique contenu, il faut le rejeter ou le purifier par cristallisation.

Solution d'urane.

Nitrate d'urane cristallisé. . . . . 40 grammes.

Faire dissoudre, dans une carafe jaugée de 1 litre et dans 6 à 7 décilitres d'eau distillée seulement. Ajouter de l'ammoniaque étendue jusqu'à ce que l'agitation laisse persister un trouble sensible, faire disparaître ce trouble par quelques gouttes d'acide acétique et remplir d'eau distillée jusqu'au trait de jauge.

La solution ainsi obtenue se trouble quelquefois légèrement au bout de deux ou trois jours, ce qui tient à ce que le nitrate d'urane acide que l'on trouve dans le commerce contient souvent une petite quantité de phosphate d'urane qui se précipite lentement lorsque la liqueur n'est plus rendue acide que par l'acide acétique. Il est bon, par conséquent, de la laisser reposer plusieurs jours avant de s'en servir et de la filtrer s'il y a lieu. La présence du phosphate d'urane dans la solution d'urane est, d'ailleurs, sans inconvénient pour le dosage de l'acide phosphorique, pourvu que le titre soit pris dans les mêmes conditions que les essais.

La solution d'urane, préparée comme on vient de le voir, contient du nitrate d'urane neutre, un peu de nitrate d'ammoniaque, une très-petite quantité d'acétate d'urane et d'acétate d'ammoniaque et un peu d'acide acétique libre. Sa sensibilité est d'autant plus grande que les acétates y sont en quantité plus faible. Il faut donc bien se garder de la préparer avec de l'acétate d'urane, ainsi que quelques auteurs l'ont conseillé.

Solution de cyanoferrure de potassium.

Les sels solubles d'urane donnent, avec le cyanoferrure de potassium ou prussiate jaune de potasse, un précipité rouge brun caractéristique.

Cette réaction est d'une grande sensibilité et permet de reconnaître la présence de l'urane dans les liqueurs d'épreuve aussitôt qu'il y est en excès. On prépare pour cet usage une solution de cyanoferrure de potassium au $^1/_{10}$, c'est-à-dire contenant 100 grammes de sel par litre. On en dépose des gouttes de 4 à 5 millimètres de diamètre sur une assiette de porcelaine bien sèche au moyen d'une baguette de verre. On se trouve bien de graisser légèrement l'assiette avec un peu de suif; les gouttes y restent bien convexes et tendent moins à s'élargir que sur la porcelaine non graissée.

Chacune de ces gouttes sert ensuite à faire un essai. Pour cela, on y apporte, au moyen de la baguette de verre, une goutte de la liqueur à essayer. Si, en relevant la baguette, on aperçoit dans la goutte de cyanoferrure un commencement de coloration rougeâtre, c'est la preuve que l'urane est en excès. Le phosphate d'urane précipité et insoluble est sans action sur le cyanoferrure.

Détermination du titre de la solution d'urane.

Toute l'exactitude des dosages qui seront faits à l'aide de la solution d'urane dépend évidemment de la détermination de son titre. Aussi ne puis-je trop recommander de ne négliger aucune des précautions que je vais indiquer.

Correction. — Quelque sensible que soit la réaction de l'urane sur le cyanoferrure, encore faut-il qu'il existe dans la liqueur d'essai une certaine quantité d'urane dissous pour que la réaction devienne apparente. Cette quantité indispensable est nécessairement proportionnelle au volume de la liqueur. Elle varie en outre suivant la vue de l'essayeur, qui aperçoit plus ou moins facilement les premières apparences de coloration. Si l'on a soin de ramener tous les essais au même volume, la quantité d'urane nécessaire pour obtenir la réaction sera constante pour un même observateur et pourra, par conséquent, être déterminée une fois pour toutes et ensuite retranchée de tous les essais.

C'est ce nombre que j'ai désigné sous le nom de *correction.* Pour le déterminer, on fait un essai à blanc dans les conditions mêmes où doivent être pratiqués les essais réels.

Dans un verre de Bohême à fond plat, de 150 centimètres cubes de capacité environ et marqué d'un trait de jauge au volume de 75 centimètres cubes, on verse au moyen d'une pipette 5 centimètres cubes de solution d'acétate de soude ; on ajoute de l'eau distillée chaude, jusque vers le trait de jauge, et on place le verre sur un bain de sable chauffé au gaz ou autrement pour porter le liquide à l'ébullition. On retire alors du feu, on parfait le volume de 75 centimètres cubes avec un peu d'eau distillée chaude et on fait tomber dans le verre une ou deux gouttes de la solution d'urane au moyen d'une burette graduée qui en a été préalablement remplie jusqu'au zéro. Après chaque goutte de solution d'urane, on agite et on essaie le liquide sur une goutte de cyanoferrure, comme je l'ai précédemment indiqué. Pour un œil exercé, il faut généralement de 4 à 6 gouttes pour obtenir la coloration caractéristique, soit $^{2}/_{10}$ à $^{3}/_{10}$ de centimètre cube. Les commençants vont souvent jusqu'à $^{5}/_{10}$ à $^{6}/_{10}$ de centimètre cube et même davantage.

Le seul point important est de s'arrêter aussitôt qu'on perçoit sûrement une teinte rougeâtre, car ensuite l'intensité de la teinte n'augmente pas proportionnellement à la quantité de liqueur employée.

Il est bon aussi que l'on soit prévenu qu'au bout de quelques instants la coloration devient plus intense qu'au moment même où se fait l'essai, si bien qu'en revoyant les gouttes un peu plus tard, on pourrait craindre d'avoir dépassé le but. Cette lenteur de la réaction est d'autant plus grande qu'il y a plus d'acétate de soude ou d'ammoniaque dans l'essai. C'est pourquoi il importe de n'y en introduire toujours que la même quantité, soit 5 centimètres cubes.

C'est encore pour le même motif que l'acétate d'urane ne doit pas être employé pour préparer la solution d'urane qui doit contenir le moins d'acétate possible, afin que la quantité nécessairement variable qu'elle en apporte dans chaque essai soit assez faible pour rester sans influence appréciable. S'il en était autrement, la sensibilité de la réaction serait d'autant moindre qu'on aurait employé une plus grande quantité de liqueur d'urane, ce qui donnerait lieu à des erreurs en moins d'autant plus importantes que les quantités d'acide phosphorique à doser seraient plus élevées.

La correction ayant été déterminée, on l'inscrit sur l'étiquette du flacon contenant la solution d'urane.

Titre. — On introduit dans un verre de Bohême semblable à celui qui a servi à déterminer la correction, 20 centimètres cubes de solution normale d'acide phosphorique et 5 centimètres cubes d'acétate de soude, on porte à l'ébullition et on verse, d'un trait, 5 à 6 centimètres cubes de solution d'urane au moyen de la burette remplie à nouveau. On essaie sur une goutte de cyanoferrure et on continue à verser de la solution d'urane par demi-centimètre cube, en essayant chaque fois jusqu'à ce que l'on obtienne la réaction caractéristique. On remplit alors le verre d'eau distillée bouillante jusqu'au trait de jauge et on essaie à nouveau. On constate alors que la coloration ne se produit plus. On la ramène en ajoutant encore de la solution d'urane goutte à goutte et en essayant chaque fois.

On remarquera que nous faisons l'opération en deux temps, d'abord sur un volume de liquide insuffisant, 25 à 30 centimètres cubes environ, et ensuite sur le volume normal de 75 centimètres cubes. Cette manière de procéder rend le travail très-facile, car dans le premier temps on peut aller assez vite et sans craindre de dépasser de deux ou trois gouttes le point de saturation. On est averti du terme de l'opération par la première coloration, et dans le second temps on n'a plus que quelques gouttes à ajouter avec soin pour achever le titrage.

Causes d'erreur. — Dans la prise du titre, il peut se produire trois causes d'erreur contre lesquelles il importe de se tenir en garde.

La première est dans l'erreur d'appréciation que peut faire commettre la petite quantité de phosphate d'urane que l'on prend avec la baguette en même temps que le liquide et qui, en se dispersant dans la goutte de cyanoferrure, en modifie l'aspect et peut faire croire à un changement très-léger de coloration, lorsque l'œil n'est pas suffisamment exercé. On évite facilement cette cause d'erreur. Lorsqu'on se croit arrivé au terme de l'essai, on lit sur la burette la quantité de liqueur employée et on ajoute, d'un seul coup, quatre gouttes de plus. On essaie alors sur une goutte de cyanoferrure voisine de la dernière employée et, si on ne voit pas apparaître une teinte franchement rouge en enlevant la baguette, on en conclut qu'on s'était trop pressé et on continue l'essai. Si, au contraire, la coloration augmente très-sensiblement, on prend le chiffre lu pour exact. Il est toujours bon de terminer les essais par cette épreuve de quatre gouttes supplémentaires qui exagèrent la coloration et confirment le chiffre trouvé.

La seconde cause d'erreur, celle qui du reste se produit le plus fréquemment, consiste à dépasser le but en allant trop vite, de telle sorte que l'essai au cyanoferrure, au lieu de donner une coloration à peine perceptible, donne de suite une coloration très-marquée. Dans ce cas, l'essai peut encore être sauvé. On rajoute dans le verre, au moyen d'une pipette jaugée, 5 centimètres cubes de solution normale d'acide phosphorique qui rapportent 10 milligrammes d'acide phosphorique et on continue l'essai. On tient ensuite compte de l'acide phosphorique ajouté.

La troisième cause d'erreur, enfin, réside dans la mousse qui se produit souvent sur le liquide par l'effet de l'agitation. Elle peut retenir une portion de la goutte de solution d'urane qui tombe à sa surface, en empêcher le mélange avec le reste du liquide et, si la baguette de verre vient à la ramasser, elle peut donner la coloration rouge caractéristique, longtemps avant la saturation réelle. Il faut, par conséquent, éviter autant que possible la formation de la mousse et surtout avoir soin de ne jamais rendre la goutte d'essai après l'agitation qu'au milieu du erre, où la mousse n'existe pas.

Les diverses causes d'erreur que je viens de signaler yant été évitées, le nombre de divisions lu sur la buette est inscrit comme bon et on calcule le titre de la iqueur.

Supposons que l'essai fait dans les conditions qui vienent d'être indiquées ait donné $8^{cc},6$. Si on en retranche a correction, que nous supposerons de $0^{cc},2$, il restera $^{cc},4$ liqueur d'urane qui auront précipité exactement 0 milligrammes d'acide phosphorique. La quantité d'acide hosphorique que précipite 1 centimètre cube de la soluon essayée sera, par conséquent, exprimée par le rapport $\frac{0}{.4} = 4^{mgr},76$, qui n'est autre chose que le titre cherché.

On fait une seconde détermination avec 40 centimètres ubes de solution normale d'acide phosphorique, soit 0 milligrammes d'acide phosphorique anhydre, et, si lle conduit au même résultat, on inscrit le titre trouvé t la correction sur l'étiquette du flacon contenant la queur d'urane. Si cette liqueur reste limpide, le titre ne fois déterminé peut servir jusqu'à ce qu'elle soit sée. Si elle se trouble, il faut reprendre le titre, qui arie, du reste, fort peu.

Les liqueurs d'épreuve qui donnent les meilleurs résulats sont celles dont le titre est voisin de 5 milligrammes 'acide phosphorique par centimètre cube.

Dans l'exemple que nous avons adopté, l'étiquette du acon sera libellée ainsi qu'il suit :

Solution d'urane.

1 centimètre cube $= 4^{mgr},76$ PhO^5
Correction . . . $= 0^{cc},2$

Essai des phosphates.

La détermination volumétrique de l'acide phosphorique dans la prise d'essai, dont j'ai précédemment indiqué la préparation, se fait exactement comme le titrage de la liqueur d'urane. On porte le contenu du verre à l'ébullition, on remplit la burette de liqueur d'urane jusqu'au 0 et on la fait couler dans le verre en agitant et essayant sur une goutte de cyanoferrure après chaque affusion. On peut aller assez vite en commençant, mais lorsqu'on approche du terme présumé de l'opération, on marche par trois ou quatre gouttes seulement entre chaque essai. Lorsque la coloration apparaît, on achève de remplir le verre, jusqu'au trait de jauge, avec de l'eau distillée bouillante et on termine l'essai comme je l'ai dit dans le paragraphe précédent.

Si nous supposons qu'il s'agisse d'un phosphate minéral dont 5 grammes ont été dissous dans 100 centimètres cubes, dont l'essai a été fait sur 10 centimètres cubes de solution et a exigé $16^{cc},4$ de liqueur d'urane, toutes les opérations se résumeront dans le libellé suivant, qui n'est autre que l'inscription même de l'essai sur le carnet de laboratoire :

Phosphate minéral.

Matière, 5 grammes; acide nitrique. 20 centimètres cubes et eau pour faire 100 centimètres cubes.

Solution, 10 centimètres cubes = $0^{gr},50$ matière.

Solution d'urane	$16^{cc},4$
Correction.	$0^{cc},2$
Reste. . . .	$16^{cc},2$

Titre de la solution d'urane . . . . = $4^{mgr},76$ PhO^5

PhO^5 dans 0.50 matière = $4^{mgr},76 \times 16^{cc},2 = 77^{mgr},112$

Acide phosphorique pour 100. . . . . 15.42

B. — ESSAI DES SUPERPHOSPHATES.

Les superphosphates sont le résultat du traitement des phosphates naturels par l'acide sulfurique en proportion convenable. Leur composition est très-complexe et variable suivant la nature du phosphate qui a servi à les préparer. Elle est même souvent variable pour un même échantillon, suivant l'époque plus ou moins éloignée de sa fabrication à laquelle on le soumet à l'analyse.

Qualitativement, tous contiennent :

1° De l'acide phosphorique libre ;

2° Du phosphate acide de chaux ;

3° Du phosphate bicalcique ;

4° Du phosphate tricalcique inattaqué ;

5° Du sulfate de chaux ;

6° De l'eau libre et combinée ;

7° Du sable, de l'alumine, de l'oxyde de fer et toutes les impuretés du phosphate dont ils sont originaires.

Lorsque le phosphate employé contient du fer et de l'alumine, il s'y forme avec le temps des phosphates de fer et d'alumine par la réaction lente de l'acide phosphorique sur les sesquioxydes, ainsi que l'a démontré M. Millot.

A ces divers produits peut s'ajouter de l'acide sulfurique libre si l'acide a été employé en excès, mais il n'existe plus de phosphates de chaux et tout l'acide phosphorique est à l'état de liberté. Si, au contraire, l'acide n'a pas été employé en quantité suffisante, le produit peut contenir du carbonate de chaux, au moins peu de temps après sa fabrication. Il ne contient pas alors d'acide phosphorique libre.

Pour connaître exactement la composition quantitative d'un superphosphate, il faudrait en faire l'analyse complète, ce qui est un travail long et difficile.

Heureusement, cette connaissance exacte et absolue,

qui peut être désirable au point de vue théorique, n'intéresse que fort peu la pratique agricole, car l'état de combinaison dans lequel se trouvent les éléments de superphosphates est instable et ne se conserve certainement pas dans le sol, qui le modifie suivant sa propre composition. Or, la composition chimique des terres arables étant essentiellement variable, alors même que l'on connaîtrait exactement, dans tous ses détails, la composition chimique d'un superphosphate au moment de son emploi, il serait encore impossible de prévoir les transformations qu'il pourra éprouver une fois mis en contact avec les composés contenus dans le sol.

Le point essentiel pour estimer un superphosphate est de pouvoir reconnaître dans quelle mesure le traitement par l'acide sulfurique a atteint son but, c'est-à-dire quelle est l'importance de la portion du phosphate primitif qui a été réellement attaquée et désagrégée.

La méthode que j'ai indiquée en 1873 pour cet usage, dit Joulie, repose sur les faits chimiques suivants :

1° Qu'aucun phosphate minéral ne se laisse entamer par une solution concentrée et froide de citrate d'ammoniaque alcalin ;

2° Que les phosphates d'origine animale, os dégélatiné, noir d'os, cendre d'os, sont à peine dissous dans ce même réactif et d'autant moins qu'ils ont été soumis à une température plus élevée ;

3° Que le phosphate tricalcique précipité mais séché à 100 degrés ne s'y dissout lui-même que très-faiblement ;

4° Qu'au contraire, les phosphates tricalcique, bicalcique, de fer et d'alumine de récente formation et non desséchés s'y dissolvent très-complétement et avec la plus grande facilité, et à plus forte raison, bien entendu, l'acide phosphorique libre et le phosphate acide de chaux qui sont solubles dans l'eau.

Le sulfate de chaux lui-même est entièrement soluble dans le citrate d'ammoniaque.

Si donc on traite les superphosphates par ce réactif, on dissoudra toute la matière, moins le sable et la partie du phosphate naturel qui n'a pas subi l'action de l'acide sulfurique.

Le traitement par le citrate d'ammoniaque divise donc l'acide phosphorique des superphosphates en deux parties :

1° Celle qui est soluble dans ce réactif ;

2° Celle qui reste insoluble dans le citrate.

Cette seconde partie est généralement fort peu importante dans les superphosphates bien préparés, et la plupart du temps elle peut être négligée dans leur estimation.

L'essai d'un superphosphate au point de vue agricole consiste donc essentiellement dans le dosage de *l'acide phosphorique soluble dans le citrate d'ammoniaque.*

On peut y joindre le dosage de l'acide phosphorique total, qui donne l'acide phosphorique insoluble par différence et fournit une sorte de vérification du premier dosage, car le total doit être au moins égal et le plus ordinairement supérieur au soluble. S'il était inférieur, on serait averti que les opérations ont été mal conduites.

Voici d'ailleurs comment il convient de procéder :

1° *Préparation de l'échantillon.* — Si le superphosphate à essayer est suffisamment sec, on le pulvérise et on le passe en totalité à un tamis n° 30 à 35, c'est-à-dire ayant environ dix à douze mailles au centimètre. On mélange bien la poudre obtenue en la repassant deux ou trois fois à un tamis plus gros et on la met en flacon bien bouché pour faire ensuite les prises d'essai.

Si l'échantillon est pâteux ou assez humide pour ne pouvoir être pulvérisé, on le verse en totalité dans une grande capsule et, au moyen d'une fourchette en corne, on le mélange aussi bien que possible, puis on en pèse 10, 20, 30, 50 ou 100 grammes, suivant son importance et suivant son degré d'homogénéité apparente ; la quantité doit être évidemment d'autant plus forte qu'il paraît moins homogène. On mélange ensuite dans un mortier de verre ou de porcelaine la portion prélevée avec un poids égal de sulfate de chaux pur et anhydre. On arrive ainsi à obtenir une poudre sèche qui passe en totalité au tamis et que l'on traite comme dans le premier cas. Il suffira ensuite d'en prendre une quantité double pour les prises d'essai.

2° *Dosage de l'acide phosphorique soluble dans le citrate.* — On pèse 1 gramme du superphosphate à essayer, ou 2 grammes s'il a été additionné de son poids de sulfate de chaux, on fait tomber la matière dans un mortier en verre de $0^m,10$ de diamètre environ.

D'autre part, on mesure 40 centimètres cubes de solution de citrate d'ammoniaque alcalin préparée de la manière suivante :

Acide citrique pur . . .	400 grammes.
Ammoniaque à 22 degrés.	500 centimètres cubes.

On verse l'ammoniaque sur l'acide citrique en cristaux dans une grande capsule. La masse s'échauffe et la dissolution s'opère rapidement. Lorsqu'elle est complète, on la verse, après refroidissement, dans une carafe jaugée de 1 litre de capacité et on achève de remplir jusqu'au trait de jauge avec de l'ammoniaque à 22 degrés. On conserve pour l'usage dans un flacon bien bouché. Cette solution doit être fortement alcaline.

On verse dans le mortier qui contient la prise d'essai, 2 à 3 centimètres cubes de la liqueur mesurée, et au moyen d'un pilon en verre un peu large, on triture de manière à former une pâte fine et jusqu'à ce qu'on ne sente plus aucun grain sous le pilon. On ajoute ensuite, peu à peu, le restant des 40 centimètres cubes de liqueur et on délaye. Le liquide trouble ainsi obtenu est ensuite transvasé avec précaution ([1]) dans un matras jaugé de 100 centimètres cubes de capacité. Le mortier et le pilon sont lavés, à plusieurs reprises, avec de petites quantités d'eau distillée que l'on vide dans le matras de manière à y réunir la totalité de la matière, mais avec la précaution de ne pas le remplir complétement et d'y laisser un vide suffisant pour que le contenu puisse être commodément agité. On laisse digérer à froid pendant une heure en ayant soin d'agiter fréquemment. Au bout de ce temps, on remplit avec de l'eau distillée jusqu'au trait de jauge, on mêle et on filtre dans un entonnoir couvert ou sous cloche pour éviter toute évaporation.

On prend ensuite, au moyen d'une pipette jaugée, 25 ou 50 centimètres cubes du liquide filtré pour y déterminer l'acide phosphorique. La prise de liquide doit être d'autant plus forte que le superphosphate est supposé moins riche.

On vide le contenu de la pipette dans un verre à précipiter de 150 centimètres cubes de capacité environ et on ajoute 10 à 20 centimètres cubes de la liqueur magnésienne suivante :

Carbonate de magnésie pur. .	50 grammes.
Chlorhydrate d'ammoniaque. .	100 —
Eau	500 —
Acide chlorhydrique.	120 centimètres cubes.

([1]) Pour effectuer ce passage facilement, il est bon de graisser avec un peu de suif le bec du mortier extérieurement, de manière à éviter la perte qui pourrait résulter des gouttes qui glisseraient le long de la paroi extérieure, sans cette précaution.

Faire dissoudre et ajouter :

Ammoniaque à 22 degrés. . .	100 centimètres cubes.
Eau distillée.	Q. S. pour faire 1 litre.

On mélange dans le verre à précipiter les deux dissolutions, on ajoute un excès d'ammoniaque et on laisse reposer cinq à six heures sous une cloche. L'acide phosphorique contenu dans la liqueur se sépare à l'état de phosphate ammoniaco-magnésien. On le recueille sur un petit filtre, on le lave à l'eau ammoniacale, on le redissout et on le titre à la liqueur d'urane comme nous l'avons indiqué précédemment.

Si le dépôt de phosphate ammoniaco-magnésien est abondant, on peut, sans inconvénient, filtrer au bout de quatre à cinq heures. Si, au contraire, il est peu important, il vaut mieux attendre au lendemain, car la précipitation pourrait être incomplète, le dépôt s'opérant d'autant plus lentement que l'acide phosphorique est en plus faible proportion.

Voici un exemple de ce genre d'essai :

Superphosphate.

Matière, 1 gramme; citrate d'ammoniaque, 40 centimètres cubes et eau pour faire 100 centimètres cubes.

Solution 25 centimètres cubes = $0^{gr},25$ matière.

Solution d'urane . .	8.55	1 centimètre cube = $5^{mgr},75$ PhO^5
Correction.	0.15	
Reste . . .	8.40 $\times$ $5^{mgr},75$ = 46^{mgr} PhO^5.	

1 gramme de matière contiendra 46 milligrammes $\times$ 4 = 184 milligrammes PhO^5 et 100 grammes contiendront 18.40 d'acide phosphorique soluble dans le citrate.

Acide phosphorique total. — Si on veut en même temps doser l'acide phosphorique total, on fait une nouvelle prise d'essai de 5 grammes de la matière, on les traite par

20 centimètres cubes d'acide chlorhydrique et l'on opère exactement comme s'il s'agissait d'un phosphate ordinaire et avec tous les soins que nous avons indiqués.

Acide phosphorique soluble. — Avant de connaître la méthode au citrate, on essayait les superphosphates en es traitant par l'eau et en déterminant la quantité d'acide phosphorique contenue dans leur solution aqueuse. Cette méthode ne mesure pas exactement la valeur agricole des superphosphates, car elle ne tient compte que de l'acide phosphorique libre, du phosphate acide de chaux et des phosphates de fer et d'alumine solubles contenus dans la matière et laisse, en dehors de l'estimation, la totalité du phosphate bicalcique et des phosphates de fer et d'alumine de récente formation, qui sont insolubles dans l'eau pure. Elle a, en outre, le grave inconvénient de ne pouvoir donner des résultats concordants sur le même échantillon, car la solubilité de l'acide phosphorique dans 'eau va en diminuant dans beaucoup de superphosphates mesure qu'ils vieillissent.

On a donné à ce phénomène le nom de *rétrogradation*, dmettant que l'acide phosphorique qui, après avoir été oluble au moment de la fabrication, était redevenu insoluble ensuite, était repassé à l'état de phosphate tribasique le chaux. On sait aujourd'hui que ce n'est point ainsi que es choses se passent. Il résulte des faits que Joulie a publiés antérieurement qu'une partie plus ou moins imporante de cet acide phosphorique se transforme en phosphate bicalcique, et, des études de Millot, que le reste passe à 'état de phosphates de fer et d'alumine insolubles. Aussi a rétrogradation est-elle beaucoup plus prononcée dans es superphosphates qui proviennent de phosphates minéraux contenant du fer et de l'alumine en abondance que lans ceux qui proviennent de phosphates d'os qui ne contiennent presque pas de sesquioxydes.

En présence de ces faits acquis aujourd'hui à la science, le dosage de l'acide phosphorique soluble dans l'eau a perdu de son importance, car il est évident qu'il ne peut plus fixer, à lui seul, la valeur agricole réelle des superphosphates. Cependant, il conserve toujours une certaine utilité, car il existe certainement des cas dans lesquels il y a intérêt à savoir si l'acide phosphorique, rendu certainement assimilable par le traitement sulfurique et, par conséquent, dosé par le citrate d'ammoniaque, comme je l'ai indiqué, est entièrement ou partiellement soluble dans l'eau.

Il est donc nécessaire de savoir faire le dosage de l'acide phosphorique soluble et surtout d'adopter pour cette opération une méthode uniforme, car le résultat peut varier beaucoup suivant la manière dont on procède.

Voici, dit Joulie, comment je pratique l'opération :

On pèse 5 ou 10 grammes de l'échantillon à analyser, préparé comme je l'ai indiqué pour le dosage de l'acide phosphorique soluble dans le citrate.

Le poids à employer doit être d'autant plus fort que l'on suppose la matière moins riche.

Si l'échantillon a été additionné de sulfate de chaux, on en prend le double de ce que l'on prendrait sans cette addition.

La prise d'essai est introduite dans le mortier de verre et mise en pâte avec de l'eau distillée froide et triturée jusqu'à ce que l'on ne sente plus aucun grain sous le pilon. On ajoute ensuite de l'eau et on décante avec précaution dans un matras jaugé de 200 centimètres cubes de capacité, si l'on a pris 5 grammes de matière, et plus grand, proportionnellement, si on en a pris davantage.

On lave un grand nombre de fois le contenu du mortier par décantation et en réunissant toutes les eaux dans le matras, en ayant soin toutefois de n'y laisser tomber que le moins possible de la matière solide. Lorsque le matras est exactement rempli jusqu'au trait de jauge, on filtre rapidement la liqueur et on en prend, suivant la richesse présumée, 10 ou 20 centimètres cubes, que l'on vide dans un verre à précipiter, et auxquels on ajoute 10 centimètres cubes de liqueur citro-magnésienne et un grand excès d'ammoniaque. Au bout de deux à trois heures de repos, on recueille, lave, redissout et titre le précipité de phosphate ammoniaco-magnésien, comme je l'ai dit pour les phosphates.

Dans les analyses qui n'exigent pas une grande rigueur, celles, par exemple, que l'on pratique en grand nombre dans les usines pour suivre un travail de fabrication et se rendre compte des résultats que l'on obtient, on peut abréger l'opération en titrant directement, à l'aide de la solution d'urane, la liqueur obtenue par le traitement du superphosphate par l'eau. Pour cela, on en prend 10 ou 20 centimètres cubes que l'on porte à l'ébullition dans le verre de Bohême jaugé à 75 centimètres cubes, on ajoute 5 centimètres cubes de solution d'acétate de soude, mais seulement au moment où le liquide bout, et on commence immédiatement le titrage à la liqueur d'urane que l'on achève ensuite comme de coutume.

Au moment où on ajoute l'acétate de soude, il se produit ordinairement un léger trouble résultant de la précipitation d'une faible quantité de phosphates de fer et d'alumine qui échappent à l'analyse.

C'est précisément à cause de cette perte inévitable qu'il est indispensable de passer par le précipité de phosphate ammoniaco-magnésien, si l'on veut un dosage parfaitement exact. C'est aussi pour le même motif qu'il ne faut ajouter l'acétate de soude qu'au dernier moment, lorsqu'on veut opérer directement, car plus longtemps les deux liqueurs restent en contact et plus le dépôt de phosphates insolubles est abondant.

En résumé, l'essai des superphosphates comporte donc trois déterminations :

1° Celle de l'acide phosphorique total (soluble dans l'acide chlorhydrique) ;

2° Celle de l'acide phosphorique soluble dans le citrate d'ammoniaque alcalin ;

3° Celle de l'acide phosphorique soluble dans l'eau.

Dans le plus grand nombre des cas, la seconde suffit, puisque c'est elle surtout qui mesure l'efficacité du traitement industriel auquel la matière a été soumise.

C. — ESSAI DES PHOSPHATES PRÉCIPITÉS.

Ces produits, obtenus par la précipitation d'une dissolution chlorhydrique de phosphate, au moyen de la chaux ou du carbonate de chaux, contiennent le plus ordinairement :

1° Du phosphate bicalcique ;

2° Du phosphate tricalcique ;

3° De l'alumine ;

4° De l'oxyde de fer ;

5° Du carbonate de chaux ;

6° De la chaux en excès ;

7° Du chlorure de calcium ;

8° De l'eau combinée ou interposée.

Lorsque la fabrication a été conduite avec soin, le phosphate bicalcique forme les 90 à 95 centièmes du produit. Les autres composants, et notamment le phosphate tricalcique et le chlorure de calcium, y sont en quantités d'autant plus fortes que le produit a été moins bien préparé.

L'essai des phosphates précipités peut se faire exactement comme celui des superphosphates. On y dosera l'acide phosphorique total dans une solution nitrique ou chlorhydrique et l'acide phosphorique soluble dans le citrate d'ammoniaque.

D. — ESSAI DES ENGRAIS PHOSPHATÉS.

Pour estimer la valeur d'un engrais quelconque, au point de vue des phosphates, il faut d'abord y doser l'acide phosphorique total, comme s'il s'agissait d'un phosphate naturel.

On y fait ensuite le dosage de l'acide phosphorique soluble dans le citrate.

Si le dosage d'acide phosphorique assimilable est assez élevé, il peut être utile de faire le dosage de l'acide phosphorique immédiatement soluble dans l'eau. Si même on désire connaître la quantité d'acide phosphorique qui existe dans l'engrais à l'état de phosphates alcalins (phosphate d'ammoniaque, de potasse et de soude), on fait un dernier essai par l'eau après avoir mélangé à la prise d'essai son poids de carbonate de chaux pur. Dans ces conditions, les phosphates alcalins peuvent seuls se dissoudre.

E. — TRAITEMENT DES RÉSIDUS.

Dans les laboratoires agricoles ou industriels, où l'on a à opérer un grand nombre d'essais de phosphates, on arrive à faire une consommation d'acide citrique et de sels d'urane qui deviendrait dispendieuse si on n'utilisait pas les résidus.

RÉSIDUS D'ACIDE CITRIQUE.

On réunit dans un grand flacon ou dans une tourie les liqueurs chargées de citrates qui ont été séparées par le filtre des précipités de phosphate ammoniaco-magnésien. Lorsqu'on en a une assez grande quantité, on les traite de la manière suivante :

On porte la liqueur à l'ébullition dans une grande capsule en fonte émaillée et on y ajoute par petites portions, et sans cesser de faire bouillir, une solution concentrée de chlorure de calcium, marquant 20 degrés environ à l'aréomètre Baumé. Il se produit immédiatement un précipité abondant de citrate de chaux qui se dépose rapidement au fond de la capsule.

On doit ajouter le chlorure de calcium de manière à laisser un léger excès d'acide citrique qui retient les sesquioxydes en dissolution. Pour y arriver, on fait un essai préalable sur une petite quantité de la liqueur, 10 centimètres cubes, par exemple, que l'on étend d'eau, que l'on porte à l'ébullition, et dans lesquels on ajoute la solution de chlorure de calcium au moyen d'une burette graduée jusqu'à ce qu'elle soit en léger excès, ce qui se reconnaît en filtrant de temps en temps une petite quantité de la liqueur dans un tube et s'assurant si elle précipite encore par une goutte de chlorure de calcium. Lorsqu'elle ne précipite plus, on lit sur la burette la quantité de chlorure de calcium employée, on calcule celle qui correspondrait au volume de liqueur à traiter, 5 litres, par exemple. On porte alors la masse à l'ébullition et on y ajoute peu à peu, sans cesser de la faire bouillir et en agitant constamment, la quantité mesurée de chlorure de calcium qui doit avoir le volume calculé, diminué de $^1/_{10}$. Il se produit un précipité abondant et lourd qui se rassemble au fond de la capsule. On le jette sur un blanchet de laine. Aussitôt que la liqueur est écoulée, ce qui se fait très-vite, on lave à plusieurs reprises le précipité avec de l'eau bouillante, et lorsque le liquide qui s'écoule n'a plus de saveur, on exprime le magma qui est ensuite repris par de l'eau additionnée d'une quantité d'acide sulfurique strictement suffisante pour transformer toute la chaux en sulfate.

Pour déterminer la quantité d'acide sulfurique à employer, on pèse la masse de citrate de chaux obtenu, on on prend une petite portion, 5 grammes par exemple, que l'on fait sécher et qu'on calcine. On détermine ensuite par un essai alcalimétrique la quantité de chaux contenue dans le carbonate de chaux obtenu, et on en déduit la quantité d'acide sulfurique à 53 degrés ou à 66 degrés qui correspond à toute la masse.

Lorsque le citrate de chaux a été acidifié et après vingt-quatre heures au moins de contact, on le jette sur un blanchet et on l'exprime fortement dans une presse garnie de plomb. La liqueur filtrée est évaporée à pellicule et abandonnée à la cristallisation, qui régénère l'acide citrique.

Le sulfate de chaux resté dans le blanchet est délayé dans de l'eau bouillante et lavé à deux ou trois reprises, et les eaux de lavage sont employées à étendre l'acide d'une opération suivante.

Ce sulfate de chaux bien lavé, séché et déshydraté peut être employé pour le mélange avec les échantillons de superphosphates ou d'engrais humide, ainsi que je l'ai indiqué précédemment.

Tout ce travail se fait avec une grande perfection sans blanchets ni presse, si le laboratoire est muni d'une trompe à eau faisant le vide à 25 ou 30 centimètres de mercure. On recueille alors les précipités et on les lave à l'eau bouillante dans un grand entonnoir en verre placé sur l'une des tubulures d'un flacon bitubulé dans lequel la trompe fait le vide.

Une petite éponge placée dans l'entonnoir à la naissance de la douille suffit pour retenir les précipités, qui se lavent et s'égouttent avec la plus grande facilité.

Le traitement du citrate de chaux par l'acide sulfurique et l'épuisement du sulfate de chaux peuvent aussi se faire par décantation méthodique dans une série de pots en grès de deux à trois litres. On arrive ainsi à des solutions d'acide citrique très-concentrées et à un épuisement complet du sulfate de chaux, qui est ensuite égoutté à la trompe, séché et conservé pour l'usage que j'ai indiqué.

Les eaux-mères de la cristallisation de l'acide citrique sont évaporées à nouveau et donnent une seconde cristallisation. On les réunit ensuite à une nouvelle quantité de liqueur-résidu pour les comprendre dans le traitement par le chlorure de calcium. Il faut avoir soin toutefois de maintenir la liqueur alcaline.

Si l'acide citrique est coloré, on le purifie par recristallisation. Il n'est du reste pas nécessaire qu'il soit parfaitement blanc.

RÉSIDUS D'URANE.

Après chaque titrage, on vide dans un grand flacon de 5 à 6 litres le précipité de phosphate d'urane obtenu. Lorsque le flacon est au quart rempli de précipité, on lave à grande eau par décantation, puis on vide la boue jaune clair qu'il contient après une dernière décantation dans une capsule de porcelaine et on ajoute de la soude caustique (lessive des savonniers), en agitant jusqu'à ce que le précipité soit devenu d'un beau jaune foncé et que la liqueur soit fortement alcaline. On chauffe à une température voisine de l'ébullition et on laisse digérer à cette température, pendant une douzaine d'heures, en remplaçant, s'il y a lieu, l'eau qui s'évapore pour ne pas laisser la matière devenir épaisse.

La masse est ensuite transvasée dans le flacon et lavée de nouveau par décantation jusqu'à ce que l'eau de lavage ne contienne plus de phosphate de soude. On laisse alors le précipité se bien rassembler, on décante l'eau claire aussi complétement que possible et on la remplace par de l'acide acétique en léger excès.

La soude a transformé la plus grande partie du phosphate d'urane en oxyde et l'acide acétique dissout l'oxyde et laisse le phosphate d'urane qui a résisté à l'action de la soude. L'acétate d'urane étant peu soluble, il est nécessaire d'ajouter de l'eau et de laver le phosphate d urane restant jusqu'à ce qu'on ne voie plus de petits cristaux jaunes d'acétate d'urane au fond du flacon.

La dissolution acétique d'urane et les eaux de lavage sont réunies dans un grand flacon où on les précipite par un léger excès d'ammoniaque exempte de carbonate. Il se forme un beau précipité jaune d'oxyde d'urane qui se dépose rapidement et qu'on lave par décantation jusqu'à ce que l'eau de lavage ne soit plus alcaline.

Si l'ammoniaque contenait du carbonate d'ammoniaque, il se formerait une quantité correspondante de carbonate d'urane qui est soluble et qui serait par conséquent perdu.

Lorsque l'oxyde d'urane est bien lavé, on le laisse se rassembler pendant 24 heures, on décante aussi complètement que possible l'eau qui le surnage, puis on ajoute de l'acide nitrique, par petites quantités à la fois, jusqu'à ce que la liqueur devienne complétement claire. On la vide alors dans une capsule, on l'évapore au bain-marie et on la laisse cristalliser. Le nitrate d'urane se trouve ainsi régénéré. L'eau-mère qui baigne les cristaux peut être évaporée à nouveau ou conservée pour être réunie à la solution de nitrate d'urane provenant d'une opération suivante.

Le plus ordinairement, on peut se dispenser de faire cristalliser. On redissout l'oxyde d'urane dans l'acide nitrique en ayant soin de laisser la solution très-légèrement trouble pour ne pas y introduire un excès d'acide nitrique, on filtre, on ajoute ensuite quelques gouttes d'ammoniaque pour reprécipiter un peu d'oxyde d'urane qu'on redissout par un peu d'acide acétique. On obtient ainsi une solution d'urane immédiatement propre aux opérations du dosage de l'acide phosphorique.

Si on a eu soin de laisser complétement se rassembler l'oxyde d'urane, la solution est un peu trop concentrée. Il n'y a, par conséquent, qu'à l'étendre d'une quantité d'eau suffisante pour la ramener à un titre voisin de 5 milligrammes d'acide phosphorique par centimètre cube. Pour cela, on l'essaie au moyen de la solution normale de phosphate d'ammoniaque et on l'étend en conséquence.

Supposons, par exemple, que 20 centimètres cubes de solution normale de phosphate d'ammoniaque = 40 milligrammes d'acide phosphorique aient été précipités jusqu'à réaction caractéristique de l'urane par 5 centimètres cubes de la solution, il faudra en conclure que chaque centimètre cube correspond à $\frac{40}{5} = 8$ milligrammes. On mesurera la totalité de la solution. Je suppose que l'on en trouve 855 centimètres cubes; le calcul suivant $\frac{855 \times 8}{5} = 1368$ donne le volume auquel il faut la porter pour la ramener au titre convenable. On aura donc à y ajouter 1368—865, soit 513 centimètres cubes d'eau.

Inversement, si la liqueur se trouvait trop étendue, ce qui proviendrait de ce qu'on n'aurait pas laissé le précipité d'oxyde d'urane se rassembler suffisamment ou qu'on n'aurait pas décanté complétement l'eau surnageante, on la ramènerait au titre en y faisant dissoudre une quantité convenable de nitrate d'urane cristallisé. Seulement, dans ce cas, il faudrait l'acétifier de nouveau pour être bien certain qu'elle ne retient pas d'acide nitrique libre.

Le résidu de phosphate d'urane qui ne s'est pas dissous dans le traitement par l'acide acétique est conservé et réuni au phosphate d'urane, provenant d'une nouvelle série de dosages, pour être traité dans une opération suivante.

202. — **Traitement des résidus de molybdate.** — Frésénius a conseillé le procédé suivant pour retirer

l'acide molybdique des résidus du dosage de l'acide phosphorique. On évapore à sec, sous un bon tirage, les résidus à revivifier et l'on chauffe ensuite jusqu'à ce que la plus grande partie du nitrate d'ammoniaque soit décomposée. On met le résidu en digestion avec de l'ammoniaque qui dissout l'acide molybdique et l'on filtre. On ajoute à la liqueur filtrée une petite quantité de mélange magnésien, afin de précipiter le peu d'acide phosphorique restant. S'il se forme un précipité, il faut augmenter la quantité de mélange magnésien employée, afin d'être certain que tout l'acide phosphorique est précipité. Après avoir laissé pendant longtemps la liqueur en repos, on filtre et l'on ajoute au liquide filtré juste assez d'acide nitrique pour qu'il soit légèrement acide ; on sépare par le filtre l'acide molybdique, ou encore en employant aussi peu d'eau que possible et l'on se sert du résidu pour préparer de nouvelles liqueurs. La liqueur filtrée et les eaux de lavage renferment aussi un peu d'acide molybdique, on les fait rentrer dans le traitement d'autres résidus.

203. — **Préparation du citrate : modification de Petermann.** — *Préparation du citrate d'ammoniaque.* — De l'acide citrique est dissous dans l'ammoniaque jusqu'à réaction neutre ; on amène la concentration du liquide à la densité de 1,09 et on ajoute par litre 50^{cc} d'ammoniaque concentré. Si l'on veut doser l'acide phosphorique soluble dans l'eau et l'acide soluble dans le citrate en une seule opération, on doit nécessairement employer du citrate ammoniacal, car sans cela, l'acide phosphorique libre décomposerait le citrate d'ammoniaque et l'acide citrique rendu libre dissoudrait du phosphate tricalcique.

Préparation de la solution phosphorique. — On met 100^{cc} de citrate dans une petite pissette, et on les verse peu à peu sur la matière à analyser qui se trouve dans un petit mortier en verre ; on triture le tout et on verse en décantant dans un ballon jaugé de 500^{cc}. Finalement, on lave le mortier et l'entonnoir toujours au citrate d'ammoniaque et l'on ajoute le reste des 100^{cc} dans la fiole de 1 demi-litre. Le ballon est placé dans un bain-marie plat et large pouvant contenir quatre ballons, entre lesquels est placé un thermomètre, on agite de temps en temps et on laisse digérer pendant une heure à la température de 35 à 38 degrés. Ce temps écoulé, on enlève le ballon, on laisse refroidir pendant quelques minutes, on remplit jusqu'à la marque et on filtre ; on mesure 100^{cc} à la liqueur filtrée et on précipite avec 60^{cc} de mixture de magnésie en agitant pendant qu'on verse le réactif magnésien, sans toucher les parois du verre. On opère à Gembloux de telle manière qu'on commence les analyses de superphosphates l'après-midi ; on précipite entre cinq et six heures et on commence la filtration le lendemain matin vers neuf heures ; on filtre, lave, calcine et pèse.

Pour la filtration de la solution au citrate, nous nous servons de filtres doubles en bon papier épais, car le sulfate de chaux cause facilement des liquides troubles.

Quant à la quantité de matière employée à l'analyse, on prend 1 gramme pour les phosphates précipités, 2 grammes pour les superphosphates de phosphorite et 5 grammes pour les engrais mélangés.

Ces proportions sont choisies de manière que 100^{cc} de citrate d'ammoniaque agissent toujours sur une quantité à peu près égale d'acide phosphorique.

204. — **Méthodes adoptées par les stations allemandes pour l'analyse des matières phosphatées** (1). — Les conditions générales des analyses d'engrais phosphatés sont formulées de la manière suivante :

(1) Dans la réunion des directeurs des stations agronomiques allemandes, qui s'est tenue le 16 septembre 1881 à Munich, sous la

A. — PRÉPARATION DES ÉCHANTILLONS DESTINÉS A L'ANALYSE.

1. S'il s'agit d'engrais artificiels secs, surtout lorsqu'ils sont formés de plusieurs matières (par exemple, superphosphates additionnés de sels ammoniacaux), il y a lieu de les tamiser afin de les diviser autant que possible si cela est nécessaire ; la partie restée sur le tamis doit être reprise et broyée assez finement pour pouvoir traverser les mailles du tamis et être réunie à l'autre portion de l'échantillon à laquelle on la mélange complètement.

2. Dans le cas d'engrais humides où le tamisage ne peut être employé, le mélange intime de l'échantillon s'effectuera au mortier avec tout le soin possible.

3. A l'arrivée des échantillons au laboratoire, il faut prendre leur poids, tamiser ou broyer l'échantillon tout entier, et non une partie seulement de ce dernier, comme on le fait souvent.

4. L'échantillon entier et ce qui en reste après l'analyse doivent être conservés dans des flacons en verre hermétiquement bouchés et placés, autant que possible, dans un lieu frais.

5. Dans le cas d'une contre-analyse par un autre chimiste, il faut envoyer à ce dernier, soit la totalité du reste de l'échantillon, soit une partie de ce reste prélevée seulement après mélange intime de la totalité dans un mortier.

---

présidence du professeur Henneberg, les chimistes présents, au nombre de 65, ont arrêté d'un commun accord les méthodes à appliquer au dosage de l'acide phosphorique sous ses diverses formes. M. le professeur Märcker, de Halle, a publié dans le n° 6 du tome XXVII des *Landw. Vers.-Stationen*, 1882, le résumé des méthodes adoptées. Il m'a paru utile de donner ici la traduction complète de ce résumé afin de mettre les chimistes agricoles français au courant des méthodes suivies par leurs confrères d'Allemagne pour l'analyse des engrais phosphatés.

Dans le cas des phosphates bruts et des noirs d'os, pour assurer l'identité des échantillons soumis à l'analyse et à la contre-expertise, la matière doit être, préalablement à l'envoi, desséchée à 100° (phosphates bruts) et à 130° (noir d'os).

Pour les engrais susceptibles de perdre du carbonate d'ammoniaque pendant la dessiccation, il faut doser à part ce produit volatil.

6. L'échantillon de l'engrais envoyé aux directeurs des stations pour l'analyse doit être d'au moins 500 grammes renfermés dans un vase bien bouché, et non un petit échantillon comme cela arrive trop souvent.

B. — DOSAGE DE L'ACIDE PHOSPHORIQUE DES SUPERPHOSPHATES SOLUBLES DANS L'EAU.

I. — PROCÉDÉ D'EXTRACTION.

1. 20 grammes de superphosphate à analyser sont lixiviés avec de l'eau distillée dans un mortier et légèrement triturés avec le pilon (mais non broyés finement), et versés par décantation dans un flacon d'un litre.

2. A la fin de l'opération, on achève de remplir d'eau, jusqu'au trait, le flacon jaugé.

3. Tous les superphosphates, sans exception, sont abandonnés à la digestion à la température du laboratoire pendant deux heures : on agite fréquemment le flacon ; au bout des deux heures, on filtre.

4. On néglige le volume du résidu insoluble demeuré sur le filtre.

5. Pour les superphosphates dont la teneur en acide phosphorique ne dépasse pas sensiblement 20 p. 100, 200 centimètres cubes de la liqueur filtrée sont additionnés de 50 centimètres cubes d'une solution d'acétate d'ammoniaque (100 grammes d'acétate d'ammoniaque

pur et 100 centimètres cubes d'acide acétique concentré par litre) destinée à précipiter les phosphates de fer et d'alumine. Le précipité est séparé de la liqueur éclaircie, reçu sur un filtre, lavé trois fois à l'eau chaude, calciné, pesé et compté comme acide phosphorique pour la moitié de son poids.

6. Pour l'analyse des superphosphates qui contiennent beaucoup plus de 20 p. 100 d'acide phosphorique soluble, on prend 100 centimètres cubes de la liqueur qu'on étend de 100 centimètres cubes d'eau distillée ; on ajoute alors 50 centimètres cubes d'acétate d'ammoniaque et l'on procède comme ci-dessus.

II. — DOSAGE VOLUMÉTRIQUE DE L'ACIDE PHOSPHORIQUE.

1. Le dosage volumétrique de l'acide phosphorique est admissible pour tous les superphosphates qui ne contiennent pas plus de 1 p. 100 d'acide phosphorique combiné à l'oxyde de fer ou à l'alumine.

2. Le titrage se fait à l'aide d'une solution de nitrate d'urane pur. Pour préparer la solution normale d'urane ($1^{cc} = 0^{gr},005\ PhO^5$), on dissout 1,000 grammes d'azotate d'urane dans $28^{lit},200$ d'eau et l'on ajoute à la dissolution 100 grammes d'acétate d'ammoniaque pour neutraliser la petite quantité d'acide nitrique devenue libre.

3. Le titrage de la liqueur d'urane se fait, soit à l'aide d'une solution préparée, comme il est dit plus haut, d'un superphosphate entièrement exempt de fer et contenant environ 16 p. 100 d'acide phosphorique soluble, soit à l'aide d'une dissolution de $7^{gr},5$ de phosphate tribasique de chaux dans la quantité d'acide sulfurique correspondant à la transformation en superphosphate.

Pour procéder au titrage, on emploie les mêmes quantités de solution phosphorique et d'acétate d'ammoniaque que pour l'analyse d'un superphosphate. Dans tous les liquides qui servent à ce titrage, l'acide phosphorique est dosé par la méthode molybdique.

4. Pour titrer la liqueur d'urane, on prend 50 centimètres cubes de la liqueur phosphorique débarrassée du précipité de fer, mais non étendue par lavage (contenant 40 centimètres cubes de liqueur phosphatée additionnée de 10 centimètres cubes de solution d'acétate d'ammoniaque). La réaction finale est constatée sur le liquide porté à l'ébullition, dont une goutte est placée sur une assiette de porcelaine et mise en contact avec du prussiate en poudre impalpable ou avec une solution de prussiate préparée immédiatement avant l'essai. (Cette solution doit être renouvelée tous les jours.)

III. — DOSAGE DE L'ACIDE PHOSPHORIQUE PAR LE MOLYBDATE.

Outre la méthode au molybdate universellement reconnue comme absolument exacte (méthode décrite par Abesser, Jani et Maercker, voir § 69), la réunion des chimistes allemands recommande l'essai du procédé abrégé indiqué par D. Wagner :

A 25 ou 50 centimètres cubes de la solution phosphorique exempte de silice, correspondant à $0^{gr},1$ à $0^{gr},2$ de PhO^5, on ajoute dans un vase à précipité assez de nitrate d'ammoniaque en solution concentrée et de molybdate d'ammoniaque pour que le mélange phosphorique renferme 15 p. 100 de nitrate d'ammoniaque et 50 centimètres cubes au moins de liqueur molybdique par $0^{gr},1$ de PhO^5 à doser (1). On porte le mélange à 80° ou 90° au

(1) En présence de 15 p. 100 de nitrate d'ammoniaque, l'acide phosphorique exige, pour sa précipitation, moitié moins environ de molybdate que par la méthode ordinaire. Le précipité se rassemble plus vite et complétement. (Comparez à ce sujet Gilbert, *Correspondenzbl. d. V. Anal. Ch. I.* Nov. 1878, et E. Richter, *Dingler J.* 199, p. 183.)

bain-marie ou au bain de sable ; on le laisse ensuite déposer pendant une heure ; on filtre et on lave le précipité avec une solution étendue de nitrate d'ammoniaque (¹), on replace le vase sous l'entonnoir ; on perce le filtre à l'aide d'un fil de platine ; on dissout le précipité au moyen d'eau contenant 2 ½ p. 100 d'ammoniaque, on lave convenablement le filtre, on mélange les liqueurs avec un agitateur et l'on ajoute assez de la solution ammoniacale à 2 ½ p. 100 pour que le volume de la liqueur soit de 75 centimètres cubes en tout. Par décigramme d'acide phosphorique à doser, on verse goutte à goutte dans la liqueur 10 centimètres cubes de mélange magnésien en agitant constamment (²). On recouvre le vase d'une plaque de verre et on laisse reposer la liqueur pendant deux heures. Au bout de ce temps, on recueille sur un filtre le précipité et on le lave avec l'eau ammoniacale à 2 ½ p. 100 jusqu'à disparition de toute réaction du chlore. On dessèche alors le précipité, on le met dans un creuset de platine, on place le filtre par-dessus, on couvre et l'on calcine. Quand le filtre est brûlé, on chauffe le creuset pendant dix minutes à la lampe Bunsen, puis pendant 5 minutes à la lampe à soufflerie. On laisse refroidir dans un dessiccateur et l'on pèse.

DEGRÉ DE CONCENTRATION DES LIQUEURS.

1. *Solution molybdique :* 150 grammes de molybdate d'ammoniaque dissous dans un litre d'eau. On verse

(¹) Le lavage du précipité phospho-molybdique avec une solution de nitrate d'ammoniaque acidulée donne des résultats tout à fait exacts. D'après les essais de P. Wagner, 100^{cc} de liqueur molybdique, de même que 100^{cc} de solution de nitrate d'ammoniaque, dissolvent moins de $0^{mg},1$ de PhO^5 à l'état de phospho-molybdate.

(²) Il faut toujours ajouter peu à peu le mélange magnésien, même quand on a préalablement neutralisé approximativement la liqueur par l'addition de l'acide chlorhydrique.

cette solution dans un litre d'acide nitrique de 1,2 de densité.

2. *Solution concentrée de nitrate d'ammoniaque :* 750 grammes de nitrate d'ammoniaque dissous dans un litre d'eau.

3. *Solution pour lavages :* 150 grammes de nitrate d'ammoniaque et 10 centimètres cubes d'acide nitrique dissous dans l'eau et étendus à 1 litre.

4. *Solution magnésienne :* 50 grammes de chlorure de magnésium et 70 grammes de chlorhydrate d'ammoniaque dissous dans un litre d'eau ammoniacale à 2 $^1/_2$ p. 100.

C. — DOSAGE DE L'ACIDE PHOSPHORIQUE PAR LE CITRATE.

Quoique les méthodes proposées et employées jusqu'ici pour doser l'acide phosphorique soluble dans le citrate n'atteignent pas le but d'une façon complète ([1]), la réunion, tout en faisant ses réserves pour les cas particuliers, convient que dans le cas où l'on pratiquera ce dosage, on emploiera le procédé suivant :

5 grammes de superphosphate sont triturés dans un mortier avec 100 centimètres cubes de la dissolution citrique de Petermann (voir § 203), le mélange est réuni dans un flacon d'un quart de litre et abandonné pendant une heure à la température de 40° ; on achève de remplir le flacon jusqu'au trait de jauge, on filtre et on dose l'acide phosphorique dans la liqueur filtrée.

D. — DOSAGE DE L'ACIDE PHOSPHORIQUE INSOLUBLE.

1° *Dans la poudre d'os.*

5 grammes de poudre d'os sont incinérés ; la cendre obtenue est dissoute dans l'acide chlorhydrique ou dans

---

([1]) Je ne partage pas cette opinion et je considère la méthode au citrate comme rendant de très-grands services dans l'analyse des engrais phosphatés. L. G.

l'acide nitrique, la liqueur évaporée au bain-marie dans une capsule en porcelaine pour chasser l'excès d'acide, on reprend le résidu avec quelques centimètres cubes d'acide et l'on étend à 500 centimètres cubes. — 200 centimètres cubes de cette dissolution sont additionnés de 50 centimètres cubes d'acétate d'ammoniaque et l'acide phosphorique est dosé par la liqueur titrée d'urane. On peut également, au lieu d'incinérer, avoir recours, pour détruire la matière organique, à l'action du chlorate de potasse ou à celle de l'eau régale. Pour le cas des poudres d'os fermentées, c'est à ce procédé d'oxydation qu'il faut avoir recours.

2° *Dans le guano de poisson, les engrais de chair et autres obtenus à l'aide des matières organiques azotées.*

La destruction de la matière organique dans ces engrais s'effectue, soit par le chlorate de potasse, soit par l'eau régale, soit enfin par la fusion de la matière avec un mélange de soude et de salpêtre, ou de soude et de chlorate de potasse, et non par incinération directe.

Pour effectuer l'oxydation par voie humide, on peut aussi avoir recours à l'acide chlorhydrique, si l'on veut doser l'acide phosphorique par liqueur titrée : dans le cas contraire, il faut employer l'acide nitrique additionné, si la matière est très-difficilement oxydable, d'une petite quantité (10 centimètres cubes) d'acide chlorhydrique.

3° *Dans les phosphates bruts.*

Si ceux-ci renferment des substances organiques, il ne faut pas les incinérer, mais recourir à l'oxydation par voie humide ou à la fusion avec le mélange oxydant.

Dans ce dernier mode d'oxydation, il faut écarter soigneusement la silice avant de procéder au dosage de l'acide phosphorique par le molybdate. C'est seulement dans des cas exceptionnels que cette précaution est nécessaire lorsqu'on opère l'oxydation par voie humide. [Les observations de Parmentier (voir § 184) montrent qu'il faut dans tous les cas éloigner la silice.]

On dose l'acide phosphorique dans les phosphates bruts par le molybdate d'ammoniaque.

4° Dans les superphosphates (acide phosphorique total).

L'oxydation par le chlorate de potasse et par l'acide nitrique avec addition d'un peu d'acide chlorhydrique, si cela est nécessaire, détruit la matière organique restant dans les superphosphates et l'acide phosphorique tribasique se trouve en même temps dissous. On dose l'acide phosphorique par le molybdate.

GUANO DU PÉROU.

205. — **Caractères du guano pur.** — *a*) Coloration jaune-brun, poudre légère mélangée à des conglomérats plus ou moins volumineux très-friables, présentant dans la cassure des points blancs qui ont souvent l'aspect cristallin ou lamelleux.

b) Une petite quantité de guano pur, arrosé de quelques gouttes d'acide nitrique et évaporé à sec avec précaution, laisse un résidu d'un beau rouge pourpre (acide urique).

c) Broyé dans un mortier avec un lait de chaux ou de la chaux hydratée, le guano dégage beaucoup d'ammoniaque.

d) Arrosé avec une solution d'hypochlorite de chaux ou de la lessive de soude bromée, il dégage de l'azote; 1 gramme de guano peut donner jusqu'à 60 à 70 centimètres cubes de gaz.

e) Mis en digestion avec de l'eau chaude, le guano pur cède à l'eau environ 50 p. 100 de matières solubles; la solution de guano pur est couleur de vin de Madère; dans le cas d'un guano de mauvaise qualité, elle est jaune clair.

La solution présente les caractères suivants :

aa) Chauffée avec CaO.HO ou NaO.HO, elle dégage une odeur fortement ammoniacale.

bb) Après addition de sel ammoniac et d'ammoniaque avec du chlorure de magnésium, précipité de phosphate ammoniaco-magnésien.

cc) Acide acétique et chlorure de calcium : précipité d'oxalate de chaux.

dd) Acide chlorhydrique et chlorure de baryum : précipité de sulfate de baryte.

f) Le guano pur perd, par calcination, 60 à 70 p. 100 de son poids.

g) La cendre doit être blanc grisâtre, jamais rouge ; traitée par l'acide nitrique, elle doit donner lieu à un faible dégagement d'acide carbonique. Le résidu insoluble dans l'acide nitrique s'élève de 1 à 3 p. 100 ; la masse des sels alcalins fixes du guano, de 5 à 8 p. 100 du poids du guano.

206. — **Analyse du guano**. — Le taux de l'azote et celui de l'acide phosphorique servent à établir la valeur agricole du guano. Aujourd'hui, cet engrais est si peu homogène, sa composition tellement variable, que je conseille aux agriculteurs de renoncer complétement à l'employer jusqu'à ce que les vendeurs consentent à le livrer avec une garantie de titre en azote et en acide phosphorique. La plupart du temps, le dosage de ces deux éléments est seul demandé au chimiste. Voici comment on y procède :

a) *Dosage de l'acide phosphorique.* — On prend 300 à 500 grammes de guano (poudre et mottes) et on les triture doucement dans un grand mortier, pour les réduire en poudre fine ; on tamise le tout.

On prend 2 à 3 grammes de guano pulvérisé qu'on chauffe à basse température d'abord, puis au rouge jusqu'à fusion, dans un grand creuset de platine, avec un mélange intime de 2 parties de soude anhydre et de 1 partie, en poids, de salpêtre ou de chlorate de potasse (8 à 10 grammes de ce mélange pour 2 à 3 grammes de guano).

Après refroidissement, on place le creuset et son contenu dans un verre, on y verse 150 centimètres cubes d'eau et l'on ajoute avec précaution de l'acide nitrique, on chauffe, concentre et sépare la silice insoluble : on étend jusqu'à 250 centimètres cubes la liqueur filtrée.

Dans 50 centimètres, on dose l'acide phosphorique par l'urane.

b) *Dosage de l'azote.* — Sur 0gr,500 de guano, on peut doser l'azote par la chaux sodée. Il faut opérer rapidement pour ne pas perdre d'ammoniaque.

Je préfère laver 20 à 25 grammes de guano, doser l'ammoniaque dans le liquide et l'azote organique dans le résidu. On peut aussi employer, pour doser l'ammoniaque toute formée, la méthode de Schlœsing (lait de chaux), § 127.

c) *Dosage de l'humidité.* — On ne peut pas doser l'eau par simple dessiccation à 100°, parce que l'ammoniaque se dégage en partie avec l'eau.

On emploie 1 à 2 grammes de guano qu'on place dans un tube de Liebig à double courbure ; on met ce tube en communication, d'une part avec un appareil à dégagement continu d'hydrogène desséché, de l'autre avec un tube de Will et Varrentrapp contenant de l'acide sulfurique titré. On fait passer un courant lent d'hydrogène sur le guano, qui est maintenu, à l'aide d'un bain-marie dans lequel plonge le tube de Liebig, à la température de 98° à 100°. Cette dessiccation dure plusieurs heures; il faut d'ailleurs s'assurer, par deux pesées consécutives accusant le même poids, que la matière ne perd plus rien. On dose l'ammoniaque, en prenant à nouveau le titre de l'acide sulfurique, et l'on défalque le poids trouvé de la perte totale subie par le guano. La différence fait connaître le taux de l'humidité.

207. — **Analyse complète du guano.** — Si l'on veut faire l'analyse complète d'un guano, ce qui est rarement nécessaire, on procède de la manière suivante : On prend 2 à 3 grammes de guano qu'on fond, comme il est dit plus haut, avec le mélange alcalin ; on dissout les cendres dans l'acide nitrique, on évapore à sec et l'on sépare la silice qu'on pèse.

Dans la liqueur filtrée, on dose la chaux, la magnésie et l'acide phosphorique par les méthodes ordinaires. Pour doser les alcalis, on incinère 2 grammes de guano, sans addition de sels, on dissout les cendres dans l'acide chlorhydrique, on sépare le sable et la silice, on précipite l'acide sulfurique par le chlorure de baryum et on filtre. On précipite, à chaud, la liqueur filtrée par l'ammoniaque et par le carbonate d'ammoniaque, on filtre, on ajoute de l'acide chlorhydrique, on évapore et l'on calcine légèrement le résidu. On sépare la magnésie des alcalis en traitant le résidu par une solution concentrée d'acide oxalique par, évaporant, calcinant et répétant cette opération plusieurs fois : on reprend par l'eau, on sépare la magnésie insoluble, on lave à chaud, on sursature le liquide par HCl, on évapore, on pèse les chlorures et l'on sépare la potasse par le platine, si l'on veut doser isolément la soude et la potasse.

A cette méthode, suivie dans les laboratoires des stations agronomiques de l'Allemagne, on peut très-bien substituer le procédé de dosage des alcalis, décrit à l'article : *Analyse des matières silicatées.*

POUDRETTE, TOURTEAUX DE POISSON, TOURTEAUX DIVERS, ETC.

208. — **Dosages à effectuer**. — Ces différents engrais d'origine animale et quelques déchets industriels d'origine végétale, tourteaux de colza, d'arachide, de coton, de palme, etc., tirent presque exclusivement leur valeur agricole de leur richesse en azote et en acide phosphorique. Leur teneur, assez faible en potasse en général, permet de les ranger dans la catégorie des engrais azotés et phosphatés. Les chimistes, à moins d'indications spéciales données par l'expéditeur, se bornent à doser l'azote organique et l'acide phosphorique total dans ces différents engrais.

209. — **Dosage de l'azote.** — On prend 25 à 30 grammes de l'engrais à analyser, qu'on dessèche complétement sur le bain de sable en notant la perte de poids résultant du départ de l'eau contenue dans la matière. On broie finement le résidu dans un mortier bien sec, on pèse 2 grammes de cette poudre s'il s'agit de poudrette, et 1 gramme seulement si l'on analyse un tourteau. On dose l'azote par la chaux sodée, avec toutes les précautions décrites §§ 27 et suivants.

210. — **Dosage de l'acide phosphorique.** — On incinère 10 grammes de la substance préalablement desséchée, et l'on traite par l'acide nitrique étendu le résidu de la calcination. On filtre après digestion d'une heure sur le bain de sable, on lave à l'eau distillée et l'on étend la liqueur à 1000 centimètres cubes. Dans 50 centimètres cubes, on dose l'acide phosphorique par l'urane (§ 73), ou mieux par le molybdate si l'on constate la présence de fer ou d'alumine (ce qui est rare) dans la liqueur nitrique.

211. — **Dosage de la potasse.** — Si l'on doit chercher la potasse, on reprend par l'acide chlorhydrique le résidu de la calcination de 5 à 10 grammes de l'engrais,

on élimine la chaux, la magnésie, l'acide sulfurique et l'acide phosphorique par les méthodes connues, et dans la liqueur obtenue on dose la potasse par le bichlorure de platine.

VII. — ENGRAIS PHOSPHATÉS ET POTASSIQUES.

CENDRES DE BOIS, DE HOUILLE, DE TOURBE.

212. — **Cendres de bois brutes.** — Je consacre plus loin un chapitre spécial à l'analyse complète des cendres des végétaux ; aussi me bornerai-je ici à indiquer le dosage de la potasse et de l'acide phosphorique dans les cendres employées comme engrais.

De ces trois substances, la plus riche en matières fertilisantes est la cendre de bois brute, c'est-à-dire non lessivée. Les cendres des végétaux contiennent de la potasse et de l'acide phosphorique, en quantité variable mais assez grande, généralement, pour présenter une véritable valeur comme engrais.

a) *Dosage de la potasse.* — Presque toujours un titrage alcalimétrique effectué sur la solution aqueuse des cendres, suffira pour fixer le chimiste sur le taux approximatif de la potasse : on effectuera ce dosage en traitant 25 grammes de cendres tamisées, par l'eau, étendant à 1000 centimètres cubes et titrant, avec l'acide sulfurique, 5 ou 10 centimètres cubes de la solution. Si l'on veut connaître exactement le taux de la potasse, on a recours à la séparation de cette base par l'une des méthodes décrites §§ 78, 82 et 83, en observant les précautions nécessaires.

b) *Dosage de l'acide phosphorique.* — On traite par l'acide nitrique étendu, ajouté avec précaution, 10 grammes de cendres préalablement mises en suspension dans l'eau. Après digestion au bain de sable, on évapore à sec pour séparer la silice, on reprend par l'eau, on étend la dissolution nitrique à 1000 centimètres cubes, on filtre, et l'on dose l'acide phosphorique par le molybdate d'ammoniaque, dans 50 centimètres cubes de la liqueur.

213. — **Cendres lessivées.** — Les cendres qui ont été épuisées par l'eau ne contiennent plus que des traces de potasse soluble tout à fait négligeables. On se bornera donc au dosage de l'acide phosphorique, qu'on fera exactement comme il vient d'être dit à propos des cendres brutes. On suivra la même marche pour l'analyse des cendres de tourbe et de houille, qui ne renferment que des quantités négligeables de potasse.

VIII. — ENGRAIS POTASSIQUES.

SELS DE STASSFURT. — SALINS DU MIDI. — SALINS DE BETTERAVE. — CHLORURE DE POTASSIUM ET CARBONATE DE POTASSE.

214. — **Méthode de Stohmann.** — Dans presque tous les cas (si l'on excepte l'analyse du salpêtre), on n'a à doser que la potasse dans les engrais dits potassiques, cette base étant le seul élément qui serve à établir la valeur de la matière fertilisante. Les méthodes précédemment décrites, et notamment le dosage par le perchlorate d'ammoniaque (§ 82) et la méthode Corenwinder et Contamine (§ 83), s'adaptent très-bien à l'analyse de ces engrais. Je crois, cependant, devoir indiquer, en outre, la méthode due à Stohmann, appliquée, dans les stations allemandes et dans mon laboratoire, au contrôle des engrais de Stassfurt.

Elle repose sur ce fait que les chlorures doubles de platine et de baryum, de calcium et de magnésium sont solubles dans l'alcool, tandis que le chloro-platinate de potassium est à peu près complétement insoluble dans ce liquide. Il suffit donc, comme dans la méthode de

Schlœsing, de séparer l'acide sulfurique avant de traiter la dissolution du sel par le chlorure de platine.

Voici comment on doit opérer. Le sel à analyser, bien mélangé, est broyé dans un mortier sec; on en pèse 10 grammes, qu'on place dans un matras à fond plat; on ajoute 250 à 300 centimètres cubes d'eau et l'on chauffe jusqu'à l'ébullition bien marquée, sans se préoccuper s'il y a ou non un résidu insoluble dans l'eau. Lorsque le liquide bout, on y verse goutte à goutte une solution de chlorure de baryum, et l'on voit le sulfate de baryte se séparer presque instantanément. En opérant avec soin, on arrive à n'ajouter à la liqueur qu'un très-léger excès de sel barytique. Le volume du précipité de sulfate de baryte étant presque insignifiant, il est très-rarement nécessaire de filtrer. On laisse refroidir, on étend la liqueur à 1000 centimètres cubes, et quand elle est entièrement éclaircie, on en prend 100 centimètres cubes (correspondant à 1 gramme de sel): on verse dans la liqueur un excès de chlorure de platine (1), et l'on évapore à sec au bain-marie. On reprend le résidu par de l'alcool à 90°, on laisse digérer, on décante, on lave le chloro-platinate de potassium à l'eau alcoolisée, et on le pèse, après l'avoir desséché, avec les précautions indiquées précédemment.

215. — **Traitement des résidus de platine.** — Cette méthode a l'inconvénient d'exiger de grandes quantités de chlorure de platine ; aussi, doit-on lui préférer la séparation par le perchlorate d'ammoniaque. Cependant, cet inconvénient est sensiblement atténué par la facilité avec laquelle le chlorure de platine peut être régénéré. Sans parler de la réduction par l'hydrogène, connue de tous les chimistes, je recommanderai le procédé de Knösel,

(1) En quantité telle que la liqueur conserve une teinte jaune foncé.

qui donne de bons résultats. Les résidus de platine (chloroplatinate solide) sont chauffés dans une capsule de porcelaine avec un excès de lessive de soude, et les eaux de lavage très-alcooliques versées dans la solution chaude. La réduction s'opère alors très-facilement ; le platine métallique se dépose dans le fond de la capsule à l'état de mousse, et l'on reconnaît que la réduction est terminée lorsque la liqueur surnageante est devenue à peu près incolore. On lave à l'eau bouillante d'abord, à l'eau froide ensuite, le platine réduit, et l'on prolonge les lavages à l'eau distillée jusqu'à cessation complète de réaction du chlore dans l'eau de lavage. On dessèche et calcine le platine réduit, qu'on traite ensuite par l'acide chlorhydrique bouillant pour le purifier, puis par l'eau distillée et qu'on dissout enfin dans l'eau régale. Le chlorure de platine ainsi régénéré est, à plusieurs reprises, évaporé à sec au bain-marie et repris par l'eau pour chasser jusqu'aux dernières traces d'eau régale, puis dissous dans l'eau chaude.

216. — **Présence du chlorure de magnésium.** — Il faut s'assurer que les engrais potassiques ne contiennent pas de magnésium à l'état de chlorure, sel dangereux pour la végétation. Lorsque les sels de Stassfurt ou les salins du Midi n'ont pas été soumis à une chaleur suffisante pour détruire le chlorure de magnésium, ils agissent comme un véritable poison sur les plantes : le chimiste devra donc toujours s'assurer qu'il n'existe pas de chlorure de magnésium en quantité sensible dans les engrais soumis à son examen.

IX. — ANALYSE DES ENGRAIS COMPLEXES.

217. — **Composition hypothétique de l'engrais.** — Je supposerai un mélange de superphosphate, de nitrate

de potasse ou de soude, de sulfate d'ammoniaque, de chlorure de potassium, de sulfate de potasse et de matières organiques azotées.

Un semblable mélange constitue l'engrais le plus complexe dont le chimiste puisse avoir à déterminer la composition. Je supposerai, en outre, que cet engrais contienne les matières fertilisantes suivantes :

1° Azote à l'état organique (insoluble).

2° Azote à l'état de nitrate.

3° Azote à l'état d'ammoniaque.

4° Acide phosphorique soluble dans l'eau.

5° Acide phosphorique soluble dans le citrate d'ammoniaque.

6° Acide phosphorique tribasique insoluble.

7° Potasse à l'état de nitrate, sulfate ou chlorure.

Le tout, associé à des matières combustibles.

218. — **Marche à suivre pour l'analyse.** — On commence par mélanger aussi intimement que possible, dans un grand mortier, la totalité de l'échantillon envoyé au laboratoire ; on en prélève 10 grammes qu'on dessèche à l'étuve, à 110°, pour connaître le taux de l'humidité. On pèse ensuite 50 grammes de la matière qu'on place dans un flacon en verre résistant, avec 700 à 800 centimètres cubes d'eau. On agite vivement à diverses reprises ; au bout d'une heure de contact, l'on peut être certain que toutes les matières minérales solubles sont dissoutes. On décante sur un filtre, le liquide d'abord, le résidu ensuite ; on reçoit la liqueur filtrée dans un vase jaugé d'un litre. On lave le résidu, sur le filtre, jusqu'à ce que la carafe jaugée soit remplie jusqu'au trait.

Dans presque tous les cas, un litre d'eau suffit pour épuiser complétement 50 grammes d'engrais ; si, en examinant les dernières parties des eaux de lavage, on y constate encore la présence de substances minérales (PhO^5, Cl), on continue à laver, en ayant soin, à la fin de l'opération, de mesurer exactement le volume total du liquide.

Le résidu avec son filtre est placé à l'étuve à 110°, complétement desséché, détaché du filtre, pesé et mis à part dans un flacon sec et bien bouché.

A. — DOSAGE DES MATIÈRES SOLUBLES DANS L'EAU.

219. — **Dosage de l'ammoniaque.** — On prend 25 ou 50 centimètres cubes de la liqueur filtrée, et l'on y dose l'ammoniaque par la méthode décrite (§ 180).

220. — **Dosage de l'acide nitrique.** — On concentre 500 centimètres cubes de la solution à 100 centimètres cubes environ ; on ajoute quelques gouttes d'acide chlorhydrique pour détruire les carbonates qui pourraient s'y trouver ; on décante dans un vase jaugé de 100 centimètres cubes ; on lave la capsule et l'on achève de remplir le flacon jusqu'au trait. On dose l'acide nitrique dans cette liqueur par le procédé de Schlœsing (§ 39). Pour cela, on détermine le volume de bioxyde d'azote fourni par 5, 10, 15 ou 20 centimètres cubes de la liqueur, qu'on emploie en quantité suffisante pour obtenir au moins 50 centimètres cubes de bioxyde. — Comparativement, on mesure le volume d'AzO^2 donné par 5 centimètres cubes de liqueur normale de nitrate de soude et l'on cherche dans les tables (*Nitrate de soude*) la quantité en poids d'azote nitrique que contient le volume de liquide employé. On connaît, par un simple calcul, le taux d'acide nitrique de l'engrais.

221. — **Dosage de l'acide phosphorique soluble.** — Dans 50 centimètres cubes du liquide primitif, on dose l'acide phosphorique par l'urane (§ 73) ou par l'acide acétique et le mélange magnésien, s'il y a un peu de phosphate de fer.

222. — **Dosage de la potasse.** — Dans 100 centimètres cubes du liquide primitif, on précipite la chaux,

l'acide phosphorique et l'acide sulfurique, par l'ammoniaque, l'oxalate d'ammoniaque et le chlorure de baryum : on filtre, on évapore à siccité dans une capsule de porcelaine, en présence d'un excès d'acide chlorhydrique pour chasser l'acide nitrique des nitrates. On reprend par l'eau et l'on dose la potasse avec les précautions précédemment décrites.

223. — **Procédé Corenwinder et Contamine.** — On peut également recourir, en toute confiance au procédé par le formiate de soude ou au procédé par le perchlorate de potasse décrits § 79 et § 83. (Voir pages 107 et 113.)

B. — DOSAGE DES MATIÈRES INSOLUBLES DANS L'EAU.

224. — **Dosage de l'azote.** — On broie aussi finement que possible le résidu desséché, on en pèse deux grammes et l'on dose l'azote par la chaux sodée. On peut aussi recourir au procédé de dosage de l'azote total de Ruffle, § 30.

225. — **Dosage de l'acide phosphorique insoluble.** — On attaque 2 grammes du résidu homogène par l'acide nitrique, et dans la solution filtrée et étendue à 50 centimètres environ, on dose l'acide phosphorique par le molybdate d'ammoniaque. Si l'engrais renferme beaucoup de matières organiques, ce qui est le cas des poudrettes, il est préférable de calciner 5 à 10 grammes du résidu, de noter la perte qui fait connaître le taux de substances combustibles et de reprendre les cendres par l'eau fortement chargée d'acide nitrique. Les matières organiques doivent toujours être détruites, soit par l'action des oxydants (acide nitrique), soit par une combustion préalable, lorsqu'on fait usage du molybdate d'ammoniaque pour doser l'acide phosphorique.

226. — **Dosage de PhO^5 soluble dans le citrate.**

— On prend 2 grammes du résidu pulvérulent, on les traite par 30 à 40 centimètres cubes de citrate d'ammoniaque ammoniacal; on maintient le mélange à 50° pendant deux heures environ, en agitant fréquemment.

On décante sur un filtre, on lave à plusieurs reprises, avec du citrate étendu d'abord, puis à l'eau distillée. On place le filtre avec le résidu dans un matras, on y verse de l'acide nitrique et l'on dose l'acide phosphorique restant, par le molybdate d'ammoniaque. En retranchant le poids d'acide phosphorique trouvé, du poids du même corps précédemment obtenu de la même quantité de résidu, on a la teneur du résidu en acide phosphorique soluble dans le citrate. Une simple proportion permet d'établir la richesse de l'engrais primitif en acide phosphorique soluble dans le citrate d'ammoniaque.

CHAPITRE IV.

ANALYSE DES VÉGÉTAUX, SÉPARATION ET DOSAGE DES PRINCIPES IMMÉDIATS.

Analyse immédiate des végétaux. — Analyse du tabac. — Analyse des cendres des végétaux. — Dosage du tannin dans les écorces. — Analyse des fourrages; foin; paille. — Analyse des grains. — Analyse des tourteaux; drèches; sons. — Analyse des fourrages fermentés. — Analyse de la pomme de terre, du topinambour. — Analyse des betteraves. — Examen des farines. — Falsifications. — Fibres textiles.

I. — ANALYSE IMMÉDIATE DES VÉGÉTAUX.

227. — **Remarques générales.** — J'ai fait connaître dans les trois premiers chapitres les méthodes générales d'analyse et leurs applications à l'examen des sols, des amendements et des engrais minéraux.

Je vais aborder maintenant l'analyse des produits végétaux et des matières que l'industrie en tire.

J'examinerai successivement les procédés analytiques qui permettent d'établir la composition immédiate des plantes, et en particulier celle des fourrages et des matières alimentaires.

228. — **Des principes immédiats des végétaux.** — L'analyse élémentaire d'une plante (§§ 15 et suivants) nous fait connaître les quantités de carbone, d'hydrogène, d'oxygène, d'azote, que celle-ci a empruntées au sol et à l'air, mais elle nous renseigne très-imparfaitement sur la valeur nutritive du végétal, s'il s'agit d'un aliment, ou sur ses propriétés toxiques, médicamenteuses, si nous avons affaire à une plante vénéneuse ou médicinale. La séparation et le dosage des principes immédiats, cellulose, amidon,

matière grasse, matières albuminoïdes, acides organiques, alcaloïdes, corps neutres, sucre, sels, etc., ont pour l'agriculteur une importance extrême. Les résultats qu'ils mettent entre ses mains lui permettent de fixer exactement la composition des rations de ses animaux, la valeur industrielle des produits (betteraves, pommes de terre, etc.), enfin, dans un certain nombre de cas, ils peuvent l'éclairer utilement sur le choix des engrais à appliquer à telle ou telle culture.

Bien qu'il y ait encore énormément à faire dans la voie que E. Chevreul a ouverte en 1824, par ses belles recherches sur l'analyse immédiate, nous sommes en mesure, dès à présent, de déterminer d'une façon suffisamment approchée, pour tous les buts que je viens d'énoncer, la composition de nos récoltes.

Je commencerai par décrire complétement l'analyse d'une plante prise comme type, le tabac, d'après le cours inédit de Schlœsing à l'École des manufactures de l'État; puis j'indiquerai, sous des rubriques spéciales, les méthodes dont je recommande l'emploi pour les analyses qui se présentent le plus souvent dans un laboratoire agricole. Cette marche me permettra de présenter à mes lecteurs un exposé à peu près complet de nos connaissances en analyse appliquée aux matières végétales.

A. — ANALYSE COMPLÈTE DU TABAC.

229. — **Substances à doser.** — Le tabac, comme tous les végétaux que nous pouvons avoir à analyser, renferme les principes immédiats suivants : acides malique, citrique, oxalique, acétique, pectique ; amidon, cellulose, sucre; principes solubles dans l'éther: graisse, résines, essence; matières albuminoïdes; il contient en outre un alcaloïde particulier, la nicotine, et enfin, comme toutes

les plantes, des matières minérales qui constituent les cendres. Le tabac laisse, par incinération, environ 20 p. 100 de cendres rapportées au poids de la substance sèche.

Nous allons passer successivement en revue les méthodes de séparation et de dosage de ces divers principes.

230. — **Nicotine.** — Le tabac est caractérisé par cette substance; sans elle, il n'aurait aucune raison d'être préféré par ses consommateurs aux feuilles de tout autre végétal. La proportion de la nicotine détermine l'emploi des feuilles en fabrication, et, dans les produits de la régie, elle doit être comprise dans des limites assez rapprochées; double raison pour donner de l'importance à son dosage; on y procède de la manière suivante :

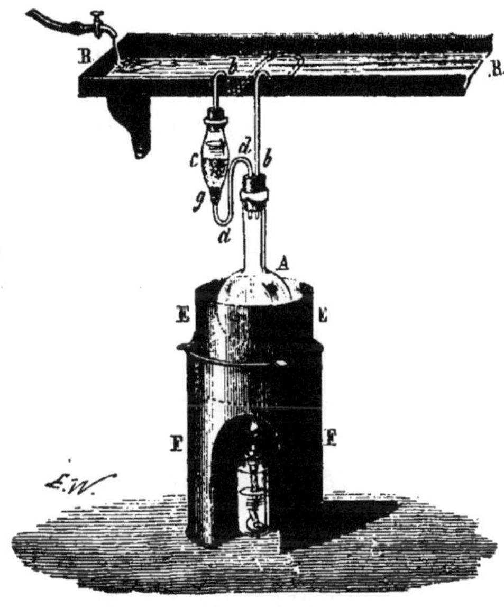

Fig. 35.
Appareil à déplacement de Schlœsing.

Le tabac, réduit en poudre fine, est alcalinisé par de l'ammoniaque destinée à déplacer la nicotine, puis épuisé par de l'éther ammoniacal dans un petit appareil à distillation continue; cet appareil, d'une extrême simplicité, est représenté par la figure 35. Un ballon A, de 100 à 150 centimètres cubes, porte un bouchon de liége à deux trous; dans l'un s'engage l'extrémité d'une allonge *c* dont la queue a été remplacée par un tube recourbé deux fois *dd'*; dans l'autre, pénètre un tube *b* reliant l'allonge au ballon, replié dans une rigole pleine d'eau RR, et faisant par conséquent l'office de réfrigérant. Le tabac, placé dans l'allonge sur un tampon de coton, est incessamment traversé par l'éther. Ce liquide dissout à la fois la nicotine et l'ammoniaque; et comme le gaz ammoniac passe à la distillation et se condense avec lui, le tabac se trouve baigné, pendant toute l'opération, dans un liquide alcalin dont la réaction assure le déplacement intégral de la nicotine. L'épuisement exige de 4 à 6 heures, après lesquelles on enlève l'allonge, et on procède à la distillation de l'éther, que l'on recueille dans un petit ballon suspendu à la rigole par un fil de cuivre. L'ammoniaque est éliminée avec l'éther : on s'arrête quand il ne reste plus à distiller qu'une dizaine de centimètres cubes, non sans s'être assuré que l'éther distillé en dernier lieu ne présente plus la moindre réaction alcaline, signe certain du départ complet de l'ammoniaque. La tension de vapeur de la nicotine, à la température d'ébullition de l'éther, est trop faible pour qu'il s'en perde une quantité notable pendant cette opération. L'alcali organique demeure donc tout entier, et seul de son espèce, dans le résidu. On transvase celui-ci dans une capsule en porcelaine ; on rince le ballon, à deux reprises, avec de petites quantités d'éther pur qu'on verse à leur tour dans la capsule; puis on laisse évaporer à l'air libre. Il reste un mélange poisseux, presque sec, de nicotine, de résines vertes ou jaunes, de corps gras, dans lequel l'alcali va être déterminé au moyen d'acide sulfurique titré. L'équivalent de la nicotine $C^{20}H^{14}Az^{2}$ est rigoureusement neutralisé par l'équivalent d'acide sulfurique. Le poids d'acide employé, multiplié par le rapport $\frac{162}{40}$, donne donc celui de la nicotine dosée. Dans les essais alcalimétriques, les chimistes ont l'habitude de se guider sur les indications de la teinture de tournesol versée d'avance dans la liqueur; il faut ici procéder autrement, en raison de la coloration de la liqueur et de la présence des corps résineux. On verse l'acide goutte à goutte, en malaxant la matière jusqu'à ce que la résine, intimement mêlée, au début, avec la nicotine, commence à se séparer : les essais de la réaction du liquide par le papier de tournesol, alternent dès lors avec les additions d'acide. Tant que le volume du liquide est très-petit, on se borne à y plonger un fil de platine qu'on appuie ensuite sur du papier rouge, humide et bien lavé ; la quantité de nicotine perdue pour produire la tache bleue est tout à fait négligeable. Plus tard, quand la liqueur est étendue et a perdu, en grande partie, son caractère alcalin, des indications de ce genre seraient insuffisantes ; mais alors on peut, sans inconvénient pour la précision du dosage, imbiber avec le liquide des bandes de papier bleu et rouge. Les indications du papier ne sont fidèles qu'après sa dessiccation à l'air libre ; mais il n'est pas nécessaire d'attendre l'effet de cette dessiccation après chaque addition d'acide : quand on approche de la neutralisation, on range par ordre, sur une plaque de verre les papiers employés aux essais successifs et on inscrit les lectures de la burette qui leur correspondent. Quand tous sont secs, on discerne sans peine le papier et, par conséquent, la lecture correspondant à la neutralité exacte.

La quantité de tabac employée est ordinairement de 10 grammes. L'acide titré contient 5 gr. SO^3 réel par litre. Le dosage peut très-bien être fait à une division près de la burette, équivalant à $0^{mg},5$ SO^3 ou à 2 milligrammes de nicotine. Ainsi, quand un tabac renferme seulement 1 p. 100 d'alcali, les 10 grammes en contiennent 100 milligrammes qui sont dosés à 2 milligrammes près, c'est-à-dire au $\frac{1}{50}$. L'approximation est naturellement plus grande quand le tabac est plus riche.

231. — **Dosage industriel de la nicotine.** — En vue des recherches qui sont poursuivies dans les manu-

factures de l'État, et pour lesquelles une très-grande précision est le plus souvent superflue, Th. Schlœsing a institué un procédé industriel, très-différent du précédent, suffisamment exact, permettant d'exécuter une douzaine de dosages à la fois, et n'exigeant aucune pratique des opérations de la chimie.

Ce procédé est applicable à l'étude du tabac d'un champ d'expérience pour en suivre la maturation.

Il repose sur la très-faible solubilité de la nicotine libre dans l'eau salée, sur la loi du partage des matières solubles entre leurs dissolvants et sur la comparaison des tabacs en expérience avec un tabac type d'un taux de nicotine parfaitement déterminé.

Supposons qu'on fasse digérer dans des volumes égaux d'eau salée concentrée des poids égaux de divers tabacs qui ont la même humidité, et parmi lesquels se trouve un tabac type d'un taux de nicotine connu. Au bout de 24 heures, les phénomènes de diffusion étant terminés, les jus salés contiendront des quantités de sels de nicotine exactement proportionnelles au taux des divers tabacs. Qu'on traite maintenant des volumes égaux de ces jus salés par une même quantité de potasse pour déplacer la nicotine et une même quantité d'éther pour la dissoudre ; si l'on parvient à opérer, par quelque moyen mécanique, le partage de la nicotine entre les deux dissolvants, une fois l'équilibre établi, les volumes d'éther contiendront des quantités de nicotine proportionnelles aux taux des tabacs en expérience. En dosant la nicotine au moyen d'une liqueur acide dans des fractions égales de ces volumes d'éther, on aura les taux relatifs : par suite, en se rapportant au tabac type, les taux absolus de tous les tabacs.

Voici maintenant quelques détails sur la manière d'opérer.

On découpe en lanières d'environ 1 centimètre, 1 kilogr. de feuilles de chaque tabac, on brasse les lanières pour les mélanger le mieux possible et on en prélève une poignée de 30 à 40 grammes représentant un échantillon moyen. Les divers échantillons sont desséchés à une température voisine de 35° en même temps que du tabac type. Quand les tabacs sont devenus friables, leur taux d'humidité varie de 8 à 9 p. 100. On met 20 grammes de chaque échantillon à digérer dans 200 centimètres cubes d'eau saturée de sel marin. La diffusion des sels de nicotine est complète au bout de 24 heures. Les jus salés sont alors décantés et filtrés à travers un linge, si cela est nécessaire, comme dans le cas où l'on opère sur du tabac à priser ou des débris de scaferlati. On verse 100 centimètres cubes de chaque jus dans des tubes de verre spéciaux, fermés à une extrémité, légèrement étirés à l'autre, dans lesquels on a préalablement introduit 5 centimètres cubes de potasse à 20° Baumé (fig. 36). On ajoute une mesure d'environ 30 centimètres cubes d'éther du commerce. Dans ces manipulations on verse les liquides par un entonnoir en les faisant couler le long des parois des tubes ; autrement on déterminerait la formation d'une mousse qui subsisterait indéfiniment et apporterait une grande gêne dans la suite de l'analyse. Les tubes de verre sont immédiatement fermés avec de bons bouchons de liège.

Il s'agit maintenant de produire un contact intime entre le jus salé, la potasse et l'éther, pour déterminer la séparation de la nicotine. Dans ce but, on serait tenté d'agiter violemment le mélange ; mais on produirait ainsi cette mousse dont nous venons de parler, une sorte de magma presque solide, dont on ne peut tirer aucun parti.

Th. Schlœsing a imaginé de renouveler les surfaces de contact des liquides, non par un secouage énergique, mais au contraire par un roulage régulier des tubes placés horizontalement comme le représente la figure 36. Les masses liquides ne se pénètrent plus; mais leur surface de con-

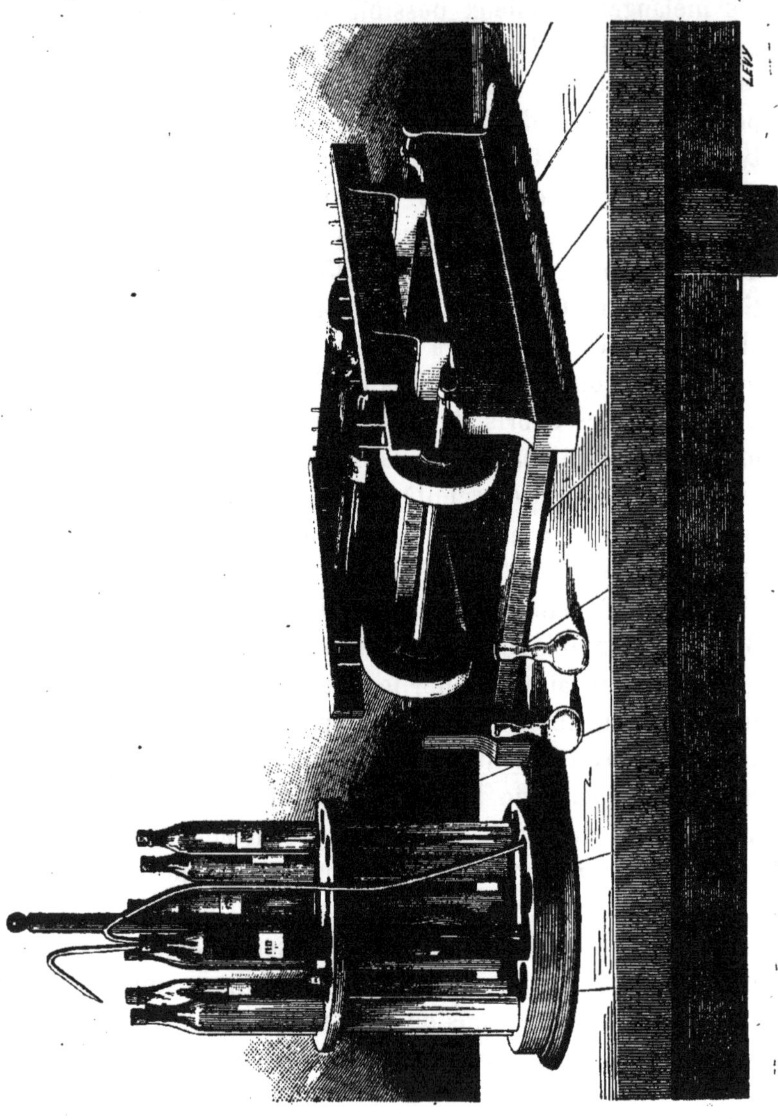

Fig. 36. Appareil pour le dosage industriel de la nicotine.

tact est incessamment renouvelée; elles ne donnent plus trace de mousse. On réalise cette opération mécanique en faisant reposer les tubes sur deux courroies sans fin marchant dans le même sens et en s'opposant à leur translation, au moyen de petites tiges fixées au bâti de l'appareil; les tubes tournent alors sur place. Le mouvement est donné aux courroies au moyen d'une manivelle qu'on tourne à la main. L'expérience a montré que les tubes devaient accomplir environ 3,500 révolutions pour que le partage de la nicotine entre ses dissolvants fût achevé. Dans l'appareil en usage, ce nombre correspond à une marche continue de 20 minutes, à raison de un tour de manivelle par seconde.

Le roulage terminé, les tubes sont redressés. On décante de chaque tube une mesure de 25 centimètres cubes environ d'éther nicotineux (c'est la plus grande quantité qu'on puisse extraire). Il est commode pour cela de se servir d'un bouchon qui s'adapte à tous les goulots et qui est muni de 2 tubes de verre permettant de faire la décantation en soufflant comme avec une pissette (fig. 36).

L'éther nicotineux est abandonné à l'évaporation dans des capsules de porcelaine; on peut admettre que les traces d'ammoniaque cédées par les jus se volatilisent avec lui. Quand il est tout entier évaporé, on procède au dosage de la nicotine au moyen d'une liqueur acide étendue, renfermée dans une burette graduée.

Remarquons qu'il est inutile de connaître le titre exact de cette liqueur acide. Le rapport des quantités qu'on en emploie pour les divers tabacs à la quantité dépensée pour le tabac type donne immédiatement le taux de nicotine de chacun d'eux.

Il convient que le tabac type ait un taux moyen de nicotine, compris entre les taux extrêmes des tabacs les plus forts ou les plus faibles qu'on ait à analyser.

Dans le service des manufactures, on emploie depuis plusieurs années un type contenant 2.44 p. 100 de nicotine. Il a été composé avec le plus grand soin, de façon à être parfaitement homogène ; il est conservé en vase clos dans les divers établissements. Le tabac à l'abri de l'humidité ne subit pas de perte sensible de nicotine dans l'espace de plusieurs années.

Les avantages de ce procédé de dosage sont manifestes : il dispense de la détermination du taux d'humidité, de l'emploi de réactifs chimiquement purs et du titrage de la liqueur acide. Sauf la dernière opération, il ne comporte que des manipulations qu'on peut confier à un manœuvre ; il permet d'exécuter à la fois un grand nombre d'analyses : il est véritablement industriel.

Supposons qu'on veuille vérifier le taux pour 100 du tabac type. On peut, pour cela, suivre la méthode fondée sur l'épuisement continu par l'éther ammoniacal. Mais on peut aussi se servir du procédé industriel, en le perfectionnant de manière à extraire la totalité de la nicotine du tabac.

On pèse 10 grammes de tabac sec réduit en poudre et on l'humecte d'eau ; on laisse la matière se gonfler, puis on l'introduit dans un tube au fond duquel est un tampon de coton et qui se termine par un autre tube, de plus fort diamètre, et deux fois recourbé.

On épuise la matière par de l'eau saturée de sel venant d'un petit vase de Mariotte de 100 centimètres cubes environ qui débite seulement 2 à 3 gouttes par minute. Cet écoulement très-lent est obtenu au moyen d'un siphon capillaire. Au bout d'une dizaine d'heures, la liqueur qui tombe dans le ballon est presque incolore ; l'épuisement est terminé.

La totalité du jus est recueillie et traitée comme dans le procédé industriel ; seulement, après la décantation de l'éther nicotineux qu'on pousse le plus loin possible, on introduit dans le tube une nouvelle mesure d'éther du commerce et l'on roule de nouveau. On répète ces opérations 3 ou 4 fois.

Dans le partage de la nicotine entre l'éther et le jus salé, celui-ci ne retient qu'une très-faible fraction de l'alcali ; aussi en est-il bientôt complétement dépouillé. Tout l'éther employé est rassemblé, abandonné à l'évaporation, et c'est dans le résidu qu'on dose la nicotine, mais cette fois au moyen d'une liqueur acide exactement titrée.

Le procédé industriel fournit le taux de nicotine à $^1/_{50}$ près environ. Modifié comme nous venons de le voir, il donne la même approximation que celui qui est fondé sur l'épuisement continu par l'éther ammoniacal, soit à peu près $^1/_{100}$.

232. — **Dosage des acides malique et citrique.** — L'abondance des bases dans les cendres mises en regard de la proportion d'acides minéraux démontre l'existence dans le tabac d'une quantité considérable d'acides organiques. Les seuls acides malique et citrique y entrent dans la proportion de 10 à 14 p. 100. Ils y sont toujours associés ; leur union n'est pas d'ailleurs spéciale au tabac ; dans la plupart des végétaux où l'un d'eux a été signalé, on trouve l'autre, en se donnant la peine de le bien chercher. Les solubilités des malates et citrates d'une même base ne présentent pas en général de différence bien tranchée; et quand il s'en trouve, le sel le moins soluble est retenu en dissolution par le sel le plus soluble ; il ne faut donc pas songer à séparer les deux acides par le procédé si général qui consiste à précipiter un corps nettement, d'un seul coup, au moyen d'un réactif employé en léger excès. On est obligé d'avoir recours à la précipitation fractionnée, sous la condition de savoir discerner le moment où l'un des acides étant précipité, la précipitation de l'autre va commencer. Ce sont les sels plombiques qui se prêtent le mieux à ce genre de sépara-

tion, non qu'ils diffèrent beaucoup dans leur rapport avec l'eau : le citrate est presque insoluble, et le malate se dissout en bien faible quantité; mais ils offrent, dans certaines conditions, des écarts assez grands de solubilité, dont l'analyste peut profiter comme on va le voir.

233. — **Principe de la méthode.** — On dissout dans l'eau un poids connu de malate neutre de potasse, de soude ou d'ammoniaque, puis on ajoute goutte à goutte, en agitant constamment, une dissolution étendue d'acétate de plomb ; chaque goutte forme un précipité qui se redissout aussitôt; mais il arrive bientôt que la liqueur, paraissant saturée, refuse de dissoudre ainsi du malate de plomb; c'est ce qu'annonce la permanence du précipité. On s'arrête alors, et on détermine la quantité d'oxyde de plomb employée, ce qui sera facile si l'on a fait usage d'une dissolution titrée d'acétate. On la trouve comprise entre les 16 et 18 centièmes du poids d'oxyde de plomb nécessaire pour convertir en malate plombique neutre la totalité de l'acide malique.

En répétant la même expérience avec un poids déterminé de citrate alcalin, on obtient exactement le même résultat; le précipité permanent apparaît quand on a versé les 16 à 18 centièmes du poids d'oxyde de plomb qu'exigerait l'acide citrique pour former un citrate neutre.

Jusqu'ici, aucune différence entre les deux sortes de sels. Mais en prenant un mélange de malate et de citrate à base alcaline, et recommençant l'expérience, on obtient un précipité de citrate de plomb bien avant d'avoir ajouté les 16 à 18 p. 100 de l'oxyde correspondant, en équivalents, aux deux acides. Le citrate de plomb est, en effet, moins soluble que le malate de plomb dans les malates alcalins. Remarquons que le citrate précipité sera exempt de malate, puisque la dissolution n'est point saturée de malate de plomb. On entrevoit de suite la possibilité d'une séparation assez exacte, si l'on arrive à discerner le moment où, le citrate étant précipité, de nouvelles additions d'acétate détermineraient la précipitation du malate. Cela est facile : l'acide acétique dissout instantanément le malate de plomb, et reste sans action sur le citrate ; des essais successifs de la liqueur, fondés sur cette différence, guideront l'opérateur.

234. — **Séparation des deux acides**. — J'envisagerai maintenant le cas le plus simple, celui où il s'agit d'analyser un mélange d'acides malique et citrique purs, exempts de toute autre substance.

Après neutralisation par l'ammoniaque, on rend à la dissolution, par quelques gouttes d'acide acétique, une réaction légèrement acide, puis on y verse lentement, en remuant sans cesse, une dissolution étendue d'acétate de plomb (4 d'eau, 1 de dissolution saturée à froid) : on s'arrête à l'apparition d'un précipité permanent. Après quelques minutes de repos, la partie supérieure de la liqueur est éclaircie ; on en sépare, à l'aide d'une pipette, environ 1 centimètre cube qu'on dépose dans un verre à pied ; on y laisse tomber une goutte de dissolution très-étendue d'acétate de plomb, puis une goutte d'acide acétique : le précipité ne se dissolvant pas, on continue les additions d'acétate, alternées avec des essais successifs, jusqu'à ce que le précipité formé dans les conditions prescrites disparaisse dans la goutte d'acide acétique. A ce moment, l'acide citrique est presque entièrement séparé. Après chaque essai, il faut restituer à la liqueur le centimètre cube qu'on lui a emprunté ; mais avant, il convient de neutraliser la goutte d'acide ajoutée, sans quoi l'acidité de la liqueur deviendrait trop grande. La neutralisation est faite avec de l'ammoniaque très-étendue, enfermée dans une burette. Par une épreuve préalable, on a déterminé combien il faut de gouttes pour en neutraliser une d'acide acétique.

Le citrate de plomb formé est exactement neutre : on l'isole par la filtration, puis on le lave. On sait que l'eau décompose ce sel en citrate basique insoluble et citrate acide soluble ; on ne peut donc l'employer. En lui ajoutant quelque peu d'acétate, on empêcherait cette décomposition ; mais alors le citrate neutre, qui a une grande tendance à s'emparer d'un excès d'oxyde, deviendrait basique. Le mieux est de verser dans l'eau destinée au lavage quelques gouttes d'acétate et d'acide acétique : dans une pareille liqueur, le citrate neutre est en quelque sorte équilibré ; l'acétate empêche la formation d'un sel acide ; l'acide empêche celle d'un sel basique. Au reste, on abrége le plus possible ce lavage, et on remplace l'eau par l'alcool à 36° récemment bouilli et refroidi, on continue à laver jusqu'à ce que toute la liqueur filtrée contienne parties égales d'eau et d'alcool.

Dans ce mélange, le citrate demeuré jusque-là en dissolution, se précipite, en entraînant du malate de plomb. L'ensemble des deux précipités ne représente qu'une très-faible fraction du poids des deux acides. Après l'avoir à son tour filtré et lavé à l'alcool, on passe au traitement du liquide, qui ne contient plus que de l'acide malique. Il ne faudrait pas y verser immédiatement l'acétate de plomb : la présence de l'alcool déterminerait la formation d'un malate basique de composition variable. On commence donc par évaporer l'alcool, le résidu de l'évaporation est traité par l'acétate en excès sensible, puis on verse sur le tout 5 à 6 fois son volume d'alcool à 36°, additionné de $\frac{1}{200}$ environ d'acide acétique. Le malate de plomb se précipite entièrement à l'état de malate neutre. On le filtre après quelques heures de repos.

Nous voici en définitive en présence de trois filtres, contenant, le premier du citrate de plomb, le deuxième une petite quantité de malate et de citrate, le troisième du malate. On les fait sécher tous trois à 100° dans l'étuve de Gay-Lussac (fig. 37); on traite ensuite le contenu du premier et du troisième filtre, comme s'il s'agissait de déterminer la capacité de saturation d'un acide par son sel de plomb. Ainsi on fait tomber la majeure partie du citrate dans une capsule de porcelaine vernie de toutes parts, et tarée : on pèse, et on procède à la combustion. La quantité de litharge étant trouvée après les manipulations d'usage, on déduit, par différence, le poids d'acide citrique et l'on compare ensuite entre eux les deux poids d'acide et de base, pour vérifier s'ils correspondent à la formule du citrate de plomb, séché à 100°, $C^{12}H^5O^{11}$, 3PbO,HO. La vérification doit se faire avec une grande approximation, sinon on peut être sûr que les acides étaient mêlés à quelque subs-

Fig. 37.
Étuve de Gay-Lussac.

tance étrangère. Pour achever la détermination de l'acide citrique, il reste à incinérer le filtre, à peser la litharge représentant le citrate demeuré adhérent au papier, et à en déduire le poids d'acide correspondant.

235. — **Dosage de l'acide malique**. — La détermination de l'acide malique se fait avec le troisième filtre, exactement comme celle de l'acide citrique.

Quant au filtre intermédiaire, on se borne à l'incinérer pour déterminer la litharge ; il y en a assez peu pour qu'il soit permis de supposer, sans erreur bien sensible, que le précipité se compose, par parties égales, de malate et de citrate ; on calculera donc la quantité de chacun des deux acides qui correspond à la moitié du poids de la litharge.

Les vérifications de ce procédé, faites sur des poids connus et variés de bimalate d'ammoniaque et d'acide citrique pur, ont permis à Schlœsing d'affirmer qu'on atteint dans la détermination des deux acides, une approximation comprise entre $\frac{1}{50}$ et $\frac{1}{100}$.

On remarquera que le procédé fournit, outre les résultats des dosages, la vérification de la pureté des composés dosés, vérification qu'on ne doit jamais négliger, surtout dans les opérations de l'analyse immédiate.

Nous sommes en mesure de séparer les acides quand ils sont purs et simplement mêlés l'un à l'autre ; il faut apprendre maintenant à les extraire en cet état d'une substance végétale, le tabac par exemple.

236. — **Extraction des acides malique et citrique.** — On ne peut guère préparer la dissolution des acides ou de leurs sels alcalins en traitant la substance par l'eau ou par l'alcool ; l'un ou l'autre de ces liquides dissoudrait, avec les malates et citrates, diverses substances dont la séparation serait ensuite fort difficile, sinon impossible. Il vaut mieux recourir à l'éther, qui ne dissout en général ni les combinaisons salines, ni les matières azotées, ni celles qu'on appelle extractives : il s'empare des résines, graisses, essences ; mais la séparation de ces corps ne présente aucune difficulté. L'emploi de l'éther exige que les acides organiques soient, au préalable, isolés par un acide plus énergique, tel que l'acide sulfurique ; car il ne les dissout que s'ils sont libres : comme les acides

y sont assez peu solubles, il faut se ménager le moyen de laver la substance avec une grande quantité de dissolvant, condition qu'on remplit facilement en se servant de l'appareil à distillation continue déjà décrit (p. 331, fig. 35), et en y prolongeant la circulation de l'éther aussi longtemps qu'il est nécessaire.

Voici comment Schlœsing recommande de procéder : On examine d'abord les cendres de la substance, pour calculer la quantité minima d'acide sulfurique à employer; il est clair que cette quantité correspond à l'excès des bases sur les acides minéraux. Par exemple, dans la cendre du tabac on trouve 60 p. 100 de carbonate de chaux, 10 p. 100 de carbonate de potasse, 5 de magnésie; le tout correspond à 64 p. 100 d'acide sulfurique réel, SO^3. Or, 10 grammes de tabac, quantité suffisante pour l'extraction proposée, contiennent 2 grammes de cendres; il faudra donc employer au moins 64 p. 100 de 2 grammes, soit 1^{gr},3 de SO^3. Pour assurer le déplacement complet des acides organiques, on doublera cette dose et on pèsera environ 3 grammes d'acide monohydraté. On les étendra de 4 à 5 fois leur poids d'eau et on versera le mélange sur les 10 grammes de tabac, dans le mortier même où ils ont été broyés. Pour répartir l'acide uniformément, on réunit à plusieurs reprises la matière devenue pâteuse au fond du mortier, et on la presse fortement avec le pilon pour extravaser les sucs.

Sous la forme qu'elle a prise, la matière serait presque impénétrable à l'éther : on la divise, en la mêlant avec de la ponce en très-petits fragments ; cette ponce remplit un autre office : en s'imbibant de l'excès des sucs acides, elle les retient et empêche l'éther de les chasser devant lui par simple déplacement. Au fond de l'allonge *g* de l'appareil à déplacement, on a mis un tampon de coton très-lâche, et de la ponce par-dessus : on y verse le mélange, on essuie le mortier et le pilon avec du papier buvard qu'on introduit à son tour dans l'allonge et on procède à l'épuisement.

Tous les acides organiques, pour peu qu'ils soient solubles dans l'éther, finissent par être complétement dissous. Les acides oxalique et tartrique le sont en quelques heures. Il en faut davantage, une quinzaine, pour les acides malique et citrique. L'épuisement est terminé lorsqu'une petite quantité d'éther, recueillie à l'issue de l'allonge et évaporée à l'air, ne laisse pas trace d'acide dans le résidu aqueux de l'évaporation. L'éther ne dissout ni l'acide nitrique ni l'acide chlorhydrique de la substance; du moins on n'en trouve pas dans la liqueur après l'épuisement; il dissout quelques traces d'acide phosphorique; quant à l'acide sulfurique, il demeure tout entier dans la substance, s'il est étendu de 7 à 8 fois son poids d'eau; or, au moment de l'emploi, il a été étendu de 4 à 5 parties d'eau, et comme la moitié passe à l'état de sulfate, le reste est dissous dans 8 ou 10 parties, et résiste absolument à la dissolution par l'éther.

Après l'évaporation, on trouve sur la paroi du ballon, tantôt des gouttelettes d'apparence oléagineuse, presque incolores [1], tantôt des cristaux, également incolores, d'acides oxalique et tartrique formant, quand ils sont en certaine quantité, une couronne continue au niveau de l'éther. Pour dissoudre les acides, tout en laissant dans l'éther les corps étrangers qu'il a dissous, on verse dans le ballon quelques grammes d'eau, et on les agite avec l'éther; il faut prendre garde de mêler trop brusquement les deux liquides : les gouttelettes d'eau pourraient s'envelopper d'une couche de matières grasses, précipitées de l'éther, et

---

[1] Ce sont des dissolutions aqueuses concentrées d'acides malique et citrique.

refuser dès lors de se réunir. Tels sont les globules de beurre dans le lait. La dissolution acide est soutirée avec une pipette effilée; plusieurs lavages à l'eau suivent le premier, puis les liquides sont réunis dans un petit verre de Bohême qu'on expose à une douce chaleur pour éliminer l'éther dissous par l'eau; ils sont à peine colorés en jaune clair; ce qu'ils contiennent de matières autres que les acides est négligeable.

Ils ne renferment que 4 acides quand on opère avec le tabac, ce sont les acides acétique, oxalique, malique, citrique. On les neutralise par l'ammoniaque : le tournesol est ici superflu; le moindre excès d'alcali est annoncé par un brunissement sensible de la liqueur; on le fait disparaître en ajoutant quelques gouttes d'acide acétique. L'acide oxalique est précipité par une dissolution étendue d'acétate de chaux; l'excès de réactif doit être aussi faible que possible, parce que, en présence d'un excès notable de sels calcaires, le malate et le citrate de plomb qu'on précipitera bientôt, entraînent les malate et citrate de chaux. L'oxalate de chaux, bien déposé, est filtré, lavé et séché. On pourrait doser immédiatement la chaux et en conclure l'acide oxalique; il vaut mieux le recueillir sur un filtre taré qu'on pèse après dessiccation de l'oxalate, on a ainsi le poids du sel; la chaux étant ensuite déterminée, il faut que sa quantité corresponde à la formule de l'oxalate calcaire, desséché à 100°, $C^4O^6, 3CaO, 4HO$. On vérifie, de cette façon, que l'oxalate était pur et ne contenait pas quelque corps étranger.

Dans la liqueur filtrée, les acides malique et citrique se trouvent précisément en l'état voulu pour l'application du procédé de dosage qui a été décrit; les quelques milligrammes d'acide phosphorique entraînés par l'éther se précipitent avec le citrate, à l'état de phosphate de plomb. On retrouve ce dernier après la combustion du sel et la dissolution de la litharge par l'acide acétique; on peut dès lors le séparer, le déterminer et défalquer son poids de celui du citrate.

Quant à l'acide acétique extrait du tabac avec les autres acides, on n'en tient aucun compte; nous allons donner le moyen de le déterminer directement.

237. — **Acide acétique.** — La solubilité des acétates dans l'eau et l'alcool s'oppose à l'emploi des précipitants, comme agents de séparation; mais l'acide acétique est volatil, et ce caractère, trop souvent négligé par les analystes dans une foule de cas où il pourrait être mis à profit, va nous permettre de le déterminer très-simplement.

C'est par un courant de vapeur que nous entraînerons l'acide acétique, mis, au préalable, en liberté par un acide fixe; il est clair que la quantité de vapeur nécessaire sera

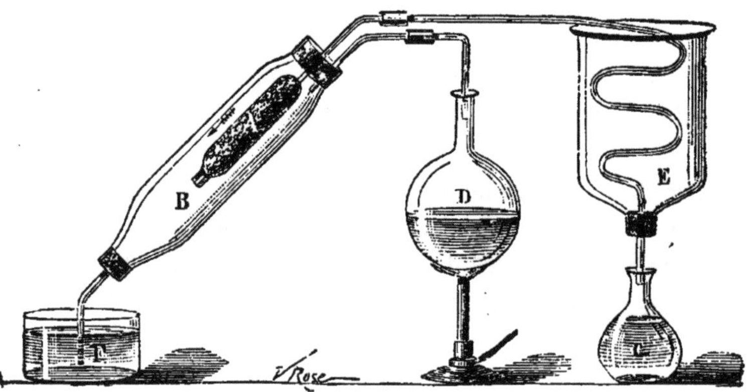

Fig. 38.
Appareil pour le dosage de l'acide acétique.

d'autant moindre et l'opération d'autant plus rapide que l'acide acétique sera concentré dans un moindre volume de dissolution. Cette condition sera remplie de la manière suivante : La substance organique (10 grammes de tabac) sera réduite en poudre, humectée avec peu d'eau et enfarinée avec de l'acide tartrique en poudre fine. Aussitôt après, nous l'introduirons dans un tube en verre A, où elle sera maintenue entre deux tampons de coton ou d'amiante; ce tube sera fixé dans un manchon de verre B; une de ses extrémités, qui aura été étirée, sortira du manchon pour se relier à un petit serpentin E entouré d'eau froide. Quand ces dispositions seront prises, nous mettrons le manchon en communication avec un ballon D plein d'eau bouillante, la vapeur arrivant dans le manchon B circulera autour du tube A qui contient la substance. Elle s'échappera par l'extrémité libre à ce moment, car on ne l'a pas encore fermée par le bouchon traversé par le tube F. Après 15 à 20 minutes, c'est-à-dire lorsque le tube A se trouve à la température de la vapeur, on ferme le manchon B avec un bouchon muni d'un tube F, plongeant dans de l'eau. La vapeur ne trouvant plus d'issue traverse le mélange du tube A, et comme elle est sèche, puisque toutes les parties de A sont à sa température, il n'y a aucune condensation à craindre et l'acide acétique volatil est entraîné par elle dans le serpentin E, où il se condense et se rend dans le vase G, contenant quelques gouttes de teinture de tournesol. Après 20 minutes de fonctionnement, on peut être certain de l'entraînement complet de l'acide acétique. Ce dernier, recueilli dans le ballon G, sera neutralisé à mesure qu'il arrivera, par une liqueur titrée de baryte, en sorte que son dosage se trouvera terminé quand la substance aura perdu tout son acide volatil. Il n'y a aucun entraînement mécanique de l'acide tartrique si l'on a soin de donner au tube de sortie de la vapeur acide, 8 millimètres de diamètre intérieur (1).

On a compris que l'emploi du manchon a pour but

(1) L'extrémité du serpentin E doit plonger dans le tournesol. C'est par erreur que la figure 38 le représente s'arrêtant à la pente supérieure du vase G.

d'éviter les condensations de vapeur dans le tube; s'il s'en produisait, la vapeur barboterait bientôt à travers une dissolution de sucs colorés très-acides, dont une partie serait entraînée dans le serpentin. La vapeur n'entraîne aucune trace d'acides nitrique, chlorhydrique ou oxalique.

Il est presque superflu de faire observer que ce procédé est d'un emploi général. Dans certains cas, l'acide acétique peut être accompagné d'autres acides franchement volatils comme lui : l'acide formique, butyrique, etc.; il reste alors à poursuivre l'analyse, mais les acides sont toujours séparés de la substance, ce qui est le point essentiel.

238. — **Corps gélatineux.** — Les corps gélatineux peuvent être rangés en trois catégories, ayant pour types : la pectose neutre et insoluble, la pectine neutre et soluble, l'acide pectique, très-peu soluble et ne formant de composés solubles qu'avec la potasse, la soude et l'ammoniaque. L'un au moins de ces types se rencontre toujours dans les végétaux; nous croyons donc utile d'indiquer les procédés par lesquels on peut déterminer la matière gélatineuse, quel que soit le type auquel elle se rapporte.

239. — **Acide pectique.** — Il est d'ordinaire uni avec la chaux et forme un composé insoluble qui concourt avec la cellulose à donner aux organes végétaux la rigidité nécessaire; aussi en trouve-t-on beaucoup plus dans les côtes et dans les nervures, c'est-à-dire dans la charpente des feuilles, que dans le parenchyme. Pour l'extraire et le doser, il semblerait naturel d'épuiser d'abord la matière végétale par l'eau ; d'éliminer ensuite la chaux, la magnésie, les phosphates, etc., par des lavages avec l'acide chlorhydrique étendu; de reprendre, par un alcali, l'acide pectique devenu libre, et de le doser enfin dans la dissolution obtenue. Cette marche peut suffire pour sa préparation, mais elle ne convient pas pour un

dosage; l'acide pectique n'est pas absolument insoluble dans l'eau, surtout en présence des principes solubles des végétaux; une partie en serait donc perdue. De plus, l'alcali dissoudrait, en même temps que lui, des matières brunes dont il serait fort malaisé de le séparer. Nous préférons le procédé suivant :

La matière végétale, réduite en poudre, est introduite dans une allonge ou dans un entonnoir, et lavée lentement avec de l'alcool à 36°, contenant le quart de son volume d'acide chlorhydrique concentré, jusqu'à ce que le liquide filtré ne contienne plus trace de chaux. Le lavage avec l'alcool ordinaire succède alors au lavage à l'alcool acide; il est continué jusqu'à ce que l'acide chlorhydrique soit entièrement éliminé. L'acide pectique est ainsi mis en liberté sans aucune perte. Alors, avec le jet d'une pissette, on fait tomber toute la matière dans un ballon d'un litre, qu'on achève de remplir d'eau pure aux trois quarts, et l'on y verse une dissolution tiède d'oxalate d'ammoniaque neutre, contenant au moins 1 gramme de sel pour chaque demi-gramme d'acide pectique à extraire; puis on fait digérer, vers 35°, pendant une ou deux heures. L'oxalate a la propriété, observée par Frémy, et commune à d'autres sels à acides organiques, de dissoudre l'acide pectique. La dissolution est incolore, par la raison que les matières brunes, solubles dans les alcalis, ne le sont point dans une liqueur neutre ou légèrement acide: elle se laisse filtrer aussi beaucoup mieux que les solutions de pectates alcalins. On la filtre donc et on lave le résidu. Le liquide filtré est ensuite traité par un excès de dissolution d'acétate de chaux : il s'y forme un volumineux précipité blanc d'oxalo-pectate de chaux. On pourrait en extraire l'acide pectique, en le reprenant par de l'alcool fortement acidifié par de l'acide chlorhydrique. Mais cela n'est point nécessaire si l'on a pris la précaution de peser exactement l'oxalate d'ammoniaque, sel qui devra être pur et bien défini par une analyse préalable. Il suffit alors de recueillir l'oxalo-pectate sur un filtre taré (le filtre séché à l'étuve doit être pesé dans un étui de verre), de le laver à l'eau, puis à l'alcool, afin de faciliter sa dessiccation, et de le porter dans l'étuve de Gay-Lussac. La pesée faite après la dessiccation donne, par différence, le poids de l'oxalo-pectate. Reste à savoir combien il renferme d'acide pectique. Pour cela, on le brûle et on dose la chaux. Le poids d'oxalate d'ammoniaque employé permet de calculer celui de l'oxalate de chaux; dans ce calcul, il faut se rappeler que l'oxalate de chaux, qui garde ordinairement quatre équivalents d'eau à la température de 100°, en perd deux au contact de l'alcool et a, en conséquence, pour formule : $C^4O^6,2CaO,2HO$. On calcule aussi la chaux correspondant à l'oxalate, et on la déduit de la chaux totale dosée, ce qui donne la chaux appartenant à l'acide pectique: on a donc tous les éléments de calcul nécessaires pour déterminer, dans l'oxalo-pectate, la matière organique autre que l'acide oxalique.

La feuille de tabac, telle qu'on l'emploie en manufacture, ne contient pas de corps gélatineux autre que l'acide pectique; 5 grammes de matières suffisent pour un dosage.

240. — **Pectose.** — Supposons, comme nous venons de le faire pour l'acide pectique, que cette substance soit le seul représentant des corps gélatineux dans une substance végétale. On sait qu'elle n'est pas altérée, à froid, par l'acide chlorhydrique, et qu'elle se convertit rapidement en acide pectique, à la température de l'ébullition, en présence d'un alcali. Il semble donc que le procédé le plus simple pour la doser serait d'épuiser la substance par l'acide chlorhydrique étendu, de reprendre, à chaud, par une dissolution alcaline, et de la déterminer sous la forme d'acide pectique. Ce mode d'opérer présenterait, dans la

plupart des cas, de graves inconvénients : 1° l'alcali dissoudrait les matières brunes qu'on ne saurait éliminer; 2° sous la double influence de la chaleur et d'un alcali, la pectose peut se transformer partiellement en acide métapectique qu'on ne pourrait doser en même temps que l'acide pectique; 3° sous les mêmes influences, l'amidon, si répandu dans les tissus végétaux, se résoudrait en matière amylacée diffusible, qu'on ne pourrait plus séparer de l'acide pectique, et qui serait entraînée avec lui quand on le précipiterait. Nous évitons toutes ces complications en opérant de la manière suivante :

La substance (5 à 10 grammes) est broyée et mise dans un ballon de 250 centimètres cubes, où l'on verse ensuite environ 150 grammes d'alcool à 36° : on calcine au rouge naissant 1 gramme de bicarbonate de potasse; le carbonate neutre est dissous dans peu d'eau et versé sur l'alcool. Puis on chauffe le tout vers 75°, pendant une demi-heure, en ayant soin d'agiter fréquemment. Le ballon doit être surmonté d'un long tube pour condenser la vapeur d'alcool. Par cette opération, la pectose est intégralement convertie en acide pectique; mais l'amidon est préservé par l'alcool de la désagrégation que la chaleur et les alcalis lui font éprouver dans l'eau. Après filtration, la substance ainsi traitée rentre dans le cas, déjà examiné, où le corps gélatineux est exclusivement à l'état d'acide pectique. Ce procédé s'applique avec plein succès aux substances très-riches en amidon, telles que la pomme de terre.

241. — **Pectine.** — Braconnot a montré que cette substance est convertie instantanément en acide pectique, en présence d'un alcali, même très-dilué. Cette conversion s'opère également quand la substance est chauffée dans l'alcool rendu alcalin. Rien n'est donc plus facile que de ramener, par ce traitement, la détermination de la pectine à celle de l'acide pectique.

Examinons maintenant le cas où les corps gélatineux affectent plusieurs états dans une même substance végétale.

242. — **Acide pectique et pectose.** — On traitera d'abord la matière comme il a été dit, en vue d'extraire et de doser l'acide pectique. La pectose n'est solubilisée ni par l'alcool chlorhydrique, ni par la dissolution d'oxalate d'ammoniaque. Elle résistera donc parfaitement aux traitements. Une fois l'acide pectique éliminé, on convertira la pectose en acide, en chauffant la substance avec de l'alcool alcalinisé, et on procédera à un deuxième dosage de cet acide par la méthode indiquée plus haut.

243. — **Acide pectique, pectose, pectine.** — La pectine sera séparée par l'eau et dosée dans la dissolution ; la matière végétale lavée, ne contenant plus que la pectose et l'acide pectique, rentrera dans le cas précédent. L'extraction de la pectine peut entraîner celle d'une certaine portion d'acide pectique ; par exemple, le jus de poire mûre contient, outre la pectine, de l'acide dissous à la faveur des malates. En pareil cas, on fera bien de traiter la dissolution par un sel calcaire neutre, qui précipitera l'acide sans agir sur la pectine.

Dans la plupart des recherches d'analyse immédiate, il n'est pas indispensable de déterminer l'état des corps gélatineux : ils ont évidemment une origine commune ; leur détermination en bloc, sous forme d'acide pectique, est suffisante. L'analyse est alors simplifiée. La substance est traitée tout d'abord par l'alcool alcalinisé, qui convertit la pectine et la pectose en acide pectique, qu'il reste à déterminer.

Nous avons dit que les substances végétales doivent être broyées : c'est une condition à remplir, dans la plupart des cas, avant toute opération d'analyse. Mais elle peut embarrasser assez souvent, notamment quand la substance est gonflée de sucs, comme une feuille verte, un fruit. La trituration de fibres humides est presque impossible; d'ailleurs, les sucs frais exposés à l'air s'altèrent rapidement. Il faut donc commencer par éliminer l'eau. Or, la dessiccation à l'étuve n'est pas sans inconvénient, sous le rapport de l'altération des principes immédiats; ainsi, si l'on veut étudier la maturation des fruits, on ne pourra sécher des tranches de pomme ou de poire dans une étuve, sans avoir à craindre de transformation dans les corps gélatineux. Pour nous, l'emploi de l'alcool comme agent de dessiccation et de conservation, a résolu la difficulté. Quand nous avons à faire l'analyse immédiate d'une matière végétale verte, après l'avoir pesée et découpée au besoin, nous l'immergeons dans l'alcool. Celui-ci dissout certains principes qu'il faudra y rechercher : ce n'est pas un inconvénient, c'est au contraire un commencement d'analyse. Le résidu de la macération, imbibé d'alcool, peut être ensuite séché rapidement et broyé, sans danger d'altération. C'est ainsi que nous procédons au début de l'analyse du tabac vert, de la betterave, des fruits, etc.

244. — **Sucre.** — La feuille du tabac vert ne contient qu'une très-petite proportion de sucre; on en trouve davantage dans la moelle de la tige. Pour l'extraire, il convient d'épuiser par l'alcool à 36°; le liquide évaporé laisse un résidu composé de nitrates, chlorures, résines vertes, malate, acides, nicotine, sucre; on le reprend par l'eau, on filtre, et dans la liqueur filtrée on détermine le sucre par la liqueur de Neubauer [1]. Pendant la fermentation lente que le tabac éprouve dans les magasins de la culture, le sucre disparaît, et les feuilles livrées aux manufactures n'en contiennent plus.

245. — **Amidon.** — Ce principe existe dans le tabac comme dans la plupart des végétaux, mais en petite quan-

---

[1] Voir sa préparation à l'Analyse des betteraves.

tité. Dans des circonstances spéciales, la proportion de l'amidon peut devenir considérable : par exemple, quand on diminue, par des moyens artificiels, l'absorption des bases minérales par les racines; en enfermant la plante dans une atmosphère confinée, alimentée d'acide carbonique. L'évaporation naturelle est alors en partie suspendue; il en résulte que l'absorption par les racines est moins énergique, et que les bases minérales dont la plante a besoin pour constituer ses acides organiques ne lui arrivent plus en quantité suffisante. Cependant, l'assimilation de l'acide carbonique continue, et la matière hydrocarbonée qui en provient s'accumule dans les feuilles, sous forme d'amidon, comme dans un magasin où elle attend un emploi. Dans des expériences de ce genre, Th. Schlœsing a obtenu des feuilles contenant jusqu'à 20 p. 100 d'amidon. Cette production anormale est due évidemment à un dérangement d'équilibre dans les fonctions naturelles. Il est probable qu'elle a lieu souvent, sans qu'on s'en doute, dans les plantes cultivées sous châssis.

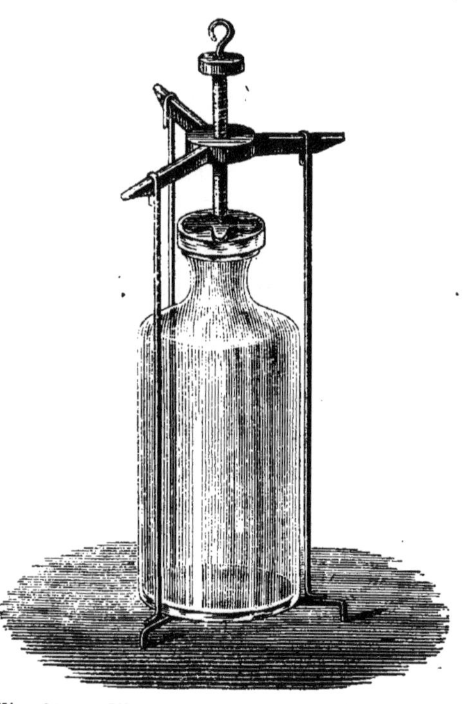

Fig. 39. — Flacon pour le dosage de l'amidon.

La détermination de l'amidon demande d'autant plus de soin que sa proportion est moindre. On le sépare, comme on sait, en le transformant en un principe soluble, le sucre, par l'action de la chaleur et d'un acide étendu : la substance organique est placée dans un flacon bouché et chauffée à 108° dans un bain d'eau salée, avec de l'acide sulfurique étendu de 50 parties d'eau. On se sert avec avantage du petit appareil représenté par la figure 39 que j'emprunte au traité d'analyse de Post ([1]). Dans ces conditions, la transformation totale s'accomplit en deux heures. Le sucre est ensuite déterminé avec la liqueur de Neubauer. C'est une analyse indirecte, dans laquelle un principe est dosé par une réaction proportionnelle : en pareil cas, l'analyste ne peut compter sur les résultats obtenus qu'à la condition d'être assuré de l'absence de tout autre principe offrant la même réaction. Or, le sucre partage avec quelques autres substances, notamment avec les acides solubles dérivés des corps gélatineux, la propriété de réduire la liqueur cupro-potassique. Il est essentiel d'éliminer toute substance de ce genre. Nous conseillons, à cet effet, de placer le dosage de l'amidon après celui des corps gélatineux, exécuté, bien entendu, d'après les instructions précédentes : la matière organique, objet de l'analyse, a bouilli avec de l'alcool alcalinisé, puis a été traitée par l'alcool chargé d'acide chlorhydrique, puis encore a digéré, à la température de 30°, avec une dissolution étendue d'oxalate d'ammoniaque qui a dissous l'acide pectique. C'est dans le résidu de ces traitements que nous déterminons l'amidon en recourant à sa transformation en sucre. Il n'y a pas à craindre que la cellulose subisse une modification semblable pour peu qu'elle soit agrégée : la cellulose des très-jeunes organes, en

---

([1]) *Handbuch der analytischen Untersuchungen zur Beaufsichtigung des chemischen Grossbetriebes,* par le Dr J. Post. In-8°. Braunschweig, 1881.

quelque sorte naissante, doit seule inspirer des inquiétudes en pareil cas.

246. — **Cellulose.** — La détermination de ce principe dans le tabac ne présente rien de particulier. Après avoir éliminé, par les dissolvants neutres, acides et alcalins, le plus possible de matières, et avoir obtenu ce que les Allemands ont appelé la cellulose brute (*Rohfaser*), on fait digérer le résidu avec le réactif de Schweizer, dans un mortier placé sous une cloche, en ayant soin de renouveler les surfaces en contact par des broyages fréquents. On lave avec du réactif, puis on précipite la cellulose par l'acide acétique. Le précipité est recueilli sur un filtre taré, lavé, séché et pesé. (Voir *Analyse des fourrages.*)

247. — **Principes solubles dans l'éther.** — Ce sont les résines, cires, huiles, graisses, essences. On les dose ensemble, parce qu'on ne sait pas les séparer. Malgré son imperfection, ce dosage simultané rend de grands services, en pratique, pour la détermination de la valeur nutritive des fourrages. Mais il est clair qu'il ne peut suffire, en analyse immédiate, et que celle-ci présente à cet égard une lacune regrettable.

Dans le tabac, et probablement dans d'autres substances végétales, ces divers corps ne sont pas extraits en totalité par l'éther, si prolongé que soit l'épuisement; en effet, quand on fait succéder l'alcool à ce dissolvant, on en obtient encore une quantité très-notable, s'élevant souvent au quart de leur poids total. Il est évident qu'une portion des résines, graisses, etc., était, lors du traitement par l'éther, soit à l'état de combinaison insoluble dans ce liquide, soit intimement mélangée avec des corps insolubles qui l'ont protégée. Nous signalons ce fait uniquement pour mettre en garde les chimistes qui accorderaient trop de confiance à l'efficacité de l'épuisement pratiqué en vue d'extraire la totalité des matières solubles dans ce liquide.

La quantité d'essence extraite du tabac par l'éther est absolument négligeable. Il faut distiller au moins 100 kilos de feuilles pour obtenir, après un grand nombre de rectifications successives, quelques gouttes d'une essence peu volatile et très-persistante. Sa composition et ses propriétés n'ont pas été examinées.

248. — **Matières azotées.** — Il n'y a pas à songer à séparer les unes des autres des substances dont les chimistes savent à peine distinguer les propriétés. Le meilleur mode de détermination consiste à doser l'azote total de la substance, et à en défalquer celui qui appartient aux nitrates, à l'ammoniaque, aux bases organiques, et autres principes définis; le reste appartient aux matières azotées proprement dites, lesquelles renferment en moyenne 16 p. 100 d'azote : on multiplie donc son poids par $\frac{100}{16}$ ou 6,25 pour avoir le poids de ces matières [1].

249. — **Analyse immédiate du tabac.** — Nous considérerons seulement le tabac tel qu'il arrive dans les manufactures. Il faut d'abord l'échantillonner. Une centaine de feuilles sont prises au hasard dans le tas, mises à l'étuve à 40° et broyées grossièrement. Dans le mélange de débris, on prend 100 grammes que l'on réduit en poudre fine : c'est l'échantillon d'où l'on tirera les différents lots nécessaires aux opérations analytiques.

250. — **Humidité.** — 5 à 10 grammes sont desséchés à 100°, pendant deux ou trois heures, dans l'étuve de Gay-Lussac: la perte de poids donne ce qu'on appelle l'*humidité,* mais l'expression n'est pas juste. Dans le tabac, comme dans la plupart des substances végétales, il y a de l'eau hygroscopique, de l'eau retenue par des sels déli-

---

[1] Nous indiquerons à l'Analyse des fourrages les méthodes récemment proposées pour la séparation des matières azotées des végétaux.

quescents, de l'eau combinée. On ne dessécherait pas complétement, à 100°, une dissolution de chlorure de calcium : on ne déshydraterait pas non plus de l'oxalate de chaux : de même, on ne peut éliminer à cette température toute l'eau retenue par les sels déliquescents de nicotine, par les malate et citrate de potasse, ni l'eau engagée dans les combinaisons salines qui abondent dans le tabac; aussi quand on porte à 110° seulement du tabac qui ne perd plus rien à 100°, lui enlève-t-on encore plusieurs centièmes de son poids.

L'incertitude dans la détermination de l'eau s'oppose au contrôle final de toute analyse qui consiste à comparer au poids de la matière, la somme des poids de tous les principes isolés. On a toujours, heureusement, la ressource de faire une semblable vérification sur le carbone. La composition élémentaire de chaque principe étant connue, celle de la matière l'étant aussi, il est clair que, si l'on a tout dosé, la somme du poids de carbone des divers principes doit égaler le poids du carbone de la matière.

251. — **Ordre des analyses.** — 10 grammes de tabac sont consacrés au dosage de la nicotine; on les épuisera ensuite par l'alcool; les deux extraits des dissolutions éthérée et alcoolique donnent la totalité des corps solubles dans l'éther. Après ces deux épuisements, la matière est extraite de l'appareil à distillation continue, séchée à l'air, et divisée en deux parts égales représentant chacune 5 grammes de tabac : l'une sert au dosage de l'acide pectique et de l'amidon, l'autre à celui de la cellulose.

10 autres grammes, épuisés par l'alcool, donnent un extrait qu'on divise en deux parts, servant à la détermination du sucre et de l'acide nitrique;

10 autres sont employés au dosage des acides oxalique, malique, citrique ;

10 autres à celui de l'acide acétique.

Il en faut encore 10 pour doser l'ammoniaque, soit à froid, par le procédé de Th. Schlœsing, soit par distillation, par le procédé de Boussingault.

Enfin, l'azote est déterminé, dans 1 gramme de matière, par la chaux sodée ou, plus rigoureusement, par la combustion avec l'oxyde de cuivre.

B. — COMPOSITION DU TABAC.

252. — **Principes immédiats dosés dans le tabac.** — Le taux de nicotine est compris :

Dans les feuilles d'origines diverses, entre 1,5 et 9 p. 100 ;

Dans les cigares de 5 cent. et 7[c],5 entre 1,5 et 1,8 p. 100 ;

Dans les cigares de la Havane, entre 1,8 et 2,2 p. 100 ;

Dans le scaferlati ordinaire, entre 2,2 et 2,5 p. 100 ;

Dans le tabac à priser, entre 2 et 3 p. 100.

Le taux des acides malique et citrique, supposés anhydres, varie de 10 à 14 p. 100.

Celui de l'acide oxalique anhydre, de 1 à 2 p. 100.

L'acide acétique est en très-faible quantité dans les feuilles; mais la fermentation en développe jusqu'à 3 p. 100 dans le tabac à priser.

La proportion d'acide pectique est d'environ 5 p. 100.

Celle des corps résineux varie de 4 à 6 p. 100.

Le taux de cellulose est de 7 à 8 p. 100.

La feuille de tabac renferme 4 p. 100 d'azote appartenant aux matières azotées proprement dites; ce nombre correspond à l'énorme proportion de 25 p. 100 de ces matières : n'était la nicotine, le tabac serait un admirable fourrage.

Des analyses, effectuées à divers moments de la période du développement herbacé, ont montré que les principes immédiats du tabac, la nicotine exceptée, sont produits en quelque sorte parallèlement pendant cette phase de la végétation, comme si, s'organisant de la même façon, sous l'action répétée des mêmes forces, la masse végétale s'accroissait sans variation notable dans les proportions des principes engendrés. Il n'en est plus ainsi, comme on sait, pendant la fructification, lorsque la plante transporte vers les graines, en les transformant, les principes accumulés jusque-là dans les feuilles, la tige ou la racine.

C. — DOSAGE ET SÉPARATION DE L'ACIDE TARTRIQUE.

253. — **Acide tartrique : $C^8H^4O^{10},2HO$.** — L'acide tartrique est soluble dans l'alcool et l'éther. Le tartrate de chaux est peu soluble dans l'eau : 1 litre d'eau ne dissout que $0^{gr},142$ d'acide tartrique anhydre à l'état de tartrate de chaux. Le tartrate de plomb, obtenu par la précipitation de l'acide tartrique au moyen de l'acétate de plomb, dans une liqueur légèrement acidifiée, est insoluble dans l'eau : c'est le tartrate neutre de plomb : $C^8H^4O^{10},2PbO$. L'acide acétique dissout très-peu de tartrate de plomb qui se trouve dans le même cas que le citrate. L'acide tartrique seul est dosé à l'état de tartrate de plomb : à cet effet, on le précipite au sein d'une solution légèrement acétique, avec une dissolution d'acétate de plomb saturée au $\frac{1}{5}$. On filtre et lave avec très-peu d'eau.

254. — **Séparation de l'acide tartrique d'avec l'acide oxalique.** — Pour séparer l'acide tartrique d'avec l'acide oxalique, on emploie l'acétate de chaux en solution étendue. Il faut éviter avec grand soin de ne pas employer un excès de chaux, parce que le tartrate de chaux, qui est un peu soluble, se formerait. Le tartrate de chaux ne se forme pas immédiatement. Après la séparation par filtration de l'oxalate de chaux, on précipite l'acide tartrique à l'état de tartrate.

255. — **Séparation de l'acide tartrique d'avec**

l'acide malique. — Si l'on a un mélange d'acides tartrique et malique, on sépare ces deux acides comme s'il s'agissait d'un citrate ou d'un malate.

256. — **Séparation de l'acide tartrique d'avec l'acide citrique.** — Le citrate acide de potasse étant soluble dans l'eau fortement alcoolisée, tandis que le bitartrate de potasse y est insoluble, on effectuera la séparation de l'acide tartrique à l'état de bitartrate de potasse. Pour cela, on fait deux parts égales de la dissolution; on neutralise une partie aussi exactement que possible avec une solution de potasse, on ajoute la partie non saturée à la première, on additionne de deux à deux volumes et demi d'alcool le volume sur lequel on opère, on laisse reposer pendant quelques heures, on filtre et lave à l'alcool. Il reste généralement des cristaux adhérents au vase. On les dissout par de l'eau bouillante qu'on jette ensuite sur le filtre pour dissoudre le bitartrate; on recueille dans une petite capsule, on évapore, dessèche et pèse. L'acide citrique est dosé à l'état de sel de plomb.

S'il y avait beaucoup plus d'acide citrique que d'acide tartrique en présence, la limite d'exactitude serait $\frac{1}{25}$.

Dans le cas où les acides en présence sont en proportions égales, l'exactitude est de $\frac{1}{10}$. Et s'il y a peu d'acide citrique et beaucoup d'acide tartrique, l'exactitude de dosage de l'acide tartrique est de $\frac{7}{100}$.

257. — **Séparation des acides oxalique, malique, citrique et tartrique.** — On peut toujours supposer les acides libres, puisqu'on les obtient ainsi par l'éther. On neutralise d'abord par l'ammoniaque, puis on réacidifie par une goutte d'acide acétique. On donne à la liqueur un volume suffisant, de manière à précipiter l'acide oxalique par l'acétate de chaux sans précipiter le tartrate de chaux. On filtre, concentre la liqueur à 35°

environ, puis on précipite par l'acétate de plomb. On a ainsi les citrate, malate et tartrate de plomb. Le tartrate et le citrate de plomb se comportent à l'égard du malate de plomb comme si c'était de l'acide citrique seul ; on les sépare, comme il a été indiqué à la séparation de l'acide citrique d'avec l'acide malique : on obtient ainsi le citrate et le tartrate de plomb ensemble sur le filtre, et il reste dans la liqueur qui a filtré, un peu de citrate et de tartrate de plomb avec tout le malate. On ajoute à la liqueur son volume d'alcool ; on obtient un précipité peu abondant formé par les trois acides citrique, malique et tartrique. On filtre et on admet que ce précipité est formé en proportion égale de chacun des trois sels. La liqueur restant est évaporée pour éliminer l'alcool et concentrée à 10-15 centimètres cubes, puis légèrement acidifiée ; on précipite par l'acétate de plomb, laisse reposer 24 heures, et on continue le traitement de ce précipité de malate de plomb comme il a été précédemment indiqué.

Il reste maintenant à séparer le citrate du tartrate de plomb. Pour cela, on traite le mélange dissous par un courant d'hydrogène sulfuré, on filtre et on obtient ainsi un mélange d'acide citrique et d'acide tartrique. On précipite l'acide tartrique en solution alcoolique à l'état de bitartrate de potasse, et l'acide citrique est précipité par l'acétate de chaux qui donne un précipité insoluble dans l'eau alcoolisée. Ce citrate est neutre.

D. — DOSAGE DU TANNIN.

258. — **Méthode de A. Müntz et Ramspacher.** — **Principe de la méthode.** — On a proposé, il y a longtemps, de déterminer le tannin contenu dans une dissolution en y plongeant un morceau de peau pesé, qu'on repèse après la fixation du tannin. Quoique sédui-

sante par son apparente simplicité, cette méthode n'est pas applicable, la peau sèche étant une matière extrêmement hygrométrique, qu'il est presque impossible de ramener à un état de dessiccation constant.

Le procédé de dosage basé sur l'emploi d'une dissolution de gélatine ne donne aussi que des résultats peu certains; il est presque généralement abandonné. Müntz et Ramspacher ont remarqué que la dissolution d'une matière tannante, filtrée par pression ou aspiration à travers un morceau de peau, lui abandonne tout son tannin, tandis que la totalité des autres matières dissoutes traverse le tissu animal.

Cette propriété leur a paru pouvoir être appliquée à la détermination exacte du tannin. En effet, si l'on évapore à sec des quantités égales de la dissolution de la matière tannante et de cette même dissolution débarrassée de tannin par son passage à travers la peau, on obtient deux résidus, dont l'un contient toutes les matières solubles de la substance à analyser, et l'autre les mêmes matières, moins le tannin. En retranchant le poids du second résidu du poids du premier, on a le poids du tannin contenu dans le liquide soumis à l'évaporation.

On peut remplacer cette évaporation par la prise des densités des liquides avant et après la filtration, l'augmentation de densité que donne le tannin à l'eau étant déterminée par des expériences préliminaires.

259. — **Description de l'appareil.** — L'appareil de Müntz et Ramspacher (fig. 40 et 41) se compose d'un socle, d'une couronne et d'un chapeau; ces trois parties sont reliées au moyen de trois petites pinces, P, fixées au socle et destinées à serrer la peau *p*. Le chapeau a la forme d'un étrier; il porte une vis, V, terminée par un petit disque de bronze. En abaissant la vis, ce disque vient comprimer le caoutchouc C qui, communiquant la

pression qu'on lui donne au liquide placé en A, le force à traverser la peau. La couronne qui sépare le chapeau

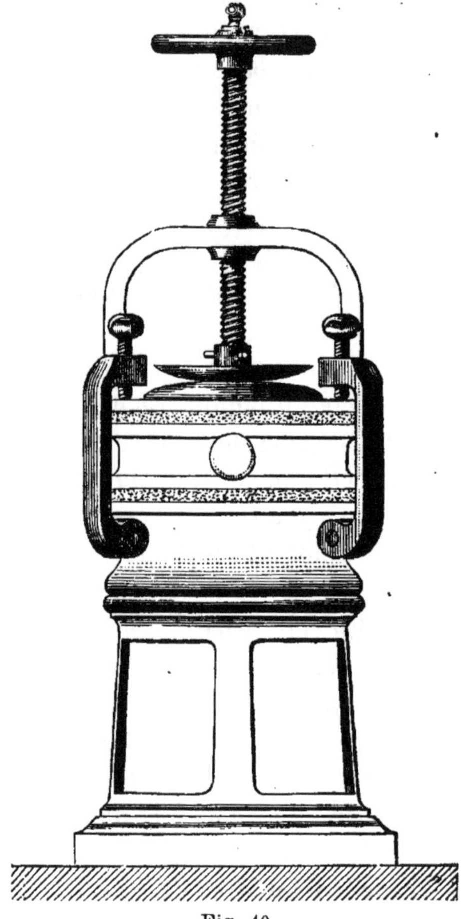

Fig. 40.
Appareil pour le dosage du tannin.

du socle porte un petit orifice en forme d'entonnoir, par lequel on introduit le liquide et que l'on bouche au moyen d'un petit bouchon à vis. Le caoutchouc C est serré entre la base du chapeau et la couronne.

La peau qu'on emploie de préférence est celle qui sort

du travail de rivière, c'est-à-dire qui, après avoir été dépoilée, a séjourné quelques jours dans l'eau courante. Il

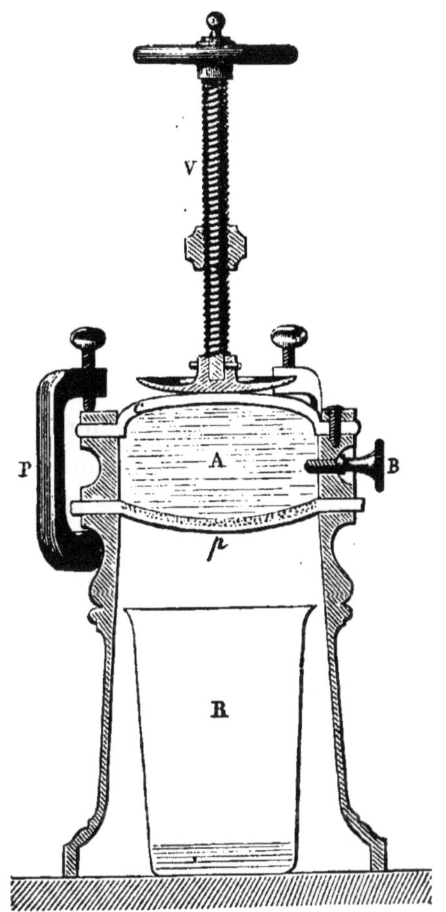

Fig. 41.
Appareil pour le dosage du tannin (coupe verticale).

est indifférent d'employer telle ou telle espèce de peau, pourvu qu'elle soit assez épaisse pour retenir tout le tannin et pas assez ferme pour s'opposer à une filtration rapide.

Les parties dites *creuses* paraissent se prêter le mieux aux expériences, parce qu'elles permettent au liquide de les traverser rapidement. Dans le bœuf, on choisit le flanc; dans la vache, le flanc et la tête ; dans le veau, la tête seulement. De cette manière, la peau sur laquelle on a prélevé l'échantillon n'est pas endommagée. Il semble préférable aussi d'employer les peaux dépoilées à l'échauffe; si cependant on se sert de celles qui ont été dépoilées à la chaux, il faut avoir soin de les malaxer dans l'eau pour en faire sortir la chaux. Le morceau étant découpé à la grandeur voulue, on l'exprime à la main pour en faire couler l'eau qui l'imbibe; on le pose en place et on le serre avec les pinces.

260. — **Marche d'un essai.** — Pour faire la dissolution du tannin, on opère de la manière suivante :

Après avoir prélevé un échantillon moyen de la matière tannante à examiner, on le broie dans le moulin à engrais. La matière étant ainsi pulvérisée, on en pèse une certaine quantité ; pour les écorces de chêne ordinaires, on prend 20 grammes ; pour les écorces plus riches, comme celles d'Afrique, la garouille, etc., on prend 10 grammes ; pour le kina, le dividivi, etc., 5 grammes suffisent; enfin, si la matière contient au delà de 60 p. 100 de tannin, comme les extraits secs de châtaignier, on n'opère que sur 3 grammes de matière. Cette matière est placée au fond d'une allonge effilée, munie d'un tampon de coton et posée au-dessus d'une éprouvette graduée à 100 centimètres cubes. On tasse légèrement et l'on y verse de l'eau bouillante par petites portions, en ayant soin que la filtration ne s'opère pas trop vite. Il est prudent de mettre une heure au moins à faire ce lavage par déplacement. Quand on a obtenu 100 centimètres cubes de liquide, on ne recueille plus ce qui passe. A ce moment, on peut considérer la matière comme épuisée. On mélange le liquide en bouchant l'éprouvette avec la main ; quand il est revenu à la température ambiante, on y plonge le tannomètre et on lit le degré au point d'affleurement. Le liquide est alors introduit dans l'appareil, la peau étant en place, par l'orifice B (fig. 41), qui est immédiatement rebouché. Ce liquide remplit alors, en partie ou en totalité, l'espace A compris entre le caoutchouc et la peau. En abaissant la vis V, on exerce sur le caoutchouc une pression qui force le liquide à filtrer à travers la peau ; il tombe goutte à goutte dans le vase R, avec une rapidité variant avec la pression donnée (1). De temps en temps on fait jouer la vis pour maintenir la pression, qu'on peut rendre assez forte. Quand on a obtenu assez de liquide pour remplir une petite éprouvette, ce qui arrive au bout de vingt ou trente minutes, on arrête l'opération et on lit le degré que marque au tannomètre le liquide filtré transvasé dans la petite éprouvette. Le second chiffre obtenu est retranché du premier, donné par le liquide avant la filtration. La différence entre les deux chiffres donne directement la quantité de tannin contenue dans 100 centimètres cubes du liquide.

Supposons que l'on ait obtenu :

Pour le liquide primitif	3,2
Pour le liquide filtré	1,5
On aura pour différence. . . .	1,7

ce qui veut dire que 100 centimètres cubes de liqueur contiennent 1^{gr},7 de tannin. Pour savoir combien de tan-

(1) Pour les expériences de précision, il est bon de rejeter les 10 ou 15 centimètres cubes qui passent en premier lieu et qui contiennent l'eau imbibant la peau. Dans la pratique il n'est pas nécessaire de faire disparaître cette cause d'erreur, qui est insignifiante.

nin contient la substance analysée, on multiplie la différence trouvée par $\frac{100}{20} = 5$, si l'on a opéré sur 20 grammes de matière ; par $\frac{100}{10} = 10$, si l'on en a pris 10 grammes ; par $\frac{100}{5} = 20$, si l'on en a pris 5 grammes, et ainsi de suite.

Quand la matière à analyser est liquide, comme les extraits de châtaignier, on se borne à en mélanger 5 grammes avec de l'eau et à amener le volume à 100 centimètres cubes. Quant aux jus des passements ou jus d'écorces dont on veut connaître la richesse, on les emploie tels quels ; la différence entre les deux densités donne directement le tannin qu'ils renferment.

Si l'on veut se servir du procédé de l'évaporation, qui est susceptible d'une précision bien plus grande, mais qui ne peut s'exécuter que dans un laboratoire, on prélève 10 centimètres cubes de la liqueur tannique et autant de la liqueur filtrée ; on évapore à sec dans des capsules à fond plat, et l'on maintient quelque temps à 110 degrés. La différence entre les deux poids donne la quantité de tannin contenue dans les 10 centimètres cubes du liquide employé.

261. — **Graduation du tannomètre**. — Pour graduer leur densimètre, auquel ils donnent le nom de *tannomètre*, les auteurs ne se sont pas bornés à ajouter à de l'eau des quantités connues de tannin et à prendre les densités des solutions ; ils se sont placés dans les conditions mêmes de la pratique des dosages, c'est-à-dire qu'ils ont fait une série de dosages très-exacts du tannin dans des matières tannantes, par le procédé de l'évaporation décrit plus haut, et ils l'ont comparé les densités aux quantités de tannin dosées.

1° On a dissous dans de l'eau distillée du tannin à l'éther, retiré de la noix de galle et préparé à un état de pureté satisfaisant. La température était de 15 degrés. Un densimètre très-sensible, qui donnait les densités à $\frac{1}{10000}$ près, marquait :

Dans l'eau pure	1000,0
Dans l'eau contenant 0gr,5 p. 100 de tannin.	1002,0
— 1 ,0 — .	1004,0
— 1 ,5 — .	1006,0
— 2 ,0 — .	1008,0
— 5 ,0 — .	1018,5

Ainsi la proportionnalité entre la quantité de tannin et l'augmentation de densité produite se maintient quand les quantités de tannin ne sont pas trop fortes ; quand le liquide en contient 5 p. 100, on ne peut plus compter sur la densité pour un dosage rigoureux ; aussi n'employons-nous que des liqueurs qui ne contiennent pas au delà de 2 à 3 p. 100 de tannin.

2° Écorce de chêne jeune de la haute Bourgogne ; 20 grammes épuisés par 100 centimètres cubes d'eau.

Densité primitive	1011,0
Densité après filtration	1004,5
Différence attribuable au tannin.	6,5

Par l'évaporation, on a dosé, dans 100 centimètres cubes de liquide, 1gr,66 de tannin (soit 8,30 p. 100 d'écorce).

Dans cette expérience, 1 p. 100 de tannin a augmenté la densité de 5,95.

3° Écorce de chêne d'Afrique ; 10 grammes épuisés par 100 centimètres cubes d'eau.

Densité primitive.	1007,25
Densité après filtration	1002,50
Différence attribuable au tannin.	4,75

Par l'évaporation, on a dosé, dans 100 centimètres cubes de liquide, 1gr,24 de tannin (soit 12,4 p. 100 d'écorce).

Dans cette expérience, 1 p. 100 de tannin a augmenté la densité de 3,84.

4° Dividivi; 3 grammes épuisés par 100 centimètres cubes d'eau.

Densité primitive.	1007,40
Densité après filtration	1002,80
Différence attribuable au tannin.	4,60

Par l'évaporation, on a dosé, dans 100 centimètres cubes de liquide, 1gr,19 de tannin (soit 37,0 p. 100 de matière).

Dans cette expérience, 1 p. 100 de tannin a augmenté la densité de 3,86.

5° Cachou (*terra japonica*) ; 10 grammes épuisés par 100 centimètres cubes d'eau.

Densité primitive	1031,5
Densité après filtration.	1015,0
Différence attribuable au tannin.	16,5

Par l'évaporation, on a dosé, dans 100 centimètres cubes de liquide, 4gr,35 de tannin (soit 43,50, p. 100 de matière).

Dans cette expérience, 1 p. 100 de tannin a augmenté la densité de 5,80.

6° Extrait de châtaignier liquide; 10 grammes dans 100 centimètres cubes.

Densité primitive.	1014,75
Densité après filtration	1002.50
Différence attribuable au tannin.	12,25

Par l'évaporation, on a dosé, dans 100 centimètres cubes de liquide, 3 grammes de tannin (soit 30 p. 100 d'extrait).

Les chiffres obtenus pour l'augmentation de densité que le tannin fait subir à l'eau pure ou chargée des autres matières solubles des substances tannantes, sont assez concordants pour que les auteurs aient pu, avec ces données, construire un densimètre spécial gradué de manière à indiquer les quantités réelles de tannin contenues dans un liquide. En moyenne, 1 p. 100 de tannin fait subir à l'eau ou aux dissolutions aqueuses des matières tannantes une augmentation de 3,9 millièmes. Le tannomètre marque 0 dans l'eau pure à 15 degrés ; 1 dans une dissolution ayant une densité de 1003,9; 2 lorsque la densité est de 1007,8 ; 3 à la densité de 1011,7 ; les intervalles entre *chacune de ces unités* sont divisés en 10 parties ; chacune de ces divisions correspond à $\frac{1}{1000}$ de tannin contenu dans le liquide.

Il est inutile de tenir compte de la température dans les essais ; en effet, la lecture de la densité se faisant pour les deux liquides à la même température, le résultat obtenu est identique, quelles que soient les variations thermométriques, la dilatation du liquide étant la même dans les deux cas.

Exemple. — Une dissolution d'écorce de chêne marquait à 11 degrés :

Avant la filtration	2,60
Après la filtration	0,65
Tannin dosé dans la dissolution. .	1,95

Cette même dissolution, portée à 32 degrés, marquait :

Avant la filtration	3,35
Après la filtration	1,50
Tannin dosé dans la dissolution. .	1,95

Les résultats obtenus à des températures très-différentes, mais identiques pour les deux dissolutions, sont donc les mêmes.

262. — **Vérification du procédé.** — Les expériences faites pour démontrer que la peau retient tout le

tannin sans absorber en proportion sensible les matières qui peuvent l'accompagner, telles que les sucres, gommes, acides et sels végétaux, matières extractives, etc., sont les suivantes :

1° Une dissolution à 3 p. 100 de tannin à l'éther a été filtrée sur la peau ; 200 centimètres cubes de liquide filtré, évaporés à sec, ont laissé un résidu pesant 0^{gr},08 et consistant en matière résineuse noire contenue dans le tannin à l'état d'impureté.

Quand la peau est en excès, elle ne laisse passer aucune trace de tannin : la combinaison est immédiate ; aussi, dans les dosages, voit-on la partie supérieure de la peau complétement transformée en cuir, tandis que la partie inférieure n'a subi aucune action. La limite où s'arrête l'action du tannin est nettement tracée.

2° Une dissolution de sucre de canne à 5 p. 100 environ marquait au saccharimètre 32^{div},5 ; après la filtration (les premières parties du liquide étant rejetées), la dissolution marquait également 32^{div},5. Le sucre de canne n'a donc pas été absorbé.

3° Une dissolution étendue de gomme arabique, contenant par 20 centimètres cubes 0^{gr},570 de matières fixes, a été filtrée à travers la peau ; 20 centimètres cubes de liqueur filtrée contenaient : matières fixes, 0^{gr},489. Dans cette expérience, une petite quantité de gomme paraîtrait avoir été retenue ; cependant, comme la solution gommeuse primitive était trouble et que la solution filtrée était parfaitement limpide, on peut admettre que ce qui a été retenu par la peau était formé de matières en suspension qu'un filtre aussi parfait qu'un tissu animal d'une certaine épaisseur n'a pas laissé passer.

4° De l'acide acétique très-étendu, dont 5 centimètres cubes saturaient 23^{cc},5 d'eau de chaux, a saturé, après son passage à travers la peau, 22^{cc},9 de la même eau de chaux. La petite diminution d'acidité provient de la présence d'un peu de chaux dans le tissu de la peau ; en effet, l'acide filtré contenait une petite quantité d'acétate de chaux.

5° Une dissolution d'acide gallique à 0gr,122 par 20 centimètres cubes en contenait, après filtration, 0gr,098. La peau s'était gonflée considérablement ; la filtration était extrêmement rapide. La proportion d'acide gallique retenue est extrêmement faible en comparaison du poids de la peau. Quelques tanneurs pensent que l'acide gallique tanne, c'est-à-dire se fixe sur la peau à la manière du tannin ; ils expriment cette idée en disant que l'acide gallique donne du poids.

Müntz et Ramspacher croient pouvoir affirmer que l'acide gallique ne tanne pas ; mais il a la propriété de rendre la peau très-perméable et, par suite, de permettre l'absorption ou plus rapide ou plus considérable des matières tannantes.

Si cet acide n'était pas d'un prix trop élevé, il rendrait certainement de grands services dans l'industrie des cuirs.

6° Une dissolution de bitartrate de potasse a traversé intégralement la peau. 200 centimètres cubes de dissolution primitive ont donné : résidu sec, 0gr,075 ; la même quantité de dissolution filtrée a laissé 0gr,073 de résidu.

7° De la matière extractive, venant de jus de prunes ayant subi la fermentation alcoolique, n'a pas été retenue. Outre les principes indéterminés auxquels on applique le nom de matières extractives, ce jus contenait des sels à acides organiques de chaux, de potasse, des acides libres, du glucose non détruit par la fermentation, etc. 20 centimètres cubes de cette dissolution contenaient en extrait séché à 110 degrés, 0gr,450 ; après la filtration, on en a trouvé 0gr,431.

Toutes ces expériences montrent que la peau, même en très-grand excès, n'absorbe pas, dans les conditions du procédé de dosage, des quantités notables de matières autres que le tannin, tandis que le tannin est retenu intégralement. Cette absorption est encore rendue plus faible par le fait de la fixation du tannin qui, transformant la peau en cuir, déplace les substances qui avaient pu se fixer. Par exemple, une dissolution de sulfate de quinine acide avait traversé la peau, qui en avait retenu une quantité assez sensible (0gr,22 de quinine pour 35 grammes de peau).

En filtrant sur cette peau une dissolution de tannin, on a déplacé 0gr,15 de la quinine absorbée. L'eau seule était incapable de produire ce déplacement.

Les matières colorantes peuvent se fixer sur la peau en quantité notable, à la manière du tannin; mais comme, dans la pratique des dosages, on n'a pas affaire à ces matières, il est inutile d'insister sur leur action. Nous citerons seulement l'expérience de la filtration de vin rouge, qui a passé parfaitement incolore, n'ayant perdu que sa saveur astringente et sa couleur.

Les huiles traversent la peau avec facilité; l'huile filtrée est d'une limpidité remarquable. Peut-être y aurait-il là un moyen de clarification.

263. — **Conclusions.** — En résumé, les expériences qui précèdent montrent:

1° Qu'une dissolution contenant du tannin, passant par filtration à travers la peau qui se trouve en excès, abandonne à la peau la totalité de son tannin;

2° Que les matières autres que le tannin qui peuvent exister dans les substances tannantes, traversent la peau sans être retenues d'une manière sensible;

3° Que le tannin dissous dans l'eau pure ou dans l'eau contenant les matières végétales auxquelles il est naturellement associé augmente la densité du liquide proportionnellement à sa quantité, si toutefois cette quantité ne dépasse pas certaines limites;

4° Que les changements de température, entre les limites normales, sont sans influence sur l'augmentation de densité que le tannin fait subir au liquide, c'est-à-dire qu'une même quantité de tannin augmentera du même chiffre la densité à 10 degrés et la densité à 30 degrés;

5° Que les tannins d'origines diverses augmentent la densité de l'eau d'une quantité sensiblement identique.

Pour terminer, nous rappelons que, si le procédé de l'évaporation doit être préféré dans les laboratoires, le procédé par la prise des densités, d'une exécution bien plus rapide, est le seul que nous conseillons aux industriels, auxquels il fournira des indications suffisamment exactes sur la richesse des matières tannantes.

264. — **Méthode de Neubauer-Löwenthal.** — La méthode de Müntz et Ramspacher que je viens de décrire, a été fréquemment appliquée dans le laboratoire de la station agronomique de l'Est, et a donné de bons résultats. Je crois devoir cependant donner ici la méthode de Löwenthal modifiée par Neubauer (¹) qui, lorsqu'elle est bien appliquée, fournit des résultats très-concordants.

Cette méthode est fondée sur la rapide oxydation, depuis longtemps connue, de l'acide tannique en dissolution sous l'influence de composés qui abandonnent facilement de l'oxygène. Pour effectuer exactement le dosage du tannin par ce procédé, il faut préparer les réactifs suivants :

1° *Solution d'indigo.* — On dissout dans 11 parties d'eau distillée froide 30 grammes de carmin d'indigo en pâte en agitant fréquemment le mélange; on filtre dans un

(¹) *Zeitschrift f. anal. Chemie,* 1871, et Post, *Handbuch der analytischen Untersuchungen.* Braunschweig, 1881.

flacon de 250 centimètres cubes environ, on bouche hermétiquement et l'on chauffe la liqueur à 70° au bain-marie pendant une heure.

L'action de la chaleur empêche la production de moisissures et assure la conservation de cette solution. Le carmin d'indigo doit être tout à fait pur et notamment exempt d'indigo rouge. Sans cela, la réaction finale est difficile à constater à cause de la nuance brune ou rougeâtre qui se produit avec l'indigo impur. Avec une liqueur de carmin d'indigo pur, la couleur verdâtre passe instantanément au jaune d'or pur à la fin de la réaction.

2° *Solution de tannin.* — On dessèche à 100° pendant quelques heures de l'acide tannique chimiquement pur : on dissout 2 grammes de ce produit dans 11 grammes d'eau.

Pour conserver cette liqueur très-altérable, il est bon d'en remplir de petits flacons de 20 grammes qu'on bouche hermétiquement, qu'on maintient ensuite à la température de 70° au bain-marie pendant quelques heures et que l'on conserve couchés.

3° *Solution de caméléon.* La concentration de la solution de permanganate doit être telle qu'il faille en employer 12 à 14 centimètres cubes pour décolorer 20 centimètres cubes de la solution d'indigo, et 9 à 10 centimètres cubes pour décomposer 10 centimètres cubes de la liqueur tannique enfermant 2 p. 100 de tannin ; un centimètre cube de caméléon oxyde de 0,002 à 0,0022 de tannin. On obtient cette liqueur en dissolvant 10 grammes de permanganate de potasse pur, cristallisé et sec dans 61 parties d'eau.

4° *Solution décime d'acide oxalique.* — Si l'on n'a pas à sa disposition du tannin suffisamment pur, on titre le caméléon avec une solution décime d'acide oxalique contenant 6^{gr},3 d'acide oxalique pur par litre. D'après les observations de Neubauer, 6^{gr},3 d'acide oxalique équivalent à 4^{gr},157 d'acide tannique pur. On préservera la solution oxalique des moisissures en la portant à 70° pendant quelques heures dans de petits flacons bien bouchés.

5° *Noir animal pur.* — On épuise complétement par l'acide chlorhydrique du noir d'os fin, on le lave ensuite par décantation jusqu'à ce que toute réaction de chlore ait disparu ; puis on le conserve sous l'eau dans des flacons fermés.

6° *Acide sulfurique pur, étendu et titré.* — On commence par établir la relation qui existe entre la solution d'indigo et celle de permanganate. Pour cela, dans un vase à expérience, on verse 700 centimètres cubes d'eau, 20 centimètres cubes de solution d'indigo et 10 centimètres cubes d'acide sulfurique étendu. A ce mélange qu'on place sur une plaque de porcelaine blanche, on ajoute progressivement et en agitant le liquide, la solution de permanganate. La liqueur, bleu foncé au début, passe successivement par les teintes vert foncé, vert clair, vert jaunâtre, et prend finalement, par l'addition des dernières gouttes de caméléon, une belle teinte jaune d'or. Vers la fin de la réaction, il faut ajouter le caméléon avec beaucoup de précaution et agiter constamment la liqueur, car sans ces précautions, on peut facilement dépasser la réaction finale. Si l'indigo est bien pur, le virement du vert au jaune d'or est presque instantané.

Après avoir établi la quantité de caméléon nécessaire pour oxyder 20 centimètres cubes de la solution d'indigo, on répète l'essai en ajoutant au mélange précédent 10 centimètres cubes de la solution de tannin (soit 20 centimètres cubes solution d'indigo, 700 centimètres cubes eau, 10 centimètres cubes acide sulfurique et 10 centimètres cubes solution de tannin). De la quantité de centimètres cubes de permanganate employés, on déduit le nombre de centimètres cubes correspondant à 20 centimètres cubes de solution d'indigo, la différence est le volume de caméléon correspondant à 10 centimètres cubes de solution de tannin. Une simple division donne la valeur de 1 centimètre cube de caméléon. Il est bon de contrôler ce titrage par deux essais successifs. La solution d'indigo a toujours une concentration telle que 20 centimètres cubes exigent au moins autant de caméléon que 10 centimètres cubes de solution de tannin n'en réclament. Il faut vérifier fréquemment le titre du caméléon.

7° *Préparation de l'écorce.* — C'est principalement en vue du dosage de l'acide tannique dans les écorces de chêne, que la méthode de Neubauer s'applique dans les laboratoires agricoles. J'indiquerai donc la préparation à faire subir à l'écorce pour y doser le tannin. Je supposerai l'échantillon d'essai pris avec tous les soins nécessaires pour qu'il représente aussi exactement que possible la moyenne du lot à analyser.

L'examen microscopique de l'écorce du chêne montre que le tannin n'y est point du tout uniformément répandu. Il suffit, pour le constater, d'opérer sur des écorces d'âges différents. Sur une coupe fine d'écorce dans la glycérine humectée d'une solution de perchlorure de fer et placée sur le champ du microscope, on distingue très-nettement, par la coloration bleu foncé ou noire qu'elles prennent, les régions où se concentre l'acide tannique. Pour faire des dosages exacts, il faut opérer sur la totalité de l'écorce finement moulue. Neubauer conseille d'opérer sur 1 kilogramme d'écorce qu'on moud au moulin à fourrage : on dessèche ensuite à 100° au bain-marie quelques centaines de grammes de la poudre obtenue qu'on enferme, avant refroidissement, dans des flacons bien secs et qu'on bouche hermétiquement.

On prend 20 grammes de cette poudre desséchée qu'on fait bouillir pendant trois quarts d'heure avec 750 centimètres cubes d'eau ; on laisse refroidir et l'on étend à un litre : on agite de temps en temps, on laisse déposer et l'on filtre. On opère ensuite sur 10 centimètres cubes ou 20 centimètres cubes de cette solution, suivant la richesse de la matière en tannin.

On ajoute ces 10 ou 20 centimètres cubes à 20 centimètres cubes de solution d'indigo, 10 centimètres cubes d'acide sulfurique étendu et 750 centimètres cubes d'eau, puis on titre avec la solution de caméléon en prenant toutes les précautions indiquées précédemment.

Neubauer a reconnu que l'acide pectique est attaqué par la solution de caméléon : il a constaté d'autre part que le charbon animal pur enlève tout l'acide tannique à une dissolution qui en renferme. Pour faire la correction relative à l'acide pectique, on opère de la manière suivante ; dans 10 ou 20 centimètres cubes de solution d'écorce, on dose l'acide tannique, comme il vient d'être dit, par le caméléon. On traite, d'autre part, 10 ou 20 centimètres cubes de la même solution par une quantité de charbon animal suffisant pour retenir tout le tannin, ce qu'on reconnaît à ce que la liqueur filtrée ne donne plus la réaction du tannin par l'addition d'acétate de soude et de perchlorure de fer. La liqueur filtrée sur le charbon est ensuite additionnée de 20 centimètres cubes de solution d'indigo, 10 centimètres cubes d'acide sulfurique dilué de 700 à 800 centimètres cubes d'eau, puis titrée par le caméléon. La différence entre les quantités de caméléon employées dans les deux cas correspond à la teneur réelle en acide tannique.

E. — ANALYSE DES CENDRES VÉGÉTALES.

(MÉTHODE DE SCHLŒSING.)

265. — **Substances à doser.** — Nous venons de passer successivement en revue la séparation et le dosage des principes immédiats importants des végétaux; il nous reste, pour compléter l'analyse de ces derniers, à exposer la méthode que nous suivons pour déterminer la composition de leurs cendres.

On trouve dans les cendres les corps suivants :

Acide carbonique, chlore, acide sulfurique, acide phosphorique, silice, potasse, soude, chaux, magnésie, sesquioxyde de fer, oxyde de manganèse et, accidentellement, du sable.

Presque toute la silice est à l'état libre; pourtant une petite quantité se trouve à l'état de silicate provenant très-probablement de la réaction, par voie sèche, lors de l'incinération de la silice libre existant dans le végétal, sur les sels alcalins et alcalino-terreux.

266. — **Dosage de l'acide carbonique.** — On fait tomber les cendres de la nacelle dans un petit ballon à dosage d'acide carbonique; on ajoute une petite quantité d'eau bouillie et l'on fait le dosage comme d'habitude. (Voir fig. 10, p. 76, § 51.)

267. — **Dosage du chlore**. — Quand le ballon est refroidi, on démonte l'appareil, on transvase le liquide dans le ballon B (fig. 42) et on ajoute au liquide qui occupait le quart ou le cinquième du ballon, à peu près autant d'acide nitrique concentré; on fait ensuite bouillir, de manière à chasser l'acide chlorhydrique, que l'on reçoit dans une solution refroidie de nitrate d'argent. A la fin de l'opération, lorsqu'il ne se dégage plus d'acide chlorhydrique au sein du liquide, l'ébullition se fait mal, par suite de la

présence de silice gélatineuse dissoute dans l'acide, et qui se dépose ensuite par refroidissement. Il faut avoir soin d'agiter le ballon pour éviter les soubresauts. Au

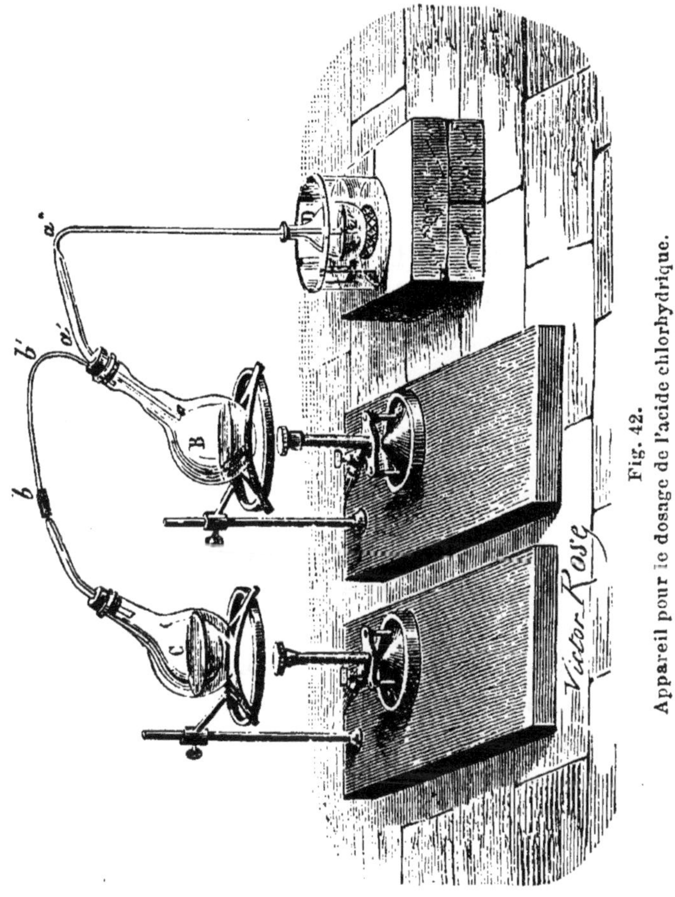

Fig. 42. Appareil pour le dosage de l'acide chlorhydrique.

reste, ceux-ci annonçant la fin de l'opération, on peut l'arrêter au bout de quelques minutes.

268. — **Dosage de la silice et du sable.** — Cela fait, on transvase dans une capsule de platine, où l'on verse successivement toutes les eaux de lavage. On évapore à sec et on chauffe à 250° pour séparer la silice à l'état

insoluble. Quand il ne se dégage plus de vapeurs acides, on fait digérer avec du nitrate d'ammoniaque et on chauffe de nouveau, en ayant soin de ne pas vaporiser tout le nitrate. On reprend par aussi peu d'acide nitrique que possible pour dissoudre tout le fer, on décante sur un filtre et on lave; tout est alors à l'état de solution, sauf la silice et le sable. On fait retomber dans la capsule le contenu du filtre, on évapore à sec le mélange de sable et de silice, on calcine et on pèse. En reprenant par du carbonate de soude étendu et bouillant ou par l'acide fluorhydrique, on dissout la silice qui provenait de l'organisme, tandis que le sable, la terre calcinée, etc., restent intacts; on filtre, on lave et on pèse; on a ainsi le poids de ces derniers corps, on en déduit la silice par différence.

Il reste, dans le ballon, de la silice qui s'est déposée par refroidissement. On la dissout par de la soude, on évapore, on reprend par l'acide nitrique et on dose la silice comme ci-dessus.

269. — **Dosage du fer et de l'acide phosphorique.** — L'acide phosphorique étant toujours en quantité plus que suffisante pour saturer tout le fer, on dose ce dernier corps à l'état de phosphate. La liqueur obtenue par la solution dans l'acide nitrique est versée dans un vase de Bohême, on sature presque exactement par de l'ammoniaque, on fait chauffer et on ajoute de l'acétate d'ammoniaque; on a ainsi une liqueur chaude acidifiée par l'acide acétique seul, dans laquelle le phosphate de fer $Fe^2O^3 Pho^5$ se précipite à un état où il se laisse filtrer. On lave le précipité à l'eau bouillante et acétique, on le calcine et on pèse. On a ainsi tout le fer et une partie de l'acide phosphorique.

Le précipité ayant une composition définie, on déduit de son poids celui des composants.

On achève de précipiter l'acide phosphorique par une

solution titrée d'acétate de fer ou de nitrate (voir § 70, page 98); il se forme un nuage blanc, on ajoute le réactif goutte à goutte jusqu'à ce que la couleur du précipité devienne ocreuse. Alors tout l'acide phosphorique est précipité, on le réunit, on filtre, on lave avec de l'eau pure et bouillante. On brûle le phosphate de fer sur son filtre, on pèse, on retranche le poids du fer ajouté et on en déduit le poids de l'acide phosphorique.

Pour vérifier le dosage, on peut réunir les deux lots de phosphate; on les dissout dans l'acide chlorhydrique, on ajoute du sulfhydrate d'ammoniaque; on obtient ainsi du sulfure de fer et du phosphate d'ammoniaque que l'on sépare par filtration; on chasse l'acide sulfhydrique par l'ébullition et l'on dose l'acide phosphorique à l'état de sel d'urane ou d'argent. On peut aussi faire la vérification par le molybdate d'ammoniaque.

270. — **Dosage de l'acide sulfurique et de la chaux.** — On réduit à un petit volume le liquide contenant le reste des corps à doser, puis on ajoute un grand excès d'alcool. La chaux étant toujours plus que suffisante pour saturer l'acide sulfurique, il ne se précipite que du sulfate de chaux qu'on filtre; on le lave à l'alcool, on le calcine et du poids on déduit le poids de l'acide sulfurique et d'une partie de la chaux.

On chasse l'alcool par la chaleur, on rajoute de l'eau et on précipite le restant de la chaux par l'oxalate d'ammoniaque; le précipité, lavé et séché, est calciné au blanc et transformé en chaux caustique que l'on pèse.

271. — **Dosage de la magnésie et du manganèse.** — On évapore ensuite presque à sec le liquide filtré, dans une capsule de porcelaine, on ajoute de l'acide nitrique et de l'acide chlorhydrique pour chasser l'ammoniaque, puis on évapore à sec pour éliminer l'acide chlorhydrique. On transvase dans une capsule de platine, on

transforme les nitrates par l'acide oxalique et la chaleur en carbonate de potasse et de soude, en magnésie et en sesquioxyde de manganèse. On lave à l'eau bouillante et on filtre; on calcine le résidu insoluble, on pèse et l'on a le poids de la magnésie et du sesquioxyde de manganèse.

On reprend par l'acide nitrique qui dissout la magnésie, puis on transforme le nitrate en sulfate que l'on pèse.

Si le manganèse est en quantité dosable, on le reprend par l'acide sulfurique et par l'acide oxalique et on le pèse à l'état de sulfate.

272. — **Méthode de A. Leclerc.** — La méthode de dosage du manganèse dans les sols et dans les cendres des végétaux par les pesées, est peu précise, à moins que l'on n'opère sur de grandes masses de matières. Le procédé par les liqueurs titrées, imaginé, dans mon laboratoire, par A. Leclerc, joint à la rapidité d'exécution la rigueur des titrages, ainsi qu'on le verra par quelques chiffres donnés plus loin. Il consiste à transformer le manganèse d'une solution azotique en permanganate, et à titrer celui-ci au moyen d'une liqueur appropriée. Cette transformation est très-facile à effectuer au moyen du minium [1], puisque le fer et l'aluminium, les seuls corps qui pourraient agir sur le permanganate, sont à l'état de peroxyde au moment de la transformation. Cette réaction aura toujours lieu, si toutefois il n'existe aucune trace de chlore dans les matières employées; mais, avant d'appliquer cette méthode à un dosage, il est bon de connaître quelques détails pratiques de l'expérience.

Si l'on s'adresse à un sol, il faut, avant l'attaque par l'acide azotique, détruire autant que possible, par calci-

---

[1] Cette réaction a été indiquée déjà comme moyen qualitatif de recherche de manganèse par Hoppe-Seyler. (Frésénius, *Traité d'analyse*, 3e édition française.)

nation, les matières organiques, ajouter de l'acide azotique pur, porter à l'ébullition et éviter, pendant l'attaque, l'évaporation à siccité. On s'exposerait à manquer beaucoup d'analyses si l'on n'avait égard à cette dernière précaution ; car on sait que l'azotate de manganèse se décompose à 142° en MnO^2, qui est alors presque inattaquable par l'acide azotique. Lorsque l'attaque est complète, on filtre et on étend la liqueur jusqu'à un volume déterminé. Une fraction de ce volume, celle dans laquelle on a dosé le chlore par l'azotate d'argent, est portée à l'ébullition dans une capsule en porcelaine. A ce moment, on la retire du feu, et, lorsque la masse ne bout plus, on l'additionne d'un peu de minium, en agitant constamment. Il se développe une belle coloration violette de permanganate de potasse, en partie masquée par l'oxyde puce de plomb qui s'est formé et se dépose, coloration dont l'intensité est en rapport avec la quantité plus ou moins grande de manganèse. Si le minium n'était point attaqué, ce qui arrive lorsque la liqueur est faiblement acide, on ajouterait un peu d'acide azotique pour favoriser la réaction. On laisse déposer quelques minutes, et l'on filtre sur de l'amiante bien exempte de chlore. Alors on procède au titrage de la liqueur filtrée. A ce moment, la liqueur renferme un petit excès d'acide azotique, du permanganate de potasse, de l'azotate de plomb, des sels de fer, d'alumine, de magnésie, de chaux, de soude et de potasse. L'azotate de plomb ne permettant pas le titrage avec le sulfate double de fer et d'ammoniaque, à cause du précipité de sulfate de plomb qui empêche de saisir le moment où la décomposition du permanganate est complète ; l'acide oxalique donnant aussi du carbonate de plomb, à moins que la liqueur ne renferme un excès d'acide azotique, et exigeant d'ailleurs une température assez élevée, A. Leclerc emploie un autre réducteur, l'azotate mercureux, qui perme de saisir nettement le passage de la coloration violette du permanganate à une coloration différente. En présence d'un oxydant énergique comme le permanganate, il se transforme en azotate mercurique, et la fin de la décomposition est marquée par le passage rapide de la coloration rose tendre de la solution de permanganate au jaune-vert, lorsqu'il y a beaucoup de manganèse, ou à une solution incolore lorsque le manganèse est en faible proportion. Avec cette liqueur, aucun précipité ne se forme immédiatement, à moins que la solution ne renferme trop de manganèse. Le titrage est plus facile lorsque la liqueur est acide ; si elle était neutre ou trop faiblement acide, le précipité de sesquioxyde de manganèse qui se forme dans ce cas nuirait au virage. Mais dans la plupart des cas, aucune précipitation ne se manifeste pendant le titrage, lorsque la solution renferme suffisamment d'acide azotique libre.

L'azotate mercureux (5 grammes dissous dans un litre d'eau acidulée légèrement avec l'acide azotique) se titre au moyen d'une solution titrée de caméléon.

Cette méthode, qui s'applique également bien aux analyses de cendres, a été soumise à de nombreux essais de contrôle dont voici les résultats :

Premier essai. — 50 grammes de terre sont traités comme il est indiqué ci-dessus. On filtre et l'on étend à 1000 centimètres cubes. Trois titrages, faits chacun sur 100 centimètres cubes, ont donné pour moyenne les nombres suivants :

$3^{cc},39$ azotate mercureux titré ($1^{cc} = 1^{mg},121$ de Mn),

correspondant à

$$1,121 \times 3,39 = 3^{mg},8102 \text{ de manganèse.}$$

50 grammes de la même terre, auxquels on a ajouté 10 centimètres cubes d'une solution titrée de caméléon,

dont 1 centimètre cube renferme $2^{mg},366$ de manganèse, ont été traités simultanément et identiquement. On filtre et étend à 1000 centimètres cubes. Cinq titrages, chacun sur 100 centimètres cubes, ont donné une moyenne de

$5^{cc},51$ d'azotate mercureux titré,

correspondant à

$1,121 \times 5,51 = 6^{mg},1767$ de manganèse.

Il résulterait donc, d'après ces dosages, une augmentation de

$6,1767 - 23,8102 = 2^{mg},3665$ de manganèse,

correspondant à celui ajouté, pour 100 centimètres cubes, à la terre sous forme de permanganate. On a donc :

Manganèse retrouvé par l'analyse . . .	$2^{mg},3665$
Manganèse ajouté	2 ,3660
Différence en plus. . . .	$0^{mg},0005$

Deuxième essai. — 5 grammes de cendres sont traités de la même manière que le sol. On filtre et l'on étend à 500 centimètres cubes. Les titrages, faits sur 50 centimètres cubes, donnent pour moyenne

14 centimètres cubes azotate mercureux titré,

correspondant à

$1,121 \times 14 = 15^{mg},694$ de manganèse.

5 grammes des mêmes cendres sont traités de la même manière; après addition de 5 centimètres cubes de caméléon ($11^{mg},830$ de Mn), on filtre et l'on étend à 500 centimètres cubes. La moyenne des titrages, faits sur 50 centimètres cubes, donne

$15^{cc},055$ azotate mercureux,

correspondant à

$1,121 \times 15,055 = 16^{mg},8766$ de manganèse.

Il résulterait donc, d'après ces titrages, une augmentation de

$$16{,}8766 - 15{,}684 = 1^{mg}{,}1826 \text{ de manganèse,}$$

correspondant, pour 50 centimètres cubes, à celui ajouté aux cendres. On a donc :

Manganèse ajouté	$1^{mg}{,}1830$
Manganèse retrouvé	$1\ \ {,}1826$
Différence en moins . . .	$0^{mg}{,}0004$

Cette méthode de dosage direct du manganèse, dans des liqueurs contenant du fer, de l'alumine, de la magnésie, de la potasse et de la soude, permet d'en apprécier des quantités infiniment petites.

La théorie de la réaction peut se représenter par la formule suivante :

$$Mn^2O^7,KO + 4Hg^2O,AzO^5 + 5AzO^5 = KO,AzO^5 + 8HgO,AzO^5 + Mn^2O^3.$$

Cette supposition de la précipitation de Mn^2O^3 est, du reste, vérifiée par l'expérience; car, en recueillant le précipité après le titrage, on reconnaît qu'il présente tous les caractères du sesquioxyde de manganèse.

273. — **Dosage de la potasse et de la soude.** — Les carbonates alcalins sont repris par l'acide perchlorique ou par le chlorure de platine et séparés par les procédés ordinaires.

II. — ANALYSE IMMÉDIATE DES FOURRAGES.

274. — **Remarques préliminaires.** — Les espèces chimiques élaborées par les végétaux sont très-nombreuses. Sans parler des alcaloïdes qui ont de l'intérêt pour l'agriculteur seulement en raison du danger que présentent la plupart d'entre eux pour l'homme et pour les animaux, on a découvert dans les plantes une grande quantité de

composés acides, neutres, azotés, ou dépourvus d'azote, dont le rôle nutritif, suffisamment connu pour que nous puissions établir la valeur alimentaire relative des divers végétaux, appelle cependant encore bien des expériences avant d'être rigoureusement défini. Dans les pages qui vont suivre, je me propose de faire connaître les méthodes les plus sûres que nous possédions pour doser les principes immédiats dominants des fourrages, c'est-à-dire ceux dont le taux sert à fixer la valeur nutritive des aliments. Presque toujours, à ce point de vue, la recherche et le dosage des acides organiques peuvent être négligés : on trouverait d'ailleurs dans les paragraphes précédents les moyens de séparer les plus importants d'entre eux.

Les directeurs des stations agronomiques peuvent avoir à faire l'analyse des fourrages et, en général, celle des plantes alimentaires à deux points de vue différents. Le plus souvent, ils auront à renseigner un cultivateur sur la valeur nutritive approchée de telle ou telle denrée comparée à une autre ou prise isolément : dans ce cas, la série d'opérations relativement simples connue sous le nom de *Méthode de Weende* [1] répond suffisamment au but proposé. Quand l'analyse des fourrages devra servir de point de départ à des expériences physiologiques sur la nutrition de l'animal, la valeur des résultats fournis par ces expériences dépendra, toutes choses égales d'ailleurs, de l'exactitude plus ou moins rigoureuse avec laquelle chacun des éléments nutritifs du fourrage aura été isolé et déterminé. Avant d'entreprendre des essais d'alimentation, il sera donc nécessaire de soumettre à un examen aussi complet que

(1) C'est dans le laboratoire de la station agronomique de Weende (Hanovre) que M. le professeur Henneberg a appliqué cette méthode à l'examen des fourrages employés dans ses belles recherches avec Stohmann sur l'alimentation rationnelle du bœuf.

possible chacun des fourrages qui devra entrer dans la ration d'expérimentation. La séparation en bloc des principaux groupes de principes immédiats des fourrages suffira pour renseigner le cultivateur sur la valeur nutritive approchée des aliments dont il dispose pour son bétail, mais le physiologiste devra lui préférer les méthodes plus longues et qui, bien qu'encore imparfaites, permettent cependant de séparer les uns des autres quelques-uns des divers principes immédiats que la méthode de Weende confond sous les dénominations génériques de matières azotées, hydrocarbonées, grasses, etc.

Il m'a paru utile, dans cette nouvelle édition, de faire connaître, à la suite de la méthode de Weende, les modifications qui y ont été apportées dans ces dernières années et d'indiquer les sources auxquelles les chimistes pourront puiser des renseignements sur les travaux récents d'analyse immédiate appliquée aux fourrages. Cette sorte de bilan de nos connaissances analytiques permettra aux chimistes qui s'occupent des questions d'alimentation du bétail de choisir, suivant les cas, les méthodes qui leur sembleront répondre le mieux au but spécial qu'ils poursuivent. En marquant assez nettement l'état actuel de cette partie délicate de l'analyse, cet exposé servira, je l'espère, de point de départ à des recherches ultérieures sur un sujet qui est loin d'être épuisé et dont l'étude promet encore beaucoup de résultats importants pour la physiologie de la nutrition.

I. — FOURRAGE VERT. — FOIN. — PAILLE.

(MÉTHODE DE WEENDE.)

275. — **Substances à doser.** — Par l'analyse d'un fourrage on se propose d'établir la valeur nutritive de la

matière alimentaire contenue dans ce fourrage. On a donc à se préoccuper principalement du dosage des principes nutritifs, qui, pris en bloc, sont : les matières hydrocarbonées (amidon, sucre, etc.), les matières grasses, les substances azotées, la cellulose. Il importe aussi de doser l'eau, la substance sèche et le taux des cendres. La méthode employée au laboratoire de Weende répond suffisamment à ces indications.

276. — **Prélèvement de l'échantillon.** — En plusieurs points du tas de fourrage à analyser, d'autant plus nombreux que le tas est plus considérable, on prélève une ou deux poignées de fourrage ; on mélange le tout aussi intimement que possible sur une bâche de toile, puis, à l'aide d'un hache-paille, on coupe la matière en fragments de 2 à 3 centimètres de longueur, on mélange à nouveau, et l'on prélève un échantillon de 2 à 3 kilogrammes s'il s'agit de foin, de 4 à 5 kilogrammes si l'on opère sur un fourrage vert.

277. — **Détermination de l'eau et de la substance sèche.** — Dans une étuve ordinaire dont la température est maintenue constante entre 60° et 70°, on place 200 à 300 grammes de fourrage ; cette opération a pour but de sécher le fourrage sans lui enlever toute son eau de constitution. Au bout de 48 heures, on retire le fourrage de l'étuve, et on le pèse de nouveau. On moud ensuite 100 à 150 grammes de fourrage desséché et l'on effectue le dosage de l'eau sur 4 à 5 grammes placés dans une étuve à 105° ou 110°, jusqu'à cessation de perte de poids.

278. — **Teneur en cendres.** — On pèse 40 à 50 grammes de fourrage réduit en poudre et dont le dosage précédent a fait connaître la richesse en eau. On les incinère sur une lame de platine dans le moufle de Schlœsing, en ayant soin de ne pas dépasser le rouge très-sombre, afin

d'éviter la volatilisation des chlorures [1]; on pèse le résidu qui constitue les cendres brutes. On le broie dans un mortier pour opérer le mélange, puis on introduit un poids connu, 1 gramme environ, de ces cendres brutes dans l'appareil à dosage de l'acide carbonique ; le dosage de CO^2 terminé, on recueille avec soin le résidu dans une petite capsule de platine, on lave à l'eau distillée par décantation, on dessèche et on pèse ; l'augmentation de poids de la capsule correspond aux matières étrangères insolubles dans les acides (sable, etc.) et au charbon qui a échappé à la combustion dans l'incinération. On calcine au rouge ce résidu et l'on pèse de nouveau ; la perte de poids correspond au charbon. La différence entre le poids primitif des cendres et la somme des poids de l'acide carbonique, des matières minérales étrangères et du charbon, donne le poids des cendres pures.

Si l'on veut faire l'analyse complète des cendres, on suit la méthode indiquée précédemment (*Analyse des cendres des végétaux*, pages 382 et suiv.).

279. — **Dosage de la cellulose brute (Rohfaser).** — a) *Préparation de l'échantillon.* — Pour ce dosage et ceux qui vont suivre, l'état de division mécanique de la matière à analyser importe beaucoup ; plus le fourrage est divisé, mieux il est attaqué par les divers agents à l'action desquels on le soumet. Le moulin et le mortier sont les instruments les plus convenables pour diviser le fourrage. Voici la meilleure marche à suivre pour la préparation de la matière qui servira à tous les dosages qu'il nous reste à effectuer.

On prend 150 à 200 grammes de fourrage séché à l'é-

---

[1] Il est préférable de faire l'incinération par le procédé décrit page 10 (fig. 1). Cela dispense de tenir compte du charbon, car il n'en existe pas dans les cendres obtenues par combustion dans l'oxygène.

tuve à 70°, on le porte encore chaud dans le moulin, et l'on repasse à diverses reprises, en serrant les lames, le produit obtenu, jusqu'à ce que la masse soit réduite en fragments qui puissent passer au travers d'un tamis à trous ronds de 1 millimètre de diamètre. On abandonne à l'air pendant 2 heures la poudre ainsi obtenue ; puis on la place dans un flacon bien sec qu'on bouche hermétiquement. On détermine, une fois pour toutes, la teneur en eau, par la dessiccation complète à 110°, de la poudre, que l'on conserve dans le flacon toujours bien bouché.

b) *Dosage de la cellulose.* — On effectue le dosage de la cellulose brute sur 3 grammes environ de matière, qu'on place dans une capsule de porcelaine avec 50 centimètres cubes d'acide chlorhydrique (à 10 p. 100 de HCl) et 150 centimètres cubes d'eau distillée (¹). On fait bouillir le mélange pendant une demi-heure, en ayant soin de remplacer l'eau au fur et à mesure de son évaporation. Après ce temps, on laisse refroidir : la matière se dépose, le liquide, aussi clair que possible, est décanté avec précaution à l'aide d'un syphon ; ce qui en reste est enlevé avec une pipette, et le tout mis à part. On ajoute 200 centimètres cubes d'eau au résidu, on fait bouillir et l'on décante. Le résidu resté dans la capsule est alors additionné de 50 centimètres cubes d'une solution à 5 p. 100 de potasse caustique et de 150 centimètres cubes d'eau ; on fait bouillir une seconde fois avec les précautions indiquées plus haut ; on laisse déposer de nouveau, on décante, on ajoute 200 centimètres cubes d'eau ; on fait bouillir de nouveau, on décante et le résidu est recueilli sur un filtre taré.

(¹) Henneberg avait indiqué l'acide sulfurique, mais la substitution de l'acide chlorhydrique à ce dernier donne d'excellents résultats, permet un dosage plus rapide et fournit une cellulose plus pure.

Le filtre-syphon imaginé par M. E. Bartmann, préparateur à la station agronomique de l'Est, pour la séparation rapide et le dosage de la cellulose brute est d'un usage très-commode. La figure qui accompagne la description de ce petit appareil, dont on se sert couramment dans mon laboratoire, me permettra d'en faire comprendre l'usage en très-peu de mots.

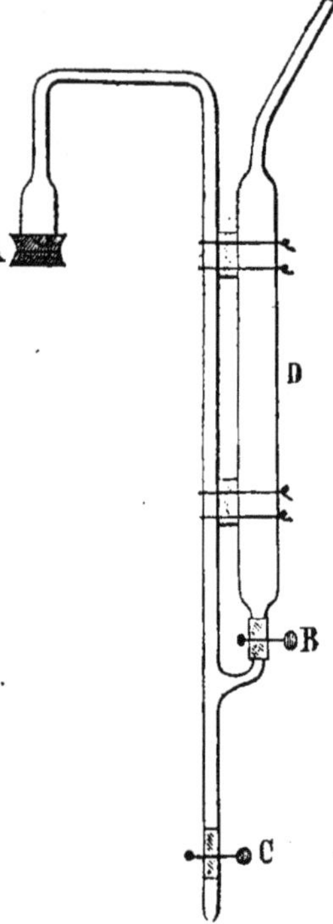

Fig. 43.

On amorce l'appareil en introduisant l'entonnoir renversé A, dont l'ouverture est garnie d'un morceau de mousseline fine, d'étoffe de coton ou de toile, dans un vase contenant assez d'eau pour remplir le syphon : on ouvre la pince B et l'on aspire jusqu'à ce que le syphon soit plein, on ferme la pince et l'appareil se trouve amorcé pour plusieurs dosages.

Après avoir fait bouillir le mélange (cellulose avec HCl ou KO), on ajoute quelques gouttes d'eau froide qui ont pour but d'amener rapidement le dépôt de la cellulose. Il ne reste plus qu'à plonger légèrement l'entonnoir A dans le liquide à filtrer, ouvrir la pince C en suivant le liquide au fur et à mesure de sa diminution. Quand le liquide ne passe plus (la toile étant bouchée par de la cellulose), on ferme la pince C et l'on ouvre la pince B. On aspire alors les dernières traces de liquide dans le réservoir D. Dans la capsule, il ne reste plus que la cellulose. On peut donc recommencer aussitôt un nouveau lavage à chaud de la matière.

Il peut arriver que la toile se bouche si l'on a enfoncé

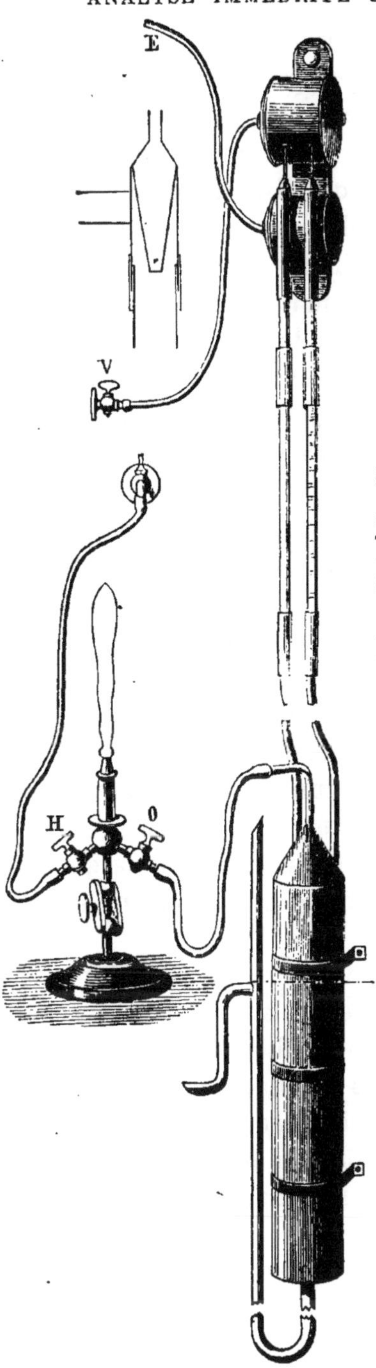

Fig. 44. — Trompe de H. Sainte-Claire Deville.

trop profondément l'entonnoir dans le liquide. En ce cas, il ne tient qu'à fermer la pince C, ouvrir la pince B et souffler légèrement; la cellulose se détache de la toile et l'on achève l'opération comme il est indiqué ci-dessus.

Avec cet appareil, on peut obtenir la cellulose d'un fourrage en deux heures.

On peut aussi employer un procédé de filtration à l'aide de la succion: soit le système des deux flacons, décrit notamment dans le traité de Frésénius : *Analyse quantitative*, 3e édition française, p. 79, soit un aspirateur ordinaire, soit mieux encore la trompe de H. Sainte-Claire Deville, représentée par la figure 44 ou celle d'Alvergniat frères.

Si l'on se contente de jeter simplement la cellulose sur un filtre, l'opération est extrêmement longue. La trompe de H. Deville peut servir aussi, comme le montre la figure 44, à alimenter la lampe à gaz, sans qu'on ait besoin de recourir à une soufflerie mue au pied. Cet appareil et celui d'Alvergniat sont d'un usage extrêmement commode, et je conseille aux chimistes qui disposent d'une pression d'eau suffisante, de les installer dans leur laboratoire.

On décante le liquide alcalin des deux derniers lavages, et l'on ajoute le faible dépôt qu'il laisse à celui que contient le filtre : on lave alors, sur le filtre, jusqu'à cessation de toute réaction alcaline de l'eau qui passe. On réunit ensuite aux deux premiers dépôts, la petite quantité de matière qui s'est déposée dans le liquide acide, après l'avoir lavée à l'eau.

La cellulose brute contenue dans le filtre est enfin lavée complétement à l'eau distillée, à l'alcool et à l'éther ; séchée à 110°, pesée et incinérée. Le poids des cendres est déduit du poids de la matière avant l'incinération. La différence correspond à la cellulose brute.

Cette méthode ne fait pas connaître le taux pour 100 exact de la cellulose pure, mais plutôt celui du ligneux ; la matière obtenue par les traitements successifs par l'acide chlorhydrique et la potasse, est un mélange de cellulose pure et de substances étrangères dont la quantité varie avec la nature du fourrage et notamment avec le taux de la matière protéique.

280. — **Méthode de Schulze.** — D'après les essais nombreux faits au laboratoire de la station de Weende, le Dr Schulze a proposé une méthode de dosage de la cellulose pure qui donne des résultats plus exacts, mais qui, en raison du temps qu'elle exige, n'est employée que pour des recherches spéciales, la méthode de Weende fournissant des indications suffisamment précises dans la plupart des cas.

Schulze commence par épuiser successivement la matière par l'eau, par l'alcool et par l'éther : on dessèche le résidu, on le réduit en poudre, puis on le soumet à l'action de l'acide nitrique et du chlorate de potasse de la manière suivante :

On fait macérer pendant 12 à 15 jours 2 à 4 grammes de substance dans 12 parties en poids d'acide nitrique de 1,10 de densité, additionné de 0,8 partie en poids de chlorate de potasse. Ce mélange, placé dans un flacon bien bouché, est abandonné dans une pièce dont la température maxima ne dépasse pas 15 degrés centigrades. Après ce temps, on ajoute un peu d'eau, on filtre et on lave le résidu, d'abord à l'eau froide, ensuite à l'eau chaude.

Quand le lavage est terminé, on fait tomber le contenu du filtre dans un verre de montre et on le laisse digérer pendant trois quarts d'heure environ à 60° avec de l'eau ammoniacale (1 partie d'ammoniaque du commerce pour 50 parties d'eau). On rassemble sur un filtre taré, on lave avec la même solution ammoniacale froide, jusqu'à ce que le liquide passe entièrement incolore, puis à l'eau froide, à l'eau chaude, à l'alcool et à l'éther. Schulze recommande tout particulièrement d'éviter que la température dépasse 15° pendant la macération, de peur qu'une oxydation énergique ne se produise et n'amène des explosions qui ne sont nullement à craindre si l'on prend les précautions convenables.

La cellulose obtenue par cette méthode contient encore de petites quantités de substance protéique (0,5 p. 100). En défalquant cette faible quantité, qu'on peut déterminer par un dosage d'azote, la matière qui reste présente la composition élémentaire de la cellulose. Si l'on veut obtenir la cellulose tout à fait pure, il est préférable de recourir au procédé décrit § 245, p. 358.

281. — **Dosage de la matière protéique.** — On pèse un gramme de fourrage moulu, on dose l'azote par

la chaux sodée et l'on obtient le taux pour 100 de substance protéique en multipliant le chiffre trouvé pour l'azote par le facteur 6,25. On verra, dans les paragraphes consacrés aux substances protéiques, quelles réserves il y a lieu de faire à l'endroit de ce mode sommaire de dosage des matières azotées.

282. — **Dosage des matières grasses.** — On pèse 10 à 12 grammes de fourrage moulu, on les place dans l'appareil de Schlœsing (fig. 35) et l'on épuise la masse par le sulfure de carbone, en observant les précautions indiquées précédemment pour la marche de l'appareil. Il faut avoir soin de ne pas diviser le fourrage avec le moulin au point de le transformer en poudre impalpable ; en effet, à cet état la matière s'agglutine, se prend en masse et oppose une trop grande résistance au passage du sulfure de carbone. Si le fourrage sur lequel on opère est moulu avant d'être expédié au laboratoire, on obvie aux inconvénients qu'entraîne son trop grand état de ténuité en le mélangeant avec soin avec du verre pilé grossièrement ou du gros sable préalablement lavé et calciné. Dans tous les cas, il faut placer au fond de l'allonge un petit tampon de coton ou d'amiante peu serré, ou, mieux, disposer la matière dans un filtre sans pli appliqué sur le fond de l'allonge. La matière grasse est presque toujours colorée en vert par la chlorophylle, qui se dissout pendant l'épuisement par le sulfure de carbone (1). Le charbon d'os décolore cette dissolution presque instantanément.

Nous avons indiqué jusqu'ici le dosage des principes suivants des fourrages :

1° Eau et substance sèche; 2° cendres; 3° ligneux ou

---

(1) J'ai substitué avec avantage et économie le sulfure de carbone à l'éther employé par Henneberg. Dans l'un et l'autre cas, on dissout non-seulement la graisse, mais des résines et de la matière colorante.

cellulose brute ; 4° cellulose ; 5° matières protéiques ; 6° matières grasses.

Restent à doser les substances comprises sous la dénomination vague de matières non azotées, dont l'amidon forme en général la majeure partie. Dans la méthode de Weende, on se contente, pour fixer le taux pour 100 des matières non azotées, de retrancher du poids primitif de l'échantillon, la somme obtenue en additionnant les quantités des divers principes immédiats fournis par l'analyse.

En vue de la pratique agricole, ces dosages suffisent pour renseigner le cultivateur sur la composition d'un foin, d'une paille ou d'un fourrage vert ; cependant, dans le cas de recherches spéciales, il importe de doser séparément les matières solubles dans l'eau, les principes extractifs, gommes, résines, le sucre, l'ammoniaque et l'acide nitrique. Je vais donc indiquer les méthodes qui permettent d'exécuter ces différents dosages : la séparation et le dosage des divers principes immédiats azotés solubles ou insolubles et le dosage rigoureux de l'amidon présentent un intérêt particulier lorsqu'il s'agit d'analyses de fourrages faites en vue d'expériences physiologiques sur l'alimentation. On trouvera à la fin de ce chapitre l'indication de quelques-unes des méthodes qui ont été proposées, dans ces dernières années, pour effectuer ces divers dosages.

283. — **Détermination des matières solubles dans l'eau.** — On peut avoir recours à diverses méthodes pour enlever tous les principes solubles. Voici les meilleures :

1re *Méthode.* — Dans un vase de Bohême allant au feu, ou mieux, pour éviter l'attaque du verre, dans une capsule de platine d'un demi-litre, on place 20 grammes de fourrage séché à 70°, avec 250 à 350 centimètres cubes d'eau distillée, on fait bouillir pendant une demi-heure, on décante sur un filtre à aspirateur et l'on renouvelle cette opération huit à dix fois. Il est très-important de filtrer rapidement, en moins d'une journée au maximum, toute la liqueur provenant de cette opération, afin de prévenir l'altération quelquefois très-rapide du liquide. Généralement, 2 à 3 litres d'eau suffisent pour dissoudre complétement les matières solubles de 15 à 20 grammes de fourrage.

2e *Méthode.* — Dans l'appareil de Schlœsing, on place 10 à 15 grammes de fourrage et l'on procède absolument comme pour l'extraction de la graisse, en remplaçant l'éther par de l'eau et faisant plonger l'appareil dans un bain de chlorure de calcium. Cette méthode a l'avantage d'exiger un beaucoup moins grand volume de liquide; généralement, 500 à 700 centimètres cubes d'eau suffisent. On peut renouveler le liquide en démontant l'appareil et en remplaçant l'eau du ballon, déjà chargée de matières solubles, par de l'eau distillée.

Si l'on se propose de rechercher seulement la proportion de matières minérales et de substances azotées solubles dans l'eau, un dosage de cendres et un dosage d'azote effectués sur le fourrage séché à 100° avant l'épuisement, et sur le résidu après l'épuisement, permettent d'établir, par différence, le poids des matières minérales et protéiques que le fourrage cède à l'eau. Mais si l'on veut effectuer des dosages directs, on procède de la manière suivante :

284. — **Dosage direct des matières solubles.** — Le liquide total provenant de l'épuisement par l'une des deux méthodes indiquées plus haut est étendu à un volume déterminé ; supposons-le de 3 litres dans le premier cas, et d'un litre si l'on emploie l'appareil de Schlœsing.

On évapore avec soin au bain-marie, dans une petite capsule de platine, 200 ou 100 centimètres cubes de la liqueur limpide; quand le liquide est presque complétement à sec, on place la capsule dans un petit têt contenant du sable, et l'on achève la dessiccation à 100° ; on porte le tout sous le récipient de la machine pneumatique, au-dessus de l'acide sulfurique, et l'on pèse quand le sable est refroidi. On renouvelle cette opération en chauffant chaque fois à 100°, jusqu'à ce que la balance n'accuse plus de changement dans le poids de la capsule. D'ordinaire, deux ou trois pesées consécutives suffisent pour atteindre ce résultat.

Une simple proportion donne alors le taux pour 100 des matières solubles dans l'eau.

285. — **Dosage des cendres des matières solubles et de l'acide carbonique.** — On incinère avec précaution le résidu de l'évaporation des matières solubles; le poids du résidu donne le taux des cendres. Sur 600 milligrammes à 1 gramme de ce résidu, on dose l'acide carbonique par la méthode ordinaire.

286. — **Dosage des matières protéiques solubles.** — Dans une capsule de platine, on évapore 1000 ou 500 centimètres cubes; lorsque l'évaporation touche à sa fin, on ajoute peu à peu une petite quantité de sulfate de chaux, préalablement calciné, et l'on dessèche, à 95°, la masse pulvérulente bien mélangée. On l'introduit ensuite dans le tube à chaux sodée et l'on dose l'azote par la méthode ordinaire.

287. — **Dosage du sucre de glucose, de canne et des matières gommeuses.** — Un litre de dissolution aqueuse est évaporé rapidement dans une capsule de platine; la fin de l'évaporation se fait au bain-marie et dans un appareil à vide, si c'est possible. On reprend le résidu encore humide par de l'alcool à 85° et l'on fait bouillir au bain-marie; on décante et l'on répète le traitement par l'alcool jusqu'à ce que le liquide mis en contact avec le résidu reste incolore. On étend d'eau l'al-

cool filtré et l'on chasse l'alcool par évaporation au bain-marie. Quelquefois il est nécessaire de décolorer la solution aqueuse restant dans la capsule. On dose le sucre total par la liqueur cupro-potassique et par l'interversion, comme nous le verrons plus loin (*Analyse des betteraves et des pommes de terre*). — Le résidu insoluble dans l'alcool est formé des matières gommeuses ; on le dessèche à 100°. On le pèse et l'incinère avec précaution. La différence entre le poids du résidu sec et le poids des cendres trouvé correspond à l'acide pectique, pectose, etc.

288. — **Dosage de l'ammoniaque et de l'acide nitrique.** — Une partie de l'azote de la matière qu'on examine peut y exister à l'état de nitrate et d'ammoniaque. On dose ces deux composés par les méthodes indiquées dans l'analyse des engrais. Pour le dosage de l'ammoniaque, on concentre la liqueur aqueuse en présence de quelques gouttes d'acide sulfurique et l'on dose l'azote par la méthode de Schlœsing. Pour l'acide nitrique, il faut concentrer le liquide primitif de manière à le réduire, au bain de sable, à un volume de quelques centimètres cubes qu'on introduit dans l'appareil Schlœsing.

289. — **Analyse élémentaire.** — Dans quelques cas, il y a intérêt à faire l'analyse élémentaire du fourrage ou des divers résidus obtenus dans les traitements par l'eau, l'alcool ou l'éther. On y procède par la méthode précédemment décrite §§ 15 et suivants.

290. — **Appareil distillatoire de Schlœsing.** — Quand la recherche d'une très-faible quantité d'un corps dissous (comme c'est le cas dans l'analyse des principes solubles des fourages) nécessite l'élimination de grandes masses de liquide, on a recours ordinairement, ainsi que nous venons de le dire, à la vaporisation dans un ballon de verre, relié au besoin avec un serpentin, ou à l'évaporation dans une capsule de porcelaine ou de platine. Dans le

premier cas, l'attaque du verre par le liquide, à la température de l'ébullition, introduit dans la matière analysée des alcalis et de la silice; dans le second, l'opération exige beaucoup de temps, et l'on perd le liquide et les substances volatiles qu'il peut entraîner; d'ailleurs, dans l'un et l'autre cas, il peut arriver que le contact de l'air et la température trop élevée soient des causes d'altération des matières dissoutes. (*Analyse des jus de betterave, des liquides végétaux et animaux,* etc.)

L'attaque du verre, la perte du liquide et des autres corps volatils, et les altérations par l'air et la chaleur, sont évitées quand on distille dans le vide; mais alors l'opération exige, dans les conditions ordinaires, une longue durée. L'appareil imaginé par Schlœsing et représenté par la figure 45 permet de distiller dans le vide aussi rapidement que sous la pression atmosphérique.

Un ballon *b*, de 2 litres, où aura lieu la distillation, a un col étiré au diamètre de 12 à 15 millimètres, relié par du caoutchouc à un tube, T T′ T″, à trois branches; celles-ci ont aussi un diamètre de 12 à 15 millimètres. La branche T′ est reliée à un tube courbe, *t*, qui descend jusqu'au fond du ballon *b* et s'y termine en pointe effilée; l'autre extrémité de *t* reçoit un caoutchouc dans lequel est engagé un tube, *t′*, qui plonge dans un vase, V, où le liquide à évaporer sera versé par fractions successives; une pince, *p*, règle l'ouverture du caoutchouc. T″ est relié avec un serpentin en plomb, S, noyé dans un réfrigérant. La distillation devant se faire à basse température, la différence de température entre la vapeur et l'eau du réfrigérant sera faible; par conséquent, le serpentin devra présenter une surface relativement considérable: on lui donne 10 mètres de long, sur 18 à 20 millimètres de diamètre intérieur. En *q* est une tubulure de 1 centimètre de diamètre, portant un bout de tube en caoutchouc; son usage sera indiqué bientôt. Une trompe à mercure, Q, du modèle le plus simple, peut être mise en relation avec le serpentin au moyen d'un tube en plomb, *q*, étiré à la filière ; elle est destinée, non pas à faire le vide dans l'appareil, mais seulement à l'entretenir quand il aura été fait par un procédé plus expéditif ; elle remplit le rôle de la *pompe à vide* dans les appareils des sucreries. Elle appelle, avec les gaz dégagés en *b*, les liquides condensés dans le serpentin, liquides que l'on recueille en totalité, en coiffant l'extrémité du tube capillaire d'un entonnoir, *e*, relié à un tube qui conduit les liquides dans un vase, M. Enfin, un grand ballon, B, de 5 à 6 litres, surmonté d'un tube en verre, est placé sur un fourneau, dans le voisinage du serpentin, en sorte que l'extrémité du tube puisse être mise en relation avec le serpentin par la tubulure *v*.

Pour faire fonctionner cet ensemble, on procède de la manière suivante :

On verse, en *b*, 200 à 300 centimètres cubes d'eau distillée, et en B, 3 litres d'eau ordinaire ; on relie *b* à T par le caoutchouc *a*, et B à la tubulure *v* ; puis on chauffe les deux ballons : le tube *q* de la trompe est détaché du serpentin ; V est vide ; la pince *p* est fermée ; le réfrigérant ne contient pas d'eau. B et *b* étant arrivés à l'ébullition, l'air est chassé, d'abord de leur intérieur, puis progressivement du serpentin, à mesure qu'il s'échauffe ; enfin, la vapeur s'échappe de son extrémité. A partir de ce moment, on prolonge le chauffage pendant 5 minutes, après lesquelles on enfonce dans l'extrémité du serpentin le bouchon en caoutchouc du tube *q*, et aussitôt, pinçant d'une main le caoutchouc qui relie la tubulure *v* au tube du ballon, on en retire celui-ci pour le remplacer par un obturateur en verre ; après quoi, pour être assuré contre toute rentrée d'air de ce côté, on introduit la tubulure et son appendice dans un tube plein d'eau, suspendu par

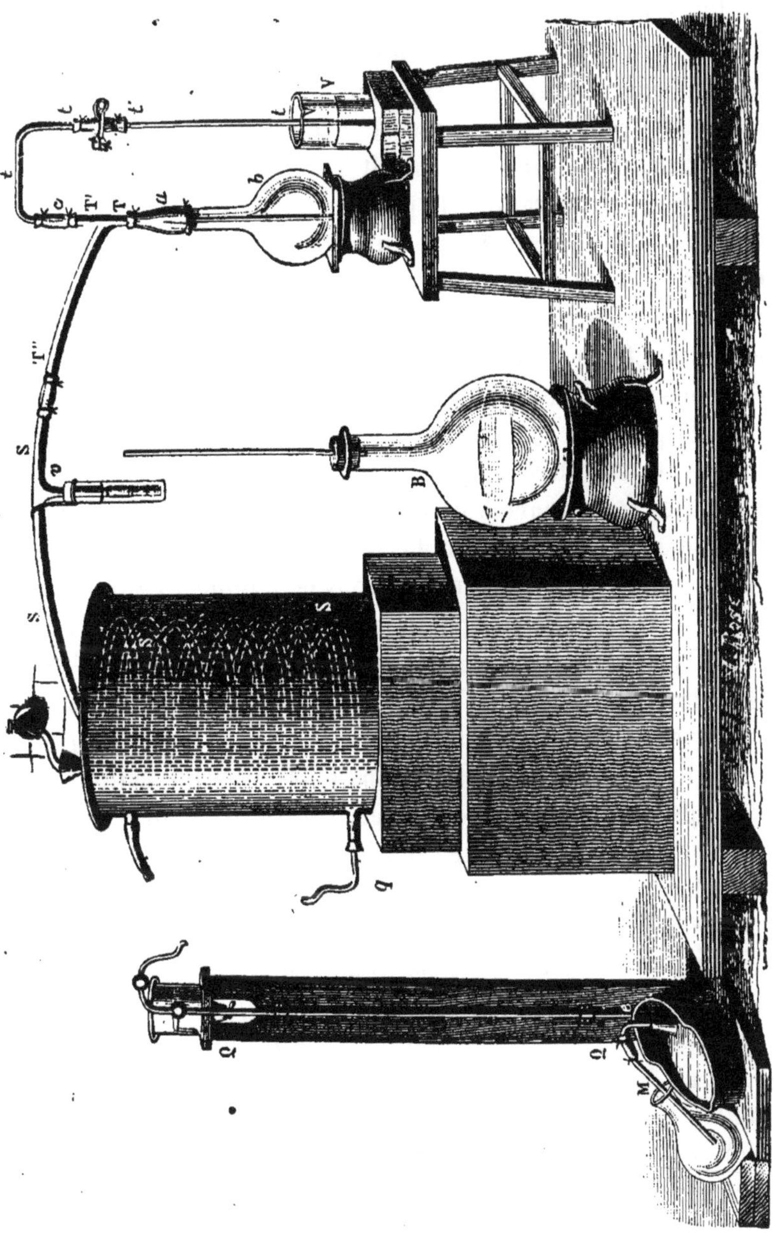

Fig. 45. — Appareil distillatoire de Schlœsing.

un fil de métal au tube SS. On éteint ensuite le feu sous le ballon *b*, et tout est prêt pour la distillation à exécuter. Après avoir rempli le réfrigérant d'eau versée à seau, et ouvert le robinet qui règle le renouvellement de l'eau autour du serpentin, on remplit V de liquide à distiller et on ouvre avec précaution la pince *p*; le liquide se précipite en *b* et y entre aussitôt en ébullition, grâce à un reste de chaleur. Quand il y a dépassé suffisamment le niveau d'une plaque de tôle percée d'un trou rond, sur laquelle repose le ballon et qui limite la surface de chauffe, on allume le feu sous *b* et on met la trompe à mercure en marche. Dès lors, l'opérateur n'a plus qu'à porter sa surveillance sur les points suivants : régler la pince *p* de manière que le niveau en *b* demeure à peu près constant ; alimenter V de liquide à distiller ; régler l'écoulement du mercure dans la trompe de telle sorte que tout le liquide distillé soit expulsé avec les gaz dégagés ; régler l'accès de l'eau dans le réfrigérant de telle sorte qu'il ne s'échauffe que d'un petit nombre de degrés.

On peut donner à la combustion, sous *b*, la même énergie que si l'on distillait dans l'air : avec un ballon de 2 litres, on arrive à volatiliser 1 litre et demi d'eau à l'heure. La seule cause de retard est la viscosité de certains liquides à la surface desquels se forme une mousse trop persistante. L'ébullition est constamment régulière si l'introduction du liquide est continue ; celui-ci contient toujours, en effet, assez de gaz dissous pour déterminer la vaporisation ; aussi l'extrémité effilée du tube d'introduction est-elle toujours le principal point de départ des bulles de vapeur. Il est assez curieux de voir une ébullition violente au-dessus d'un feu très-vif, et de sentir à peine une impression de chaleur quand on pose la main sur le ballon. Schlœsing a distillé ainsi, à diverses reprises, 5 litres d'eau d'égout en 2 heures, sans dépasser la température de 28°, alors que celle de l'eau versée dans le réfrigérant atteignait 18°, et sans perdre une quantité appréciable de l'ammoniaque vaporisée.

Quand la quantité de liquide à distiller est près d'être épuisée, on diminue progressivement le feu en même temps que l'alimentation et on règle l'un et l'autre de telle sorte que le ballon soit presque à sec quand la dernière goutte de liquide y pénètre ; le nouveau liquide arrive ainsi jusqu'au dernier moment, et tout soubresaut dangereux est évité ; mais pour s'opposer à l'échauffement des dépôts, il est nécessaire de restreindre de plus en plus la surface de chauffe, en remplaçant la plaque de tôle par d'autres plaques dont l'évidement est moindre.

Pour terminer l'opération, on retire du serpentin le bouchon du tube *q*, de manière à rendre l'air progressivement; puis on sépare du tube T le ballon *b*, dont le contenu est extrait par des décantations et rinçages; les matières précipitées adhèrent peu à la paroi ; les acides, les alcalis, du sable pesé, etc., sont employés, suivant les cas, pour en recueillir les dernières traces.

II. — GRAINS ET GRAINES. — TOURTEAUX. — PAIN. — FARINES. — SONS, ETC.

291. — Détermination des principes immédiats. — Les méthodes que nous venons de décrire pour l'analyse des fourrages bruts s'appliquent très-bien à l'examen des graines des diverses plantes, avoine, orge, maïs, millet, etc., qui entrent dans l'alimentation du bétail ; dans ces produits on dose l'eau, les cendres, la matière protéique, l'amidon et la cellulose bruts, par les procédés indiqués plus haut : je ne m'y arrêterai donc pas ; je me bornerai à rappeler que l'état de division de la matière soumise à l'analyse a une grande importance. Il est nécessaire, à l'aide du moulin et du mortier, de réduire en poudre fine (tamis de 0,001 de maille) la substance à analyser. Après l'avoir desséchée et avoir déterminé, une fois pour toutes, sa teneur en eau, on la broie, la tamise et la renferme dans des flacons bien bouchés. L'incinération des graines présente plus de difficulté que celle du foin, de la paille, etc. ; on commence par carboniser lentement, dans un creuset de platine fermé, un poids déterminé de la graine à analyser ; lorsque la matière est devenue noire (il est préférable d'opérer sur les grains entiers avant trituration au mortier ou au moulin), on la porte dans l'appareil décrit § 12 et l'on achève l'incinération dans un courant lent d'oxygène, en observant toutes les précautions indiquées au § 13.

292. — **Dosage des principes solubles dans l'eau.** — Dans certains cas, il est nécessaire de séparer et de doser les principes solubles à froid dans l'eau, tels que albumine, dextrine, sucre, matières minérales, etc. Voici comment il faut procéder. On prend 10 à 15 grammes de la matière pulvérisée qu'on triture dans un mortier en ajoutant progressivement de petites quantités d'eau distillée froide ; lorsque le broyage est complet, on décante le liquide trouble qui surnage la matière et l'on introduit celle-ci dans l'appareil à déplacement de Schlœsing (voir fig. 35, p. 331) qu'on alimente avec de l'eau distillée bouillie et refroidie. On enlève ainsi assez rapidement les substances solubles dans l'eau. On filtre ensuite le liquide, si cela est nécessaire, sur le filtre à succion qui a déjà reçu l'eau provenant de la trituration dans le mortier. On réunit les liquides provenant des deux traitements et l'on en mesure exactement le volume.

On fait trois parts égales de ce liquide. Dans la première on dose la substance sèche et les matières minérales en évaporant à sec, au bain-marie, le taux des cendres.

Le second tiers de la liqueur est concentré à consistance

sirupeuse, au bain-marie ; vers la fin de l'évaporation, on additionne le liquide d'un peu de plâtre, on dessèche à 100° et, dans le résidu, on dose l'azote par la chaux sodée.

Le dernier tiers du liquide est partagé en deux parties égales : dans l'une, on dose directement le sucre avec les précautions que j'indique à l'*Analyse des betteraves;* l'autre partie est chauffée à 108°, dans un flacon bouché, au contact d'acide sulfurique étendu (voir § 245) ; on dose ensuite le sucre, dont le taux représente la somme du sucre existant dans le liquide et du sucre provenant de la transformation de la dextrine, etc. En retranchant du poids total de sucre ainsi trouvé, celui du sucre dosé dans la précédente opération et multipliant par 0,90 la différence trouvée, on connaît le poids de la dextrine.

On éprouve souvent de la difficulté à obtenir des liqueurs limpides et à filtrer les liquides résultant de certains produits : vinasses, etc. L'addition en quantité convenable de tannin ou de gélatine, employés simultanément avec l'acétate de plomb, permet de clarifier les liqueurs et de les filtrer assez facilement sur les filtres à succion. Il faut avoir soin de maintenir toujours un excès d'acétate de plomb dans les liqueurs où l'on veut rechercher le sucre et la dextrine, afin d'assurer la séparation complète du tannin ou de la gélatine ajoutés, l'acide tannique se dédoublant, comme on le sait, sous l'influence de la chaleur et de l'acide sulfurique, en sucre et en acide gallique.

293. — **Dosage de l'amidon.** — Le procédé décrit § 245 s'applique parfaitement au dosage de l'amidon dans les farines, à la condition qu'on ait préalablement séparé le gluten. Pour cela, on lave, sur un filtre, 2 à 3 grammes de farine, d'abord à l'eau pure, puis avec de l'alcool chargé d'acide sulfurique, enfin de nouveau à l'eau distillée ; on perce ensuite le filtre et l'on réunit dans un matras toute la substance qu'il contenait ; on lave, on enlève les fragments

de papier et l'on traite les 100 ou 150 centimètres cubes de liquide tenant en suspension l'amidon, comme il est dit au § 245. On dose le sucre formé ; on multiplie par 0,90 le poids de sucre trouvé, et l'on a ainsi le taux de l'amidon contenu dans la farine.

L'appareil distillatoire de Schlœsing décrit § 290 s'applique également bien à l'évaporation des solutions aqueuses de ces fourrages.

III. — BETTERAVES A SUCRE. — BETTERAVES FOURRAGÈRES. TURNEPS. — SORGHO. — CANNE A SUCRE, ETC.

294. — **Choix de la méthode analytique.** — En admettant comme base des transactions dans la vente et l'achat des betteraves sucrières, la teneur de la plante en sucre, les agriculteurs et les industriels du nord de la France ont pris une décision équitable et très-favorable au progrès de la culture de la betterave. Les directeurs des stations agronomiques sont fréquemment consultés sur la richesse en sucre des betteraves à livrer à l'industrie et doivent, suivant les cas, recourir à des méthodes plus ou moins rigoureuses pour l'analyse de cette plante. Si on leur demande d'indiquer la richesse exacte de la racine, ils devront recourir au dosage direct du sucre par les méthodes chimique ou optique. Si, au contraire, le cultivateur ou l'industriel s'adressent au chimiste pour connaître le rendement approximatif, l'un des procédés rapides que je vais décrire répond suffisamment au but à atteindre.

295. — **Détermination approximative, par la densité, du taux de substance sèche et de sucre.** — Après avoir choisi, dans le lot de betteraves, un certain nombre d'échantillons représentant la moyenne du lot, comme grosseur et comme qualité, et avoir débarrassé

complétement chacune des betteraves de la terre qui y adhérait, on les divise, comme l'indique la figure 46, d'abord dans le sens de la longueur, puis en quatre parties égales en hauteur ; on réunit le deuxième fragment à partir du haut, *a*, de chacune des betteraves. Cette partie *a* possède très-sensiblement la densité moyenne de la racine à laquelle elle appartenait. Il suffit donc de déterminer la densité de ce fragment pour connaître celle de la betterave correspondante.

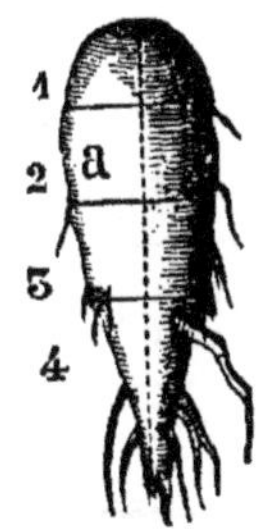

Fig. 46.

On détermine la densité des 10 à 15 échantillons obtenus, de la manière suivante : Dans un vase cylindrique d'une contenance de 5 à 6 litres, on verse, jusqu'à moitié de la hauteur du vase, une solution, saturée à froid, de sel marin, puis on place dans le vase les fragments *a*, *a*, *a*, des betteraves à essayer; on ajoute ensuite, par petites quantités et en agitant le liquide avec un bâton, de l'eau de source ou mieux de l'eau distillée, jusqu'à ce que la moitié des échantillons gagne la partie supérieure du vase, tandis que l'autre moitié tombe au fond. A l'aide d'un aréomètre, on prend la densité du liquide à ce moment. La table suivante permet d'obtenir, par une simple multiplication, le taux pour cent du sucre et celui de la substance sèche des betteraves, d'après leur densité.

Un exemple fera comprendre immédiatement l'usage de cette table : La densité moyenne des betteraves essayées, donnée par l'aréomètre, est, par exemple, 1,037. Ce nombre étant compris entre 1,035 et 1,039, c'est dans la colonne VII qu'il faut chercher le multiplicateur.

On aura le taux de la substance sèche en multipliant 1,037, densité moyenne des betteraves, par le facteur 16,5 inscrit dans la première ligne de la colonne VII. On a $1{,}037 \times 16{,}5 = 17{,}11$ p. 100 de substance sèche. —

De même, pour obtenir le taux pour cent de sucre, il suffira de multiplier 1,037 par le facteur 10,5 inscrit dans la ligne inférieure de la colonne VII. On trouvera ainsi $1{,}037 \times 10{,}5 = 10{,}89$ p. 100 de sucre.

Table de F. Krocker (¹).

	I	II	III	IV	V	VI	VII	VIII	IX	X	XI	XII
Substance sèche.	19.75	19.25	18.75	18.25	17.75	17.25	16.2	16	15	13.75	12.5	11.2[illegible]
Densité. .	1.070	1,064	1.059	1.054	1.049	1.044	1.039	1.034	1.029	1.024	1.019	1.01[illegible]
Densité. .	1.065	1.060	1.055	1.050	1.045	1.040	1.035	1.030	1.025	1.020	1.015	1.01[illegible]
Sucre . .	13.75	13	12.5	12	11.5	11	10.5	10	9.25	8.5	7.5	6.5

Cette méthode, due à F. Krocker, de Proskau, rend dans un grand nombre de cas des services réels ; elle a l'avantage de pouvoir être employée hors du laboratoire, dans les champs ou à l'usine, au moment de la livraison. Si les renseignements approximatifs qu'elle fournit sur la richesse en sucre des betteraves ne suffisent pas, on aura recours à la méthode chimique ou au saccharimètre.

296. — **Détermination du sucre par la densité du jus.** — La détermination du poids spécifique du jus fournit également des indications approchées qui répondent à la plupart des exigences industrielles. Voici comment on procède : A l'aide du foret Champonnois (²), représenté par la figure 45, on extrait la pulpe (50 à 60 grammes pour chaque betterave) en divers points des racines échantillonnées comme précédemment, de manière à représenter la moyenne du lot à analyser. On porte les 300 ou 400 grammes de pulpe, ainsi obtenus, sous une forte presse à percussion et l'on recueille le jus dans une

(¹) Cette table est calculée pour une température de 17° centig.
(²) Construit par Salleron, rue Pavée-au-Marais, 24.

I. — Dosage du sucre dans les betteraves.

CORRECTION DE LA TEMPÉRATURE.

Température.	Densités de 1000 à 1100. Influence moyenne de 1 degré.	Température.	Densités de 1000 à 1100. Influence moyenne de 1 degré.
	gr.		gr.
4 à 5	0,02	4 à 18	0,10
4 à 6	0,025	4 à 19	0,11
4 à 7	0,03	4 à 20	0,12
4 à 8	0,035	4 à 21	0,12
4 à 9	0,04	4 à 22	0,13
4 à 10	0,05	4 à 23	0,14
4 à 11	0,05	4 à 24	0,15
4 à 12	0,06	4 à 25	0,15
4 à 13	0,06	4 à 26	0,16
4 à 14	0,07	4 à 27	0,16
4 à 15	0,08	4 à 28	0,17
4 à 16	0,09	4 à 29	0,17
4 à 17	0,10	4 à 30	0,18

EXEMPLE : Un jus marque 1055 à la température de 22 degrés centigrades, soit : 22 — 4 = 18.

Le coefficient par chaque degré entre 4 et 22 est de 0.13.

Donc 18 × 0.13 = 2gr,3.

Donc 1055 + 2gr,3 = 1057, 3 à 4 degrés, l'eau étant 1000.

II. — Dosage du sucre dans les betteraves.

RAPPORT ENTRE LA DENSITÉ ET LA RICHESSE SACCHARINE DES JUS DE BETTERAVES.

Densité.	Sucre pour 100 centimètres cubes.	Densité.	Sucre pour 100 centimètres cubes.
1035	6.0	1064	13.6
1036	6.2	1065	13.8
1037	6.4	1066	14.1
1038	6.6	1067	14.3
1039	6.8	1068	14.5
1040	7.0	1069	14.7
1041	7.3	1070	15.0
1042	7.6	1071	15.3
1043	7.9	1072	15.6
1044	8.2	1073	15.9
1045	8.5	1074	16.2
1046	8.8	1075	16.5
1047	9.0	1076	16.8
1048	9.3	1077	17.0
1049	9.5	1078	17.3
1050	9.7	1079	17.5
1051	10.0	1080	17.7
1052	10.3	1081	18.0
1053	10.6	1082	18.3
1054	10.9	1083	18.7
1055	11.2	1084	19.0
1056	11.5	1085	19.3
1057	11.8	1086	19.6
1058	12.0	1087	20.0
1059	12.3	1088	20.3
1060	12.5	1089	20.7
1061	12.8	1090	21.0
1062	13.1	1091	21.5
1063	13.3		

éprouvette : on plonge l'aréomètre Balling dans le jus et on lit sur la tige, doublement graduée, de l'instrument la densité du jus et sa teneur correspondante en sucre. Je me suis maintes fois assuré par des dosages directs du sucre, faits sur le liquide dont j'avais pris la densité, que les indications de l'aréomètre Balling sont presque rigou-

Fig. 47.
Foret Champonnois.

reusement exactes, quant à la détermination du taux du sucre dans les jus de betteraves. On peut aussi employer un aréomètre ordinaire et consulter les tables I et II ci-contre.

297. — **Méthode chimique de dosage du sucre**. — Les procédés que je viens de décrire suffisent, dans la plupart des cas, pour le dosage du sucre dans la betterave, mais les résultats qu'ils fournissent ne sont qu'approchés et, si l'on veut connaître la quantité exacte du sucre renfermé dans la betterave, il faut avoir recours soit à la méthode chimique, soit à la saccharimétrie optique.

Avec le foret Champonnois, on prépare 300 à 400 grammes de pulpe, en opérant sur 10 ou 15 betteraves. On mélange intimement cette pulpe et l'on en pèse 10 grammes. Avec de l'alcool à 36°, on épuise complétement ces 10 grammes et l'on évapore à sec, au bain-marie, le liquide provenant de l'épuisement (on peut opérer par distillation dans un matras et recueillir ainsi la majeure partie de l'alcool employé). Le résidu est formé de chlorures, nitrates, résines, acides organiques et sucres. On le reprend par l'eau, on filtre la solution, on l'étend à un volume déterminé, 200^{cc} par exemple, et, après interversion, l'on dose le sucre par la liqueur cupro-potassique. On opère sur 20 à 50 centimètres cubes, suivant la richesse présumée des betteraves en ce principe immédiat.

298. — **Liqueur cupro-potassique.** — La liqueur cupro-potassique à laquelle je donne la préférence, en raison de son inaltérabilité très-grande, est celle de Neubauer et Vogel. On la prépare de la manière suivante : On pèse 34^{gr},65 de sulfate de cuivre pur et sec [1], on les dissout dans 200 centimètres cubes d'eau distillée et l'on mélange cette liqueur avec une solution de 173 grammes de tartrate double de soude et de potasse pur (sel de Seignette), dans 480 centimètres cubes de lessive de soude de 1,14 de densité. On agite le mélange et on l'étend d'eau distillée, à la température de 15° centigrades, de manière à obtenir un litre de liquide.

10 centimètres cubes de cette liqueur correspondent théoriquement à 0^{gr},05 de sucre de glucose supposé sec.

Si l'on opère par la méthode des volumes, avec cette liqueur titrée, il faut toujours vérifier le titre du liquide

---

[1] On peut purifier le sulfate de cuivre du commerce en le dissolvant dans l'eau, chauffant la solution après addition d'une petite quantité d'acide nitrique, et faisant cristalliser à plusieurs reprises, par dissolutions successives dans de l'eau acidulée par l'acide sulfurique. On broie la masse cristalline et l'on dessèche le sulfate purifié, à l'aide de papier buvard, entre les feuilles duquel on le comprime.

cupro-potassique, ce qu'on fait le mieux de la manière suivante, d'après les indications de Pillitz :

On pèse 2 grammes de sucre candi blanc, finement pulvérisé et bien sec, on les dissout dans 35 ou 40 centimètres cubes d'eau très-légèrement acidulée, préparée en employant 1,8 à 2 centimètres cubes d'acide sulfurique hydraté de 1,12 de densité pour un litre d'eau. On chauffe cette dissolution dans un tube fermé, placé dans un bain de paraffine, maintenu pendant 3 heures entre 130° et 135°. L'interversion du sucre est *complète* au bout de ce temps. On étend d'eau à un volume déterminé, de façon à obtenir une dissolution contenant seulement 0,25 p. 100 de sucre [1], et l'on contrôle le titre de la liqueur de Neubauer et Vogel en suivant les précautions que je vais indiquer.

299. — **Titrage de la liqueur**. — Comme essai préliminaire, dans une capsule de porcelaine on verse 10 centimètres cubes de la liqueur cupro-potassique et 40 à 50 centimètres cubes d'eau distillée. On porte le liquide à l'ébullition et l'on y verse, goutte à goutte, à l'aide de la burette de Gay-Lussac, la solution, à un titre connu, de sucre interverti. On ajoute de la liqueur sucrée tant qu'il y a réduction du sel de cuivre (précipitation de protoxyde de cuivre); on s'arrête au moment où l'addition d'une goutte de liquide sucré ne produit plus de trouble; la liqueur de la capsule doit alors être incolore. On filtre quelques gouttes du contenu de la capsule, on acidule avec l'acide chlorhydrique ou l'acide acétique le liquide filtré, et, par l'addition d'une goutte de ferro-cyanure de potassium, on s'assure que tout le cuivre a disparu de la

[1] Les dissolutions sucrées à analyser ne doivent jamais renfermer plus de 0.5 p. 100 de sucre; on étend les liquides en conséquence pour obtenir des solutions ne dépassant pas cette richesse.

liqueur. S'il se produit du cyanure de cuivre, on ajoute quelques gouttes de liqueur sucrée dans la capsule. Si, pour atteindre la réduction complète, on a employé exactement 10 centimètres cubes de liquide sucré (correspondant à 0,05 de sucre interverti), comme on peut craindre d'avoir ajouté plus de liquide sucré qu'il n'en fallait pour la réduction complète des 10 centimètres cubes de liqueur cupro-potassique, on répète l'essai sur 10 centimètres cubes de liqueur cupro-potassique étendue à 50 centimètres cubes, en employant tout de suite 10 centimètres cubes de liqueur sucrée ; on répète l'essai au cyano-ferrure de potassium : si le liquide filtré est exempt de cuivre, on procède à un troisième essai en n'ajoutant d'abord que $9^{cc},6$, par exemple, de liqueur de Neubauer, puis un quatrième avec $9^{cc},8$ et l'on arrive, par tâtonnements, à fixer exactement le titre de la liqueur cupro-potassique. Cette méthode s'applique également au dosage du sucre de raisin dans un liquide quelconque, moût, vin, urine diabétique, etc.

300. — **Dosage du sucre de glucose par pesée.** — La méthode par liqueur titrée donne de très-bons résultats lorsqu'elle est bien appliquée ; je lui préfère cependant le procédé qui consiste à peser le cuivre réduit par le sucre et à en déduire le poids du sucre existant dans le liquide à analyser. Voici comment il faut procéder :

Dans une capsule de porcelaine, on verse 20 centimètres cubes de liqueur de Neubauer qu'on additionne de 50 centimètres cubes d'eau distillée, puis on ajoute 20 ou 30 centimètres cubes, suivant les cas, du liquide dans lequel on veut doser le sucre. On porte le tout à l'ébullition pendant deux minutes, une partie du liquide cupro-potassique est réduite, mais la liqueur surnageante doit conserver une teinte bleue bien marquée. On recueille sur un filtre à plis le protoxyde de cuivre ainsi formé (la liqueur doit être filtrée bouillante), on lave rapidement à l'eau chaude, on dessèche le filtre, on l'incinère dans une nacelle et l'on réduit l'oxyde de cuivre par un courant d'hydrogène pur (A. Girard) : on pèse le cuivre réduit. En multipliant le poids trouvé de ce métal par le facteur 0,569, on a le poids du sucre de glucose existant dans le volume de liqueur sucrée sur lequel on a opéré. Ce poids, multiplié par le facteur 0,95, donne le poids correspondant du sucre de canne.

301. — **Dosage des deux sucres.** — Les deux méthodes précédentes font connaître seulement le taux de sucre de canne ; les betteraves renferment, en outre, des traces de sucre de raisin presque toujours négligeables. D'autres plantes, au contraire, contiennent à la fois, en quantité notable, l'une et l'autre espèce de sucre.

Dans ce cas, deux dosages successifs font connaître les quantités respectives de chacun des sucres. Le premier s'effectue comme nous venons de le dire, en ayant soin toutefois de ne pas porter la liqueur sucrée à l'ébullition (on la maintient entre 70° et 80°).

Le poids du cuivre réduit donne le sucre de raisin tout formé. On intervertit le sucre de canne sur une autre portion de liquide (20 à 30 centimètres cubes par exemple) à l'aide de la chaleur et d'eau acidulée (§ 298) et l'on dose, par le cuivre, la somme du sucre de raisin préexistant et du sucre de glucose produit par interversion : une simple soustraction fait connaître le taux du sucre de raisin correspondant au sucre de canne. En multipliant par 0,950 le poids du sucre de glucose trouvé, on obtient le poids du sucre de canne correspondant.

302. — **Recherche de traces de glucose**. — Barfoed (1) a indiqué le procédé suivant pour constater la pré-

(1) *Lehrbuch der organischen qualitativen Analyse.* In-8°. Kopenhague, 1881.

sence de très-minimes quantités de glucose en mélange avec beaucoup de sucre de canne, de dextrine, etc. : La liqueur à essayer est additionnée de quelques gouttes d'acétate de cuivre contenant un léger excès d'acide acétique. On porte à l'ébullition, on retire immédiatement du feu et l'on abandonne le mélange à lui-même pendant deux à trois heures.

Si le liquide renferme une trace de glucose, au bout de ce temps il s'est formé un précipité manifeste de protoxyde de cuivre. La dissolution d'acétate se prépare de la manière suivante : Une partie, en poids, d'acétate de cuivre cristallisé est dissoute dans 15 parties d'eau ; à 200 centimètres cubes de cette solution on ajoute 5 centimètres cubes d'acide acétique (à 38 p. 100 d'acide anhydre).

303. — **Saccharimétrie optique.** — Nous supposerons connus de nos lecteurs la théorie et le maniement du saccharimètre, pour lesquels nous les renverrons d'ailleurs aux traités d'optique. Nous nous bornerons ici à décrire le saccharimètre à pénombres de Dubosq frères, auquel nous donnons la préférence [1], et à rappeler, d'après Clerget, la préparation des liqueurs qui servent aux mesures saccharimétriques.

Le principe sur lequel repose la construction du saccharimètre à pénombres a été imaginé par Jellet, et ce sont les frères Dubosq qui, les premiers, l'ont appliqué en France à la construction d'un saccharimètre pratique. L'emploi de la lumière monochromatique a été suggéré aux constructeurs par Cornu. C'est seulement par l'emploi de cette lumière que la méthode des pénombres a pu acquérir toute sa sensibilité.

Pour éviter de nouvelles études aux chimistes qui ont

---

[1] 21, rue de l'Odéon, à Paris.

l'habitude de se servir du saccharimètre Soleil, les constructeurs ont donné au saccharimètre à pénombres la même division qu'à l'ancien saccharimètre. On a ainsi deux instruments qui se complètent et peuvent se vérifier réciproquement.

Le saccharimètre à pénombres ne présente plus à l'œil deux couleurs différentes à comparer, mais deux intensités sensiblement différentes d'une seule et même couleur, ce qui permet à l'organe visuel d'en reconnaître bien plus exactement les moindres variations. Il faut encore ajouter que, par la construction même de l'appareil polarisateur, les variations d'intensité des deux moitiés du champ lumineux sont très-rapides pour de très-petits changements angulaires de l'analyseur, ce qui permet de saisir avec plus d'exactitude le point de l'égalité et par conséquent l'angle exact dont le sucre a fait tourner le plan de polarisation des rayons simples incidents.

Afin d'avoir de la lumière simple (ce qu'il serait assez difficile d'obtenir autrement), on place devant le saccharimètre une flamme à gaz brûlant à bleu, qu'on obtient facilement avec un brûleur dit *de Bunsen* dans lequel on a introduit assez d'air pour en faire disparaître la partie la plus lumineuse. On plonge et l'on maintient dans cette flamme, pendant toute la durée des expériences, une petite corbeille en platine contenant un sel de soude (le sel de cuisine fondu, par exemple). Il se produit de la sorte une lumière jaune sensiblement homogène et assez vive pour que l'œil puisse en apprécier les moindres variations sans en être ébloui.

Quand on veut employer le saccharimètre, il est bon d'éliminer toute lumière étrangère, en opérant dans un endroit éclairé seulement par la flamme jaune du sodium.

On commence alors par disposer l'axe de l'instrument dans la direction de la flamme, laquelle doit être placée à 15 centimètres environ de l'appareil, en interposant le tube rempli d'eau pure entre le polariseur tourné vers la lumière et l'analyseur tourné vers l'œil.

Fig. 48. — Saccharimètre à pénombres de Dubosq.

On amène ensuite le zéro du vernier en coïncidence avec le zéro du cercle divisé, et l'on observe attentivement si les deux moitiés du disque éclairé, qu'on voit à travers la petite lunette oculaire, mise au point pour l'œil de l'ob-

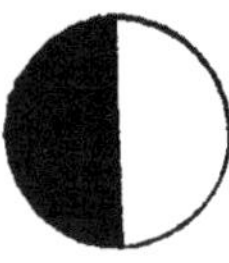

Fig. 49.

Fig. 50.

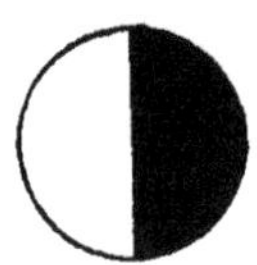

Fig. 51.

servateur de manière à distinguer nettement la ligne de séparation de ces deux moitiés, paraissent avoir absolument la même pénombre (fig. 50).

Si le disque n'avait pas la même pénombre des deux côtés de sa ligne moyenne (fig. 49 et 51), on rectifierait l'instrument en tournant un peu dans un sens ou dans l'autre le bouton moletté O qui se trouve sur le côté de la petite lunette et qui agit sur un prisme de Nicol situé au-devant de l'objectif. Une fois le disque ramené à l'égalité de ton dans toute sa surface, le zéro du vernier étant bien sur le zéro du cercle, on peut procéder à l'étude des solutions sucrées.

Il faut pour cela préparer ces solutions comme s'il s'agissait de l'ancien saccharimètre, et en remplir le tube qui se trouve entre le polariseur et l'analyseur de l'instrument. Le tube une fois rempli et remis en place, on remet l'œil à la lunette et l'on voit que l'égalité de ton des deux demi-disques n'existe plus, l'une de ces deux moitiés paraissant plus éclairée que l'autre. On saisit alors le bouton moletté P, qui est au bout de l'alidade du cercle gradué et, en le tournant doucement d'un côté, on observe si l'inégalité de ton des lunules augmente ou diminue. Si cette inégalité augmente, il faut tourner en sens opposé; si elle diminue, on n'a qu'à la faire disparaître en tournant très-lentement le bouton jusqu'à ce que l'œil ne distingue plus de différence entre les deux pénombres accolées.

L'appareil étant construit plus spécialement pour l'étude du sucre cristallisable, on peut même s'épargner le petit tâtonnement dont nous venons de parler, en faisant mouvoir immédiatement l'alidade du côté qui porte l'indication : « Sucre cristallisable ».

Il est toujours facile d'obtenir de la sorte l'égalisation lumineuse du champ. Le nombre de la partie supérieure du limbe divisé devant lequel s'arrête le zéro du vernier exprime alors, sans autres calculs, comme dans le saccharimètre Soleil, la quantité de sucre cristallisable contenue dans la dissolution. Ce mode de graduation du saccharimètre à pénombres a été imaginé et appliqué d'abord par J. Dubosq.

La division en degrés qu'on voit à la partie inférieure du cercle est destinée aux recherches de laboratoire, et permet d'exprimer en degrés et fractions de degré l'angle dont la matière soumise à l'étude a fait tourner à droite ou à gauche le plan de polarisation primitif de la lumière incidente. Il est inutile de lire ces indications dans les essais industriels.

A défaut de gaz d'éclairage et de brûleur de Bunsen, on peut employer une lampe éolipyle, qu'on peut facilement se procurer chez divers constructeurs.

Si l'on employait pour les observations soit la lumière solaire, soit celle d'une lampe ordinaire ou du gaz d'éclairage ou de toute autre source qui ne serait pas monochromatique, on ne parviendrait jamais à égaliser la pénombre des deux demi-disques du champ, parce que l'analyseur en tournant éteindrait toujours du même coup une couleur différente dans chaque demi-disque, et y laisserait par conséquent subsister un mélange complémentaire différemment coloré.

Les divisions du cadran ne doivent être éclairées que par la lumière de la lampe réfléchie par le petit miroir placé sur le côté de la loupe à lire les divisions; toute lumière directe ferait paraître les divisions noires.

Par suite des changements brusques de température, le polariseur A se couvre quelquefois d'une couche d'humidité qui nuit à l'exactitude des analyses; dans ce cas, il faut essuyer les verres avec un linge très-doux et remettre le polariseur bien à sa place.

304. — **Préparation des dissolutions sucrées.** — Les procédés que nous allons résumer succinctement ont été formulés et publiés d'abord par Clerget.

1° *Dissolution normale de sucre pur.* — Une dissolution dans l'eau de 16gr,35 de sucre candi parfaitement sec et pur, étendue d'eau de manière à occuper un volume de 100 centimètres cubes, et observée dans un tube de 20 centimètres de longueur, marque au saccharimètre 110 degrés. Pour préparer cette dissolution normale, il convient de se servir d'un petit ballon jaugé à l'avance, ou sur le col duquel on a marqué un trait que le liquide doit atteindre pour que son volume soit exactement égal à 100 centimètres cubes.

2° *Dissolution de sucres bruts du commerce.* — On prend 16gr,35 du sucre à essayer, on le broye dans un mortier, on l'introduit dans le matras avec une certaine quantité d'eau, et l'on agite jusqu'à ce que tout le sucre soit dissous. Si la teinte de la dissolution est trop foncée, ou si elle n'est pas assez transparente, on la clarifie en versant dans le matras 2 ou 3 centimètres cubes d'une solution saturée de *sous-acétate de plomb ;* on ajoute de l'eau jusqu'à ce que, le niveau du liquide affleurant le trait, son volume soit bien de 100 centimètres cubes; on agite le mélange pour favoriser la combinaison de l'oxyde de plomb avec les principes qui coloraient le liquide, et l'on filtre.

La solution est alors toute préparée, et, pour faire l'analyse du sucre, il suffit d'en remplir le tube et de fermer ce tube, en faisant bien adhérer la plaque de verre qui le termine; on visse ensuite la virole de cuivre qui retient la plaque, mais avec précaution, pour ne pas comprimer cette plaque, ce qui pourrait lui communiquer la propriété de donner à la lumière des teintes dont la production altérerait les résultats de l'analyse.

3° *Solution sucrée invertie, et détermination définitive du titre à l'aide des tables de Clerget.* — Après la première observation faite, comme on vient de le dire, avec le tube, il est resté dans le matras, contenant 100 centimètres cubes, une certaine quantité de liquide ; on prend alors un second matras marqué de deux traits de jauge, indiquant le premier une capacité de 50 centimètres cubes, le second une capacité de 55, de telle sorte que la partie comprise entre les deux traits ait une capacité de 5 centimètres cubes ; on verse dans ce matras ce qui reste de la solution sucrée, jusqu'au niveau du premier trait, ou 50 centimètres cubes ; puis on ajoute de l'acide chlorhydrique pur et fumant, jusqu'au second trait, ce qui fait, en volume, un dixième d'acide pour 1 de solution sucrée ; on plonge un thermomètre dans le ballon et l'on fait chauffer au bain-marie ; quand le thermomètre marque 68 degrés, on s'arrête, on laisse le liquide se refroidir, on le filtre s'il n'est pas assez transparent : il est alors tout prêt pour être versé dans le 2e tube, afin de recommencer l'opération avec le saccharimètre. L'action exercée par l'acide chlorhydrique a modifié la nature de la solution sucrée ; aussi, quand on a introduit dans le saccharimètre le tube de 0m,22 de longueur au lieu du tube de 0m,20 de longueur, l'égalité des pénombres est détruite, et pour la ramener, il faut faire tourner le grand bouton horizontal, non plus de droite à gauche ou vers la gauche, mais de gauche à droite ou vers la droite. Quand l'uniformité de teinte des pénombres sera rétablie, on verra sur la portion droite de la règle divisée à quel trait ou à quelle division correspond l'aiguille ou index, et l'on notera le nombre de cette division, en écrivant à côté le nombre de degrés marqué par le thermomètre du tube de 0m,22 au moment de l'opération.

Voici maintenant ce qui reste à faire pour obtenir définitivement le titre du sucre essayé. Admettons, pour fixer les idées, que le nombre donné par la première opération faite sur la solution naturelle directe soit 75 ; que le nombre donné par la seconde opération faite sur la solution acidifiée et invertie soit 21 ; et que l'on ait opéré à la température de 12 degrés; on fera la somme des deux nombres 75 et 21, ce qui donne 96 ; on cherchera dans la table de Clerget qui accompagne les saccharimètres livrés par Dubosq, sous le chiffre 12°, ou dans la troisième colonne correspondant à la température de 12 degrés, le nombre le plus voisin de 96 : on trouve que c'est 95,6 ; on suit alors la ligne horizontale dont le chiffre 95,6 fait partie, et l'on trouve : 1° dans la colonne A, le chiffre 70 pour 100 du sucre cristallisable pur ; 2° dans la colonne B, le chiffre 114,45, placé à côté de 70, et qui indique que la solution sucrée sur laquelle on a opéré renferme par litre 114gr,45 de sucre pur.

En général, pour obtenir, en poids ou en volume, le titre d'un sucre quelconque observé deux fois, c'est-à-dire directement et après l'interversion, et pour lequel le saccharimètre a donné deux nombres, le premier sur la gauche, le second sur la droite de la règle divisée, on ajoute ces deux nombres ; puis dans la table de Clerget qui accompagne l'appareil, on cherche, sous le chiffre correspondant à la température de l'observation donnée par le thermomètre du tube de 0m,22, le nombre qui s'approche le plus de leur somme ; et, suivant de l'œil la ligne horizontale sur laquelle se trouve ce nombre, on y rencontre : 1° dans la colonne A, le nombre de centièmes de sucre pur et cristallisable contenu dans le sucre essayé, ou son titre ; 2° dans la colonne B, le nombre de grammes et de centigrammes de sucre contenus dans 1 litre de la dissolution analysée.

Certaines substances saccharifères contiennent, avec du sucre cristallisable, un principe qui agit dans le même sens que ce sucre, mais dont l'action n'est pas modifiée par les acides. Il peut arriver, dans ce cas, que les indications données par l'index de la règle divisée soient situées toutes deux sur la gauche, et non plus la première à gauche, la seconde à droite du trait zéro. Pour obtenir alors la richesse ou le titre de la solution, il faudra prendre non plus la somme, mais la différence des deux nombres, et opérer avec cette différence comme on opérait avec la somme. Exemple : si, avant l'inversion, on a obtenu 80 à gauche, et après l'inversion, 26 encore à gauche, à la température de 20 degrés, on prend la différence 54 de ces deux nombres, on cherche dans la colonne verticale marquée 20° le nombre 54,6 qui diffère le moins de 54, on suit la ligne horizontale passant par ce nombre, ce qui conduit : 1° dans la colonne A, au nombre 40; 2° dans la colonne B, au nombre 65,40; ce qui indique que la substance donnée contient 40 p. 100 de sucre, et que la solution essayée renferme par litre 65^gr^,40 de sucre.

Quand on n'a pas fait l'inversion, et que l'on s'est borné à une seule observation avec le tube de 0^m^,20, parce que l'on était sûr d'avance que la substance à essayer ne renfermait que du sucre cristallisable, le nombre lu sur la règle divisée du saccharimètre exprime immédiatement le nombre de centièmes de sucre pur et cristallisable contenu dans le sucre observé, et les chiffres placés à côté de ce nombre, dans la colonne B de la table de Clerget, donnent le poids en grammes et en centigrammes du sucre pur contenu dans 1 litre de la dissolution.

Si, par surcroît de précaution, on opérait une seconde fois après inversion sur un liquide ne contenant que du sucre cristallisable, la table de Clerget donnerait les mêmes nombres que la lecture directe, ainsi que chacun peut le vérifier facilement. Supposons, par exemple, qu'on ait opéré avec la solution normale de sucre pur à la température de 12 degrés. On trouvera, comme nous avons dit, avant l'inversion, par la première opération directe, 100 sur la gauche, et, après l'inversion, 38 sur la droite ; la somme de ces deux nombres est 138 ; on descend donc dans la colonne 12° jusqu'à ce qu'on ait rencontré le nombre 138, et à l'extrémité de la ligne horizontale passant par ce nombre on trouve dans la colonne A 100, et dans la colonne B 163,50 ; d'où l'on conclut que le sucre essayé contient 100 p. 100 de sucre pur, et la solution 163^{gr},50 par litre, ou, si l'on veut, 16^{gr},35 par décilitre (100 centimètres cubes), comme on le savait *à priori*.

4° *Solution de mélasses et analyse de mélasses.* — On met dans une capsule de porcelaine un poids de mélasse triple de la quantité de sucre pur ou brut employé dans les préparations précédentes, soit 49^{gr},05 au lieu de 16^{gr},35 ; on la délaye, en ajoutant successivement de petites quantités d'eau ; on verse le tout dans un matras jaugé à 300 centimètres cubes, on ajoute encore de l'eau, on agite, et quand tout est dissous, on complète le volume de 300 centimètres cubes en ajoutant assez d'eau pour que le liquide affleure le trait. On étend sur un filtre 80 centimètres cubes de noir animal en grains fins, on verse sur le filtre toute la liqueur ; quand le vase placé sous le filtre contient un volume de liquide à peu près égal au volume de charbon employé, on le vide dans un autre vase et l'on ne conserve que le reste de la filtration, que l'on reverse dix ou douze fois sur le noir animal, jusqu'à ce qu'il soit aussi décoloré que possible. On en verse dans un ballon à double jauge avec deux traits (qui indiquent l'un 200, l'autre 220 centimètres cubes), jusqu'au niveau du trait 200, et l'on ajoute de la dissolution saturée de *sous-acétate de plomb* jusqu'au trait 220 ; on agite et l'on verse de nouveau sur un filtre couvert de 60 centimètres cubes de noir animal ; on met à part et l'on néglige les 60 premiers centimètres cubes de liquide filtré, et il reste à peu près 160 centimètres cubes de liqueur bien décolorée et avec laquelle on opère, d'abord directement, en remplissant le tube de $0^m,20$, puis, après inversion, en remplissant le tube de $0^m,22$. Si la quantité de liquide restant est insuffisante, on reprend, pour l'ajouter, avant d'aciduler, la solution du tube de $0^m,20$ qui a servi à l'opération directe.

5° *Analyse du jus de canne à sucre ou vesou.* — Prenez 200 grammes de canne à sucre coupée par tranches, comprimez-les dans une petite presse métallique et versez le jus sortant, ou *vesou,* dans un ballon à double trait, jaugeant, le premier 100, le second 110 centimètres cubes; le niveau du jus affleure avec le premier trait ; ajoutez 10 centimètres cubes de *sous-acétate de plomb ;* agitez et filtrez. Il convient, pour tenir compte, dans l'observation, de l'augmentation de volume produite par le sel de plomb, de substituer au tube long de 20 centimètres, un tube semblable, long de 22 centimètres.

En général, si, dans le cas où l'on ajoute un dixième soit de liquide décolorant, soit d'acide chlorhydrique, on ne prenait pas cette précaution d'opérer avec un tube de 22 centimètres, il faudrait augmenter d'un dixième le titre trouvé, pour tenir compte de l'augmentation de volume.

6° *Analyse du jus de betteraves.* — On opère comme avec la canne à sucre ; on substitue aux 200 grammes de canne, 200 grammes de pulpe de betterave râpée au foret Champonnois (fig. 47, p. 417) et pressée en deux fois, ou par 100 grammes, dans un linge et lentement. Il sera plus prudent de faire deux opérations avec le saccharimètre, l'une directe, l'autre après inversion; car la betterave contient ordinairement d'autres matières sucrées ou actives que le sucre cristallisable.

REMARQUE IMPORTANTE. — A défaut de la table de Clerget, voici comment on calcule le pouvoir rotatoire et la richesse en sucre de la solution essayée. Soient T la température à laquelle on opère ; S, la somme ou la différence des déviations avant et après l'inversion (la somme, si les déviations sont de sens contraire ; la différence, si elles sont de même sens) ; P, le pouvoir rotatoire ; R, la richesse saccharine ou la quantité de sucre contenue dans 1 litre de la solution. On a :

$$P = \frac{200\ S}{288 - T}; \qquad R = \frac{P \times 16^{gr}.350}{10} = P \times 1^{gr},635.$$

Exemple : A la température de 15 degrés, la déviation avant l'inversion était + 75 ; après l'inversion, + 20 ; on aura : S = 95 ; P = 69,597 ; R = 113gr,79 ; la table donne 70 et 114gr,45.

7° *Analyse des urines diabétiques.* — On verse dans le ballon à deux jauges, marquant 100 et 110 centimètres cubes, 100 centimètres cubes d'urine, on ajoute 10 centimètres de *sous-acétate de plomb ;* si la transparence n'est pas assez grande, on filtre le liquide et on en remplit le tube de 20 centimètres, ou mieux le tube de 22 centimètres. Pour ramener l'uniformité de teinte, il faut tourner à gauche, comme pour le sucre ordinaire.

Le pouvoir du sucre de diabète est à celui du sucre cristallisable comme 73 est à 100 ; par conséquent, 1 partie de l'échelle divisée correspond dans ce cas à 2gr,240 de sucre par litre d'urine. Il faut donc multiplier le nombre lu sur l'échelle divisée par 2gr,24 pour obtenir la quantité de sucre contenu dans 1 litre d'urine.

305. — **Colorimètre de Dubosq.** — Dans les laboratoires où l'on a fréquemment à examiner des produits

de l'industrie sucrière et notamment des mélasses, l'emploi du colorimètre est très-commode et permet souvent une notable économie de temps. Cet appareil, qui sert à mesurer l'intensité de coloration des liquides vus par transparence, intensité qu'il est très-difficile, pour ne pas dire impossible, d'évaluer directement à l'œil sans le secours d'un instrument, peut recevoir dans un laboratoire agricole diverses applications. Je crois utile, en conséquence, de décrire l'instrument imaginé et construit par J. Dubosq [1]. C'est celui dont on se sert à la Station agronomique de l'Est, de préférence à tout autre, son maniement étant facile et les résultats qu'il fournit ne laissant rien à désirer sous le rapport de l'exactitude. Les figures 52 et 53, qui donnent une vue perspective et une coupe schématique du colorimètre, permettent d'en saisir aisément les dispositions principales et le maniement.

Le colorimètre Dubosq présente simultanément à un seul œil deux espaces en contact, éclairés par une des deux lumières colorées à comparer, ce qui rend les comparaisons extrêmement faciles et d'une grande sûreté.

Un miroir M, porté par le socle de l'instrument et qu'on peut incliner à volonté, permet d'éclairer également les deux couches liquides qu'il s'agit de comparer. Ces couches sont contenues dans deux récipients tubulaires C, C′ à axe vertical, dont le fond est fermé par deux glaces planes. Afin de faire varier à volonté l'épaisseur des colonnes liquides que la lumière doit traverser, on a placé dans les récipients C, C′ deux plongeurs cylindriques T, T′ composés de deux cylindres massifs en verre dont les faces supérieure et inférieure sont planes et parallèles.

Ces deux plongeurs peuvent être amenés par leurs fa-

---

[1] 21, rue de l'Odéon, à Paris.

ces inférieures en contact avec le fond en glace des récipients à liquide C, C′ et l'on peut les en éloigner plus ou moins, en faisant glisser les bras horizontaux qui les

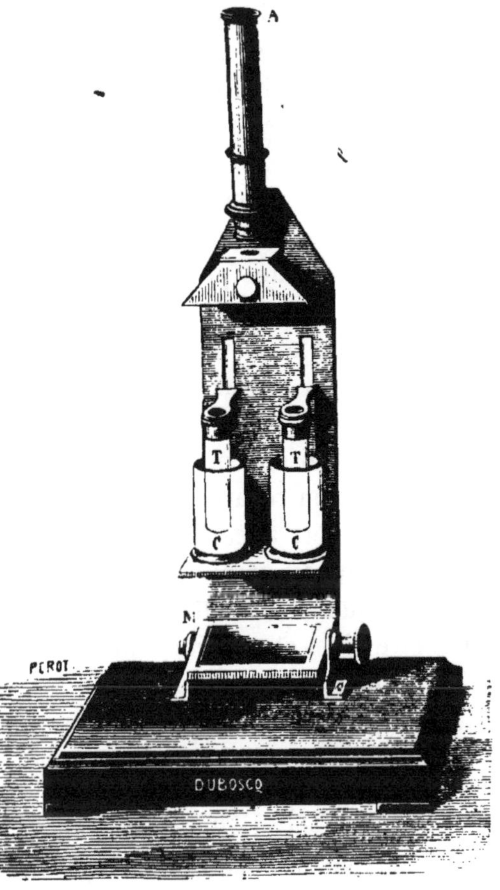

Fig. 52. Colorimètre Duboscq.

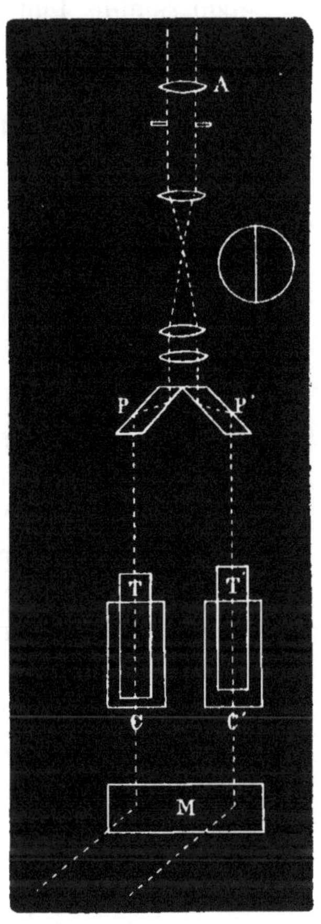

Fig. 53. Coupe du colorimètre.

supportent dans deux fentes verticales de la platine fixée sur le socle de l'instrument. Une graduation marquée le long des fentes permet de mesurer avec précision la quantité dont on déplace les plongeurs T, T′. A l'aide de verres colorés placés au-dessous des parallélipipèdes P, P′, il est possible de modifier au besoin la teinte du liquide à étudier.

Il est facile de comprendre que, les deux récipients C, C' étant remplis, l'un du liquide à étudier, l'autre de la dissolution normale, on en pourra faire passer telle épaisseur qu'on voudra entre les fonds des récipients et les bases des plongeurs, en déplaçant ces derniers de bas en haut ou en sens contraire.

Verticalement, au-dessus des deux plongeurs se trouvent deux parallélipipèdes en verre destinés à recevoir les faisceaux de lumière qui sortent des plongeurs et à les ramener au contact par deux réflexions intérieures. Les deux faisceaux en contact sont observés ensuite au moyen d'une petite lunette située au-dessus des parallélipipèdes réflecteurs.

Quand on veut faire une comparaison colorimétrique, on commence par régler le miroir en regardant à travers la lunette et l'on s'arrange de manière à ce que les deux moitiés du champ circulaire qu'on voit paraissent d'égale intensité. Il est bien entendu que pour cette première opération les tubes doivent être vides et parfaitement nettoyés. On verse ensuite les solutions dans les tubes.

Cela fait, on soulève le plongeur du côté de la solution normale, de manière à donner à cette solution une épaisseur déterminée entre le fond du récipient et la base du plongeur. On voit alors s'assombrir la moitié du champ visuel qui correspond à la liqueur normale, tandis que l'autre moitié demeure lumineuse et incolore. Si l'on déplace alors à son tour le second plongeur, on peut ramener facilement les deux moitiés du champ à paraître de même intensité. Il ne reste plus qu'à lire sur les échelles les hauteurs des deux couches liquides douées d'un égal pouvoir d'absorption, pour en déduire la proportion de matière colorante contenue dans le liquide soumis à l'essai.

Dans le cas où la solution normale serait trop foncée par rapport à l'autre, l'égalisation lumineuse du champ pourrait devenir impossible, attendu qu'on ne pourrait pas augmenter l'épaisseur de la couche à comparer au delà de ce que permet la course du plongeur. Il faut alors abaisser le plongeur de la liqueur normale et en amincir la couche jusqu'à ce que l'éclairement uniforme du champ soit atteint. La lecture des échelles donne également, dans ce cas, le moyen de comparer entre eux les pouvoirs absorbants et, par suite, la richesse des différentes solutions.

On admet d'ordinaire que l'intensité de couleur, ou le pouvoir absorbant des liquides colorés, est en raison inverse de la longueur des colonnes traversées par les rayons lumineux. Lors donc que, pour ramener les deux parties du champ à l'égalité, il aura fallu donner, par exemple, à l'une des colonnes liquides une hauteur double de l'autre, on en déduira que le liquide d'épaisseur double possède un pouvoir absorbant qui n'est que la moitié du pouvoir absorbant de l'autre.

En général, si h est la hauteur de l'axe de l'une des deux colonnes liquides et h' la hauteur de l'autre, p le pouvoir absorbant du premier liquide et p' le pouvoir du second, on a : $p' = p \frac{h}{h'}$.

Lorsqu'il s'agit de solutions de la même matière colorante dans un même liquide, on admet que leur pouvoir absorbant est proportionnel à la quantité m de matière dissoute dans l'unité de volume du liquide ; on a par conséquent $m_1 = m \frac{p'}{p}$, c'est-à-dire $m_1 = m \frac{h}{h'}$.

Il est donc facile d'estimer les quantités contenues dans les différentes solutions. On peut évaluer également par le même procédé le pouvoir décolorant du noir animal de différentes provenances.

Appliquons le colorimètre à l'examen de deux solutions de mélasse, savoir : une solution normale contenant 520 milligrammes de mélasse dans 10 centimètres cubes de liquide et une autre solution contenant une quantité inconnue de mélasse dans le même volume de dissolvant.

Si la solution normale a 27 millimètres de hauteur et s'il faut une colonne de 68 millimètres du second liquide pour en égaler le pouvoir absorbant, on aura la quantité de mélasse contenue dans ce dernier, en établissant la proportion $p' = p \frac{h}{h'} = 520 \frac{27^{mm}}{68^{mm}}$, d'où $p' = 0.20647$. C'est-à-dire que 10 centimètres cubes du second liquide contiennent 206 milligrammes de mélasse.

306. — **Dosage de l'azote, des matières grasses, de la cellulose brute et des cendres.** — Ces divers dosages s'effectuent, le cas échéant, par les méthodes décrites à l'*Analyse immédiate des fourrages* (§§ 279 et suiv.). On emploie comme matière première, soit la pulpe séchée rapidement à l'étuve Gay-Lussac, soit mieux des tranches de betteraves macérées dans l'alcool et séchées ensuite à l'étuve. Je me bornerai à appeler l'attention des analystes sur les résultats, au premier abord singuliers, que présente le dosage des matières protéiques dans la betterave à certaines périodes de son développement. Il arrive quelquefois que le taux de l'azote trouvé, multiplié par 6.25, donne un poids de matière protéique considérable et qu'il ne faut pas attribuer sans réserve aux matières albuminoïdes. Cette anomalie s'explique par la présence, dans la betterave à sucre, d'une substance particulière, la *bétaïne* ($C^5H^{11}AzO^2$) [triméthylglycocolle], dont le taux dans la betterave va en diminuant avec la maturité de la racine. Scheibler a trouvé 0,1 p. 100 de bétaïne dans les betteraves mûres et jusqu'à 0,25 p. 100 dans les premières phases de développement de la racine.

La bétaïne, peu soluble dans l'alcool, s'en sépare sous forme de cristaux brillants, déliquescents, à réaction neutre. Elle est très-soluble dans l'eau et douée d'une saveur sucrée : elle a des propriétés basiques énergiques et donne avec les bases, notamment avec le platine, des sels cristallisés.

La betterave contient, en outre, d'autres principes azotés (amides, peptones, etc.), dont j'indiquerai plus loin le mode de dosage spécial.

307. — **Dosage des nitrates.** — Les betteraves renferment quelquefois des quantités notables de nitrates, provenant, pour la majeure partie, des fumures appliquées à leur culture. On dose ces nitrates, dans le résidu obtenu (§ 292), par la méthode de Schlœsing, après avoir rapproché suffisamment les liqueurs pour que la quantité employée fournisse au moins 50 centimètres cubes de bioxyde d'azote ; on trouve alors dans la table spéciale (*Nitrate de soude*) le taux correspondant d'azote nitrique.

308. — **Dosage de la fécule.** — Certaines betteraves contiennent des proportions notables de fécule. On peut doser ce corps par la méthode indiquée § 245. Il est d'ailleurs très-rare, en dehors de recherches purement scientifiques, qu'on ait à effectuer ce dosage, sans intérêt direct pour l'industriel.

309. — **Remarque générale.** — La méthode que je viens de décrire s'applique également à l'analyse des turneps, des mangolds, du sorgho, de la canne à sucre, etc., en apportant aux manipulations les modifications que comporte la nature spéciale de la matière à analyser, modifications que tout chimiste imaginera à l'occasion. On ne devra jamais perdre de vue l'importance de l'échantillonnage du fourrage à soumettre à l'analyse, et l'on opérera, dans le cas de la canne et du sorgho, sur la moyenne de la plante tout entière, tige et feuilles.

IV. — POMMES DE TERRE. — TOPINAMBOURS.

310. — **Dosage industriel de la fécule.** — De même que le prix de vente de la betterave est, dans certaines régions, fixé d'après le taux en sucre, la vente de la pomme de terre destinée à la féculerie et à la distillerie devrait s'effectuer d'après le taux en fécule du tubercule. Depuis longtemps, j'engage, sans grand succès jusqu'ici, je dois l'avouer, les féculiers et les planteurs de pommes de terre à prendre, pour base de leurs marchés, le taux centésimal de la fécule contenue dans les pommes de terre. Les écarts considérables que l'on constate dans la richesse en fécule de ce tubercule (12 à 25 p. 100 de fécule) justifient complétement ce conseil. Les procédés indiqués depuis longtemps en Allemagne pour la détermination rapide de la fécule, fournissent des résultats suffisamment approchés et très-faciles à obtenir, et les directeurs de stations agronomiques ne sauraient trop insister sur ce mode de transaction, seul équitable.

Le rapport existant entre la densité et le taux de fécule des pommes de terre offre un moyen rapide de dosage de ce principe immédiat. Pour prendre la densité, on commence par échantillonner le lot de pommes de terre à examiner. L'échantillonnage étant fait et représentant, autant que possible, la moyenne du lot, on peut recourir à l'une des méthodes suivantes, et particulièrement à l'emploi de la bascule de Reimann, pour déterminer la teneur des tubercules en fécule.

311. — **Bascule hydrostatique de Reimann.** — La bascule représentée par la figure 54 n'a pas besoin de description spéciale et quelques lignes suffiront à en expliquer l'usage. Après avoir accroché l'un au-dessus de l'autre les paniers en fil de fer galvanisé, on verse dans le seau de l'eau de pluie ou de l'eau distillée, jusqu'au

trait marqué sur la paroi intérieure du vase, le panier inférieur devant plonger entièrement dans l'eau. On a soin

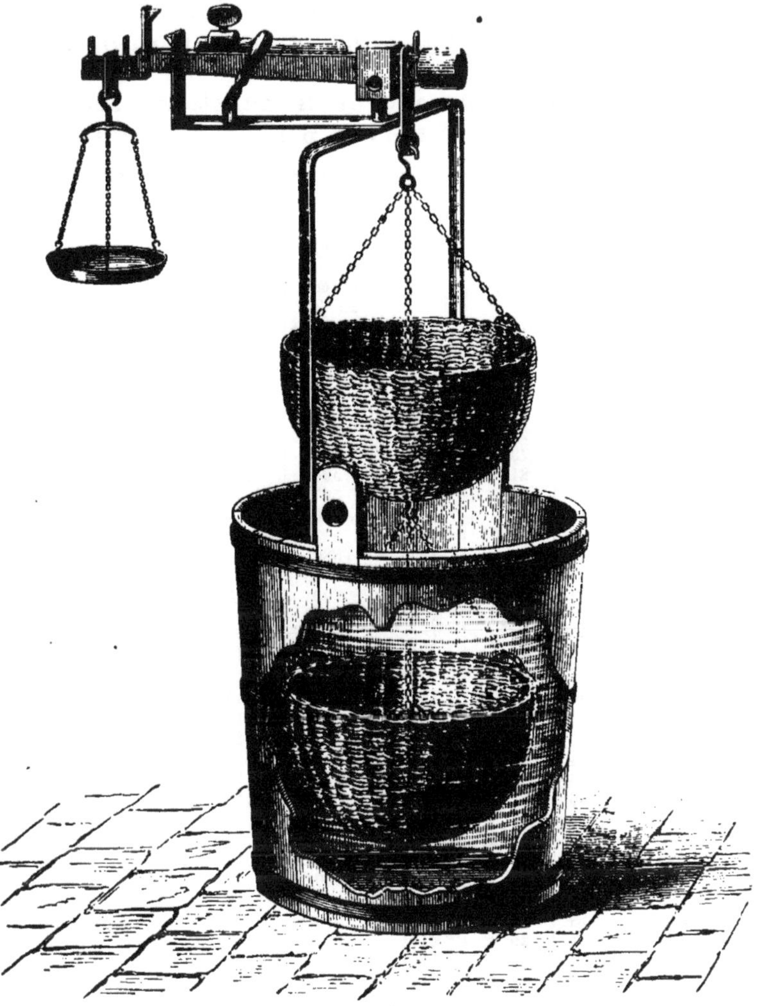

Fig. 51.
Bascule hydrostatique de Reimann [1].

[1] On trouve la bascule de Reimann à Berlin, Invaliden Strasse, 42, au siége de l'Association des distillateurs allemands, au prix de 40 marks (50 fr.).

que le panier ne frotte pas contre les parois du seau. On vérifie alors, comme dans les bascules décimales ordinaires, si l'équilibre est bien établi, on règle au besoin la bascule à l'aide de la tige mobile placée à la partie supé-

Table pour le dosage de la substance sèche et de la fécule dans la pomme de terre.

POIDS de 5 kil. de pommes de terre dans l'eau.	POIDS spécifique.	TENEUR en substance sèche p. 100.	TENEUR en fécule p. 100.	POIDS de 5 kil. de pommes de terre dans l'eau.	POIDS spécifique.	TENEUR en substance sèche p. 100.	TENEUR en fécule p. 100.
Gr.				Gr.			
375	1,080	19,7	13,9	535	1,120	28,3	22,5
380	1,081	19,9	14,1	540	1,121	28,5	22,7
385	1,083	20,3	14,5	545	1,123	28,9	23,1
390	1,084	20,5	14,7	550	1,124	29,1	23,3
395	1,086	20,9	15,1	555	1,125	29,3	23,5
400	1,087	21,2	15,4	560	1,126	29,5	23,7
405	1,088	21,4	15,6	565	1,127	29,8	24,0
410	1,089	21,6	15,8	570	1,129	30,2	24,4
415	1,091	22,0	16,2	575	1,130	30,4	24,6
420	1,092	22,2	16,4	580	1,131	30,6	24,8
425	1,093	22,4	16,6	585	1,132	30,8	25,0
430	1,094	22,7	16,9	590	1,134	31,3	25,5
435	1,095	22,9	17,1	595	1,135	31,5	25,7
440	1,097	23,3	17,5	600	1,136	31,7	25,9
445	1,098	23,5	17,7	605	1,138	32,1	26,3
450	1,099	23,7	17,9	610	1,139	32,3	26,5
455	1,100	24,0	18,2	615	1,140	32,5	26,7
460	1,101	24,2	18,4	620	1,142	33,0	27,2
465	1,102	24,4	18,6	625	1,143	33,2	27,4
470	1,104	24,8	19,0	630	1,144	33,4	27,6
475	1,105	25,0	19,2	635	1,146	33,8	28,0
480	1,106	25,2	19,4	640	1,147	34,1	28,3
485	1,107	25,5	19,7	645	1,148	34,3	28,5
490	1,109	25,9	20,1	650	1,149	34,5	28,7
495	1,110	26,1	20,3	655	1,151	34,9	29,1
500	1,111	26,3	20,5	660	1,152	35,1	29,3
505	1,112	26,5	20,7	665	1,153	35,4	29,6
510	1,113	26,7	20,9	670	1,155	35,8	30,0
515	1,114	26,9	21,1	675	1,156	36,0	30,2
520	1,115	27,2	21,4	680	1,157	36,2	30,4
525	1,117	27,4	21,6	685	1,159	36,4	30,6
530	1,119	28,0	22,2				

rieure du fléau. Après un échantillonnage aussi parfait que possible des pommes de terre dont on veut prendre la densité, on s'assure que les tubercules sont bien secs et on les débarrasse soigneusement, à l'aide d'une brosse, de la terre ou du sable adhérents. La température de l'eau du seau doit être de 17°5 centigrades. On place alors, dans le panier supérieur, les pommes de terre jusqu'à équilibre parfait (la bascule est tarée d'avance pour 5 kilogrammes). On complète au besoin ce poids à l'aide de fragments d'une pomme de terre.

L'équilibre étant établi, on transvase les pommes de terre du panier supérieur dans le panier inférieur et l'on rétablit l'équilibre rompu, à l'aide de poids marqués. On chasse les bulles d'air adhérentes aux pommes de terre en agitant le panier qui plonge dans l'eau.

Il ne reste plus qu'à lire dans la table des poids spécifiques, les taux de substance sèche et de fécule inscrits dans les colonnes correspondantes aux poids marqués ajoutés pour rétablir l'équilibre.

312. — **Balance hydrostatique.** — Si l'on n'a pas à sa disposition la bascule de Reimann, on peut recourir à la balance hydrostatique ordinaire, que l'on installe de la façon suivante :

A l'un des plateaux d'une balance ordinaire, on suspend un filet dont la tare est faite à l'aide de poids quelconques ; dans ce filet, on place les pommes de terre (5 kilogr.) et l'on en prend le poids dans l'air. On plonge ensuite le filet et son contenu dans un seau rempli d'eau et on rétablit l'équilibre rompu, en enlevant un nombre suffisant de poids marqués sur l'autre plateau. En divisant l'un par l'autre les poids obtenus dans les deux pesées, on connaît immédiatement la densité du lot sur lequel on expérimente.

On cherche alors dans la table précédente les taux de substance sèche et de fécule correspondants à la densité trouvée.

Cette méthode est applicable dans toutes les usines ou exploitations rurales et fournit la densité avec une approximation assez grande ; quatre pesées, faites dans ces conditions, donnent des nombres de l'ordre suivant :

1re pesée : densité, 1.098.
2e pesée : densité, 1.096.
3e pesée : densité, 1.094.
4e pesée : densité, 1.097.

On peut compter, comme on le voit, sur les deux premières décimales. Il faut tenir compte de la température et opérer à 17°5.

313. — **Détermination de la densité par l'eau salée.** — Dans un vase de 5 à 6 litres de capacité, on verse environ 2 litres d'eau saturée à froid de sel marin, puis on place dans le liquide 20 pommes de terre préalablement lavées et essuyées avec un linge mou. On agite et l'on verse de l'eau pure jusqu'à ce que la moitié des pommes de terre gagne le fond du vase ; à ce moment, on prend la densité avec un aréomètre (1). Cette densité est la densité moyenne des pommes de terre sur lesquelles on opère.

314. — **Méthode de Stohmann.** — Cette méthode est fondée sur la mesure du volume d'eau déplacé par les pommes de terre, convenablement échantillonnées comme toujours. L'appareil se compose d'un cylindre de verre de 2 litres et demi environ de capacité, dans lequel on introduit une quantité d'eau, déterminée par l'affleurement d'une pointe verticale soudée à une lame métallique à la partie supérieure du cylindre. On place les pommes de terre (6 à 8 par exemple) dans le cylindre, puis on pose sur le cylindre une seconde plaque munie d'une pointe plus courte que la première et l'on ajoute de l'eau jusqu'au mo-

---

(1) L'aréomètre spécial de Krocker, en vente chez Bossu-Constantin, à Nancy, est préférable aux autres aréomètres.

ment où la deuxième pointe affleure la surface du liquide. Comme on connait à l'avance, par expérience, le volume d'eau compris dans le cylindre limité par les deux pointes, un calcul très-simple permet de mesurer le volume d'eau déplacé par les pommes de terre, et conséquemment la densité moyenne de celles-ci.

Lorsqu'on a déterminé, par l'un ou l'autre des trois derniers procédés, la densité des pommes de terre, on trouve immédiatement leur teneur en fécule et en substance sèche en consultant la table précédente établie par Behrend, Märcker et Morgen.

315. — **Dosage de l'eau, des matières protéiques, de la graisse, de la fécule, de la cellulose et des cendres.** — On opère comme je l'ai indiqué à l'*Analyse des fourrages et des betteraves*. Pour toutes les analyses industrielles cela suffit. En vue de recherches scientifiques, il est préférable de recourir aux méthodes décrites dans l'*Analyse immédiate des végétaux*.

La fécule peut se doser directement par voie chimique comme il est dit § 245, à l'aide de sa transformation en sucre par l'action combinée de la chaleur et de l'acide sulfurique.

316. — **Analyse des topinambours.** — Les méthodes d'analyse que nous venons de donner s'appliquent parfaitement à l'examen des topinambours. Il est bon de faire observer que les matières solubles dans l'eau doivent particulièrement être examinées au point de vue du sucre, le topinambour renfermant de grandes quantités de sucre de glucose tout formé. Le principe féculent particulier à cette plante, l'inuline, peut, comme la fécule, être transformé en sucre par une longue digestion avec l'eau acidulée, sous pression et à la température de 110 à 120 degrés.

V. — FOURRAGES FERMENTÉS ET ENSILÉS. — MAÏS. — FOIN BRUN. — PULPES. — DRÈCHES, ETC.

317. — **Remarque générale.** — La fermentation et l'ensilage ont pour résultat des transformations chimiques accompagnées de la production de quantités variables d'acides fixes et volatils : acétique, propionique, butyrique; d'alcool, d'éthers, etc. Les méthodes données précédemment s'appliquent à l'analyse de tous ces fourrages, à la condition qu'on effectue les dosages à la fois sur les matières solubles dans l'eau et sur les résidus insolubles dans ce liquide. On trouvera dans les chapitres précédents toutes les indications nécessaires pour effectuer le dosage approximatif ou rigoureux, suivant les cas, de tous les principes immédiats importants : sucre, amidon, glucose, cellulose, matières grasse et azotée, acide acétique, cendres.

VI. — SÉPARATION ET DOSAGE DES PRINCIPALES MATIÈRES AZOTÉES DES VÉGÉTAUX.

318. — **État de la question.** — L'analyse des fourrages par la méthode de Weende est très-expéditive. Elle donne une idée suffisamment exacte de la composition d'un fourrage destiné au rationnement des animaux de la ferme. On peut, à son aide, déterminer rapidement, en vue du calcul des rations, la composition et la valeur nutritive approchées des aliments du bétail. Si, dans chacune de nos exploitations rurales, on procédait au rationnement des animaux en prenant, comme point de départ, l'analyse des fourrages effectuée par cette méthode, on réaliserait déjà un grand progrès sur le mode de rationnement empirique presque partout en usage.

Les procédés que nous avons décrits, dans les paragraples précédents, laissent cependant à désirer. Premièrement, en ce qui concerne le dosage des matières azotées; en voici les motifs. Dans la méthode de Weende, on se borne, pour fixer le taux des principes protéiques, à doser l'azote total du fourrage : on multiplie par le facteur 6.25 le poids d'azote trouvé, en admettant, par cela même, que toutes les matières azotées sont à l'état d'albumine ou tout au moins possèdent une composition constante et renferment 16 p. 100 de leur poids d'azote. Or on sait, notamment depuis les recherches de Ritthausen, que la teneur en azote des principes protéiques des plantes peut varier de 15.18 p. 100 (légumine des haricots blancs), à 18.7 p. 100 (conglutine des amandes). Les substances protéiques des graines oléagineuses contiennent en général plus de 18 p. 100 d'azote. D'autre part, les matières protéiques ne sont pas les seuls composés azotés qu'élaborent les plantes à leurs diverses périodes de développement. De nombreuses analyses faites dans ces dernières années (Schulze, Barbieri, Kellner, Stutzer, etc.) ont décelé l'existence, dans les aliments végétaux, de principes azotés de composition et de propriétés diverses, dont la valeur nutritive relative, qui reste à établir expérimentalement, est en tous cas fort différente. Il résulte de ce qui précède que le dosage de l'azote, en bloc, dans les fourrages par la chaux sodée ou par la méthode en volume, tout en fournissant des renseignements exacts sur le taux réel total d'azote des plantes analysées, conduit à assigner aux fourrages examinés une teneur trop élevée en matières protéiques assimilables.

D'autre part, en ce qui regarde le taux des principes hydrocarbonés, que l'on détermine d'ordinaire par différence, dans la méthode de Weende, on est conduit également à trouver un chiffre trop élevé, car on considère la somme de ces matières, obtenue par différences, comme formée de substances assimilables analogues à l'amidon, tandis que les composés pectiques, les corps gélatineux, etc., ne paraissent pas jouir d'une valeur nutritive comparable à celle de l'amidon, si toutefois il faut leur en attribuer une. Les méthodes que j'ai indiquées §§ 240 et suivants permettant d'isoler l'amidon, la cellulose pure, l'acide pectique et ses congénères, on peut atténuer, en les appliquant, cette lacune de la méthode de Weende. Je m'arrêterai donc seulement à l'examen des principes azotés : j'indiquerai leurs caractères principaux et les méthodes qui nous permettent, dès à présent, de les séparer plus ou moins exactement les uns des autres.

319. — **Principes immédiats et composés azotés des végétaux.** — Sans parler des alcaloïdes ni de l'ammoniaque et des nitrates (ceux-ci quelquefois assez abondants dans les végétaux), l'analyse a décelé, dans un grand nombre de plantes, la présence, en quantités parfois notables, d'amides et de corps amidés (asparagine, leucine, tyrosine, signalées par Gorup-Besanez, Witt et par Cossa dans les graines des vesces en germination), de glucosides azotés (solanine, amygdaline), de peptones et de composés sulfocyanés (?) [essence de moutarde]. Les amides et autres composés azotés distincts de la matière protéique, sur lesquels E. Schulze, de Zurich, et ses collaborateurs ont d'abord appelé l'attention des analystes, présentent, par leur diffusion et souvent par leur abondance dans les végétaux, un intérêt tout particulier au point de vue qui nous occupe. Quelques chiffres empruntés au travail de O. Kellner (1) suffiront à le prouver :

---

(1) *Untersuchungen über den Gehalt der grünen Pflanzen an Eiweissstoffen und Amiden und über die Umwandlungen der Salpetersäure und des Ammoniaks in den Pflanzen.* (*Landw. Jahrbücher*, t. VIII, Supplément, 1879.)

	AZOTE total p. 100.	AZOTE autre que celui des matières protéiques		AZOTE à l'état de corps amidés p. 100.
		p. 100.	en centièmes de l'azote total.	
Luzerne	6.92	2.13	30.5	»
— (2e coupe). . .	3.57	1.18	33.0	1.02
Trèfle incarnat en mars .	5.20	1.96	37.7	»
— en pleine fleur.	2.24	»	16.5	0.37
Seigle en vert.	4.43	1.70	38.5	1.25
Avoine (à l'épiage) . . .	4.66	1.46	31.3	»
Herbe de prairie (1874).	4.01	0.87	21.8	0.76
— (1877).	2.82	0.98	34.8	0.89
Foin de prairie (1877). .	1.74	0.22	12.6	0.17
Regain.	2.27	»	15.0	0.35

Il importe donc, surtout dans les analyses de fourrages destinés à des expériences physiologiques sur l'assimilation, par les animaux, des principes immédiats des aliments, de tenir compte des différentes formes sous lesquelles l'azote se trouve engagé dans les produits végétaux. Il y aurait grand intérêt à déterminer la valeur nutritive des principes azotés autres que les matières albuminoïdes, les physiologistes paraissant s'accorder aujourd'hui à refuser toute valeur nutritive aux composés azotés cristallisables, tels que l'asparagine, etc. Avant d'indiquer les procédés proposés, dans ces dernières années, pour doser les amides, les peptones et les principes azotés indéterminés des fourrages, je crois utile de rappeler d'abord les caractères généraux de ces substances et les réactions qui permettent d'en constater la présence, soit dans les liquides végétaux et animaux, soit dans les tissus, à l'aide du microscope.

320. — **Caractères généraux et réaction des substances protéiques.** — A l'état de pureté, elles sont incolores ou légèrement jaunâtres, inodores et insipides, neutres aux réactifs, amorphes dans la plupart des cas ; à l'état cristallin (cristalloïdes de Hartig) dans cer-

taines graines. Quelques-unes sont solubles dans l'eau ; le plus grand nombre est insoluble ou très-peu soluble dans ce liquide, et passe très-facilement à l'état insoluble. Une température de 60° à 70° les coagule ; elles ne se redissolvent plus. Desséchées avec précaution à l'air libre, ou mieux dans le vide, à une température inférieure à 45° ou 50°, les substances protéiques solubles conservent leur solubilité dans l'eau froide. Les solutions aqueuses de matières protéiques dévient à gauche le plan de polarisation. L'alcool, l'éther, les acides minéraux concentrés, beaucoup de solutions métalliques (fer, cuivre, mercure, argent, etc.), les précipitent de leur dissolution ; elles sont précipitées aussi par l'acide phosphomolybdique et par l'acide phosphotungstique qu'on a indiqués concurremment avec les sels de cuivre, pour séparer les substances protéiques solubles.

Parmi les nombreuses réactions à l'aide desquelles on peut reconnaître la présence des substances albuminoïdes, j'indiquerai les suivantes :

1° *Réactif de Millon.* — Coloration rouge-brique ou rouge-violet des substances protéiques solubles ou insolubles, lorsqu'on porte à une température de 70° à 100° la matière à examiner, préalablement additionnée ou humectée d'une solution de nitrate de bioxyde de mercure préparée de l'une des manières suivantes : on dissout à froid, dans un poids déterminé d'acide nitrique concentré, de 1.41 de densité, un poids de mercure égal à celui de l'acide, puis on étend la liqueur obtenue d'un volume d'eau distillée égal au tiers de celui du mélange. On peut aussi se servir d'une solution de nitrate de mercure, additionnée de quelques gouttes d'acide nitrique fumant. Le nitrate de mercure employé doit être aussi neutre que possible ; il suffit pour l'obtenir neutre de placer du mercure en excès dans le flacon où l'on conserve la dissolution du sel.

Le réactif de Millon colore aussi les peptones, qu'il ne permet pas, par conséquent, de distinguer des corps protéiques proprement dits.

2° *Teinture d'iode.* — Coloration variant du jaune au brun.

3° *Sulfate de cuivre.* — Tous les principes albuminoïdes se colorent en violet sous l'influence du sulfate de cuivre rendu préalablement alcalin par l'addition d'une petite quantité de potasse. S'agit-il de substances solides, on humecte la matière avec la solution de sulfate, puis avec de la potasse. A l'aide de quelques gouttes d'eau, on enlève l'oxyde de cuivre hydraté qui s'est formé. Ce procédé est très-fréquemment usité pour les recherches microscopiques.

4° *Acide nitrique.* — Chauffées en présence de l'acide nitrique, les substances protéiques solides se colorent en jaune ; la coloration s'accentue par l'addition d'un alcali, potasse ou ammoniaque.

5° *Acide chlorhydrique.* — Coloration violette ou bleue sous l'influence de la chaleur.

6° *Réactif de Bödecker.* — On acidule la dissolution où l'on cherche l'albumine (sucs de végétaux, extraits, etc.) par l'addition d'acide acétique, on ajoute quelques gouttes de prussiate rouge de potasse et l'on chauffe légèrement. Les plus petites traces d'albumine donnent alors naissance à un trouble de la liqueur dans laquelle se déposent, au bout de peu de temps, des flocons jaunâtres. Cette réaction paraît être la plus sensible de toutes celles qu'on a indiquées pour la recherche qualitative de l'albumine. Les matières albuminoïdes solides, préalablement dissoutes dans l'acide acétique concentré, donnent également, avec le prussiate rouge, un dépôt floconneux blanc jaunâtre.

321. — **Caractères généraux et réaction des amides.** — Les amides, dont le plus important, au point

de vue de l'analyse des végétaux, est l'asparagine, sont solides, cristallins ou cristallisables, solubles dans l'eau, l'alcool et l'éther. Ils peuvent indifféremment jouer le rôle de bases ou d'acides faibles et former, par suite, des sels, en se combinant indifféremment aux acides ou aux bases. Facilement décomposables par les acides minéraux, ils donnent naissance, lorsqu'on les chauffe avec de l'acide sulfurique ou de l'acide chlorhydrique étendu, à un dégagement d'ammoniaque.

Cette réaction est *tout à fait* caractéristique; aussi l'emploie-t-on pour reconnaître la présence des amides dans les extraits ou dans les sucs végétaux, de préférence à tout autre.

Par décomposition réciproque, l'acide nitreux et les amides, mis en présence, abandonnent une partie de leur azote. Nous verrons plus loin l'application qu'on peut faire de cette propriété au dosage de l'asparagine.

322. — **Caractères et réactions des corps amidés.** — Les corps amidés (glycocolle, leucine, acide aspartique) sont tous cristallisables, solubles dans l'eau, presque tous insolubles dans l'alcool et dans l'éther. Leur réaction est neutre; ils participent des caractères des acides et des bases faibles et peuvent donner des sels avec les bases et avec les acides minéraux. Ils dégagent de l'azote au contact de l'acide nitreux, comme les amides, mais on les distingue de ceux-ci en ce que, chauffés avec les acides sulfurique ou chlorhydrique étendus, ils ne dégagent pas d'ammoniaque. Les alcalis sont sans action sur eux.

323. — **Caractères et réaction des peptones** (¹). — Les composés azotés qu'on désigne sous le nom de

(¹) Lehmann a donné ce nom à des produits très-voisins par leur composition des matières albuminoïdes. La peptone se forme, dans

peptones ont été signalés récemment dans divers végétaux (foin de luzerne, foin de prairie, betteraves, pommes de terre, etc.). Les peptones présentent beaucoup d'analogie avec les substances protéiques, dont cependant certains caractères importants les séparent nettement. Les solutions de peptones ne se coagulent ni par la chaleur ni par l'action des acides minéraux. En présence des alcalis, l'addition d'une ou deux gouttes de sulfate de cuivre colore ces solutions en rose pâle, tandis qu'en présence des matières protéiques intactes (les peptones des végétaux semblent être des produits de transformation de l'albumine et des corps analogues), ce réactif colore la liqueur en bleu ou en violet. L'emploi d'un *excès* de sulfate de cuivre dans la solution de peptones produit également une réaction bleue ou violette. Comme les matières protéiques, les peptones sont précipitées à l'état floconneux par les acides phosphomolybdique et phosphotungstique, surtout en solutions très-acides. (Les alcaloïdes végétaux sont également précipités complétement de leur dissolution par l'acide phosphomolybdique.) Les sels de cuivre, de plomb, l'acétate de fer, ne précipitent pas les peptones, tandis qu'ils forment avec les substances protéiques non altérées des sels insolubles.

Il reste sans doute beaucoup à faire encore pour séparer rigoureusement les unes des autres les diverses modifications des substances albuminoïdes végétales et animales, mais cela m'a paru un motif de plus pour indiquer l'état de nos connaissances analytiques et provoquer peut-être par là, dans les stations agronomiques françaises,

---

l'estomac des animaux, par l'action de la pepsine sur l'albumine. Par analogie, on désigne sous le même nom les composés azotés végétaux très-voisins des substances protéiques, mais qui en diffèrent par des caractères essentiels résumés dans ce paragraphe.

quelques recherches sur cet intéressant sujet, dont les récents travaux de Ritthausen, E. Schulze, Barbieri, Ulrich, Sachse, Kellner, Dehme, Stutzer, etc., en Suisse et en Allemagne, ont montré l'importance et la difficulté [1].

324. — **Des matières azotées à déterminer et à doser dans les fourrages.** — Le chimiste peut avoir à déterminer, dans les végétaux qui servent à l'alimentation du bétail, les composés azotés suivants : 1° ammoniaque ; 2° nitrates ; 3° alcaloïdes ; 4° glucosides ; 5° corps amidés ; 6° matières protéiques ; 7° peptones. J'ai indiqué précédemment (§ 228) comment il faut doser l'ammoniaque et l'acide nitrique ; les alcaloïdes et les glucosides peuvent être négligés dans l'analyse des fourrages, où ils n'existent qu'en quantités excessivement faibles, quand on les y rencontre. Il n'en est pas de même des amides, dont le taux est parfois assez élevé (voy. § 320), et qui n'ont aucune valeur nutritive. Quant aux matières protéiques proprement dites, il est inutile d'insister sur la nécessité de les séparer et de les doser aussi exactement que possible, puisqu'elles constituent l'aliment nutritif azoté par excellence ; enfin, les recherches récentes de E. Schulze sur les peptones montrent qu'elles sont assez répandues dans les végétaux (betteraves, pommes de terre, luzerne, etc.), mais qu'elles y existent en quantités très-faibles. Leur recherche et leur dosage peuvent donc être négligés, à moins qu'on n'ait en vue l'examen complet d'un végétal ou des expériences spéciales sur la production des substances azotées dans les diverses phases de la végétation.

Je me bornerai donc à faire connaître, d'après les auteurs cités plus haut, les meilleures méthodes de séparation et de dosage des matières protéiques, des amides, et en particulier du plus répandu d'entre eux, l'asparagine,

---

[1] Voir la bibliographie à la fin du chapitre.

des corps amidés qu'on peut doser séparément et enfin des peptones et des composés intermédiaires très-voisins d'elles.

325. — **Marche à suivre pour l'analyse.** — Deux cas peuvent se présenter. S'agit-il d'une analyse de fourrage dans un but purement pratique, comme le rationnement d'une étable ou d'une écurie ? Il suffira de doser dans la substance alimentaire envoyée au laboratoire : 1° les matières protéiques digestibles ; 2° les amides ou corps analogues. Se propose-t-on d'étudier complétement la composition d'une plante ou d'un fourrage ? Il sera nécessaire d'effectuer, en outre, le dosage des acides amidés, des peptones, des glucosides et des alcaloïdes que pourrait renfermer le produit à examiner. Nous envisagerons successivement ces deux cas, après avoir fait connaître les méthodes spéciales de dosage de chacun de ces groupes de principes azotés.

326. — **Dosage des substances protéiques** (1). — **Méthode de A. Stutzer.** — Ritthausen a, le premier, indiqué un procédé de séparation complète des substances azotées en dissolution dans un liquide : ce procédé consiste à précipiter, en liqueur tout à fait neutre, l'albumine et ses congénères par le sulfate de cuivre, et à doser l'azote dans le précipité obtenu, les substances protéiques formant avec l'oxyde de cuivre des composés insolubles dans les liqueurs neutres. Ritthausen versait une dissolution de sulfate de cuivre dans la liqueur contenant les matières protéiques, puis neutralisait immédiatement le mélange par l'addition d'une solution de soude hydratée. A. Stutzer a modifié très-heureusement ce procédé en substituant de l'hydrate de protoxyde de cuivre bien

(1) Ce procédé est, de tous ceux qui ont été proposés, celui qui paraît fournir les meilleurs résultats.

neutre à la solution de sulfate ; il évite ainsi la neutralisation ultérieure du mélange par la soude, partie délicate du procédé de Ritthausen. En effet, il est très-difficile de constater le moment précis où la soude a précipité exactement la combinaison protéo-cuprique, sans dépasser la neutralité complète, la coloration des liquides sur lesquels on opère rendant presque impossible la constatation de leur neutralité par les réactifs colorés.

A) *Préparation de l'oxyde de cuivre hydraté.* — A. Stutzer prépare de la façon suivante le réactif qu'il emploie. On dissout 100 grammes de sulfate de cuivre pur dans 5 litres d'eau et l'on ajoute $2^{cc},5$ de glycérine à la solution. On précipite alors l'hydrate de protoxyde de cuivre par l'addition d'une solution de soude étendue, jusqu'à réaction alcaline du mélange. Le précipité est jeté sur un filtre ; lorsque la liqueur s'est écoulée, on perce le filtre, on reçoit l'oxyde de cuivre dans une capsule contenant de l'eau additionnée de 5 grammes de glycérine par litre, on agite le mélange avec une spatule et, par lavage, décantation et filtration successives, on débarrasse complétement le réactif de toute trace d'alcali. On reporte alors l'oxyde de cuivre sur un filtre et on lave avec de l'eau chargée de 10 p. 100 de glycérine : on triture ensuite l'hydrate dans un mortier pour le rendre bien homogène : il doit former une bouillie susceptible d'être aspirée avec une pipette. On détermine la quantité de l'oxyde de cuivre hydraté contenu dans 10 centimètres cubes de cette bouillie, puis on conserve le réactif dans des flacons bien bouchés. Si l'on veut se débarrasser ensuite de la glycérine qui d'ailleurs ne gêne pas dans les dosages, il suffit de traiter le précipité par l'eau. La glycérine assure la conservation du protoxyde de cuivre hydraté pendant des années, avec sa belle couleur bleue, sans qu'il s'en sépare d'oxyde anhydre.

La quantité d'oxyde hydraté à employer est de 0gr,3 à 0gr,4 par gramme de substance à analyser.

B) *Marche d'un dosage.* — 1 gramme de la substance à analyser est placé dans un matras : on verse sur la matière divisée 100 centimètres cubes d'alcool absolu et 1 centimètre cube d'acide acétique et l'on porte le tout à l'ébullition, au bain-marie. Dès que la matière s'est déposée, on décante avec soin sur un filtre, en évitant autant que possible la chute, dans le filtre, des parties solides de la substance. On lave le filtre avec de l'alcool tiède pour enlever la graisse qui ne serait pas dissoute. On porte à l'ébullition pendant 10 minutes, avec 100 centimètres cubes d'eau distillée, le résidu insoluble dans l'alcool (au bain de sable de préférence pour les substances très-riches en amides); on ajoute alors avec une pipette la quantité de réactif correspondante, 0gr,3 ou 0gr,4 d'oxyde de cuivre. Après refroidissement, on rassemble le précipité sur le filtre qui a déjà servi et on le lave avec une petite quantité d'eau et deux fois à l'alcool pour chasser l'eau et rendre plus facile la dessiccation à 100°-110° du précipité à l'étuve. On procède ensuite, avec les précautions ordinaires, au dosage de l'azote dans la matière qu'on mélange avec le filtre à la chaux sodée. Le papier à filtrer dont on se sert doit être analysé une fois pour toutes et l'on retranche du poids d'azote total trouvé le poids d'azote correspondant au filtre.

Il résulte des nombreux essais que A. Stutzer rapporte dans ses mémoires (1) à propos de ce dosage, que les matières protéiques seules sont précipitées et combinées au cuivre dans ce traitement; les autres composés azotés (amides, acides amidés, peptones) passent en dissolution dans l'alcool et dans l'eau. A. Stutzer a établi par des

---

(1) *Journ. für Landw.*, t. XXVIII, p. 103 et suiv.

expériences directes, en ajoutant à des quantités connues de matières protéiques des poids déterminés de sels ammoniacaux, de nitrates, d'alcaloïdes végétaux (brucine, narcotine, morphine, quinine, caféine, pipérine, nicotine, vératrine, narcéine), de glucosides (amygdaline, solanine), d'amides et de corps amidés (asparagine, tyrosine, leucine), et même de composés sulfocyanés (essence de moutarde), qu'aucun de ces composés azotés n'altère les résultats de l'analyse. Les chiffres qu'il donne à ce sujet montrent que la présence de ces divers corps ne diminue en rien, par leur présence, l'exactitude du dosage des substances protéiques. Il a également constaté que les composés non azotés (sucre, acides tannique, oxalique, citrique, tartrique, oxalate de soude, tartrate de soude et de potasse) n'influent pas davantage sur l'exactitude des analyses. En résumé, les matières protéiques, solubles naturellement ou rendues solubles par l'action de l'acide acétique, sont exactement précipitées par l'oxyde de cuivre hydraté, à la température de l'ébullition de l'eau, tandis que les autres composés azotés qu'on rencontre dans les végétaux passent en dissolution.

327. — **Dosage de la nucléine. — Digestibilité des matières protéiques.** — Hoppe-Seiler a découvert dans le son de blé et dans la levûre de bière une matière protéique signalée pour la première fois sous le nom de *nucléine* par Miescher dans le jaune d'œuf et depuis, par divers physiologistes, dans le foie, dans le cerveau et autres substances animales. La nucléine est presque insoluble dans l'eau, insoluble dans les acides minéraux étendus, très-soluble dans les alcalis caustiques, même en solution très-étendue, ainsi que dans l'ammoniaque. Elle diffère essentiellement de l'albumine par sa résistance à l'attaque du suc gastrique et peut, par cela, être considérée comme non digestible. La nucléine, ou les nucléines

(car il semble qu'il y a plusieurs matières protéiques voisines et non identiques auxquelles on a donné ce nom), est particulièrement riche en phosphore, de 2.28 à 7.10 p. 100, suivant les matières étudiées.

Les recherches récentes de A. Stutzer, confirmées par celles de Klingenberg, ont montré que la nucléine accompagne, dans beaucoup d'aliments végétaux, les matières albuminoïdes digestibles ; elle s'y rencontre en quantités qui varient de 4.29 (fève de Soja) à 20 (riz) p. 100 de ces dernières. Si l'on veut établir le coefficient de digestibilité des substances azotées d'un fourrage, il y a donc lieu de tenir compte de leur richesse en nucléine. Jusqu'à présent, il n'existe aucune méthode chimique de séparation nette de la nucléine et des substances protéiques digestibles. Mais l'action du suc gastrique et celle des sucs pancréatiques ont fourni à Stutzer un moyen de dosage de la nucléine qui, sans être rigoureux, permet d'en fixer très-approximativement la proportion dans les fourrages. C'est à l'aide de digestions artificielles dans l'un des deux liquides suivants que Stutzer et, après lui, Klingenberg, sont arrivés à fixer le taux des substances protéiques non digestibles contenues dans divers tourteaux de graines et dans quelques autres substances alimentaires végétales. Voici comme Stutzer prépare les liquides destinés à ces essais.

a) *Préparation du liquide gastrique.* — L'estomac d'un porc (¹) qui a mangé quelques heures avant d'être abattu est dépouillé, peu de temps après la mort de l'animal, de sa membrane intérieure, découpé en fragments qu'on jette dans le tiers d'un mélange préparé préalablement (5 litres d'eau et 50 centimètres cubes

---

(¹) Préférable à celui du mouton, parce qu'il donne des liqueurs faciles à filtrer.

d'acide chlorhydrique). On abandonne ce mélange pendant 12 heures, en l'agitant de temps à autre; on décante le liquide surnageant et on épuise successivement les fragments d'estomac, à deux reprises, avec les deux autres tiers de l'eau chlorhydrique. On réunit les liquides, on filtre et l'on ajoute assez de carbonate de soude à la liqueur pour qu'il ne reste plus que 0.1 à 0.2 p. 100 d'acide chlorhydrique libre. Cette atténuation de l'acidité n'exerce aucune influence sur les qualités digestives du suc stomacal ainsi préparé.

b) *Préparation du liquide pancréatique.* — 200 grammes de pancréas de bœuf triturés au mortier sont placés dans un litre de glycérine et abandonnés au repos pendant 12 heures avec agitation du mélange de temps à autre; on ajoute ensuite un litre d'eau contenant 10 grammes d'acide tartrique, on laisse digérer pendant quelques heures pour transformer le zymogène [1]; on neutralise l'acide tartrique avec du carbonate de chaux, on filtre et l'on dissout, dans la liqueur filtrée, $^1/_2$ p. 100 de carbonate de soude.

Il faut donner, d'après Stutzer, la préférence à la liqueur gastrique.

c) *Dosage de la nucléine.* — A l'aide de l'une de ces deux liqueurs, on procède de la manière suivante au dosage de la nucléine. Dans un vase à fond plat, on place 2 grammes de la substance (tourteaux, farine, etc.), dans laquelle on a déterminé le taux des substances protéiques par l'hydrate d'oxyde de cuivre, on verse sur cette matière qui doit être réduite en poudre, 100 centimètres cubes de la liqueur digestive et l'on maintient le tout pendant 4 ou 5 heures à la température de 40°, en ayant soin de couvrir

(1) C'est le nom que Heidenhain a donné à la substance du pancréas qui transforme les ferments des matières albuminoïdes.

le vase pour diminuer l'évaporation (il est bon d'ajouter de temps en temps quelques gouttes d'acide chlorhydrique si l'on emploie le liquide gastrique). On jette la substance sur un filtre et on lave jusqu'à ce que la liqueur qui passe ne contienne plus d'acide chlorhydrique libre ni de peptones. En général, il suffit, pour s'assurer que le lavage est complet, d'essayer la liqueur avec le nitrate d'argent, les peptones étant complétement entraînées lorsqu'il n'y a plus de chlore dans la liqueur. On dessèche le résidu non digéré à 100°-110° et l'on dose l'azote en introduisant le filtre et la matière qu'il renferme dans un tube à chaux sodée. Par différence, on connaît le taux de l'azote non digestible appartenant à la nucléine contenue dans l'aliment.

328. — **Étuve de d'Arsonval.** — Je recommande tout particulièrement l'emploi de l'étuve de d'Arsonval [1] pour les digestions artificielles. Cet appareil, qu'on peut appliquer aux recherches de chimie physiologique, permet de maintenir pendant un temps illimité, à une température absolument constante, les vases ou les objets sur lesquels on expérimente.

D'Arsonval a eu l'ingénieuse idée d'utiliser les variations de température, c'est-à-dire de la totalité du matelas liquide dont il entoure son étuve, au réglage immédiat du gaz conduit au brûleur.

La figure 55 représente l'appareil dont voici la description.

L'étuve de d'Arsonval se compose de deux vases cylindro-coniques concentriques limitant deux cavités : l'une centrale qui est l'enceinte que l'on veut maintenir à une température constante, l'autre annulaire, que l'on remplit par la douille et qui constitue le matelas liquide soumis à

---

[1] Construite par Wiessnegg, rue Gay-Lussac, 64, à Paris.

l'action du foyer. Ce matelas d'eau distribue régulièrement la chaleur autour de l'enceinte et l'empêche de subir de brusques variations de température.

La paroi externe de l'étuve porte une tubulure latérale qui, communiquant avec l'espace annulaire, se trouve

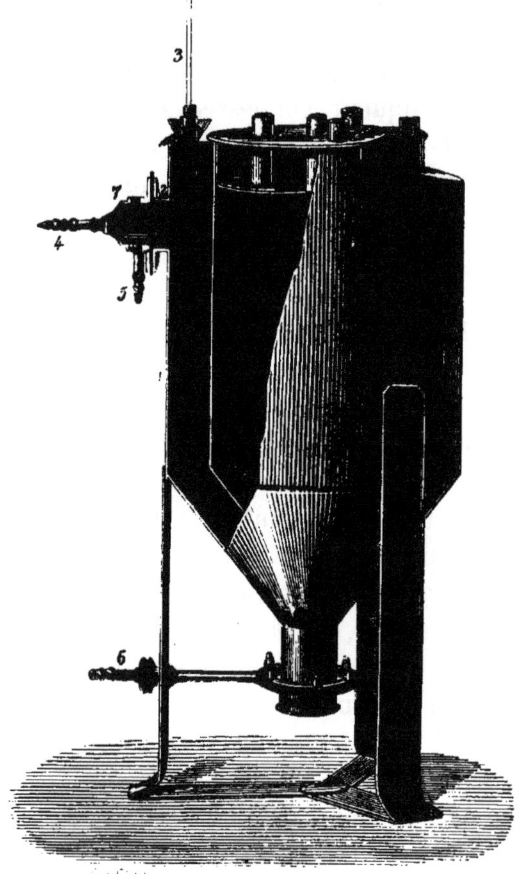

Fig. 55. — Étuve à eau de d'Arsonval.

fermée à l'extérieur par une membrane verticale de caoutchouc qui constitue, lorsque l'appareil est clos, la seule portion de paroi qui puisse traduire à l'extérieur, et en les totalisant, les variations de volume du matelas d'eau. Or, le gaz qui doit aller au brûleur est amené par un tube qui débouche normalement au centre de cette membrane et à une faible distance de sa surface externe dans l'intérieur d'une boîte métallique, d'où il ressort par un autre orifice qui le conduit au brûleur. Tube et membrane constituent de la sorte un robinet très-sensible dont le degré d'ouverture est sous la dépendance des variations de volume du matelas d'eau, et qui ne laisse arriver au brûleur que la quantité de gaz strictement nécessaire pour compenser les causes de refroidissement.

Dans cette combinaison, le combustible chauffe *directement* le régulateur qui, à son tour, réagit *directement* sur le combustible; par suite, la régulation se fait toujours rapidement.

On manie l'appareil de la manière suivante :

1° On remplit d'eau distillée et, par conséquent, privée d'air l'espace annulaire, en ouvrant la douille du haut. Ce remplissage est fait une fois pour toutes.

2° On met dans cette douille un thermomètre qui ne l'obture pas et laisse l'écoulement libre pour l'eau provenant de la dilatation.

3° On ajuste les tubes de caoutchouc, on allume le brûleur et l'on dévisse légèrement le tube (4) si le gaz ne passe pas.

4° Quand le thermomètre marque la température qu'on désire maintenir, on l'enlève et on le remplace par le bouchon qui porte le tube de verre, sans toutefois oublier de remplir avec un peu d'eau distillée la capacité laissée vide par la suppression du thermomètre.

L'appareil se trouve définitivement réglé pour cette température par le mécanisme suivant : le tube (4), qui amène le gaz, porte un petit disque mobile qui, s'appliquant sur la membrane, tend sans cesse à l'éloigner de l'orifice d'arrivée du gaz, grâce à l'élasticité d'un petit ressort à boudin. Tant que la douille du haut est ouverte, l'eau provenant de la dilatation s'écoule au dehors, et, le gaz continuant d'affluer au brûleur par la tubulure (5), la température s'élève d'une façon continue; mais lorsqu'on met le bouchon surmonté du tube, l'eau provenant de la dilatation, au lieu de se perdre, monte dans le tube de verre, et cette colonne d'eau exerce sur la membrane une pression de plus en plus forte qui, surmontant graduellement l'élasticité du ressort à boudin, rapproche de plus en plus la membrane de l'orifice d'arrivée du gaz, dont le passage se trouve ainsi réglé. Si, au moment du réglage, la flamme ne baissait pas, malgré l'élévation de la colonne d'eau dans le tube de verre, cela prouverait que l'orifice d'arrivée du gaz est trop loin de la membrane; on visserait le tube (4) jusqu'à ce qu'on vît baisser la flamme : un contre-écrou sert à fixer ce tube dans la position choisie. L'appareil ainsi réglé reprend à la même température au rallumage.

329. — **Caractères et mode d'extraction des amides.** — Le dosage des matières protéiques totales (par l'oxyde de cuivre hydraté), et celui de l'azote indigestible par la méthode que je viens de décrire suffiraient, dans la plupart des cas, pour faire connaître la valeur nutritive en matières azotées d'un fourrage. Je vais cependant indiquer les procédés de dosage des amides et des peptones, puis je résumerai la marche d'un essai de dosage des principes azotés jusqu'ici constatés dans les fourrages, en faisant observer que les méthodes n'ont point été données par leurs auteurs comme rigoureusement exactes, mais que leur emploi constitue cependant un progrès considérable sur le procédé du dosage en bloc de l'azote dans un fourrage.

Les analyses récentes faites en vue de constater les divers états sous lesquels l'azote est engagé dans les combinaisons végétales, ont montré (v. § 319) que, dans un grand nombre de plantes employées à l'alimentation du bétail, une partie notable de l'azote total décelé par la chaux sodée (quelquefois 30 p. 100 de ce corps) appartient à des substances autres que les matières protéiques. Ces composés azotés sont les amides, au premier rang desquels figure l'asparagine, les peptones, les corps amidés et, dans certains cas exceptionnels, les alcaloïdes. Ces trois derniers groupes de corps azotés existent généralement en très-faibles quantités dans les fourrages, tandis que l'asparagine s'y rencontre souvent assez abondamment. De plus, cet amide contenant 21.21 p. 100 de son poids d'azote et n'ayant aucune valeur au point de vue nutritif, il faut, pour se faire une idée exacte de la teneur en substances azotées utiles d'un fourrage, doser l'asparagine, ou tout au moins l'éliminer, afin de pouvoir en déduire le *quantum* des poids des substances azotées correspondant à l'azote total trouvé dans la matière analysée.

Nous allons faire connaître sommairement les procédés auxquels on peut recourir dans ce but.

L'asparagine ne possède pas de caractères spécifiques qui permettent d'en déceler la présence à l'aide de réactifs ; mais ses propriétés générales rendent sa constatation, son élimination et, fréquemment, son dosage possibles dans les substances végétales qui en renferment.

Pfeffer a donné le moyen suivant de la reconnaître au microscope. S'il s'agit de substances riches en asparagine, telles que les graines de lupin avant la floraison, on fait une coupe épaisse de la graine, on la plonge dans un verre de montre contenant de l'alcool absolu, en ayant soin d'opérer rapidement, en enfonçant la coupe rapidement sous le liquide pour éviter la diffusion de l'asparagine dans l'alcool. On place la coupe sous le microscope et l'on aperçoit les cristaux d'asparagine très-nets et faciles à reconnaître. Si la matière à examiner renferme peu d'asparagine, on imbibe d'alcool la coupe placée d'abord sous le microscope et l'on voit bientôt, sur les bords de la tranche, se déposer des cristaux d'asparagine.

On peut séparer, par cristallisation, l'asparagine contenue dans les sucs végétaux en opérant de la manière suivante (E. Schulze) : la matière séchée et finement pulvérisée est complétement épuisée par l'eau chaude, on fait bouillir pour coaguler l'albumine dissoute, on filtre, on neutralise la liqueur filtrée; on l'évapore à une douce chaleur au bain-marie jusqu'à consistance sirupeuse et on l'abandonne ensuite dans un lieu frais pendant un ou deux jours. On obtient alors, par cristallisation, la plus grande partie de l'asparagine à l'état de pureté très-grande. Schulze avait rendu ce procédé quantitatif en reprenant le sirop, débarrassé des premiers cristaux, par l'alcool et faisant de nouveau cristalliser. Mais les méthodes de dosage proposées depuis par Sachsse et Kormann sont préférables à l'extraction directe de l'amide.

330. — **Dosage de l'asparagine. — Méthode de Sachsse-Brumme** [1]. — Sachsse a proposé deux méthodes pour le dosage de l'asparagine dans les matières végétales. La première est fondée sur la propriété connue de l'asparagine de se dédoubler, par une ébullition prolongée avec l'acide chlorhydrique, en acide aspartique et en chlorhydrate d'ammoniaque :

$$\underbrace{C^4H^8Az^2O^3}_{\text{Asparagine.}} + HCl + H^2O = \underbrace{C^4H^7AzO^4}_{\text{Acide aspartique.}} + AzH^4Cl$$

---

[1] SACHSSE, *Die Chemie und Physiologie der Färbstoffe, Kohlenhydrate und Proteinsubstanzen.* Leipzig, 1877.

Si l'on peut déterminer la quantité d'azote qui se dégage à l'état de chlorhydrate d'ammoniaque, on en déduit facilement le taux de l'asparagine dans la substance examinée, 14 grammes de cet azote correspondant à 132 grammes d'asparagine. L'asparagine et l'acide aspartique n'étant point attaqués par l'hypobromite de soude, Sachsse applique au dosage de l'asparagine la méthode azotométrique de Knop. Je me bornerai à cette indication, sans décrire cette première méthode, applicable seulement à l'asparagine, celle que l'auteur lui-même lui a substituée depuis permettant de doser du même coup l'asparagine et les autres corps amidés (tyrosine, leucine, etc.). La seconde méthode imaginée par Sachsse et Kormann est fondée sur la décomposition des corps amidés par l'acide nitreux; en présence de ce gaz, les composés amidés dont la molécule ne renferme qu'un atome d'azote, tels que l'acide aspartique, la leucine et la tyrosine, perdent tout leur azote en même temps que celui de l'acide nitreux se sépare de l'oxygène ; la réaction se représente, d'après Sachsse, par les égalités suivantes :

$$(1)\quad \underbrace{2(C^4H^7AzO^4)}_{\text{Acide aspartique.}} + Az^2O^3 = \underbrace{2(C^4H^6O^5)}_{\text{Acide malique.}} + H^2O + 4\,Az$$

$$(2)\quad \underbrace{2(C^6H^{13}AzO^2)}_{\text{Leucine.}} + Az^2O^3 = \underbrace{2(C^6H^{12}O^3)}_{\text{Acide leucique.}} + H^2O + 4\,Az$$

$$(3)\quad \underbrace{2(C^9H^{11}AzO^3)}_{\text{Tyrosine.}} + Az^2O^3 = 2(C^9H^{10}O^4) + H^2O + 4\,Az$$

28 parties d'azote dégagé correspondent à 133 grammes d'acide aspartique, à 131 grammes de leucine et à 181 grammes de tyrosine. Ce dosage présente des difficultés particulières, dues à ce que l'acide nitreux se décompose facilement en bioxyde d'azote et en acide nitrique, d'où résulte que l'azote obtenu est mélangé à des quantités

variables de bioxyde qu'il faut écarter avant de procéder à la mesure de l'azote. P. Brumme, de concert avec Sachsse, a modifié le procédé en montrant qu'on peut subs-

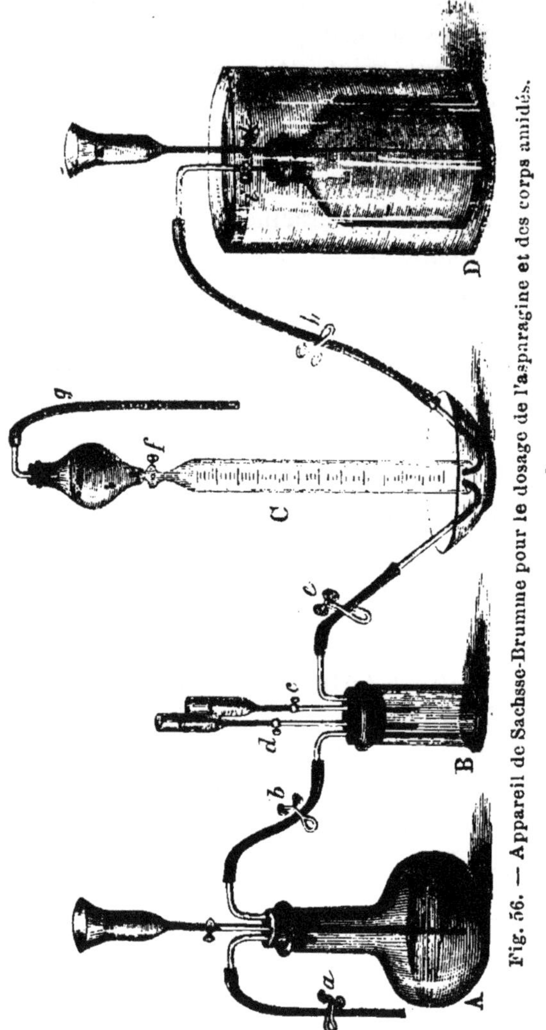

Fig. 56. — Appareil de Sachsse-Brumme pour le dosage de l'asparagine et des corps amidés.

tituer l'oxygène libre à l'acide nitreux, ce qui simplifie la méthode et la rend plus exacte.

La figure 56 représente l'appareil de Sachsse-Brumme. Voici sa description : A est un vase à production d'acide carbonique muni de deux tubes de dégagement, *a* et *b*, et d'un entonnoir pour l'introduction de l'acide. B est un flacon de 100 centimètres cubes environ de capacité dont le bouchon porte quatre tubes mastiqués : deux de ces tubes servent à l'entrée et à la sortie des gaz, les deux autres, *c* et *d*, portent des entonnoirs à robinets de verre. C est un tube gradué muni d'un entonnoir en forme de boule à la partie supérieure : en aspirant par le caoutchouc *g*, on remplit le tube et la boule de lessive de potasse placée dans la capsule sur laquelle repose C ; on ferme le robinet *f*. D est un flacon servant de gazomètre et plongeant dans un vase rempli d'eau. On remplit D d'oxygène exempt d'azote, préparé à l'aide du chlorate de potasse. Du mercure, placé dans le tube à entonnoir K, est introduit dans le gazomètre rempli d'oxygène, en quantité nécessaire pour établir l'équilibre du gazomètre dans le vase et le maintenir plongé dans l'eau. On a ainsi, pour les robinets *i* et *k*, une fermeture hydraulique.

Pour faire un dosage, on met dans le vase B la matière dissoute dans 10 à 15 centimètres cubes d'eau distillée si elle est soluble, ou humectée de la même quantité d'eau dans le cas contraire ; on verse de l'eau dans les entonnoirs *d* et *c* de manière à couvrir largement les robinets, la partie inférieure du tube adducteur doit également être remplie d'eau. On ferme alors le vase à décomposition. On fait ensuite passer en B de l'acide carbonique provenant de A, jusqu'à expulsion complète de l'air, puis on met B en communication avec le tube gradué C, on ferme *c* et *b* et l'on ouvre la pince *a* pour laisser se dégager l'acide carbonique dans l'air. On remplit alors l'entonnoir K du gazomètre avec de l'eau bouillie encore tiède, *h* étant fermé, on ouvre *i* et *k* sans sortir le flacon de l'eau, en manœuvrant *h* avec précaution, on laisse s'écouler un peu d'oxygène pour expulser l'air resté dans le tube qu'on ajuste, après avoir refermé *h*, sous le tube gradué.

On remplit alors l'entonnoir *d* du vase B avec de l'acide nitrique fumant, en ayant soin qu'aucune bulle d'air ne reste dans l'entonnoir ; en ouvrant *e* et *d* avec précaution, on laisse arriver l'acide nitrique sur la matière; *d* contient environ 15 centimètres cubes jusqu'au robinet : cette quantité d'acide nitrique fumant suffit pour décomposer entièrement 300 milligrammes de la substance amidée. Une violente réaction se manifeste bientôt dans le vase B, le dégagement de gaz par *e* et C en est la conséquence. Ces gaz consistent, pour la plus grande partie, en acide carbonique et en bioxyde d'azote formé au contact de l'acide fumant avec l'eau du vase B. L'acide carbonique est absorbé presque entièrement par la potasse qui laisse libre le bioxyde d'azote. Quand le dégagement se ralentit, on le stimule en agitant le vase B. On s'oppose à l'absorption qui tendrait, par ce ralentissement, à se produire de C vers B, en fermant *e* : on attend quelques minutes, on agite de nouveau, on ouvre *e* et l'on s'assure s'il se dégage encore des gaz. S'il ne s'en échappe plus en *e*, c'est que la réaction est terminée; il ne s'agit plus alors que de faire passer en C tout le gaz restant en B. Pour cela, on remplit l'entonnoir *c* d'eau bouillie et, par déplacement, on chasse le gaz dans le tube gradué. Si le volume du gaz dans le tube C paraissait trop grand, quelques bulles d'oxygène amenées par *h* du gazomètre le transformeraient en acide hypoazotique. Pour achever l'absorption de CO^2 et produire celle des vapeurs d'AzO^4, on ouvre *f* et on laisse couler un peu de solution de potasse caustique dans le tube C. On continue alors à verser, à l'aide de l'entonnoir *c*, de l'eau bouillie dans le vase B jusqu'à ce qu'il soit complétement rempli, enfin on achève de balayer ces gaz par un courant d'acide carbonique provenant de A, qu'on modère à volonté en comprimant plus ou moins le caoutchouc. Dans le tube C, on a finalement de l'azote, de l'acide carbonique et un peu de bioxyde d'azote. On absorbe tout l'acide carbonique en laissant couler de la potasse par l'ouverture du robinet *f*, on fait ensuite entrer, avec précaution, un peu d'oxygène pour détruire le reste du bioxyde. Il faut éviter d'introduire un trop grand volume d'oxygène, ce qui est facile, la destruction du bioxyde d'azote se manifestant par la production de vapeurs rutilantes, suivie d'une contraction du volume gazeux. En opérant avec un peu d'habitude et de soin, on arrive à n'avoir pas plus de 1 centimètre cube d'oxygène en excès. On détruit cet excès d'oxygène par l'acide pyrogallique introduit en solution dans l'eau par l'entonnoir *f*; le liquide coulant le long des parois, l'absorption de l'oxygène se fait très-rapidement et complétement. Il ne reste plus qu'à mesurer avec les précautions ordinaires le volume d'azote obtenu, en notant la température et la pression. Toute l'opération dure une heure seulement. Sachsse fait suivre la description de ce procédé de réflexions qui se résument ainsi :

Dans l'analyse, par cette méthode, de l'acide aspartique, de la leucine, de la tyrosine, c'est-à-dire des composés amidés, à un atome d'azote par molécule, moitié du volume d'azote gazeux obtenu provient du composé azoté et l'autre moitié de l'acide nitreux. Dans l'analyse de l'asparagine, corps qui contient deux atomes d'azote par molécule, la totalité de l'azote obtenu correspond à l'azote du corps analysé; le traitement par l'acide nitreux transforme, en effet, l'asparagine en acide malique et en ammoniaque suivant l'égalité :

$$\underbrace{2(C^4H^8Az^2O^3)}_{\text{Asparagine.}} + H^2O + Az^2O^3 = \underbrace{2(C^4H^6O^5)}_{\text{Acide malique.}} + 2\,AzH^3 + 4\,Az$$

d'après laquelle 28 grammes d'azote correspondent à 132 grammes d'asparagine.

Si la liqueur à analyser ne renferme que de l'asparagine ou que des corps amidés de l'autre groupe, acide aspartique, leucine, tyrosine, une seule opération suffit. Mais si l'on a affaire à un mélange de corps des deux groupes, en quantités non déterminées, il faut faire deux dosages avec l'acide nitreux, l'un directement sur la matière première, l'autre sur la matière préalablement traitée par l'acide chlorhydrique pour transformer l'asparagine en acide aspartique. Par la différence des taux d'azote obtenus dans les deux essais, on peut déduire la quantité de corps amidés mélangés à l'asparagine.

331. — **Recherches des peptones dans les végétaux.** — Schulze et Barbieri ont signalé récemment [1], dans un grand nombre de végétaux alimentaires, pommes de terre, betteraves, fourrages verts, etc., la présence de peptones en quantités très-faibles, mais qu'il est cependant intéressant de pouvoir doser, en vue de recherches physiologiques. Le réactif de Millon, la précipitation par l'acide phosphotungstique décelant à la fois la présence de peptones et d'autres substances azotées qui en diffèrent (alcaloïdes végétaux et matières protéiques), on ne peut y avoir recours pour constater et moins encore pour déterminer quantativement les peptones dans un végétal.

F. Hofmeister, dans ses belles recherches sur les peptones (V. *la Bibliographie*), a signalé deux réactifs que Schulze et Barbieri ont appliqués à la recherche quantitative de ces corps dans les végétaux. Ces réactifs sont le biuret (coloration rouge des solutions de peptones rendues alcalines et additionnées d'un sel de cuivre), — cette réaction est encore sensible dans un liquide (urines, par

---

[1] *Journal für Landw.*, 1881.

exemple) qui contient de $0^{gr},150$ à $0^{gr},200$ de peptones par litre, — et l'acide tannique qui précipite les peptones en présence du sulfate de magnésie.

Après avoir préparé, à l'aide de la digestion artificielle de la fibrine sous l'influence de la pepsine, une peptone à peu près pure, Schulze et Barbieri déterminent par la comparaison des colorations produites dans le liquide à examiner et celle d'une solution contenant un poids connu ($^1/_{2000}$ à $^1/_{5000}$) de peptones, les quantités de ce corps existant dans les végétaux soumis à l'examen.

Je renverrai mes lecteurs aux mémoires originaux dont les sources sont indiquées à la fin de ce chapitre ; ces méthodes n'ayant pas encore reçu une sanction suffisante pour pouvoir être signalées comme applicables dans tous les cas.

332. — **Marche à suivre pour le dosage des divers principes azotés dans un fourrage.** — Quatre opérations distinctes peuvent nous donner une idée suffisamment approchée de la teneur d'un fourrage en principes azotés (ammoniaque et nitrates non compris et à doser à part) et de sa valeur nutritive :

1° Dosage de l'azote total ;

2° Dosage de l'azote protéique (méthode de Stützer) ;

3° Dosage de la nucléine (digestion artificielle) ;

4° Dosage de l'azote après séparation des principes précipitables par l'acide phosphomolybdique.

Nous aurons ainsi séparé en quatre groupes les principes azotés des végétaux, savoir :

1° En principes protéiques digestibles ;

2° En substances protéiques indigestibles (nucléines) ;

3° En principes azotés non protéiques, précipitables par l'acide phosphotungstique ou phosphomolybdique ;

4° En principes protéiques non précipitables par ces réactifs. Ce dernier groupe comprendra les substances cristallisables, amides, composés amidés non utiles au point de vue nutritif (asparagine, tyrosine, glutamine, leucine).

Le troisième groupe, qui formera d'ailleurs presque toujours une très-faible partie des substances azotées de la matière examinée, est composé de produits très-différents, peptones et corps analogues, alcaloïdes et autres principes azotés peu connus. Si le poids d'azote correspondant à ce groupe était notable (ce qui ne se présentera pas pour les fourrages), l'acide tannique pourrait servir à y déterminer la part des peptones.

Les chiffres ci-dessous, que j'emprunte à Schulze et à Stützer, montrent que le véritable intérêt pratique de ces analyses réside dans le dosage des matières protéiques et dans celui des nucléines.

Les analyses suivantes sont dues à E. Schulze :

	Azote total p. 100.	Azote des substances protéiques p. 100.	Azote précipité par phosphomolybd. p. 100.	Azote non précipité par phosphomolybd. p. 100.
Graines de lupin .	8.63	8.17	0.24	0.22
Fèves de soja. . .	6.73	6.32	0.13	0.28
Feuilles de bouleau	4.32	3.11	0.15	1.06
Herbe de prairie .	2.22	1.55	0.21	0.46

D'après Stützer :

	Azote. Matières protéiques digestibles p. 100.	Azote des nucléines p. 100.
Tourteaux de palme . .	2.511	0.541
Noix de coco	3.425	0.621
Autres tourteaux. . . .	3.444	0.186

La détermination par différence des matières azotées non utilisables du fourrage suffira, dans la plupart des cas, et constituera, de toutes façons, un notable progrès sur l'ancienne méthode de Weende.

Mémoires à consulter.

Pour faciliter les recherches bibliographiques aux chimistes qui désireraient étudier cette intéressante question dans les mémoires originaux auxquels j'emprunte les méthodes qui précèdent, je crois utile de donner la liste complète des publications récentes sur les matières azotées des fourrages.

R. Sachsse und W. Kormann, *Ueber eine Methode zur quantitativen Bestimmung einiger Amide mittels salpetriger Säure.* (*Landw. Vers.-Stat.*, t. XVII, p. 321. 1874.)

E. Schulze, *Einige Bemerkungen über die Sachsse-Kormann'sche Methode zur Bestimmung des in Amid-Form vorhandenen Stickstoffs.* (*Landw. Vers.-Stat.*, t. XX, p. 117. 1874.)

E. Schulze und Urich, *Ueber die stickstoffhaltigen Bestandtheile der Futterrüben.* (*Landw. Vers.-Stat.*, t. XVIII. 1875.)

E. Schulze, Urich und Umlauf, *Untersuchungen über einige chemische Vorgänge bei der Keimung der gelben Lupine.* (*Landw. Jahrb.*, t. V, p. 821. 1876.)

E. Schulze und Urich, *Ueber die stickstoffhaltigen Bestandtheile der Rüben.* (*Landw. Vers.-Stat.*, t. XX, p. 193, 1877.)

E. Schulze, *Die stickstoffhaltigen Bestandtheile der vegetabilischen Futtermittel und ihre quantitative Bestimmung.* (*Landw. Jahrb.*, t. VI, p. 157. 1877.)

E. Schulze und Barbieri, *Ueber einige Produkte der Eiweisszersetzung in Kürbiskeimlingen.* (*Landw. Jahrb.*, t. VI, p. 681. 1877.)

E. Schulze, *Ueber die Prozesse durch welche, in der Natur, freier Stickstoff in Stickstoffverbindungen eingeführt wird.* (*Landw. Jahrb.*, t. VI, p. 695. 1877.)

E. Schulze und Barbieri, *Ueber den Gehalt der Kartoffelknollen an Eiweissstoffen und an Amiden.* (*Landw. Vers.-Stat.*, t. XXI. 1878.)

E. Schulze, *Ueber Zersetzung und Neubildung von Eiweissstoffen in Lupinenkeimlingen.* (*Landw. Jahrb.*, t. VII, p. 411. 1878.)

R. Wagner, *Versuch zur directen Bestimmung der Proteinstoffe in Futtermitteln.* (*Landw. Vers.-Stat.*, t. XXI. 1878.)

E. Schulze und Barbieri, *Ueber den Gehalt der Kartoffelknollen an Eiweissstoffen.* (*Landw. Vers.-Stat.*, t. XXI, p. 63. 1878.)

Fausto Sestini, *Ueber die Bestimmung der Proteinstoffe in Futtermitteln.* (*Landw. Vers.-Stat.*, t. XXIII, p. 305. 1879.)

Zuntz, *Gesichtspunkte zum critischen Studium der neueren Arbeiten auf dem Gebiete der Ernährung.* (*Landw. Jahrb.*, t. VIII, p. 55. 1879.)

E. Schulze und Barbieri, *Ueber ein neues Glycosid* [Lupinus luteus]. (*Landw. Vers.-Stat.*, t. XXIV, p. 1, 1880.)

Id., *Ueber das Vorkommen von Leucin und Tyrosin in den Kartoffelknollen.* (*Land. Vers.-Stat.*, t. XXIV, p. 167. 1880.)

Id., *Ueber die Bestimmung der Eiweissstoffe und nicht eiweissartigen Stickstoffverbindungen in Futtermitteln.* (*Landw. Vers.-Stat.*, t. XXIV, p. 358. 1880.)

A. Stutzer, *Untersuchungen über die quantitative Bestimmung des Protein-Stickstoffs und die Trennung der Proteinstoffe von anderen in Pflanzen vorkommenden Stickstoffverbindungen.* (*Journal für Landw.*, t. XXVIII, p. 103. 1880.)

E. Schulze, *Zur Bestimmung der Eiweissstoffe und nicht eiweissartigen Stickstoffverbindungen in Futtermitteln.* (*Landw. Vers.-Stat.*, t. XXV, p. 173. 1880.)

R. Wagner (2 mémoires), *Versuche zur directen Bestimmung der Eiweisstoffe in Futtermitteln.* (*Landw. Vers.-Stat.*, t. XXI, p. 259. 1878; t. XXV, p. 195. 1880.)

H. P. Armsby, *Ueber die Bestimmung der nicht Eiweissstoffe im Heu.* (*Landw. Vers.-Stat.*, t. XXV, p. 471. 1880.)

A. Emmerling, *Studium über die Eiweissbildung in der Pflanze.* (*Landw. Vers.-Stat.*, t. XXIV. 1880.)

B. Dehmel, *Zur Bestimmung der Eiweisskörper in den vegetabilischen Futtermitteln.* (*Landw. Vers.-Stat.*, t. XXIV, p. 214. 1880.)

E. Schulze, *Ueber den Eiweissumsatz im Pflanzenorganismus.* (*Landw. Jahrb.*, t. IX, p. 689. 1880.)

E. Schulze und Barbieri, *Zur Bestimmung der Eiweissstoffe und nicht eiweissartigen Stickstoffverbindungen in den Pflanzen.* (*Landw. Vers.-Stat.*, t. XXVI. 1881.)

A. Stutzer, *Untersuchungen über die Verdaulichkeit und die quantitative Bestimmung der Eiweissstoffe.* (*Journal für Landw.*, t. XXIX, p. 473. 1881.)

E. Schulze, *Ein Nachtrag zu der Abhandlung über die stickstoffhaltigen Bestandtheile der vegetabilischen Futtermittel und ihre quantitative Bestimmung.* (*Landw. Jahrb.*, t. VI, p. 377. 1881.)

E. Schulze und Barbieri, *Ueber das Vorkommen von Peptonen in den Pflanzen.* (*Journal für Landw.*, t. XXIX, p. 285. 1881.)

W. Klingenberg, *Ueber den Gehalt verschiedener Futtermittel an Stickstoff in Form von Amiden, Eiweiss und Nuclein.* (*Zeitschr. für physiol. Chemie*, t. VI, p. 155. 1882.)

Id., *Ueber die Nucleine.* (*Zeitschr. für physiol. Chemie*, t. VI, p. 566. 1882.)

G. Fassbender, *Beiträge zur Werthbestimmung von Nahrungs- und Futtermitteln.* (*Landw. Vers.-Stat.*, t, XXVII, p. 123. 1882.)

O. Kellner, *Zur Bestimmung der Eiweissstoffe und der nicht eiweissartigen Verbindungen in den Pflanzen.* (*Landw. Vers.-Stat.*, t. XXVII, p. 101. 1882.)

C. Krauch, *Ueber Peptonbildende Fermente in den Pflanzen.* (*Landw. Vers.-Stat* , t. XXVII, p. 383. 1882.)

E. Schulze, *Ueber einige stickstoffhaltige Pflanzenbestandtheile.* (*Landw. Vers.-Stat.*, t. XXVII, p. 312. 1882.)

E. Schulze und Engster, *Neue Beiträge zur Kenntniss der stickstoffhaltigen Bestandtheile der Kartoffelknollen.* (*Landw. Vers.-Stat.*, t. XXVII, p. 357. 1882.)

A. Stutzer, *Ueber die quantitative Bestimmung der Proteinstoffe.* (*Landw. Vers.-Stat.*, t. XXVII, p. 328. 1882.)

A. Stutzer und Klingenberg, *Ueber die Zersetzbarkeit stickstoffhaltiger animalischer Düngstoffe.* (*Journal für Landw.*, t. XXX, p. 363. 1882.)

CHAPITRE V.

ANALYSE DES EAUX MÉTÉORIQUES ET TERRESTRES. ANALYSE DE L'AIR.

Détermination du titre hydrotimétrique d'une eau. — Analyse complète d'une eau. — Analyse des gaz en dissolution. — Procédé d'extraction des gaz. — Analyse des matières solides. — Dosage des matières organiques. Recherches et dosage de l'ammoniaque, des nitrates, des nitrites dans les eaux. — Voluménomètre et eudiomètre de Schlœsing. - Dosage de l'ammoniaque dans l'air. — Dosage de l'acide carbonique. — Recherches de l'alcool dans l'air. — Récoltes, cultures et purification des êtres microscopiques de l'eau, de l'air, du sol et des divers liquides organiques.

333. — **Remarques préliminaires.** — Tous les phénomènes de nutrition des végétaux et des animaux sont étroitement liés à la présence dans l'eau et dans l'air d'un certain nombre de substances minérales et d'organismes inférieurs dont le rôle devient chaque jour plus net avec les progrès de la physiologie et de la chimie. Les admirables découvertes de L. Pasteur, source de bienfaits incalculables pour l'agriculture et pour l'hygiène, ont ouvert aux savants qui s'occupent de la nutrition des êtres vivants des horizons absolument nouveaux. Le chimiste qui dirige une station agronomique doit, pour être au niveau de sa tâche, avoir une connaissance complète de ces travaux qui ont créé une ère nouvelle à la biologie et auxquels, pour ne parler que des sujets qui touchent directement à la science agronomique, nous devons déjà la connaissance des causes des fermentations, des maladies des vins, de celles des vers à soie, des affections infectieuses du bétail, de la nitrification et de la dénitrification du sol, etc. On ne peut plus se borner aujourd'hui, en parlant de la composition des eaux et de celle de l'air, à faire connaître leur constitution fonda-

mentale : il se présente de nombreux cas où l'on a besoin de déterminer la présence dans ces milieux, indispensables au développement de tout être vivant, des principes qui, pour s'y rencontrer en très-faibles quantités, n'en jouent pas moins un rôle prépondérant (acide carbonique, ammoniaque, organismes inférieurs). J'ai cru utile de consacrer, dans cette nouvelle édition, un chapitre spécial à l'analyse de l'eau et de l'air et d'indiquer les méthodes de récolte, de culture et de purification des êtres microscopiques dont quelques-uns prennent une part tout à fait capitale au développement et à la destruction des êtres organisés.

Les méthodes et appareils inédits de Th. Schlœsing ([1]) pour l'extraction et l'analyse des gaz; les procédés de Frankland pour le dosage des matières organiques des eaux ([2]); le dosage de l'ammoniaque (Th. Schlœsing), de l'acide carbonique, procédés (Müntz et Aubin, Reiset), sont exposés avec tous les détails nécessaires pour leur application dans le laboratoire. Enfin, la dernière partie du chapitre est consacrée à l'exposé du manuel opératoire applicable à la récolte, aux cultures et à la purification des êtres microscopes (bactéries, vibrions, microbes ([3]).

([1]) Voluménomètre et eudiomètre.

([2]) L'éminent chimiste anglais m'a autorisé à extraire la description de ces méthodes de son importante publication (*Water analysis for sanitary purposes*. Londres, 1880), dont je recommande la lecture aux chimistes qu'intéresse l'étude des eaux au point de vue de l'hygiène publique.

([3]) Mon ami, M. U. Gayon, professeur à la Faculté des sciences et directeur de la Station agronomique de Bordeaux, a bien voulu rédiger pour cette deuxième édition l'ensemble des procédés en question. Sa compétence bien connue donne une valeur toute particulière à ces descriptions, complément indispensable des méthodes d'analyse de l'air et des eaux en vue de recherches physiologiques.

J'espère que l'ensemble des documents en partie inédits que j'ai réunis dans ce chapitre rendra des services réels aux directeurs des laboratoires agricoles et aux chimistes qui s'adonnent particulièrement à la physiologie expérimentale.

I. — DÉTERMINATION DU TITRE HYDROTIMÉTRIQUE.

334. — **Principe et valeur de la méthode.** — L'évaluation de la dureté relative des eaux, c'est-à-dire de la quantité approximative des sels terreux et, en particulier, du sulfate de chaux, suffit dans beaucoup de cas pour renseigner sur leur emploi (cuisson des aliments pour les animaux de la ferme, lessivage du linge, alimentation des chaudières). Le procédé de Clarke, basé sur ce fait que la dureté d'une eau est sensiblement proportionnelle à la quantité de principes calcaires qu'elle renferme, repose sur la réaction des sels de chaux sur une solution alcoolique de savon.

Le savon donne avec l'eau distillée une mousse persistante qui se rassemble à la partie supérieure du flacon dans lequel on agite le mélange et n'en disparaît qu'au bout d'un temps assez long. Si l'on remplace l'eau distillée par une eau plus ou moins calcaire, la mousse obtenue par l'agitation disparaît presque instantanément, jusqu'au moment où la totalité de la chaux s'est unie aux acides gras du savon, pour former des composés insolubles.

On conçoit dès lors que la quantité d'une solution de savon, titrée par rapport à un sel calcaire, qu'il faut employer pour obtenir une mousse persistante dans un volume déterminé d'eau, peut servir à estimer la dureté de cette eau.

335. — **Préparation et titrage de la solution de savon** ([1]). — La liqueur d'épreuve se prépare avec du savon de Marseille et son titre s'établit à l'aide d'une solution de chlorure de calcium pur et fondu contenant, par litre, $0^{gr},250$ de ce sel. On prend 100 grammes de savon blanc de Marseille qu'on dissout dans 1,600 grammes d'alcool à 90° (il faut chauffer jusqu'à l'ébullition de l'alcool pour obtenir la dissolution complète). Les impuretés et les sels insolubles sont séparés par filtration, et l'on ajoute à la liqueur filtrée un litre d'eau distillée. On obtient ainsi une solution dont le titre est ensuite exactement fixé de la manière suivante : Dans un flacon de 70 à 80 centimètres cubes de capacité, jaugé à 40 centimètres cubes par un trait circulaire, on verse de la solution de chlorure de calcium jusqu'au niveau du trait ; puis, à l'aide d'une burette spéciale que je vais décrire, on détermine la quantité de solution de savon nécessaire pour obtenir une mousse persistante à la surface du liquide calcaire.

La graduation de la burette Boutron et Boudet est faite de telle manière qu'une capacité de 2 centimètres cubes et 4 dixièmes ($2^{cc},4$), prise à partir du *trait circulaire* tracé au sommet de la burette, se trouve divisée en 23 parties égales et que les divisions suivantes sont rigoureusement égales aux premières. Chaque division représente un degré ; mais, bien que pour chaque expérience, la burette doive être remplie jusqu'au trait circulaire, le 0° n'est marqué qu'au-dessus de la première division. Cette disposition a pour motif ce fait que, pour acquérir une certaine viscosité et produire une mousse persistante, 40 centimètres d'eau pure exigent une division de la liqueur d'épreuve. La première division de la burette est réservée pour cet usage et laissée en dehors de la gra-

([1]) *Hydrotimétrie*, par Boutron et Boudet.

duation, afin que les divisions suivantes représentent uniquement et réellement la quantité de savon décomposé par les matières calcaires tenues en dissolution dans l'eau.

La liqueur d'épreuve doit être titrée de manière que les 23 divisions de la burette comprises entre le trait circulaire, marqué au-dessus de 0° et le chiffre 22, c'est-à-dire 22 degrés effectifs, soient rigoureusement nécessaires pour produire une mousse persistante avec 40 centimètres d'une dissolution de chlorure de calcium à $\frac{1}{4000}$, dissolution que Boutron et Boudet appellent *normale*.

En conséquence, la liqueur savonneuse étant préparée comme il est dit plus haut, on détermine par une expérience directe le nombre de degrés que 40 centimètres de dissolution normale de chlorure de calcium exigent pour produire une mousse persistante ; si l'on trouve 22°, le titre de la solution est bon ; s'il faut moins de 22 divisions pour amener la mousse persistante, on ajoute de l'eau, et, par tâtonnement, on arrive à obtenir exactement le titre voulu.

La liqueur calcique renfermant 0gr,25 CaCl par litre (soit 0gr,1261 CaO) contient 0,01 de ce sel par 40 centimètres cubes. Donc, 22° de la liqueur savonneuse correspondent à 0gr,01 de CaCl ; par conséquent, chaque degré de la burette équivaut à 0gr,00045 de chlorure de calcium (correspondant à 0gr,0002270 CaO).

336. — **Titrage d'une eau.** — La liqueur de savon étant titrée servira à établir les degrés hydrotimétriques des eaux à analyser.

40 centimètres cubes d'eau, placés dans le vase jaugé, sont additionnés de liqueur savonneuse jusqu'à ce que, après agitation, la mousse devienne persistante. — Un simple calcul donne alors la dureté totale de l'eau, c'est-à-dire sa teneur approximative en sels calcaires. — Si l'on répète la même expérience sur 40 centimètres cubes

d'eau préalablement bouillie et filtrée, la chaux tenue en dissolution par l'acide carbonique s'étant déposée, on connaîtra la dureté de l'eau due aux sels calcaires solubles. Je conseille de se borner à ces deux déterminations, suffisantes en général pour l'examen sommaire d'une eau. Si l'on veut avoir sur la composition chimique de l'eau des données plus complètes, il faut employer les méthodes que nous allons décrire et qui, seules, fournissent des résultats dignes de confiance.

II. — ANALYSE COMPLÈTE DES EAUX.

337. — **Méthode générale.** — Dans les laboratoires agricoles, on a fréquemment à analyser les eaux de sources, de puits ou de rivières servant à l'alimentation de l'homme ou du bétail; des eaux de drainage ou d'irrigation. Je commencerai par donner les procédés qui permettent de séparer exactement les principes communs à toutes les eaux naturelles, je ferai ensuite connaître les dosages spéciaux qui peuvent se présenter.

La méthode que je vais indiquer est applicable à toutes les eaux.

Dans l'analyse d'une eau, on a à envisager deux choses: la détermination des éléments gazeux qu'elle tient en dissolution et la détermination des matières solides; on évalue toujours la proportion d'eau pure, par différence.

Cela posé, on peut avoir affaire à des eaux sulfureuses (filtrations de fosses d'aisances, de fosses à purin, etc.), ou bien à des eaux non sulfureuses; l'odorat suffira seul pour renseigner complétement sur celle de ces deux classes à laquelle appartiendra l'eau à analyser.

A. — ANALYSE DES GAZ.

338. — **Dosage des gaz.** — *Premier cas.* — *Eaux non sulfureuses.* — On prend un ballon de 2 à 2 litres et demi; on le tare, puis on le remplit avec l'eau à analyser; toutefois, si l'eau laisse dégager, à la température ordinaire, le gaz qu'elle tient en dissolution, il faut opérer avec la bouteille qui contient l'eau. Nous reviendrons plus loin sur les précautions qu'on doit alors observer. On remplit exactement le ballon, jusqu'au ras du col, et l'on introduit le bouchon, muni d'un tube de dégagement relié à un tube en caoutchouc, de manière à chasser l'excès d'eau jusqu'à l'extrémité du tube abducteur. On pèse le ballon dont on connaît la tare, et l'on détermine par différence la quantité d'eau soumise à l'analyse. On place le ballon sur le feu et l'on proportionne la chaleur à la vitesse de dégagement du gaz. Sous l'influence de la chaleur, l'eau se dilate; elle arrive à la partie supérieure de l'éprouvette par le tube en caoutchouc et l'air ne tarde pas à se dégager. On fait en sorte que l'eau du ballon bouille très-rapidement et pendant assez longtemps, pour que l'eau de l'éprouvette entre elle-même en ébullition et sorte presque complétement de l'éprouvette. Il faut prolonger l'expérience pendant un temps assez long, pour plusieurs motifs : d'abord parce que les dernières portions d'acide carbonique ne se dégagent de l'eau qu'avec beaucoup de lenteur; ensuite, parce que l'eau de l'éprouvette peut absorber de l'acide carbonique; enfin, parce que cette absorption d'acide carbonique pourrait surtout avoir lieu pendant le refroidissement de l'eau que contient l'éprouvette.

Si l'on a à analyser une eau gazeuse, nous avons dit qu'il faut employer, pour chauffer l'eau, la bouteille qui la renferme ; pour mettre cette eau en communication avec l'éprouvette destinée à recueillir les gaz, on se sert d'un tire-bouchon creux muni d'un syphon à robinet auquel on adapte également un tube en caoutchouc ; ces tubes flexibles doivent être préférés aux tubes en verre, parce qu'il est beaucoup plus facile de les retirer de dessous l'éprouvette après l'opération. Il est bien entendu que le tire-bouchon ne doit pas plonger dans l'eau contenue dans la bouteille. Pour pouvoir déterminer la quantité d'eau soumise dans ce cas à l'analyse, on trace un trait au point d'affleurement du liquide et l'on jauge le vase après l'expérience.

Lorsque l'éprouvette est complétement refroidie, on mesure, sur l'eau, le volume du gaz qu'elle contient ; puis on porte l'éprouvette sur la cuve à mercure, en ayant soin de l'agiter de manière à chasser presque toute l'eau qu'elle renferme ; on y fait alors arriver un fragment de potasse ; on agite vivement ; on laisse à la potasse le temps de réagir sur le gaz et l'on reporte l'éprouvette sur la cuve à eau. La différence des deux volumes ainsi mesurés correspond au volume d'acide carbonique que contenait l'eau soumise à l'examen.

Pour doser l'oxygène, on peut avoir recours à plusieurs procédés : je fais d'ordinaire usage de préférence du protochlorure de cuivre ammoniacal. Ce composé absorbe l'oxygène aussi facilement que la potasse s'empare de l'acide carbonique, le résidu gazeux laissé par le protochlorure de cuivre est de l'azote. On fait ensuite les corrections relatives à la pression et à la température.

On peut aussi faire l'analyse des gaz par la méthode eudiométrique de Schlœsing décrite plus loin.

Deuxième cas. — Eaux sulfureuses. — Dans les eaux chargées d'acide sulfhydrique, on ne peut avoir à doser, en outre de ce gaz, que de l'azote et de l'acide carbonique, attendu que l'oxygène disparaît en présence de l'acide sulfhydrique. L'analyse des gaz tenus en dissolution dans une eau sulfureuse comprend donc deux expériences : l'une, destinée au dosage de l'azote et de l'acide carbonique, se conduit exactement comme nous venons de le dire à propos des eaux non sulfureuses ; il faut seulement avoir soin de placer un peu d'acétate de plomb sur le mercure. On doit employer le vase même dans lequel l'eau a été recueillie, en indiquant, par un trait fait avec une lime, la hauteur de l'eau dans la bouteille qu'on jauge après l'analyse.

339. — **Dosage de l'acide sulfhydrique libre et combiné.** — La bouteille qui contient l'eau n'étant pas débouchée, on perce avec précaution dans le bouchon un trou par lequel on introduit un tube abducteur qui ne doit pas plonger dans le liquide ; par un second trou, on fait arriver un tube droit qui descend jusqu'à la partie inférieure de la bouteille. On met le tube droit en communication avec un appareil à hydrogène ; le tube courbe est relié à un tûbe à boules de Liebig rempli d'acétate acide de plomb et taré; après le tube à boules, on place un tube de Will et Varentrapp contenant une dissolution de chlorure de baryum ammoniacal : on connaît également le poids de ce tube. L'appareil étant ainsi disposé, on fait passer de l'hydrogène dans la bouteille pendant quelque temps ; puis, à l'aide d'un bain-marie, on porte l'eau à la température de 100° en maintenant le courant d'hydrogène. Quand on voit que l'acétate de plomb ne se colore plus par le passage du gaz, on arrête l'opération et l'on remplace le tube à acétate par un second tube contenant de l'acétate de plomb n'ayant pas encore servi, et rendu acide, comme le premier, par l'acide acétique. On pèse le premier tube à acétate ; l'augmentation de poids correspond à l'acide sulfhydrique libre. Le second tube va servir au dosage de l'acide sulfhydrique combiné. Pour effectuer ce second dosage, on enlève l'appareil à hydrogène ; on pèse alors

le tube à chlorure de baryum ammoniacal ; l'augmentation de poids qu'il a subie correspond à l'acide carbonique libre également chassé par l'hydrogène ; on remet le tube à chlorure à la suite du nouveau tube à acétate de plomb. On verse alors, par le tube droit, de l'acide acétique pur, qui met en liberté les acides sulfhydrique et carbonique existant dans l'eau à l'état de combinaison. Lorsque tout dégagement de gaz a cessé, on pèse le tube de Will et Varentrapp ; le poids final indique la quantité d'acide carbonique libre et combiné que renfermait l'eau ; en retranchant de ce dernier poids le poids trouvé lors de la première pesée, on a la quantité d'acide carbonique en combinaison avec les bases. On recueille sur un filtre le sulfure de plomb formé ; quelquefois il adhère assez au tube à boules pour qu'on ne puisse pas le retirer. Dans ce cas, il suffit de quelques gouttes d'acide chlorhydrique pour le faire passer à l'état de chlorure, qu'on recueille dans un creuset de porcelaine ; on évapore à siccité après avoir ajouté un peu d'acide sulfurique ; on réunit dans le même vase le sulfure de plomb et son filtre, et l'on calcine le tout, après l'avoir humecté avec l'acide sulfurique et quelques gouttes d'acide nitrique. La quantité d'acide sulfhydrique ainsi dosé est représentée en poids par les $\frac{17}{120}$ du sulfate de plomb obtenu.

On peut, dans la plupart des cas, se contenter de déterminer la quantité de soufre (HS ou sulfures alcalins) contenue dans une eau, à l'aide d'une solution titrée d'iode et de l'amidon. (Méthode sulfhydrométrique.)

340. — **Extraction des gaz d'une dissolution.** — Le moyen qui se présente le plus naturellement pour extraire d'un liquide les gaz qui y sont dissous, consiste à faire bouillir la dissolution. C'est la méthode que nous venons de décrire. Mais la mise en pratique d'un tel procédé rencontre, dans certains cas, des difficultés sérieuses, qui

provieunent principalement de la présence de l'air dans les récipients et de la vapeur condensée dans les cloches à gaz.

Th. Schlœsing [1] réussit à éviter ces inconvénients en faisant passer directement la dissolution gazeuse de la source où elle est prise, dans un ballon où le vide a été fait, en employant la trompe à mercure pour aspirer et recueillir les gaz, et en régularisant l'ébullition, ainsi produite à basse température, par une injection de vapeur d'eau au sein du liquide.

Il faut d'abord prendre un échantillon de la dissolution, en évitant le contact de l'air. A cet effet, on se sert d'un ballon tubulé A, de 2 litres environ (fig. 57), dont le col est étiré et fermé à la lampe. Sur la tubulure est adapté un bouchon qui laisse passer un tube de verre *t*, légèrement courbé, effilé à l'extrémité inférieure et portant à l'autre extrémité un caoutchouc épais et une pince à vis. On fait bouillir un peu d'eau distillée dans le ballon, en ayant soin que le bout effilé du tube ne soit pas immergé. Quand tout l'air est expulsé, on fait plonger le tube dans l'eau et l'on continue à chauffer un moment. L'eau est chassée presque en totalité par l'effet de la pression; on serre alors la pince et l'on tare le ballon. Celui-ci conserve le vide très-longtemps et peut être transporté sur le lieu même où l'on veut prendre l'échantillon.

Supposons qu'on veuille étudier une dissolution gazeuse naturelle, telle qu'une eau de source, une eau souterraine, etc.... On dispose un tube plongeant par une extrémité dans la dissolution au niveau de la couche qu'on veut examiner; ce tube porte un robinet à l'autre extrémité. On le remplit de liquide en y adaptant un caoutchouc et aspirant par un moyen quelconque, puis on

---

[1] Méthode inédite communiquée par Th. Schlœsing.

ferme le robinet. En raccordant ce tube avec le tube *t* et desserrant la pince, on fera passer dans le ballon A telle quantité de liquide qu'on voudra ; au moyen d'une pipette

Fig. 57. — Appareil de Schlœsing pour extraire les gaz d'une dissolution.

effilée, on aura, au préalable, rempli d'eau bouillie le caoutchouc du tube *t* pour éviter l'introduction d'une petite quantité d'air dans le ballon. On pèse ensuite le ballon.

Reste à extraire les gaz du liquide recueilli. On raccorde le col du ballon par un caoutchouc épais *d* avec un tube condenseur refroidi par un courant continu d'eau fraîche et communiquant lui-même par un tuyau de plomb capillaire avec une trompe à mercure; puis on fait le vide dans la partie de l'appareil comprise entre le caoutchouc *d* et la trompe. Supposons que, le vide fait dans cette partie, on brise la pointe étirée du col du ballon, et qu'on continue à faire marcher la trompe. On provoquerait ainsi le dégagement des gaz dissous et on pourrait les recueillir en totalité. Mais l'opération serait très-longue. Si, d'ailleurs, on voulait chauffer le liquide pour aller plus vite, on déterminerait une ébullition qui se ferait par soubresauts et qui risquerait de briser le ballon. Gernez a montré qu'une petite quantité de gaz introduite dans un liquide suffit pour en régulariser l'ébullition. Schlœsing emploie, dans le même but et avec succès, une injection de vapeur d'eau; il procède ainsi :

Le vide obtenu entre le ballon A et la trompe, la pointe étirée du col du ballon est brisée à l'intérieur du caoutchouc; puis le tube *t* est relié avec un petit ballon B dans lequel on entretient de l'eau à l'ébullition et qui est bien purgé d'air; en même temps, la pince à vis est desserrée. La vapeur d'eau qui arrive dans le ballon détermine une ébullition régulière de la dissolution à une température qui ne dépasse pas 25° à 30°. Elle entraîne avec elle les gaz dégagés et se condense tout entière dans le tube T pour retomber ensuite dans le ballon. La trompe à mercure, qui n'a cessé de marcher, n'a, comme on voit, à faire le vide que dans le tube condenseur et le tuyau de plomb. Au bout d'une demi-heure, tout dégagement de gaz a cessé, et l'extraction est terminée. Si l'opération est bien conduite, il ne passe pas une goutte de liquide dans les cloches à gaz. En été, il est nécessaire, pour atteindre ce but, de refroidir l'eau ordinaire employée pour la condensation de la vapeur, en la faisant passer auparavant sur de la glace.

Pour éviter l'obstruction de l'extrémité du col du ballon par la vapeur condensée, on cherche, lorsqu'on brise la pointe, à pratiquer un orifice assez grand. Mais comme on pourrait ne pas y réussir, il est bon de souffler à la partie inférieure du tube condenseur une boule qui retient tout le liquide venant de ce tube et remédie ainsi à l'inconvénient dont il s'agit.

341. — **Dosage de l'acide carbonique dans les eaux** ([1]). — Faire le vide dans un appareil approprié au moyen de la trompe à mercure de Schlœsing, aidée par l'ébullition de l'eau, déterminer le dégagement de l'acide carbonique par un acide plus énergique, aspirer le gaz dans une cloche graduée en faisant le vide de nouveau : tel est le principe de la méthode.

L'appareil comprend un ballon tubulé A, de 200 à 300 centimètres cubes (fig. 58), qu'on peut chauffer au moyen d'un bec Bunsen à chapeau. La tubulure B est traversée par un petit tube *t* plongeant au fond du ballon et portant à son extrémité supérieure un petit entonnoir E; une pince P, embrassant le caoutchouc *d*, permet d'établir ou d'interrompre à volonté la communication entre le ballon et l'extérieur. Le col du ballon est relié à un tube T, d'un centimètre de diamètre intérieur, de 40 de longueur, qui est refroidi par un courant d'eau continu circulant dans

---

([1]) Le chapitre consacré aux *Méthodes générales* étant imprimé au moment où mon ami Th. Schlœsing me communique cette modification à son procédé décrit p. 73 et suiv., j'ajoute ce paragraphe à l'analyse des gaz de l'eau, bien que ce procédé soit applicable non-seulement au dosage de l'acide carbonique en dissolution, mais encore à l'analyse des carbonates et des matières carbonatées. L. G.

Fig. 58. — Appareil de Schlœsing pour le dosage de l'acide carbonique dans les eaux.

un manchon, et qui communique par un tuyau de plomb g de petit diamètre avec une trompe à mercure.

Supposons d'abord qu'il s'agisse de doser l'acide carbonique dans une dissolution. On introduit par le col du ballon A une petite quantité d'acide sulfurique étendu à $\frac{1}{10}$; on adapte le bouchon C et l'on met en marche la trompe à mercure. On verse aussitôt un peu d'eau dans l'entonnoir E et l'on desserre la pince; l'eau descend dans le tube t chassant devant elle l'air qu'il contient. On serre la pince de façon qu'il reste un peu de liquide au-dessus du caoutchouc d; puis on chauffe le ballon.

L'ébullition ne tarde pas à se produire; la vapeur formée expulse l'air, vient se condenser dans le tube T et retourne au ballon. On retire la lampe dès que l'extrémité C du tube T atteint une température difficile à supporter à la main. La trompe n'a bientôt à faire le vide que dans le tube T et le petit tuyau de plomb. Ce résultat est très-rapidement obtenu; au bout de cinq minutes de marche, le mercure fait entendre en s'écoulant un bruit sec qui annonce que le vide existe dans tout l'appareil.

A ce moment, on dispose une cloche graduée pleine de mercure au-dessus de l'orifice inférieur de la trompe; on verse dans l'entonnoir un volume connu de la dissolution carbonatée, de l'eau à analyser par exemple, on l'introduit dans le ballon en faisant jouer la pince et en laissant quelques gouttes au-dessus du caoutchouc d; on lave deux fois en faisant chaque fois pénétrer le liquide avec les précautions indiquées. On chauffe le ballon pour hâter le dégagement de l'acide carbonique. L'ébullition se produit; tout se passe comme pendant la purge de l'appareil. Au bout de quelques minutes, le vide est fait et les dernières traces de gaz se sont rendues dans la cloche.

On dose l'acide carbonique en volume avec les précautions connues ; on vérifie qu'il ne laisse pas de résidu appréciable après absorption par la potasse.

Remarquons que, si l'on a ajouté un excès suffisant d'acide sulfurique, l'appareil est, à la fin de l'opération, tout préparé pour un nouveau dosage. Dans ces conditions, une première expérience dure 10 à 12 minutes, et les suivantes la moitié de ce temps.

Supposons maintenant l'acide carbonique engagé dans une combinaison solide (carbonate de chaux, par exemple). La matière ne peut plus être introduite par l'entonnoir. Dans ce cas, on la verse par le col du ballon en l'additionnant d'eau ; c'est alors cette eau qu'on fait bouillir pour purger d'air l'appareil, et, le vide fait, c'est l'acide étendu qu'on introduit en second lieu par l'entonnoir. Le gaz carbonique est recueilli et dosé en volume comme précédemment.

Lorsque la matière peut dégager de l'acide carbonique sous l'influence du vide et de la chaleur, comme il arriverait si elle contenait des bicarbonates ou encore un carbonate neutre accompagné d'un sel ammoniacal, on y ajoute un alcali fixe pour éviter ce dégagement. Autrement, on perdrait une partie du gaz carbonique, qui se dégagerait à l'ébullition pendant la purge de l'appareil. Mais il est nécessaire que l'alcali introduit soit parfaitement décarbonaté ; on peut, dans ce but, employer de la chaux, qui a été portée au blanc pendant quelques instants, puis éteinte en vase clos.

Toutes les fois que la substance à analyser contient de de la chaux ou qu'on en a ajouté, il convient de substituer l'acide chlorhydrique à l'acide sulfurique, pour éviter la formation du sulfate de chaux qui gêne l'ébullition.

Lorsque l'eau qui circule dans le manchon est suffisamment fraîche, la condensation des vapeurs dans le tube T est complète et il ne passe pas d'eau dans la cloche graduée. En été, il est bon de la faire passer préalablement sur de la glace.

La précision de cette méthode est aussi grande qu'on peut le désirer.

342. — **Description de la trompe à mercure simple.** — La trompe représentée par la figure 58 se compose d'un tube capillaire vertical d'une longueur de $1^m,50$ environ et d'un diamètre intérieur de $1^{mm},5$ à 2 millimètres. Dans ce tube coule du mercure qui est débité goutte à goutte par une tubulure latérale et qui vient d'un réservoir, consistant simplement en une cloche à douille renversée ; l'écoulement est réglé par une pince à vis embrassant un caoutchouc à vide. A son extrémité supérieure, le même tube est relié à un tuyau de plomb capillaire, qui communique avec l'appareil où le vide doit être fait ; son extrémité inférieure est recourbée en forme de tube à dégagement et plonge dans une cuve à mercure.

Les gouttes de mercure, débitées par la tubulure, remplissent toute la section du tube vertical et enferment au-dessous d'elles une petite masse gazeuse qu'elles poussent, à la manière de pistons, jusqu'à l'orifice inférieur. L'espace qu'elles laissent derrière elles, au début de leur chute, est rempli aussitôt par une nouvelle quantité de gaz à extraire, dont la détente est instantanée et dont la pression diminue progressivement.

Le gaz extrait est recueilli dans une éprouvette placée au-dessus de l'orifice du tube vertical. Le réservoir est alimenté avec le mercure écoulé dans la cuve.

Une boule est soufflée au-dessus de la tubulure. Elle a pour but, dans le cas où le débit du réservoir viendrait à surpasser celui du tube vertical, d'empêcher, pendant quelques instants, que le mercure ne se répande dans le tuyau de plomb, et de donner ainsi à l'opérateur le temps de serrer la pince à vis.

Quand le vide est obtenu, chaque goutte de mercure qui s'écoule dans le tube vertical, n'ayant plus au-dessous d'elle un matelas de gaz, fait entendre en tombant un bruit sec et caractéristique qui annonce la fin de l'opération.

343. — **Description du voluménomètre Schlœsing.** — La description de deux appareils nouveaux imaginés par Th. Schlœsing pour la récolte et l'analyse des gaz extraits d'un milieu quelconque (eaux, sol, liquides organiques, etc.), doit trouver tout naturellement place dans le chapitre relatif à l'analyse des gaz en dissolution dans les eaux. Le voluménomètre, destiné à recueillir et à mesurer des volumes de gaz relativement considérables (200 à 300 centimètres cubes), et le nouvel eudiomètre de Schlœsing rendent les plus grands services dans un laboratoire agronomique. Aussi vais-je décrire avec soin ces deux appareils à l'aide des notes dont je dois la communication à l'obligeance de Th. Schlœsing.

La mesure des volumes gazeux qui dépassent 200 à 250 centimètres cubes ne peut pas être pratiquée commodément et avec exactitude dans des éprouvettes graduées. Th. Schlœsing l'effectue dans un voluménomètre spécial où les gaz sont ramenés à un volume constant. Cet appareil présente un avantage que Th. Schlœsing a souvent réalisé dans ses ingénieuses méthodes d'analyses à savoir que tout chimiste peut le construire.

Un récipient cylindrique en verre A, de 1 litre à 1 $^1/_2$ litre de capacité (fig. 59), muni d'une douille à chaque extrémité, constitue la chambre à gaz. Il est relié, d'une part, avec un tube vertical B, d'environ 18 millimètres de diamètre, d'autre part, au moyen d'un caoutchouc à vide portant une pince à vis *p*, avec un tube capillaire à dégagement qui débouche dans une cuve à mercure M. A sa partie inférieure, le tube B communique par un autre caoutchouc à

Fig. 39. — Voluménomètre Schlœsing.

vide, également pourvu d'une pince à vis p', avec un tube C, de même diamètre, parfaitement vertical. Il est, de plus, mis en relation par une tubulure latérale avec un tube F, dont l'extrémité recourbée porte une boule et débouche dans une cuve à mercure H. Ce tube et la tubulure, ainsi que le caoutchouc qui les raccorde, forment un conduit ayant à peu près même diamètre que le tube B et légèrement incliné, comme l'indique la figure; une pince à vis p'' embrasse le caoutchouc. Pour que ce caoutchouc puisse résister aux pressions qu'il aura à supporter, il est enfermé dans un étui en toile forte, solidement cousu; cette précaution est inutile pour les deux autres caoutchoucs qui, étant d'un diamètre intérieur beaucoup moindre, peuvent facilement avoir une épaisseur suffisante. Le tube B porte un trait a, qui avec la pince p limite, comme nous le verrons, la chambre à gaz; le tube C est gradué en millimètres, de haut en bas, à partir d'un trait O comme origine, lequel est dans un même plan horizontal avec le trait a. Enfin, le récipient A est noyé tout entier dans une cloche à douille renversée, pleine d'eau.

Pour mettre l'appareil en état de recevoir le gaz à mesurer, il faut d'abord le remplir de mercure. A cet effet, la pince p'' étant fermée et les deux autres ouvertes, on verse du mercure dans le tube C jusqu'à ce que le niveau s'élève à $0^m,20$ ou $0^m,30$ au-dessus de la tubulure. On bouche avec le doigt l'orifice inférieur du tube F et l'on desserre la pince p''. Le mercure s'écoule dans ce tube et le remplit. Quand il n'y reste plus d'air, on serre p'' et l'on débouche sous le mercure l'orifice qu'on tenait fermé. On achève ensuite de remplir l'appareil en versant du mercure par le tube C jusqu'à ce que le liquide sorte par le capillaire. Si à ce moment on serre p et p' et qu'on desserre p'', le mercure s'abaisse dans la chambre à gaz et la laisse absolument vide d'air; il affleure alors à un point voisin du trait α, lequel se trouve à 76 centimètres environ au-dessus du niveau de la cuve H. L'appareil est préparé pour une mesure de gaz.

Supposons que le gaz soit débité, par exemple, par une trompe à mercure. On coiffe avec le tube F l'orifice de dégagement de la trompe et l'on met celle-ci en marche. Le gaz se rend dans la chambre par les tubes F et B. Il n'est pas toujours débité régulièrement; dans le cas d'un afflux brusque, la boule sert de réservoir de sûreté et évite les pertes par la partie inférieure du tube F. Il est prudent de maintenir serrée la pince p' pendant toute la durée de l'introduction du gaz ; autrement, le niveau du mercure dans le tube C serait le même que dans la cuve H, c'est-à-dire voisin du bas de l'appareil, et, à la faveur des oscillations brusques produites par la détente du gaz pénétrant dans la chambre, il pourrait passer de l'air de C en B.

Reste à exécuter la mesure du gaz. Ayant serré p'', on ouvre p' et l'on verse du mercure dans le tube C, en faisant en sorte qu'il reste toujours rempli sur une assez grande hauteur afin d'éviter l'entraînement de bulles d'air dans la chambre. On cesse de verser, quand le niveau dans B dépasse un peu le trait α. On obtient ensuite l'affleurement exact à ce trait en faisant jouer convenablement la pince p''. On lit alors la hauteur du niveau dans la branche C et la température de l'eau qui entoure la chambre. Connaissant la capacité de cette chambre, on calculera le volume du gaz à 0° et sous la pression 760 millimètres. Après la mesure, on expulse tout le gaz de la chambre en ouvrant la pince p et en versant du mercure dans le tube C. L'appareil est alors tout prêt pour une nouvelle expérience. Il est bon, lorsqu'on l'abandonne, de laisser ouverte une des pinces p' ou p'', pour éviter les ruptures qui pourraient résulter des dilatations par les changements de température.

Les gaz mesurés doivent toujours être saturés de vapeur d'eau ; on entretient, à cet effet, un dépôt d'humidité sur les parois intérieures de la chambre. Cette eau est introduite, lorsqu'il y a lieu, par l'orifice du tube F à l'aide d'une pipette recourbée. Le mercure affleurant d'abord à peu près vers le trait *a*, on lui fait ensuite remplir la chambre en sorte que l'eau qui surnage mouille le verre et y laisse une couche mince d'humidité, parfaitement suffisante pour saturer les gaz. L'excès d'eau est expulsée par le capillaire.

Voici maintenant quelques détails de construction sur l'appareil. La chambre à gaz qui, pleine de mercure, a un poids considérable, ne doit pas exercer de pression sur le tube B. A cet effet, elle est portée par une planchette horizontale solidement reliée au support. Avant de la mettre en place, on commence par fixer la cloche qui l'enveloppe. Celle-ci traverse la planchette en son milieu; elle repose sur une forme en ciment, qu'on coule à l'intérieur d'un collier métallique, et est maintenue verticale par des équerres en fer. Dans la douille de la cloche est engagé un bouchon de caoutchouc qui laisse passer la queue inférieure de la chambre à gaz. Une couche de ciment coulée dans l'intérieur de la cloche assure la stabilité de la chambre. Ce n'est qu'après l'établissement de ces deux pièces qu'on raccorde la chambre avec le tube B ; on emploie pour cela une simple virole de métal qu'on mastique à la cire Golaz, de manière à éviter tout logement pour les gaz.

Les deux tubes B et C sont étirés à leur extrémité inférieure de manière à présenter un épaulement; les parties étirées traversent des godets en métal engagés dans une planchette en bois; les épaulements sont assis sur une forme en ciment qu'on coule dans les godets.

Le jaugeage de la chambre à gaz s'effectue avant d'établir la communication entre les tubes B et C. Au bas du tube B, on adapte pour cette opération un tube en T, dont une branche porte un robinet et l'autre se raccorde, par un caoutchouc muni d'une pince, avec un long tube vertical. En versant du mercure par ce dernier tube, on remplit complétement la chambre à gaz ; après quoi, on serre cette dernière pince ainsi que la pince *p*. On fait ensuite écouler le liquide par le robinet jusqu'à l'affleurement au trait *a* ; du poids de mercure écoulé, on déduit le volume cherché.

L'appareil dont la description précède est d'un usage commode, particulièrement dans l'analyse organique, lorsqu'on emploie la trompe à mercure pour extraire les produits de la combustion de la matière. Si l'on opère comme nous l'avons vu, les gaz passent sans transvasement dans le voluménomètre. Ils consistent, dans ce cas, en un mélange d'acide carbonique et d'azote, où le premier de ces gaz est de beaucoup le plus abondant. Lors donc qu'on a mesuré le volume du mélange, on fait dégager lentement le gaz par le tube capillaire dans une éprouvette graduée, enduite de potasse. Le gaz carbonique s'absorbe à mesure qu'il arrive, en sorte que tout l'azote du mélange est recueilli pur dans l'éprouvette même. On procède à sa mesure par les moyens connus.

Enfin, quand le mélange qu'on a recueilli dans le voluménomètre est complexe et demande à être soumis à l'analyse eudiométrique, l'appareil permet d'en extraire très-facilement autant d'échantillons qu'il est nécessaire pour cette analyse.

344. — Eudiomètre Schlœsing. — *Modification de l'eudiomètre de Regnault.* — Le principe de l'eudiomètre de Regnault est bien connu ; il consiste à mesurer les gaz d'après leur pression sous un volume et à une température invariables, et à les soumettre aux divers réactifs absorbants dans une partie séparée de l'appareil (fig. 60).

Fig. 60. — Vue d'ensemble de l'eudiomètre Schlœsing.

Les modifications et les simplifications que Schlœsing a introduites dans la construction de l'appareil ne touchent en rien à cette méthode de mesure, qui est excellente. Elles ont simplement pour but de faciliter la manœuvre de l'eudiomètre et d'en simplifier la construction, de manière à permettre aux chimistes quelque peu adroits de l'exécuter presque entièrement eux-mêmes et à peu de frais. Elles portent principalement sur les moyens d'arriver rapidement à la mesure des pressions et sur le mode de transvasement des gaz (tube-laboratoire et cuve à mercure).

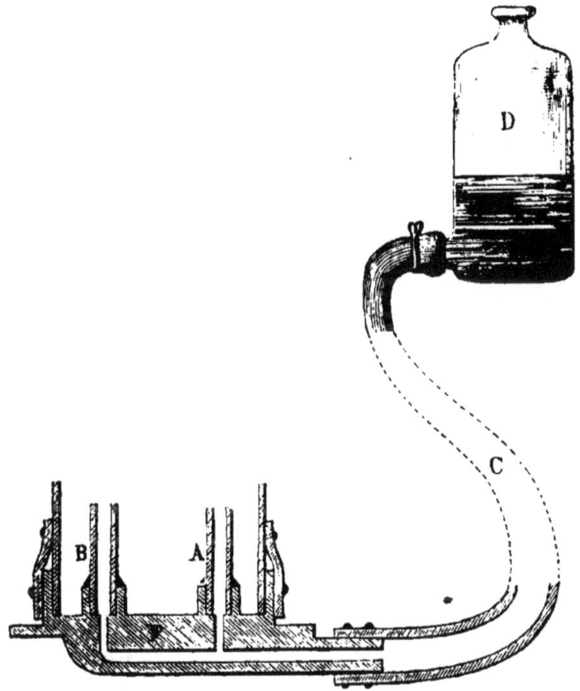

Fig. 61. — Eudiomètre Schlœsing (détails).

Dans l'appareil de Regnault, que tous les chimistes connaissent, l'affleurement du mercure à un trait déterminé du tube mesureur s'obtient en versant du liquide dans la branche ouverte du manomètre et en faisant jouer convenablement le robinet à trois voies. Cette manière d'opérer a été améliorée par Th. Schlœsing à l'aide de la disposition suivante :

Le robinet à trois voies est supprimé. Le tube de fonte F (fig. 61), qui établit la communication entre les deux branches verticales A, B, est relié par un tuyau de caoutchouc C, comme l'indique la figure ci-contre, avec un flacon de verre tubulé D, contenant du mercure. Ce flacon repose sur une étagère E, en bois (fig. 62 et 64), qui est mobile entre deux glissières verticales et qu'on peut fixer à tel point qu'on voudra au moyen d'une vis de pression. On voit immédiatement que le mercure s'élèvera toujours au même niveau dans le tube vertical ouvert B et dans le flacon D, et que, pour le faire affleurer à un trait donné sur le tube mesureur B, il suffira de déplacer verticalement l'étagère et le flacon d'une quantité convenable. Par ce moyen, on produit très-commodément et très-vite de grandes variations du niveau du mercure dans l'appareil. Pour réaliser de très-petites variations de ce niveau, il faut pouvoir imprimer de très-petits déplacements verticaux au flacon. A cet effet, la planchette de l'étagère, au lieu d'être horizontale, présente une faible inclinaison (*voir* fig. 62), telle qu'entre ses deux extrémités il existe une différence de hauteur d'environ 5 millimètres. Cette planchette E, ayant une vingtaine de centimètres de longueur, on voit qu'il faut donner au flacon un déplacement latéral de 4 millimètres environ, suivant la ligne de plus grande pente de cette planchette, pour produire une variation de niveau du mercure de $^1/_{10}$ de millimètre. Si l'on fait mouvoir le flacon suivant une autre direction sur la planchette, on peut avoir, pour un même déplacement rectiligne de 4 millimètres, une variation de niveau aussi faible qu'on voudra. En donnant avec la main de petits mouve-

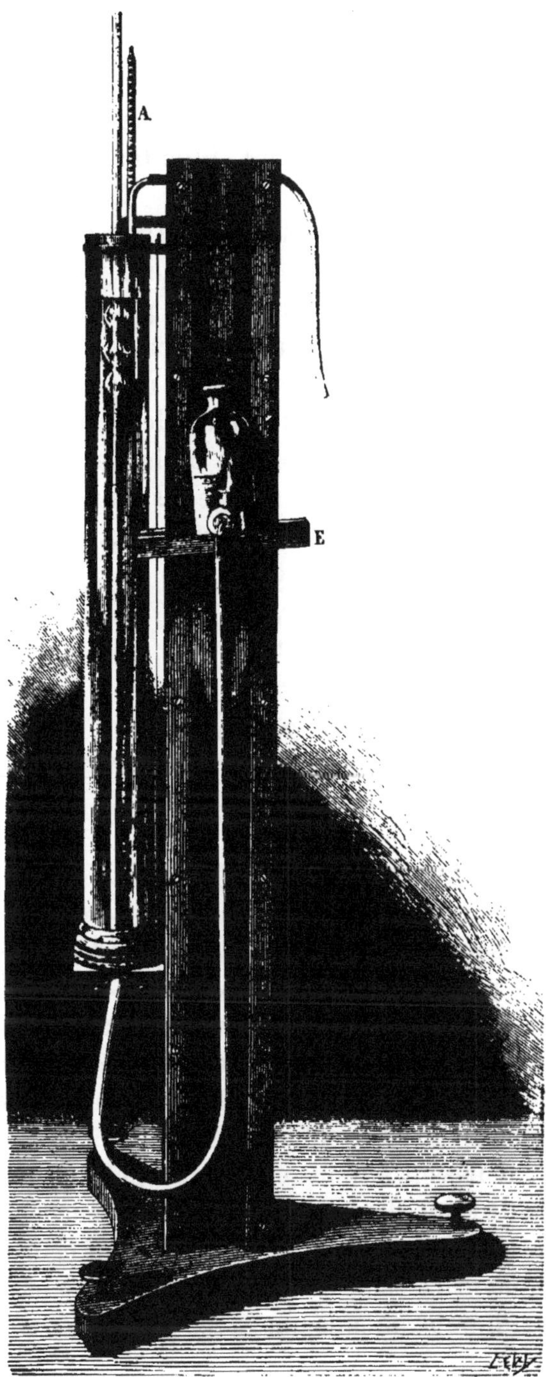

Fig. 62. — Eudiomètre Schlœsing (vue par derrière).

ments au flacon, tandis qu'on a les yeux fixés sur le trait du mesureur, on obtient très-rapidement, et avec une approximation, pour ainsi dire, illimitée, l'affleurement du mercure à ce trait.

Relativement aux transvasements de gaz, le dispositif de Regnault consiste en un tube-laboratoire terminé par un capillaire et se reliant au mesureur par un raccord en métal; ce tube est plongé dans une cuve à mercure mobile, qu'on déplace verticalement au moyen d'un mécanisme approprié, pour déterminer le passage des gaz du laboratoire dans le mesureur ou le passage inverse. Schlœsing a modifié comme suit ce dispositif :

L'extrémité capillaire du mesureur (fig. 63) est reliée par un caoutchouc épais avec un tube, également capillaire, de même section. Ce tube est recourbé en forme de pipette de Doyère (fig. 63) et plonge dans une cuve à mercure qui est fixée invariablement au support en bois de l'eudiomètre (fig. 64). Son extrémité ouverte *e* est bien rodée et peut se boucher au moyen d'un obturateur très-simple, consistant en un agitateur dont la tête aplatie est enveloppée de caoutchouc et qui est chargé d'un poids *p* (fig. 65). Veut-on faire passer du gaz d'une éprouvette dans le mesureur? On enfonce cette éprouvette dans la cuve en lui faisant envelopper la branche *t* et jusqu'à ce qu'elle butte contre l'extrémité *e* de cette branche; puis on abaisse le flacon pour produire un appel dans le mesureur. Quand le mercure coule dans la chambre à gaz par le tube capillaire, il ne reste plus une trace de gaz dans l'éprou-

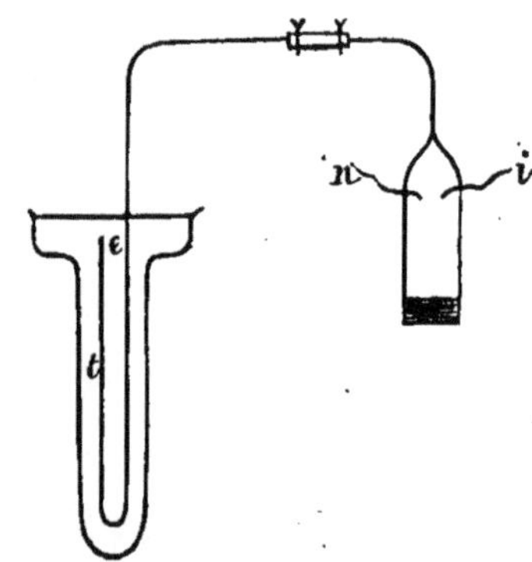

Fig. 63. — Eudiomètre Schlœsing (tube-laboratoire).

Fig. 64. — Eudiomètre Schlœsing (vue latérale).

vette ; on ferme alors la pipette en y plaçant l'obturateur. Celui-ci est maintenu vertical au moyen d'une petite pince à ressort et bouche l'orifice *e* par l'effet de son simple poids. Dès qu'il est en place, tout mouvement du mercure dans le tube capillaire est impossible ; l'obturation est hermétique. Pour expulser le gaz du mesureur, on fait l'opération inverse, c'est-à-dire qu'après avoir débouché l'orifice *e*, on élève le flacon au haut de sa course et on le maintient dans cette position jusqu'à ce que le mercure remplisse le tube capillaire (fig. 65).

Fig. 65. Obturateur Schlœsing.

Veut-on maintenant faire une mesure de gaz ? On purge le mesureur en élevant le flacon jusqu'à ce que le mercure remplisse le capillaire et coule dans la cuve, et l'on y introduit le gaz en expérience, comme nous venons de le voir. Quand le mercure commence à s'élever dans le capillaire, on maintient le flacon à hauteur convenable pour que le ménisque s'avance lentement dans ce tube, et l'on ferme l'orifice *e*, en y plaçant l'obturateur, dès que le ménisque affleure à un trait marqué entre le caoutchouc et le mesureur. En manœuvrant le flacon d'une manière convenable, on fait affleurer le mercure, dans le tube mesureur, à un trait déterminé, qui limite avec le premier la capacité de la chambre à gaz. On lit ensuite la différence du niveau entre les deux branches, qui sont graduées l'une et l'autre en millimètres à partir d'un même plan horizontal.

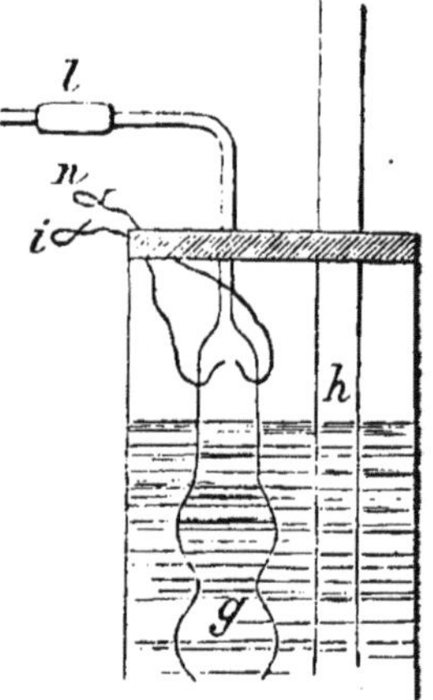

Fig. 66. Eudiomètre Schlœsing (mesureur).

La pose du caoutchouc qui relie la pipette au mesureur, exige quelque précaution. Les extrémités des deux tubes qui doivent entrer en contact sont parfaitement rodées, de manière à ne laisser aucun vide entre elles. Le caoutchouc est d'abord adapté et ligaturé sur la pipette. Puis on lui fait embrasser l'extrémité capillaire du mesureur et, tout en maintenant les deux tubes en contact, on exerce sur lui une traction énergique vers le mesureur. Ce n'est qu'alors qu'on le ligature de ce côté. De cette manière, le caoutchouc produit l'effet d'un ressort qui tendrait à appliquer les deux parties l'une contre l'autre. Avant d'être rapprochées, les extrémités des deux tubes ont été humectées de sublimé corrosif, en sorte que la première fois que l'on y fait passer du mercure, celui-ci mouille le verre, pénètre dans les petites cavités demeurées libres à l'endroit du joint et les remplit pour toujours. Il convient, pour obtenir une fermeture hermétique avec l'obturateur, d'humecter également de sublimé corrosif le caoutchouc qu'il porte et de maintenir toujours cette partie sous le mercure; lorsque l'orifice du capillaire doit rester ouvert, on accroche l'obturateur à un clou planté sur le support de l'appareil, sans le faire sortir de la cuve. — La disposition que nous avons indiquée a l'avantage de supprimer le raccord à emmanchement conique et à robinets imaginé par Regnault. Elle dispense également du laboratoire à tube capillaire, qui est fragile et qu'on ne remplit de mercure que moyennant des manipulations assez compliquées.

Voici encore quelques précautions et détails de construction recommandables. L'uniformité de température dans toute la hauteur du manchon est obtenue par le passage, à travers la colonne liquide, d'un courant d'air continu, qui est fourni par une trompe à eau.

Le manchon de verre est simplement relié avec la pièce de fonte par un large tube de caoutchouc. Pour éviter l'oxydation de la fonte au contact de l'eau, oxydation dont les produits donnent dans la colonne liquide un trouble fort gênant pour les lectures, il suffit de répandre un peu de mercure au fond du manchon.

Les deux branches du manomètre sont divisées en millimètres à partir d'un même plan horizontal. Les graduations se font très-exactement par le procédé si simple qu'emploie R. Bunsen (*Méthodes gazométriques*). Les deux tubes sont mastiqués dans la pièce en fonte qui les met en communication.

Sauf cette pièce et le support en bois, dont l'exécution est des plus simples pour les ouvriers spéciaux, l'appareil tout entier peut être construit dans les laboratoires.

A côté de l'eudiomètre, il est commode d'avoir une cuve à mercure dans laquelle on puisse préparer les éprouvettes et transvaser les gaz de l'une à l'autre. Le modèle représenté par la figure 60 (p. 503) convient bien pour cet usage. La cuve est en bois de poirier verni ; les appareils employés par R. Bunsen pour la préparation de l'hydrogène pur et du mélange détonant par le courant voltaïque, sont disposés à poste fixe à côté d'elle. Les transports des éprouvettes pleines de mercure de cette cuve à celle qui est montée sur l'eudiomètre, se font aisément au moyen d'une cuiller *c* en fer, telle que celle qui est représentée figure 64.

Les méthodes gazométriques, comportant l'usage des réactifs absorbants en balles ou en couches minces sur les parois des éprouvettes, des combustions par l'étincelle électrique, etc., peuvent s'employer sans la moindre modification avec l'eudiomètre que nous venons de décrire.

345. — **Dosage rapide de l'oxygène dissous.** — Schützenberger et A. Gérardin ont fait connaître, il y a quelques années, un procédé de dosage rapide de l'oxy-

gène dissous dans l'eau. Ce procédé, fondé sur la propriété que possède l'hydrosulfite de soude d'absorber très-rapidement l'oxygène, peut être appliqué facilement en rase campagne, car il ne nécessite pas un outillage compliqué. J'emprunte au mémoire des auteurs la description de ce procédé.

Une des propriétés les plus intéressantes de l'hydrosulfite de soude est la rapidité avec laquelle il absorbe l'oxygène. Aussi peut-on l'employer avec avantage pour absorber l'oxygène d'un mélange gazeux. Il ne salit pas les éprouvettes comme le pyrogallate de potasse et agit plus énergiquement.

La solution absorbante s'obtient facilement en remplissant de bisulfite de soude à 20 degrés de l'aréomètre Baumé, un flacon de 10 grammes environ, contenant des copeaux de zinc, et en laissant réagir à l'abri de l'air pendant vingt ou vingt-cinq minutes. Il est inutile de purifier l'hydrosulfite en le précipitant par l'alcool.

Cette préparation peut servir à doser, avec beaucoup de rapidité et une exactitude suffisante, l'oxygène dissous dans l'eau par la méthode des liqueurs titrées.

Le procédé est fondé sur les réactions suivantes :

L'hydrosulfite de soude $S^2O^2.NaO,HO$ ne diffère du bisulfite de soude que par deux équivalents ou un atome d'oxygène. En présence de l'oxygène libre, il absorbe ce corps instantanément et se change en bisulfite :

$$S^2O^2.NaO,HO + O^2 = S^2O^4,NaO,HO.$$

D'un autre côté, il existe des matières colorantes, telles que le bleu d'aniline soluble de Coupier, qui sont instantanément décolorées par l'hydrosulfite de soude et qui résistent à l'action du bisulfite.

Cela posé, si à un volume déterminé d'eau (1 litre d'eau, par exemple) bien purgée d'air et légèrement teintée au moyen du bleu Coupier, on ajoute, en évitant l'accès de l'air, de l'hydrosulfite de soude étendu, on observe que quelques gouttes suffisent pour amener la décoloration. Si, au contraire, l'eau est aérée, la décoloration ne se produit que lorsqu'on a ajouté assez d'hydrosulfite pour absorber l'oxygène dissous.

Le volume du réactif nécessaire est proportionnel à la quantité d'oxygène dissous dans l'eau, et il suffit, pour rendre le procédé sensible, d'employer un hydrosulfite assez étendu pour que 10 centimètres cubes, par exemple, correspondent à 1 centimètre cube d'oxygène.

Si le réactif était susceptible de se conserver, il ne resterait plus qu'à déterminer, une fois pour toutes et directement, le volume d'oxygène que peut absorber un volume connu de la liqueur. Mais en raison même de sa grande altérabilité à l'air, il est nécessaire de titrer la liqueur au moment de s'en servir.

On y arrive facilement de la manière suivante. L'hydrosulfite décolore une solution ammoniacale de sulfate de cuivre en ramenant l'oxyde cuivrique à l'état d'oxyde cuivreux. Le sulfite et le bisulfite sont sans action tant qu'il reste un excès d'ammoniaque.

On prépare donc une solution de sulfate de cuivre fortement ammoniacale, contenant une quantité de sulfate de cuivre telle que 10 centimètres cubes de cette liqueur correspondent, au point de vue de l'action sur l'hydrosulfite, à 1 centimètre cube d'oxygène.

Voici comment on opère :

Une demi-heure avant le dosage, on remplit aux trois quarts, avec de l'eau ordinaire, un flacon de 60 à 100 grammes, contenant une spirale formée avec une feuille de zinc et quelques morceaux de grenaille de zinc. On ajoute 10 centimètres cubes d'une solution de bisulfite à 20 degrés Baumé. On achève de remplir avec de l'eau et l'on bouche avec un bouchon de caoutchouc ; on agite plusieurs fois. Au bout de vingt-cinq minutes, le réactif est prêt.

D'une part, on verse dans une petite éprouvette à pied 20 centimètres cubes d'une solution de cuivre que l'on recouvre d'une couche d'huile. D'autre part, dans un bocal à large ouverture, on introduit 1 litre d'eau à essayer, et l'on couvre également d'une couche d'huile, après avoir teinté le liquide en bleu très-clair au moyen de quelques gouttes de dissolution de bleu Coupier. On puise l'hydrosulfite dans une pipette de 50 à 60 centimètres cubes divisés en dixièmes. On laisse couler peu à peu le réactif dans le sulfate de cuivre ammoniacal, en agitant légèrement avec une baguette jusqu'à décoloration; puis, avec la même pipette, on laisse couler l'hydrosulfite dans l'eau à essayer, jusqu'à décoloration. On a soin de maintenir le bout inférieur de la pipette au-dessous de la couche d'huile pendant ces deux opérations.

Supposons que l'on ait employé, pour décolorer les 20 centimètres cubes de sulfate de cuivre ammoniacal, $17^{cc},5$ d'hydrosulfite.

Nous savons que ces 20 centimètres cubes correspondent à 2 centimètres cubes d'oxygène. Si, d'autre part, le litre d'eau a exigé $36^{cc},4$, on posera la proportion $\frac{17,5}{2} = \frac{36,4}{x}$ $x = \frac{36,4 \times 2}{17,5} = 4^{cc},16$ d'oxygène dissous dans 1 litre d'eau.

Il reste une petite correction relative à l'hydrosulfite nécessaire pour décolorer le bleu employé. Mais cette quantité peut se déterminer très-approximativement une fois pour toutes.

B. — ANALYSE DES MATIÈRES SOLIDES.

346. — **Analyse sommaire.** — Un premier essai à faire sur les eaux consiste à déterminer d'une manière

approximative les matières qui entrent dans leur composition.

La plupart du temps, l'analyse sommaire, dont nous allons nous occuper, suffira pour faire connaître si une eau est potable, si elle peut être employée à l'alimentation des chaudières à vapeur et si elle est de nature à laisser des dépôts incrustants dans les tuyaux de conduite. Nous entrerons donc dans quelques détails à ce sujet. Il est utile de rappeler que tous les réactifs dont on fera usage doivent être d'une pureté irréprochable ; la précision dans les analyses d'eaux est indispensable, puisque la vérification par les formules fait ici complétement défaut.

Pour faire l'analyse sommaire, on introduit, dans un ballon de verre, un demi-litre d'eau qu'on porte à l'ébullition pendant une heure environ. Au bout de ce temps, les gaz étant expulsés, on peut être certain que les matières tenues en dissolution par l'acide carbonique se sont déposées. On décante alors avec précaution ; cette opération ne présente aucune difficulté, le carbonate de chaux cristallisé en petits rhomboèdres se séparant très-facilement. On recueille le précipité sur un filtre, on le dessèche, puis on le détache autant que possible du filtre, qu'on brûle à part et dont on ajoute les cendres au résidu. On humecte le tout à l'aide de quelques gouttes de carbonate d'ammoniaque, on dessèche et l'on calcine à 300° environ.

Ce résidu constitue le premier dépôt : il consiste essentiellement en carbonate de chaux, oxyde de fer et silice, et renferme en outre, quelquefois, un peu de magnésie. On arrive aisément, à l'aide de quelques gouttes d'acide azotique et d'ammoniaque employées successivement, à estimer à peu près la proportion de matières, étrangères au carbonate de chaux, qu'il peut renfermer. Le poids de ce premier dépôt est important à connaître en ce qu'il donne immédiatement la richesse de l'eau en matières incrustantes pouvant obstruer les canaux de conduite des eaux.

On évapore ensuite à siccité le reste du demi-litre d'eau dans une capsule de platine tarée; il faut avoir soin d'effectuer la dernière partie de l'évaporation de l'eau au bain-marie ; on pèse la capsule et le résidu, ce qui donne le poids du deuxième et du troisième dépôt réunis; on lave ensuite convenablement le résidu avec de l'eau contenant un tiers de son volume d'alcool à 40°; on pèse de nouveau : la différence de poids correspond au chiffre des sels solubles dans l'eau.

Le deuxième dépôt consiste essentiellement en sulfate de chaux et alumine. Le sulfate de chaux est, comme on le sait, peu soluble dans l'eau à la pression ordinaire ; il est complétement insoluble dans ce liquide sous la pression de 3 à 4 atmosphères; c'est lui qui constitue les incrustations des machines à vapeur. Lorsque le deuxième dépôt, traité par l'acide azotique, ne laisse pas de résidu appréciable, cela indique qu'il ne contient pas de silice. On neutralise par l'ammoniaque, ce qui occasionne un précipité lorsque l'eau renferme de l'alumine et de l'oxyde de fer. L'oxalate d'ammoniaque et le chlorure de baryum servent ensuite à déceler la présence du sulfate de chaux.

L'action des réactifs sur la dissolution du troisième dépôt (sels solubles) y fait reconnaître la présence du chlore, de l'acide sulfurique, de la magnésie, de la potasse, de la soude, etc. Ainsi que nous l'indiquons plus haut, l'analyse sommaire suffit toujours pour apprécier la valeur d'une eau au point de vue de son emploi dans l'économie domestique ou dans l'industrie. On admet généralement que pour qu'une eau soit potable il faut, outre certaines conditions, qu'elle renferme au moins 150 milligrammes environ de carbonate de chaux par litre. Certaines eaux d'origine granitique sont presque exemptes de chaux et ne sauraient pourtant être rejetées pour l'alimentation. Une eau qui contient 250 milligrammes de ce sel par litre est incrustante. Enfin, il faut que le deuxième dépôt (sels insolubles, sulfate de chaux) soit très-faible et presque exclusivement composé de silice.

347. — **Analyse complète.** — L'analyse complète d'une eau doit se faire en suivant la même marche que pour l'analyse sommaire ; seulement, au lieu d'opérer sur un demi-litre, il faut opérer sur 10 litres d'eau et faire l'analyse quantitative des dépôts.

On introduit 10 litres d'eau dans un ballon de 12 litres environ, puis on fait bouillir cette eau pendant à peu près trois quarts d'heure. Au bout de ce temps, on retire le feu et on laisse refroidir, en ayant soin de donner au vase une inclinaison telle, qu'on puisse ensuite décanter l'eau sans l'agiter. Après refroidissement complet du liquide, on trouve un dépôt souvent très-considérable qui se sépare de l'eau avec une extrême facilité. On décante alors, peu à peu, cette eau dans une grande capsule de platine tarée qu'on chauffe sur le bain de sable : il faut que l'évaporation se fasse rapidement et sans que le liquide entre en ébullition. Dans ce but, on enterre la capsule de platine dans le bain de sable, qui doit être muni d'un bon tirage.

Quand on a évaporé ainsi toute l'eau du ballon, on recueille le dépôt sur un petit filtre ; puis on verse dans le ballon un peu d'eau distillée, et, à l'aide d'un petit balai de fils de platine, on détache autant que possible la partie du dépôt qui adhère au vase. En général, on ne parvient pas, par ce moyen mécanique, à enlever la totalité du dépôt; on y réussit complétement en versant dans le ballon une petite quantité d'acide acétique, qu'on agite en tous sens afin de laver les parois du vase. On réunit l'acétate de chaux et les eaux de lavage dans un creuset de platine taré ; on évapore à siccité, et l'on calcine afin de se débarrasser du charbon. On ajoute ensuite au résidu ainsi obtenu tout ce qu'on peut détacher du filtre sur lequel on a recueilli le dépôt ; on brûle le filtre sur le couvercle du creuset, on le calcine, puis on le mouille avec une goutte de carbonate d'ammoniaque, afin de transformer la chaux en carbonate. On ajoute le résidu à la matière qui se trouve dans le creuset, on chauffe le tout à 150° pour chasser l'eau hygrométrique, et l'on pèse. On a ainsi le poids du *premier dépôt*.

Revenons maintenant à l'évaporation de l'eau dans la grande capsule de platine tarée. Lorsque l'évaporation touche à sa fin, on achève l'opération au bain-marie afin d'éviter les projections. On pèse ensuite le résidu, et l'augmentation du poids de la capsule donne le poids du deuxième et du troisième dépôt. On reprend alors par l'eau alcoolisée ($^1/_3$ d'alcool à 40°), on lave avec précaution, en chauffant au bain-marie. On évapore autant que possible à siccité, et l'on pèse de nouveau. Cette dernière pesée donne le poids du deuxième dépôt, et la différence correspond au poids du troisième dépôt constitué par les sels solubles.

Il nous reste maintenant à décrire les procédés analytiques à l'aide desquels on peut doser les matières qui constituent les divers dépôts.

348. — **Analyse du premier dépôt.** — On commence par chauffer fortement le premier dépôt pour ramener le carbonate de chaux à l'état de chaux vive. On pèse le résidu et l'on note la perte de poids, qui fournit une indication utile sur la quantité de carbonates que contient la masse. Ce premier dépôt peut contenir :

Silice.	Chaux.
Alumine.	Magnésie.
Sesquioxyde de fer.	Manganèse.

On traite le résidu par l'acide nitrique pur ; on évapore à siccité, on élève ensuite progressivement la température jusqu'à 200° ou 250° sur le bain de sable, et l'on maintient la capsule à cette température jusqu'à ce qu'une baguette plongée dans l'ammoniaque et placée au-dessus de la capsule, ne décèle plus de dégagement d'acide nitrique. On peut pousser, sans inconvénient, la calcination jusqu'au point où les vapeurs nitreuses commencent à se former. On a alors dans la capsule :

Silice.	Nitrate de chaux.
Alumine hydratée.	Nitrate de magnésie.
Sesquioxyde de fer.	Sous-nitrate de magnésie.

349. — **Dosage de la silice.** — On humecte alors la masse avec du nitrate d'ammoniaque concentré, on chauffe et l'on répète cette opération jusqu'à ce qu'il ne se produise plus de vapeurs ammoniacales. Le dégagement d'ammoniaque est ordinairement proportionnel à la quantité de sous-nitrate de magnésie qui s'est formé. On ajoute ensuite de l'eau distillée et on laisse digérer à une douce chaleur. Dans le cas où le nitrate d'ammoniaque n'aurait pas donné lieu à un dégagement sensible de vapeurs ammoniacales, il faudrait ajouter de l'eau chaude, agiter le mélange et y verser une goutte d'ammoniaque peu concentrée. L'ammoniaque ne doit occasionner aucun trouble dans la liqueur, et, de plus, son odeur doit rester manifeste, ce qui montre que la calcination des nitrates a été convenablement conduite, et qu'il n'y a pas trace d'alumine ni de fer en dissolution. On porte alors lentement la liqueur à l'ébullition, puis on décante avec précaution sur un filtre, et on lave plusieurs fois le résidu dans la capsule, avec de l'eau bouillante. Quand le lavage est complet, on reprend le résidu de silice, d'oxydes de fer et d'aluminium

par l'acide nitrique, qui dissout ces derniers [1] ; on lave à plusieurs reprises, on dessèche et on calcine la silice avec le filtre qui a pu retenir quelques parcelles de silice entraînées dans la décantation. On pèse la capsule ; son augmentation de poids donne le chiffre de la silice.

350. — **Séparation et dosage de l'alumine et du sesquioxyde de fer.** — On évapore à siccité, dans un creuset de platine taré, le mélange de nitrates de fer et d'alumine ; on calcine et on pèse. On détache ensuite, au-

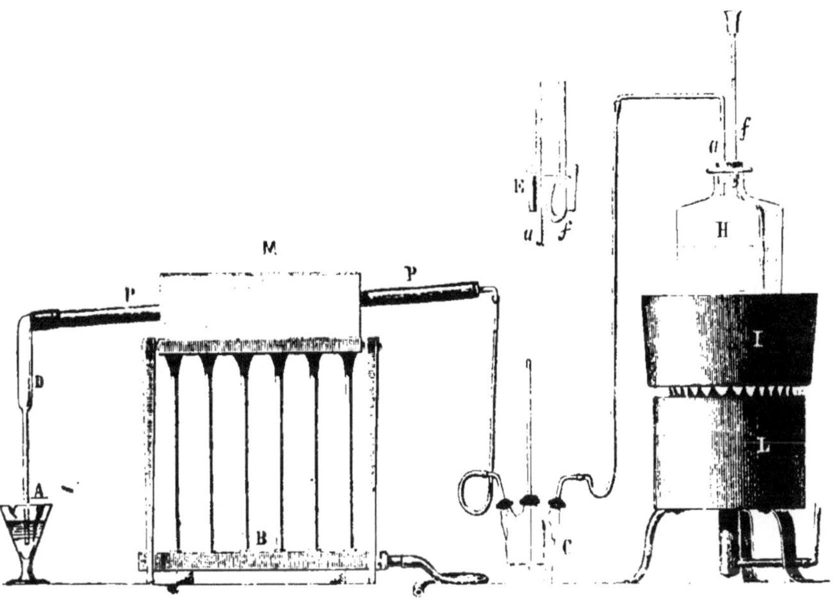

Fig. 67.
Appareil pour la séparation du fer et de l'alumine.

---

[1] S'il se trouvait de l'oxyde de manganèse mélangé à l'oxyde de fer, l'acide nitrique le laisserait inattaqué ; on le séparerait ensuite de la silice, au moyen de l'acide sulfurique et de l'acide oxalo-nitrique. On décante, on lave, on évapore le résidu à siccité, on calcine et l'on pèse. Par différence, on a le manganèse.

tant que possible, le résidu du creuset de platine, et l'on introduit la matière dans une petite nacelle de platine préalablement tarée. On pèse le tout : ce qui fait connaître la fraction des oxydes sur laquelle on opérera. On place ensuite la nacelle sur une lame de platine, qui sert de chariot et qu'on glisse dans un tube de porcelaine ou de platine aussi étroit que possible, que l'on incline assez fortement dans un petit fourneau à réverbère ordinaire, si le tube est en porcelaine, et que l'on chauffe au gaz, si l'on emploie un tube en platine. On relie le tube à un appareil à hydrogène; on fait passer un courant de ce gaz sec, puis on chauffe le tube; quand il est bien rouge, on remplace le courant d'hydrogène par un courant rapide d'acide chlorhydrique gazeux, et on laisse refroidir complétement l'appareil. Après refroidissement, on chasse l'acide chlorhydrique par un courant d'hydrogène; on retire la nacelle, on la calcine et on la pèse. La perte de poids correspond à l'oxyde de fer. L'alumine, comme on le sait, existe en très-petite quantité dans toutes les eaux; il faut seulement se garder de confondre avec elle le phosphate de chaux. L'addition de molybdate d'ammoniaque dans le résidu, repris par l'acide nitrique, indiquera si l'alumine est, ou non, exempte de phosphate.

351.— **Séparation de la chaux et de la magnésie.** — Ces bases existent à l'état de nitrates dans la dissolution. On traite la liqueur, qui est neutre et doit être assez étendue, par l'oxalate d'ammoniaque; au bout de sept à huit heures, l'oxalate de chaux s'est complétement précipité. On décante, on sépare l'oxalate, on le calcine jusqu'à cessation de perte, et on pèse la chaux à l'état de chaux vive.

On évapore ensuite la liqueur et l'on chauffe modérément le résidu pour volatiliser les sels ammoniacaux. Lorsqu'il ne reste plus que les nitrates fixes, on met un peu d'eau, puis un excès d'acide oxalique cristallisé pur. Pendant l'évaporation, l'acide nitrique se dégage, et même à la fin on voit l'acide oxalique se sublimer sur les parois du vase. On décompose les oxalates au moyen d'une lampe à alcool. On calcine et on pèse la magnésie. Quand on l'a pesée, on la dissout à chaud dans le nitrate d'ammoniaque un peu concentré. On retrouve quelquefois des traces de manganèse qui accompagnaient la magnésie.

352. — **Analyse du deuxième dépôt.** — On a pesé le deuxième dépôt dans la grande capsule de platine qui a servi à l'évaporation de l'eau ; mais il ne faudrait pas continuer l'analyse dans ce vase. Après avoir pesé le dépôt, dont il est important de connaître le poids en raison des propriétés incrustantes du sulfate de chaux, on détache avec soin tout ce qu'on peut enlever de la capsule de platine, on met à part cette matière, puis on lave la capsule avec de l'acide acétique ; on évapore le liquide ainsi obtenu et on calcine le résidu préalablement humecté avec du carbonate d'ammoniaque. On ajoute ce qu'on avait mis à part, et on pèse le tout après avoir séché à 100° environ, sur le bain de sable. On calcine ensuite fortement afin de chasser les matières volatiles, qui consistent essentiellement en eau et acide carbonique, provenant des carbonates de chaux et de magnésie.

Le deuxième dépôt peut contenir :

	Silice.	Sulfate de chaux.
	Sesquioxyde de fer.	Carbonate de chaux.
Très-rarement	Alumine.	Carbonate de magnésie.
	Phosphate de chaux.	

Après la calcination, on traite le résidu par l'acide nitrique pur et l'on évapore à siccité ; on reprend, comme nous l'avons indiqué plus haut, par l'azotate d'ammoniaque ; il faut avoir soin de laver longtemps, parce que le sulfate de chaux se dissout très-lentement. Le résidu qui est dans la capsule se compose de :

Silice,
Alumine,
Sesquioxyde de fer,

qu'on sépare par les méthodes indiquées plus haut. La liqueur filtrée renferme :

Nitrate de chaux,
Nitrate de magnésie,
Sulfate de chaux.

353. — **Dosage de la chaux et de l'acide sulfurique.** — On traite la liqueur par l'oxalate d'ammoniaque, en ayant bien soin de n'ajouter qu'un très-petit excès d'oxalate en sus de la quantité nécessaire pour opérer la précipitation complète de la chaux. On sépare la chaux avec les précautions ordinaires. On ajoute ensuite à la liqueur une quantité d'acide chlorhydrique relativement considérable, puis on verse, goutte à goutte, de l'azotate de baryte jusqu'à précipitation complète de l'acide sulfurique. On fait ensuite digérer le sulfate de baryte au bain-marie, pendant 10 heures environ. On décante alors la liqueur surnageante sur un filtre, en ayant soin d'éviter que le précipité aille sur le filtre ; on lave à quatre ou cinq reprises au moins le sulfate de baryte avec de l'eau chaude, en laissant reposer chaque fois la liqueur. Cela fait, on calcine avec soin le sulfate de baryte et le filtre, jusqu'à ce que ce dernier soit complétement brûlé ; on pèse, puis on mouille le sulfate de baryte avec une goutte d'acide nitrique monohydraté et pur. On calcine de nouveau et l'on pèse ; il ne doit pas y avoir de différence entre les poids obtenus dans ces deux pesées. On verse alors un peu d'eau dans le creuset où se trouve le sulfate de baryte ; on lave trois ou quatre fois avec précaution, par décantation, on dessèche la matière, on

calcine et l'on pèse de nouveau. Le sulfate de baryte ne doit pas avoir perdu de son poids; dans le cas où cette dernière pesée accuserait une perte, c'est le dernier poids trouvé qu'on considérerait comme exact.

La quantité d'acide chlorhydrique qu'il faut ajouter, dans cette partie de l'analyse, doit être discutée avec soin; il faut en employer assez pour que le nitrate de baryte ne donne pas lieu à un précipité d'azotate de baryte, mais pas assez pour que l'acide ajouté ne soit pas entièrement détruit par le nitrate d'ammoniaque qui existe dans la liqueur. On peut représenter par l'équation suivante la réaction qui doit se produire :

$$2HCl + AzH^4O.AzO^5 = 2Cl + 2Az + 6HO.$$

354. — **Dosage de la magnésie.** — On évapore à siccité la liqueur séparée de la chaux et de l'acide sulfurique, on place le résidu dans un creuset de platine, on ajoute une ou deux gouttes d'acide sulfurique, on évapore à siccité et l'on chauffe doucement, jusqu'à ce que tout l'excès d'acide sulfurique ait disparu ; on pèse la matière; on traite ensuite par l'eau bouillante, on lave convenablement et on calcine ; la différence de poids correspond au sulfate de magnésie formé et donne, par conséquent, le poids de la magnésie.

355. — **Analyse du troisième dépôt.** — Le dosage des matières qui constituent le troisième dépôt est, sans contredit, la partie la plus délicate de l'analyse des eaux et celle qui demande le plus de soin de la part du chimiste. En effet, on ne connaît pas exactement le poids total de ce dépôt, attendu qu'on ne l'a desséché qu'à 100° et qu'il renferme souvent des matières déliquescentes qui retiennent de l'eau à cette température ou qui se décomposeraient si l'on continuait à chauffer (chlorure de magnésium par exemple), ce qui empêche de pousser plus loin la des-

siccation. En second lieu, ce dépôt renferme des matières organiques dont il est difficile (*V.* §§ 361 et suivants) de tenir compte quantitativement. Enfin il contient de l'acide nitrique dont nous ne nous occuperons pas pour le moment; il faudra faire une recherche spéciale pour doser ce corps.

Le troisième dépôt peut contenir :

Sesquioxyde de fer (traces),
Alumine,
Chaux,
Potasse,
Soude,
Magnésie,
} à l'état de nitrates, carbonates, chlorures ou sulfates;
Chlore,
Acide sulfurique,
Acide nitrique,
Acide carbonique.

On évapore doucement la liqueur à siccité. On a soin de noter la couleur du dépôt, c'est un document important sur la teneur des eaux en matières organiques. On ajoute, avec le plus grand soin, au résidu quelques gouttes d'acide nitrique très-étendu, en observant attentivement s'il y a dégagement d'acide carbonique. La présence de l'acide carbonique dans le troisième dépôt est d'une importance extrême, parce qu'elle exclut d'une manière nécessaire la chaux et la magnésie; de plus, elle indique une nature d'eau toute spéciale, une eau chargée de bicarbonate de soude ou de potasse. Si dans le dépôt précédent, on a constaté l'existence du sulfate de chaux, on ne pourra pas avoir de bicarbonates dans le troisième dépôt, ces deux sels ne pouvant coexister dans une liqueur chargée d'acide carbonique.

356. — **Dosage du chlore.** — On verse alors de l'eau dans la capsule; on ajoute de l'acide azotique et du nitrate d'argent; on précipite ainsi le chlore à l'état de chlorure

d'argent, qu'on lave avec soin à l'eau acidulée. Il faut, autant que possible, ménager les quantités d'acide qu'on introduit dans les liqueurs, afin de n'avoir pas trop de nitrate d'ammoniaque à décomposer. On dessèche le chlorure d'argent, on le calcine au bain de sable et on le pèse.

On peut aussi doser directement le chlore dans une eau, sans en avoir préalablement séparé les autres matières, si ce n'est l'acide sulfurique dans le cas de la présence de sulfates en abondance. Ce dosage se fait à l'aide d'une solution titrée d'azotate d'argent, en employant le chromate de potasse comme agent révélateur de la fin du dosage. A moins de cas exceptionnels (eaux des terrains salifères), les eaux non viciées par des infiltrations de liquides chargés de matières organiques d'origine animale (excréments solides, urine, etc.) ne contiennent jamais plus de $0^{gr},025$ à $0^{gr},035$ de chlorure de sodium par litre. Dès que la proportion de chlorure décelée par l'analyse atteint $0^{gr},05$ par litre, il y a lieu de considérer l'eau comme suspecte. Il faut procéder alors, avec le plus grand soin, à la recherche des substances azotées et des matières organiques d'origine animale.

357. — **Dosage de l'acide sulfurique.** — On précipite l'acide sulfurique par le nitrate de baryte, en observant les précautions indiquées plus haut, tant pour la pesée du sulfate de baryte que pour la séparation de l'excès de nitrate employé.

358. — **Dosage de la chaux, du sesquioxyde de fer et de l'alumine.** — On sature la liqueur par l'ammoniaque ; s'il y a du fer ou de l'alumine dans la liqueur, ce qui d'ailleurs est très-rare, l'ammoniaque les précipite et on leur fait subir le traitement rapporté précédemment. On verse ensuite de l'oxalate d'ammoniaque dans la liqueur neutre et on laisse digérer le précipité pendant 7 à 8 heures. Quand il n'y a pas, dans le liquide, un grand excès

d'ammoniaque, le précipité peut être composé d'oxalate de chaux, d'oxalate de baryte, d'oxalate d'argent et même d'argent métallique. On sépare alors le précipité par le filtre, on le calcine, on le redissout dans l'acide chlorhydrique et l'on ajoute une petite quantité d'acide sulfurique. On sait que le sulfate de chaux est soluble dans l'acide chlorhydrique; le sulfate de baryte, au contraire, est complétement insoluble dans ce réactif. Après une digestion un peu prolongée, on lave très-longtemps par décantation sur un filtre; on évapore, on calcine et l'on pèse le sulfate de chaux avec les précautions convenables en pareil cas.

359. — **Dosage de la soude et de la potasse.** — La liqueur filtrée et les eaux de lavage sont évaporées et le résidu calciné. Ce résidu renferme :

Argent,
Carbonate de baryte,
Magnésie,
Carbonate de potasse,
Carbonate de soude.

On reprend par l'eau qui dissout les carbonates de potasse et de soude. On place cette dissolution dans un verre à expérience et on la décompose par quelques gouttes d'acide chlorhydrique en évitant les projections. On évapore à siccité les chlorures ainsi obtenus, on en prend le poids; on les redissout dans l'eau et l'on traite la liqueur par le bichlorure de platine; on dose alors la potasse à l'état de chlorure double de platine et de potassium. La soude peut être prise par différence ou dosée à l'état de chlorure.

360. — **Dosage de la magnésie.** — On traite le résidu, qui contient de l'argent, du carbonate de baryte et de la magnésie, par une petite quantité d'acide chlorhydri-

que; on évapore, on ajoute ensuite un peu d'acide sulfurique; on évapore de nouveau, on lave; le sulfate de magnésie, qui se sépare seul dans ces conditions, sert à évaluer la quantité de magnésie.

361. — **Substances azotées des eaux.** — Les eaux naturelles contiennent, en outre des principes minéraux que nous venons d'apprendre à y reconnaître et à doser, des quantités variables de substances d'origine organique (végétale ou animale) dont la présence peut exercer une influence funeste lorsque les eaux servent à l'alimentation de l'homme ou des animaux. Les matières organiques d'origine animale (infiltration de fosses d'aisance, destruction des corps d'animaux dans le sol, etc.) sont en général infiniment plus nuisibles que les substances provenant de la décomposition ou de la putréfaction des végétaux. Le chimiste pourra, en outre, avoir à déceler ou à doser, suivant les cas, de l'ammoniaque, de l'acide nitrique et de l'acide nitreux dans les eaux. Nous allons examiner successivement les meilleurs procédés que nous connaissons pour déceler et doser : 1° les matières organiques; 2° l'ammoniaque ; 3° les nitrates ; 4° les nitrites dans les eaux.

362. — **Dosage des matières organiques.** — La détermination exacte du taux des matières organiques dans les eaux présente de sérieuses difficultés. La seule méthode qui permette de doser exactement le carbone, l'oxygène, l'hydrogène et l'azote organiques existant dans le résidu d'une eau, est l'analyse élémentaire de ce résidu. Avant de faire connaître la méthode suivie par l'illustre savant anglais auquel on doit les études si complètes sur la composition des eaux d'égout de l'Angleterre, disons quelques mots des procédés sommaires auxquels on peut avoir recours pour déceler et évaluer approximativement les matières organiques dans une eau.

Quelques chimistes conseillent de doser la matière organique à l'aide d'une solution titrée, très-étendue, de permanganate de potasse. Ce réactif peut être employé qualitativement ou pour la détermination approximative du taux de la substance organique, mais je n'oserais le recommander comme donnant des résultats quantitatifs sur lesquels on puisse compter, à cause des chances d'erreur et des incertitudes dont ce procédé m'a toujours paru entouré (¹).

Dans la plupart des cas, on pourra avoir recours au procédé suivant : reprendre, par l'alcool, le résidu direct de l'eau, dont la coloration brune ou noire plus ou moins foncée fournit déjà des indications utiles sur sa teneur en matières organiques. Les sels solubles dans l'alcool étant enlevés, on dessèche le résidu, on en prend le poids, on calcine à nouveau, on humecte avec une ou deux gouttes de carbonate d'ammoniaque, on chauffe au petit rouge pour chasser l'excès de réactif et l'on pèse. La différence constatée dans les deux pesées correspond au poids des matières organiques. Dans presque tous les cas, cette détermination suffit.

Il faut se rappeler que la présence de chlorure de sodium en excès, celle de nitrites et de l'ammoniaque en quantités appréciables indiquent toujours l'origine *animale* des matières organiques constatées dans les eaux. (Voir § 361.)

363. — **Méthode de E. Frankland** (²). — *Procédé*

(¹) On en peut dire autant de tous les autres procédés proposés pour le dosage des matières organiques fondés sur la réduction des sels métalliques.

(²) *Water analysis, for sanitary purposes*, p. 59 et suiv. In-8°. London, 1880. — Ce petit volume sera consulté avec fruit dans son entier. Il renferme sur l'analyse des gaz dissous dans l'eau, sur la pollution des eaux de rivières par les déjections des grandes villes, sur la recherche des principes nuisibles des eaux, une série d'expériences et de renseignements du plus haut intérêt.

de combustion. Détermination du carbone et de l'azote de la matière organique. — Les traits principaux de la méthode eudiométrique employée pour le dosage du carbone et de l'azote de la matière organique contenue dans l'eau, ont été exposés par l'auteur à la Société royale en mars 1867. Pour rendre plus claire la description de cette méthode, Frankland l'a divisée en quatre parties, savoir : 1° évaporation de l'eau; 2° préparation du résidu pour la combustion; 3° combustion; 4° mesures volumétriques.

I. *Évaporation.* — Il faut commencer l'évaporation de l'eau aussitôt que possible après l'avoir reçue et y avoir dosé l'ammoniaque ([1]). La quantité à évaporer dépendra de la qualité de l'eau. Si l'eau contient très-peu de matières organiques, on devra en évaporer une plus grande quantité que si elle en renfermait beaucoup, puisqu'on se propose d'obtenir un résidu organique suffisant pour en faire l'analyse. Il y a plutôt inconvénient qu'avantage à évaporer une grande quantité d'une eau très-chargée en impuretés.

Un litre est le volume maximum à employer; mais, en règle presque invariable, une quantité moindre suffira, si la teneur de l'eau en ammoniaque est considérable. Ainsi, s'il y a pour 100,000 parties d'eau plus de 0,05 d'ammoniaque, un demi-litre sera suffisant; s'il y a plus de 0,2 d'ammoniaque, un quart de litre suffira et, enfin, si le taux d'ammoniaque dépasse 1 pour 100,000 parties d'eau, on n'emploiera que 100 centimètres cubes d'eau.

Le volume d'eau mesuré est transvasé dans un *ballon* de dimension convenable : on y ajoute 20 centimètres cubes d'une solution saturée d'acide sulfureux pur et on fait bouillir vivement le tout pendant quelques instants. L'acide sulfureux élimine tout le carbone et tout l'azote

([1]) Voir plus loin : *Dosage de l'ammoniaque dans les eaux.*

qui existent dans l'eau sous forme inorganique (l'azote ammoniacal excepté) : les nitrates et les nitrites se trouvent réduits avec dégagement d'azote et les carbonates sont décomposés. L'ébullition *préliminaire* est nécessaire pour chasser entièrement l'acide carbonique mis en liberté. D'autre part, l'azote ammoniacal est fixé, à part une légère perte, par l'addition d'acide sulfureux, et il devra être déduit de la quantité d'azote fournie par la combustion. La proportion d'ammoniaque contenue dans l'eau diminue rapidement : c'est pour cela qu'il est important de mettre en train l'évaporation peu de temps après le dosage de l'ammoniaque.

L'eau ainsi acidulée par l'acide sulfureux est ensuite versée, pour être évaporée à siccité, dans une capsule en verre mince, de forme hémisphérique, sans bec, et dont le diamètre n'excède pas 4 pouces (0^m,1016).

Si l'on a affaire à un échantillon de *sewage* (1) ou de mauvaise eau (c'est-à-dire renfermant plus de 0,1 d'ammoniaque pour 100,000 parties d'eau), la capsule de verre pourra être chauffée directement au *bain-marie,* recouverte d'un disque de papier à filtre tendu sur un cercle de bois léger. Le vase qui renferme l'eau à évaporer sera maintenu à une température de 60° à 70°, car, si le liquide qu'il renferme et qu'on doit verser peu à peu dans la capsule de verre restait froid, on risquerait de briser cette capsule.

Cette méthode d'évaporation a été décrite la première à cause de sa simplicité ; mais, dans toutes les analyses d'eau potables ordinaires qui renferment de faibles quantités de matières organiques, l'expérimentateur trouvera qu'il est bien plus commode et surtout beaucoup plus exact d'employer l'appareil que représente la figure 68 et

(1) Eau d'égout.

qui a été imaginé pour conduire l'évaporation dans un volume limité d'air ([1]).

Description de l'appareil évaporatoire. — Sur un bain-

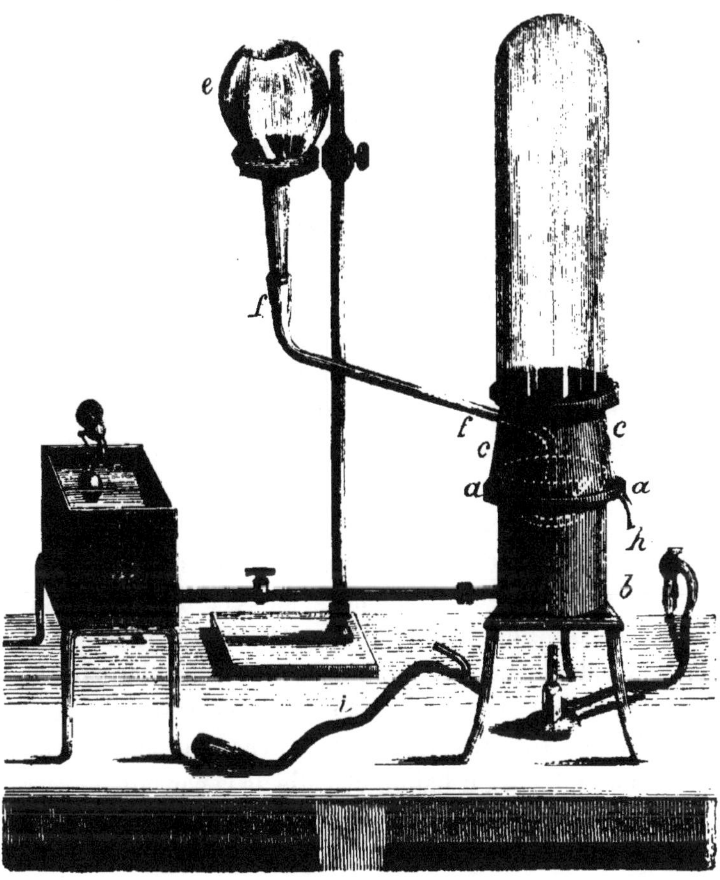

Fig. 68. — Appareil évaporatoire de Frankland.

marie (*b*) alimenté automatiquement, repose une capsule de cuivre à rebords (*aa*) : la cavité de cette capsule est

([1]) L'appareil de Schlœsing précédemment décrit, § 290, pourrait très-avantageusement s'appliquer à l'évaporation rapide d'un grand volume d'eau à basse température.

faite de telle façon qu'elle emboîte la capsule de verre mince, mais elle a environ 1 pouce [1] de moins en profondeur que celle-ci. Le bain-marie (*b*) a un diamètre un peu plus grand que la partie hémisphérique de la capsule en cuivre (*aa*), et le rebord de cette capsule repose sur lui en faisant une saillie d'environ $\frac{1}{2}$ pouce (0^m,0127). Ce rebord porte tout autour un anneau haut d'environ $\frac{1}{4}$ de pouce (0^m,0063), excepté à l'endroit où il se recourbe pour former un bec.

Une cloche en verre mince semblable à celle dont on se sert pour couvrir les statuettes, s'emboîte dans l'anneau et doit être assez large pour qu'il n'y ait pas contact avec la capsule de verre. Cette cloche n'est pas cependant destinée à être placée ordinairement sur la capsule de cuivre, mais bien sur le cylindre en cuivre (*cc*), légèrement conique, qui surmonte cette capsule et qui a 3 pouces (0^m,0762) de haut. (V. *fig.* 68.)

L'eau à évaporer est placée dans le ballon (*e*) dont le col est rodé de façon à s'adapter exactement à l'intérieur du tube (*ff*) qui sert à amener cette eau dans la capsule de verre. Ce tube d'alimentation (*ff*) règle de lui-même l'amenée de l'eau ; car l'eau ne peut couler dans la capsule que quand la branche (*g*) est au-dessus du niveau de l'eau. Si l'on recourbe ce tube (*ff*) [comme le montre la figure en *i*], l'eau du ballon et celle de la capsule en verre pourront être isolées par une bulle d'air emprisonnée dans le tube. Ce ballon (*e*) est supporté par l'anneau d'un grand support à filtre dont un petit segment a été coupé pour permettre le passage du col. Le tube d'alimentation (*ff*) repose dans une encoche pratiquée dans le cylindre de cuivre (*c*) ; cette dernière est juste assez profonde pour recevoir le tube, sans qu'il touche la cloche de verre, et

[1] 0^m,0254.

pour éviter que l'eau qui se condense à l'intérieur de cette cloche ne retombe dans la capsule.

Pendant l'évaporation, l'eau condensée coule à l'intérieur de la cloche, se rassemble dans le vase en cuivre au-dessous de la capsule de verre et s'écoule par une mèche de coton (*h*) disposée sur le bec. L'expérience a montré que l'eau s'évapore presque avec la même vitesse sous une cloche de verre qu'à l'air libre.

L'appareil étant préparé, l'eau acidifiée et bouillie est transvasée dans le ballon (*e*) quand elle est froide. Il faut avoir bien soin de ne pas renverser le ballon pendant que l'eau est encore chaude; car la force expansive de l'air inclus pourrait déplacer le tube d'alimentation. L'eau peut être rapidement refroidie, si c'est nécessaire, en plaçant le ballon qui la renferme sous un courant d'eau froide.

On adapte ensuite le tube (*ff*) au ballon (*e*) et, par un mouvement adroit, on retourne le ballon, en ayant soin de tenir l'extrémité ouverte du tube au-dessus de la capsule de verre pour éviter toute perte. Puis on assujettit solidement le ballon sur le support et l'on fait passer le tube dans l'encoche de façon que l'extrémité de ce tube arrive au centre de la capsule de verre, sans cependant la toucher. L'eau descendra du ballon et remplira à peu près la capsule. On mettra alors la cloche en place et on allumera le bec de gaz sous le bain-marie.

L'évaporation d'un litre d'eau par ce procédé nécessite 24 à 26 heures: si, par exemple, on a commencé l'opération dans la matinée et qu'on la continue pendant la nuit avec une flamme de gaz constante et un bain-marie s'alimentant tout seul, le résidu se trouvera en état d'être brûlé dans l'après-midi du lendemain. Avant que toute l'eau soit évaporée, il faut enlever le tube (*ff*) et laver la partie terminale avec quelques centimètres cubes d'eau distillée exempte de matières organiques. Le cylindre (*cc*) doit aussi être enlevé et la cloche placée directement sur le rebord (*aa*). Aussitôt que le résidu paraît sec, on doit enlever la capsule de verre et la placer sous une cloche, en attendant la combustion.

Pour assurer la destruction des nitrates, il faut ajouter au début une goutte de protochlorure de fer.

Quand l'eau renferme de très-grandes proportions de nitrates et de nitrites, leur réduction et l'élimination de l'azote qu'ils contiennent exigent l'emploi d'une quantité d'acide sulfureux supérieure à 20 centimètres cubes. Ainsi, lorsque la quantité d'azote nitrique dépasse 0,5 par 100,000 parties d'eau, la capsule de verre contenant le résidu solide obtenu en évaporant un litre de cette eau, sera remplie d'eau distillée exempte de matières organiques, renfermant $\frac{1}{10}$ de son volume d'une solution saturée d'acide sulfureux, et l'évaporation sera menée à nouveau jusqu'à siccité. Si le taux d'azote nitrique est supérieur à $\frac{1}{100,000}$; on évaporera un quart de litre de cette solution à 10 p. 100 de SO^2, avec le résidu. Enfin, si ce taux d'azote nitrique surpasse $\frac{2}{100,000}$, un demi-litre de cette solution sera nécessaire.

Si la quantité d'eau évaporée est moindre qu'un litre, on devra naturellement proportionner le volume de la solution sulfureuse ajoutée au volume de l'eau évaporée.

Dans la plupart des analyses ordinaires, l'azote des nitrates et nitrites aura été éliminé avant la fin de l'évaporation de l'eau.

L'acide sulfurique produit par l'oxydation de l'acide sulfureux ne reste pas libre si l'eau a une teneur moyenne en carbonates; mais, si cette quantité de carbonates est très-petite ou nulle, il faudra ajouter un peu d'une solution saturée *d'hydrosulfite de soude* (1 à 2 centimètres cubes) pour fournir une quantité de base suffisante, à laquelle tout l'acide sulfurique se combinera. La connaissance préalable de l'eau de source ou sa dureté suffiront pour renseigner le chimiste sur ce point.

Si l'on a à analyser un liquide de *sewage* contenant beaucoup d'ammoniaque et pas de nitrates ou de nitrites, on substituera avec avantage 10 centimètres cubes d'une solution d'acide métaphosphorique à celle d'acide sulfureux; car le phosphate d'ammoniaque perd beaucoup moins d'ammoniaque pendant l'évaporation que le sulfite d'ammoniaque. On ne peut cependant pas employer ce réactif avec les eaux ordinaires, parce qu'il ne réduit pas les nitrates. Dans les cas où on peut l'employer, il est bon d'ajouter 1 demi-gramme de phosphate de chaux pour dessécher le résidu qui serait, sans cela, fort difficile à manier à cause de sa viscosité. Il est inutile de faire bouillir avec le métaphosphate, ni d'employer un autre réactif. Les eaux qui renferment de grandes quantités d'ammoniaque contiennent très-rarement des nitrates.

II. *Préparation du résidu pour la combustion.* — Choisissez quelques tubes à combustion d'un calibre un peu inférieur à celui des tubes dont on fait usage pour les analyses organiques et coupez-les en fragments d'environ 18 pouces ($0^m,457$). Lavez-les avec soin à l'eau et nettoyez-les avec un chiffon de toile propre enroulée autour d'un fort fil de fer: rincez-les ensuite à l'eau distillée et séchez-les dans un fourneau; puis, fermez une des extrémités au chalumeau. Si l'autre extrémité a été cassée diagonalement et non transversalement, l'emplissage sera plus facile.

Au moment de remplir le tube, placez la capsule de verre contenant le résidu sec sur une feuille de papier glacé et disposez à la portée de la main des flacons contenant de l'oxyde de cuivre en poudre et en grains, une spatule d'acier courte et très-élastique, d'environ 4 pouces ($0^m,1016$) de long et $\frac{1}{2}$ pouce ($0^m,0127$) de large, et une petite cuiller ou une main formée d'une carte pliée en deux ou d'une mince lame de métal.

Le résidu doit être saupoudré dans la capsule de verre avec quelques grains d'oxyde de cuivre pur, puis détaché avec soin du verre à l'aide de la spatule et mélangé avec l'oxyde. On n'a aucune difficulté à nettoyer bien soigneusement la capsule, si la spatule est suffisamment flexible pour s'adapter facilement à la forme de la capsule.

Avant d'être versé dans le tube à combustion, le résidu détaché est encore mélangé avec une très-petite quantité d'oxyde de cuivre grossièrement pulvérisé, pour éviter qu'il ne se forme une masse trop compacte dans l'intérieur du tube. Pour remplir le tube, on commence par introduire une colonne d'un pouce (0^m,0254) d'oxyde de cuivre en grains, en enfonçant l'extrémité ouverte du tube dans le flacon préparé; puis on fait pénétrer la plus grande partie du résidu contenu dans la capsule par le même procédé. Ce qui reste est transvasé à l'aide de la carte pliée en deux et on lave à deux reprises la capsule avec l'oxyde de cuivre en poudre. Le résidu et ce qui a servi à laver ne doivent pas occuper une longueur de plus de 2 pouces (0^m,0508). Le tube est ensuite rempli d'oxyde de cuivre grossièrement pulvérisé, jusqu'à une distance de 10 pouces (0^m,254) de l'extrémité fermée du tube. Puis, après cette colonne, on place un cylindre de cuivre métallique, long de 3 pouces (0^m,0762), obtenu en enroulant un fil fort avec de la tournure de cuivre et protégeant le tout au moyen d'un fourreau extérieur fait d'une feuille de clinquant. A ce cylindre de cuivre succède 1 pouce d'oxyde de cuivre.

On doit faire tomber l'oxyde, pendant le remplissage, en frappant l'extrémité fermée du tube sur un bloc de bois ou sur un banc.

Le cylindre de cuivre doit remplir le tube et venir en

contact direct avec l'oxyde, pour éviter qu'il ne se produise des espaces vides où le verre pourrait s'affaisser, quand le tube soumis au vide est chauffé à une température élevée.

Le cylindre de cuivre doit être oxydé à l'air, puis réduit par l'hydrogène avant qu'on s'en serve pour la première fois. Mais, si, après s'en être servi, on a soin de le mettre dans un flacon fermé, on peut l'employer plusieurs fois sans avoir besoin de lui faire subir ce traitement. De même, l'oxyde de cuivre en grains peut servir plusieurs fois, si on prend le soin de l'enfermer dans un flacon, immédiatement après avoir brisé le tube à combustion. L'oxyde de cuivre, placé en tête du cylindre, est destiné à oxyder les quelques traces d'oxyde de carbone et d'hydrogène provenant de la réduction des métaux étrangers contenus dans le cuivre métallique.

Quand le tube à combustion est rempli, on chauffe uniformément l'extrémité ouverte jusqu'à environ 1 pouce ($0^m,0254$) avant la dernière portion d'oxyde de cuivre. Cette extrémité est soudée à un tube de verre long d'environ 6 pouces ($0^m,1524$) et de $\frac{1}{5}$ pouce ($0^m,005$) de diamètre. On borde au chalumeau l'extrémité de ce tube soudé qu'on recourbe à angle droit. Après quoi, tout est prêt pour procéder à la combustion.

III. *La combustion.* — La combustion s'accomplit dans le vide. Le tube, préparé comme il vient d'être dit, est placé sur une grille ordinaire et relié à une trompe de Sprengel (V. *fig.* 69). La grille à combustion employée est généralement double ; car on économise beaucoup de temps en conduisant deux opérations simultanément. Les deux tubes à combustion sont placés dans des gouttières en fer tapissées d'amiante pour empêcher l'action directe de la flamme.

Le modèle de trompe de Sprengel le plus propre à cette analyse est celui de la figure 69. Les difficultés de sa cons-

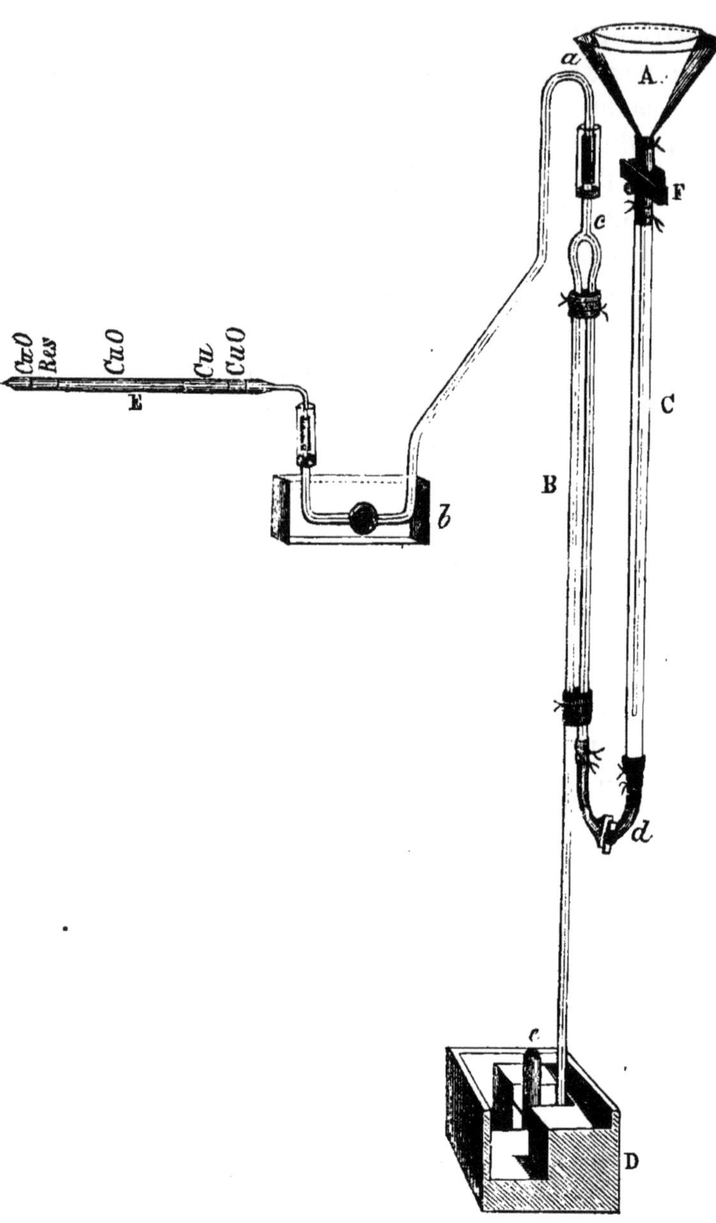

Fig. 69. — Pompe de Sprengel (modèle de Frankland).

truction ne sont pas au-dessus de l'habileté de la plupart des souffleurs de verre amateurs ([1]).

B est la trompe proprement dite avec sa branche la plus longue recourbée à son extrémité inférieure pour permettre le dégagement convenable du gaz dans l'éprouvette *e*.

Le courant de mercure qui part de l'entonnoir intérieur A peut être réglé soit au moyen de la pince F placée sur le caoutchouc qui réunit A à C, ou mieux par la pince semblable placée sur le tube flexible *d*. Aussitôt que la pompe est en position, on réunit le petit tube d'aspiration *c* au tube recourbé *a* de la façon suivante : On introduit d'abord sur le tube *c* un petit bouchon percé d'un trou, puis sur ce bouchon un tube de verre de 2 pouces ($0^m,05$) de long et de calibre convenable. Un petit tube de bon caoutchouc sert à relier *a* et *c* de façon à ce que les extrémités de ces tubes soient appliquées exactement l'une contre l'autre. Ce joint est consolidé avec du fil de fer. On fait glisser le bouchon sur lequel se trouve le large tube de verre, de façon à ce que ce tube recouvre le joint et l'on remplit ce tube de glycérine, pour éviter toute fuite. Le joint qui réunit le tube *a* au tube à combustion est fait de la même manière, avec cette différence que, comme il doit être défait après chaque combustion, la glycérine est remplacée par de l'eau et il n'y a pas de ligature avec du fil. Le tube *a* est recourbé deux fois à angle droit, pour pouvoir être plongé dans une petite cuve en fer-blanc. La partie qui plonge dans la cuve porte une boule soufflée destinée à recueillir l'eau formée pendant la combustion. La longueur du tube *a* est proportionnée à la distance qui sépare la pompe de la grille à combustion.

([1]) On peut remplacer cette trompe par celle de Schlœsing, page 492. L. G.

Pour mettre la trompe en marche, on remplit de mercure l'entonnoir et l'on met dans la cuve D assez de mercure pour recouvrir l'extrémité recourbée du tube à dégagement. On ouvre ensuite la pince *d* avec précaution : le mercure peut alors s'élever dans la première branche de B et tomber goutte à goutte dans l'autre branche : chaque goutte entraîne dans son passage une petite portion de l'air de *a*. Pendant que le vide se fait dans ce tube *a*, on remplit la cuve *b* avec de l'eau chaude, ce qui permet de chasser la petite quantité d'eau provenant d'une précédente opération et qui pourrait être restée dans la boule. En même temps, on allume une quantité suffisante de becs à l'extrémité antérieure de la grille à combustion pour chauffer au rouge le cylindre de cuivre et environ une colonne d'un demi-pouce d'oxyde. Un écran en fer est momentanément disposé de façon à empêcher l'échauffement de la partie plus éloignée du tube à combustion du côté de l'extrémité fermée.

Au bout de dix minutes environ, les colonnes alternatives d'air et de mercure auront disparu dans la branche descendante du tube B et une colonne ininterrompue de mercure, ayant une hauteur à peu près égale à la hauteur barométrique, remplira la partie inférieure de cette branche pendant que de nouvelles gouttes de mercure tomberont sur cette colonne avec un bruit caractéristique.

Pour expulser les dernières traces d'air, on augmentera la vitesse du courant de mercure pendant quelques secondes, en même temps qu'on remplacera dans la cuve l'eau chaude par de l'eau froide ; puis on arrêtera la pompe.

Le seul endroit où une fuite puisse se produire dans cet appareil est le joint qui réunit le tube à combustion E au tube *a*. C'est pourquoi, il est toujours bon de surveiller ce joint à eau et de voir si un peu de liquide n'est pas entraîné à l'intérieur du tube. Le niveau de l'eau dans le petit tube qui recouvre le joint diminuera toujours un peu par évaporation, à cause de la proximité du fourneau ; mais il ne doit jamais tomber assez bas pour laisser le caoutchouc à découvert.

Quand le vide est complet, on doit enlever l'écran et allumer les becs (un ou deux à la fois) jusqu'à ce que toute la longueur du tube à combustion soit portée au rouge sombre.

L'opérateur saura que la combustion est complète quand la colonne de mercure cessera de descendre, ce qui arrivera généralement au bout d'environ une heure. Alors on dévissera la pince *d* et on remettra la trompe en marche pour transporter les produits gazeux de la combustion dans la petite éprouvette *c*, préalablement bien desséchée et qu'on a, pendant que la combustion s'effectuait, remplie de mercure et renversée sur l'extrémité du tube à dégagement.

Cette aspiration est faite pendant que la grille *est doucement chauffée :* de cette façon, si l'on a pris soin de bien tasser le contenu du tube, il y a bien peu de risque que le verre se ramollisse ; tandis que, si on laissait le tube se refroidir, il craquerait probablement et permettrait à l'air de rentrer.

Aussitôt que le vide est de nouveau complètement atteint, on enlève l'éprouvette *c* qui contient les gaz pour procéder à la mesure eudiométrique (¹).

IV. *Interprétation des résultats de la combustion.* — La qualité d'un échantillon d'eau potable, c'est-à-dire sa valeur hygiénique, peut être caractérisée principalement, mais non exclusivement par la proportion d'éléments organiques et par celle du carbone et de l'azote organiques

---

(¹) Je ne décris point ici l'eudiomètre de Frankland auquel on peut substituer avec avantage celui de Schlœsing. L. G.

qu'elle renferme. Plus les sommes du carbone et de l'azote organiques sont faibles, plus la proportion du carbone relativement à l'azote est considérable, plus la qualité de l'eau est satisfaisante, toutes choses égales d'ailleurs. Cependant, dans le cas des sources ou des puits profonds, la proportion relative des éléments organiques importe peu ; car dans de pareilles eaux le rapport du carbone à l'azote est souvent peu élevé, même quand la matière organique qu'elles renferment a une origine végétale. Dans ces cas pourtant, la teneur en carbone organique ne doit pas excéder 0,1 partie pour 100,000 parties d'eau.

D'autre part, pour les eaux superficielles, le rapport du carbone à l'azote montre presque toujours, d'une façon à peu près évidente, si la matière organique qu'elles renferment est d'origine animale ou végétale. Si ce rapport ne dépasse pas $\frac{3}{1}$, la matière organique est d'origine animale ; s'il atteint $\frac{8}{1}$, cette matière est en grande partie, sinon exclusivement d'origine végétale. Si la proportion est intermédiaire, l'opinion du chimiste sera guidée par la connaissance des terrains qui environnent l'endroit où a été recueillie l'eau et par la présence ou l'absence évidente d'une contamination antérieure par du *sewage*. Car, si de l'eau, qui a été souillée une fois par des matières animales, n'a été soumise depuis cette contamination qu'à la légère oxydation produite par les rivières et les fleuves, une partie de la matière organique qu'elle renferme à la fin de son parcours, devra être d'origine animale. En effet, il a été démontré (*Rivers Pollution com.* 6 Report, p. 134-8) qu'il n'y a dans le royaume anglais aucun fleuve assez long pour assurer l'oxydation complète de la matière animale soluble que renferme une eau souillée par des matières animales.

Les eaux qui se trouvent à la surface des plateaux sont moins exposées à une contamination animale. Quand elles sont recueillies dans des régions incultes absolument nues, leur matière organique est presque entièrement végétale et ordinairement tourbeuse. Le rapport du carbone à l'azote est toujours élevé, en moyenne $\frac{10}{1}$. Les extrêmes sont cependant très-éloignés (de $\frac{4}{1}$ à $\frac{21}{1}$). Cela tient à ce que les matières tourbeuses subissent pendant l'oxydation une perte en carbone plus grande qu'en azote : c'est pourquoi le rapport du $\frac{C}{Az}$ est plus bas dans l'eau des lacs que dans celle des torrents qui les alimentent.

L'eau de plusieurs lacs et torrents ne renferme pas beaucoup plus de 0,15 de carbone organique, pour 100,000 parties d'eau. En règle générale, la quantité de carbone est pourtant beaucoup plus considérable et quelquefois l'eau est noire et possède une saveur désagréable, à cause de l'excès de matières tourbeuses.

Les terres cultivées, en général, ne cèdent pas à l'eau autant de matières organiques que celles qui ne sont soumises à aucune culture ; mais, par ce fait que ces terres ont été fumées avec des excréments animaux et quelquefois même humains, la nature de la matière organique appelle beaucoup plus l'attention. Le rapport $\frac{C}{Az}$ varie de $\frac{4}{1}$ à $\frac{10}{1}$; moyenne environ $\frac{6}{1}$. Quand ce rapport est inférieur à $\frac{6}{1}$ et qu'il y a plus de 0,3 partie de carbone organique pour 100,000 parties d'eau avec contamination antérieure par du *sewage* (*2,000 p. 100,000*), l'eau doit être rejetée comme impropre à l'alimentation.

Pour bien apprécier la qualité de l'eau d'un puits peu profond, il faut tenir largement compte du sol dans lequel ce puits est creusé et de ce qui l'environne. Les eaux de puits peu profonds sont presque toujours souillées par des matières animales, quelquefois faiblement, mais souvent à un degré dangereux. L'action oxydante des terres poreuses ou des roches qui constituent la couche où le puits a été foré, est, dans quelques cas, assez puissante pour détruire une grande partie de la matière qui souille l'eau à l'origine, en ne laissant en solution qu'une petite quantité de matières organiques qui présentent quelquefois un rapport $\frac{C}{Az}$ élevé. Dans d'autres cas, le pouvoir oxydant du sol environnant est si faible, que le rapport $\frac{C}{Az}$ est bas et que l'eau est quelquefois même aussi impure que du *sewage* ordinaire.

Il faut considérer attentivement la contamination de telles eaux, car il est des circonstances (une grosse pluie, par exemple) qui changeront d'un extrême à l'autre le caractère du sol; d'où il suit que la contamination, qui était auparavant arrêtée par l'oxydation, souillera les eaux d'une façon très-active. Le rapport $\frac{C}{Az}$ varie, dans les puits peu profonds, depuis $\frac{1}{1}$ ou même moins jusqu'à $\frac{9}{1}$: la moyenne étant $\frac{4}{1}$.

Les eaux de sources ou de puits profonds sont les plus pauvres en matières organiques; les couches épaisses à travers lesquelles passe l'eau ayant détruit par oxydation la plus grande partie de la matière organique. La quantité de carbone organique varie de 0,02 environ à 0,1 dans 100,000 parties d'eau pour les puits profonds; en moyenne 0,06. Les eaux de source sont souvent plus pures : le rapport $\frac{C}{Az}$ varie de $\frac{2}{1}$ à $\frac{6}{1}$; moyenne $\frac{4}{1}$. Le rapport dépend plutôt, dans ce cas, du pouvoir oxydant que de la nature de la matière organique. Dans le *sewage*, le rapport $\frac{C}{Az}$ varie de $\frac{1}{1}$ à $\frac{3}{1}$; moyenne $\frac{2}{1}$.

364. — **Recherche et dosage de l'ammoniaque.** — La recherche et le dosage de l'ammoniaque dans les

eaux naturelles, dans les liquides provenant de certaines industries (eaux de féculerie, eaux de lavage du gaz, eaux vannes), se présentent fréquemment dans les laboratoires agricoles. Suivant que les liquides à examiner contiennent des proportions plus ou moins fortes d'ammoniaque, on a recours à la méthode par distillation (procédé Schlœsing) ou à l'emploi de réactifs qui permettent de déceler jusqu'à des traces impondérables d'ammoniaque.

a) *Procédé Schlœsing.* — L'appareil représenté par la figure 70 permet de doser l'ammoniaque dans les eaux

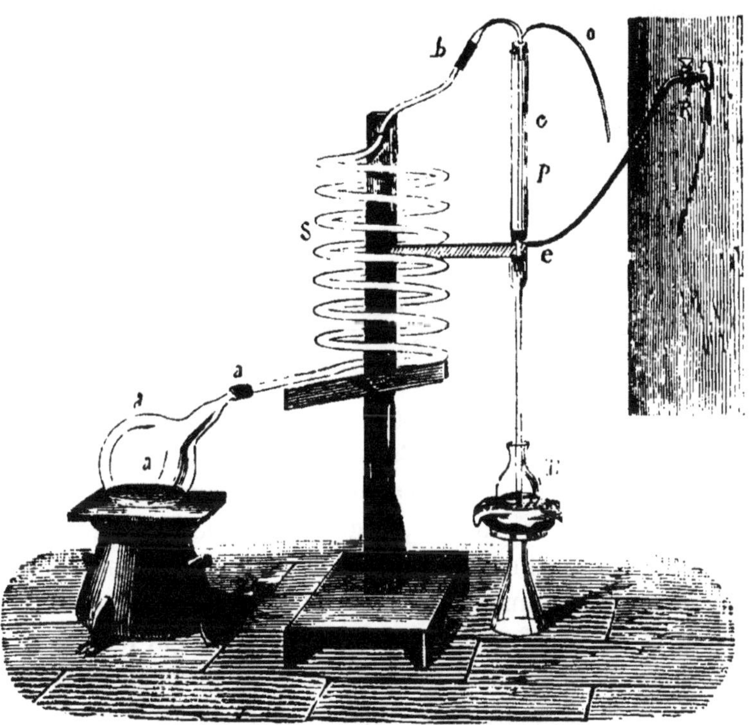

Fig. 70.
Dosage de l'ammoniaque dans l'eau.

météoriques, de rivières, de puits, d'irrigation, de sources, etc. Dans le ballon *a*, d'une capacité d'un litre et demi à deux litres environ, on place un volume connu de l'eau à analyser, on ajoute un excès de magnésie, entièrement exempte d'ammoniaque et préalablement calcinée au moment de son introduction dans le ballon. Dans le vase B, on verse 10 centimètres cubes d'acide sulfurique titré, préparé par l'un des procédés indiqués pages 66 et suiv. et coloré par quelques gouttes d'une solution de tournesol pur. On chauffe alors le matras *a*; l'eau ne tarde pas à entrer en ébullition. Les vapeurs condensées dans le serpentin S retombent au fur et à mesure dans le matras, et l'ammoniaque seule passe à la distillation et va se condenser dans l'acide sulfurique du ballon B. Le serpentin fonctionnant comme l'appareil à plateaux qui sert à la rectification de l'alcool, il n'est pas nécessaire de distiller les $\frac{2}{3}$ de liquide d'où l'on veut extraire l'ammoniaque, comme il faut le faire avec la méthode de Bineau, modifiée par Boussingault (v. § 43). Le titrage de l'acide sulfurique du vase B, après une heure à une heure et demie d'ébullition de l'eau, fait connaître le taux de l'ammoniaque.

Dans la plupart des cas, les quantités d'ammoniaque contenues dans l'eau à analyser sont extrêmement faibles et il est préférable de modifier la marche de l'opération de la manière suivante : Dans le flacon B, on place 4 à 5 centimètres cubes d'eau additionnée de quelques gouttes d'acide sulfurique titré (¹), et de teinture de tournesol. On chauffe l'eau et l'on ajoute, au fur et à mesure de la distillation de l'ammoniaque, de l'acide titré à l'aide de la burette de Gay-Lussac, en notant exactement les quantités employées. On continue ainsi jusqu'au moment où le dégagement d'ammoniaque ayant complétement cessé, la coloration rouge persiste. Avec la solution de chaux titrée,

(¹) La liqueur doit contenir environ $0^{gr},001$ SO^3 par centimètre cube.

on ramène au bleu la coloration du liquide; on a alors tous les éléments nécessaires pour calculer le taux d'ammoniaque de l'eau.

365. — **Préparation du tournesol.** — Le tournesol en pain, qu'on trouve dans le commerce, renferme beaucoup de matières étrangères : pour le purifier, l'on peut avoir recours à l'une des deux méthodes suivantes.

1° *Traitement par l'eau.* — On broie grossièrement 200 à 300 grammes de tournesol en pain, qu'on place ensuite dans un entonnoir dont la partie inférieure est obturée incomplétement par un tampon d'amiante. On humecte le tournesol, puis on épuise lentement la masse par l'eau distillée. On rejette le premier litre de liquide ; la solution qui passe ensuite est suffisamment pure pour presque tous les dosages alcalimétriques.

Le tournesol ainsi préparé est suffisamment sensible pour la plupart des usages auxquels on l'emploie dans les analyses courantes. Si l'on a besoin, pour des recherches délicates, d'un réactif extrêmement sensible, il faut recourir pour l'obtenir à la méthode suivante.

2° *Traitement par la chaux.* — Dans le cas de la recherche de très-faibles quantités d'ammoniaque, il importe d'employer du tournesol aussi pur et aussi sensible que possible. Le mode de préparation suivant, dû à Schlœsing (1), fournit un produit irréprochable sous ce rapport.

On fait une solution très-concentrée de tournesol dans l'eau distillée. On porte ensuite la liqueur à l'ébullition, avec de la chaux éteinte. On laisse déposer, et lorsque le mélange s'est éclairci, on décante le liquide, qu'on additionne ensuite de cinq à six fois son volume d'alcool. Il se forme un précipité bleu-indigo que l'on sépare par décantation et qu'on jette sur un filtre, où on le lave, à

---

(1) Cours inédit du Conservatoire des arts et métiers.

deux ou trois reprises, avec de l'eau alcoolisée. On conserve cette espèce de laque sous l'alcool, dans un flacon bouché.

Pour préparer la solution bleue destinée aux titrages, on met en suspension dans l'eau le magma de couleur indigo, on sursature avec précaution à l'aide de l'acide sulfurique étendu, pour séparer la chaux ; on filtre et l'on porte le liquide séparé du sulfate de chaux à l'ébullition, afin de chasser l'acide carbonique. Enfin, on neutralise, comme d'habitude.

366. — **Recherche des traces d'ammoniaque dans l'eau.** — Souvent l'eau renferme seulement des traces d'ammoniaque que la méthode précédente ne met pas en évidence ou qui nécessiteraient, pour être constatées, le traitement d'un volume de liquide trop considérable. On peut alors recourir avec succès au réactif de Nessler.

a) *Marche de l'opération.* — On commence par mesurer dans un flacon jaugé, à col étroit, 150 centimètres cubes de l'eau à examiner ; on ajoute à ce volume 1 centimètre cube de solution de carbonate de soude concentré (1 carbonate pour 2 d'eau) et $^1/_2$ centimètre cube d'une solution de soude caustique (formée de 1 de soude pour 2 d'eau). On agite vivement le mélange, on bouche hermétiquement le flacon et on l'abandonne au repos. Au bout d'une à deux heures, le liquide s'est complétement éclairci, la chaux et la magnésie s'étant précipitées sous forme de carbonate ; il est presque toujours inutile de filtrer. Dans un grand verre à réactif, on décante 100 centimètres cubes de la liqueur surnageante, et l'on ajoute 1 centimètre cube de réactif de Nessler. Si cette addition donne naissance à une coloration plus ou moins jaune, on verse encore 1 centimètre cube de réactif. Dans un verre de même dimension que le précédent, on verse un mélange préparé de la manière suivante : 1 centimètre cube d'une solution d'un sel ammoniacal correspondant à 0^{gr},001 d'ammoniaque par centimètre cube, est étendu jusqu'à 100 centimètres cubes avec de l'eau entièrement exempte d'ammoniaque ([1]). On ajoute à cette liqueur le même volume de réactif de Nessler, soit, en tout, 2 centimètres cubes. On place une feuille de papier blanc derrière les deux verres et l'on compare la coloration des liquides, en regardant perpendiculairement à leur surface. Par tâtonnement et additions successives de solution ammoniacale, on arrive à obtenir une identité absolue d'intensité de coloration dans les deux vases. Si l'eau contient beaucoup d'ammoniaque, au lieu d'opérer sur 100 centimètres cubes, on prend des quantités moindres, 50, 20, 10, qu'on ramène au volume de 100 centimètres cubes, à l'aide d'eau distillée exempte d'ammoniaque.

b) *Préparation du réactif de Nessler.* — On dissout, à chaud, 62^{gr},5 d'iodure de potassium dans environ 250 centimètres cubes d'eau distillée, et l'on verse dans la liqueur une solution, saturée à chaud, de bichlorure de mercure jusqu'au moment où le précipité rouge d'iodure de mercure refuse de se dissoudre (il faut environ 20 à 25 p. 100 de bichlorure de mercure). On filtre immédiatement, on ajoute 150 grammes de potasse caustique en solution concentrée, on étend à un litre, puis on verse dans la liqueur 4 à 5 centimètres cubes de la dissolution de bichlorure, on laisse déposer et l'on décante. Le réactif de Nessler doit être conservé dans des vases bien bouchés; au bout d'un certain temps, il se dépose un précipité dans le fond du flacon, mais la liqueur ne doit pas être rejetée pour cela; seulement, il faut avoir soin de ne

---

([1]) Pour obtenir cette eau, on redistille sur de la chaux vive de l'eau distillée ordinaire : on fait l'opération dans un ballon de dix litres, en rejetant les deux premiers litres d'eau condensée.

pas l'agiter et d'y puiser toujours à l'aide d'une pipette, afin de n'opérer qu'avec un liquide limpide.

c) *Modification de Fleck* [1]. — Fleck a proposé d'effectuer le dosage volumétrique de l'ammoniaque à l'aide du réactif de Nessler. Ritter, de son côté, a modifié légèrement le procédé de Fleck et conseille d'opérer de la manière suivante :

Le réactif de Nessler donne, avec les sels ammoniacaux, un précipité qui a pour formule, $AzHg^2I + HO$; ce précipité renferme, pour 2 de mercure, une quantité d'azote correspondant à 1 d'ammoniaque. On ajoute peu à peu à un volume déterminé d'eau (placé dans un flacon bien bouché) une quantité de réactif de Nessler suffisante pour qu'il se forme un précipité brun : ce précipité se tasse facilement ; lorsqu'il est réuni, on le lave par décantation, à l'abri du contact de l'air, avec de l'eau distillée bien exempte d'ammoniaque, puis on le dissout dans une solution au $^1/_8$ d'hyposulfite de soude : le mercure est ensuite dosé volumétriquement à l'aide d'une solution titrée d'un sulfure alcalin. On se sert comme réactif indicateur du papier à filtre, sur lequel on dépose une goutte de liquide ; ce papier repose sur un papier imprégné d'acétate de plomb qui noircit dès que l'on a employé un excès de liqueur titrée. L'urée, les diamines, les alcaloïdes sont sans action sur le réactif de Nessler.

Dans le cas de recherches délicates, le dosage de faibles quantités d'ammoniaque, par le réactif de Nessler, exige que le liquide normal auquel on compare l'eau où l'on veut doser l'ammoniaque et l'eau essayée présentent exactement le même degré de coloration.

On peut comparer les deux teintes à l'aide du colorimètre de Duboscq, applicable à l'examen de beaucoup

---

(1) *J. für Prat. Chimie*, II, p. 263.

d'autres substances et dont j'ai fait connaître les dispositions et le maniement à propos de l'analyse des sucres.

Cet appareil, décrit précédemment (v. § 305), est appelé

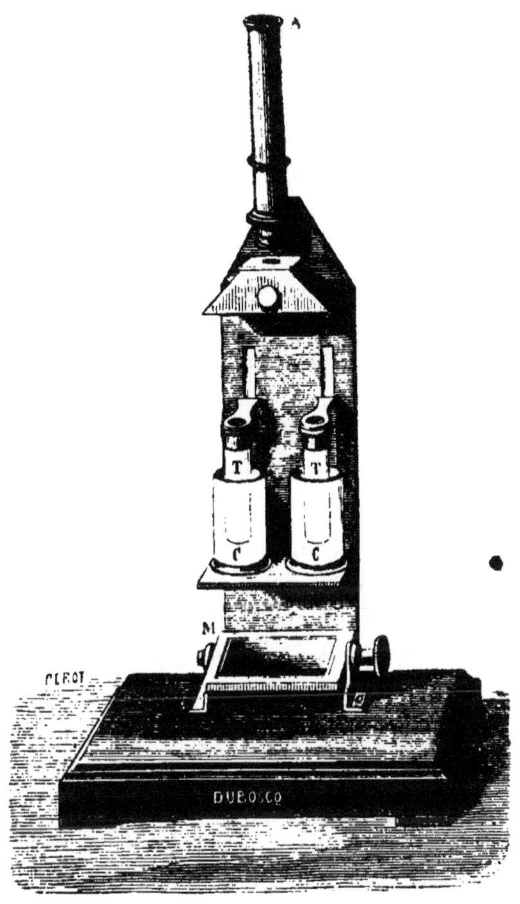

Fig. 71. — Colorimètre Duboscq.

à rendre de fréquents services dans un laboratoire de chimie agricole. Pour l'appliquer au dosage de l'ammoniaque, on introduit dans les vases CC la liqueur normale (solution ammoniacale à titre connu en AzH^3) et l'eau qu'on examine, et l'on procède, pour la comparaison et le calcul, comme il a été dit à propos de l'analyse des mélasses.

367. — **Recherche et dosage des nitrates et des nitrites.** — On a fréquemment à examiner les eaux naturelles au point de vue de leur teneur en composés nitrés : certaines eaux de drainage renferment des quantités relativement considérables de nitrates, et la recherche des nitrites dans les eaux destinées à l'alimentation de l'homme et des animaux a une importance très-grande au point de vue de l'hygiène, la présence de nitrates et de nitrites dans une eau étant toujours l'indice de substances organiques et surtout de matières d'origine animale en décomposition.

On a proposé un assez grand nombre de procédés de dosage de l'azote nitrique ou nitreux dans une eau. Les plus usités se rapportent à l'un des trois ordres de réaction suivants : 1° séparation de l'acide nitrique et de l'acide nitreux des bases auxquelles ils sont unis et transformation en bioxyde d'azote dont on mesure le volume ; 2° conversion de l'acide nitrique et de l'acide nitreux en une quantité équivalente d'ammoniaque sous l'influence de l'hydrogène naissant et dosage de l'ammoniaque formée; 3° dosage volumétrique des nitrates, fondé sur la décoloration de l'indigo par l'acide nitrique libre. — La méthode de dosage rigoureux des nitrates dans les eaux que je préfère à toutes les autres, est celle de Schlœsing (§ 3 et § 127). On concentre 1 à 2 litres d'eau, après addition de 1 gramme de soude ou de potasse caustiques jusqu'à réduction à 25 centimètres cubes environ, et l'on dose l'acide nitrique dans ce liquide par le protochlorure de fer, en suivant toutes les prescriptions exposées dans les paragraphes que je viens de rappeler.

La transformation des acides nitrique et nitreux en ammoniaque s'effectue aisément par la méthode de Gladstone et Tribe, perfectionnée par Whitley Williams (voir *Bibliographie*). Ce procédé consiste à faire agir sur l'eau dans laquelle on veut doser les composés nitrés un couple zinc-cuivre préparé de la manière suivante :

Dans un flacon bouché à l'émeri, on place des lames ou des fils de zinc pur qu'on recouvre entièrement par une solution de sulfate de cuivre à 3 p. 100 de sel. Quand le zinc s'est recouvert d'une couche suffisante de cuivre, on décante le liquide surnageant, on lave la lame pour enlever la solution de sulfate de zinc formée et on la laisse égoutter. On se sert ensuite de l'eau à analyser pour rincer la lame afin de chasser l'eau distillée qui adhère au précipité de cuivre ; on laisse de nouveau égoutter la lame, puis on la place dans le flacon rempli de l'eau à analyser ; on ferme hermétiquement et on abandonne le flacon dans un lieu chaud jusqu'à réduction complète des nitrates. On laisse le liquide déposer les flocons de zinc en suspension ; on prélève ensuite avec une pipette le liquide clair surnageant, on l'étend d'eau distillée et on dose l'ammoniaque formée à l'aide du réactif de Nessler précédemment décrit. Il faut environ un couple de 2 décimètres carrés de surface (soit une lame de zinc de 1 décimètre carré) pour 200 centimètres cubes d'eau à analyser contenant $\frac{1}{100000}$ d'acide nitrique. Si les eaux sont colorées, on les distille sur la chaux après réaction du couple zinc-cuivre, le réactif Nessler ne s'appliquant qu'à des dissolutions incolores.

Quand il s'agit d'une évaluation approximative de traces d'acide nitrique, on peut recourir au procédé de Nicholson. Voici comment on opère : on évapore à sec, avec précaution, dans une petite capsule de porcelaine bien blanche, un centimètre cube de l'eau à examiner, on humecte le résidu avec deux gouttes d'acide sulfurique monohydraté pur ; on place ensuite dans le centre du liquide un petit fragment de brucine, de la grosseur d'une tête d'épingle, et on le broie avec l'extrémité d'un agitateur en verre. Suivant la quantité de nitrate existant dans l'eau, on obtient une coloration qui varie du rose au rouge-sang vif. Reichardt conseille d'opérer un peu différemment et de n'employer qu'une petite goutte d'eau ; d'y ajouter une ou deux gouttes d'une solution de brucine et d'y verser progressivement de 1 à 5 gouttes d'acide sulfurique concentré. Si la coloration rose se manifeste dès l'addition de la première goutte d'acide sulfurique, c'est un indice que l'eau renferme des quantités relativement considérables de nitrate. Ce procédé permet de déceler ($\frac{1}{100000000}$) un dix-millionième d'acide nitrique dans de l'eau.

368. — **Recherche et dosage des nitrites.** — On peut avoir recours soit au procédé Trommsdorf, soit au réactif de Griess. Le réactif de Trommsdorf se prépare de la manière suivante :

a) *Préparation du réactif de Trommsdorf.* — On fait bouillir pendant plusieurs heures 5 grammes d'amidon ou de fécule avec 20 grammes de chlorure de zinc et 100 centimètres cubes d'eau distillée, en remplaçant, au fur et à mesure, l'eau évaporée. L'ébullition doit être prolongée jusqu'à dissolution presque complète de l'enveloppe du grain d'amidon. On ajoute alors 2 grammes d'iodure de zinc, on étend à un litre et l'on filtre. Il faut conserver cette solution dans un flacon bien bouché et à l'abri de la lumière. Pour obtenir la liqueur titrée de nitrite qui servira de terme de comparaison dans les dosages, on dissout $2^{gr},3$ de nitrite de potasse du commerce dans un litre d'eau et, dans 5 centimètres cubes de cette liqueur, on détermine, à l'aide du caméléon minéral normal, la quantité réelle d'acide nitreux contenu dans la dissolution. On s'arrange, après ce titrage, de façon que la liqueur nitreuse contienne 0gr,001 d'acide nitreux par centimètre cube. Cette liqueur, même dans l'obscurité et à l'abri de l'air, s'altère avec le temps; il est donc bon d'en déterminer à nouveau le titre, par le caméléon, au moment de s'en servir.

b) *Dosage des nitrites dans l'eau.* — Dans un tube de verre étroit, on prend 50 centimètres cubes de l'eau à essayer et l'on verse 1 centimètre cube d'acide sulfurique étendu (1 à 3) et 1 centimètre cube de réactif de Trommsdorf. Si au bout de 30 à 40 secondes le liquide se colore, la teinte bleue deviendra bientôt si intense, que sa nuance ne pourra plus être appréciée ; il paraîtra noir. Il faut alors recommencer l'essai avec des quantités d'eau moindres : 25 centimètres cubes, 10 centimètres cubes, ou 5 centimètres cubes, en ramenant le volume du liquide à 50 centimètres cubes, par l'addition d'eau exempte de nitrite : la coloration bleue ne doit apparaître qu'après deux minutes, au plus tôt, après l'addition du réactif. On fait l'essai comparatif avec la solution de 1 centimètre cube de liqueur nitreuse titrée, étendue jusqu'à 50 centimètres cubes. On compare les deux teintes sur un fond blanc ; si, après 12 ou 15 minutes de contact avec le réactif, les teintes bleues sont égales d'intensité, l'essai est terminé et il ne reste plus qu'à calculer le taux d'acide nitreux existant dans l'eau à analyser.

c) *Procédé de Griess.* — L'acide sulfanilique, en présence de traces de nitrites, donne naissance à un composé diazoïque que l'action ultérieure de la naphtylamine convertit en un corps d'une magnifique couleur rose. Quelques chiffres empruntés au mémoire de Warington indiqueront l'excessive sensibilité de cette réaction. Une solution contenant une partie d'azote (à l'état d'acide nitreux) dans 1 million de parties d'eau donne instantanément, avec ce réactif, une teinte rose dont l'intensité va en croissant très-rapidement jusqu'à la coloration du rouge-rubis.

Une partie d'azote nitreux dans 10 millions de parties d'eau donne immédiatement naissance à une teinte qui s'accentue jusqu'au rose dans l'espace d'une heure.

Une solution de 1 partie d'azote nitreux dans 100 millions de parties d'eau manifeste une teinte rosée au bout de 5 à 6 minutes; la teinte rose est bien distincte au bout d'une heure.

Une partie d'azote nitreux dans 500 millions de parties d'eau donne, au bout de deux heures, une teinte rosée bien prononcée au bout de 24 heures. Enfin, 1 partie d'azote nitreux dans 1 milliard de parties d'eau communique encore une très-légère teinte rosée à l'eau au bout de 24 heures.

Cette réaction a permis à Warington de constater la présence de l'acide nitreux dans l'air. De l'eau exposée dans un vase ouvert en plein champ d'expériences, à Rothamsted, manifesta la coloration rose au bout de 3 jours, toutes les précautions ayant été prises pour éloigner complètement de l'eau les insectes et autres matières qui auraient pu lui apporter de l'azote d'origine animale.

Si l'on veut doser l'acide nitreux à l'aide de ce procédé, on se sert, comme liqueur témoin, d'une solution titrée de nitrite d'argent préparée de la manière suivante:

On dissout $0^{gr},406$ de nitrite pur d'argent dans de l'eau distillée bouillante, et l'on ajoute progressivement du chlorure de potassium ou de sodium purs jusqu'à élimination complète de l'argent. On étend à 1 litre, on laisse déposer le chlorure d'argent. On prend avec une pipette 100 centimètres cubes de la liqueur claire qu'on étend de nouveau à 1 litre. On conserve ce réactif dans un flacon noir bien bouché. On titre ensuite cette solution par rapports aux réactifs en se guidant sur l'intensité de coloration des liqueurs. Pour 10 centimètres cubes de la solution de nitrite de potassium, on ajoute une goutte d'acide sulfurique ou chlorhydrique étendu (1 d'acide pour 4 d'eau), une goutte d'une solution saturée d'acide sulfanilique et une goutte d'une solution de sulfate ou de chlorhydrate de naphtylamine. Warington a constaté qu'on peut introduire simultanément les deux réactifs dans la liqueur à examiner.

On se sert naturellement, pour ces essais comparatifs, de tubes de même diamètre et de même longueur (2 à 3 centimètres de diamètre, 20 centimètres de longueur).

369. — **Dosage de l'acide phosphorique.** — L'acide phosphorique n'existe d'ordinaire qu'en très-faible quantité dans les eaux. Le meilleur mode de dosage consiste dans l'emploi du molybdate d'ammoniaque. On concentre 2 à 3 litres d'eau jusqu'à 50 ou 60 centimètres cubes et l'on y dose PhO^5, comme il est dit page 94. Certaines eaux, telles que celles de Vichy, en renferment des quantités notables ; seulement, il est à remarquer qu'elles ne contiennent ni chaux ni alumine. Dans ce cas, on peut avoir recours à l'emploi du chlorure de baryum ammoniacal pour doser l'acide phosphorique ; on pèse le phosphate de baryte, on le calcine, on le dissout dans l'acide chlorhydrique, on précipite la baryte par l'acide sulfurique et l'on pèse le sulfate de baryte avec toutes les précautions connues.

Dans une eau potable de bonne qualité, il ne doit pas exister d'acide phosphorique ; la présence d'une quantité appréciable de ce composé doit mettre l'analyste en éveil. En effet, ce corps est énergiquement absorbé par le sol que traversent les eaux de source ou de puits, et sa présence dans une eau est, d'ordinaire, l'indice d'une viciation provenant d'infiltrations de fosses à purin, lieux d'aisances ou autres liquides contenant des matières organiques. Il y a toujours lieu de rechercher les composés azotés et de doser le chlorure de sodium qui accompagnent d'ordinaire l'acide phosphorique.

Mémoires à consulter.

On consultera avec profit les travaux récents sur la recherche et le dosage des composés azotés des eaux dont voici les titres:

E. FRANKLAND, *Water analysis for Sanitary purposes with Hints for the interpretation of results.* In-8°. Londres, 1880.

R. WARINGTON, *On the quantitative determination of nitric acid by indigo.* (*Chemical news,* 2 et 9. 1877.)

R. WARINGTON, *On the determination of nitric acid by means of indigo, with special reference to water analysis.* (*J. of the Chemical Society,* septembre 1879.)

R. WARINGTON, *On the determination of nitric acid as nitric oxyde, by means of its reaction with ferreous Salts.* Londres. 1880.

R. WARINGTON, *Note on the appearance of nitric acid during the evaporation of water.* Londres, 1881.

WHITLEY-WILLIAMS, *On the action of the Copper-Zinc couple upen nitrates and the estimation of nitric acid in water analysis.* (*J. of the Chemical Society,* mars 1881.)

III. — ANALYSE DE L'AIR.

370. — **De l'analyse de l'air dans les recherches agricoles.** — Parmi les nombreuses substances dont l'analyse chimique a décelé la présence dans l'air atmosphérique, il en est deux dont la détermination exacte offre, pour les recherches de physiologie végétale, un intérêt tout particulier : l'acide carbonique et l'ammoniaque. Depuis la publication de la première édition de ce *Traité,* la chimie analytique s'est enrichie de diverses méthodes précises pour le dosage de ces composés si importants pour la nutrition des plantes. Th. Schlœsing a imaginé une méthode de dosage de l'ammoniaque aérienne ; Müntz et Aubin en ont décrit une autre pour la détermination

rigoureuse de l'acide carbonique. Enfin, J. Reiset a publié un important travail sur ce sujet. Ces méthodes, les seules que je reproduirai ici, renvoyant mes lecteurs aux traités généraux d'analyse, pour le dosage de l'azote, de l'oxygène et de la vapeur d'eau, présentent un double caractère qui leur donne sur celles proposées jusqu'à ce jour une supériorité incontestable. On peut, à leur aide, doser l'ammoniaque et l'acide carbonique en opérant sur des volumes relativement considérables d'air atmosphérique ; en second lieu, on peut effectuer les dosages en un lieu quelconque, loin d'un laboratoire. Je décrirai successivement ces procédés avec les détails nécessaires pour en rendre l'application facile.

371. — **Méthode de dosage de l'ammoniaque aérienne.** — Le procédé de Schlœsing permet d'opérer en quelques heures sur un volume considérable d'air ; il est d'une application facile et sûre, et servira à élucider l'une des plus importantes questions de physique générale du globe : la dissémination de l'ammoniaque dans l'atmosphère et les variations qui surviennent dans la teneur en alcali de l'océan aérien, avec les saisons, les phénomènes météorologiques divers, etc., etc.

Th. Schlœsing opère par absorption, comme tous les chimistes qui l'on précédé ; seulement, les dispositions très-ingénieuses qu'il a adoptées rendent possible l'étude des variations diurnes et même horaires de la teneur en ammoniaque de l'air atmosphérique. J'emprunte la description complète de la méthode de Schlœsing à mon *Cours de chimie et physiologie appliquées à l'agriculture* (1), auquel je renverrai mes lecteurs pour les résultats numériques obtenus par l'auteur. — L'appareil de Th. Schlœsing donne le moyen de doser en quelques heures l'ammonia-

(1) 1er vol., p. 531 et suiv. In-8°. Berger-Levrault et Cie.

que contenue dans 30,000 litres d'air. Les figures 72 à 76 en représentent les différentes parties. La méthode consiste à recueillir l'ammoniaque de l'air dans de l'acide sulfurique titré.

Avant d'arriver dans l'acide, l'air ne doit traverser aucun appareil si ce n'est des tuyaux en verre chargés de le puiser au dehors : il est donc indispensable de déterminer son passage par aspiration à l'issue du barboteur et après son contact avec le liquide acidule. On peut imaginer divers mécanismes chargés d'aspirer et de mesurer en même temps de grandes quantités d'air. L'entraînement de l'air par un jet de vapeur a paru à Th. Schlœsing le mode le plus simple, le plus commode sous le rapport de la constance et de la continuité, à la condition de régler automatiquement la pression de la vapeur dans la chaudière et l'alimentation de cette dernière ; l'expérimentateur est ainsi exonéré d'une surveillance trop attentive. Pour bien faire comprendre les dispositions que Th. Schlœsing a adoptées, je les décrirai dans l'ordre suivant :

1° La chaudière ;

2° L'entraînement de l'air par la vapeur ;

3° La régulation de la pression ;

4° L'alimentation de la chaudière ;

5° Le barboteur ;

6° L'appareil mesureur de l'air entraîné.

L'ensemble du dispositif est représenté par la figure 72.

C, chaudière portée sur une enveloppe de maçonnerie F ;
A, ajutage pour l'entraînement de l'air par la vapeur ;
B, barboteur ;
R, régulateur de la pression ;
V, voie d'alimentation ;
MM', appareil servant à mesurer l'air.

1. *Chaudière.* — La chaudière est en cuivre ; elle est formée par un cylindre vertical terminé par deux fonds

bombés dont le supérieur porte une petite hausse. Cette hausse, à collet rabattu, reçoit un couvercle fixé par des

Fig. 72. Appareil de Schlœsing pour le dosage de l'ammoniaque atmosphérique.

brides et par des boulons. La figure 72 montre cette partie supérieure C munie d'un niveau d'eau. La partie inférieure ou surface de chauffe est enfermée dans une enveloppe de briques F et chauffée par une grille à gaz munie d'une cinquantaine d'orifices. (En rase campagne, on remplace le gaz par du charbon.) Le couvercle porte au centre le tube AA′ (fig. 73), par lequel la vapeur doit s'échapper, et sur les côtés deux tubes recourbés B et C; B est en relation avec le vase V qui sert à l'alimentation de la chaudière; C met celle-ci en relation avec le régulateur R (fig. 72), qui sera décrit plus loin (fig. 74). La chaudière a une capacité de 10 litres.

2. *Entraînement de l'air par la vapeur.* — Sur le tube A du couvercle de la chaudière, est rapporté un tube en cuivre A′, conique, ayant à son extrémité rétrécie un diamètre intérieur de 2 millimètres. Il est soudé vers son milieu à un tube en cuivre DD′ de 2 centimètres de diamètre, coudé à angle droit, dont l'extrémité D′ est reliée, par du caoutchouc, à la conduite qui doit amener l'air sortant du barboteur ; cette conduite est formée par un tube de verre d'un diamètre de 3 centimètres au moins. L'extrémité D est reliée par un bout de tube de caoutchouc F à un ajutage en verre, simple tube étiré, ayant à sa partie inférieure un diamètre intérieur de 2 centimètres; la partie supérieure est formée par un bout cylindrique de 8 millimètres environ de diamètre intérieur. La vapeur, lancée dans l'ajutage par le tube A′, détermine une

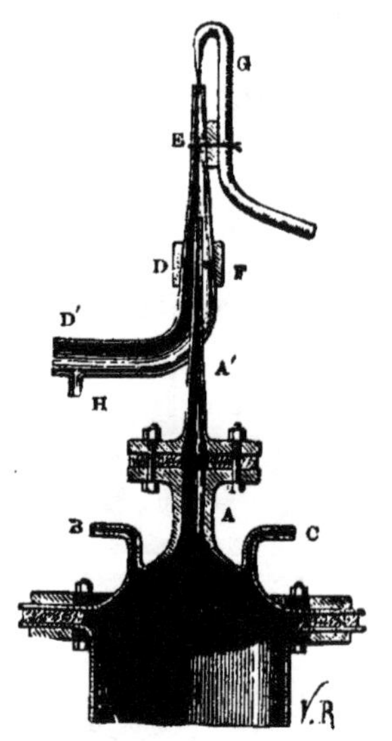

Fig. 73. Aspirateur à vapeur.

aspiration telle qu'en une heure il peut passer 7 mètres cubes d'air dans le barboteur avec une dépense de 2 kilogr. de vapeur. H est un petit tube qu'on peut relier avec un manomètre à eau pour estimer l'aspiration. Le tube G, fixé sur l'ajutage E, est destiné à puiser des échantillons du mélange de vapeur et d'air par une pointe fine occupant le centre de l'échappement ; il en sera question plus loin.

3. *Régulation de la pression de la vapeur.* — Il est essentiel, pour la constance du régime de l'appareil, que la pression de la vapeur dans la chaudière soit à très-peu près invariable. On satisfait à cette condition en faisant dépendre de la pression de la vapeur le chauffage de la chaudière, c'est-à-dire le débit du gaz par la grille, de telle sorte que, la pression de la vapeur venant à s'élever tant soit peu au-dessus de la pression voulue, le débit du gaz soit diminué, et qu'il soit au contraire augmenté si la pression tend à baisser. La figure 73 représente le régulateur adopté par Th. Schlœsing, répondant aux conditions ci-dessus indiquées. Il se compose de deux flacons F, G, reliés par un tube MM dont l'extrémité supérieure s'arrête dans le goulot du flacon G et dont l'extrémité inférieure descend jusqu'au fond du flacon F. Ce dernier est mis en relation, par un tube N, avec le tube C (fig. 72 et 73) du couvercle de la chaudière. La pression de la vapeur de la chaudière s'exerce en F sur du mercure et en élève le niveau dans le flacon G jusqu'à une hauteur qui mesure cette pression. Aussi doit-on donner au tube MM une longueur telle que le niveau du mercure s'arrête au tiers environ de la hauteur du flacon G.

La pression normale, dans les expériences de Th. Schlœsing, était de 28 millimètres de mercure.

Le flacon G est fermé à sa partie supérieure par un bouchon de caoutchouc portant un tube en cuivre mince, d'un centimètre de diamètre, muni de deux tubulures P et Q. La tubulure P est reliée à la canalisation du gaz d'éclairage ; la tubulure Q communique à la grille placée sous la chaudière : le gaz doit donc traverser le tube en cuivre pour aller de l'une à l'autre et c'est pendant ce trajet que s'opère sa régulation. A cet effet, un bouchon S, traversé par un bout de tube en verre, est fixé dans le tube en cuivre entre les deux tubulures. Ce bout de tube est traversé par une baguette de verre conique et portée par un bouchon H flottant sur le mercure. Le tube T se prolonge en pointe dans le tube M de manière à être maintenu dans une position verticale. On comprend sans peine que l'augmentation de pression de la vapeur détermine l'ascension du flotteur et, par conséquent, l'étranglement du passage du gaz et la diminution du débit, et qu'au contraire une diminution de pression produit un effet inverse. Cet appareil règle la pression avec une très-grande précision ; dans les expériences de Th. Schlœsing, les variations étaient à peine de $0^m,001$ de mercure, alors même que la pression du gaz venait à tripler, comme il arrive pendant quelque temps à la tombée de la nuit. Lorsque le gaz doit brûler pendant la nuit dans un

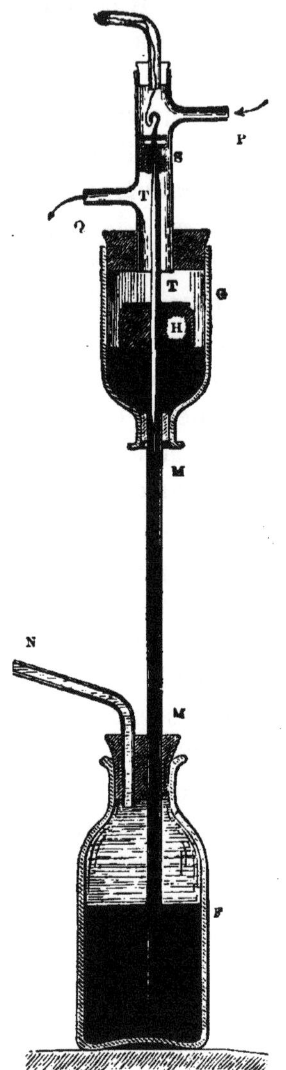

Fig. 74. Régulateur de pression.

laboratoire, en l'absence de toute surveillance et surtout lorsqu'il traverse librement des appareils en verre qui peuvent se briser spontanément, il est essentiel d'adopter des dispositions qui interrompent instantanément le débit du gaz dans le voisinage de la canalisation. A cet effet, l'extrémité du tube T porte, au-dessus du bouchon S, un disque de caoutchouc, pour que, en cas de rupture de quelque partie de l'appareil, la pression dans la chaudière devant infailliblement descendre, le flotteur tombe et dès lors le disque de caoutchouc vienne boucher le passage du gaz.

4. *Alimentation de la chaudière.* — L'alimentation a lieu automatiquement par le débit d'un grand flacon de Mariotte, V (fig. 72), placé à une hauteur telle que le liquide amené dans la chaudière par un long tube en S, y occupe une hauteur, au-dessus de son orifice dans la chaudière, de 3^{m},80, équivalente à la pression mercurielle de 0^{m},28. Ce tube en S consiste simplement en un tube de plomb d'un centimètre au moins de diamètre, soudé à la partie inférieure d'une boîte D, en cuivre, remplissant l'office de la boule d'un tube de sûreté et mise en relation avec la chaudière par la partie supérieure. Le liquide du flacon de Mariotte est débité par un tube en verre, K, recourbé deux fois, d'un diamètre intérieur de 2 millimètres.

Ces sortes de tubes retardent si bien l'écoulement par le frottement, que l'on peut régler sans peine le débit par la hauteur du tube intérieur au-dessus de l'orifice d'écoulement. Le débit, dans les expériences de Th. Schlœsing, était de 2 litres environ par heure. Il est impossible de régler l'alimentation de manière qu'elle soit exactement égale à la dépense ; mais d'un jour à l'autre les différences sont très-faibles et l'observateur peut être guidé à coup sûr pour retoucher le tube de Mariotte. Pour éviter l'obstruction accidentelle du tube K, il convient de filtrer l'eau d'alimentation à travers une toile métallique avant de l'introduire dans le flacon de Mariotte. Le dispositif qui vient d'être décrit permet de mesurer très-exactement l'eau d'alimentation consommée en un ou deux jours, et, par conséquent, de déterminer le poids de vapeur dépensée dans une heure. On obtient ainsi l'une des données servant à mesurer le volume de l'air qui a traversé le barboteur.

5. *Barboteur*. — Une cloche à douille A, en verre, d'une capacité de 3 litres, fermée par un disque de platine exactement emboîté sur ses bords et percé de trois cents trous d'un demi-millimètre, repose sur trois calles en verre à

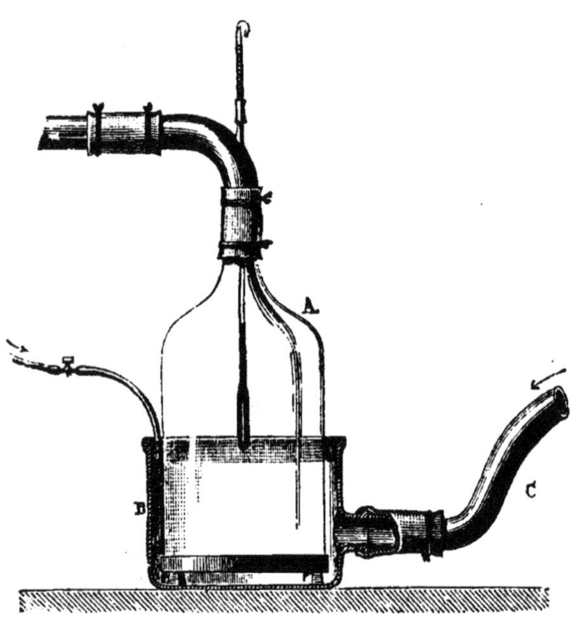

Fig. 75. Barboteur de l'appareil Schlœsing.

vitre, dans un vase B, à fond plat, un peu plus large ; ce vase porte une large tubulure reliée à un gros tube C chargé de puiser l'air au dehors. L'espace compris entre la cloche et le vase est fermé, au-dessus de la tubulure, par un tube annulaire en caoutchouc, auquel est soudé un petit tube muni d'un robinet et communiquant avec un réservoir d'eau : sous une charge de 3 à 4 mètres, le caoutchouc se gonfle instantanément et forme un joint parfait. Tel est l'appareil destiné à absorber l'ammoniaque atmosphérique.

Voyons maintenant comment il fonctionne. On verse, dans la cloche A, 300 centimètres cubes d'eau pure aiguisée d'acide sulfurique, puis on la fait communiquer par la douille avec l'appareil d'aspiration AA′ (fig. 72 et 73). L'air arrivant par le tube C, se répand alors entre la cloche et le vase, passe entre les deux fonds en chassant l'eau devant lui et pénètre dans la cloche par les trois cents trous du disque de platine. Le barbotage ainsi produit est tellement énergique que le liquide n'a plus le temps de se réunir en couche au fond de la cloche ; il est employé tout entier à former les parois de bulles entassées en forme de mousse sur une hauteur de $0^m,20$ à $0^m,25$.

Lorsque le temps consacré au barbotage est écoulé, on extrait le liquide, et on le distille sur la magnésie pour y doser l'ammoniaque.

6. *Appareil mesureur de l'air entraîné.* — Pour effectuer cette mesure, Th. Schlœsing s'est servi de la méthode chimique de jaugeage des fluides qu'il a décrite, comme suit, dans les *Comptes rendus de l'Académie des sciences* (20 juillet 1868) et qui est susceptible de nombreuses applications dans un laboratoire de chimie agricole :

Soit F la quantité d'un fluide s'écoulant dans un canal pendant l'unité de temps ; je suppose l'écoulement constant : j'introduis dans le canal un fluide auxiliaire qui se mélange intimement avec le premier, et auquel je suppose aussi un écoulement constant dont je sais la mesure ; soit

f la quantité de ce fluide auxiliaire écoulée dans l'unité de temps. En un point du parcours où le mélange est parfait, je puise un échantillon et je l'analyse. Je trouve une quantité ψ du fluide F, et une autre φ de f. Il est évident que j'ai la proportion $\frac{F}{f} = \frac{\psi}{\varphi}$, ou $F = \frac{\psi}{\varphi} f$. La détermination de f, c'est-à-dire de la quantité de fluide auxiliaire écoulée dans l'unité de temps, pourra se faire par les moyens connus, dont la précision est aujourd'hui en quelque sorte illimitée ; l'exactitude du jaugeage du fluide ne dépendra donc que de celle de l'analyse chimique. Pour rendre celle-ci aussi grande que possible, il restera à choisir le fluide auxiliaire parmi les corps que la chimie sait doser exactement, lors même qu'ils sont délayés dans un très-grand volume d'un autre fluide.

Au lieu de prendre pour l'analyse un échantillon unique du mélange des fluides, il conviendra d'échantillonner continûment pendant toute la durée de l'expérience, et d'analyser la somme des échantillons successifs. On s'affranchira ainsi de la condition de constance de l'écoulement de f, et il suffira de connaître la quantité qui s'est débitée du commencement à la fin de l'expérience.

Dans la plupart des cas, F a un débit constant, comme je l'ai supposé, du moins pendant les quelques minutes que demande une expérience. Je citerai pour l'eau : les déversoirs, vannes, moteurs hydrauliques, canaux, rivières même ; pour la vapeur : les chauffages ; pour l'air, les ventilateurs, la ventilation en général, les cheminées, etc.

Mais il est d'autres cas où F est variable. Alors, pour que l'échantillonnage soit fidèle, il faut : ou faire varier f en même temps que F, de manière que le rapport entre les deux fluides soit constant ; ou faire un échantillonnage continu, et observer un rapport constant entre le poids de mélange des fluides écoulé dans chaque élément de temps et le poids de l'échantillon correspondant : la somme des échantillons successifs recueillis dans ces conditions représentera fidèlement les sommes de F et f écoulées pendant l'expérience.

Il faut remarquer que lorsque F est variable, il est, en même temps, presque toujours périodique ; exemple : pompes, vapeur alimentant les machines motrices... Il sera souvent possible, en pareil cas, de transformer l'écoulement variable en écoulement constant par quelqu'un des moyens connus.

La nature du fluide auxiliaire et le dispositif pour le répandre et le mêler dans le fluide F, et pour assurer la fidélité de l'échantillonnage, doivent changer selon la nature du fluide à jauger et les conditions dans lesquelles il s'écoule.

S'agira-t-il de jauger de l'eau, les chlorures de calcium et de sodium paraissent devoir être d'un bon emploi comme fluides auxiliaires, à cause de l'extrême précision du dosage du chlore. Exemple : jaugeage de l'eau passant dans un moteur hydraulique ; le fluide auxiliaire est une dissolution de sel marin contenant 150 grammes de chlore pour 1 kilogr. de liquide ; on en a dépensé 2,000 kilogr. en 600 secondes, durée de l'expérience. Dans 10 kilogr. de l'échantillon recueilli, on trouve 2 grammes de chlore. On a donc

$$\frac{\psi}{\varphi} = \frac{10,000 - 2}{2} = 4,999.$$

En désignant par f le chlore écoulé en une seconde, on a

$$f = 300^{k} \times \frac{1''}{600''} = 0^{k},5.$$

En conséquence,

F (eau passée dans la roue en une seconde) $= 0^k,5 \times 4,999 = 2,499^k,5$.

S'il y a lieu de craindre que la roue n'ait pas mêlé suffisamment les deux fluides, on multipliera les prises d'échantillon en aval, pour suppléer, par une bonne moyenne, au défaut de mélange.

Les eaux courantes contenant du chlore, il faudra évidemment doser ce corps dans l'eau naturelle, prise immédiatement avant l'expérience, et dans les échantillons, et prendre, pour φ, la différence (¹).

S'agit-il de jauger la vapeur qui s'écoule dans un tuyau, j'aurai recours à l'ammoniaque, corps volatil et susceptible d'un dosage rapide et exact par les liqueurs titrées. L'échantillonnage sera fait par un petit alambic chargé de condenser les quantités de vapeur et d'ammoniaque qui représenteront les fluides F et f.

Enfin, s'il s'agit de jauger un courant gazeux, on pourra, selon les cas, employer l'acide carbonique, une vapeur acide, comme celle de l'acide chlorhydrique, une vapeur alcaline, comme celle de l'ammoniaque, du gaz d'éclairage et tous les corps susceptibles d'un dosage précis, lors même qu'ils sont étendus dans de très-grands volumes d'autres gaz.

Voici comment Th. Schlœsing a adapté cette méthode générale au cas particulier qui nous occupe :

Un flacon jaugé, d'une trentaine de litres, M′ (fig. 72), est muni des agrès nécessaires pour aspirer et mesurer l'air. Cet air est puisé par le petit tube G (fig. 73) à l'issue

---

(¹) Je recommande particulièrement aux agents forestiers cette méthode, que j'ai eu l'occasion d'appliquer plusieurs fois avec succès à la mesure du débit de ruisseaux et de vannes. Elle leur rendra service pour l'étude des cours d'eau destinés à l'alimentation des scieries. L. G.

de l'ajutage E ; il est mêlé à une certaine quantité de vapeur ; mais celle-ci rencontre sur son trajet un condenseur M ; l'eau résultant de la condensation s'écoule dans un petit tube gradué. On analyse de la sorte le mélange d'air et de vapeur lancé par l'ajutage, la vapeur étant jaugée à l'état d'eau et l'air en volume. Cette détermination exige d'ailleurs, pour être exacte, des précautions dont la description ne pourrait trouver place ici, mais que tout expérimentateur exercé saura observer. Étant donné le rapport entre un poids de vapeur condensée et le volume d'air entraîné qui lui correspond, le volume d'air débité par l'ajutage dans une heure se déduit immédiatement de la quantité d'eau vaporisée dans le même temps, quantité qu'on a appris précédemment à déterminer.

Th. Schlœsing a mesuré directement le débit de l'ajutage au moyen de grands gazomètres à air ; il a trouvé des résultats concordant avec ceux de la méthode que je viens d'esquisser.

7. *Vérification de la méthode.* — Pour vérifier l'exactitude de la méthode, il fallait introduire dans un courant d'air absolument dépouillé d'ammoniaque une quantité connue de cet alcali, très-petite et comparable à celle qu'on trouve dans l'atmosphère, faire passer ce courant dans le barboteur et rechercher ensuite si le dosage effectué à l'aide de cet appareil fournissait le résultat théorique. La figure 76 représente l'appareil employé à cet effet par Th. Schlœsing. A est l'extrémité supérieure d'une colonne formée de larges tuyaux de grès jointoyés avec de l'argile délayée dans de l'acide sulfurique étendu ; cette colonne a 5 mètres de hauteur et contient 6 hectolitres de braise de boulanger concassée et imbibée d'acide sulfurique étendu de 10 parties d'eau. L'air qu'il s'agit de fournir au barboteur traverse la colonne de bas en haut et s'y dépouille de toute trace d'ammoniaque.

En effet, après avoir fonctionné pendant 24 heures à raison de 7 mètres cubes à l'heure avec de l'air puisé dans

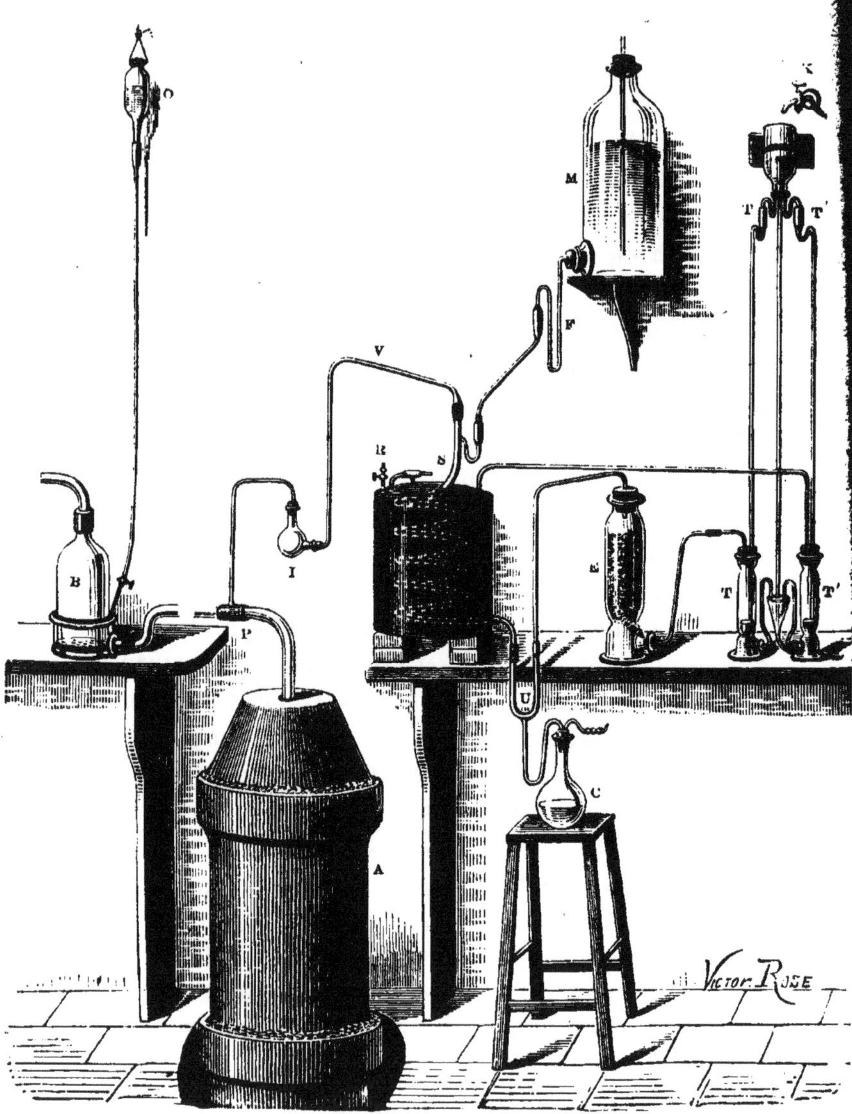

Fig. 76. Dosage de l'ammoniaque atmosphérique. Appareil de vérification.

la colonne, le barboteur n'avait pas absorbé une trace dosable d'ammoniaque. Les autres appareils représentés (fig. 76) servent à introduire dans le courant d'air pur, en P, une quantité connue d'ammoniaque. M est un vase de Mariotte rempli d'eau distillée contenant une très-petite quantité d'ammoniaque. Ce liquide est débité avec une extrême lenteur par le tube capillaire F (une goutte en 6 secondes). Le tube capillaire est en relation avec un serpentin S en verre, d'un diamètre d'un centimètre au moins. Ce serpentin est maintenu à une température rigoureusement constante de 25°, au moyen d'un bain d'eau chauffé par une très-petite flamme de gaz, laquelle est commandée par un thermo-régulateur Schlœsing. Le liquide descend dans ce serpentin et se rend dans une carafe C en traversant l'une des branches du tube U. Toutes les précautions sont prises pour que le liquide, pendant ce trajet, ne soit point en communication avec l'air extérieur et n'y puisse diffuser aucune trace d'ammoniaque. D'autre part, deux petites trompes T et T' déterminent deux courants d'air continus : l'air foulé par la trompe T' se rend au fond du bain d'eau et fait simplement fonction d'agitateur afin que la température y soit partout égale ; l'autre courant T traverse d'abord une éprouvette E remplie de ponce imbibée d'acide sulfurique étendu, où il se dépouille de toute trace d'ammoniaque ; il est conduit de là dans le tube U, remonte dans le serpentin et se rend en P après avoir traversé un tube V incliné et un petit ballon I. Ainsi, pendant que le liquide ammoniacal s'écoule lentement dans le serpentin, un courant d'air pur circulant en sens inverse entre en contact avec lui et lui emprunte de l'ammoniaque. De très-petites quantités de vapeur condensée en V redescendent dans le serpentin, quelques gouttelettes de liquide sont retenues en I. Veut-on, à l'aide de cet appareil, introduire une quantité très-petite et déterminée d'ammoniaque dans un courant d'air rapide, on procède de la manière suivante. On fait fonctionner le vase de Mariotte M et marcher les trompes pendant une demi-heure environ, mais en ayant bien soin de laisser perdre dans l'atmosphère l'air qui sort du ballon I. Après cet intervalle de temps, l'appareil a pris un régime permanent. Ce résultat obtenu, on fait fonctionner le barboteur; on relie aussitôt le ballon I au courant d'air pur en P et l'on place sous le tube U la carafe vide C. On note exactement l'heure au même instant. L'expérience dure environ 6 heures. Pour la terminer, on supprime la communication entre I et le courant d'air de la colonne A; au même instant, on enlève la carafe C que l'on bouche parfaitement. L'analyse du liquide du barboteur fait connaître la quantité d'ammoniaque qu'il a retenue pendant la durée de l'expérience. Cette quantité doit être égale à celle qui a été débitée en P; or, cette dernière représente évidemment la perte que la liqueur ammoniacale a subie dans le serpentin, perte dont la détermination résulte de deux nouveaux dosages d'ammoniaque, le dosage dans le liquide initial et celui du liquide de la carafe C. Ce liquide a dû préalablement être mesuré. Si le flacon I a retenu une petite quantité de liquide, celui-ci doit être joint au liquide de la carafe C.

Il est intéressant, dans ce genre de vérification, de déterminer le titre en ammoniaque du courant d'air qui a traversé le barboteur : ce titre se calcule sans peine quand on connaît le débit de l'ajutage par heure et la quantité totale d'ammoniaque versée dans le courant d'air pendant la durée de l'expérience. L'extrême précision que l'on peut atteindre dans le dosage de l'ammoniaque permet de se rapprocher, dans ce genre d'expérience, du taux normal de l'ammoniaque dans l'atmosphère.

Voici, à titre d'exemple, les résultats de cinq expériences de vérification :

	Durée de l'expérience.	Quantité d'air.	Ammoniaque introduite.	Ammoniaque dans 1mc.	Ammoniaque dosée.	Correction ([1]).	Ammoniaque corrigée.
	—	—	—	—	—	—	—
		Litres.	Milligr.	Milligr.	Milligr.	Milligr.	Milligr.
1. .	6h57m	33,000	33,90	1,03	31,67	0,16	31,51
2. .	7	33,000	13,93	0,42	12,97	0,16	12,81
3. .	7	33,000	5,20	0,17	5,20	0,16	5,04
4. .	7	33,000	2,51	0,076	2,46	0,16	2,30
5. .	7	34,000	1,12	0,033	1,07	0,16	0,91

Ainsi, dans les limites des expériences de Th. Schlœsing, c'est-à-dire quand l'air contient de 0mg,03 à 1 milligramme d'ammoniaque par mètre cube, il peut fixer dans son barboteur une proportion de l'alcali comprise entre les $\frac{4}{8}$ et les $\frac{9}{10}$ de la quantité totale.

372. — **Dosage de l'acide carbonique dans l'air.** — Dans mon *Cours de chimie et de physiologie appliquées à l'agriculture* ([2]), j'ai fait connaître les travaux relatifs à la teneur de l'air en acide carbonique : j'ai indiqué les résultats obtenus de 1868 à 1871 par F. Schultze à Rostock et ceux d'Henneberg à Göttingen en 1872, d'après lesquels le taux d'acide carbonique de l'air ne s'élève qu'à 3 dix-millièmes au plus, au lieu de 4 à 6 dix-millièmes qu'on trouve indiqués dans les ouvrages classiques français les plus récents. J. Reiset, dans un travail très-remarquable dont je recommande l'étude attentive aux directeurs des stations

---

([1]) Cette correction est relative à la quantité d'alcali dosée dans 300 centimètres cubes d'eau du barboteur et dans l'air des expériences à blanc; elle représente, exprimées en ammoniaque, la soude et la chaux cédées par le condenseur et les diverses parties de l'appareil.

([2]) 1er volume, p. 175 et suiv.

agronomiques[1], a confirmé les résultats obtenus à Rostock et à Weende et montré qu'en rase campagne le taux moyen de l'acide carbonique de l'air est de 2.96 dix-millièmes. L'espace me manque pour décrire la méthode de J. Reiset et je me borne à signaler tout particulièrement son mémoire à l'attention des chimistes qui s'occupent de cette importante question de physique du globe, certain qu'ils trouveront dans les ingénieuses dispositions des appareils mis en œuvre par cet habile expérimentateur des enseignements très-précieux. Je me bornerai à décrire ici la méthode que Müntz et Aubin ont appliquée au dosage de l'acide carbonique de l'air, méthode praticable en plein champ et loin d'un laboratoire, ce qui la rend très-utile pour les recherches de chimie agricole.

373. — **Description de la méthode de Müntz et Aubin.** — Le procédé imaginé par Müntz et Aubin permet d'effectuer des prises d'air loin du laboratoire et de conserver cette prise jusqu'au moment où l'analyse en est possible. Ce procédé peut se comparer à certains égards à celui que Regnault a employé pour effectuer ses prises d'air. Mais il offre plus de difficultés en ce sens qu'il faut procéder sur place à la mesure de l'air employé; l'acide carbonique contenu dans cet air étant seul emporté au laboratoire pour être extrait et déterminé en volume. L'absorbant qui a donné les meilleurs résultats aux auteurs, est une solution concentrée de potasse débarrassée d'acide carbonique par de la baryte hydratée. Une pareille solution absorbe l'acide carbonique avec une énergie très-grande, surtout lorsque, imbibant la ponce, elle se présente sous une surface multipliée.

On emploie un tube de verre de 90 centimètres de lon-

---

[1] *Recherches sur la proportion de l'acide carbonique dans l'air.* (*Ann. de ch. et de phys.*, 5e série, t. XXVI. 1882.)

gueur et de 20 millimètres de diamètre, préalablement lavé à l'acide sulfurique, scellé aux deux bouts et contenant la ponce potassée. Ces tubes sont ouverts au moment de la prise et scellés immédiatement après avoir été traversés par une quantité d'air mesurée. Aucune cause ne pouvant modifier les proportions d'acide carbonique fixé, on peut les conserver pendant un temps indéterminé avant d'effectuer le dosage. La ponce employée a une grosseur uniforme, intermédiaire entre celle d'une lentille et d'un pois ; elle a été, au préalable, calcinée avec de l'acide sulfurique, puis lavée à l'eau et de nouveau calcinée avec l'acide. On l'introduit chaude encore dans le tube préalablement étiré à l'un des bouts, on étire l'autre bout de manière à permettre l'introduction de la potasse.

Remplissage des tubes. — La solution de potasse, préparée en faisant dissoudre 10 kilogr. de potasse à la chaux dans 14 kilogr. d'eau, auxquels on ajoute 2 kilogr. de baryte hydratée, est décantée, après précipitation du sulfate et du carbonate de baryte, dans un grand flacon K (fig. 77) dans lequel on a déjà introduit 200 grammes de cristaux de baryte hydratée pour maintenir un excès de cette base.

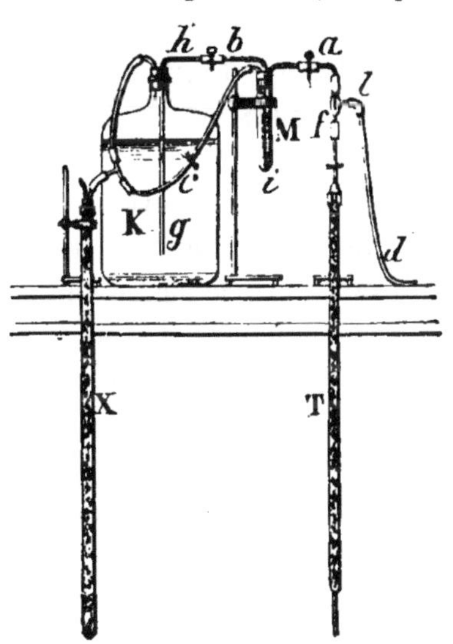

Fig. 77. Dosage de l'acide carbonique de l'air.

Le flacon K est fermé par un bouchon de caoutchouc traversé par deux tubes, l'un destiné à amener de l'air pur, après son passage dans un tube X rempli de ponce potassée, l'autre plongeant presque jusqu'au dépôt des cristaux de baryte, recourbé à angle droit à sa partie supérieure et relié par un caoutchouc muni d'une pince *b* à une éprouvette graduée M, de 100 centimètres. Cette éprouvette est fermée par un bouchon traversé par trois tubes, dont l'un sert à l'arrivée de l'air pur, le second, relié au flacon K, amène la potasse dans le mesureur, et le troisième plongeant au fond de l'éprouvette, forme siphon avec un tube en argent recourbé et terminé par une partie effilée. Cette éprouvette sert à mesurer le volume de la solution potassique nécessaire à l'imbibition de la ponce renfermée dans chaque tube, et cette opération se fait ainsi complétement à l'abri de l'acide carbonique de l'air. La partie effilée du tube en argent traverse un tube à T portant à ses deux extrémités un tube en caoutchouc, le fixant en haut sur le tube en argent, et en bas, recevant la partie effilée du tube à ponce. La branche latérale *l* du tube à T communique, par un tube en caoutchouc, avec une machine pneumatique dont l'aspiration permet de faire passer automatiquement la solution de potasse dans l'éprouvette M, où elle est mesurée, puis de là dans le tube à ponce.

L'appareil étant disposé comme l'indique la figure 77, et la solution potassique étant parfaitement limpide, pour remplir une série de tubes à ponce, on engage la partie effilée et ouverte de l'un d'eux dans le caoutchouc *f*. La pince *a* étant ouverte et les pinces *b* et *c* fermées, on pompe l'air du mesureur et du tube, puis on ferme la pince *a* et l'on place une pince mobile en *d*; alors, en desserrant la pince *b*, la potasse du flacon K s'écoule par le siphon *g h i* dans le mesureur M, et en réglant la vitesse par la pince *b*, on introduit le volume voulu de la solution potassique. Pour faire passer la solution mesurée de l'éprouvette M dans le tube T, la pince *b* étant fermée, on desserre légèrement la pince *c*, l'air pur entre lentement dans le mesureur, chasse la potasse dans le tube T dont la ponce se trouve ainsi imbibée et le remplit à la pression normale. Le tube est détaché du caoutchouc *f*, fermé rapidement par un obturateur et scellé immédiatement à la lampe d'émailleur.

La rentrée d'air dans le mesureur par le tube en argent, n'est pas à craindre : ce tube étant capillaire, une goutte de potasse suffit à le boucher complétement; mais il faut avoir soin d'essuyer son extrémité avec du papier à filtre avant de l'introduire dans la partie effilée d'un nouveau tube. Une opération complète demande 2 à 3 minutes, et l'on peut remplir et sceller à la lampe une centaine de tubes dans l'espace de 5 à 6 heures.

Avant de commencer le remplissage des tubes, il est bon de faire circuler dans l'appareil un certain volume de solution potassique que l'on reçoit dans un tube vide substitué au tube T et qu'on rejette. On enlève de cette manière les traces de carbonates alcalins qui peuvent adhérer aux parois de l'éprouvette M et des tubes qui s'y trouvent ajustés.

La ponce des tubes qui ont une longueur de 85 à 90 centimètres et un diamètre de 20 millimètres, se trouve suffisamment humectée avec 50 centimètres cubes de la dissolution potassique. Cette dissolution n'est cependant pas absolument exempte d'acide carbonique ; en effet, le carbonate de baryte est soluble en petite proportion. Il y a donc à faire une correction faible, il est vrai, pour l'acide carbonique préexistant. Comme le remplissage des tubes se fait par séries, cette correction est la même pour tous les tubes, chacun ayant reçu un volume identique de solution potassique. Pour le déterminer, on prend trois tubes dans la série, un au commencement du remplissage, un au milieu, et un à la fin, et on détermine dans chacun l'acide carbonique qu'il contient. On ne trouve pas dans ces tubes des différences dépassant $0^{cc},2$ d'acide carbonique. Lorsque la potasse a été préparée avec le soin nécessaire, cette correction ne dépasse pas $0^{cc},1$.

Procédé de dosage de l'acide carbonique. — Pour opérer un dosage, on casse les deux pointes du tube et on y fait passer, à raison d'environ 3 litres par minute, un volume d'air mesuré par un gazomètre de 300 litres de capacité. Il est utile de faire entrer l'air du côté opposé à celui qui a servi à l'introduction de la potasse. On note la température, la pression et l'état de l'atmosphère, et on scelle le tube immédiatement après la prise. Pour extraire l'acide carbonique absorbé et recueillir le gaz dans une cloche graduée, on place le tube à ponce dans un

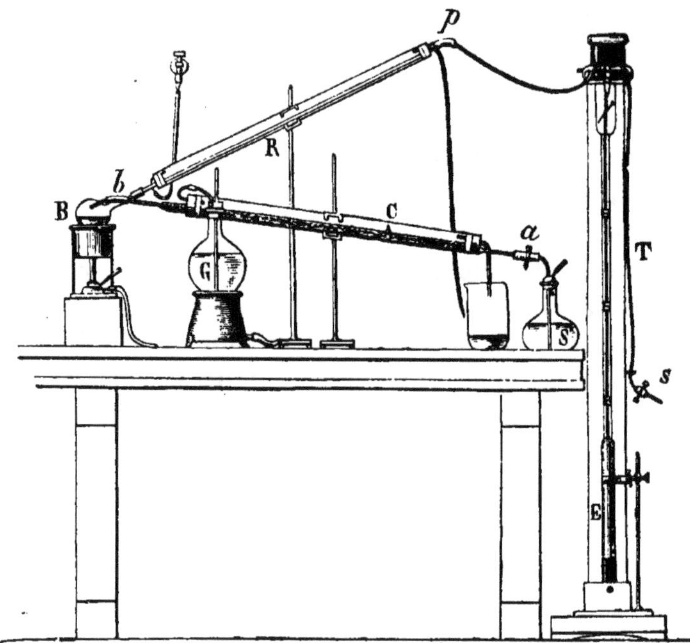

Fig. 78. — Dosage de l'acide carbonique de l'air.

manchon en verre C (fig. 78) où il est maintenu à chaque extrémité par un bouchon de caoutchouc percé de deux trous, l'un traversé par les bouts du tube à ponce, l'autre laissant passer à la partie supérieure un courant de vapeur fourni par le ballon G.

Le tube A est mis en communication, par son extrémité *d*, avec un ballon B de 300 centimètres, surmonté d'un réfrigérant ascendant de 80 centimètres de longueur environ et de 1 centimètre de diamètre, et, par son extrémité *e*, avec une pipette d'acide sulfurique étendu de trois fois son volume d'eau. La partie supérieure du réfrigérant est reliée à une trompe à mercure par un caoutchouc muni d'une pince *p*. Après avoir ligaturé les raccords en caoutchouc et interrompu la communication entre la pissette S et le tube A, on brise sous le caoutchouc les pointes de ce tube et on fait le vide en quelques instants dans l'appareil en pompant l'air par la branche latérale *l* de la trompe à mercure[1], au moyen de la machine pneumatique. Pendant ce temps, on fait marcher la trompe et l'on envoie dans le manchon C un courant de vapeur destiné à chauffer le tube A et à produire une certaine quantité de vapeur d'eau qui entraîne avec elle l'air emprisonné dans la ponce potassée.

Lorsque le vide existe dans l'appareil, ce qui est indiqué par le bruit sec du mercure dans la trompe, on interrompt la communication entre la trompe et la machine pneumatique en fermant la pince *s*; on cesse de chauffer le tube A, et l'on place une cloche graduée, lavée à l'acide et remplie de mercure, sur l'extrémité recourbée du tube de la trompe. Alors on desserre la pince *a*, l'acide sulfurique de la pissette S remplit rapidement le tube A et vient se déverser dans le bouilleur B, entraîné par la plus

[1] Il faut avoir soin de se servir de mercure préalablement lavé à l'acide sulfurique, les cloches elles-mêmes ont été lavées à l'aide de cet acide.

grande partie de l'acide carbonique mis en liberté. On replace la pince *a*, la trompe n'ayant pas cessé de marcher, fait passer l'acide carbonique dans la cloche E ; le liquide du tube A se vaporise rapidement et les vapeurs se condensent dans le réfrigérant et refluent dans le ballon B. Dans cette opération, l'acide sulfurique n'a pas pu pénétrer complétement les grains de ponce, arrêté qu'il est par des traces d'acide carbonique remplissant les espaces capillaires ; aussi est-il nécessaire d'extraire complétement le gaz en faisant le vide dans l'appareil. Alors, en plaçant une pince en *b* et desserrant la pince *a*, on remplit de nouveau le tube A avec l'acide sulfurique dilué, et resserrant la pince *a*, on laisse digérer la ponce dans le liquide acide pendant une heure environ. Après cette digestion, on retire la pince *b* et l'on interrompt la communication entre le réfrigérant et la trompe à mercure ; puis, en envoyant de la vapeur dans le manchon C, on chasse tout le liquide du tube A dont les vapeurs viennent se condenser dans le réfrigérant et refluer dans le ballon B; l'on met ainsi la ponce à nu et l'on dégage les dernières traces d'acide carbonique que la première opération n'avait pas mises en liberté. Il suffit alors de desserrer la pince *p* et de faire marcher la trompe pour obtenir en quelques minutes le vide parfait dans l'appareil et recevoir dans la cloche E tout l'acide carbonique. Il est utile d'attendre quelques heures pour extraire les dernières traces d'acide carbonique.

En prenant toutes ces précautions, le gaz n'entraîne jamais de quantités appréciables d'eau qui nuirait à la précision du dosage.

On lit le volume du gaz extrait avant et après introduction d'une solution concentrée de potasse, en faisant les corrections de température et de pression. La différence représente le volume d'acide carbonique dosé.

Cette opération qui, à la description, paraît assez compliquée, ne présente aucune difficulté dans l'application, le rôle de l'opérateur ne consistant qu'à déplacer quelques pinces et à chauffer le bouilleur en temps opportun.

Remarque. — Quand on introduit le tube à ponce dans le manchon C, il est bon de placer l'extrémité par laquelle l'air a été introduit pendant la prise, du côté de la pissette à acide sulfurique. L'opération se fait ainsi d'une manière plus régulière.

Les appareils employés à prélever l'échantillon d'air dans les lieux d'un accès difficile se composent :

1° D'une canne C renfermant une série de tubes en cuivre rouge se déployant et s'ajustant les uns au bout des autres comme les différentes parties d'une canne à pêche, et permettant de puiser l'air à une distance suffisante de l'opérateur pour que sa respiration ne puisse pas vicier d'acide carbonique le gaz passant à travers les tubes à ponce potassée ;

2° D'un cylindre en zinc T destiné à contenir les tubes (fig. 79), et muni à ses extrémités de deux coiffes de même métal et de même diamètre formant enveloppe chargée de garantir, pendant le transport, les extrémités des 4 tubes qui y sont fixés par des bouts de caoutchouc ;

3° D'un barboteur B, témoin du passage du gaz dans les tubes à ponce potassée, servant en même temps à mesurer la pression de l'air dans le gazomètre ;

4° D'un gazomètre G à renversement, ayant de l'analogie avec celui qu'employait Brunner. Il est composé de 2 cylindres égaux R et R′ terminés par deux cônes et qui sont accouplés au moyen de deux barres ; l'appareil oscille par le milieu autour des écrous n n' fixés sur deux montants m m'. Une croix double articulée sert de base au gazomètre. Les deux montants m m' munis d'équerres en fer sont maintenus solidement par 4 écrous e e' e'' e'''

sur la base de l'appareil. Ce dispositif permet de monter et de démonter le gazomètre qu'on peut ainsi transporter facilement dans une caisse de 30 centimètres de côté et $1^{m},20$ de long.

Des caisses spéciales pouvant contenir 16 tubes isolés les uns des autres en permettent le transport facile.

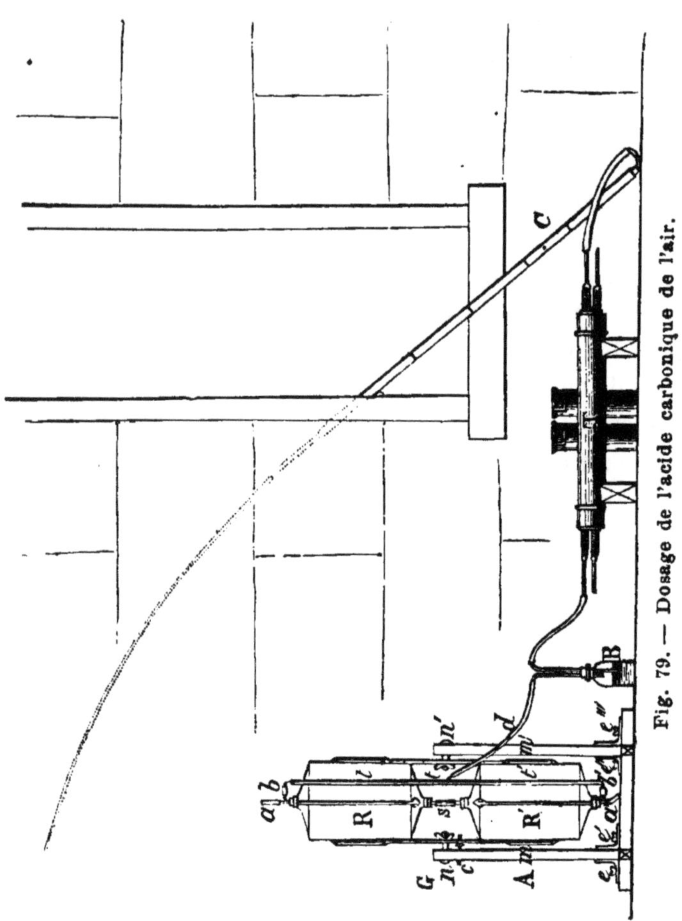

Fig. 79. — Dosage de l'acide carbonique de l'air.

Le réservoir R communique avec le réservoir R' par deux tubes en verre fixés dans les bouchons qui ferment le gazomètre et reliés par le caoutchouc *s*; chaque réservoir porte un tube de Mariotte terminé à la partie inférieure par un capuchon destiné à empêcher l'eau s'écoulant du réservoir supérieur de pénétrer dans le tube du réservoir inférieur. A la partie supérieure, chaque tube de Mariotte est muni d'un tube de caoutchouc *a* et *a'* et porte une tubulure latérale *b* et *b'* qui la relie à un grand tube en cuivre *t t'* recourbé à angle droit à ses extrémités et sur lequel est soudée une tubulure latérale *l* destinée à mettre le gazomètre en communication avec les tubes à ponce potassée. Une clavette *c* fixée dans le montant *m* et pouvant pénétrer par un trou pratiqué dans la barre qui relie les deux réservoirs, permet de maintenir celui-ci dans une position verticale.

Pour faire passer un volume déterminé d'air dans un tube à ponce potassée, on monte l'appareil comme il est représenté dans la figure 79, en ayant soin d'orienter la canne C de façon que l'opérateur soit placé sous le vent. On commence par introduire dans le réservoir R un volume d'eau mesuré, suffisant pour le remplir presque entièrement, en ayant soin d'interrompre la communication avec le réservoir R' au moyen d'une pince placée en *s*. Cette quantité d'eau qui peut varier de 12 à 15 litres, aspire en s'écoulant un volume d'air égal au sien, à une pression et à une température mesurées.

Après avoir fermé le réservoir R, on place une pince en *a* et une pince en *b'* à la partie inférieure de l'appareil. Dans ces conditions, en desserrant la pince placée en *s*, le liquide du réservoir R s'écoule régulièrement en R et R' et est remplacé par l'air qui a traversé le tube à ponce potassée et le barboteur B. Le réservoir R étant vidé, on met une pince en *s*, la pince de *a* en *b*, on retire la clavette *c* et on renverse l'apppareil, en le faisant pivoter autour de *n n'*; la pince placée en *b'* est transportée en *a'*, et celle en *s* étant enlevée, l'aspiration de l'air se fait comme dans la première opération. On continue ainsi jusqu'à ce qu'on ait opéré sur un volume d'air voisin de 300 litres.

IV. — RÉCOLTE, CULTURE ET PURIFICATION DES ÊTRES MICROSCOPIQUES.

I. — PRÉPARATION DES LIQUIDES DE CULTURE.

Toutes ces manipulations exigeant des liquides de culture conservés purs dans des vases appropriés, nous allons d'abord indiquer comment on prépare et conserve ces liquides, et comment on les distribue dans les vases dont il s'agit.

Un liquide de culture est un milieu capable de faire vivre les êtres microscopiques. Les plus employés sont : 1° les jus ou infusions d'origine végétale, tels que le moût de raisin, le jus de betterave, l'infusion de champignons, le moût de bière, l'eau de levûre sucrée ou non sucrée ; 2° les liquides issus des animaux, tels que le lait, l'urine, le sérum, le jus de viande, l'extrait de bouillon Liebig en dissolution dans l'eau, les bouillons de poulet et de veau ; 3° les liquides artificiels, ou solutions dans l'eau de principes chimiques définis, dont les plus connus sont les liquides de Raulin, de Cohn, de Mayer et d'Eidam.

Tous ces liquides doivent être filtrés rapidement et stérilisés, pour éviter leur altération spontanée par les germes de l'air ou des vases qui les renferment, ou par les germes qu'ils ont empruntés aux matières ayant servi à les préparer.

II. — STÉRILISATION DES LIQUIDES DE CULTURE.

1° *Ballon à col droit effilé.* — On prend des ballons à long col A (fig. 80), de 250 à 300 centimètres cubes de capacité dans lesquels on introduit le liquide à conserver à l'aide d'un entonnoir à longue douille B. Le ballon étant à moitié rempli, on retire l'entonnoir avec beaucoup de précaution, pour éviter de mouiller le verre, ce qui plus tard ferait casser l'appareil. Le col est ensuite étranglé à la lampe, comme en *a*, et puis effilé, comme en *b*. Enfin, on fait bouillir le liquide, et, pendant que la vapeur s'échappe par l'extrémité ouverte *b*, on ferme celle-ci au chalumeau, et on éteint le feu. Le ballon refroidi contient ainsi un liquide stérile dans une atmosphère raréfiée ; il peut servir, comme nous le verrons, à la récolte des organismes de l'air.

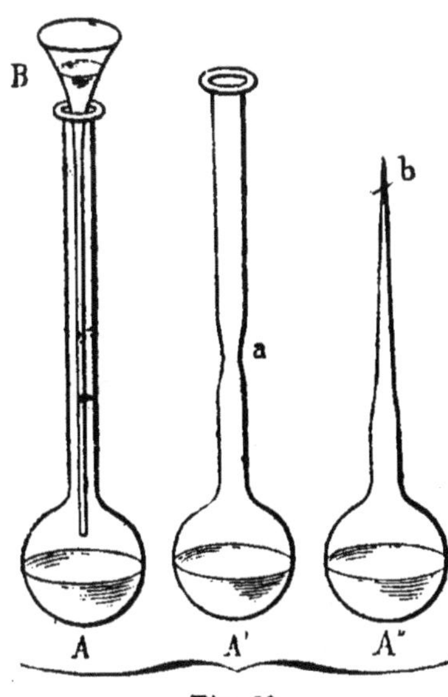

Fig. 80.

2° *Ballon à col effilé et recourbé.* — La disposition suivante laisse le liquide stérilisé à la pression atmosphérique Le ballon a été rempli, comme on vient de le dire, mais, au lieu de laisser le col tiré droit, on le contourne en S comme dans la figure 81. On fait bouillir le liquide, et pendant que la vapeur se dégage par l'ouverture *a*, on éteint le feu. Aussitôt, on saisit à l'aide d'une pince *flambée*, c'est-à-dire passée deux ou trois fois dans la flamme d'une lampe à alcool, un petit pinceau d'amiante, qu'on flambe rapidement, et qu'on introduit en *a*. Pendant

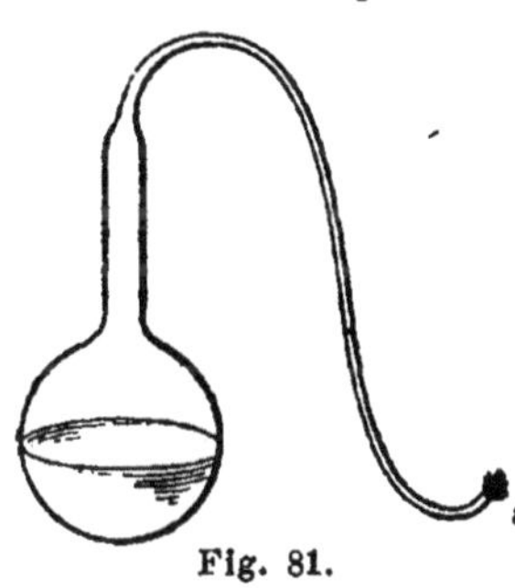

Fig. 81.

cette courte opération, de l'air extérieur est entré dans le ballon ; mais ses germes ont été tués par le tube ou par le liquide encore chaud; plus tard, ils sont retenus par le tampon d'amiante ou par l'humidité condensée dans le col. Dans aucun cas, ils ne peuvent donc arriver féconds jusqu'au liquide nutritif, lequel se conserve ainsi indéfiniment au contact de l'air pur.

3° *Ballons à deux cols.* — L. Pasteur a substitué depuis longtemps aux ballons précédents un appareil plus commode pour les ensemencements et les observations microscopiques. On trouve dans le commerce des ballons à deux cols figurés en A (fig. 82), dont la capacité varie

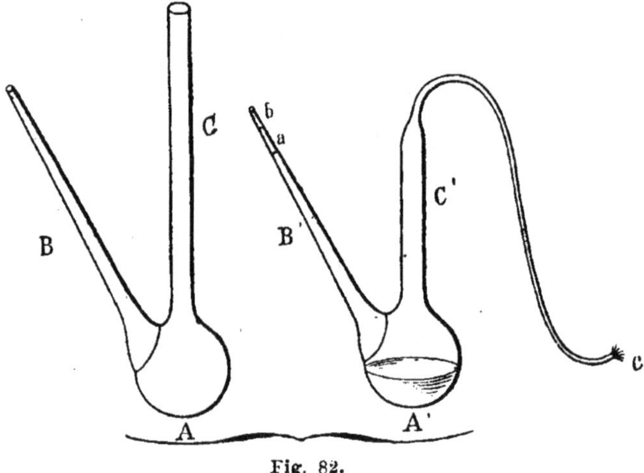

Fig. 82.

de 100 centimètres cubes à 5 litres; les plus généralement employés ont une contenance de 250 à 300 centimètres cubes. La branche B est raccourcie et préparée pour recevoir un bout de tube de caoutchouc *a* dont l'ouverture libre peut être fermée à l'aide d'un bouchon plein en verre *b*. La branche C est étranglée, puis effilée et contournée en S, comme en A'.

Pour introduire le liquide à conserver dans cet appareil, on remplace le bouchon *b* par la douille d'un petit entonnoir, et l'on verse doucement, pour permettre à l'air de sortir par la seule issue disponible, l'orifice étroit C. Quand on a rempli le ballon à moitié ou aux deux tiers, on le place sur un fourneau à gaz, l'entonnoir étant enlevé, et on fait bouillir. La vapeur trouvant un chemin plus facile par le col B' sort d'abord en *a* ; pendant qu'elle se dégage, on comprime avec les doigts le tube de caoutchouc, de manière à la forcer à passer par le col C' et à s'échapper enfin par l'ouverture *c*. A ce moment, toutes les parties de l'appareil ayant été stérilisées par la vapeur, on flambe le bouchon *b* et on l'introduit dans le caoutchouc *a*. On éteint le feu, et on se hâte de placer en *c* un petit tampon d'amiante flambée, comme on l'a fait dans la préparation n° 2. Le liquide se conserve ici d'autant mieux que, grâce à la manipulation, il a été soumis à une température un peu supérieure à son point d'ébullition ; en pressant le tube de caoutchouc, on augmente en effet très-sensiblement la pression intérieure de la vapeur. Cela se voit nettement dans le mode même de dégagement des bulles ; dès qu'on presse avec les doigts, l'ébullition est un instant suspendue : elle devient tumultueuse au moment précis où on les retire.

Les appareils précédents servent aussi bien à la culture qu'à la conservation des liquides nutritifs. Ils servent surtout pour les liquides acides qu'il suffit de chauffer à la température de 100 degrés. On peut aussi les employer pour des liquides neutres ou alcalins, qui doivent être stérilisés à 115 ou 120 degrés. Mais l'opération est incommode, parce qu'elle exige des pressions artificielles et un dispositif spécial. Les méthodes suivantes conviennent dans tous les cas, et sont d'une application facile.

4° *Stérilisation en ballons scellés.* — Le liquide est introduit comme précédemment dans un ballon à long col, et celui-ci est étiré et fermé à la lampe, le plus bas possible (fig. 83). Tous les ballons ainsi préparés sont plongés dans l'eau, ou mieux dans un bain de chlorure de calcium, qu'on chauffe lentement jusqu'à l'ébullition. Il importe que leur surface entière soit recouverte par le liquide du bain; pour cela, on se sert de surcharges en plomb destinées à vaincre la poussée hydrostatique. Lorsque plusieurs ballons doivent être stérilisés en même temps, il est commode d'employer l'appareil représenté figure 84. Deux fortes plaques circulaires de cuivre, A et A′ sont percées d'un même nombre de trous numérotés, distribués symétriquement autour de leurs centres et placés verticalement l'un au-dessus de l'autre ; les trous de la plaque inférieure sont plus larges que ceux de la plaque supérieure. La plaque A est fixée à une tige verticale terminée par une poignée *c* et filetée sur la plus grande partie de sa longueur. La plaque B, parallèle à la première, peut être arrêtée à une hauteur variable à l'aide de deux écrous mobiles *a* et *b*. Grâce à cette disposition, l'appareil peut servir pour des ballons de diamètres variables. On dispose les ballons comme l'indique la figure, et pour que les soubresauts produits pendant l'ébullition ne les déplacent pas brusquement, on les maintient à l'aide de petits ressorts en cuivre *d*. Le support chargé est placé dans une marmite remplie d'une disso-

Fig. 83.

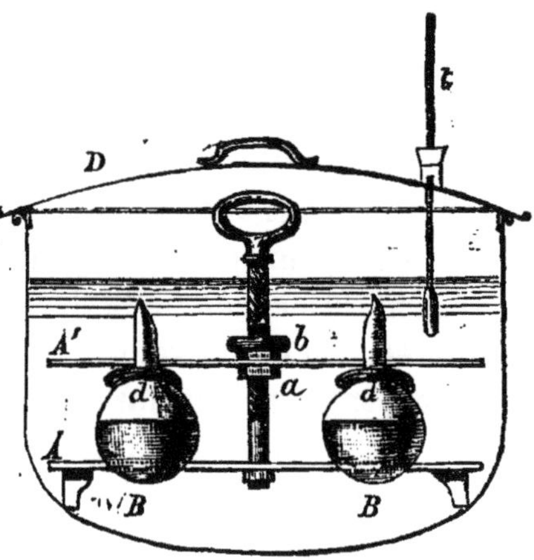

Fig. 84.

lution de chlorure de calcium, et munie d'un couvercle D auquel est fixé un thermomètre *t*. Avec un fourneau à gaz, on porte le bain à 115 ou 120 degrés; on maintient la température pendant une demi-heure environ, on éteint le feu et on laisse refroidir dans le bain lui-même. Après refroidissement, on remonte la plaque A', on enlève les ballons, on les lave et on les essuie.

5° *Stérilisation à froid par filtration dans le vide.* — Certains liquides de culture, tels que ceux qui proviennent des plantes ou des animaux, perdent une partie de leur qualité nutritive par l'action de la chaleur ; il est bon de la stériliser à froid. Dans ce cas, on adopte le dispositif de la figure 85. Le col d'un ballon ordinaire est étranglé en B et l'on y soude deux tubulures latérales, dont l'une C est effilée vers le bas et fermée à la lampe, et l'autre D, horizontale, est fermée simplement par un tampon de coton *a*. Par l'étranglement B, on introduit un tube F en terre poreuse, analogue à un tuyau de pipe, mais fermé par le bas. On le serre fortement contre les parois de l'étranglement à l'aide d'un bourrelet de ouate ou de chanvre très-fin. On ferme aussi le col des ballons avec un tampon de coton *a'*, et l'on porte l'appareil dans une étuve ou poêle à gaz, à la température de 150 degrés. Tout ce qu'il y avait de germes vivants dans le ballon est détruit par la chaleur. L'air qui y rentre par refroidissement se filtre sur le coton calciné et y laisse ses germes, de sorte que tout l'intérieur est stérilisé.

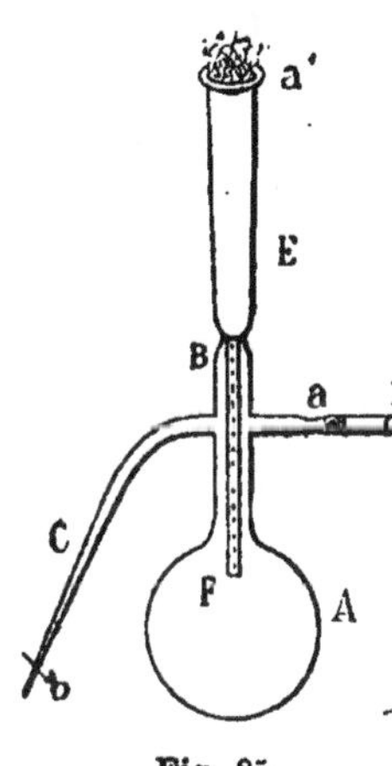

Fig. 85.

On coule alors avec précaution, autour de l'orifice supérieur du tube poreux, en B, une gouttelette de mastic

Golaz destiné à produire une fermeture hermétique. Le liquide à stériliser est versé dans le réservoir formé par la partie E du col, et le tube latéral D est mis en communication avec la trompe simple de Schlœsing. A mesure que le vide se fait en A, le liquide sort par tous les pores du tube filtrant F, que les germes ne peuvent traverser, et tombe goutte à goutte dans le ballon, où il se conserve indéfiniment.

Lorsque la filtration est terminée, on sépare l'appareil de la trompe, et la pression se rétablit en A par l'arrivée de l'air extérieur, qui, pénétrant en D, laisse tous ses germes à la surface du coton *a*.

La tubulure C sert soit à introduire un liquide dans le ballon, soit aussi à décanter celui qui s'y trouve déjà. Nous indiquerons plus loin les détails de la manipulation.

III. — DISTRIBUTION DES LIQUIDES DANS LES APPAREILS DE CULTURE.

Quelques-uns des vases où l'on a conservé les infusions peuvent servir directement aux ensemencements des microbes et à l'étude de leurs propriétés, mais ils exigent en général trop de liquide; ils occupent trop de place dans une étuve. Les appareils suivants rendent de plus grands services : 1° le petit vase A (fig. 86), connu sous le nom de matras Pasteur, est un petit ballon à fond plat, en verre léger, de 50 à 80 centimètres cubes de capacité, dont le col, usé à l'émeri et légèrement conique, est recouvert par un bouchon à l'émeri, creux et terminé par un tube de verre. On introduit dans ce tube un tampon de coton *a* et l'on chauffe le matras à la température de 150 degrés.

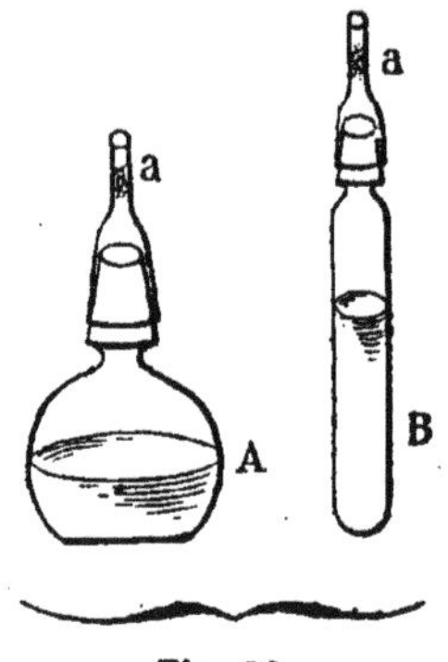

Fig. 86.

Le tube B ne diffère du matras que par la forme du réservoir ; il conviendra pour mettre le liquide de culture en profondeur, tandis que le matras sera réservé pour placer les liquides en surface.

On introduit les liquides conservés dans ces petits appareils à l'aide de pipettes stérilisées. Les formes les plus usuelles sont représentées figures 87 et 88.

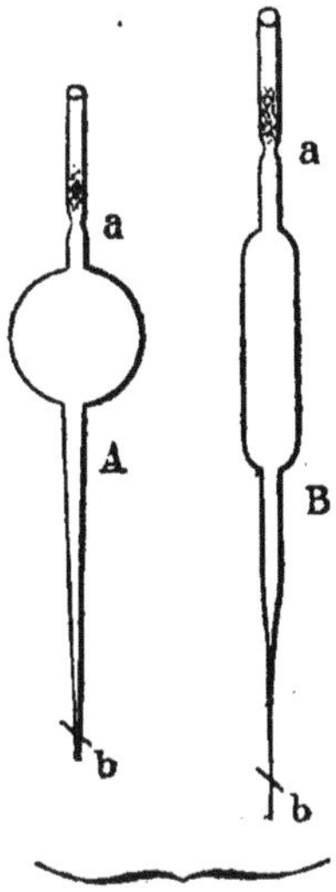

Dans la figure 87, les pipettes A et B ne diffèrent que par la forme du renflement. Dans les deux, l'une des extrémités est effilée et fermée ; l'autre extrémité est ouverte et porte un tampon de coton *a*. On les stérilise à 150° dans un fourneau à gaz.

Fig. 87.

La pipette de la figure 88, qui a plus de stabilité et plus de volume, est formée par une fiole à fond plat, en verre mince A, dont le col est soudé à un tube oblique, bouché par un tampon de coton *a*. Sur le flanc, on soude un autre tube B que l'on effile vers le bas et qui se ferme à la lampe. L'appareil est également chauffé à la température de 150 degrés.

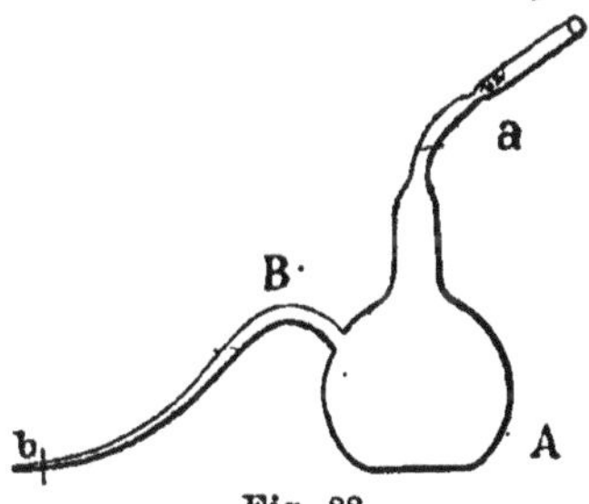

Fig. 88.

Pour se servir de l'une quelconque de ces pipettes et distribuer une infusion dans le flacon de culture, on prend un des ballons scellés renfermant le liquide stérile, et on le dispose à portée de la main, ainsi qu'une lampe à alcool allumée, un couteau à couper le verre, ou une lime, un charbon Berzélius, et le matras Pasteur qu'il s'agit de remplir. Sur le col du ballon scellé, on fait un trait avec la lime ou le couteau, on applique sur ce trait le charbon enflammé et on le transforme peu à peu en une fente circulaire. Le col se trouve ainsi détaché, et peut être séparé sans choc et sans effort. Avant de l'enlever, on flambe les matras; on passe de même dans la flamme l'effilure de la pipette employée, on casse la pointe en *b*, on repasse l'effilure dans la flamme, et l'on sépare le col du ballon. Celui-ci étant légèrement incliné, comme dans la figure 89, l'on introduit l'extrémité flambée de la pipette par l'ouverture *a*, et on en remplit le réservoir par aspiration. Puis, enlevant successivement avec la main gauche le bouchon à l'émeri de chaque matras, on y laisse couler de la pipette tenue dans la main droite la quantité voulue de liquide, et l'on remet le bouchon après l'avoir légèrement flambé.

Fig. 89.

Les matras Pasteur sont très-commodes pour la culture des microbes aérobies; les appareils suivants valent mieux pour les espèces qui n'ont pas besoin d'air pour vivre. Le modèle de la figure 90 est formé par un tube A bouché à une extrémité et soudé à l'autre à un tube plus étroit portant une bourre de coton *a;* à la partie supérieure, on a soudé un tube B, effilé et fermé.

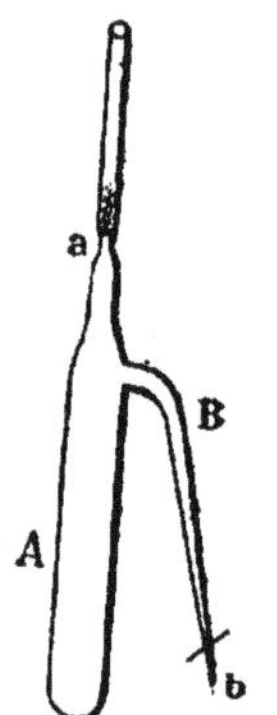

Fig. 90.

Le modèle de la figure 91 est un tube à deux branches fermées A et A′ portant chacune une tubulure latérale effilée et fermée à son extrémité. Le sommet de la courbure commune aux deux branches porte une tubulure droite, fermée par un tampon de coton *a*.

Ces tubes sont, comme toujours, stérilisés à 150 degrés.

Pour les remplir d'un liquide de culture, on prépare comme plus haut le ballon qui le contient. Le col étant séparé, on prend les tubes un à un, on donne un trait de lime sur l'effilure unique du premier modèle, ou sur l'une de celles du second modèle, on la brise doucement, on la passe dans la flamme et on l'introduit dans le liquide du ballon qu'on aspire par la tubulure droite, jusqu'à ce qu'il arrive dans le tube au niveau voulu : on laisse retomber, sans souffler, le liquide de l'effilure latérale, on ferme à la lampe l'extrémité de cette effilure, et on pose le tube sur support approprié.

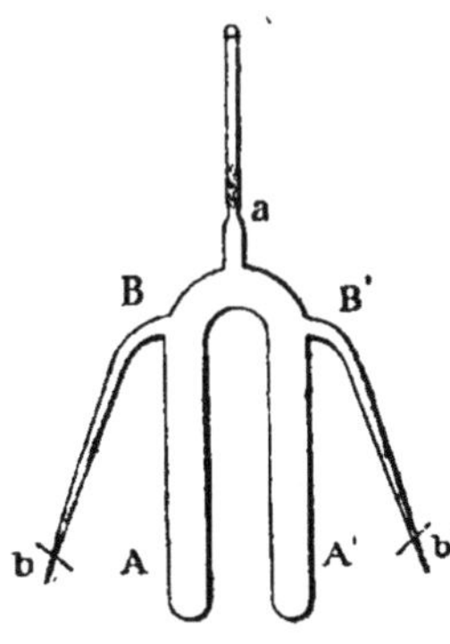

Fig. 91.

On peut de même introduire le même liquide ou un liquide différent dans la seconde branche de la figure 91.

Les matras ou les tubes doivent toujours être éprouvés avant d'être utilisés. Il suffit, pour cela, de les laisser pendant quelques jours dans une étuve à température constante, chauffée à 30 ou 35 degrés. Lorsque la manipulation a été bien faite, ils s'y conservent inaltérés.

Toutes les opérations que nous venons de décrire en dernier lieu exigent l'emploi d'un poêle à gaz chauffant facilement à la température de 150 à 160 degrés. Le modèle de la figure 92 répond parfaitement à ce besoin. C'est un fourneau à double enveloppe de tôle A, chauffé extérieurement et en bas par une rampe à gaz D, et portant dans l'intérieur une ou plusieurs étagères mobiles E. Le couvercle B, à double paroi, porte un thermomètre T destiné à indiquer la température de l'enceinte. Les produits de la combustion du gaz circulent dans l'espace annulaire fourni par les deux enveloppes et s'échappent au dehors par une cheminée latérale C. Les vases à stériliser, tubes, pipettes, matras, sont déposés sur les étagères et chauffés jusqu'à ce que le coton commence à roussir. On éteint alors le gaz, et on laisse refroidir lentement. L'air calciné

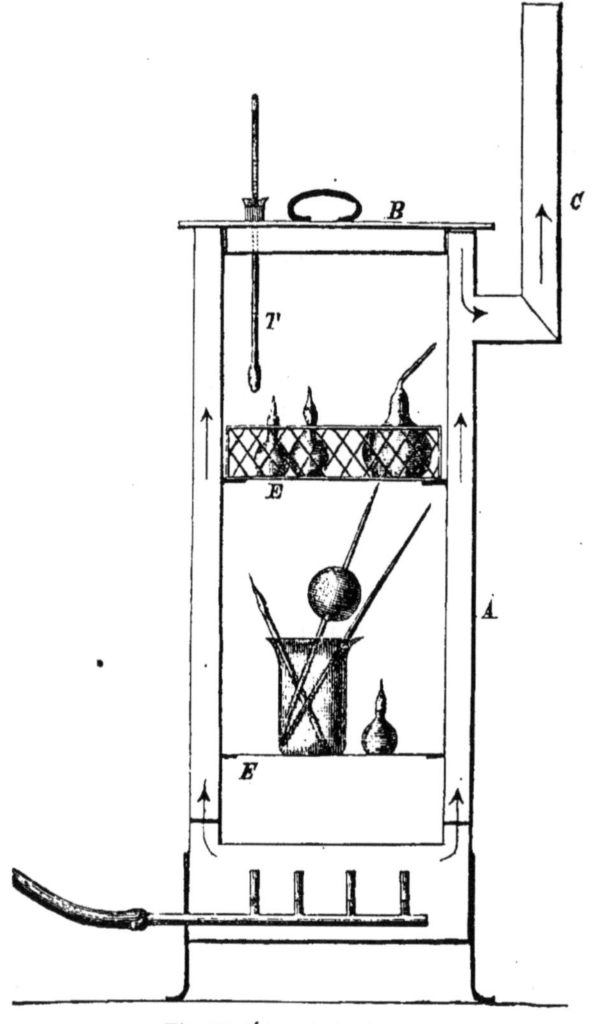

Fig. 92. Étuve à air chaud.

pénètre dans les appareils, qui se trouvent ainsi débarrassés de tout germe pouvant introduire des causes d'erreur dans les cultures ultérieures.

IV. — RÉCOLTE DES GERMES.

Maintenant que nous possédons les liquides de culture, voyons comment on peut les utiliser pour la récolte et la production des êtres microscopiques de l'air. Les méthodes les plus employées sont les suivantes :

1° *Germes de l'air.* — *a*) Au volet, A (fig. 93), d'une fenêtre, on fait un trou où l'on fixe un tube de verre, B, effilé à une extrémité et relié par l'autre à une trompe ou à un aspirateur. L'extrémité effilée s'ouvre dans l'air et porte, dans le voisinage de l'ouverture, une bourre de coton, D. Il est bon de flamber préalablement le tube et le coton. Pour recueillir les poussières de l'air, on fait fonctionner la pompe ou l'aspirateur, de manière que l'air pénètre dans le tube sans trop de vitesse; les microbes et leurs germes, les spores des moisissures, les matières minérales, sont retenus par la bourre de coton, que l'on traite ensuite comme un corps solide par le procédé indiqué plus loin.

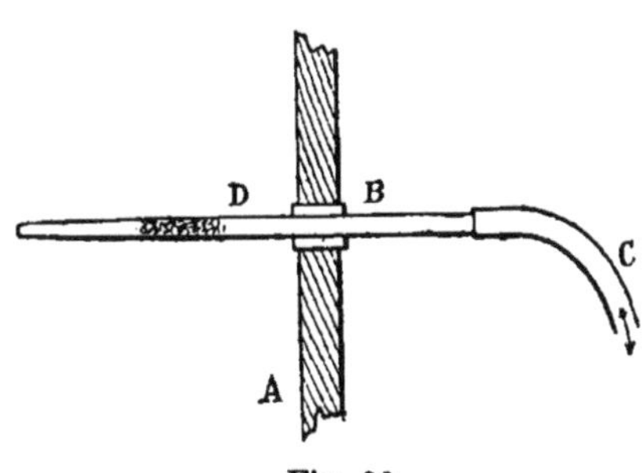

Fig. 93.

b) Un grand entonnoir en verre, E (fig. 94), dont le col est étiré et fermé, est suspendu à l'intérieur d'une salle, au-dessus d'un verre à pied, V, et rempli de glace. Le refroidissement déterminé par la glace pro-

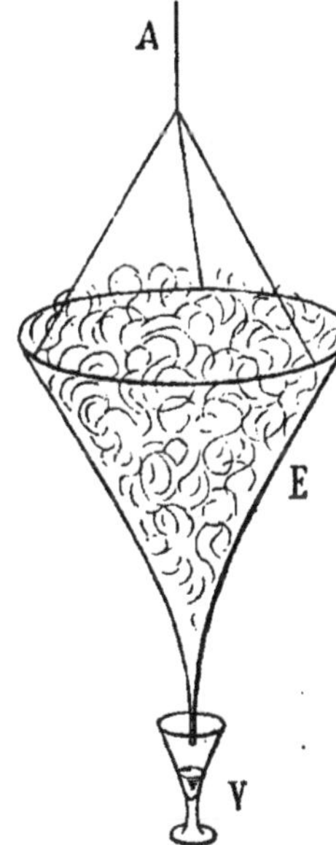

Fig. 94.

duit à la fois une buée sur les parois de l'entonnoir et un mouvement de l'air vers l'appareil. L'eau condensée coule bientôt et se réunit dans le verre à pied, entraînant tous les germes et toutes les poussières de l'air environnant. Les organismes récoltés sont ensuite ensemencés comme dans le cas de la recherche des microbes des eaux.

c) La figure 95 représente un appareil, appelé quelquefois *aéroscope*, qui permet de recueillir un grand nombre de germes dans un petit volume de liquide. Un verre de lampe, A, disposé verticalement, porte mastiqué ou vissé à sa base, un entonnoir métallique renversé, B, dont l'orifice supérieur est très-étroit. En regard de cet orifice, à une distance de quelques centimètres, se trouve un petit disque horizontal, *p*, fixé à l'entonnoir par deux petites tiges. La face inférieure du disque est enduite de glycérine ou même d'un mélange de glycérine et de glucose. L'ouverture supérieure du verre de lampe est fermée par un bouchon percé d'un trou, dans lequel on introduit un tube de verre en communication avec une trompe. Lorsque la trompe fonctionne, l'air pénètre par aspiration dans l'entonnoir, traverse le petit orifice, et le jet s'épanouit sur le disque, où il dépose tous les germes qu'il a entraînés. Les poussières sont ensuite soit examinées au microscope, soit ensemencées comme celles qui tombent naturellement à la surface des objets.

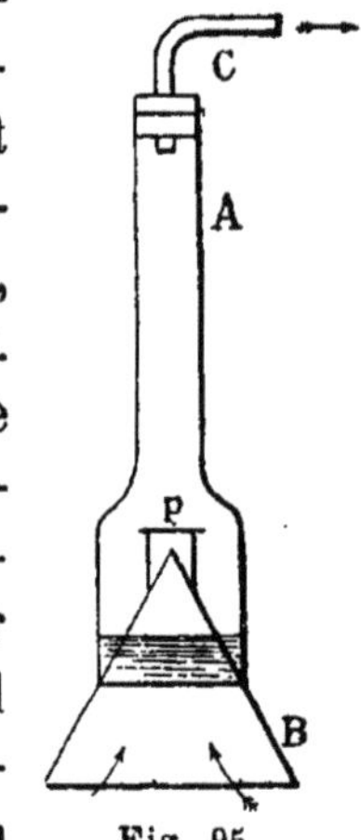

Fig. 95.

d) Voici enfin un autre dispositif utile à connaître, car il permet de récolter directement les germes de l'air dans un milieu de culture Il est formé par un tube à boule, A (fig. 96), dont une branche est contournée en U, effilée et fermée, et dont l'autre branche, renflée d'abord en une boule plus petite, B, est courbée ensuite horizontalement et porté en *a* un tampon de coton. Tout l'appareil ayant été stérilisé à 150° dans le poêle à gaz décrit plus haut, on introduit dans la boule A, un liquide stérile et conservé dans un ballon scellé. L'opération se fait facilement : on ouvre le ballon avec les précautions déjà données, on

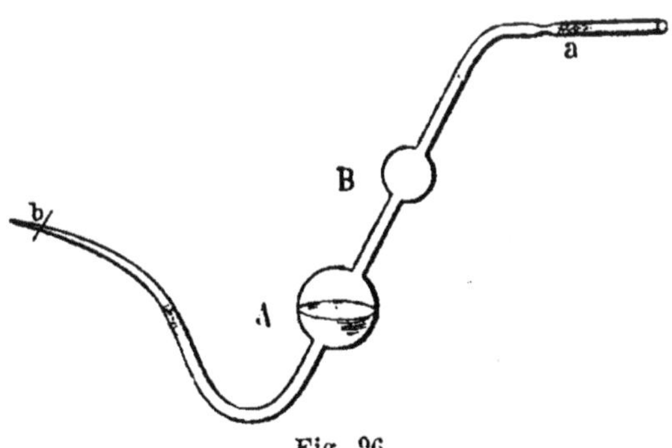

Fig. 96.

flambe la partie effilée du tube à boule, on brise la pointe *b*, on la flambe de nouveau et on la plonge dans l'infusion ; en aspirant avec la bouche en *a*, on introduit le volume nécessaire de liquide et on scelle l'effilure à la lampe, à moins qu'on ne veuille utiliser immédiatement l'appareil. Dans ce dernier cas, on relie l'extrémité *a* avec une trompe et on aspire lentement. L'air extérieur pénètre par le tube effilé et barbote dans l'infusion, où il dépose ses poussières et ses germes. Le renflement B est destiné à empêcher le liquide d'être projeté sur le tampon de coton. Lorsque l'aspiration est terminée, on peut laisser les microbes se multiplier sur place, ou les distribuer dans divers liquides de culture.

e) Dans tous les procédés que nous venons d'indiquer, on récolte à la fois les organismes disséminés dans un volume d'air relativement considérable, et l'on obtient en général un mélange des espèces les plus diverses. Pour avoir le plus de chance possible d'isoler ces espèces, il faudrait ne recueillir que les germes contenus dans un très-petit volume d'air. On y arrive en reprenant les ballons à long col effilé A' de la figure 80. Ces ballons renferment des liquides stérilisés dans une atmosphère plus ou moins raréfiée. Si donc on en prend une série, de 20 par exemple, si on flambe l'effilure et si, avec des ciseaux, également flambés, on brise la pointe *b*, l'air extérieur pénétrera brusquement pour rétablir la pression atmosphérique, et le volume de gaz introduit dépendra de la grandeur du vide initial. On refermera aussitôt le col à la lampe. Comme on peut choisir la capacité des ballons et les remplir plus ou moins de liquide, on voit que l'on peut diminuer considérablement le volume de la prise d'air et espérer ne recueillir qu'un organisme dans chaque ballon. Et de fait, cela se produit souvent ; il arrive même quelquefois que plusieurs vases ne sont point ensemencés. Dans cette opération, il faut prendre le ballon par la panse et le tenir aussi éloigné que possible au-dessus de sa tête, de façon à éviter l'influence de la poussière des mains ou des vêtements.

Cette méthode est donc plus sûre que les autres, mais elle exige des séries de ballons et l'emploi de liquides variés de culture.

2° *Germes des eaux.* — Les eaux, même les plus limpides, renferment des germes prêts à se développer dès qu'ils tombent dans des milieux appropriés. Pour les récolter, il suffit de recueillir une goutte d'eau, avec les précautions convenables, pour éloigner les organismes étrangers, et de la faire arriver dans un liquide de culture. Cette opération s'exécute aisément avec un tube fin A (fig. 97) ou avec un tube effilé B. Ces tubes, terminés l'un et l'autre en pointe et portant un tampon de coton *a*, sont tout d'abord stérilisés à 150°. On passe l'extrémité effilée dans la flamme, on brise la pointe *b*, on flambe de nouveau cette extrémité qu'on plonge dans l'eau à étudier, et on aspire avec la bouche. On retire ensuite le tube en appliquant le doigt sur l'extrémité *a*, et un matras Pasteur ayant été ouvert après flambage, on y fait tomber une goutte d'eau. Le matras est refermé et porté à l'étuve.

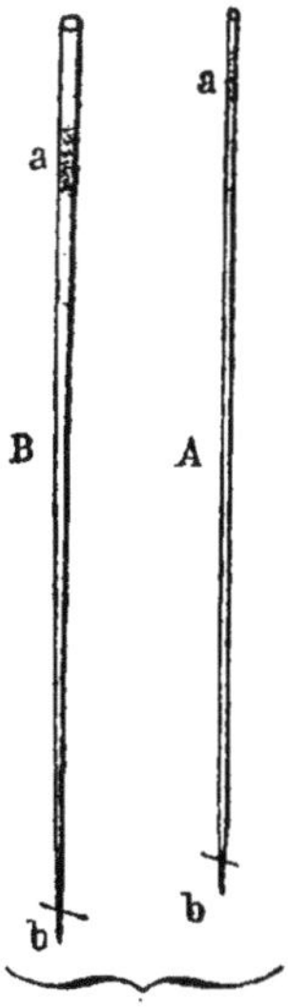

Fig. 97.

Cette manipulation s'applique aux microbes de l'air, quand ils ont été recueillis préalablement dans de l'eau, comme au § *b*, p. 597.

3° *Germes de la poussière.* — Pour récolter les germes qui se trouvent toujours dans les poussières, à la surface des objets exposés à l'air, on peut, par exemple, puiser avec soin de l'eau distillée stérilisée dans l'un des tubes précédents, en faire tomber une goutte sur la surface recouverte de poussière ; puis reprendre cette goutte chargée de germes avec un autre tube stérilisé et la semer dans un liquide de culture. Si elle est trop petite pour être utilement recueillie par ce procédé, on prend un tube capillaire mince de 1 ou 2 centimètres de longueur, on le saisit avec une pince flambée, on le flambe lui-même, et on plonge l'une de ses extrémités dans la goutte d'eau. Celle-ci est immédiatement aspirée par capillarité, et il n'y a plus qu'à déposer le tube entier dans le flacon de culture.

Enfin, on évite l'emploi de l'eau stérilisée et la manipulation correspondante, en grattant simplement la poussière avec le bout d'un fil de platine flambé, qu'on tient avec une pince également flambée. Le fil de platine est ensuite projeté dans un matras rempli d'infusion stérilisée.

4° *Cas des moisissures.* — Les spores de moisissures se récoltent exactement comme les poussières à l'aide d'un fil de platine flambé. Supposons, par exemple, qu'un des ballons où l'on a recueilli les germes de l'air ait donné lieu au développement d'un pareil champignon, et que la fructification se soit effectuée à la surface du liquide, avec un trait de lime et un charbon enflammé, on fera une fente circulaire et on détachera le col, comme en B (fig. 98). La moisissure M étant ainsi mise à découvert, on procédera comme il vient d'être dit.

Fig. 98.

V. — CULTURE DES ÊTRES MICROSCOPIQUES.

Nous supposerons ici, pour simplifier, que l'on ait à cultiver, c'est-à-dire à ensemencer d'un liquide dans un autre un organisme déjà pur. Cette importante opération, qui doit perpétuer une espèce donnée, sans la souiller jamais d'espèces nouvelles, recueillies accidentellement, se fait de manière différente, suivant la forme des appareils de culture.

1° Soient d'abord les ballons à deux cols A′ de la figure 82. Pour transporter une semence de l'un de ces vases dans un autre tout semblable, on fait usage du tube fin A de la figure 97. Les deux ballons sont d'abord préparés de cette manière : avec une flamme à alcool, on flambe le col effilé, le bouchon *b* et le caoutchouc *a* ; on s'assure que le bouchon *b* sortira sans effort, et au besoin on le retire un peu et on le flambe de nouveau. Cela fait, on prend un tube fin stérilisé, on en brise la pointe, on le flambe, et, enlevant avec la main gauche le bouchon de verre *b* du ballon qui contient la semence, on introduit le tube, avec la main droite, dans le col B, jusqu'à ce que l'extrémité plonge dans le liquide ; on aspire avec la bouche ; on retire le tube et on referme le caoutchouc avec le bouchon de verre flambé. Par une manœuvre toute semblable, on introduit le tube dans le second ballon, on laisse tomber une goutte de la semence, on retire le tube et on referme le ballon. Si l'on prend bien toutes ces précautions, minutieuses mais indispensables, on sera sûr de n'avoir introduit aucune cause d'erreur, aucun germe étranger.

2° Considérons maintenant les matras Pasteur de la figure 86. La manipulation a déjà été indiquée à propos de la récolte des microbes contenus dans les eaux. Il n'y a qu'à supposer que la prise est faite elle-même dans un matras, dont le bouchon doit être flambé avant et après comme celui des matras dans lequel se fait l'ensemencement.

3° Les appareils figures 88, 90 et 91, qui portent tous une tubulure latérale, effilée vers le bas, s'ensemencent de la même manière. L'effilure, successivement flambée, brisée à la pointe et reflambée, est plongée dans le liquide qui contient la semence. Par la tubulure à tampon de coton, on aspire légèrement jusqu'à ce qu'une goutte tombe dans le liquide conservé ; on laisse retomber l'excès de semence et on ferme l'effilure à la lampe.

VI. — PURIFICATION DES ÊTRES MICROSCOPIQUES.

Le problème est double, selon qu'on se propose d'isoler à l'état de pureté un organisme donné dans un mélange, ou de séparer, ce qui est beaucoup plus facile, une quelconque des espèces contenues dans le mélange.

Et d'abord, à quels caractères reconnaîtra-t-on la pureté d'un organisme ?

S'il s'agit de moisissures, la chose est aisée, grâce aux caractères constants de leur mycélium, de leurs modes de reproduction et de la forme de leurs spores ou de leurs fruits. Les levûres sont déjà plus difficiles à spécifier; quant aux microbes proprement dits, il est bien rare que leur forme extérieure, même avec les grossissements les plus puissants, suffise à les faire reconnaître. Tous ces êtres étant en effet, à un certain moment de leur existence, des bâtonnets cylindriques, de longueur et de diamètre variables, ils ne présentent plus aucune différence appréciable. On ne peut les caractériser qu'en rapprochant leurs formes de l'ensemble de leurs réactions physiologiques.

On ne devra donc considérer un microbe comme pur, que si, après un grand nombre de cultures successives, il reproduit le même aspect microscopique et les mêmes réactions physiologiques, quel que soit l'âge de la semence employée.

Il est impossible, dans l'état actuel de la science, de tracer une marche systématique pouvant servir à la purification d'une espèce donnée ou à la séparation des nombreuses espèces dont l'association est si fréquente. On ne peut donner que quelques indications générales.

1° Il faut varier les liquides de culture. On sait en effet que certains organismes vivent mieux dans les iufusions végétales que dans les infusions animales, dans les liquides stérilisés à froid que dans les liquides stérilisés à chaud, dans les milieux alcalins ou neutres que dans les milieux acides, etc. Ainsi, on isolera rapidement les moisissures et les levûres par des ensemencements dans le moût de bière, le moût de raisin ou l'eau de levûre sucrée, tandis que les vibrions et les bactéries se développent plus sûrement dans l'infusion de champignons, le jus de viande, le lait ou le bouillon de poulet.

2° Après avoir essayé des liquides divers, il faut faire varier l'atmosphère. Il existe en effet des êtres microscopiques qui ont besoin d'air pour vivre, et que L. Pasteur a appelé aérobies; d'autres sont tués par le contact de l'air atmosphérique et ont été appelés anaérobies; d'autres enfin sont à la fois aérobies et anaérobies. Si l'on veut isoler les espèces purement aérobies, on fera les cultures dans l'air pur, en ayant soin d'employer de préférence des vases larges, tels que les matras A de la figure 86, et de n'y mettre qu'une couche de quelques millimètres seulement de liquide. Si l'on veut au contraire préparer des espèces anaérobies, il faudra les cultiver soit dans un gaz inerte, soit dans le vide, mais en profondeur plutôt qu'en surface. Pour substituer une atmosphère d'acide carbonique ou d'hydrogène à l'air ordinaire, il n'y a qu'à placer les tubes ensemencés dans une cloche contenant l'un de ces gaz bien exempt d'oxygène. On aura plus de sécurité en scellant les tubes après les avoir remplis de gaz inerte. A cet effet, on étrangle la tubulure droite des vases des figures 90 et 91, au-dessus du tampon de coton *a* ; on la fait communiquer avec l'appareil producteur de gaz ; on flambe les effilures *b* ; on en coupe l'extrémité ; et, lorsque tout l'air a été chassé, on les flambe de nouveau et on les ferme à la lampe ; on scelle de même au chalumeau l'étranglement préparé d'avance sur la tubulure droite.

On fait le vide avec la même facilité. Il suffit de mettre la tubulure étranglée en communication avec une trompe à mercure, et lorsque tout l'air est enlevé, de sceller l'étranglement.

3° Quand plusieurs espèces restent associées dans une même atmosphère, malgré les changements de liquides de culture, il devient difficile de les séparer. Toutefois, bien que semées ensemble, elles ne se développent pas toutes avec la même rapidité, soit que les germes de l'une soient plus abondants ou plus vivaces que les germes des autres, soit que la vie des premières prépare le terrain pour la multiplication des dernières. L'une d'elles est donc presque toujours en avance sur les autres, et dès lors, en prélevant dans le liquide de culture une prise d'essai pour l'ensemencer dans un autre matras identique au premier, puis recommençant une troisième, une quatrième fois l'opération, si cela est nécessaire, on peut espérer arriver à la séparer complétement. On isolera de même celle qui se développe la dernière, si l'on fait des cultures successives avec des semences prélevées à la fin de chaque opération.

4° Par une dilution convenable de la goutte de semence, on peut espérer disperser les germes de telle façon qu'une goutte de la nouvelle liqueur ne renferme qu'une espèce. On emploie, pour faire cette dilution, de l'eau distillée, stérilisée comme les liquides de culture et distribuée dans des matras Pasteur. Le volume d'eau à employer doit être tel que, sur une série de plusieurs tubes ensemencés, quelques-uns restent inaltérés. Dans ces conditions, on arrive sûrement à isoler du premier coup un certain nombre des espèces mélangées.

5° Il faut aussi utiliser les températures qui conviennent le mieux au développement de telle ou telle espèce ; on fera donc des essais à partir de 10 degrés jusqu'à 40 et 45 degrés. Une purification partielle peut encore être obtenue par l'action d'une température croissante sur la semence. Dans ce but, on fait de petites ampoules munies de deux effilures diamétralement opposées ; on y introduit quelques gouttes du mélange, et on les plonge toutes dans un bain-marie. On chauffe doucement, et l'on retire les ampoules une à une à mesure que le thermomètre indique des températures régulièrement croissantes. En combinant cette méthode avec l'emploi de liquides variés, on obtient des semences de plus en plus pures.

6° Un dernier moyen consiste à purifier les espèces par inoculation sur des animaux vivants. Dans un milieu aussi spécial, un petit nombre seulement de microbes peuvent se développer ; il en résulte que ceux qui y vivent sont généralement d'une espèce unique et pure.

CHAPITRE VI

ANALYSE DES BOISSONS ET DES LIQUIDES FERMENTÉS.

Analyse de la bière et du vin. — Falsification des vins. — Procédés Pasteur. — Méthode de la station œnologique de Klosterneuburg. — Analyse des moûts, des mélasses et des vinasses. — Essai des vinaigres.

I. — BOISSONS ET LIQUIDES FERMENTÉS.

I. — BIÈRE.

374. — **Dosages à effectuer.** — Les composés qu'il importe de doser dans la bière sont les suivants : alcool, extrait, cendres, matière protéique, sucre, matière gommeuse, acides carbonique, acétique et lactique. Le principe amer du houblon, la lupuline, ne peut pas être dosé exactement.

375. — **Dosage de l'alcool.** — On prend 400 centimètres cubes de bière, qu'on verse dans un vase de 1 litre et demi à 2 litres et qu'on agite violemment pendant quelque temps afin d'expulser la plus grande partie de l'acide carbonique. On distille ensuite la bière en évitant qu'il se forme trop de mousse et l'on pousse la distillation jusqu'à réduction du liquide à moitié environ. Au lieu de lire directement dans le produit de la distillation le degré aréométrique, il est préférable dans tous les cas, et indispensable si l'on opère sur une bière acide, d'ajouter 100 centimètres cubes d'eau de chaux et autant d'eau et de distiller à nouveau le mélange, de manière à obtenir 200 centimètres cubes de liquide, dont on mesure le degré alcoolique à l'aide d'un alcoomètre sensible.

376. — **Dosage de l'extrait.** — On peut l'effectuer de deux manières : approximativement et rigoureusement.

a) *Méthode approximative.* — La méthode approchée consiste à déterminer le poids et la densité du résidu obtenu dans la distillation qui a servi à doser l'alcool, et à calculer d'après les nombres trouvés, à l'aide de la table suivante, le taux d'extrait par litre. Cette méthode n'est pas à beaucoup près aussi exacte que le procédé par dessiccation ; mais elle fournit rapidement des indications suffisantes dans un grand nombre de cas. Je laisse au chimiste le soin d'apprécier le degré d'exactitude qu'il désire obtenir pour le but qu'il se propose.

EXTRAIT p. 100 en poids.	DENSITÉ.	EXTRAIT p. 100 en poids.	DENSITÉ.	EXTRAIT p. 100 en poids.	DENSITÉ.
1	1.0040	9	1.0363	17	1.0700
2	1.0080	10	1.0404	18	1.0744
3	1.0120	11	1.0446	19	1.0788
4	1.0160	12	1.0488	20	1.0832
5	1.0200	13	1.0530	21	1.0877
6	1.0240	14	1.0572	22	1.0922
7	1.0281	15	1.0614	23	1.0967
8	1.0322	16	1.0657	24	1.1013

b) *Méthode rigoureuse.* — On mélange 20 grammes de bière à du sable bien sec et l'on évapore à 100 degrés le mélange rendu homogène, on achève la dessiccation sur l'acide sulfurique et l'on ne considère la perte comme définitive que lorsque deux pesées consécutives accusent le même poids pour le résidu.

377. — **Dosage des cendres.** — On évapore 200 centimètres cubes de bière dans une capsule de platine tarée ; on calcine le résidu à basse température et l'on en prend le poids. Les cendres de bière non falsifiée ne contiennent que des traces d'acide carbonique ; si le taux des cendres

est élevé et si, surtout, ces dernières dégagent beaucoup d'acide carbonique sous l'influence d'une addition de quelques gouttes d'acide nitrique, il y a lieu de soupçonner l'addition à la bière de carbonates alcalins. La bière de mars de bonne qualité contient de 0,155 à 0,400 p. 100 de cendres, en moyenne 0,260 p. 100 environ, soit 5 p. 100 du poids de l'extrait sec.

Si l'on demande au chimiste la composition élémentaire des cendres, il procédera par les méthodes indiquées §§ 265 et suivants.

378. — **Dosage des matières protéiques.** — On évapore 25 à 30 grammes de bière à consistance sirupeuse; on ajoute ensuite du plâtre sec en quantité suffisante pour obtenir dans le mortier une poudre bien homogène et l'on procède au dosage de l'azote par la chaux sodée, avec les précautions indiquées §§ 27 et suivants.

379. — **Dosage des matières gommeuses.** — Le malt employé à la fabrication de la bière introduit dans celle-ci des matières gommeuses de nature diverse, dont on détermine en bloc le poids de la manière suivante : On évapore, au bain-marie, à consistance sirupeuse, 100 grammes de bière; à plusieurs reprises on traite la masse par l'alcool à 85° centésimaux, en laissant chaque fois digérer le mélange, jusqu'à ce que la dernière addition d'alcool fournisse un liquide incolore. On décante l'alcool; on dessèche, à 100°, le résidu insoluble dans ce liquide, on le pèse, puis on le calcine, et du poids primitif de la substance insoluble sèche, on défalque : 1° le poids des cendres; 2° le poids des matières protéiques obtenues précédemment. La différence donne le poids des matières gommeuses.

380. — **Dosage du sucre.** — Le liquide alcoolique obtenu dans le dosage de la matière gommeuse contient tout le sucre de la bière. On le divise en deux portions

égales. On évapore à siccité la première, on calcine le résidu et l'on pèse les cendres. La seconde moitié du liquide, étendue d'eau, est évaporée au bain-marie jusqu'à expulsion complète de l'alcool; on étend le résidu à 200 centimètres cubes et, dans cette liqueur, on dose le sucre par la liqueur cupro-potassique. En employant la méthode des pesées, il est inutile de décolorer le liquide; si l'on opère par liqueur titrée, on décolore préalablement à l'aide du noir animal.

381. — **Dosage de l'acide carbonique.** — Le dosage de ce gaz se fait par la méthode décrite §§ 50 et suivants, en opérant sur 100 ou 150 centimètres cubes de bière. On conduit l'opération avec toutes les précautions décrites dans ce paragraphe. L'addition de sel marin à la bière pour détruire la mousse (10 p. 100) rend quelquefois service, mais, en général, on peut s'en dispenser.

382. — **Dosage des acides acétique et lactique.** — Ces deux acides se rencontrent fréquemment à l'état de liberté dans la bière. Avant de chercher à les doser, il convient de chasser complétement l'acide carbonique.

Pour cela, on pèse 100 grammes de bière, on les étend d'eau; on place le mélange dans un grand matras pourvu d'un réfrigérant qui ramène dans le matras l'eau qui se volatilise, entraînant de l'acide acétique avec elle. Lorsque tout l'acide carbonique a été chassé, on étend le résidu de la bière en ajoutant assez d'eau pour obtenir une liqueur d'un jaune très-pâle, et l'on dose l'acide total (acétique et lactique) à l'aide d'eau de chaux titrée. L'acide rosolique convient très-bien pour apprécier la fin de l'opération.

Dans une capsule de porcelaine, on évapore à consistance sirupeuse un volume déterminé du même liquide; on se débarrasse ainsi complétement de l'acide acétique. On étend d'eau le résidu et l'on prend de nouveau le titre acidimétrique du liquide ; le taux d'acide dosé dans cette seconde opération correspond à l'acide lactique. On connaît, par différence, la quantité d'acide acétique.

383. — **Détermination de la concentration du moût.** — On est en mesure, d'après les études de Balling, connaissant la teneur en alcool et en extrait d'une bière, de déterminer la concentration du moût qui l'a produite, c'est-à-dire la quantité approximative du *malt* employé. On sait, d'une part, que dans la fermentation complète de 100 grammes de sucre de glucose il se produit 51^{gr},11 d'alcool ; par conséquent, en multipliant le taux d'alcool trouvé par le facteur 1,956, on connaît le poids du sucre existant primitivement dans le moût. On trouve, d'autre part, le poids des éléments du moût nécessaires à la fermentation de cette quantité de sucre, en multipliant par 0,05619 le poids du glucose préexistant, les déterminations précises de Balling ayant établi qu'à 100 parties de glucose décomposé correspond la production de 5,617 parties de levûre de bière.

L'expérience a démontré que pour évaluer très-approximativement la richesse en principes fermentescibles du moût, il faut multiplier par le facteur empirique 0,964 la somme : 1° du taux de l'extrait ; 2° du sucre calculé d'après l'alcool trouvé ; 3° de la levûre correspondant à cette quantité de sucre.

Supposons que l'analyse d'une bière ait fourni 4,5 p. 100 d'alcool et 5,6 p. 100 d'extrait. D'après cette règle, on trouve que 4,5 d'alcool correspondent à 8,80 de glucose, dont la transformation correspond à 0,49 de levûre. La composition du moût aurait donc été la suivante :

Glucose.	8,80
Extrait.	5,60
Levûre.	0,49
Total.	14,89

qu'il faut multiplier par 0,964, ce qui donne 14,35 pour le poids des matières fermentescibles du moût.

384. — **Essai du malt.** — Pour déterminer la valeur de l'orge germée destinée à la fabrication de la bière (malt), on procède de la manière suivante : On moud 100 grammes de malt à essayer, on les place dans une capsule tarée, on ajoute 450 centimètres cubes d'eau et on laisse macérer le malt pendant une heure environ, à froid. On chauffe ensuite pendant 40 à 50 minutes sans dépasser la température de 55° à 60° ; enfin, on porte le liquide à une température voisine de l'ébullition ; on laisse alors refroidir. On place la capsule sur la balance et l'on ajoute de l'eau jusqu'à ce que le contenu de la capsule pèse 533 grammes. On peut admettre en effet que le malt renferme 33 p. 100 de substance insoluble (drêche), de sorte que le liquide correspond sensiblement à 500 grammes. On colle à la gélatine et filtre la liqueur, et l'on prend le titre du moût au saccharimètre [1].

Supposons qu'au saccharimètre on ait lu 10°8 ; 100 gr. de moût contiendraient, par conséquent, 10gr,8 d'extrait.

Le poids total du moût étant 500 grammes, il contient 108×5, soit 540 grammes d'extrait. Le taux d'extrait du malt est donc de 54 p. 100, puisque ces 500 grammes de liquide correspondent à 100 grammes d'extrait.

Un malt de bonne qualité renferme de 60 à 65 p. 100 d'extrait. D'après Balling, le blé donne 70 p. 100, le seigle 65, l'orge 60, l'avoine 42, le maïs 50 d'extrait.

La méthode que je viens de donner ne fournit pas des résultats rigoureux, mais très-suffisamment approchés pour les besoins techniques.

---

[1] Je renvoie, pour la description et l'emploi de cet instrument, aux traités généraux d'analyse et aux §§ 303 et suivants concernant l'emploi du saccharimètre à pénombre.

II. — ANALYSE DES VINS. — FALSIFICATIONS.

ADDITION D'ALCOOL. — D'EAU. — DE MATIÈRES COLORANTES. — DÉRIVÉS DE L'ANILINE. — MATIÈRES VÉGÉTALES. — SUREAU. — INDIGO. — MYRTILLE. — CARMIN. — COCHENILLE. — PROCÉDÉS PASTEUR. — MÉTHODE DE LA STATION VINICOLE DE KLOSTERNEUBURG.

385. — **Questions à résoudre. Corps à doser.** — L'importance de l'industrie vinicole, la valeur de ses produits, la multiplicité des moyens d'adultération dont ils sont l'objet, l'intensité que la fraude a prise depuis quelques années, m'engagent à entrer dans tous les développements nécessaires pour présenter l'état exact de nos connaissances, bien incomplètes encore, sur l'analyse des vins.

Ce sujet important a été l'objet d'un très-grand nombre de publications ; je m'attacherai, dans ce qui va suivre, à l'indication des procédés qui renferment des résultats positifs, laissant de côté les méthodes douteuses, dont le nombre égale l'imperfection.

Les éléments constitutifs du vin qu'il importe de déterminer pour établir d'une façon positive si l'on a affaire à un produit pur ou à un mélange frelaté sont : 1° l'alcool; 2° l'acidité; 3° l'extrait; 4° les cendres; 5° la nature de la matière colorante.

Exécutées avec soin et, si cela est possible, comparativement sur des types authentiques de vin d'un même cru et d'une même année que le vin suspect, ces cinq déterminations conduisent sûrement le chimiste à affirmer qu'un vin donné est ou non falsifié.

386. — **Falsifications et adultérations.** — Les opérations principales qui constituent, à des titres divers, une adultération ou une falsification d'un vin sont les suivantes : 1° addition d'eau ; 2° addition d'alcool dans un

vin étendu d'eau; 3° addition de matière colorante; 4° addition d'acide tartrique.

Si l'usage du plâtrage n'était pas considéré par le commerce des vins comme une opération parfaitement licite et, dans certains cas, indispensable à la conservation du vin, je serais tenté de le regarder comme une opération qu'on devrait interdire. Quant à l'addition d'acide sulfurique au vin, pratique qui semble s'introduire dans le Midi, il va sans dire qu'elle constitue une véritable falsification qu'il faut réprimer avant qu'elle atteigne des proportions dangereuses.

La pratique frauduleuse la plus répandue aujourd'hui consiste dans les opérations suivantes : Un vin naturel, généreux, du roussillon par exemple, étant donné, on l'étend d'eau (20, 25, 30 p. 100 de son volume); on ramène, par une addition d'alcool, le mélange à son degré primitif et, pour en rehausser la teinte, on ajoute soit une matière colorante isolée, soit, c'est le cas des habiles contrefacteurs, un mélange de diverses substances colorantes.

Un exemple va montrer l'importance des bénéfices frauduleux que ces manipulations coupables permettent de réaliser. Il me servira en même temps à faire voir comment l'analyse immédiate, pratiquée par les méthodes décrites plus loin, permet d'affirmer la fraude.

L'analyse d'un vin de Roussillon pur (sauf cependant l'addition de plâtre) vendu 25 fr. l'hectolitre, sur place, a fourni les résultats suivants :

Alcool.	13,2	p. 100.
Extrait [1]	27,5	par litre.
Acide [2].	6,3	—
Cendres	4,0	—

[1] Résidu du vin évaporé à sec, au bain marie ou à l'étuve de Gay-Lussac à 98°.

[2] Calculé en acide sulfurique, comme je l'indiquerai plus loin.

Le vin a été, en outre, reconnu exempt de matières colorantes artificielles et notamment de fuchsine et de sureau. Le négociant auquel il était adressé, édifié par cette analyse sur la pureté du vin, en prend livraison. Quinze jours plus tard, la même maison de gros lui annonce l'envoi de la seconde partie de la livraison, identique, d'après facture, à la première et sortant des mêmes foudres. A l'arrivée, on prélève un échantillon, envoyé comme précédemment au laboratoire de la Station.

Cet échantillon, analysé, présentait la composition suivante :

Alcool.	13,1	p. 100.
Extrait.	17,5	par litre.
Acide	4,0	—
Cendres	3,1	—

La coloration est identique à celle du vin de la première livraison ; l'analyse décèle la présence de fuchsine en quantité très-notable. Il est facile d'établir, par la comparaison de ces deux analyses, la nature de la fraude et son importance pécuniaire, tant pour le vendeur que pour l'acheteur.

Le titre en alcool est sensiblement le même dans les deux vins, les taux d'extrait et d'acide ont au contraire notablement changé et leurs écarts vont nous servir à évaluer, d'une manière très-approchée, l'addition d'eau faite au vin primitif pour obtenir le mélange livré en second lieu.

Voici le type du calcul à faire en pareil cas : j'appellerai A le rousillon pur et B le vin étendu d'eau :

100 litres de vin A donnent :	2750 gr. d'extrait	et	630 gr. d'acide.
100 litres de vin B donnent :	1750 gr. d'extrait	et	400 gr. d'acide.
Différence par hectolitre :	1000 gr. d'extrait	et	230 gr. d'acide.

Or, 2750 : 1750 :: 100 : 63,63 ; d'où il résulte que 100

litres du vin B contiennent 63[l],63 de vin A et 36[l],37 d'eau ajoutée. La proportion d'acide a varié dans le même rapport que celle de l'extrait. Quant au taux des cendres qui, par le fait d'addition d'eau, aurait dû tomber à 2,24 par litre, diminution correspondante à celle de l'extrait et de l'acide, il s'élève encore à 3,1 dans le vin frelaté; cela tient à l'addition du colorant, qui laisse par lui-même un résidu fixe plus ou moins considérable, suivant sa provenance. Inutile de faire observer que, dans presque tous les cas, le titre en alcool demeure invariablement conforme à la garantie des marchés; cela s'explique aisément par cette double considération que fréquemment le seul contrôle auquel l'acheteur soumette directement les vins qui lui sont livrés est la vérification du taux d'alcool et, d'autre part, que le vinage, c'est-à-dire l'addition d'alcool au vin, se faisant en franchise de droit jusqu'à 15 p. 100, le vendeur ramène, invariablement et presque sans frais, le titre d'un vin à son taux d'alcool garanti, après avoir ajouté de l'eau.

Quant au bénéfice du vendeur et à la perte correspondante de l'acheteur, ils sont faciles à établir. La vente à laquelle je fais allusion portait sur 275 hectolitres à 25 fr. pris en gare, à la résidence du vendeur :

275 hectol. à 25 fr. = 6,875 fr., prix de vente.

Ces 275 hectolitres ont été fabriqués avec 175 hectolitres de vin à 25 fr. = 4,375 fr., et 100 hectolitres d'eau.

Le bénéfice d'une part, la perte de l'autre, s'élèvent donc respectivement à 6,875 — 4,375 = 2,500 fr.

Je ne fais pas entrer en ligne de compte le prix du colorant (2 fr. le kilogramme) dont quelques grammes par litre suffisent pour obtenir, dans un mélange du genre de celui qui m'occupe, une teinte conforme à celle de la première livraison.

D'après ce qui précède, la marche à suivre pour l'examen d'un vin suspect est tout indiquée. Je vais successivement passer en revue les divers dosages à effectuer.

387. — **Dosage de l'alcool.** — Presque toutes les garanties sur le titre en alcool d'un vin reposant, dans la pratique, sur l'emploi de l'alambic Salleron, on peut se contenter de faire usage de cet appareil et des tables qui l'accompagnent. Je préfère cependant de beaucoup l'ébullioscope Malligand que j'emploie à l'exclusion de toute autre méthode. Le maniement de cet appareil est tellement simple, que son emploi ne nécessite aucune explication.

a) *Description de l'alambic Salleron.* — L'alambic se compose des pièces suivantes :

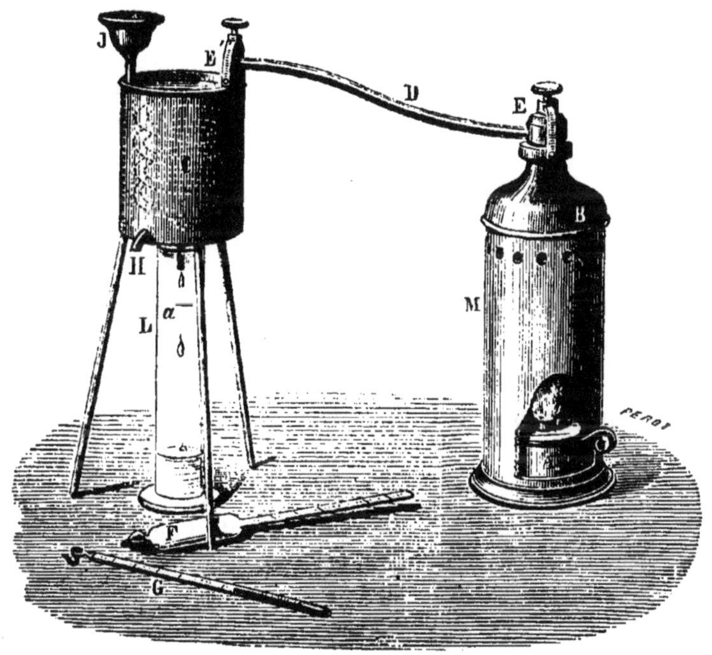

Fig. 99.
Alambic Salleron.

1° Une lampe, A, alimentée par de l'esprit-de-vin;

2° Une chaudière de cuivre, B, supportée par une enveloppe ou fourneau, M, qui concentre la chaleur autour de la chaudière ;

3° Un serpentin contenu dans un réfrigérant, C, supporté par trois pieds en cuivre.

Le serpentin communique avec la chaudière au moyen d'un tube en étain, D, terminé par deux raccords, EE', qui s'adaptent au col de la chaudière et à l'ouverture du serpentin par des brides à vis de pression;

4° Une burette L, sur laquelle est gravé un trait, *a;*

5° Deux alcoomètres, F, dont l'un sert pour les vins ordinaires et l'autre pour les vins alcooliques et les liqueurs sucrées ;

6° Un thermomètre, G, à échelle centigrade;

7° Une petite pipette en verre.

b) Pour faire usage de l'instrument, on mesure, dans la burette L, le liquide à distiller; à l'aide de la pipette, on amène exactement le niveau devant le trait *a*, et l'on vide le contenu de la burette dans la chaudière. On remplit une seconde fois la burette de la même manière, et l'on verse encore le liquide dans la chaudière. Il reste dans la burette quelques gouttes de vin; on y ajoute un peu d'eau, on rince et l'on verse de nouveau cette petite quantité de liquide dans la chaudière. On est certain, de cette manière, que la totalité du vin mesuré sera soumise à la distillation.

On ferme alors la chaudière avec le tube D; on verse de l'eau froide dans le réfrigérant, et il ne reste qu'à mettre la lampe dans le fourneau pour que l'appareil fonctionne.

Le vin ne tarde pas à entrer en ébullition : la vapeur s'engage dans le serpentin, s'y condense et tombe dans la burette. On renouvelle de temps à autre l'eau du réfrigérant, au moyen de l'entonnoir J, et l'on reçoit par le tube H l'eau qui s'est échauffée.

On distille jusqu'à ce que le liquide recueilli dans la burette parvienne un peu au-dessous du trait *a*. On complète exactement le volume jusqu'à ce trait avec de l'eau que l'on ajoute au moyen de la pipette. On agite le mélange et on laisse reposer pendant quelques instants, pour que les bulles d'air introduites par l'agitation disparaissent; puis on plonge successivement dans le liquide l'alcoomètre et le thermomètre.

Il est utile de mouiller légèrement la tige de l'alcoomètre, afin qu'il puisse flotter librement dans le liquide. Il faut aussi que celui-ci mouille bien l'éprouvette, ce qui implique que toutes les pièces de verre soient parfaitement propres et exemptes de matières grasses. On obtient facilement ce résultat en les lavant avec un linge imbibé d'alcool.

On effectue la lecture de l'alcoomètre en plaçant l'œil audessous de la surface du liquide, puis on relève la tête jusqu'à ce que l'on voie cette surface comme une ligne droite qui coupe la tige de l'alcoomètre; on lit la division qui se trouve sur cette ligne. Il ne faut jamais lire en regardant pardessus le liquide et ne point tenir compte du ménisque qui s'élève autour de la tige au-dessus de cette surface.

On note l'indication du thermomètre et l'on détermine, au moyen des tableaux qui accompagnent l'appareil, la richesse réelle du produit distillé.

L'usage de ces tableaux est très-facile : on cherche dans la première colonne horizontale le nombre correspondant à l'indication de l'alcoomètre, et, dans la première colonne verticale, le degré indiqué par le thermomètre. A l'intersection de ces lignes, on trouve la richesse alcoolique du liquide distillé, soit la quantité d'alcool pur qu'il renferme, exprimée en centièmes de son volume.

Mais il faut remarquer que tout l'alcool du liquide soumis à la distillation occupe maintenant un volume moitié moindre que dans le liquide lui-même : la richesse trouvée est donc double de celle de l'échantillon soumis à l'analyse; il faut par conséquent prendre la moitié du résultat obtenu.

Exemple : L'alcoomètre marque 20 degrés et le thermomètre 19 : la richesse alcoolique correspondante est 18,8, et celle du liquide essayé est la moitié de 18,8, soit 9,4.

Pour l'essai des vins capiteux, xérès, madère, porto, etc., et pour les liqueurs sucrées dont la richesse est généralement supérieure à 25 p. 100, on ne peut opérer comme il vient d'être dit, parce que l'on aurait à mesurer des richesses supérieures à 50 degrés, pour lesquelles l'alcoomètre, gradué jusqu'à 50 degrés, serait lui-même insuffisant.

Dans ce cas, on verse dans la chaudière une seule éprouvette du liquide à assayer et l'on y ajoute un volume égal d'eau. Les mesurages se font comme je l'ai indiqué en commençant, et le reste de l'opération n'est pas changé. Seulement, l'indication de l'alcoomètre donne immédiatement la richesse cherchée, et il n'est plus besoin de prendre la moitié du résultat trouvé.

388. — **Procédé Pasteur.** — Quand on veut doser rigoureusement l'alcool d'un vin, il est préférable d'employer l'ébullioscope Malligand; on peut aussi procéder comme Pasteur, Balard et Wurtz l'ont fait dans l'expertise de Mège.

On distille 200 centimètres cubes de vin, on recueille 100 centimètres cubes, auxquels on ajoute 50 centimètres cubes d'eau de chaux et 50 centimètres cubes d'eau, puis on soumet le mélange à une nouvelle distillation en recueillant 100 centimètres cubes, dont on dose l'alcool, à la température de 15 degrés, au moyen d'un alcoomètre très-sensible et dont on a vérifié les indications par la mesure des densités de divers liquides alcooliques. On prend pour taux de l'alcool la moitté du nombre fourni par l'alcoomètre.

L'emploi de l'eau de chaux a pour but principal d'éviter les causes d'erreur provenant de l'acide que contient le vin. Si l'on n'a qu'une petite quantité de vin à sa disposition, il faut conserver le résidu de la distillation pour y rechercher la fuchsine et les autres dérivés de l'aniline.

389. — **Détermination de l'acidité.** — On prend 10 centimètres cubes de vin qu'on place dans un tube à essai. On y verse ensuite, à l'aide d'une burette de Gay-Lussac, de l'eau de chaux, titrée par rapport à une liqueur très-étendue d'acide sulfurique; on agite constamment le vin et on continue l'addition d'eau de chaux jusqu'au moment précis, très-facile à saisir, où une seule goutte de la solution alcaline détermine, sous forme de précipité floconneux, la séparation de la matière colorante. A cet instant, la totalité de l'acide est neutralisée. Ce mode de dosage, très-rapide, très-sûr et très-sensible, doit être préféré à tout autre. Il est beaucoup plus facile de saisir la fin de l'opération avec cette méthode que par le virage de la matière colorante à l'aide de soude ou de potasse titrées.

L'acidité ainsi déterminée représente l'acidité totale du vin; elle est évaluée en acide sulfurique monohydraté. On peut aussi l'évaluer en acide tartrique ; mais je donne la préférence au premier mode d'évaluation ($SO^3.HO$), parce que les chiffres renfermés dans le rapport de Pasteur, Balard et Wurtz sont tous rapportés à l'acide sulfurique et qu'on a ainsi des termes de comparaison fort utiles à consulter.

390. — **Dosage de l'extrait.** — On évapore à siccité, au bain-marie d'abord, à l'étuve de Gay-Lussac en-

suite (à 98° environ), un volume de vin déterminé (10 à 15 centimètres cubes). Il y a danger à pousser la température plus haut, certains principes volatils de l'extrait pouvant être chassés au-dessus de 100°. On peut aussi effectuer l'évaporation au contact de sable calciné et sec, ce qui rend l'opération plus rapide et fournit des nombres un peu plus élevés pour le poids du résidu, parce que la perte en glycérine et autres substances volatiles est moindre ; mais, en général, l'évaporation directe peut être employée. Le point important est d'ailleurs d'opérer toujours dans les mêmes conditions, surtout si l'on a à sa disposition des échantillons-types de vins pouvant servir de terme de comparaison pour l'analyse des vins suspects. Le vin reste à l'étuve pendant six heures.

391. — **Dosage des cendres.** — On incinère au petit rouge le résidu obtenu de 10 à 20 centimètres cubes, dans la détermination de l'extrait. Après avoir pesé les cendres, on verse quelques gouttes d'acide nitrique dans la capsule, en observant attentivement s'il y a ou non dégagement d'acide carbonique. Dans le cas de l'examen de vins naturels ou de vins très-légèrement plâtrés, les cendres font effervescence avec l'acide. Si l'on a affaire à du vin fortement plâtré, l'acide nitrique ne donne plus lieu à un dégagement d'acide carbonique, le plâtrage ayant fait passer tous les alcalis à l'état de sulfates.

392. — **Constatation du plâtrage.** — Tous les vins du Midi sont plus ou moins plâtrés ; ceux de la Bourgogne, du Bordelais et de l'Est de la France ne le sont pas. Il résulte de cette différence que l'on peut à coup sûr, aujourd'hui du moins, affirmer l'addition de vin du Midi dans un vin vendu comme bourgogne ou bordeaux, si l'addition d'un sel soluble de baryte donne naissance, dans ce vin, à un précipité notable de sulfate de baryte.

Le plâtrage a pour résultat de transformer les sels alcalins du vin en sulfate de potasse.

Marty, professeur à l'École du Val-de-Grâce, a publié en 1876 [1] une note au sujet de l'admission des vins plâtrés pour le service des hôpitaux militaires, que je crois devoir reproduire presque en entier, car j'observe toutes les indications qui y sont contenues pour la recherche du plâtrage.

Une circulaire ministérielle, en date du 16 août 1876, a modifié les conditions du cahier des charges du 10 septembre 1872 en ce qui concerne la réception du vin destiné au service des hôpitaux militaires.

A partir de 1876, « il n'est toléré que *deux grammes* au plus de *sulfate de potasse* par litre » de vin.

Pour déterminer par une opération simple, d'une exécution facile et rapide, si un vin ne dépasse pas cette limite de tolérance, on procède de la façon suivante :

On prépare d'abord une solution titrée de baryte. On pèse 14 grammes [2] de chlorure de baryum pur, cristallisé [3], préalablement réduit en poudre et pressé entre des feuilles de papier à filtrer ; on les introduit dans une carafe jaugée de 1 litre, avec 50 centimètres cubes d'acide chlorhydrique pur et concentré et une quantité d'eau distillée suffisante pour obtenir 1 litre de liqueur à la température de 15 degrés.

10 centimètres cubes de cette solution précipitent exactement $0^{gr},1$ de sulfate de potasse ($KO.SO^3$).

On prélève ensuite, à l'aide d'une pipette jaugée, 50

---

(1) *Recueil de mémoires de médecine, de chirurgie et de pharmacie militaires*, novembre-décembre 1876.

(2) Exactement : $14^{gr},0068$.

(3) $BaCl + 2\,Aq := 122$.

centimètres cubes du vin à essayer [1], et on les verse dans une capsule de porcelaine, ou dans un ballon. On porte le liquide à l'ébullition, on y ajoute, au moyen d'une autre pipette, 10 centimètres cubes de la solution barytique titrée et, après avoir de nouveau chauffé le mélange à l'ébullition, on le jette sur un filtre. On essaie alors le liquide filtré par une nouvelle quantité de solution de baryte : si le vin se trouble de nouveau, c'est qu'il renferme plus de 2 grammes de sulfate de potasse par litre, et il doit être rejeté; dans le cas contraire, il se trouve dans la limite de tolérance et peut être admis, sous les réserves que comporte l'examen de ses autres qualités [2].

Pour déterminer maintenant si un vin a été préparé sans le secours artificiel du plâtrage, il faut tenir compte de la proportion d'acide sulfurique qui existe *normalement,* à l'état de sulfate, dans tous les vins. Cette proportion est loin d'être invariable, mais elle oscille entre des chiffres très-rapprochés.

L'analyse conduit Marty à évaluer ainsi la quantité d'acide sulfurique monohydraté qui se trouve *normalement*, à l'état de sulfate, dans 1 litre de vin :

Quantité minimum	0gr,109
Quantité maximum	0 ,328 [3]

---

[1] En supposant que le vin renferme 2 grammes de sulfate de potasse par litre, 50 centimètres cubes en renfermeront 0gr,1, quantité qui sera complétement précipitée, comme il a été dit, par les 10 centimètres cubes de la solution titrée.

[2] Ce procédé est basé, comme on le voit, sur le même principe que celui qui a été indiqué par Poggiale. Il en diffère par le titre de la liqueur et le *modus faciendi*. Marty a modifié l'un et l'autre afin de les adapter aux nouvelles exigences du cahier des charges et aux instruments dont on dispose ordinairement dans les ambulances et les hôpitaux.

[3] Ces nombres extrêmes sont le résultat de 38 analyses de vins d'origine certaine. L'acide sulfurique a été dosé par précipitation et *pesé* à l'état de sulfate de baryte, selon les règles d'usage.

Ces nombres, transformés en sulfate neutre de potasse, représentent : le premier $0^{gr},194$, le second $0^{gr},538$ de ce sel.

On peut, par conséquent, en ajoutant, comme il vient d'être dit, à 50 centimètres cubes de vin portés à l'ébullition, 3 centimètres cubes de solution titrée de baryte, précipiter tous les sulfates qui existent normalement dans ce vin. L'addition d'une nouvelle quantité de solution barytique au liquide filtré indiquera, par l'absence ou la formation d'un nouveau trouble, si le vin est naturel ou s'il a été plâtré.

393. — **Matières colorantes à rechercher.** — L'addition de matières colorantes étrangères au vin se pratique dans le but : 1° de masquer le coupage par l'eau (mouillage); 2° de rehausser la couleur de vins trop peu colorés, afin de les vendre à un prix supérieur à leur valeur; 3° d'atténuer la coloration jaunâtre que présentent certains vins dans les mauvaises années de récolte.

Pendant longtemps, le commerce s'est contenté, pour atteindre ces divers buts, d'employer des matières colorantes végétales inoffensives : rose trémière, baies de sureau, myrtille, hièble, etc.; il a eu recours ensuite à l'indigo et à la cochenille; enfin, depuis quelques années, l'emploi des dérivés colorés de l'aniline plus ou moins impurs, très-souvent arsenicaux, grenat, fuchsine, rosaniline, violet d'aniline, etc., a pris des proportions effrayantes pour la santé publique. La fuchsine arsenicale et les produits analogues sont de véritables toxiques; la fuchsine pure elle-même est vénéneuse ; son emploi prolongé amène des désordres graves dans l'économie : diarrhée, céphalalgie, et enfin passage de l'albumine dans l'urine à la suite d'une altération spéciale du rein. (Expériences de Ritter et Feltz.) Il importe donc, au plus haut degré, de constater la présence ou l'absence de ces substances dans les vins livrés à la consommation et de poursuivre impitoyablement les fabricants éhontés, auxquels il n'est plus permis aujourd'hui d'arguer de leur ignorance des dangers que ces falsifications présentent pour la santé publique. Je m'attacherai, dans les paragraphes suivants, à indiquer les procédés à l'aide desquels on peut mettre en évidence l'addition au vin de certains principes colorants, laissant de côté toutes les méthodes dont les résultats sont douteux, incertains ou susceptibles d'interprétations vagues.

394. — **Recherche de la fuchsine et autres dérivés de l'aniline.** — Il n'y a, pour constater la présence de la fuchsine, qu'une seule bonne méthode imaginée, en 1873, par Falières et perfectionnée, en 1876, par E. Ritter. Cette méthode, appliquée à la Station de l'Est à un très-grand nombre d'analyses, m'a constamment donné les résultats les plus nets; elle conduit le chimiste à déceler dans un vin les moindres traces de fuchsine et, de plus, met entre ses mains une pièce à conviction: aucun des nombreux procédés publiés jusqu'à ce jour ne fournit de résultats certains, tous étant plus ou moins entachés de causes d'erreur. Voici comment il convient d'opérer (1).

395. — **Procédé Falières-Ritter.** — On prend 200 centimètres cubes du vin suspect; on les réduit de moitié environ par l'ébullition, la fuchsine se fixant mieux sur la laine après élimination de l'alcool. On laisse refroi-

---

(1) La rigueur avec laquelle les tribunaux, notamment ceux de l'Est de la France, ont condamné les négociants dont le vin était fuchsiné a fait disparaître presque complétement cette adultération depuis quelques années; malgré cela, je crois utile de reproduire dans cette deuxième édition les procédés qui permettent de déceler cette adultération dangereuse pour la santé publique.

dir, puis on verse le vin dans un entonnoir à robinet, fermé également, à sa partie supérieure, par un robinet de verre. On ajoute 10 centimètres cubes d'ammoniaque, on agite vivement le mélange ; la matière colorante naturelle du vin est précipitée par l'ammoniaque, la fuchsine reste en dissolution : par petites portions, on introduit de l'éther dans le mélange, en imprimant, après chaque addition, un mouvement giratoire au liquide contenu dans l'entonnoir et en évitant de produire une sorte d'émulsion qui résulterait d'une agitation trop énergique, surtout si l'on avait employé un excès d'ammoniaque. Si cette gelée particulière vient à se former, on la détruit aisément par une nouvelle addition d'éther. On laisse reposer, sans agiter après la dernière addition d'éther. Le liquide forme alors deux couches très-nettement superposées. On soutire la couche sous-jacente dans un vase spécial (1); on lave à deux reprises la couche éthérée dans l'entonnoir, on sépare l'eau par décantation et l'on transporte enfin l'éther dans un matras de Bohême, en évitant avec soin de laisser tomber dans ce vase les quelques gouttelettes d'eau rassemblées au fond de l'entonnoir.

Dans le vase de Bohême bien sec, on a placé un fragment de laine à broder, de 10 centimètres environ de longueur, destiné à fixer les dérivés de l'aniline.

Le matras, contenant la laine et l'éther, est relié à un réfrigérant de Liebig, ce qui permet de recueillir l'éther. On conduit l'évaporation du réactif au bain-marie, à une température suffisante pour que l'ébullition de l'éther se fasse rapidement, afin que la fixation de la matière colorante ait lieu sur les parties extérieures de la laine. Quand les deux tiers de l'éther sont volatilisés (on emploie de 30

---

(1) On réunit les liquides de plusieurs opérations pour en retirer, par distillation, l'éther qu'ils tiennent en suspension.

à 50 centimètres cubes d'éther par opération), on voit la laine se colorer en rose ou en rouge, suivant les proportions et la nature des dérivés de l'aniline ajoutés au vin. On pousse la distillation à siccité.

L'éther doit être pur, c'est-à-dire rectifié, mais non absolu. La laine ne doit pas être trop épaisse; enfin, il faut apporter le plus grand soin à éviter toute introduction du liquide sous-jacent dans le matras où s'opère la réaction : en effet, il arrive, si l'on a négligé cette précaution importante, que la laine prend une teinte jaune ocreux sale qui peut masquer complétement la présence de petites quantités de fuchsine.

Après chaque opération, l'entonnoir à boule et le matras de Bohême doivent être lavés à l'eau ammoniacale d'abord, à l'alcool et à l'eau ensuite, afin d'enlever toute trace de matières provenant du vin employé.

Exécuté avec soin, le procédé que je viens de décrire ne laisse absolument rien à désirer sous le rapport de la certitude et de la sensibilité des réactions. — Il est d'une application facile et l'on ne saurait trop engager les négociants en vins à l'adopter pour l'examen de tous les vins qu'ils se proposent d'acheter. La pratique du *fuchsinage* a pris une telle extension, la vente des colorants à base de fuchsine, grenat et autres dérivés de l'aniline, se fait sur une telle échelle, en France, en Espagne, en Italie, que les négociants honnêtes sont les premiers intéressés à s'assurer de la pureté des vins qui entrent dans leurs caves. — La recherche de la fuchsine par ce procédé est aussi simple que le dosage de l'alcool par l'alambic Salleron. Comme essai préliminaire, on peut recourir à l'une des deux méthodes suivantes pour constater la présence de la fuchsine [1].

---

[1] Pasteur, Balard et Wurtz. Expertise de Montpellier.

396. — **Procédé à la baryte** [1]. — On prend 40 centimètres cubes de vin qu'on additionne d'un volume égal d'eau de baryte. On agite le mélange et on le jette sur un filtre. Si le vin est exempt de matières colorantes artificielles, le liquide filtré est jaune ; il prend des teintes plus ou moins verdâtres si le vin a été additionné de colorant. Dans la liqueur filtrée, on verse de l'acide acétique en excès; si le vin renferme de la fuchsine, la teinte jaune passe au rose plus ou moins marqué. Agité avec une petite quantité d'alcool amylique, ce liquide se décolore entièrement en cédant toute la matière colorante rose à l'alcool qui surnage le mélange. La soie écrue plongée dans l'alcool amylique se colore en rose. L'addition à l'alcool amylique de quelques gouttes d'hydrosulfite de soude, récemment préparé, le décolore instantanément.

397. — **Procédé Falières**. — Dans un flacon ordinaire de 30 grammes de capacité, on introduit 5 à 6 grammes de vin suspect. On ajoute 8 à 10 gouttes d'ammoniaque et l'on remplit le flacon aux trois quarts avec de l'éther. On agite vivement et l'on abandonne le mélange au repos pendant 3 à 4 minutes. On décante une partie de cet éther dans un autre flacon et l'on ajoute de l'acide acétique jusqu'à réaction acide. Si le vin contient de la fuchsine, on voit se former au fond du vase une couche aqueuse plus ou moins colorée en rose. Falières ajoute : « La fuchsine est transformée, dans cette manipulation, en rosaniline incolore que l'éther enlève; l'acide acétique transforme de nouveau la rosaniline en un sel coloré qui tombe au fond de l'eau. Ce procédé est très-sûr et d'une application tellement facile, que les commissaires de police en font usage dans diverses villes et que les indications qu'ils obtiennent ont toujours été confirmées par le chimiste-expert. »

---

[1] Voir l'Appendice.

Lorsque les vins sont très-faiblement fuchsinés, le procédé à la baryte et celui de Falières peuvent devenir infidèles. Avec la modification indiquée plus haut (laine), il n'y a, au contraire, aucune erreur possible dans la recherche de quantités même très-faibles de fuchsine.

398. — **Dosage de la fuchsine.** — Y a-t-il lieu, en cas d'expertise judiciaire, de chercher à déterminer la dose de fuchsine introduite dans le vin? Pour ma part, je ne le pense pas : la fraude résulte de l'introduction dans le vin d'un principe nuisible qui n'y existe pas naturellement, en vue d'obtenir un produit susceptible d'être vendu au-dessus de sa valeur réelle. Le chimiste-expert doit donc se borner à constater la *présence* de la matière colorante étrangère sans en rechercher la *dose*. Des essais comparatifs faits sur des vins naturels additionnés de quantités connues de fuchsine, grenat et autres dérivés, sont d'ailleurs le seul moyen rapide que nous ayons jusqu'ici d'apprécier approximativement le degré de la falsification; mais, je le répète, alors même que nous serions en possession d'un procédé rigoureux de dosage, je m'abstiendrais toujours, en qualité d'expert, d'indiquer les doses de colorant ajoutées au vin. En toxicologie, on doit toujours se borner à indiquer la présence d'un poison sans en fixer la quantité : l'intention criminelle résulte de l'addition d'une matière qu'on sait être vénéneuse, sans qu'il soit nécessaire d'établir, au cas où cela est possible, la quantité qui a été incorporée à une substance alimentaire. — On peut poser à l'expert la question de savoir si des *traces* de fuchsine constatées dans un vin proviennent d'une addition directe de colorant dans le vin, ou bien de sa mise dans des futailles qui auraient précédemment contenu des vins fortement fuchsinés. Il est très-difficile de répondre péremptoirement à cette question : si, par l'analyse complète du vin, on constate qu'il n'est pas additionné d'eau, on peut, vraisembla-

blement admettre que les traces de fuchsine ne proviennent pas d'une addition frauduleuse qui n'aurait pas de raison d'être ; si, au contraire, on reconnaît une addition notable d'eau, il y a lieu d'incriminer le vendeur et de le poursuivre à raison de la présence de la fuchsine.

399. — **Recherche de l'indigo** [1]. — Le carmin d'indigo est fréquemment employé seul dans la fabrication des vins : d'autre part, associé à diverses matières colorantes, dont il ramène la teinte à celle du vin, il entre dans les mélanges employés frauduleusement par certains commerçants. Il importe donc de rechercher l'indigo dans les vins soumis, comme suspects, à une expertise. Pasteur, Balard et Wurtz ont indiqué le moyen suivant :

C'est par la teinture qu'on peut constater dans un vin la présence de cette couleur, quelque exiguë, en quelque sorte, qu'en soit la proportion. On introduit respectivement, dans deux petites fioles semblables, du vin à examiner et du vin contenant, pour 50 centimètres cubes, un dixième de milligramme d'indigo, soit 2 milligrammes par litre, quantité qui ne change la couleur du vin auquel on l'ajoute que d'une manière inappréciable ; après avoir déposé dans ces deux liquides une bande de laine mordancée avec de l'acétate d'alumine, d'une surface de 5 centimètres carrés environ, on soumet les deux vases à une température voisine de l'ébullition, pendant 15 ou 20 minutes. La petite bande attire la presque totalité de l'indigo contenu dans la liqueur, et les deux échantillons, dégorgés et séchés, présentent : celui qui a été teint dans le vin pur, la nuance pure du vin ; l'autre, une nuance d'un bleu manifeste, quoique modifiée par le rouge du vin.

---

[1] J'emprunte à l'excellent rapport de Pasteur, Balard et Wurtz, les procédés de recherche relatifs à l'indigo et aux autres matières colorantes végétales.

On peut aussi ajouter au vin additionné d'indigo un peu de sulfate de potasse, que l'on précipite par le chlorure de baryum : le sulfate de baryte, qui se dépose et qui se serait montré, après lavage, à peu près blanc, s'il n'y avait pas eu d'indigo, se montre coloré en bleu d'une manière sensible. Dans ce dernier cas, l'indigo, ainsi déposé sur une matière minérale très-résistante, peut être soumis à toutes les expériences qui auraient pour résultat d'en faire connaître nettement la nature.

400. — **Recherche de la cochenille ammoniacale.** — L'emploi de cette substance est fréquemment associé à l'addition d'indigo, et presque toujours la présence d'une quantité appréciable de carmin d'indigo indique celle de la laque de cochenille dans le même vin.

La couleur de la cochenille résiste, à froid, à l'action désoxydante des hydrosulfites [1], mais, à l'ébullition, elle est promptement détruite par eux. On peut utiliser l'une et l'autre de ces propriétés pour la recherche de la cochenille dans les vins. En plaçant dans des tubes de diamètres égaux quelques centimètres cubes, d'une part, du vin tenant de la cochenille [2], de l'autre, du vin pur de même nuance, pour terme de comparaison, l'addition de quelques gouttes d'hydrosulfite diminue la teinte de celui-ci sans agir sur celle de la cochenille ; il en résulte

---

[1] Voir, § 345, la préparation de l'hydrosulfite de soude.

[2] Il suffit d'épuiser par l'eau 4 grammes de cochenille ammoniacale pour obtenir 1 litre d'une liqueur d'une intensité de coloration sensiblement égale à celle du vin ; un volume de cette liqueur ajouté à 10 à 15 volumes de vin fournit un mélange très-propre à la recherche de la cochenille dans le vin. Traité par le borax, comparativement avec du vin normal, ce mélange prend une couleur violacée tout à fait caractéristique de la présence de la cochenille, tandis que le vin naturel prend la nuance vert bleuâtre que lui communiquent les alcalis faibles.

qu'après quelques instants, le vin contenant cette matière colorante paraît plus coloré que le vin naturel ; mais si l'on opère à chaud, la décoloration de la cochenille par l'hydrosulfite étant alors complète et instantanée, tandis que celle du vin est plus lente, c'est du côté du vin alt ré que se manifeste une décoloration comparative, qui constitue un nouvel indice. Ces réactions ne sont sensibles et nettes qu'avec des vins contenant des proportions déjà notables de cochenille.

Quand cette substance n'existe qu'en très-faibles quantités dans un vin, le meilleur moyen pour en constater la présence est le suivant : Comme pour la recherche de la fuchsine, on précipite la matière colorante du vin par l'addition d'un volume égal d'eau de baryte, on filtre : la liqueur filtrée se colore en rose par neutralisation au moyen de l'acide acétique. L'addition de quelques gouttes d'hydrosulfite suffit pour distinguer si l'on a affaire à la fuchsine ou à la cochenille. La teinte de cette dernière résiste quelque temps à l'action du réactif désoxydant, tandis qu'elle disparaît instantanément quand la coloration est due à la fuchsine. On peut d'ailleurs, en faisant bouillir la liqueur rosée sur un fragment de laine mordancée à l'acétate d'alumine, teindre cette dernière et reconnaître sur l'étoffe les caractères de la teinture par la cochenille.

401. — **Recherche du campêche.** — L'aluminate de soude permet de constater nettement la présence du campêche dans le vin quand ce dernier en renferme une certaine proportion. Lorsque l'on verse le réactif, qui n'altère point sensiblement la teinte du vin naturel, dans un vin contenant un huitième, ou plus, de son volume de solution d'extrait de campêche, le mélange prend une coloration bleu-violet très-sensible et dont la netteté est plus grande encore si l'on a étendu le vin suspect de son volume d'eau. Il est toujours très-utile de faire l'essai

comparatif avec du vin pur de même nuance que le vin incriminé.

402. — **Recherche des matières colorantes végétales analogues à celles du vin.** — Pasteur, Balard et Wurtz font précéder les résultats de leurs recherches des réflexions suivantes, qu'il me paraît utile de reproduire textuellement :

« Nous avons déjà vu que ce n'est que par une association convenable que les matières colorantes dont nous avons parlé jusqu'ici peuvent reproduire la teinte du vin. Il n'en est pas de même des matières colorantes qui nous restent à examiner. Celles-ci donnent, sans mélange et directement, la couleur du vin ; on s'est depuis longtemps adressé à elles pour la coloration artificielle de ce liquide.

« Ces couleurs ne sont pas seulement semblables à celle du vin par leur nuance ; il est probable qu'elles lui ressemblent beaucoup aussi par leur nature et que, sans être identiques, ce sont du moins des espèces chimiques très-voisines. Elles présentent donc beaucoup de propriétés communes et que partage la matière colorante du vin.

« Ainsi ces matières colorantes verdissent par les solutions alcalines ; elles sont, comme celles du vin, précipitables par la baryte. Le précipité, vert bleuâtre avec le vin, est, avec la rose trémière et le sureau, d'un beau vert, un peu terne avec l'hièble et le myrtille. Les liqueurs filtrées qui surnagent les précipités sont jaunes ou légèrement verdâtres. En saturant, par l'acide acétique, l'alcali qu'elles contiennent en excès, elles se colorent parfois d'une teinte rose, mais extrêmement faible et qui n'est peut-être due qu'à la dissolution d'une trace du dépôt vert qui a passé au travers du filtre. Ces matières colorantes se décolorent toutes par l'hydrosulfite de soude, mais avec des différences dans la durée du temps nécessaire à la production du phénomène. Celle de la rose trémière est la plus altérable ; la décoloration est à la fois instantanée et complète, tandis que celles du sureau et de l'hièble, et plus encore celle du vin, marchent graduellement et laissent souvent au liquide une teinte légèrement rougeâtre.

« Les richesses tinctoriales des matières premières que l'on emploie pour la coloration sont différentes. En prenant pour unité la faculté tinctoriale de la mauve, celle du sureau n'est que de 0,27, celle du myrtille 0,17 et celle de l'hièble 0,15, pour les substances dans l'état où on les trouve dans le commerce.

« Les prix de ces matières premières sont aussi inégaux; mais, en combinant ces prix avec les nombres qui représentent leur faculté tinctoriale, on trouve que, le prix de l'unité de pouvoir colorant de la mauve noire étant 1, celui du sureau est 1,6, celui du myrtille 2,2. La couleur du myrtille et de l'hièble coûtant ainsi deux fois plus que celle de la mauve, il est peu probable qu'on emploie, si ce n'est dans des cas tout particuliers, ces deux matières colorantes pour la falsification des vins : c'est le sureau, et plus généralement la mauve noire, que l'on utilise.

« Malgré la similitude des propriétés de ces matières colorantes, nous sommes cependant parvenus à trouver quelques réactions spéciales qui permettent de les distinguer entre elles et de les reconnaître quand elles existent dans le vin. »

403.— **Recherche de la rose trémière** [Syn. : Passerose, rose trémière, mauve noire (*Althœa rosea, varietas nigra*)]. — La matière colorante de la mauve éprouve de la part de l'alun, et surtout de l'alun ammoniacal, une altération qui la fait passer de la nuance du vin qu'elle possédait à une couleur violacée, qui devient plus intense par l'élévation de la température. Du vin coloré au huitième peut être facilement distingué du même vin pur (1).

Il suffit pour cela d'opérer comparativement sur quelques centimètres cubes de vin normal et du vin devant à la mauve un huitième de sa couleur. On ajoute dans les deux tubes cinq ou six fois le volume de solution saturée d'alun ammoniacal. L'action commence à froid, mais elle devient plus manifeste quand on chauffe près de l'ébullition; on voit alors le tube contenant le vin pur conserver la couleur rouge-brique du vin, tandis que celui qui renferme le vin altéré par la matière colorante étrangère prend une couleur violette qui suffit pour le distinguer nettement du premier. On pourrait même pousser l'appréciation au delà d'un huitième.

Les matières colorantes du sureau, de l'hièble et du myrtille se comportent de la même façon et donnent une teinte violacée dans le vin coloré par un huitième de ces matières colorantes; l'absence de ces réactions par l'alun ammoniacal peut permettre de conclure à l'absence de ces quatre matières colorantes étrangères.

L'alumine, sous la forme d'aluminate de soude, permet aussi de distinguer entre elles les matières colorantes de la mauve, du sureau et de l'hièble et de les retrouver même quand elles n'interviennent que pour un huitième dans la couleur des vins.

Quand on verse dans 1 centimètre cube de ces infusions, également colorées en excès, huit à dix gouttes d'une dissolution très-étendue d'aluminate de soude, assez pour

(1) Cette proportion d'un huitième, c'est-à-dire un volume d'une solution du principe colorant, de même teinte que le vin, ajouté à 7 volumes d'un vin dont on veut rehausser la couleur, est, d'après les expériences de Pasteur, Balard et Wurtz, la limite inférieure d'une fraude profitable à celui qui la commet.

que la liqueur se fonce en couleur et paraisse se troubler, on obtient des résultats différents : la mauve noire donne lieu à un précipité bleuâtre, et la liqueur surnageante est incolore ; avec le sureau, il ne se forme pas de précipité et la liqueur, restée limpide, est colorée en vert, sali par un peu de rouge.

L'hièble et le myrtille se comportent de la même manière : le liquide, resté limpide, tient seulement un peu moins de rouge ; il est dès lors d'un vert plus douteux.

Ces différences d'action, qui peuvent servir tout au moins à distinguer la matière colorante de la mauve de celle du sureau, ne se présentent pas avec assez de netteté pour qu'on puisse reconnaître, par ce moyen, du vin additionné de un huitième de ces matières colorantes ; mais l'aluminate de soude, agissant d'une manière différente sur le vin pur et sur le vin contenant une de ces trois matières colorantes, peut constituer un caractère générique analogue à celui de l'action de l'alun.

Il faut, pour cela, opérer comparativement avec 1 centimètre cube de ces liquides, auquel on ajoute quatre gouttes d'aluminate de soude seulement. En étendant ensuite de 12 centimètres cubes d'eau distillée environ chacune de ces liqueurs, on constate que le vin pur a conservé sa teinte, tandis que le vin qui renfermait une des trois matières colorantes étrangères prend une couleur violacée qui n'a pas la même intensité avec les trois couleurs, mais qui est toujours facile à distinguer de celle du vin.

404. — **Recherche du sureau.** — Pasteur, Balard et Wurtz ont trouvé dans le sulfate de fer un réactif propre à faire distinguer la matière colorante du sureau des autres matières colorantes végétales, par exemple de la mauve, et à les reconnaître dans les vins. Quand on place dans 1 ou 2 centimètres cubes d'infusion de mauve, un fragment, gros comme un pois, de protosulfate de fer, et

qu'on opère d'une manière comparative avec l'infusion de sureau, on observe des phénomènes différents : les deux matières colorantes se foncent beaucoup dans leur couleur ; mais tandis que celle de la mauve devient d'un violet foncé, celle du sureau prend une teinte bleue très-sensible.

Si, dans cet état, on produit une suroxydation par l'addition d'un égal nombre de gouttes de solution de brome, la teinte violette de la mauve s'exalte sans passer au bleu, tandis que celle du sureau passe au bleu foncé. La matière colorante du vin n'éprouve pas d'altération sensible dans sa nuance, quand on traite quelques centimètres cubes de ce liquide de la même manière. Le vin cependant se trouble et se fonce par l'addition du brome ; mais il n'y a pas de coloration bleue et la masse délayée dans l'eau, ce qui rend les comparaisons plus faciles, présente des différences tranchées.

On peut utiliser ces propriétés pour la recherche du sureau dans le vin. Si l'on opère par comparaison avec du vin naturel, la couleur bleuâtre qui se développe dans le vin additionné de sureau, surtout après addition de quelques gouttes de brome, contraste si nettement avec la couleur jaunâtre que prend le vin naturel, que l'on peut ainsi facilement constater la présence certaine de la matière colorante étrangère.

405. — **Recherche de l'hièble et du myrtille.** — Ces deux matières colorantes, qui présentent entre elles une grande ressemblance, peuvent être distinguées de celle du sureau par l'action des sels de fer.

Si l'on dissout à chaud, dans 2 ou 3 centimètres cubes de vin coloré au $\frac{1}{8}$ un petit cristal de protosulfate de fer, les deux liqueurs prennent une couleur violacée ; si l'on ajoute alors quelques gouttes de solution de brome pour produire la suroxydation, la liqueur, étendue d'eau, présente une nuance vert jaunâtre sale et non la teinte bleue qui se manifeste avec le sureau.

En opérant avec du vin pur et du vin coloré par l'hièble, on observe aussi une différence, légère sans doute, mais sensible. En étendant d'une égale quantité d'eau les deux liqueurs après la suroxydation, on observe que celle qui contient de l'hièble est plus riche en couleur et présente une teinte sensiblement plus verte.

Le fer à l'état d'alun de fer nous permet aussi de distinguer ces matières colorantes entre elles et même de retrouver l'hièble dans les vins.

Si l'on dissout un petit cristal d'alun de fer dans les infusions de mauve, de sureau et d'hièble, on voit la mauve perdre la teinte violacée et passer au jaune sans qu'il y ait formation de précipité. Avec le sureau, il se forme un précipité et une coloration verte; avec l'hièble et le myrtille, il y a aussi un dépôt, mais la coloration est brune.

En opérant comparativement avec du vin pur et du vin contenant un huitième d'hièble, il se forme un précipité des deux côtés, les deux liqueurs présentent une teinte brun jaunâtre; mais cette dernière est sensiblement plus foncée quand on opère avec du vin contenant de l'hièble. Le myrtille se comporte de la même manière.

406. — **Recherche du raisin teinturier.** — Le vin versé dans un excès d'eau prend une teinte violet sale. Il donne avec l'alumine de potasse la réaction du sureau, précipité rouge-bleu. Il ne donne pas la réaction du sureau avec le sulfate de fer et le brome.

Sous-acétate de plomb. — Précipité gris-bleu foncé. Le vin filtré est *incolore* ou jaunâtre.

Acétate de plomb. — Précipité bleu-violet, moins gris que le précédent, le liquide filtré est *rouge.* Si l'on ajoute de l'alcool amylique, l'alcool se colore en rouge foncé; le liquide est légèrement fluorescent.

Baryte et acide acétique. — Précipité gris-vert, liquide brunâtre. Addition d'acide acétique, coloration rose, instantanément détruite par les hydrosulfites (comme la fuchsine). L'alcool amylique agité avec le vin acétique se colore en rouge.

407. — **Essais de teinture des étoffes par le vin.** — Nous venons d'indiquer les méthodes spéciales, empruntées à l'expertise de Pasteur, Balard et Wurtz, pour rechercher les principales matières colorantes végétales ajoutées à un vin. En terminant, je rapporterai un procédé général qui permet de constater si un vin a été ou non additionné de substance colorante. Ce procédé consiste à teindre, comparativement avec du vin pur d'une nuance analogue à celle du vin suspect, des fragments d'étoffe de laine chargés de différents mordants.

Si l'on maintient, pendant une heure environ, à une température voisine de l'ébullition, un fragment de cette étoffe mordancée par l'acétate d'alumine ou par un mélange d'alun et de crème de tartre, elle se colore d'une nuance rouge plus ou moins intense, qui est celle du vin.

Cette couleur n'augmente pas sensiblement d'intensité quand on fait passer l'étoffe dans un autre bain de vin. Le premier traitement l'a, en quelque sorte, saturée de cette couleur.

Mais quand le vin est additionné d'une petite quantité de matière colorante étrangère, l'étoffe saturée de la couleur du vin ne l'est pas pour cela de cette dernière matière colorante étrangère. Si dès lors on fait passer la laine dans un second ou dans un troisième bain semblables, elle se charge, à chaque fois, d'une nouvelle dose de la matière colorante ajoutée, et, tandis qu'en opérant les réactions sur des vins purs et sur des vins incriminés, les rapports dans les proportions de matière colorante du vin et de matière colorante étrangère, restant constants, donnent naissance à des phénomènes limités dans leur sensibilité, il arrive, au contraire, par ce procédé de teinture, que la matière colorante étrangère, s'accumulant sur le tissu, se trouve sur celui-ci en quantité proportionnellement plus grande que dans la liqueur même. Cette accumulation, on le conçoit, peut dès lors donner lieu à des changements plus faciles à apprécier.

La matière colorante ainsi accumulée peut même, dans certains cas, être détachée du tissu, de manière à ce qu'on en constate la nature propre : ainsi, par exemple, en mettant dans de l'eau ammoniacale une étoffe par laquelle a été fixé de l'indigo, on voit l'étoffe passer au vert, colorer la liqueur en bleu décolorable par les agents oxydants et désoxydants. L'étoffe imprégnée de la matière colorante du vin pur verdit aussi par l'ammoniaque, mais la liqueur ne se colore pas comme lorsqu'il y a de l'indigo.

Au lieu de ces teintures successives, on peut d'ailleurs, ce qui revient à peu près au même, opérer en une fois, mais en faisant alors intervenir du premier coup le volume de vin incriminé qu'on aurait, dans la première méthode, employé d'une manière successive.

En variant les mordants, on peut, dans ces expériences, obtenir des résultats analogues, mais avec des colorations différentes. Dans la recherche de l'indigo, de la fuchsine, de la cochenille, il convient d'employer le mordant d'alumine ; pour la mauve et le sureau, le mordant à l'oxymuriate d'étain est préférable.

La sensibilité de la réaction, quand on recherche l'indigo, la fuchsine et la cochenille, est considérable. Dans la recherche des matières colorantes analogues à celles du vin, la sensibilité est moindre.

Il n'est pas possible d'indiquer d'une manière absolue les couleurs obtenues dans ces différentes circonstances ; elles varient, en effet, d'une expérience à l'autre, non-seulement avec la couleur propre des vins purs et avec la nature du mordant, mais aussi avec les proportions de celui-ci.

Il en est surtout ainsi pour le mordant d'étain, selon la forme sous laquelle l'acide stannique a été déposé sur le tissu, soit par ébullition avec l'oxymuriate d'étain additionné de crème de tartre, soit en passant la laine dans un bain de stannate et la traitant ensuite par l'eau acidulée d'acide sulfurique. Dans ce mode d'expérimentation, on ne peut dès lors rien conclure que par la comparaison des résultats obtenus en se plaçant dans les mêmes circonstances.

408. — **Recherche des autres principes immédiats du vin.** — Nous avons appris dans les paragraphes précédents à doser, dans un vin, l'alcool, l'extrait, l'acidité totale, les cendres, et à y rechercher les différentes matières colorantes le plus fréquemment employées dans les falsifications de ce liquide. Dans la plupart des cas, le chimiste, consulté sur la pureté d'un vin, pourra se borner à l'examen du vin aux divers points de vue précédemment exposés.

Le vin est, on le sait, un mélange extrêmement complexe, sur la nature duquel les admirables recherches de Pasteur ont jeté un grand jour. Je restreindrai à la détermination de quelques substances ce qui me reste à dire, renvoyant pour l'étude complète du vin aux mémoires spéciaux sur ce liquide.

Les matières protéiques, la gomme, le sucre, l'acide acétique, se dosent comme il a été dit à l'*Analyse de la bière.* La glycérine, les acides succinique, tartrique et malique, le bitartrate et le tannin peuvent être isolés et dosés par les méthodes que je vais décrire.

409. — **Dosage de la glycérine.** — Pour isoler cette substance ($C^9H^8O^6$), découverte par Pasteur dans le

vin, on opère comme suit : On sature par la chaux 500 centimètres cubes de vin ; on filtre et l'on traite le précipité par un mélange de 100 volumes d'alcool à 90° et 150 volumes d'éther pur. Le précipité volumineux qui se forme est séparé par décantation et le liquide surnageant évaporé au bain-marie, à basse température. Le résidu huileux ainsi obtenu est de la glycérine mélangée aux acides libres du vin, solubles dans l'alcool et dans l'éther. Traité par le chlorure d'or, il donne un précipité pourpre foncé, réaction caractéristique de la glycérine. Pour purifier le produit, on le reprend par le mélange d'alcool et d'éther, on sature exactement par la chaux et l'on traite à nouveau par le mélange alcoolique. La glycérine provenant de ce traitement est pure, à part un peu de matière colorante, si l'on opère sur des vins rouges. La quantité de glycérine varie, d'après Pasteur, de 4 à 8 grammes par litre dans les vins, ceux des grands crus étant les plus riches en cette substance.

410. — **Recherche et dosage de l'acide tartrique et des tartrates.** (*Procédé de Berthelot.*) — A l'aide d'une pipette, on mesure exactement 10 centimètres cubes de vin, auxquels on ajoute 75 centimètres cubes d'un mélange, à parties égales, d'éther et d'alcool absolus. On agite fortement ce mélange dans un flacon bouchant hermétiquement. On abandonne au repos pendant 24 heures : le dépôt qui se forme, au bout de ce temps, renferme le bitartrate de potasse et les tartrates des autres bases. Les acides libres sont demeurés en dissolution. On décante avec précaution sur un filtre, on lave le flacon et le filtre avec 15 centimètres cubes du mélange d'alcool et d'éther et, à l'aide d'eau de chaux titrée, on détermine le taux d'acide existant dans le dépôt solide, préalablement redissous dans l'eau. La quantité trouvée est notée exactement.

On prend ensuite 10 centimètres cubes du même vin

qu'on sature par une solution de potasse caustique ; on ajoute 40 centimètres cubes de vin et l'on procède, sur 10 centimètres cubes de ce mélange, à la séparation des tartrates, en ajoutant 50 centimètres cubes du mélange d'alcool et d'éther et en opérant comme il vient d'être dit. Enfin, on dose l'acide dans le dépôt de crème de tartre obtenu.

De deux choses l'une : ou le titrage de l'acide combiné aux bases donne, dans les deux expériences, le même résultat numérique : on en conclut alors que tout l'acide tartrique du vin essayé est à l'état de bitartrate dans le vin ; ou la quantité d'acide dosée dans le second cas est plus grande que la quantité trouvée dans le premier, ce qui indique la présence d'acide tartrique libre en quantité égale à la différence obtenue dans les deux dosages. Il y a une légère correction à faire dans toutes ces déterminations : il faut ajouter au poids de crème de tartre trouvé $0^{gr},002$, poids correspondant à la solubilité de ce sel dans le mélange d'alcool et d'éther.

411. — **Dosage de l'acide succinique.** ($C^8H^3O^5,3HO$.) — Découvert dans le vin par Pasteur, qui estime que la production de cet acide s'élève à 2 p. 100 environ du sucre transformé pendant la fermentation. On évapore à consistance sirupeuse 1 litre de vin, on agite le résidu avec de l'éther absolu et l'on filtre. Le liquide, abandonné à l'évaporation spontanée à l'abri des poussières de l'air, laisse déposer de petits cristaux d'acide succinique qu'on lave à l'éther et qu'on dissout dans l'eau. On détermine ensuite l'acidité de la dissolution avec une liqueur de soude, titrée par rapport à une quantité connue d'acide succinique pur. Pour vérifier la pureté des cristaux déposés dans la liqueur qui a servi au titrage, on y verse du chlorure de baryum. Il se forme, si l'on a affaire à de l'acide succinique, du succinate de baryte, soluble dans les

acides acétique et azotique, insoluble dans l'ammoniaque, dans l'alcool et peu soluble dans l'eau.

412. — **Dosage de l'acide malique.** — Découvert dans le vin par Pasteur. — On réduit un demi-litre de vin à 50 centimètres cubes environ. Au résidu on ajoute son volume d'alcool à 90° ; on abandonne au repos. Les tartrates, l'acide tartrique et une partie notable des sels calcaires du vin se déposent. Après décantation, on sursature le liquide par l'eau de chaux, qui précipite l'acide à l'état de malate de chaux, mélangé à un excès de réactif. On dissout le précipité dans l'acide azotique étendu de dix fois son poids d'eau ; on fait cristalliser : les cristaux obtenus sont du bimalate de chaux ($CaO. HO. C^8H^4O^8, 8HO$), dont le poids, multiplié par le facteur 0,6044, fait connaître celui de l'acide malique. — On peut aussi recourir au procédé indiqué §§ 235 et suiv.

413. — **Recherche de l'acide tartrique ajouté au vin.** — L'addition d'acide tartrique à des vins frelatés est assez fréquente. On peut la découvrir de la manière suivante : Dans 10 centimètres cubes du vin suspect, on ajoute 20 centimètres cubes d'une solution saturée de chlorure de potassium à la température ordinaire (15°). On agite vivement le mélange pendant 8 à 10 minutes, à l'aide d'une baguette de verre. Il se produit alors un précipité blanc cristallin de bitartrate de potasse ; on décante. Dans la plus petite quantité d'eau possible, on redissout, à chaud, le précipité formé et l'on ajoute de l'eau de chaux. Il se produit du tartrate de chaux soluble dans le chlorhydrate d'ammoniaque. En opérant par le même procédé sur un vin naturel contenant de l'acide tartrique libre, *non ajouté,* la réaction ne se produit qu'au bout de plusieurs heures.

414. — **Recherche des acides minéraux libres.** — La présence des acides sulfurique, nitrique ou chlorhy-

drique se constate d'après la méthode suivante, due à Mohr: Dans une dissolution très-étendue d'acétate acide de fer, bien exempt d'acétate alcalin, additionnée de quelques gouttes de sulfocyanure de potassium, on verse goutte à goutte le vin suspect. S'il renferme un acide minéral, il s'y produit instantanément une coloration rouge foncé, tandis que les acides végétaux : tartrique, citrique, acétique, malique, sont sans action sur le sulfocyanure.

415. — **Recherche de l'alun.** — L'addition d'alun relève la couleur du vin ; aussi la falsification à l'aide de ce sel est-elle assez fréquente. Pour la déceler, on sature 50 à 60 centimètres cubes de vin suspect par l'acétate de plomb ; on filtre. Dans la liqueur claire, on chasse l'excès de plomb par un courant prolongé de gaz sulfhydrique, on filtre et l'on verse de l'ammoniaque dans la liqueur. S'il y a de l'alun, il se forme un précipité plus ou moins volumineux d'alumine. Les traces d'alumine que les vins peuvent contenir, à l'état de tartrate, ne sauraient induire en erreur; pour peu que le précipité soit de quelque importance, on peut conclure à l'addition frauduleuse d'alun.

416. — **Recherche du sulfate de fer.** — On constate l'addition de ce sel en saturant le vin par le chlorure de baryum, filtrant et recherchant le fer dans la liqueur claire, à l'aide du sulfocyanure ou du cyanoferrure de potassium.

417. — **Méthodes de Klosterneubourg** [1]. — Les analyses chimiques que nécessite l'examen des vins se

---

[1] *Mittheilungen der K. K. chemisch-physiologischen Versuchs-Station für Wein und Obs'bau in Klosterneuburg bei Wien,* herausgegeben von Prof. D. L. Roesler, Vorstand der Versuchs-Station. 1882. Heft I. Je crois utile de reproduire une partie des méthodes recommandées dans cette publication par le prof. Roesler, dont la

divisent en deux groupes : 1° analyse quantitative ; 2° recherches qualitatives.

Le dosage de la richesse d'un vin en alcool, en matières extractives et en acidité nous permet de juger la composition générale de la boisson d'après les quantités relatives de ces éléments principaux. Mais quand il s'agit de constater si ce vin est falsifié ou non, on devra faire en outre le dosage du tartre, de l'acide tartrique libre, de l'acide tannique (en général, seulement pour les vins rouges), de l'acide acétique, du sucre, de la glycérine, des cendres et de certains éléments de celles-ci (surtout de la potasse, de la chaux et des acides phosphorique et sulfurique).

Les recherches qualitatives peuvent porter sur les matières suivantes : matières colorantes, sucre de fécule, sucre de canne (dans les vins de liqueur), acide salicylique, acide sulfureux, inosite, arsenic et métaux lourds.

I. — ANALYSE QUANTITATIVE.

418. — **Détermination du poids spécifique.** — Avant de procéder à la recherche des divers éléments du vin, il est nécessaire d'en connaître le poids spécifique : 1° pour savoir si le vin à examiner est plus pesant ou moins pesant que l'eau ; 2° pour s'en servir à la réduction des pour-cent en volume en pour-cent en poids. Quelquefois il sera nécessaire, en outre, de déterminer le poids

---

compétence spéciale est bien connue. Les falsifications des vins ont pris une telle extension, les méthodes qui conduisent à la détermination exacte des différentes substances contenues dans les vins naturels laissent encore tant à désirer, qu'il m'a paru nécessaire de compléter le présent chapitre par de larges emprunts au mémoire de Roesler, sauf à m'exposer à quelques répétitions. L. G.

spécifique du produit de la distillation du vin et celui de l'extrait ramené au volume antérieur par l'addition d'eau.

Le picnomètre de Sprengel donne des résultats d'une grande exactitude (fig. 100). Il consiste en un tube en U en verre mince, dont les deux extrémités étirées *a* et *b* sont recourbées à angle droit. Le diamètre intérieur de ces deux tubes capillaires est inégal : l'un, *b*, qui porte un trait indicateur *m*, a un diamètre de $^1/_2$ millimètre; le tube *a* a, au plus, $^1/_4$ de millimètre. Le remplissage de ce picnomètre se fait comme l'indique la figure 101, en plongeant l'extrémité *b* dans le liquide et en aspirant par le tube à boule *g* adapté à l'extrémité du tube *a*. Si la boule *g* est assez vaste, après la première aspiration il suffit de comprimer le caoutchouc entre les doigts pour que le remplissage s'achève seul. On plonge alors le tube en U dans un bain, maintenu à la température voulue pour la détermination de la densité : le picnomètre doit plonger presque jusqu'au contact des tubes *a* et *b* avec le bain. Le tube le plus fin *a* reste constamment rempli jusqu'à l'extrémité ; avec un fragment de papier à filtrer, on règle l'arrivée du liquide en *b* jusqu'à la marque *m*. On essuie le picnomètre et l'on en prend le poids à 1 ou

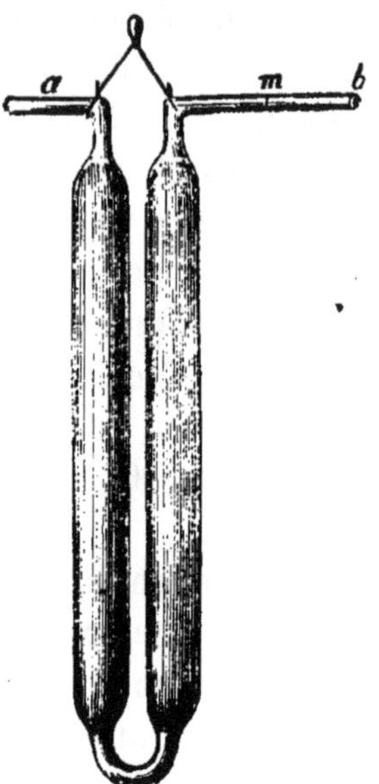

Fig. 100. — Picnomètre de Sprengel.

Fig. 101. Remplissage du picnomètre.

2 milligrammes près. On peut ainsi atteindre une extrême précision dans la détermination de la densité d'un liquide.

La figure 102 représente une autre forme du picnomètre de Sprengel. Il diffère du précédent en ce qu'il porte un thermomètre soudé dans sa partie supérieure ; on connaît ainsi directement la température du liquide. Les deux tubes capillaires sont fermés par des bouchons de verre pour empêcher l'évaporation ; le remplissage se fait comme dans l'appareil précédent, à l'aide de l'ajutage mobile représenté figure 103.

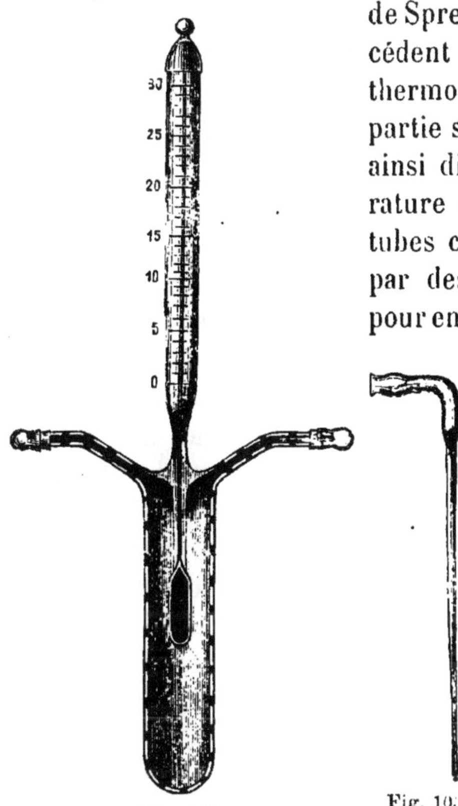

Fig. 102.
Autre picnomètre de Sprengel.

Fig. 103.

La détermination du poids spécifique se fait de la manière la plus exacte par l'emploi du picnomètre ; cependant, dans la pratique de l'examen des vins, l'emploi de l'aréomètre suffira, pourvu que les indications de cet instrument aient été vérifiées et que l'on sache s'en servir correctement. Eu égard aux petites quantités de vin qui, dans beaucoup de cas, sont à la disposition de l'opérateur, les aréomètres destinés à cet usage doivent être construits de façon qu'ils permettent la détermination du poids spécifique de 100 à 200 centimètres cubes de liquide.

Pour déterminer le poids spécifique de vins qui sont

plus légers que l'eau, on se sert d'un densimètre dont l'échelle va de 0,970 jusqu'à 1,000, mais à graduations assez écartées pour rendre facile l'estimation de quatre décimales. La détermination du poids spécifique des vins de liqueur qui sont plus pesants que l'eau se fait au moyen d'instruments à échelle ascendante et où la graduation, partant de 1,000, permet également l'estimation de quatre décimales.

Pour l'examen de liquides (tels que l'esprit-de-vin, les solutions de sucre ou d'extrait) dont on devra souvent déterminer le poids spécifique avec toute l'exactitude possible, Henri Kapeller jeune, à Vienne, a construit des aréomètres excessivement fins et précis à l'échelle desquels $\frac{2}{10,000}$ peuvent être observés directement.

Tous les aréomètres sont construits pour une certaine température normale, qui, en Autriche, est de 12° Réaumur (= 15° centigrades) pour les liquides plus légers que l'eau, et 14° Réaumur (= 17°5 centigrades) pour ceux plus pesants. Les liquides à examiner doivent donc être à cette température normale.

Quant à la manière de saisir l'instrument, on ne le touchera jamais à la hauteur de l'échelle ou aux parties inférieures, mais seulement à l'extrémité supérieure, au-dessus de l'échelle, pour le manier au moyen du pouce et de l'index.

Touchant le maniement des aréomètres, il faut surtout remarquer que, pour obtenir des résultats exacts, — pour être assuré que l'instrument s'enfonce dans le liquide jusqu'au point correspondant à son poids, — il faut qu'ils soient parfaitement nets et propres. On y parvient en plongeant l'aréomètre, avant d'en faire usage, dans de l'acide sulfurique dilué, en l'agitant deux à trois fois dans ce liquide et en l'enfonçant ; puis, après l'avoir rincé à l'eau distillée, dans de l'alcool presque absolu et très-pur.

L'instrument y est aussi agité quelquefois et, après l'avoir retiré du liquide, on ne l'essuie point avec un linge, mais on laisse l'alcool s'évaporer à l'air.

Toutes les fois qu'on s'est servi de l'aréomètre pour déterminer le poids spécifique d'un liquide quelconque, du vin par exemple, on devra le laver immédiatement après avec de l'eau distillée et le plonger ensuite dans l'alcool qu'on laissera s'évaporer. Après avoir nettoyé l'instrument de cette manière, on le garde dans un étui bien fermé, où il est parfaitement à l'abri de la poussière. A moins que ces règles ne soient rigoureusement suivies, les indications de l'instrument ne sont pas exactes.

L'enfoncement de l'aréomètre dans le liquide à examiner devra se faire toujours avec beaucoup de précaution. Le premier enfoncement ne servira jamais que pour l'orientation préalable, pour reconnaître approximativement le point jusqu'où l'instrument s'immergera. On le retirera ensuite et, après l'avoir lavé avec de l'eau et de l'alcool et séché à l'air, on l'enfoncera une seconde fois dans le liquide, exactement jusqu'au point observé au premier enfoncement. L'aréomètre fait quelques petites oscillations en sens vertical et s'arrête à la hauteur exacte : on n'a plus qu'à observer le degré de l'échelle.

Cette observation se fait le plus avantageusement, — par rapport à l'exactitude la plus grande possible, — aux limites supérieures du ménisque. Il faut pour cela que la détermination soit exécutée dans un lieu bien éclairé. D'ailleurs, il n'est pas possible de faire cette observation, pour des vins très-colorés, autrement que par en haut. Il suit de là qu'il faut avoir égard à ce mode d'observation dans la construction et dans la vérification des aréomètres.

Le cylindre dans lequel on enfonce le densimètre ne doit pas être trop étroit, afin que l'instrument puisse y faire des oscillations verticales sans frotter contre les parois. L'observation pourra se faire avec le plus de facilité si, l'instrument étant enfoncé, le ménisque devient visible au-dessus du bord supérieur du cylindre.

Il est inutile d'ajouter que tout aréomètre doit être vérifié relativement à son exactitude avant d'en faire usage. On fait cet examen en enfonçant l'instrument dans des liquides dont on a préalablement déterminé le poids spécifique au moyen du picnomètre ou de la balance hydrostatique, à la température normale. De cette manière, on vérifie l'exactitude de plusieurs (tout au moins de trois) degrés de l'échelle. A l'aide des différences qui existent entre les indications du densimètre et les poids spécifiques vrais, on calcule une table d'après laquelle on pourra corriger les indications de l'instrument.

418. — **Dosage de l'alcool.** — L'appréciation de la richesse alcoolique du vin forme, dans la pratique, une seule opération avec l'appréciation de l'extrait solide, d'après Balling. A cette fin, on met un certain volume de vin (au moins 100 centimètres cubes, mieux vaut 200), mesuré à 15° centigrades, dans un matras, et au moyen d'un petit appareil distillatoire on en distille $\frac{2}{3}$. Les produits de cette distillation sont reçus dans un petit matras jaugé de la capacité de 100, éventuellement 200 centimètres cubes. Si leur température est sensiblement supérieure à 15° centigrades, on les fait refroidir jusqu'à ce point, puis on ajoute de l'eau à la même température pour compléter le volume, et le mélange, qui se réchauffe un peu, est versé dans un cylindre par l'immersion duquel dans l'eau froide on ramène exactement à 15° centigrades; en y enfonçant l'alcoomètre, on détermine la richesse alcoolique du liquide examiné.

Si l'on n'a pas à sa disposition une quantité suffisante d'eau froide, ce qui peut arriver en été, on procédera de la manière suivante: Après avoir complété le volume des produits de la distillation par l'addition d'eau, on met le mélange dans un cylindre, on y mesure sa température, on enfonce l'alcoomètre, puis on le retire pour mesurer de nouveau la température du liquide. Ayant cherché la moyenne de ces deux températures, on compare l'indication corrigée de l'alcoomètre avec les nombres de la table de réduction III (¹) et l'on y trouve soit directement, soit par interpolation, la vraie richesse alcoolique à 15° centigrades.

Ce procédé, par lequel un peu d'acide acétique est introduit dans les produits de la distillation et en augmente légèrement le poids spécifique, est suffisamment exact pour les besoins de la pratique. Quand il s'agit d'un dosage très-exact de l'alcool (pour des recherches scientifiques), on se sert du procédé Pasteur. (Voir § 386.)

Si l'on n'a pas à sa disposition un alcoomètre très-sensible et bien vérifié, on peut aussi doser l'alcool contenu dans les produits de la distillation en déterminant le poids spécifique de ceux-ci au moyen du picnomètre et en cherchant la richesse alcoolique correspondante dans la table I (²).

Avant de faire usage d'un alcoomètre, il faut toujours l'examiner relativement à l'exactitude de ses indications. D'après Kupffer, cette vérification se fait en enfonçant l'instrument dans l'esprit-de-vin, où plonge un corps de verre suspendu à une balance hydrostatique et dont on connaît exactement le poids dans l'air atmosphérique et dans l'eau à la température normale. Dès que la balance par laquelle on mesure la perte de poids que subit le corps de verre est en équilibre, on observe l'indication de l'alcoomètre. Il est nécessaire que le liquide soit bien agité avant d'y plonger le corps de verre et l'alcoomètre, pour

---

(¹) Cette table est livrée avec l'instrument.

(²) Livrée avec l'instrument.

qu'il ait partout une température uniforme. En divisant la perte de poids que le corps de verre subit dans le liquide par la perte subie dans l'eau à la même température, on obtient le poids spécifique de l'esprit-de-vin et l'on pourra ensuite rechercher à la table I les pour-cent de volume d'alcool y correspondant. En comparant ce nombre avec l'indication de l'alcoomètre, on trouve la correction à faire à ce point de l'échelle et par l'exécution de plusieurs expériences de cette nature, on sera à même de combiner une table de correction qui pourra servir à rectifier les indications de l'instrument.

Un alcoomètre vérifié de cette manière est appelé alcoomètre normal. Si l'on peut se procurer un de ces alcoomètres normaux, vérifiés par la commission normale de jaugeage, il suffira de comparer avec cet instrument tout alcoomètre à vérifier en les enfonçant tous les deux à la fois dans l'esprit-de-vin et en observant les indications des deux instruments. Pour trouver la correction exacte pour un point donné de l'échelle, une seule opération n'est pas suffisante, mais il faut exécuter une série de déterminations comparatives et calculer leur moyenne.

En ce qui concerne le maniement de l'alcoomètre et le mode d'observation, il faut suivre les mêmes règles que celles qui s'appliquent aux aréomètres en général. L'alcoomètre indique directement la quantité d'alcool pour cent, en volume. Pour réduire en poids les indications en centièmes, ce qui est exigé ordinairement, on multiplie le nombre des pour-cent de volume trouvés à la température normale par 0,795 (fixé comme poids spécifique de l'alcool absolu à 15° centigrades par la commission normale de jaugeage d'Autriche), et le produit est divisé par le poids spécifique du vin à 15° centigrades.

Remarque. — Il y a des vins qui forment beaucoup de mousse quand on les chauffe dans un matras, et une partie assez considérable de cette mousse s'introduit dans les produits de la distillation, rendant par là inexact le dosage de l'alcool. On lève cette difficulté en additionnant ces vins de 0.2 p. 100 de tannin avant de les soumettre à la distillation. Il est superflu de faire remarquer que, dans ce cas, les résidus de la distillation ne peuvent plus servir pour le dosage de l'extrait et que pour ce dosage il faudra désalcooliser une autre portion de vin par évaporation partielle au bain-marie et la ramener, après le refroidissement, au volume primitif par l'addition d'eau.

420. — **Dosage de l'extrait.** — Dans la pratique, il suffit ordinairement de doser l'extrait au moyen du saccharimètre. Les résidus de distillation provenant du dosage de l'alcool sont refroidis à 14° R.; par l'addition d'eau à cette même température, on porte leur volume à celui du vin, puis on agite pour produire un mélange uniforme. Le liquide est ensuite versé dans un cylindre, l'écume formée à la surface est enlevée au moyen de papier à filtrer et enfin le saccharimètre est enfoncé. On manie celui-ci exactement d'après les règles données pour les aréomètres en général.

On peut aussi déterminer le poids spécifique de cette solution d'extrait au moyen du picnomètre ou d'un densimètre exact et déduire de la table IV [1] la quantité d'extrait correspondant à la densité trouvée.

421. — **Dosage de l'acidité.** — Ce dosage peut être fait au moyen de la solution de potasse caustique, de l'eau de baryte ou de l'eau de chaux. La solution de potasse caustique étant d'une conservation mieux assurée et plus longue, il est préférable de préparer pour le dosage de l'acidité du vin des solutions titrées de cette substance. Le titre le plus avantageux de cette solution est celui où le nombre de centimètres cubes exigés pour la neutralisation de

---

(1) Table livrée avec l'instrument.

10 centimètres cubes de vin, indique la richesse du vin en acide tartrique, en grammes par litre. On prépare ce liquide de la manière suivante : environ 15 grammes de potasse caustique, exempte de carbonate, sont dissous dans un litre d'eau. Ensuite, on fait dissoudre exactement 1 gramme d'acide tartrique parfaitement pur, réduit en poudre fine et séché à 100° centigrades dans 100 centimètres cubes d'eau. Cette dissolution faite, on prend deux burettes divisées en dixièmes de centimètre cube, dont l'une est remplie de la solution de potasse caustique, tandis que l'autre reçoit la solution d'acide tartrique. De celle-ci on fait couler exactement 10 centimètres cubes dans un petit verre et, après avoir coloré le liquide par quelques gouttes de teinture de tournesol, on y ajoute peu à peu de la solution de potasse jusqu'à ce qu'une goutte de ce liquide alcalin produise une coloration bleue. Cette expérience est répétée trois fois pour arriver à un résultat certain. Si, par exemple, la neutralisation des 10 centimètres cubes de solution d'acide tartrique a exigé 7,5 centimètres cubes de solution de potasse, on rectifiera celle-ci de la manière voulue d'après le calcul suivant :

$$7.5 : 2.5 :: 900 : x, \text{ d'où } x = 300$$

Il faudra donc ajouter 300 centimètres cubes d'eau à 900 centimètres cubes de la solution potassique. Ce mélange opéré, on fait de nouveau quelques titrages avec 10 centimètres cubes de la solution d'acide tartrique pour s'assurer que la solution potassique a le titre voulu. 10 centimètres cubes de celle-ci doivent neutraliser exactement 10 centimètres cubes du liquide acide; dans ce cas, 1 centimètre cube de la solution de potasse caustique correspond exactement à $0^{gr},01$ d'acide tartrique cristallisé.

La solution de potasse caustique est conservée dans un flacon de Woolf qui communique avec une burette divisée en dixièmes de centimètre cube. Avec l'air extérieur, ce flacon communique au moyen d'un tube rempli d'un mélange de soude et de chaux caustiques.

Pour le dosage de l'acidité, on peut faire usage de teinture de tournesol seulement pour les vins blancs très-clairs; pour les vins blancs plus colorés et pour les vins rouges, on est obligé de se servir du papier de tournesol.

Pour doser l'acidité d'un vin, on en verse dans un petit verre 10 centimètres cubes, exactement mesurés avec une pipette jaugée et rougis par l'addition de quelques gouttes de teinture de tournesol, si la couleur du vin était jaune clair. Après avoir dilué le vin du double de son volume d'eau, on ajoute la solution potassique successivement par petites portions, en agitant sans cesse le verre de manière à imprimer au liquide un mouvement rotatoire, jusqu'au moment où l'on remarque un changement de couleur. Si une baguette de verre, plongée dans le vin et mise en contact avec du papier de tournesol bleu, y produit encore une tache franchement rouge, on ajoute encore quelques gouttes de la solution de potasse caustique en agitant toujours avec la baguette, du bout de laquelle on touche de nouveau le papier de tournesol. On répète ces essais jusqu'à ce qu'il ne se forme, autour du point touché, qu'une auréole rougeâtre. Cela étant, 1 à 2 gouttes de la solution potassique suffisent d'ordinaire pour compléter la neutralisation.

Par ce mode de titrage, on perd un peu du liquide en mouillant le papier à plusieurs reprises et il doit en résulter une petite inexactitude, qu'on peut éliminer en répétant le dosage.

Si la quantité de la solution potassique, — préparée d'après la méthode indiquée, — qu'il faut ajouter pour neutraliser 10 centimètres cubes de vin est de 6,8 centimètres cubes, ce vin contient 6gr,8 d'acide libre par litre.

422. — **Dosage de l'acide tannique.** — Pour l'exécution du dosage de l'acide tannique d'après le procédé Lœwenthal modifié par Neubauer, on commence par préparer les réactifs nécessaires en suivant les indications données § 264.

L'alcool contenu dans le vin étant également oxydé par la solution permanganique, on doit en premier lieu le chasser par l'ébullition ou par la distillation; il est donc avantageux de réunir dans la pratique le dosage de l'alcool avec celui du tannin et de la matière colorante. Le vin, privé de son alcool, est refroidi et ramené à son volume antérieur. Ensuite on procède au titrage, en employant à chaque opération 10 centimètres cubes auxquels on ajoute lentement la solution de permanganate de potasse, en ayant soin que la solution d'indigo, à elle seule, nécessite toujours l'addition de la même quantité ou mieux d'une plus grande quantité de liquide permanganique que les 10 centimètres cubes du vin. Dans le cas contraire, on ajouterait une quantité plus grande de solution d'indigo, par exemple 30 ou 40 centimètres cubes par 10 centimètres cubes de vin, ou bien l'on n'emploierait que 5 centimètres cubes de vin par 20 centimètres cubes du liquide colorant.

Mais il y a dans tout vin, outre l'alcool, de la matière colorante et du tannin, et d'autres éléments qui sont plus ou moins oxydés par le permanganate de potasse. Pour pouvoir en tenir compte, on met à profit l'influence exercée sur le tannin et sur la matière colorante par le noir animal, qui les précipite en effet de leurs solutions d'une manière si complète, que le liquide filtré est parfaitement incolore et que la réaction de l'acétate de fer n'y indique plus la moindre trace d'acide tannique. 10 centimètres cubes de vin désalcoolisé sont donc dilués d'eau et additionnés de quelques centimètres cubes de noir animal lavé, très-pur, qui enlèvent avec facilité tout l'acide tannique et toute la matière colorante.

Peu de temps après, on filtre, on lave soigneusement le noir animal, on ajoute de l'acide sulfurique étendu qui ne doit pas provoquer la moindre coloration rouge et, après avoir introduit 20 centimètres cubes de solution d'indigo et porté le volume du liquide à $\frac{3}{4}$ de litre, on procède au titrage avec la solution permanganique. La différence des résultats de cette opération et de la première nous indique la quantité de permanganate nécessaire pour détruire l'acide tannique et la matière colorante contenus dans 10 centimètres cubes du vin examiné. Se basant sur le titre connu de la solution de permanganate de potasse, on calcule la quantité de tannin et de matière colorante, en acide tannique pour 100 de vin.

423. — **Dosage de l'acide acétique.** — Pour le dosage de l'acide acétique, on peut se servir de l'une des deux méthodes suivantes :

I. — *Méthode de Kiessel, perfectionnée par Neubauer.* — 50 centimètres cubes de vin sont additionnés d'eau de baryte jusqu'à obtention d'une réaction faiblement alcaline; l'alcool est complétement chassé par le chauffage prolongé au bain-marie; on filtre et on lave le précipité provenant de la baryte. Au liquide filtré qui contient l'acide acétique combiné avec de la baryte, on ajoute 20 centimètres cubes d'acide phosphorique d'une densité de 1,12, et ensuite le tout est soumis à la distillation. Le liquide distillé est reçu dans un flacon gradué et l'opération est interrompue quand le résidu dans la cornue est réduit à 20 centimètres cubes. A ce résidu on ajoute, après son refroidissement, 50 centimètres cubes d'eau et l'on fait de nouveau distiller 50 centimètres cubes. On répète cette même opération encore trois ou quatre fois, en ajoutant chaque fois 50 centimètres cubes d'eau. Les produits réunis de ces distillations sont soumis au titrage par l'une des méthodes précédemment indiquées.

II. — *Méthode de Weigert.* — 50 centimètres cubes de vin sont mis dans un matras (fig. 104) de la capacité de 250 centimètres cubes plongé jusqu'à la moitié du col

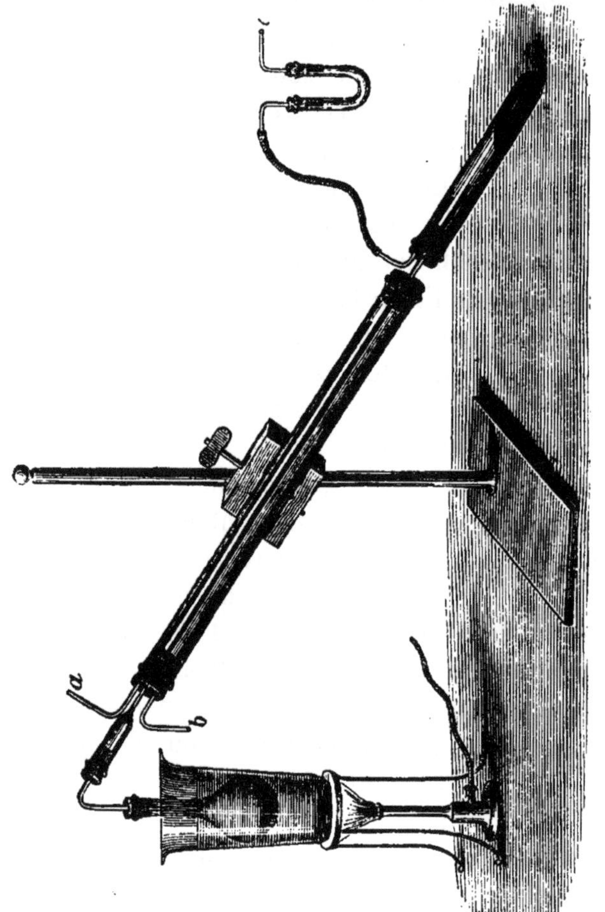

Fig. 104. — Appareil distillatoire de Weigert.

dans un bain de sel marin. Au moyen d'un bouchon de caoutchouc, le matras communique avec un appareil réfrigérant tubulaire dont le tuyau de décharge s'insère hermétiquement dans un cylindre en verre. Le bouchon qui unit ce tuyau au cylindre porte un second trou auquel s'applique un appareil aspirateur énergique. Le cylindre en verre est destiné à recevoir les produits de la distillation, et un trait à sa paroi indique la capacité de 50 centimètres cubes. Dès que le bain de sel entre en ébullition, on met en activité l'appareil aspirateur, produisant par là une raréfaction de l'air. En peu de minutes, la première opération distillatoire est terminée. La liqueur distillée est versée dans un autre vase et, après avoir ajouté 50 centimètres cubes d'eau à l'extrait resté dans la cornue, on distille de nouveau, ce qui se fait encore à quatre reprises successives. Les produits réunis de ces distillations sont titrés par une solution potassique, et d'après le résultat du titrage, on calcule la quantité d'acide acétique.

424. — **Dosage du sucre.** — Il faut observer avant tout que le dosage du sucre peut être exécuté avec la solution d'extrait ou bien dans le vin primitif même, car la liqueur cupro-potassique n'est pas réduite par l'alcool. Mais comme il peut arriver qu'un vin de liqueur soit additionné de sucre de canne qui s'intervertirait en étant chauffé, il est plus avantageux de se servir pour le dosage du sucre du vin lui-même.

La quantité de vin nécessaire à ce procédé varie selon la richesse en extrait qui permet déjà de juger approximativement de la richesse saccharine. Pour des vins dont la richesse en matières extractives ne dépasse pas 3 p. 100, on décolorera 100 à 150 centimètres cubes par du noir animal et le liquide, filtré, clair et parfaitement incolore, servira directement pour le dosage du sucre. S'il y a plus de 3 p. 100 d'extrait, il faudra étendre le vin d'une quantité d'eau assez considérable pour porter sa richesse en extrait à 1 p. 100 au plus.

Si, par exemple, un vin contient 10 p. 100 d'extrait, on en étendra 10 centimètres cubes dans un verre avec un peu d'eau et l'on ajoutera au mélange le noir animal purifié, pour filtrer quelque temps après. Le liquide filtré doit être parfaitement clair et incolore. Ensuite, le noir animal est lavé sur le filtre à plusieurs reprises et le volume de tout le liquide est porté à 100 centimètres cubes. Après l'avoir agité dans le matras qui le contient, pour opérer un mélange uniforme, on transvase dans une burette divisée en dixièmes de centimètre cube et on opère la réduction à l'aide de 10 centimètres cubes de la liqueur de Neubauer.

Au lieu du noir animal, on peut se servir avec avantage, pour la décoloration, de l'acétate basique de plomb. Le vin, mesuré au moyen d'une pipette et versé dans un matras jaugé, est étendu d'un peu d'eau, puis on ajoute successivement la solution d'acétate, tant qu'il se forme encore un précipité ; on évitera d'ajouter un excès d'acétate. Le matras étant ensuite rempli d'eau jusqu'au trait, on filtre le liquide après la formation du dépôt et l'on procède au dosage du sucre.

La liqueur cupro-potassique se prépare de la manière indiquée § 298. Le titrage de cette liqueur et le dosage du sucre dans le vin s'effectuent, en suivant les précautions décrites §§ 299 et 300.

425. — **Dosage des matières azotées du vin.** — Les matières azotées contenues dans le vin sont l'albumine et la gélatine végétales ; mais les quantités de ces matières étant minimes, on n'en demande le dosage que très-rarement. Cependant cette recherche peut se présenter dans certains cas. Les vins nouveaux contiennent toujours plus de substances albuminoïdes que les vins vieux. On fait aussi souvent usage de colle ou d'albumine pour la clarification du vin, et quand ces substances sont employées en excès, la teneur du vin en azote peut être anormale.

Pour doser l'azote du vin, on opère sur 50 centimètres cubes de liqueur si c'est un vin sec, et sur 10 à 20 centimètres cubes si c'est un vin de liqueur. On fait évaporer le vin au bain-marie dans une petite capsule de verre à parois très-minces (fabriquée par L. Blaschka, à Dresde) et l'extrait solide est séché à 100° centigrades, jusqu'à ce qu'il soit friable. Il est réduit en poudre avec la petite capsule de verre qui le contient, la poudre est chauffée au rouge avec un mélange de chaux sodée d'après la méthode de Varrentrapp-Will.

426. — **Dosage de la glycérine.** — La glycérine est dosée d'après le procédé Reichard perfectionné par Neubauer. Le volume de 100 centimètres cubes de vin est réduit au tiers par l'évaporation au bain-marie dans une capsule de porcelaine, le résidu est additionné de chaux hydratée en quantité suffisante pour lui donner une réaction faiblement alcaline, puis on fait évaporer avec précaution jusqu'à siccité : l'acide succinique et le sucre sont transformés en combinaisons calciques insolubles dans l'alcool. Le résidu sec est extrait par l'alcool concentré bouillant, puis on fait évaporer le produit de l'extraction au bain-marie et, selon la quantité du résidu, on dissout ce dernier dans 10 à 20 centimètres cubes d'alcool absolu, ajoutant à la solution 15 à 30 centimètres cubes d'éther. Dès que cette solution éthéro-alcoolique s'est parfaitement clarifiée, on la sépare par la filtration du dépôt qui adhère plus ou moins aux parois du vase. Elle est mise dans un flacon très-léger (fig. 105), à large ouverture ; on l'évapore et on la dessèche, et enfin on pèse le résidu.

Fig. 105.

427. — **Dosage des cendres**. — Pour le dosage des cendres, on fait évaporer dans un vase de platine, spacieux et taré, soit 100 centimètres cubes de vin, s'il s'agit d'un vin sec, soit 50 centimètres cubes pour les vins de

liqueur; on dessèche le résidu et on opère la calcination à la chaleur rouge modérée. Si l'on observe que la combustion du charbon n'avance pas avec facilité, le chauffage ne doit pas être trop prolongé, parce qu'on amènerait par là une perte en alcalis. Dans ce cas, la calcination complète est opérée de la manière suivante : L'extrait est calciné en partie et le charbon jeté sur un petit filtre : au moyen d'eau bouillante, le charbon est lavé à plusieurs reprises (3 ou 4 fois au moins) avec la même eau. Ensuite, on retire le filtre avec son contenu de l'entonnoir et, après l'avoir plié, on le met dans le vase de platine, où il est séché et calciné entièrement avec le charbon, à une température qui ne doit pas être trop élevée. La calcination achevée, on laisse refroidir et en faisant descendre quelques gouttes d'eau le long de la paroi interne, on humecte avec précaution les cendres : cela étant fait, on ajoute le liquide filtré, on évapore ce dernier au bain-marie et, après avoir desséché le résidu et l'avoir chauffé au rouge, on le laisse refroidir dans l'exsiccateur et on le pèse.

428. — **Dosage de substances isolées des cendres.** — Les substances dont se composent les cendres du vin sont les suivantes : potasse, soude, chaux, magnésie, alumine, oxyde de fer, acide phosphorique, acide sulfurique, chlore (acide silicique). Les éléments principaux sont la potasse et l'acide phosphorique, qui à eux seuls forment la moitié des cendres et souvent plus encore.

La richesse d'un vin en potasse et en soude fournit, en certains cas, des éclaircissements sur sa pureté. Le dosage des alcalis devient surtout nécessaire quand il s'agit de constater si un vin a été désacidifié par du carbonate ou par du tartrate de potasse ou par de la soude, ou s'il a été additionné d'alun potassique. Le dosage est fait au moyen du chlorure de platine, auquel cas la potasse et la soude doivent pour cela être préalablement transformées en chlorures alcalins.

Les dosages de la chaux et de la magnésie peuvent devenir nécessaires quand il y a lieu de présumer que le vin a été désacidifié avec du marbre ou avec de la magnésie calcinée; on dosera encore la chaux quand le vin sera suspecté de plâtrage. Eu égard à la teneur des cendres en acide phosphorique, le procédé le plus commode consistera à précipiter la chaux d'une solution acétique par l'oxalate d'ammoniaque et à précipiter la magnésie, dans le liquide filtré, sous forme de phosphate ammoniaco-magnésien.

Le dosage de l'alumine sera nécessaire quand il s'agira d'établir si un vin a été ou non additionné d'alun. Le plus simple est de la précipiter sous forme de phosphate d'alumine en négligeant le fer précipité en même temps, vu la teneur minime du vin en ce métal. A cette fin, on ajoute, à la solution chlorhydrique des cendres, de l'ammoniaque en faible excès ; le mélange est ensuite additionné d'acide acétique en quantité assez grande pour provoquer une réaction franchement acide, on chauffe, on filtre, on lave à l'eau chaude et, après avoir porté le résidu au rouge, on le pèse. S'il est nécessaire de séparer l'alumine du fer, on fond le résidu calciné et pesé avec du carbonate sodo-potassique, puis on traite la matière fondue par l'eau bouillante et dans le résidu insoluble on sépare l'alumine du fer (on peut aussi recourir au procédé décrit § 100).

La richesse d'un vin en acide phosphorique pourra quelquefois indiquer s'il est naturel ou non, car les vins artificiels ne contiennent que très-peu ou point de cet acide. Pour le dosage, on précipite l'acide phosphorique de la solution nitrique des cendres par le molybdate d'ammoniaque, on fait dissoudre le précipité dans l'ammoniaque et à cette solution on ajoute le mélange connu de magnésie ; le phosphate ammoniaco-magnésien qui en résulte est calciné et d'après la quantité du résidu, formé par du pyrophosphate de magnésie, on calcule la quantité d'acide phosphorique.

On dose l'acide sulfurique s'il y a lieu de soupçonner l'addition dans un vin de cet acide, d'alun ou de plâtre. On précipite cet acide, dans le vin additionné d'acide chlorhydrique, par le chlorure de baryum et on le dose à l'état de sulfate de baryte.

Quant au chlore, il entre dans la composition du vin en quantité minime, et jusqu'à présent il n'est pas arrivé, à notre connaissance, que cette quantité ait été augmentée par des additions frauduleuses (par exemple l'addition d'acide chlorhydrique). S'il se manifestait dans les cendres d'un vin une réaction trop prononcée de chlore, on doserait cet élément à la manière ordinaire dans une solution nitrique des cendres par le nitrate d'argent (1).

II. — RECHERCHES QUALITATIVES.

429. — **Recherche des matières colorantes dans les vins rouges.** — On a déjà indiqué beaucoup de méthodes pour distinguer la matière colorante naturelle du vin rouge d'autres matières colorantes végétales et pour distinguer ces dernières entre elles. A l'examen plus approfondi de ces méthodes, on reconnaît cependant qu'il n'y en a pas une d'entre elles qui offre, pour toutes les éventualités, un moyen parfaitement sûr pour la distinction de ces matières colorantes.

A cet égard, il faut avoir présente à l'esprit la variabilité très-grande des matières colorantes végétales, surtout de celles du vin rouge. A ce sujet, J. Erdmann (*Ber. der*

---

(1) Les vins d'Espagne et certains vins du Midi sont assez fortement salés. L. G.

deutsch. chem. Ges., 1878) a fait des expériences très-intéressantes. En premier lieu, il a démontré que la matière colorante du vin est dédoublée en deux substances distinctes par l'action de l'acide chlorhydrique : l'une violette et soluble dans l'alcool amylique, l'autre rouge jaunâtre ou rouge-cerise et insoluble dans cet alcool. Par l'ammoniaque, la première est colorée en vert, la seconde en bleu-indigo.

Ces deux matières colorantes et les altérations produites sur elles par l'ammoniaque ne peuvent être observées avec toute netteté que sur les vins nouveaux. Dans certains vins rouges, il s'opère déjà, dans la seconde année, une altération de la matière rouge qui diminue beaucoup la netteté des deux réactions; dans d'autres vins, elle ne se produit que la troisième année. Dans des vins rouges plus vieux, l'une des matières colorantes offre avec l'ammoniaque, au lieu de la réaction verte, une réaction vert jaunâtre d'abord passant rapidement au jaune rougeâtre, et la seconde matière donne, au lieu de la coloration bleu-indigo, une teinte vert jaunâtre qui se change subitement en une couleur brune.

Pour d'autres matières colorantes végétales, J. Erdmann a découvert qu'elles peuvent également être dédoublées en deux corps distincts qui se comportent, dans quelques cas, comme les matières provenant de vin rouge; mais le plus souvent leurs réactions sont tout à fait dissemblables.

A cause de la variabilité de la matière colorante du vin rouge et en raison de la difficulté d'une dénomination exacte des nombreuses couleurs mélangées qui se produisent par l'emploi de divers réactifs, la question de savoir si un vin rouge est naturel ou coloré avec une matière colorante végétale, est sujette à beaucoup d'erreurs et ne sera jamais que plus ou moins subjective. Pour cette raison, on ne saurait pas assez recommander la circonspection et la réserve les plus grandes possibles dans l'examen de vins rouges, relativement aux matières colorantes végétales qui pourraient y avoir été ajoutées.

Les matières colorantes qui servent principalement pour la coloration artificielle du vin sont les suivantes : les baies de myrtille, de sureau, d'hièble, de troëne et de phytolacca, les cerises, les betteraves rouges, les fleurs de mauves, les bois d'Inde et de Brésil, la cochenille, l'orseille, le persio et les substances tinctoriales dérivées de l'aniline (ordinairement la fuchsine et dans ces derniers temps, au lieu de celle-ci, le sulfite de rosaniline et de sodium).

Mulder fit déjà l'observation que la matière colorante du vin rouge est moins facilement attaquée par les acides inorganiques puissants que d'autres matières colorantes végétales. Se fondant sur cette observation, Cottini et Fantogini ont indiqué la réaction suivante : 50 centimètres cubes du vin sont additionnés de 6 centimètres cubes d'acide nitrique du poids spécifique de 1,40 et chauffés à 90°-95° centigrades. La matière colorante naturelle reste inaltérée une heure après le chauffage, tandis que les colorations artificielles sont décolorées en cinq minutes. Relativement à cette réaction, il est à observer que la matière colorante naturelle ne reste inaltérée qu'autant que le vin est nouveau; les vins rouges plus vieux sont décolorés.

En général, on peut avancer qu'un vin rouge qui ne se décolore pas par l'acide nitrique est naturel; mais il n'est pas permis de conclure que tous les vins qui se décolorent soient colorés artificiellement [1].

---

[1] J'ai eu l'occasion d'employer très-fréquemment cette réaction et j'ai constaté que les vins jeunes de provenance certaine, c'est-à-

On trouve un autre point d'appui pour reconnaître la nature de la coloration d'un vin dans l'observation du dépôt qui se forme par l'addition d'acétate basique de plomb en faible excès. Pour les vins naturels encore nouveaux, ces précipités sont bleu grisâtre, quelquefois presque franchement bleus et, pour les vins plus vieux, ils sont gris-bleu, tandis que des dépôts formés dans des vins colorés avec d'autres colorants végétaux sont verts, rougeâtres ou violacés. Seulement, le précipité qui se forme dans des vins colorés par les baies de myrtille est très-semblable aux dépôts de vins naturels. Dans des vins rouges naturels très-vieux, l'addition d'acétate basique de plomb détermine cependant la formation d'un précipité gris verdâtre, car la matière colorante de ces vins a déjà subi les altérations connues.

Outre cela, le procédé proposé par Erdmann peut donner pour des vins nouveaux (de 1 à 3 ans au plus) des renseignements assez sûrs sur la nature de la matière colorante.

Sous l'action du bioxyde de baryum, les réactions de quelques colorants végétaux offrent aussi des différences que Stierlein fait figurer dans son tableau synoptique. (Voyez : Kolbe, *Journ. f. pract. Chemie*, II, 470). Les autres réactions énumérées là, telles que les laques d'alumine, etc., sont moins caractéristiques, et les couleurs indiquées pour les liquides filtrés ont encore moins de valeur. Ainsi, par exemple, il est admis généralement que la liqueur filtrée, obtenue après la précipitation par l'acétate basique de plomb, est incolore pour les vins

---

dire préparés exclusivement avec du raisin, ne se décolorent jamais sous l'influence de l'acide nitrique. L'addition d'une faible quantité de certaines couleurs végétales, baies de troëne, sureau, etc., entraîne, au contraire, la décoloration presque instantanée de la matière colorante naturelle du vin. L. G.

naturels, tandis qu'en réalité tous les vins nouveaux fournissent à la filtration un liquide rougeâtre et violacé, sans que pour cela ils contiennent seulement des traces de matières étrangères. Le procédé à l'éther imprégné de gaz chlorhydrique, indiqué par Glénard et Stierlein, a été reconnu inapplicable.

D'après A. Gautier, les vins non parfaitement clairs sont d'abord additionnés d'un dixième de leur volume de solution d'albumine et filtrés. Nous renverrons, pour les réactions indiquées par cet auteur, aux tables que contient son travail (*la Sophistication des vins,* pages 69 à 81).

La recherche de la fuchsine exigeant beaucoup de soin, surtout quand cette matière n'a été ajoutée au vin qu'en quantité très-faible, les méthodes usitées pour cette opération sont développées plus bas avec tous les détails désirables. L'orseille et le persio restant en partie dans la solution avec la fuchsine après la précipitation par l'acétate basique de plomb, la recherche de ces trois matières doit se faire simultanément.

430.— **Recherche de la fuchsine, de l'orseille et du persio.** — Quoique l'orseille et le persio, matières tinctoriales tirées de certains lichens, ne puissent pas servir pour transformer un vin blanc en vin rouge bien coloré, — la couleur préparée avec l'orseille étant rouge jaunâtre et assez différente de la couleur naturelle du vin rouge et la solution alcoolique du persio troublant tout vin blanc auquel elle est ajoutée en quantité un peu considérable à cause de la solubilité restreinte de ce colorant dans l'alcool dilué, — il est bien possible que ces substances, mais surtout la solution alcoolique du persio, soient employées pour la fabrication de vins rosés, pour foncer la couleur de vins rouges trop pâles et pour la préparation d'essences de bouquet de vin rouge.

Les méthodes les plus usitées pour découvrir la fuchsine sont celles de Roméi et de Falières-Ritter. D'après la première, le vin rouge est additionné d'acétate basique de plomb en excès et d'alcool amylique; ensuite, on agite vivement le mélange. Après avoir laissé reposer quelque temps, une partie de l'alcool amylique remonte à la surface, et si le vin contient de la fuchsine, cet alcool s'est coloré. Une grande partie de l'alcool amylique sera cependant retenue par les précipités de l'acétate basique de plomb, ce qui fait que ce procédé ne peut servir que pour reconnaître des quantités de fuchsine assez considérables.

Pour découvrir jusqu'à des traces de fuchsine dans le vin, il est nécessaire d'opérer sur 100 centimètres cubes de vin au moins, qu'on additionne d'acétate basique de plomb en excès. Cela fait, on chauffe et on filtre et, pour s'assurer si la précipitation par le sel de plomb était complète, on en ajoute encore un peu. S'il se produit encore un précipité, on en sépare le liquide par une seconde filtration, et la liqueur filtrée, parfaitement claire, est agitée avec de l'alcool amylique. Dans beaucoup de vins naturels, très-riches en couleur, le produit de la dernière filtration a une coloration rougeâtre, mais cette teinte ne passe pas dans l'alcool amylique.

En traitant précisément d'après le procédé décrit des vin blancs colorés par l'orseille ou par le persio, on obtient, par l'addition de l'acétate basique de plomb, un précipité bleu pour la première de ces subtances et un dépôt d'une belle couleur violette pour la seconde, tandis que les produits de la filtration ont une faible teinte jaune rougeâtre dans le premier cas et sont rouges dans le second. Si l'on agite le liquide filtré, dans lequel il ne se produit plus de précipitation par l'addition d'acétate basique de plomb, avec l'alcool amylique, celui-ci se colore distinctement en rouge dans les deux cas, quelque faible qu'ait été la coloration du vin. La matière colorante de l'orseille n'éprouve donc pas de précipitation complète par l'acétate basique de plomb.

Il importe beaucoup que ce fait soit bien connu, car autrement il peut arriver que du vin coloré par l'orseille soit regardé comme fuchsiné.

Une réaction très-simple sert à distinguer les deux substances tinctoriales. Si l'on décante la couche rougie d'alcool amylique de l'éprouvette qui contient ce liquide dans une autre (on fait cela avec le plus de facilité en remplissant d'eau jusqu'au bord la première éprouvette), la coloration rouge est détruite par l'addition d'acide chlorhydrique si elle provenait de fuchsine, mais elle persiste, au contraire, si elle est due à l'orseille ou au persio. On peut compléter cette recherche en divisant l'alcool amylique rougi en deux portions dont l'une est examinée au moyen de l'acide chlorhydrique, tandis que l'autre est additionnée d'ammoniaque qui décolore aussi la fuchsine ou jaunit le liquide et change en violet pourpré la coloration rouge causée par l'orseille et le persio.

Voir pages 626 et suivantes, pour la recherche de la fuchsine, le procédé Ritter-Falières que recommande Roesler.

Dans l'application de ce procédé, si le vin est coloré par de la fuchsine, l'éther agité avec le vin ammoniacal reste incolore, tandis qu'avec des vins colorés par l'orseille ou par le persio, il prend une teinte rouge.

431. — **Méthode de F. König** (1). — König ajoute de l'ammoniaque en faible excès à 50 centimètres cubes de vin. Après avoir immergé dans le mélange plusieurs fils de laine blanche, pure, du poids d'un demi-gramme environ, on fait bouillir le tout dans un matras jusqu'à ce que tout

---

(1) *Berichte der deutsch. chem. Gesellsch.*, 1881, p. 2263.

l'alcool et l'excès d'ammoniaque en soient chassés. On retire la laine du liquide, on l'épure par des lavages répétés dans l'eau; on la tord et, après l'avoir mise dans une éprouvette, on la mouille bien avec une solution de potasse caustique à 10 p. 100. Puis on chauffe avec précaution et en agitant vivement jusqu'à ce que la laine soit parfaitement dissoute, formant un liquide plus ou moins brun. On laisse refroidir et, après avoir ajouté à la solution la moitié de son volume d'alcool pur, on y superpose un volume égal d'éther; finalement, on agite le tout. On décante la couche éthérée dans une éprouvette et s'il y a la moindre trace de fuchsine, le liquide se colore en rouge par l'addition d'une goutte d'acide acétique.

Au sujet de cette méthode, il y a lieu de faire les remarques suivantes: de même que dans la méthode Falières-Ritter, l'agitation du liquide ne doit pas être trop vive afin de ne pas provoquer une émulsion. Si le vin est coloré à l'orseille, il y a décoloration si l'on chauffe longtemps le liquide additionné d'ammoniaque. Si on laisse refroidir le vin et si on l'agite ensuite un peu, la coloration rouge reparaît de nouveau. La laine retirée du liquide chaud, la coloration de celui-ci ayant disparu, et exposée un peu à l'air atmosphérique, se colore en rouge; mais en la retirant rapidement du liquide chaud pour la laver tout de suite avec de l'eau, on peut enlever à la laine presque toute la matière colorante. En faisant la part de ces précautions, on peut, d'après les assertions de König, distinguer avec sûreté la fuchsine de l'orseille. Les traces minimes de cette matière colorante qui restent dans la laine sont détruites presque entièrement par l'ébullition avec la solution de potasse caustique, et, par suite, l'éther ajouté reste incolore et l'addition de l'acide acétique ne le colore pas.

En ce qui concerne la distinction de la fuchsine de l'orseille et du persio ajoutés à un vin, la méthode à la baryte recommandée par Pasteur, Balard et Wurtz (§ 396) paraît insuffisante à Roesler, de même que l'épreuve à la magnésie, car la matière colorante de l'orseille n'est précipitée ni par la baryte ni par la magnésie qui, à l'égal de l'ammoniaque, la changent en une couleur pourprée. Par conséquent, si on ajoute de l'eau de baryte ou de la magnésie calcinée à un vin blanc coloré en rouge par l'orseille ou par le persio, on obtient par la filtration une liqueur pourprée.

Il est vrai qu'il se produit dans la solution aqueuse d'orseille un faible précipité par l'addition d'eau de baryte, mais il ne provient que du carbonate alcalin contenu dans l'extrait d'orseille.

Relativement à la recherche de la fuchsine, Roesler cite le fait intéressant suivant. Dans l'année 1881, le journal *La Weinlaube* a signalé ce fait que, dans un vin coloré en rouge vif par la fuchsine, additionné de beaucoup de levûre et filtré après 24 heures, la réaction de la fuchsine est relativement faible. On a examiné de nouveau au laboratoire de la station expérimentale de Klosterneubourg quelques vins et couleurs à vin dans lesquels on avait trouvé beaucoup de fuchsine en 1877, et à cette occasion on a constaté que la teinture colorante, qui s'était bien altérée et avait pris un aspect louche et une couleur terne brun grisâtre, ne contenait plus que des traces de fuchsine; de même, un vin coloré par la fuchsine dans le but d'expérience et *tourné* depuis, avec formation d'un dépôt considérable, fut reconnu parfaitement exempt de fuchsine.

Pour voir si la fuchsine avait passé dans ce dépôt, le vin fut filtré et le dépôt porté à l'ébullition avec de l'alcool; celui-ci se colora en rouge et manifesta une forte réaction de fuchsine. Le dépôt de la teinture colorante offrait le même phénomène.

Les dépôts qui se forment dans le vin précipitent donc

la fuchsine et en débarrassent le liquide. On peut s'en convaincre d'une manière simple en colorant un vin blanc par la fuchsine et en l'additionnant ensuite de tannin et d'une solution de gélatine. Le dépôt qui se forme se colore vivement en rouge et, après qu'il s'est formé, la teinte du vin est très-faiblement rougeâtre. On peut même, en ajoutant du tannin et de la gélatine en quantité suffisante, faire disparaître toute teinte rougeâtre du vin.

Si donc il s'est formé un dépôt dans un vin rouge, on doit rechercher la fuchsine, non-seulement dans le vin, mais aussi dans ce dépôt.

432. — **Sulfite de rosaniline et de sodium.** — Le sulfite de rosaniline et de sodium qui, dans ces derniers temps, a été employé au lieu de la fuchsine, s'en distingue par la couleur de sa solution dans les acides organiques, qui est rouge-cerise sans nuance violacée : il n'est pas décoloré par les acides inorganiques, et l'ammoniaque en excès fait virer sa couleur au jaune. Par conséquent, de la laine colorée par le sulfite de rosaniline et de sodium n'est pas décolorée par l'acide chlorhydrique. En agitant la solution acide avec l'alcool amylique, on produit la coloration de ce dernier en rouge intense ; mais si précédemment la solution a été sursaturée par l'ammoniaque, l'alcool amylique reste incolore. Traitée par l'acétate basique de plomb, cette substance tinctoriale offre la même réaction que la fuchsine, c'est-à-dire qu'elle n'est pas précipitée par ce sel.

433. — **Recherche de la glucose de fécule.** — La recherche de la glucose de fécule ou des matières non fermentescibles qui accompagnent ce sucre et qui se trouvent dans les vins chaptalisés, se fait par la saccharimétrie optique. (Voir §§ 303 et suivants.)

Avant de procéder à l'examen, on doit décolorer par du noir animal très-pur tous les vins dont la couleur n'est pas jaune clair. Pour pouvoir reconnaître s'il y a dans un vin du sucre de fécule, il faut se rappeler les faits suivants : Les vins dans lesquels une partie du sucre contenu dans le moût est restée indécomposée produisent une déviation *à gauche* du plan de polarisation. Tous les vins purs parfaitement fermentés produisent dans le tube, long de 200 millimètres, de l'appareil Dubosq une déviation à droite de 0°1 à 0°3. Si la déviation à droite dans le tube de 200 millimètres est de 1° ou plus, l'addition de glucose ou de fécule peut être regardée comme prouvée, sans qu'on ait besoin de faire d'autres recherches. Si les déviations à droite sont moindres de 1°, surtout si elles sont de 0°4 à 0°6, on devra, pour s'assurer si le vin est chaptalisé avec de la glucose de fécule, employer le procédé suivant, indiqué par Neubauer.

En premier lieu, on concentre 250 à 350 centimètres cubes du vin suspect jusqu'au point où les sels commencent à cristalliser. Après avoir ajouté au liquide concentré du noir animal très-pur pour le décolorer, on le dilue en portant son volume à 50 centimètres cubes, puis on filtre. Le liquide filtré, qui doit être incolore ou faiblement jaunâtre et qui, pour la plupart des vins, produit une déviation de 0°2 à 0°5, est réduit à la consistance sirupeuse par l'évaporation au bain-marie et l'on y ajoute peu à peu, et en remuant soigneusement, une quantité d'alcool à 90 p. 100, qui suffise pour précipiter entièrement tout ce qui peut être précipité. Quand l'alcool, après un repos de 6 à 7 heures, s'est parfaitement clarifié, on le décante si le dépôt est visqueux, ce qui arrive dans la plupart des cas, ou bien l'on filtre pour le séparer d'un dépôt floconneux. Pour tous les vins purs et naturels, la matière qui produit la déviation à droite se trouve presque entièrement dans le dépôt précipité par l'alcool. Pour les vins chaptalisés, au contraire, la plus grande partie de la glucose de fécule, qui produit la déviation à droite, est contenue dans la solution alcoolique.

On évapore cette solution au bain-marie (environ un quart du volume d'alcool ajouté primitivement), on laisse refroidir dans un matras et l'on additionne le liquide, successivement et en agitant vivement, de 4 à 6 fois son volume d'éther. Quand on laisse reposer, il se sépare sous la couche d'éther une solution aqueuse, plus ou moins épaisse, qui contient les matières non fermentescibles et solubles dans l'alcool, provenant de la glucose de fécule et entrant par conséquent aussi dans la composition des vins auxquels ce sucre a été ajouté et dans lesquels il trahit sa présence en produisant de fortes déviations à droite. Après la clarification de l'éther, on décante ou bien l'on sépare les liquides au moyen d'un entonnoir séparateur. La solution aqueuse est diluée avec de l'eau, chauffée au bain-marie pour chasser l'éther, décolorée par du noir animal et enfin filtrée. Le liquide filtré est dilué avec assez d'eau pour que son volume corresponde à la capacité du tube d'observation de l'appareil.

Pour les vins purs naturels, d'années moyennes, qui ne contiennent plus de sucre indécomposé, la déviation à droite que produit la solution aqueuse précipitée par l'éther, extraite de 250 à 350 centimètres cubes de vin, et enfin décolorée et portée par dilution au volume de 30 centimètres cubes, est, ou nulle, ou de 0°2 à 0°5, si l'on emploie un tube long de 200 millimètres. Toutes les déviations à droite plus grandes — de 1 degré ou davantage — prouvent d'une manière certaine que le vin est chaptalisé avec de la glucose de fécule.

434. — **Recherche du sucre de canne.** — La recherche du sucre de canne se fait simplement en introduisant le vin décoloré par le noir animal dans le tube du polarimètre et en observant la déviation produite sur le

plan de polarisation, à 15° centigrades. On ajoute ensuite à 50 centimètres cubes du vin décoloré 5 centimètres cubes d'acide chlorhydrique, et ce mélange est chauffé dans un petit matras au bain-marie, à 70° centigrades pendant dix minutes. Après avoir fait refroidir à 15° centigrades, on observe de nouveau la déviation et, pour compenser la dilution opérée, on augmentera l'indication de l'instrument d'un dixième. Si la déviation à gauche, observée à la seconde opération, est plus grande qu'à la première, il est prouvé que le vin contient du sucre de canne.

435. — **Recherche de l'acide salicylique.** — La recherche de l'acide salicylique dans le vin, par l'agitation de celui-ci avec de l'alcool amylique ou de l'éther et le traitement de l'extrait par le chlorure de fer, ne peut être faite avec succès que dans des vins exempts de tannin ou qui n'en contiennent que des traces. Cependant, les vins qui contiennent des quantités considérables d'acide tannique, tels que tous les vins rouges et beaucoup de vins blancs, ne sont pas privés par l'agitation avec l'alcool amylique ou l'éther, seulement de l'acide salicylique ajouté, mais aussi de leur tannin naturel, et par l'addition du chlorure de fer, la réaction foncée de l'acide tannique masquera la réaction de l'acide salicylique. Des vins rouges très-riches en matière colorante, l'alcool amylique extraira en outre un peu de celle-ci.

C'est pour cette raison qu'Ivon (*Journal de pharm. et de chim.*, 1877, page 221) recommande l'emploi du sulfure de carbone pour l'extraction de l'acide salicylique; mais les quantités des liquides mis en contact qu'indique cet auteur ne suffisent pas pour reconnaître l'acide salicylique en très-petite quantité. La cause de ce fait réside dans la solubilité (relativement faible) de l'acide salicylique dans le sulfure de carbone.

Quand il s'agit cependant de reconnaître des quantités

d'acide salicylique de 0.01 à 0.0001 p. 100 (de 1 gramme à 10 grammes par hectolitre), quantités qui résultent du coupage de vins ou de moûts additionnés de cet acide avec des vins qui en sont exempts, on doit ajouter, d'après Weigert, 50 centimètres cubes de vin à 50 centimètres cubes de sulfure de carbone. Par l'agitation vive, il se produit une émulsion partielle et, après avoir soutiré la portion inférieure du liquide dans un entonnoir séparateur, on fait écouler le sulfure de carbone. Si le sulfure renferme encore du vin, on le purifie par la filtration et, au besoin, on sépare encore une fois le liquide filtré dans un appareil séparateur parfaitement sec.

Enfin, 25 centimètres cubes de la solution au sulfure de carbone sont additionnés de 1 centimètre cube d'une solution très-pure de chlorure de fer, et le mélange est agité vivement. Si le vin en question contient de l'acide salicylique libre, la solution de chlorure de fer prend une coloration violacée brunâtre.

436. — **Recherche de l'acide sulfureux.** — S'il est vrai, d'un côté, que le soufrage du vin est souvent pratiqué par l'introduction de quantités d'acide sulfureux assez grandes pour que le vin devienne nuisible à la santé, — il n'est pas moins vrai, d'autre part, que, dans beaucoup de cas, le soufrage est le seul moyen de sauver des vins qui, sans ce traitement, seraient perdus. Cela s'applique surtout aux vins tournés atteints de la maladie qui s'appelle en allemand *braunwerden* (brunissage) et dont ils ne peuvent être parfaitement débarrassés que par le soufrage. Par conséquent, il ne serait pas opportun de prohiber le soufrage, comme on l'a fait en Hongrie, et on ne pourrait faire aux usages du commerce des vins que cette seule restriction, que les vins soufrés ne devront être livrés à la consommation qu'après la disparition de la plus grande partie de l'acide sulfureux.

On n'a pas fait, jusqu'à présent, d'expériences physiologiques pour fixer la quantité d'acide sulfureux à partir de laquelle cette matière exerce une influence anti-hygiénique; la recherche qualitative de l'acide suffira donc dans la plupart des cas, car elle permet de reconnaître s'il y a beaucoup ou peu d'acide sulfureux dans le vin.

A cette fin, 50 centimètres cubes de vin sont mis dans un petit matras attaché par le col à un support à pinces et fermé par un bouchon de caoutchouc dans lequel s'insère un tube de verre courbé en forme d'un U renversé. La partie horizontale du tube est enveloppée de papier buvard mouillé et la branche descendante est reçue dans une éprouvette entourée d'eau froide. Au fond de l'éprouvette on fait couler une goutte d'eau, destinée à servir de fermeture hydraulique au tube. On chauffe ensuite le petit matras avec précaution et l'on fait distiller environ 3 centimètres cubes. Pour découvrir dans le liquide filtré l'acide sulfureux, on le traite, d'après Wartha, avec le nitrate d'argent. La formation d'un précipité blanc, caséiforme en quantité considérable et soluble dans l'acide nitrique indique l'existence de beaucoup d'acide sulfureux dans le vin. Si le liquide ne fait que se troubler légèrement, le vin contient tout au plus des traces d'acide sulfureux qu'on doit négliger, parce qu'il arrive souvent que le liquide distillé provenant de vins parfaitement exempts d'acide sulfureux se trouble par l'addition de nitrate d'argent.

437. — **Recherche de l'inosite.** — Tout vin naturel contient de l'inosite et peut être distingué par là des vins artificiels; car on ne peut guère supposer qu'on ajoute à ces derniers de l'inosite, ce qui les rendrait trop chers.

Pour découvrir l'inosite, on procède de la manière suivante: une quantité de vin d'un demi-litre au moins est additionnée d'acétate neutre de plomb jusqu'à précipitation de toutes les substances qui peuvent être précipitées par ce sel; ensuite on filtre, on essaie le liquide filtré à l'acétate, on filtre de nouveau s'il est besoin et, après avoir lavé les précipités, on les met dans l'eau et on les décompose par l'hydrogène sulfuré. On sépare le liquide du sulfure de plomb formé par la filtration et, par évaporation, on le concentre à consistance sirupeuse.

Si, pendant l'évaporation, il se produit un précipité, on filtre de nouveau. Le produit sirupeux est additionné de quatre fois son propre volume d'alcool absolu et, après avoir laissé reposer 24 heures, on jette sur un filtre les cristaux brunâtres qui se sont séparés. On les lave à l'alcool et on les fait dissoudre dans l'eau. Après avoir traité la solution avec du noir animal très-pur et après l'avoir filtrée, on évapore au bain-marie. Le résidu est humecté d'une goutte de solution de nitrate d'argent et en continuant de chauffer avec précaution, on fait apparaître une coloration rose s'il y a de l'inosite. Cette coloration rose disparaît au refroidissement, mais en réchauffant le liquide, on la voit se produire de nouveau.

438. — **Recherche de l'arsenic et des métaux lourds.** — L'arsenic peut être introduit dans le vin par sa coloration artificielle au moyen de la fuchsine ou d'une autre couleur d'aniline fabriquée avec l'emploi d'acide arsénique. Des métaux pesants peuvent être introduits par hasard ou à dessein; ceux qu'on trouve le plus souvent sont : le plomb, le cuivre, le mercure et le zinc.

III. — ANALYSE DES MOUTS DE VIN ET DE BIÈRE. MÉLASSES. — VINASSES. — SIROPS.

439. — **Remarque générale.** — On trouvera dans les pages précédentes tous les renseignements nécessaires pour l'analyse des autres produits fermentés provenant de l'industrie viticole, des brasseries et des distilleries. —

Les méthodes données pour le dosage de l'alcool, du sucre, de l'acide acétique, des matières azotées et gommeuses des cendres s'appliquent également à l'examen des moûts, des vinasses de distillerie, etc. Je ne pourrais donc, sans entrer dans des répétitions inutiles, décrire isolément l'analyse de ces divers liquides, d'ailleurs peu importants, et je laisserai à l'intelligence de mes lecteurs le soin d'imaginer les modifications à apporter aux procédés décrits plus haut, en vue de ces analyses spéciales.

IV. — ESSAI DES VINAIGRES. — FALSIFICATION.

440. — **Dosage de l'acide acétique.** — On peut doser l'acide acétique dans les vinaigres par l'une des méthodes précédemment décrites, mais, en général, le procédé imaginé par Reveil et Salleron suffit pour toutes les indications qu'on demande à un laboratoire agricole. Il est, de plus, le seul employé par l'octroi de Paris et dans un certain nombre de grandes villes, et c'est presque toujours à ses indications que se rapportent les marchés conclus dans le commerce de la vinaigrerie.

441. — **Description de l'acétimètre.** — L'acétimètre se compose des objets suivants :

1° Un tube de verre fermé à un bout (fig. 106) et portant à sa partie inférieure un premier trait marqué 0. Au-dessous de ce premier trait est gravé le mot *vinaigre*, afin d'indiquer la quantité de vinaigre qu'il faut employer. Au-dessus

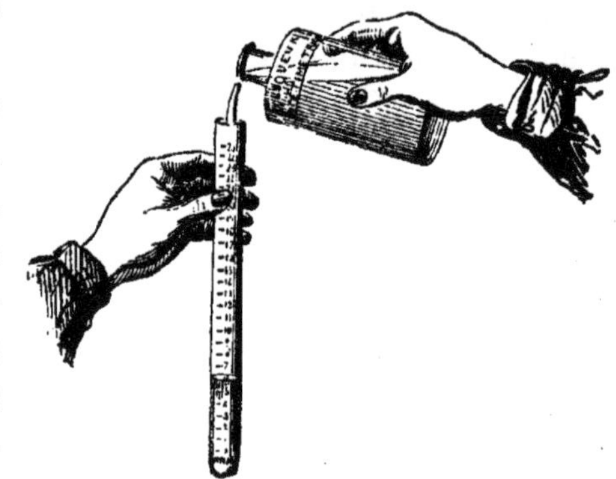

Fig. 106.

du zéro sont gravées des divisions 1, 2, 3, etc., qui font connaître la richesse en acide du vinaigre, comme nous l'indiquerons tout à l'heure;

2° Une petite éponge fixée à l'extrémité d'une baleine pour essuyer les parois intérieures du tube après chaque expérience;

3° Une pipette (fig. 107) portant un seul trait marqué 4 cc, destinée à mesurer avec précision et facilité la quantité de vinaigre nécessaire à chaque essai;

4° Un flacon de liqueur dite acétimétrique titrée, au moyen de laquelle on dose la richesse en acide du vinaigre.

442. — **Usage de l'instrument.** — On plonge la pipette dans le vase qui contient le vinaigre; on aspire, et on pose le doigt sur l'extrémité supérieure du tube. La pipette contient-elle trop de vinaigre, il faut en laisser écouler jusqu'à ce que le niveau se soit abaissé jusqu'au trait marqué 4 cc. Pour laisser descendre le liquide lentement et de la quantité nécessaire, on soulève légèrement le doigt appuyé sur le bout de la pipette, afin d'y laisser rentrer l'air petit à petit. Quand le liquide affleure exactement le trait, on arrête l'écoulement en appuyant le doigt plus fortement. On introduit alors la pipette dans l'acétimètre, et on y laisse tomber le vinaigre qu'elle contient. Il faut avoir le soin de ne laisser écouler que la quantité de liquide qui tombe naturellement de la pipette; il reste toujours dans le bec de cette dernière une goutte de vinaigre qui ne doit pas être comptée.

Fig. 107.

Quand on a opéré avec ces précautions, le niveau s'élève

exactement au trait 0 de l'acétimètre. On verse alors la liqueur acétimétrique. Après la saturation, on lit quelle est la division qui se trouve au niveau du liquide : elle indique la richesse du vinaigre en acide acétique pur ($C^4H^3O^3$, HO).

443. — **Composition et titrage de la liqueur acétimétrique.** — La liqueur d'épreuve est formée par une dissolution de borate de soude (borax) dans l'eau, et colorée en bleu avec du tournesol. Les proportions de borate de soude et d'eau sont telles que 20 centimètres cubes de la liqueur neutralisent exactement 4 centimètres cubes de la liqueur alcalimétrique de Gay-Lussac.

La liqueur alcalimétrique de Gay-Lussac est composée de 100 grammes d'acide sulfurique concentré (densité, 1,8427), étendus avec de l'eau distillée, de manière qu'ils occupent le volume de 1 litre.

Pour composer la liqueur acétimétrique, on fait dissoudre 45 grammes de borax dans 1 litre d'eau et l'on y ajoute quelques pains de tournesol afin de donner à la liqueur une teinte bleue très-prononcée; pour hâter la dissolution du borax, on peut employer de l'eau chaude.

Cette dissolution de borax ne serait pas assez alcaline, il faut y ajouter une petite quantité de soude caustique. Cette addition de soude est déterminée de la manière suivante: On mesure avec la pipette 4 centimètres cubes de la liqueur de Gay-Lussac; on les laisse tomber dans l'acétimètre ; on verse par-dessus de la liqueur acétimétrique, comme s'il s'agissait d'un essai de vinaigre. Il faut que la neutralisation soit complète, c'est-à-dire que la teinte rouge vineux ait paru quand le niveau du liquide s'élève dans le tube en face du trait gravé entre le 12e et le 13e degré (ce trait est chiffré 20 centimètres cubes). Si la neutralisation n'est opérée qu'après une addition de liqueur plus considérable, la dissolution n'est pas assez alcaline; il faut y ajouter de la soude. Si, au contraire, la neutralisation est complète avant que le niveau ait atteint le volume de 20 centimètres cubes, la dissolution est trop concentrée; il faut l'étendre d'eau. On ne s'arrêtera que quand la neutralisation se sera manifestée, le niveau dans le tube affleurant le trait 20 centimètres cubes.

444. — **Falsifications des vinaigres.** — L'acétimètre ne peut servir qu'à déterminer la quantité d'acide acétique réel contenue dans un vinaigre, et, comme il arrive souvent que ce liquide est falsifié par d'autres acides, il est important de constater la présence des acides étrangers, ou de toute autre substance que l'on pourrait y avoir ajoutée. Un petit nombre d'expériences suffisent pour faire cette constatation.

1° Un bon vinaigre d'Orléans, évaporé à siccité, laisse un résidu moyen de 20 p. 1000; il suffit donc de peser 100 grammes de vinaigre, de les faire évaporer à siccité dans une capsule et de peser le résidu: si on trouve plus de 2 grammes, on peut présumer que l'on opère sur un vinaigre de cidre ou que le vinaigre essayé a été additionné de sels, tels que le tartre, le chlorure de sodium, le sulfate de soude, etc. Dans le cas, au contraire, où le résidu serait moindre que 2 grammes, on conclurait que le vinaigre a été étendu d'eau, et acidifié par le vinaigre de bois.

2° Si le vinaigre renferme de l'acide sulfurique libre, on en constate la présence au moyen du chlorure de baryum, qui trouble à peine le vinaigre pur et forme un précipité abondant, s'il y a addition d'acide sulfurique. Toutefois, ceci ne s'applique ni aux vinaigres fabriqués avec les vins plâtrés, ni aux vinaigres factices faits avec de l'eau de puits (eau séléniteuse).

Quant aux vinaigres autres que celui de vin, c'est-à-dire ceux que l'on prépare par l'acétification de l'alcool, ou en étendant d'eau l'acide acétique, et dont la vente est permise à la condition que l'origine en soit indiquée, on y reconnaît l'addition d'acide sulfurique en faisant bouillir le vinaigre à essayer avec une petite quantité d'amidon; après un quart d'heure d'ébullition, l'acide doit bleuir, lorsqu'on y ajoute une goutte de teinture d'iode, si le vinaigre est pur, tandis que cette coloration ne se produit pas si le vinaigre renferme de l'acide sulfurique libre.

3° Le vinaigre pur ne précipite pas la solution d'azotate d'argent, tandis qu'on obtient un abondant précipité s'il a été additionné d'acide chlorhydrique.

4° L'acide tartrique libre se reconnaît dans les vinaigres à l'aide d'une solution saturée de chlorure de baryum, qui produit un précipité avec l'acide tartrique libre.

445. — **Falsification des sirops.** — Les méthodes indiquées à l'analyse des vins pour la recherche du sucre de glucose, des matières colorantes et de l'acide salicylique qui constituent les fraudes les plus fréquentes, s'appliquent à l'examen des sirops de fantaisie et de fruits.

L'ébullition de 25 centimètres cubes de sirop, étendus d'autant d'eau, avec une floche de laine permet de constater si la coloration des sirops de fruits est due à la matière colorante des fruits ou à une matière colorante artificielle. Les sucs de groseilles, de cerises, de framboises, de cassis, etc., ne teignent pas la laine, tandis que les colorants ajoutés, orseille, cochenille, dérivés de l'aniline, communiquent à la laine des colorations que le lavage à l'eau ne fait pas disparaître et dont on constate l'origine à l'aide des réactifs précédemment indiqués.

CHAPITRE VII.

ANALYSE DES PRODUITS ANIMAUX.

Analyse du fumier de ferme. — Analyse des excréments solides des animaux. — Analyse de l'urine. — Examen et analyse de la laine. — Analyse du lait, de la crème, du beurre, du fromage. — Recherche de la falsification du lait et des produits de la laiterie.

I. — ANALYSE SOMMAIRE DU FUMIER DE FERME.

446. — **Prise de l'échantillon.** — Comme dans le cas de l'examen de toutes les matières peu homogènes, la prise de l'échantillon du fumier à soumettre à l'analyse est une opération préalable à la fois des plus importantes et des plus délicates. Il est utile de faire séparément l'analyse sur la partie du fumier soluble dans l'eau et sur le résidu insoluble. Voici comment on procède pour obtenir un échantillon moyen destiné à ces analyses. S'il s'agit d'un gros tas de fumier, à l'aide d'une fourche à longues dents, on fait transpercer de part en part toute la masse, puis l'on y pratique des tranchées verticales, parallèles dans le sens de la longueur du tas. Ensuite, on prélève, sur le plus grand nombre possible de points, de petites masses de fumier qu'on réunit en un tas unique qu'on mélange intimement et qu'on tasse ensuite à la bêche. Dans ce tas, qui doit peser 100 kilogr. environ, on prélève un échantillon moyen de 3 à 4 kilogr. qu'on enferme dans un vase en grès bouchant hermétiquement. Ce vase est expédié au laboratoire.

447. — **Dosage de l'eau.** — Dans une vaste capsule de porcelaine tarée, on pèse exactement 1 kilogr. de fumier frais. On le dessèche à l'étuve (à 70° ou 80°), puis on divise le résidu avec les ciseaux en ayant soin de ne rien perdre. On pèse la capsule et l'on note la perte de poids. On prend ensuite 50 grammes du mélange incomplétement desséché et l'on achève la dessiccation à 100°. Du poids du résidu entièrement sec de ces 50 grammes, on déduit le taux pour 100 de l'eau du fumier frais. On moud ensuite tout le résidu bien sec et l'on enferme la poudre obtenue dans un flacon à l'émeri. Ce procédé, généralement en usage pour déterminer le taux d'humidité du fumier, donne assez exactement la quantité d'eau, mais la perte éprouvée est toujours un peu trop forte, une partie de l'ammoniaque des fèces et du purin se dégageant pendant la dessiccation. Nous avons constaté dans nos recherches sur l'alimentation du cheval (¹), que la perte en ammoniaque des excréments frais du cheval, s'élève jusqu'à 1 gramme par kilogramme d'excréments dans cette dessiccation. Pour des recherches exactes, il convient d'opérer la dessiccation, dans le vide, de 200 grammes environ de fumier en recueillant l'ammoniaque dégagée à l'aide de l'acide borique (voir plus loin § 465). C'est sur la matière sèche ainsi obtenue que doivent être effectués tous les dosages suivants.

448. — **Taux des cendres.** — On incinérera à basse température, dans un courant d'oxygène, 10 grammes du résidu obtenu dans le vide, en employant l'appareil représenté par la figure 108, et en observant les précautions décrites aux §§ 12 et 13.

449. — **Dosage de l'acide carbonique.** — Sur

(¹) L. Grandeau et A. Leclerc, *Recherches expérimentales sur l'alimentation du cheval de trait*. 2ᵉ mémoire. 1883. In-4°.

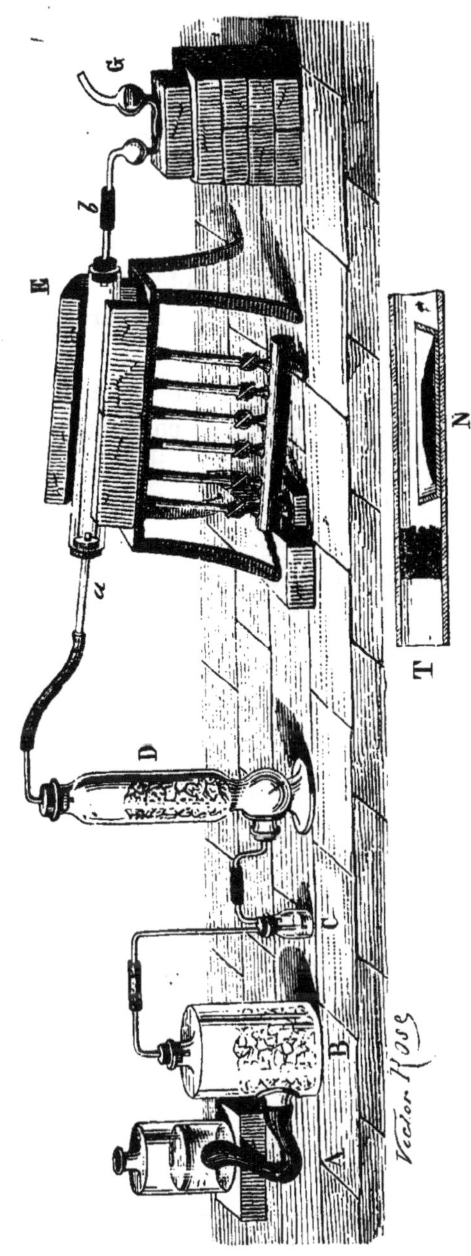

Fig. 108.
Appareil pour l'incinération des matières végétales et animales à basse température.

2 grammes des cendres résultant de l'incinération, on dose l'acide carbonique par la méthode décrite § 50. Si l'on a calciné le fumier à l'air libre et non dans un courant d'oxygène, il y a lieu de déduire le charbon restant du poids des cendres brutes, pour connaître le taux réel des matières minérales du fumier et celui de l'acide carbonique.

450. — **Dosage de l'azote organique.** — Sur un gramme de poudre, on dose l'azote par la chaux sodée, avec toutes les précautions d'usage en pareil cas (§ 27).

451. — **Dosage des nitrates.** — On épuise par l'eau, dans l'appareil représenté par la figure 20 (page 182), 50 grammes du fumier moulu; on concentre, s'il y a lieu, la liqueur et l'on recherche l'azote nitrique par la méthode de Schlœsing, comme je l'ai à plusieurs reprises indiqué (§§ 39 et 130).

452. — **Dosage de l'ammoniaque fixée.** — Le résidu sec du fumier retient rarement de l'ammoniaque en quantité notable. On ne doit pas employer, pour rechercher et doser ce corps, la méthode de Bineau (distillation avec une base, soude ou magnésie), parce que, comme je l'ai dit précédemment, les matières organiques azotées dégagent indéfiniment de l'ammoniaque lorsqu'on les chauffe avec de l'eau en présence d'une base.

Il faut recourir, pour rechercher l'ammoniaque fixée du fumier, au procédé indiqué § 129 pour le dosage de cette substance dans le sol. Les résultats ainsi obtenus méritent toute confiance, la transformation des matières azotées ne pouvant pas les altérer.

453. — **Dosage de l'acide carbonique total.** — Dans l'appareil représenté figure 10, § 51, on dose, sur 5 grammes de poudre, l'acide carbonique; on déduit, du poids trouvé, le poids d'acide carbonique des cendres et l'on a ainsi, par différence, le poids de CO^2, existant à l'état de carbonate d'ammoniaque, dans le fumier sec.

454. — **Dosage du soufre et de l'acide sulfurique.** — On prend 3 à 4 grammes de résidu pulvérulent qu'on traite, dans une capsule d'argent assez vaste, par 7 à 8 fois son poids de potasse fondue pure, avec addition de moitié de son poids de nitrate de potasse également fondu. L'addition de matière dans la capsule se fait par petites portions. La masse fondue doit être blanche. Après refroidissement, on dissout la masse dans de l'eau régale étendue. On évapore à sec, on sépare la silice en reprenant par l'eau et, dans la liqueur légèrement acidulée, on précipite l'acide sulfurique par le chlorure de baryum.

Dans beaucoup de cas, l'examen sommaire du fumier, pratiqué par cette méthode, suffit; si l'on veut en faire l'analyse complète, on procède de la manière suivante.

II. — ANALYSE COMPLÈTE DU FUMIER.

455. — **Préparation de la matière.** — Si l'on veut connaître la composition de la partie du fumier soluble dans l'eau et celle du résidu insoluble dans ce liquide, on procède comme il suit : On pèse 1 kilogramme de fumier frais convenablement échantillonné (§ 446); dans un grand vase en verre d'une capacité de 5 à 6 litres, contenant 2 litres d'eau distillée environ, on place le fumier, en le divisant autant que possible à la main et avec des ciseaux. On agite énergiquement le contenu du vase pour bien diviser la matière; on ajoute encore 1 litre d'eau et on abandonne le mélange à lui-même pendant quelques heures. On décante alors, sur une toile, le liquide surnageant; on ajoute de l'eau au résidu, puis on achève le lavage dans un entonnoir bouché, ce qui rend la séparation du liquide assez facile au bout d'un certain temps de repos. On renouvelle les opérations en réunissant tous les liquides prove-

nant du lavage et l'on arrive à obtenir un dernier liquide à peu près complétement incolore; on mesure exactement le volume de la solution obtenue. Il faut employer environ 6 litres d'eau pour épuiser 1 kilogramme de fumier frais. On a ainsi formé deux parts de l'échantillon primitif: l'une solide et qui ne cède plus rien à l'eau, l'autre liquide contenant tous les principes du fumier solubles à froid. On filtre cette dernière sur la toile et ensuite sur du papier.

A. — TRAITEMENT DE LA PARTIE LIQUIDE.

456. — **Dosage de l'ammoniaque libre.** — On distille 300 centimètres cubes de la solution en recueillant le liquide dans l'acide sulfurique titré. On pousse la distillation jusqu'à réduction du liquide aux $\frac{3}{5}$ environ de son volume primitif. Le titrage de l'acide à la fin de l'opération fait connaître le taux d'ammoniaque libre contenue dans 300 centimètres cubes correspondant à un poids connu de fumier frais.

457. — **Dosage de l'ammoniaque combinée.** — A 300 centimètres cubes de la solution, on ajoute de la magnésie calcinée et l'on détermine, soit par la méthode de Boussingault (§ 43), soit par celle de Schlœsing (§ 129), la quantité d'ammoniaque totale existant dans la liqueur. En retranchant du poids de l'ammoniaque trouvée celui de l'ammoniaque libre, on connaît le taux pour 100 d'ammoniaque combinée existant dans le fumier.

458. — **Dosage de l'acide nitrique.** — On concentre 500 centimètres cubes de la solution, additionnée de 1 gramme de soude caustique, jusqu'à réduction à 100 centimètres cubes; on dose l'acide nitrique par la méthode de Schlœsing.

459. — **Dosage des cendres.** — Après avoir dosé l'ammoniaque et l'acide nitrique, on évapore à sec, dans

une capsule tarée, le reste de la solution exactement mesuré. On pèse le résidu, qui sert aux dosages suivants.

Pour déterminer le taux des cendres, on pèse 5 grammes du résidu desséché à 110°. On l'incinère avec précaution et l'on défalque du poids des cendres brutes celui de l'acide carbonique et, s'il y a lieu, le charbon restant.

L'analyse complète des cendres (SiO^2, PhO^5, CaO, KO NaO, MgO, Fe^2O^3 MnO) est conduite par la méthode décrite §§ 265 et suivants.

460. — **Dosage de l'azote organique.** — Sur un gramme d'extrait sec, on dose l'azote par la chaux sodée.

B. — TRAITEMENT DU RÉSIDU INSOLUBLE.

461. — **Dosages à effectuer.** — On dessèche le résidu et on en prend le poids ; on le moud dans le moulin à engrais et l'on y dose l'azote organique, le taux des cendres et les diverses matières minérales qui les constituent, par les méthodes précédemment décrites et sur lesquelles je ne reviendrai pas.

L'analyse du fumier ainsi conduite peut fournir des renseignements précieux sur la restitution à faire au sol des principes minéraux enlevés par les récoltes.

Pour toutes les études relatives à l'alimentation du bétail, l'analyse du fumier ne fournit pas des indications suffisamment précises pour qu'on en déduise l'utilisation des divers fourrages par l'animal. Dans ce genre de recherches, il faut examiner les excréments animaux, indépendamment de la litière à laquelle ils sont mélangés pour constituer le fumier. Je vais donc indiquer les méthodes applicables à la détermination de la composition chimique des excréments liquides et solides, abstraction faite de la litière.

III. — ANALYSE DE L'URINE.

462. — **Détermination de la densité.** — La densité de l'urine est comprise entre 1,010 et 1,040, l'unité étant l'eau distillée à 15°. On prend la densité de l'urine, soit avec un densimètre spécial (uromètre), soit par la méthode du flacon. Il faut, dans les deux cas, éviter les causes d'erreur résultant des bulles d'air et de la mousse interposée dans le liquide.

463. — **Dosage de la substance sèche.** — On ne peut pas doser la substance sèche par simple évaporation d'un poids donné d'urine, à raison du dégagement d'ammoniaque qui se produit toujours pendant cette évaporation. On a donc recours à la méthode suivante : Après avoir pris exactement la densité de l'urine à analyser, on en mesure 5 centimètres cubes (le poids correspondant est donné par le produit de ce volume par la densité trouvée). On remplit aux trois quarts une nacelle avec du sable grossier bien sec, on pèse la nacelle et son contenu dans un étui de verre, on y verse ensuite les 5 centimètres cubes d'urine et l'on place la nacelle dans un tube plongeant dans un bain-marie et traversé par un courant lent d'air sec et pur, ou mieux d'hydrogène lavé et desséché. On fait passer le courant de gaz pendant toute la durée de la dessiccation (5 à 6 heures) et l'on recueille dans l'acide sulfurique titré les produits de la distillation. A la fin de l'expérience, on replace la nacelle dans son étui et l'on en prend le poids. La perte subie par le contenu de la nacelle correspond à l'eau de l'urine et à l'ammoniaque formée aux dépens de l'urée. On connaît le poids de cette ammoniaque par un nouveau titrage de l'acide sulfurique.

Il faut avoir soin de laver l'extrémité du tube plongeant

dans l'acide; il s'y dépose dans la partie supérieure, non en contact avec la solution acide, du carbonate d'ammoniaque. Avant de titrer à nouveau SO^3,HO, il faut chauffer pour chasser complétement l'acide carbonique. En multipliant par le facteur 1,7644, le poids d'ammoniaque dégagée, on a celui de l'urée qui lui correspond et qu'il convient d'ajouter au poids du résidu sec précédemment déterminé. Selon toute apparence, dans l'urine humaine, c'est au phosphate acide qu'est due cette décomposition partielle de l'urée.

Dans l'urine humaine et dans celle des herbivores, il n'y a, à l'état normal, que des traces absolument négligeables d'ammoniaque. Ce sera donc toujours à une décomposition partielle de l'urée qu'il faudra rapporter l'ammoniaque qu'on dose dans ces liquides.

464. — **Dosage de l'azote total.** — Le résidu de la dessiccation, traité par la chaux sodée, fait connaître le taux de l'azote, auquel on ajoute le poids de l'azote contenu dans l'ammoniaque recueillie pendant la dessiccation.

Dans nos recherches sur l'alimentation du cheval, nous avons, Leclerc et moi, adopté la méthode suivante, qui est exacte et assez expéditive.

Voici comment nous opérons :

Dans un tube en fer, fermé par un bout, de $0^m,012$ de diamètre intérieur et de $0^m,40$ environ de longueur, nous plaçons, à l'extrémité fermée, 2 à 3 grammes d'acide oxalique exempt d'ammoniaque. Si l'acide oxalique contient une trace d'ammoniaque, on détermine celle-ci par un dosage spécial et l'on en tient compte dans le calcul de l'analyse. Sur l'acide oxalique, nous mettons une colonne de 8 à 10 centimètres de chaux sodée et le tube est alors prêt pour recevoir l'urine, qui est préparée de la façon suivante :

On mesure bien exactement, avec une pipette, 5 centimètres cubes de l'urine que l'on verse dans un vase à expérience ; on y ajoute 5 centimètres cubes d'eau distillée, ou mieux d'une dissolution de soude, contenant 10 grammes de soude caustique par litre. On mélange les deux liquides, puis on prélève 5 centimètres cubes contenant, par conséquent, 2^{cc},5 d'urine que l'on fait tomber dans le tube en fer au milieu d'un filet de chaux sodée en petits grains de la grosseur d'une tête d'épingle, qui absorbe le liquide dans sa chute. On s'arrange de manière à ce que le mélange d'urine et de chaux sodée occupe au moins 15 centimètres de longueur. On achève de remplir le tube par de la chaux sodée en grains d'au moins 1 millimètre et demi de diamètre, sur une longueur de 8 à 10 centimètres. On met ensuite un tampon d'amiante, puis le tube à boule contenant l'acide sulfurique titré. On continue alors l'opération comme à l'ordinaire. Nous devons cependant indiquer quelques précautions qu'il convient de prendre pendant le chauffage, tant pour assurer le succès de l'opération que pour éviter les accidents :

1° Empêcher la carbonisation du bouchon de liége en faisant couler constamment un mince filet d'eau sur une bande de papier à filtre qui enveloppe l'extrémité du tube correspondant au bouchon.

2° Chauffer très-lentement et fortement la partie antérieure du tube qui contient la colonne de chaux sodée seule, afin d'empêcher toute condensation de vapeur dans cette région. Si la température était trop basse, la chaux sodée fuserait et pourrait fermer entièrement le tube sans laisser de passage au gaz, de sorte qu'en continuant l'opération, le tube finirait par éclater, par l'excès de la pression intérieure.

3° Chauffer très-lentement et progressivement le mélange ; éviter une production trop rapide de vapeur d'eau ; condenser celle-ci dans le tube à absorption en enveloppant les boules de papier à filtre mouillé et ne décomposer l'acide oxalique que lorsque la partie du tube qui correspond au mélange est au rouge vif.

Moyennant ces précautions, il est aisé de mener à bien l'opération, dont la durée est d'environ une heure.

Nous mélangeons à l'urine une dissolution de soude caustique, afin d'être certains qu'aucune trace de matière azotée n'échappe à l'action de l'alcali.

Dans le cas où les urines ont fermenté, il n'est plus possible d'employer la solution de soude; elle donnerait lieu à un dégagement d'ammoniaque.

465. — **Dosage de l'ammoniaque.** — Le dosage de l'ammoniaque présente quelques difficultés. Cette recherche ne peut avoir de valeur qu'autant que l'on est certain que l'urine n'a pas fermenté et que les manipulations n'ont pu donner naissance à une altération.

Le principe de la méthode que nous avons suivie (¹) est le même que celui que J. B. Boussingault employa autrefois dans ses recherches sur la quantité d'ammoniaque contenue dans l'urine (²).

Le mode opératoire pour recueillir l'ammoniaque diffère seul. Notre appareil (fig. 109) se compose d'un ballon B, de 1 litre environ, plongé entièrement dans un bain-marie A, maintenu à la température de 35°. Le ballon B est fermé par un bouchon de caoutchouc muni de deux tubes. L'un E est un tube capillaire dont une extrémité est amenée à 1 centimètre du fond du ballon; l'autre extrémité du tube est munie d'un caoutchouc à vide, armé d'une pince D et d'un entonnoir C. Le second tube F n'est autre que l'extrémité supérieure d'un serpentin en étain ou en verre

---

(¹) *Recherches expérimentales sur l'alimentation du cheval de trait*, p. 74, 1er mémoire. In-4°. Berger-Levrault et Cie. 1882.

(²) *Agronomie*, t. III, p. 233.

devant servir à la condensation des vapeurs. La partie inférieure du tube réfrigérant G porte un bouchon à deux trous, en caoutchouc, et à son extrémité, au moyen d'un caoutchouc, un tube ouvert aux deux bouts I et contenant des fragments, de la grosseur d'un pois, d'acide borique pur, fondu et bien exempt d'ammoniaque. Ce tube plonge

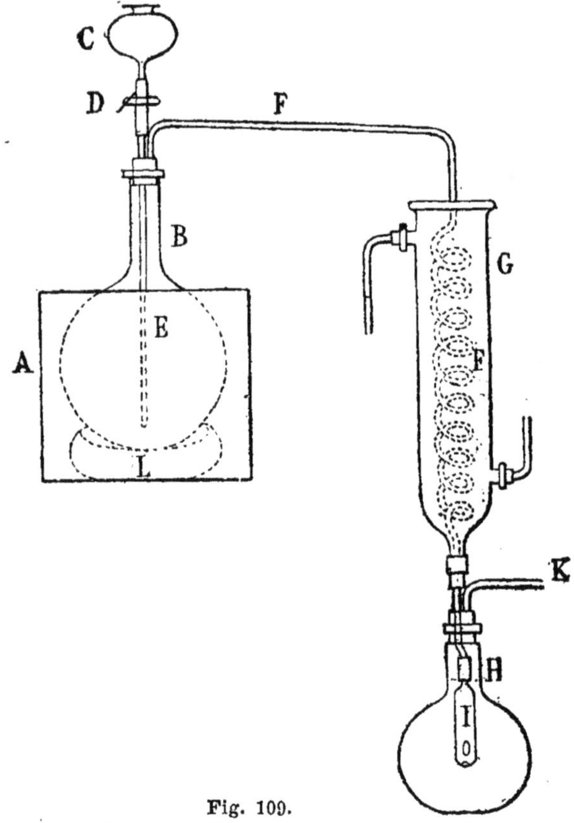

Fig. 109.
Dosage de l'ammoniaque dans le vide.

dans un ballon H, de 250 centimètres cubes environ, qui est fixé au réfrigérant, à l'aide du bouchon. Le deuxième trou de ce bouchon reçoit un tube en plomb K qui relie l'appareil à la trompe devant faire le vide.

Tout étant ainsi disposé, on effectue le dosage de la manière suivante :

On met dans le ballon de 1 litre, de 1 à 2 grammes de chaux éteinte ou de magnésie : on mouille légèrement l'acide borique, puis, après avoir bien fermé le ballon et serré les caoutchoucs, on fait le vide, tout en chauffant simultanément le bain-marie. Lorsque le vide est fait et que la température du bain est devenue stationnaire à 35°, on mesure 50 centimètres cubes d'urine que l'on verse dans l'entonnoir. On desserre la pince de manière à la laisser couler lentement sur la chaux et sur le fond du ballon.

L'urine entre aussitôt en ébullition : la chaux ou la magnésie décompose les sels ammoniacaux, et la vapeur et l'ammoniaque vont se condenser dans le serpentin maintenu à une température aussi basse que possible. L'eau condensée dissout, en s'écoulant, de l'acide borique qui fixe l'ammoniaque sous forme de borate d'ammoniaque. Lorsque toute l'urine a passé dans le ballon, on lave l'entonnoir avec de l'eau exempte d'ammoniaque que l'on traite comme l'urine.

Au bout d'une demi-heure, l'opération est généralement terminée ; dans le ballon d'un litre restent les substances contenues dans l'urine, mélangées à la chaux ou à la magnésie, et dans le ballon de 250 centimètres cubes, toute l'ammoniaque fixée par l'acide borique. A ce moment, on arrête la trompe à vide, on laisse rentrer l'air dans l'appareil par l'entonnoir et par le tube capillaire, puis on lave le serpentin et l'acide borique non dissous. Les eaux de lavage sont réunies au liquide ammoniacal et, dans le mélange, on dose l'ammoniaque par la méthode de Th. Schlœsing.

Nous employons l'acide borique, de préférence à une solution d'acide titré, parce qu'il ne détermine pas de contre-pression dans l'appareil, ce qui permet d'opérer à une température plus basse, et parce qu'il n'y a aucune absorption à craindre dans le cas d'une rentrée subite d'air.

Des expériences de vérification ont montré que l'acide borique humide absorbe la totalité de l'ammoniaque dégagée. Voici les résultats de l'une de nos vérifications :

10 centimètres cubes d'une solution titrée de chlorhydrate d'ammoniaque sont traités dans l'appareil, comme il est dit plus haut, en présence de la magnésie. La dissolution borique, traitée par la méthode de Th. Schlœsing, a donné une teneur de 26^{mg},06 d'azote ammoniacal. 10 centimètres cubes de la même solution titrée, traités directement dans l'appareil de Th. Schlœsing, ont donné 26^{mg},03 d'azote ammoniacal.

Le carbonate d'ammoniaque a donné des résultats aussi satisfaisants. Ainsi, 20 centimètres cubes d'une solution de carbonate d'ammoniaque contenant 28^{mg},03 d'azote ammoniacal, traités dans l'appareil, ont donné, par la distillation de la solution borique, 27^{mg},92 d'azote ammoniacal. Cette légère différence pourrait provenir d'une volatilisation partielle qui se serait produite pendant que la dissolution ammoniacale se trouvait dans l'entonnoir.

466. — **Dosage des sels fixes de l'urine.** — On évapore 100 centimètres cubes d'urine dans une capsule de platine; on incinère le résidu, on reprend par l'eau la masse charbonneuse et l'on incinère cette dernière. On réunit ces cendres au résidu de l'évaporation du liquide provenant du traitement du résidu, et l'on pèse le tout.

Il est préférable d'opérer l'incinération du résidu de l'urine dans l'oxygène; on n'a ainsi qu'une seule combustion à effectuer.

Si l'on veut faire l'analyse complète des cendres de l'urine, il faut opérer sur 10 grammes au moins de cendres, à raison de leur faible teneur en alcalis. L'acide phosphorique peut être dosé dans l'urine du porc, du cheval, du veau; l'urine des ruminants adultes n'en renferme que de faibles quantités.

467. — **Dosage de l'urée, du sel marin et du chlore.** — Je décrirai d'abord la méthode de Liebig, par l'azotate de mercure. Il faut, préalablement, séparer l'acide phosphorique à l'aide d'une solution de baryte, et dans l'urine des herbivores, éloigner l'acide hippurique par le nitrate de fer. — Voici la marche à suivre d'après le travail d'Henneberg et Rautenberg.

On acidule par l'acide nitrique 200 centimètres cubes d'urine fraîche, et l'on porte à l'ébullition pour chasser l'acide carbonique; on neutralise ensuite par l'addition de magnésie récemment calcinée. On plonge la matière dans l'eau froide pour ramener sa température à celle du laboratoire; on transvase alors dans un flacon gradué et l'on rince le matras à l'eau distillée; cette eau de lavage, réunie à l'urine, doit donner un volume total de 220 centimètres cubes. On ajoute au liquide 30 centimètres cubes d'eau additionnée de nitrate de fer, en quantité telle qu'il y ait un léger excès de fer dans le mélange; on s'en assure en y plongeant un papier imprégné de prussiate de potasse: ce papier doit manifester faiblement la réaction des sels de fer. Un trop grand excès de nitrate de fer redissout le précipité formé. — On jette le liquide sur un filtre sec : à 150 centimètres cubes de la liqueur filtrée on ajoute un peu de magnésie calcinée et l'on ramène à 200 centimètres cubes, exactement, le volume du liquide, par addition de baryte caustique en dissolution. On filtre de nouveau : on emploie 15 centimètres cubes de la liqueur filtrée, correspondant à 90 centimètres cubes d'urine fraîche, pour chacun des dosages suivants:

a) *Dosage du sel marin.* — A l'aide d'une goutte d'acide

nitrique faible, on acidule 15 centimètres cubes, exactement mesurés, et l'on y verse de la solution normale mercurique (§ 468), en agitant constamment jusqu'à ce qu'apparaisse un trouble permanent. La réaction présente une telle netteté qu'on peut apprécier, à moins de $0^{cc},1$, la quantité de solution mercurique à employer. Il ne faut pas s'arrêter à une simple opalisation de la liqueur, qui se produit souvent au début de l'addition de nitrate mercurique et qui se distingue très-facilement du trouble nuageux caractéristique de la réaction finale. On calcule le taux de sel marin d'après le titre de la solution mercurique, établi comme il est dit plus loin.

a') *Procédé de Neubauer.* — Dans une petite capsule de platine, on place 5 ou 10 centimètres cubes d'urine, auxquels on ajoute 1 ou 2 grammes de salpêtre bien exempt de chlore; on évapore à siccité au bain-marie, puis on chauffe faiblement d'abord, ensuite jusqu'à fusion. On obtient pour résidu une masse saline blanche, exempte de charbon. On la dissout dans un peu d'eau; le liquide alcalin, placé dans un verre à réactif, est additionné progressivement d'acide nitrique très-étendu, jusqu'à faible réaction acide, qu'on détruit ensuite par l'addition de carbonate de chaux précipité. Il est inutile de filtrer pour écarter le léger excès de carbonate de chaux, qui ne trouble en rien la réaction finale. On ajoute au mélange 2 ou 3 gouttes d'une solution saturée à froid de chromate neutre de potasse et l'on titre avec la liqueur d'argent, en s'arrêtant lorsque, après agitation, le liquide conserve une coloration rougeâtre bien manifeste.

La solution d'argent doit renfermer $18^{gr},469$ d'argent par litre (1 centimètre cube correspond à $0^{gr},010$ de chlorure de sodium ou à $0^{gr},006068$ de chlore. La liqueur d'argent ne doit contenir aucune trace d'acide nitrique libre; elle doit être complétement neutre.

b) *Dosage de l'urée.* — Dans 15 centimètres cubes de l'urine traitée par la baryte, on verse directement, sans acidulation préalable, la liqueur mercurique titrée, en neutralisant l'acide nitrique mis en liberté par formation du précipité d'urée, par l'addition progressive de carbonate de soude, mais en ayant soin qu'après le titrage, le liquide possède encore une réaction un peu acide. Pour s'assurer que la totalité de l'urée est précipitée, avec l'agitateur on place de temps en temps sur une plaque de verre bien propre et enduite de bitume de Judée à sa face inférieure, une grosse goutte du mélange; on recouvre cette goutte avec une bouillie claire de bicarbonate de soude: la fin de la réaction est annoncée très-nettement par l'apparition d'une coloration jaune. On peut apprécier à moins de $0^{cc},1$ à $0^{cc},2$ de nitrate de mercure (correspondant à 1 ou 2 milligrammes d'urée) la quantité de solution mercurique employée. Il faut seulement avoir soin de conduire l'opération assez rapidement, parce que l'addition de bicarbonate de soude, qui laisse la goutte incolore, lui communique, au bout de peu de temps, une coloration jaune qui pourrait induire l'opérateur en erreur.

Dans le calcul de l'urée, on doit naturellement soustraire de la quantité de la solution mercurique employée dans le dosage, la quantité nécessaire pour précipiter le chlore.

Il est encore une autre correction à apporter au résultat numérique obtenu, correction relative à l'excès de réactif qu'il a fallu employer pour amener la coloration jaune, caractéristique de la fin de l'opération. D'après les observations de Rautenberg, pour chaque centimètre cube de solution mercurique normale employée en moins que 30 centimètres cubes, il faut retrancher $0^{cc},06$. Plus exactement encore, si l'on a employé moins de 15 centimètres cubes de liqueur mercurique, on retranchera $0^{cc},04$; pour

15 à 20 centimètres cubes, $0^{cc},06$, et au-dessus de 20 centimètres cubes, $0^{cc},08$. Cette correction est relative à la dilution des liqueurs par l'addition de la solution mercurique.

Voici comment on prépare les différentes liqueurs nécessaires pour les dosages du chlore et de l'urée.

468. — **Préparation de la solution de nitrate de mercure.** — Le nitrate de mercure doit être chimiquement pur. Pour l'obtenir, on dissout à chaud, du mercure pur, en excès, dans l'acide nitrique étendu; on concentre la solution et par refroidissement on obtient des cristaux. On décante l'eau mère; on lave les cristaux, d'abord avec un peu d'acide nitrique étendu, puis avec de l'eau froide; on les dissout ensuite dans l'acide nitrique pur et l'on chauffe jusqu'à ce qu'une goutte du liquide ne donne plus *aucun trouble* dans une solution de sel marin.

On concentre alors, au bain-marie, jusqu'à consistance sirupeuse et l'on étend de 10 fois le volume d'eau distillée; on laisse reposer pendant 24 heures : le sel basique se sépare; on filtre.

Il faut connaître le titre de cette solution mercurique par rapport :

1° A une solution titrée de sel marin;

2° A une solution saturée à froid de phosphate de soude.

La solution de sel marin s'obtient en dissolvant dans un litre d'eau $10^{gr},852$ de $NaCl$ pur et fondu.

Suivant sa concentration, la liqueur mercurique sera étendue (10 centimètres cubes) à 5 ou 10 fois son volume. 10 centimètres cubes de la nouvelle solution sont additionnés de 4 centimètres cubes de la solution de phosphate de soude; on verse ensuite rapidement dans ce mélange (avant que le précipité formé prenne l'aspect cristallin), à l'aide d'une burette graduée, de la solution de $NaCl$ titrée, jusqu'à ce que le précipité ait disparu et que la liqueur se soit complétement éclaircie. A chaque *centimètre cube* de la solution de NaCl employé correspondent 0gr,020 d'oxyde de mercure; partant de là, on calcule aisément le titre de la solution mercurique.

Pour étalonner la solution mercurique par rapport à l'urée, c'est-à-dire obtenir une liqueur dont 1 litre contienne 77gr,2 d'oxyde de mercure, on ajoute à peu près la quantité d'eau indiquée par le calcul (en restant au-dessous de la quantité d'eau nécessaire) et l'on détermine directement le titre du mélange, par rapport à une solution d'une richesse connue en urée.

On dissout, pour cela, 2 grammes d'urée, séchée à 100°, dans 100 centimètres cubes d'eau distillée ; on prend 15 centimètres cubes de cette liqueur et on détermine exactement, à l'aide de la réaction avec le bicarbonate de soude, à combien de *centimètres cubes* de la liqueur mercurique correspondent ces 15 centimètres cubes de solution d'urée.

On étend enfin, d'après le résultat fourni dans cet essai, la liqueur mercurique avec une quantité d'eau suffisante pour que 30 centimètres cubes de cette solution correspondent exactement à 0gr,300 d'urée, soit 1 centimètre cube à 0gr,010 d'urée.

Titrage de la solution mercurique, par rapport au chlorure de sodium. — On prend 10 centimètres cubes d'une solution à 2 p. 100 de NaCl (10 centimètres cubes = 0gr,200 NaCl), on ajoute 3 centimètres cubes d'une solution d'urée à 2 p. 100 et 5 centimètres cubes d'une solution saturée à froid de sel de Glauber pur, puis on verse goutte à goutte, dans ce mélange, la solution mercurique jusqu'à ce qu'on obtienne un trouble persistant.

Il est facile de calculer ensuite à combien de NaCl correspond 1 centimètre cube de solution mercurique.

469. — **Solution de baryte.** — Elle s'obtient en mé-

langeant 1 litre d'une solution, saturée à froid, de nitrate de baryte avec 2 litres d'eau de baryte, également saturée à froid.

470. — **Solution de nitrate de fer.** — Cette solution, destinée à séparer de l'urine l'acide hippurique, s'obtient en dissolvant du fil de fer dans l'acide nitrique. On porte le nitrate à l'ébullition jusqu'à ce qu'il y ait commencement de précipitation de composés basiques ; on étend alors d'eau et l'on filtre.

471. — **Bicarbonate de soude.** — On conserve le bicarbonate en poudre et sec dans un flacon bouché. Au moment de s'en servir, on en verse une petite quantité dans un verre de montre, on le lave avec de l'eau distillée, par décantation, de manière à éloigner le carbonate neutre qu'il pourrait contenir, puis on emploie la bouillie claire de bicarbonate, comme il est dit plus haut.

472. — **Dosage rapide de l'urée.** — La méthode de Liebig a l'inconvénient d'exiger au moins deux corrections, celle qui est due à la dilution des liqueurs, et celle qui nécessite la présence des chlorures. En outre, d'autres principes que l'urée, tels que la créatinine, l'acide urique, l'acide hippurique, etc., forment aussi, avec l'oxyde mercurique, des combinaisons insolubles, de sorte que le taux d'urée dosée se trouve constamment trop élevé. Enfin, lorsque cette méthode doit être appliquée à l'urine des herbivores, il est nécessaire de faire subir à l'urine des manipulations assez longues, avant d'arriver au titrage de l'urée.

Dans nos recherches sur l'alimentation du cheval de trait, nous nous sommes attachés, Leclerc et moi, à déterminer aussi exactement que possible la caractéristique de l'urée, c'est-à-dire l'azote. A cet effet, nous avons adopté le principe de la méthode de Heintz et Ragsky, mais nous avons entièrement changé leur mode opératoire. Ce principe est le suivant :

L'urée, chauffée à 180° avec de l'acide sulfurique concentré, fixe deux équivalents d'eau et se dédouble ensuite en acide carbonique et en ammoniaque, comme l'indique la formule suivante :

$$C^2H^4Az^2O^2 + 2HO = 2CO^2 + AzH^3$$

Il résulte de là qu'il suffit, pour doser l'urée d'une urine, de doser l'ammoniaque formée par son dédoublement. Heintz et Ragsky déterminaient l'ammoniaque à l'état de chloro-platinate, après avoir tenu compte de la correction relative au chlorure de potassium. Comme on le voit, les opérations sont longues et délicates. Nous évitons cette correction en opérant de la manière suivante : 5 centimètres cubes d'urine sont placés dans un creuset en porcelaine de 50 centimètres cubes de capacité; on y ajoute 2 centimètres cubes d'acide sulfurique à 66°. On chauffe, lentement d'abord, pour éviter les projections, au bain d'huile jusqu'à la température de 180°.

Le dédoublement s'opère avec dégagement d'acide carbonique ; l'ammoniaque est fixée par l'acide sulfurique. Lorsque le dégagement a cessé, la réaction est terminée ; on retire le creuset qu'on laisse refroidir. On étend d'eau, on verse le tout, avec les eaux de lavage, dans un ballon jaugé de 100 centimètres cubes que l'on achève de remplir jusqu'au trait. On prend ensuite 50 centimètres cubes de cette solution bien mélangée que l'on traite par un excès de magnésie dans l'appareil distillatoire de Th. Schlœsing, et on recueille l'ammoniaque dans de l'acide titré. En multipliant le poids d'azote trouvé par 2,1427, on obtient la quantité d'urée contenue dans le volume du liquide employé.

Ce procédé, que nous avons expérimenté sur une grande échelle, est expéditif et donne des résultats satisfaisants.

Nous nous sommes assurés que la décomposition des chlorures de l'urine par l'acide sulfurique n'exerce aucune influence perturbatrice sur le dosage de l'urée.

473 — **Dosage de la créatinine.** — La créatinine est un principe important de l'urine. Elle n'a pas encore été l'objet de recherches suivies au point de vue de la quantité produite chaque jour. Nous nous sommes proposés, Leclerc et moi, de déterminer la proportion journalière de ce corps contenue dans l'urine du cheval au repos et au travail. Pour cela, nous avons appliqué la méthode de séparation et de dosage due à Neubauer.

A 200 centimètres cubes d'urine fraîche, on ajoute un peu de lait de chaux et du chlorure de calcium, tant qu'il se forme un précipité. On mélange bien, on laisse reposer et l'on filtre. Le liquide filtré est évaporé rapidement au bain-marie, dans une capsule de porcelaine, jusqu'à consistance sirupeuse.

On mélange ce sirop chaud avec 50 centimètres cubes environ d'alcool à 95°, puis on place le tout avec l'alcool de lavage dans un flacon de 100 centimètres cubes, à large ouverture et fermé par un bon bouchon de liége. On agite vivement, puisse on laisse reposer dans un lieu froid pendant 48 heures au moins. On décante alors le liquide sur un filtre, on lave le résidu insoluble avec de l'alcool à 95° et l'on réunit le liquide avec les eaux de lavage dans un ballon léger à fond plat et taré. On y ajoute un demi-centimètre cube d'une dissolution alcoolique de chlorure de zinc de 1,20 de densité, on agite fortement après avoir bouché le ballon et on laisse reposer au froid pendant quinze jours. Au bout de ce temps, le chlorure double de zinc et de créatinine est réuni en cristaux quelquefois très-volumineux et adhérents aux parois du ballon. On peut alors décanter le liquide sans crainte d'entraîner les cristaux ; on les laisse égoutter, puis on les lave à plusieurs reprises avec de l'alcool à 95°, jusqu'à ce que les eaux de lavage ne précipitent plus par le nitrate d'argent. On dessèche le ballon à 100°, puis on le pèse. L'augmentation de poids donne le poids du chlorure double de zinc et de créatinine; en multipliant celui-ci par le coefficient 0,6244, on obtient le poids de créatinine contenue dans les 200 centimètres cubes d'urine employés.

474. — Dosage du chlore. — Le chlore est généralement dosé par pesée, sous forme de chlorure d'argent, ou par les liqueurs titrées. Nous le dosons dans l'urine du cheval par ce dernier procédé de la façon suivante : 5 centimètres cubes d'urine sont placés dans une petite capsule de platine avec 1 gramme de nitrate de potasse pur et 1 gramme de carbonate de soude pur, bien exempt de chlorure, puis évaporés et lentement portés au rouge, afin d'éviter une déflagration trop vive.

Lorsque la matière organique est entièrement brûlée, on laisse refroidir, puis on dissout le résidu dans l'eau tiède. On filtre, puis on décompose les carbonates dissous, par un très-léger excès d'acide nitrique pur que l'on sature ensuite par un excès de carbonate de chaux récemment précipité. On fait bouillir pour éliminer l'acide carbonique dissous, on laisse refroidir, on ajoute deux ou trois gouttes de chromate de potasse, puis l'on verse, goutte à goutte, la solution titrée de nitrate d'argent jusqu'à l'apparition d'une teinte rougeâtre, uniforme et persistante malgré l'agitation. Le volume du nitrate d'argent employé permet de calculer le chlore contenu dans l'urine.

Comme on le voit, ce procédé n'est autre que celui de Neubauer (v. page 702), légèrement modifié. Nous avions observé en effet qu'en suivant les indications de Neubauer, malgré l'addition de nitrate de potasse, il se produisait constamment de légères pertes de chlore dues à l'action simultanée du nitrate et des matières organiques sur les chlorures. Nous avons évité cette perte en ajoutant à l'urine une quantité suffisante de carbonate de soude.

475. — **Dosage de l'acide sulfurique.** — Le soufre est engagé dans l'urine dans des combinaisons très-diverses. Il peut y exister sous forme d'acide sulfurique et constituer, par suite, des sulfates alcalins ou alcalino-terreux, ou bien entrer dans des combinaisons organiques en donnant naissance, soit à des acides sulfo-conjugués (acide phénolsulfurique, etc.), soit à des corps tels que la cystine, la taurine, etc. Enfin, suivant Schmiedeberg, il pourrait encore se rencontrer à l'état d'hyposulfites alcalins, comme dans l'urine du chat ou du chien. Les trois premières combinaisons du soufre peuvent être mises facilement en évidence dans l'urine du cheval.

On peut se contenter de déterminer en bloc l'acide sulfurique des sulfates alcalins et des acides sulfo-conjugués. Pour cela [1], nous prenons 50 centimètres cubes d'urine auxquels on ajoute 5 centimètres cubes d'acide nitrique pur; on porte à l'ébullition pendant un quart d'heure, puis on précipite par le nitrate de baryte. On recueille sur un filtre le sulfate de baryte qu'on lave, dessèche, incinère et pèse; et, du poids du sulfate, l'on déduit la quantité d'acide sulfurique contenu dans le volume d'urine employé.

476. — **Dosage de l'acide hippurique.** — On évapore, au bain-marie, 200 centimètres cubes d'urine, de manière à les réduire aux trois quarts environ, on ajoute 20 centimètres cubes d'acide chlorhydrique, on chauffe légèrement, puis on abandonne le liquide pendant 48 heures à la cave et à la température la plus basse possible. L'acide hippurique brut est rassemblé sur un filtre et lavé avec aussi peu d'eau froide que possible, jusqu'à ce que

---

[1] *Recherches sur l'alimentation*, 1er mémoire, p. 79.

la liqueur passe incolore et ne donne plus, avec le nitrate d'argent, qu'un trouble très-léger. On dessèche alors à 100° et on pèse l'acide hippurique; au poids trouvé, on ajoute 10 milligrammes par 6 centimètres cubes de liquide filtré; cette quantité correspond à la solubilité de l'acide hippurique dans l'eau froide ($\frac{1}{600}$). On s'assure, en l'incinérant, que l'acide hippurique pesé est ou non exempt de traces de sels. S'il est pur, il ne laisse pas de résidu.

477. — **Dosage et séparation de l'acide urique.** — En même temps que l'acide hippurique, l'acide urique contenu dans l'urine a été précipité par l'acide chlorhydrique. On admet généralement que, par chaque centaine de centimètres cubes d'urine employée, il y a 0gr,0048 d'acide urique. Dans l'urine des herbivores, il n'y a que des traces d'acide urique tout à fait négligeables; dans celle des carnivores et des omnivores, la proportion d'acide urique est, au contraire, bien supérieure à celle de l'acide hippurique. Pour séparer ces deux corps, on traite à plusieurs reprises le mélange obtenu (§ 476) par de l'alcool à 85°; l'acide hippurique se dissout facilement dans l'alcool fort, tandis que l'acide urique y est à peu près complétement insoluble.

478. — **Dosage de l'acide carbonique libre et combiné**. — On peut appliquer à ce dosage la méthode donnée § 50 ou recourir à la suivante, qui est plus expéditive:

On prend 100 centimètres cubes d'urine, on y verse du chlorure de baryum pur; dans un autre volume égal d'urine, on verse du chlorure de baryum ammoniacal. On chauffe séparément ces deux liquides au bain-marie, presque à la température de l'ébullition; on recueille sur un filtre le carbonate de baryte formé, on le lave, le dessèche et le pèse. Des poids respectifs de carbonate de baryte, on déduit les taux d'acide carbonique libre et combiné.

479. — **Dosage du carbone et de l'hydrogène.** — On a recours à l'analyse élémentaire (§§ 19 et suiv.) pour doser le carbone et l'hydrogène de la matière organique de l'urine. Pour cela, on évapore à sec 10 centimètres cubes d'urine mélangée à une petite quantité de sable lavé et calciné ou à du sulfate de chaux sec. C'est ce mélange bien homogène qu'on introduit dans l'appareil à analyse organique et qu'on brûle dans un courant d'oxygène.

480. — **Dosage du sucre.** — Si l'urine contient du sucre et qu'on veuille l'y doser, on opère avec toutes les précautions indiquées à propos de l'analyse des betteraves (§§ 300 et suiv.). Dans certains cas, il est préférable de décolorer l'urine par le noir animal avant d'y rechercher le sucre. On emploie pour cela une colonne de noir de grain moyen, haute de 50 à 60 centimètres et d'un diamètre de 2 centimètres environ. Deux ou trois passages successifs dans le tube à noir fournissent un liquide incolore. Je recommande de préférer le titrage par pesée du cuivre réduit, à l'emploi direct de la liqueur titrée de Neubauer et Vogel.

481. — **Recherche de l'albumine.** — On prend 30 à 40 centimètres cubes d'urine à laquelle on ajoute une seule goutte d'acide acétique. On chauffe vers 70°. S'il y a de l'albumine, il se forme un précipité ou un trouble floconneux, suivant les proportions de substance protéique existant dans l'urine.

482. — **Recherche de l'acide phosphorique.** — On dose ce corps, le cas échéant, par la liqueur titrée d'urane correspondant à $0^{gr},1$ d'acide phosphorique par 50 centimètres cubes, c'est-à-dire très-faible. On mesure 50 centimètres cubes d'urine filtrée préalablement, si cela est nécessaire, on ajoute 5 centimètres cubes d'acétate de soude, on chauffe au bain-marie et l'on titre avec une solution d'urane. (Voir §§ 71 et suiv.)

On réussit mieux encore en précipitant 50 centimètres

cubes d'urine par le mélange magnésien (voir § 69), laissant reposer, filtrant, lavant à l'eau ammoniacale, et perçant le filtre pour recueillir le phosphate ammoniaco-magnésien dans un verre de montre. On chauffe légèrement en ajoutant goutte à goutte de l'acide acétique pour redissoudre le phosphate, on étend à 50 centimètres cubes, on ajoute 5 centimètres cubes d'acétate de soude, et l'on titre par l'urane.

483. — **Dosage de l'acide phosphorique combiné à la chaux et à la magnésie.** — Si l'on veut doser isolément l'acide phosphorique combiné à ces bases, on concentre 200 centimètres cubes d'urine, on y ajoute de l'ammoniaque jusqu'à réaction alcaline et on abandonne au repos pendant 12 heures. On réunit le précipité, on le lave et on le redissout dans une petite quantité d'acide acétique, en chauffant légèrement. On étend à 50 centimètres cubes et l'on ajoute 5 centimètres cubes d'acétate de soude, puis on titre par l'urane. Pour doser la chaux et la magnésie, on dissout le mélange des phosphates dans aussi peu d'acide acétique que possible, on précipite la chaux par l'oxalate d'ammoniaque, et l'on filtre. Dans la liqueur filtrée, on sépare le phosphate de magnésie par sursaturation par l'ammoniaque et l'on pèse le phosphate ammoniaco-magnésien.

484. — **Dosage du soufre organique.** — On évapore 50 centimètres cubes d'urine filtrée dans un creuset d'argent, en présence de quelques grammes de potasse caustique et d'un peu de salpêtre, on calcine fortement le résidu, on reprend par l'eau et, dans la liqueur filtrée, on dose l'acide sulfurique par la baryte. Si le poids de sulfate obtenu excède celui qu'a fourni, pour la même quantité d'urine, l'opération précédente, l'excédant correspond au soufre que l'urine renferme sous une forme autre qu'à l'état d'acide sulfurique.

IV. — EXCRÉMENTS SOLIDES.

485. — **Méthode à suivre.** — Les procédés indiqués pour l'examen des fourrages s'appliquent parfaitement à l'analyse des excréments des herbivores; il importe seulement, pour le dosage de la cellulose brute, de n'opérer comme il est dit (§§ 279 et suiv.) qu'après avoir préalablement débarrassé, par un traitement à l'alcool, les résidus de la digestion des principes de la bile auxquels ils sont unis. — Au point de vue de l'utilisation des fourrages et des essais sur l'alimentation, il importe beaucoup d'étudier les excréments au microscope et d'y constater, par l'examen physique, la nature et les proportions des aliments non digérés. Voici le meilleur mode de préparation de la matière à examiner: on enferme les excréments dans un sachet en toile et on les malaxe sous un filet d'eau jusqu'au moment où le liquide qui s'écoule est incolore et limpide. — On laisse déposer l'eau de lavage et l'on recherche la nature du dépôt, en l'examinant au microscope, à l'aide de la teinture d'iode, pour déceler la présence de la fécule non digérée. On recherche dans le liquide surnageant, le sucre, l'acide lactique, la dextrine soluble, etc.... On examine, de même, le résidu insoluble du sachet, après l'avoir traité par l'alcool pour enlever les principes colorants de la bile.

Cet examen physique rend les plus grands services dans des recherches spéciales sur le mode d'assimilation et d'utilisation des fourrages.

V. — EXAMEN DE LA LAINE DE MOUTON.

486. — **Prise de l'échantillon.** — Le chimiste qui veut étudier la nature d'une laine (nature variable avec les

races, les climats, etc.) pourra se faire une opinion assez exacte sur la valeur relative de ce précieux produit, en suivant les indications données par Henneberg et que nous allons résumer.

Les échantillons seront pris sur l'animal, immédiatement avant l'époque ordinaire de la tonte, après le lavage à dos du mouton; on les prélèvera sur plusieurs animaux représentant le type moyen de la race examinée, et sur chaque animal on prendra les échantillons dans les régions suivantes :

1° A l'épaule;
2° Sur le flanc;
3° Au milieu de la croupe;
4° Sur la partie correspondante au garrot;
5° Sur le cou près de la nuque;
6° Au milieu de la cuisse;
7° A la partie moyenne de l'abdomen.

Chaque prise d'essai, de 2 à 3 centimètres de diamètre, sera coupée au ras de la peau sans torsion, afin qu'elle conserve sa forme naturelle; on placera chaque échantillon dans un étui de verre fermant par un bouchon et l'on en déterminera le poids. On notera, sur l'étiquette collée à l'étui, les indications relatives à chaque prise d'essai.

Suivant le but qu'on se proposera, chaque échantillon sera examiné isolément ou bien l'on constituera, par un mélange convenablement pratiqué, un échantillon moyen représentant l'ensemble des lots prélevés sur les moutons.

Si l'on a à examiner des laines non lavées à dos, on pèse chaque échantillon isolément, on dose l'eau sur une petite prise d'essai qu'on sèche à 100 degrés; on lave ensuite le lot à essayer avec de l'eau froide (eau de pluie ou eau distillée; il faut rejeter l'eau séléniteuse pour cette opération), en le malaxant entre les doigts jusqu'à ce que l'eau s'écoule claire. On sèche la laine et on en prend de nouveau le poids.

Le traitement à faire subir ultérieurement est le même que celui qu'on applique aux laines lavées à dos.

487. — **Dosage de l'humidité.** — 3 à 4 grammes de laine sont placés dans des tubes ouverts à une extrémité et tarés. On dessèche à 100 degrés et l'on pèse de nouveau.

488. — **Séparation du suint.** — On traite 5 à 6 grammes de laine par le procédé de lavage suivi dans l'industrie. Le liquide qui sert à cette opération s'obtient de la manière suivante : Dans 100 parties d'eau distillée, on dissout 3 parties de savon et 2 parties de cristaux de soude. On emploie environ 20 parties en poids de cette solution pour une partie de laine brute ; on chauffe, vers 50 ou 55 degrés, la solution alcaline et l'on y plonge la laine. On laisse digérer pendant 15 à 20 minutes, en maintenant la température au point indiqué plus haut. On retire ensuite la laine, on la lave complétement à plusieurs reprises dans de l'eau toujours renouvelée, on étend ensuite la laine sur une toile métallique, qu'on frappe légèrement par-dessous pour éloigner les corps étrangers qui s'y trouvent mélangés et qu'on achève d'enlever complétement à l'aide d'une pince. On dessèche la laine à 100 degrés et l'on en prend de nouveau le poids. On enlève les dernières parties de suint par un traitement au sulfure de carbone (l'appareil d'épuisement de Schlœsing se prête parfaitement à cet usage). (Voir fig. 35, p. 239.) On dessèche de nouveau la laine à 100 degrés et on la pèse une dernière fois.

489. — **Dosage direct de la matière grasse.** — 5 à 6 grammes de laine brute sont épuisés par le sulfure de carbone dans l'appareil de Schlœsing, séchés et pesés, puis seulement alors traités par la solution de savon. En évaporant le sulfure de carbone, on obtient un résidu de graisse qu'on pèse directement.

490. — **Autre procédé de purification de la laine.** — La laine est traitée successivement par l'eau et par le

sulfure de carbone, puis épuisée par l'alcool chaud. L'extrait est évaporé, le résidu desséché, pesé et calciné. On a ainsi le taux des cendres brutes. La laine, pour lui enlever jusqu'aux traces de sels alcalins et terreux provenant du savon, est reprise par de l'acide chlorhydrique très-étendu, puis par l'alcool et l'éther ou le sulfure de carbone. La laine ainsi traitée, débarrassée, à l'aide de la pince, des fragments étrangers qui y adhéreraient encore, est incinérée, et du poids employé on déduit celui des cendres, ce qui donne, en définitive, le taux de fibre laineuse pure contenue dans l'échantillon examiné.

491. — **Dosage des cendres.** — On l'effectue en incinérant dans l'oxygène les fibres traitées dans les opérations précédentes (§§ 488 ou 490). Pour séparer des cendres proprement dites le sable et la terre qui pourraient y être mélangés, on reprend les cendres brutes par l'acide chlorhydrique étendu, et le résidu laissé par l'acide est traité, à l'ébullition, par une solution concentrée de carbonate de soude. Le résidu siliceux est lavé, desséché, calciné et pesé.

Si l'on veut faire l'analyse complète des cendres, on suit la méthode indiquée pages 382 et suivantes.

492. — **Densité de la laine.** — Dans certains cas, il est utile de déterminer la densité de la laine, ce que l'on peut faire par la méthode du flacon sur les échantillons ayant subi les traitements antérieurement décrits (§§ 488 et 489) en employant comme liquide le sulfure de carbone.

493. — **Examen des impuretés de la laine.** — Il est souvent intéressant de déterminer la nature des impuretés et des matières étrangères qui adhèrent à la laine. Si l'on veut se livrer à cet examen sur un lot important de laine, on partage ce lot en trois parties, afin d'obtenir un échantillon moyen, en fractionnant la masse en laine propre (provenant en grande partie du dos), laine

plus impure (cou et flanc, souillés par des résidus de fourrage) et enfin laine sale, souillée par les excréments (tonte des membres inférieurs et du ventre). On pèse isolément chacun de ces lots, on divise la laine en petits flocons et l'on mélange intimement le tout.

On prend 100 gr. de ce mélange qu'on épuise par l'eau froide, en s'arrêtant lorsque le liquide qui s'écoule ne contient plus que des traces de matières étrangères. Il faut environ 6 litres d'eau pour laver à froid complétement 100 gr. de laine. On réunit toutes les eaux de lavage, on les mesure exactement et l'on procède aux dosages suivants :

a) *Matière sèche.* — 500 centimètres cubes évaporés dans une capsule de platine; le résidu, séché à 110°, est pesé.

b) *Azote.* — 300 centimètres cubes évaporés au bain-marie, après addition d'une petite quantité d'acide; le résidu, mélangé intimement avec du gypse pulvérisé, est traité par la chaux sodée.

c) *Ammoniaque.* — Dosée sur 200 centimètres cubes par la méthode de Schlœsing.

d) *Carbonates.* — On ajoute un peu de soude à 3 litres de liquide, on évapore à sec et dans le résidu on dose l'acide carbonique par les méthodes connues.

e) *Cendres.* — 200 centimètres cubes évaporés dans une capsule d'argent. Le résidu est incinéré dans un courant d'oxygène (§ 12). L'analyse complète des cendres se fait par la méthode ordinaire (voir page 382).

VI. — LAIT ET PRODUITS DE LA LAITERIE.

A. — ANALYSE DU LAIT ET RECHERCHE DES FALSIFICATIONS.

494. — **Composition moyenne du lait.** — De l'ensemble des nombreuses analyses du lait de vache faites jusqu'ici, résulte pour ce précieux aliment la composition

moyenne suivante, en regard de laquelle j'indique les limites des écarts normaux, c'est-à-dire des variations indépendantes de toute falsification et dues à la race, à l'individu, à l'alimentation, à l'âge, à la saison, etc.

Composition centésimale moyenne du lait de vache.		Limites des écarts.	
Eau	87.25	80.00 à 83.65	p. 100.
Beurre	3.50	2.90 à 4.50	—
Caséine	3.50	3.00 à 5.00	—
Albumine	0.40	0.30 à 0.55	—
Sucre de lait	4.60	3.00 à 5.50	—
Matières minérales	0.75	0.76 à 0.80	—
	100.00		

Je laisse de côté toutes les autres substances dont on ne rencontre que des traces dans le lait normal, ayant en vue seulement le côté agricole de la question.

495. — **Remarques préliminaires sur l'examen du lait.** — Le chimiste peut avoir, suivant les cas, à résoudre l'une des deux questions suivantes :

1° Le lait soumis à son examen est-il pur, c'est-à-dire n'a-t-il subi ni écrémage, ni addition d'eau ou d'autre substance ?

2° Quelle est la composition chimique du lait examiné, c'est-à-dire combien renferme-t-il d'eau, de beurre, de caséine, de sucre et de cendres ?

La première question est celle qui se présente le plus fréquemment, à raison du rôle important que joue le lait dans l'alimentation publique et des industries nombreuses qui reposent sur la transformation de ce liquide.

Le chimiste appelé à se prononcer, comme expert, sur la qualité d'un lait, se trouve presque toujours en présence d'un mélange provenant de la traite d'un nombre plus ou moins considérable de vaches ; c'est sur le lait moyen d'une étable et non sur le produit d'un seul animal qu'il a un avis à émettre. Les divergences individuelles disparaissent alors presque complétement; les résultats obtenus par les méthodes exposées plus loin doivent concorder, à très-peu près, avec les chiffres moyens donnés dans le paragraphe précédent.

L'analyse immédiate du lait sera très-rarement invoquée pour trancher les questions de falsification; elle sera, d'ordinaire, limitée aux cas douteux, qu'elle éclaire fort imparfaitement, comme on le verra plus loin. S'agit-il, au contraire, de recherches expérimentales sur la lactation, sur les variations dans la composition du lait sous l'influence de conditions précises, régime, période de la lactation, âge, etc., la détermination des principes immédiats éclaircira des points que l'examen sommaire du lait laisserait indécis.

496. — **Des falsifications du lait.** — On peut réduire, en principe, à deux seulement les procédés les plus répandus pour la falsification: 1° l'écrémage ; 2° l'addition d'eau. A la portée de tout le monde, peu apparentes à l'œil si elles sont pratiquées avec quelque modération, ces fraudes sont, de beaucoup, les plus fréquentes. L'addition de farine, d'amidon, de sucre, sont rares; l'introduction de substances cérébrales, de liquide provenant de l'écrasement des graines oléagineuses, etc., n'existe guère que dans l'imagination de certains auteurs. Je ne m'y arrêterai donc pas.

L'écrémage consiste, comme le mot l'indique, dans l'enlèvement de la crème; suivant qu'il est pratiqué 6 heures, 12 heures ou 24 heures après la traite, le lait a perdu une partie seulement ou la presque totalité de sa matière grasse. Rarement le lait écrémé est vendu seul, il est d'ordinaire mélangé à du lait frais et le mélange qui en résulte, vendu comme lait pur, bien qu'il ne contienne plus la totalité du beurre qu'il devrait renfermer. Très-souvent le lait écrémé, mélangé au lait non écrémé, est additionné d'eau. Enfin, la fraude prend une forme plus simple encore quand l'addition d'eau a lieu directement dans le lait récemment extrait du pis de la vache.

Les deux points principaux dans lesquels se résument les questions que la justice adresse à l'expert sont : Le lait a-t-il été écrémé ? Le lait a-t-il été étendu d'eau et dans quelle proportion ?

Pratiquées avec soin, trois opérations successives permettent, à moins de cas exceptionnels que la vérification à l'étable aidera à résoudre, de donner une réponse catégorique aux questions ainsi posées. Ces opérations sont : 1° la détermination de la densité du lait entier ; 2° le dosage de la crème ; 3° la détermination de la densité du lait bleu [1].

Avant d'exposer la marche à suivre pour l'examen du lait, je décrirai les deux instruments qui vont nous servir, le lacto-densimètre ou pèse-lait et le crémomètre.

497. — **Lacto-densimètre Quévenne-Müller.** — Des expériences nombreuses ont établi qu'à la température de 15°6, le lait de vache présente une densité moyenne de 1,030 à 1,033. Le lait le plus lourd qu'on ait observé jusqu'ici pesait 1,040 à 1,041. Le lacto-densimètre de Quévenne-Müller (fig. 110) est un aréomètre ordinaire à tige de verre fixée dans une monture de laiton. Il est gradué de la façon suivante : On prépare une solution de sel marquant exactement 1,042 à l'aréomètre et l'on donne au lacto-densimètre un poids tel que, tout en flottant sur le liquide, il descende jusqu'à un trait marqué à l'avance et désigné par le chiffre 42. Le lait ordinaire, mélangé à

---

[1] On désigne par *lait entier* le lait pur et frais qui n'a subi aucun écrémage ; et par *lait bleu,* à raison de la teinte qu'il prend, le lait écrémé après 24 heures de séjour dans le crémomètre.

$\frac{5}{10}$ de son volume d'eau, a pour densité 1,014 à 1,016. On plonge donc le lacto-densimètre dans un liquide qui ait cette densité, puis on trace, au point d'affleurement, un trait sur lequel on inscrit le chiffre 14. On grave ensuite entre 14 et 42 les nombres intermédiaires, et à travers chacun d'eux on tire un trait qui constituera la ligne d'affleurement dans tout liquide de la densité correspondante. Dans la figure 110, le trait du degré 30 a été prolongé pour indiquer qu'un poids spécifique de 1,030 est la limite au-dessous de laquelle on ne doit plus regarder le lait comme exempt de falsification. On voit, en outre, que l'échelle a deux sens : à droite, se trouvent les mots *non écrémé*; quand on expérimente sur du lait entier, il faut donc choisir cette partie de l'échelle. Le mot *pur* s'explique tout seul, ainsi que les fractions $\frac{1}{10}$, $\frac{2}{10}$, $\frac{5}{10}$, relatives à la quantité d'eau ajoutée. Comme on admet que le lait peut varier de 3 degrés, on a groupé les nombres trois par trois, au moyen d'accolades, dans l'intervalle respectif desquelles l'instrument doit s'arrêter pour indiquer la qualité qui y est affectée. Pour le lait pur, l'accolade comprend 4 nombres, 29 à 33 inclusivement; il arrive, en effet, çà et là que par suite d'une des causes énumérées plus haut, le lait n'atteint pas 30° en plein.

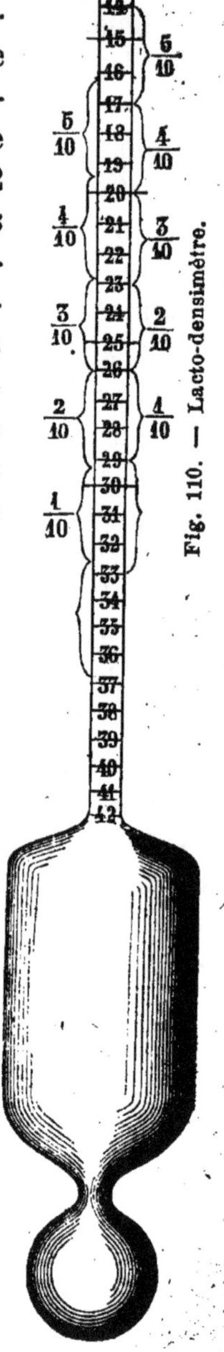

Fig. 110. — Lacto-densimètre.

Le mot *écrémé*, à la partie gauche de l'échelle, fait voir qu'elle se rapporte au

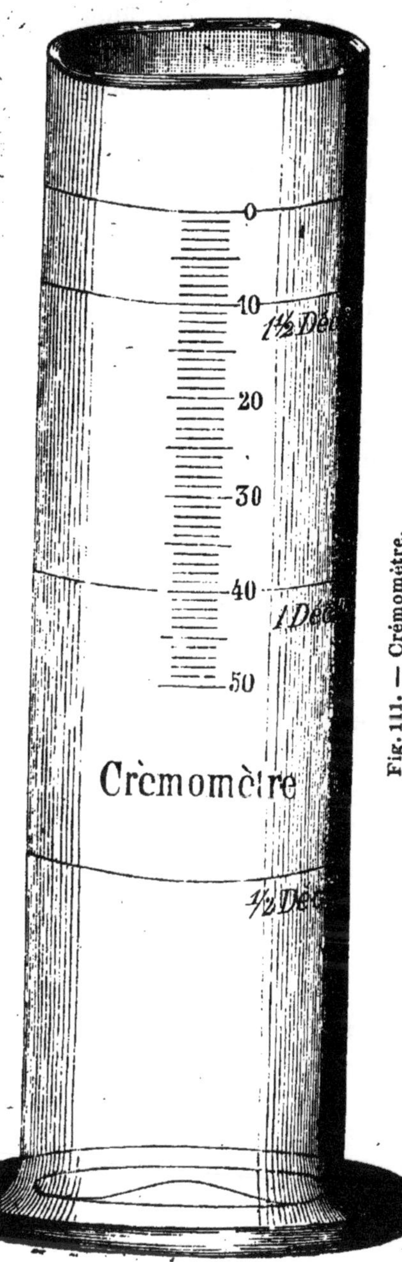

Fig. 111. — Crémomètre.

lait bleu. On observe tout de suite qu'ici les groupes commencent 4° plus bas que de l'autre côté. Le lait devient en effet de 4° plus lourd quand on l'écrème complètement. Cette échelle double fait que l'instrument de Quévenne peut rendre des services plus étendus que tous les autres pèse-lait, qui indiquent uniquement la densité. Sa sensibilité ne laisse rien à désirer.

Il faut faire une correction relative à la température. D'après l'expérience, à une variation de 5° centigrades dans la température du lait, correspond une variation de 1° du lacto-densimètre. Pour éviter ces calculs, on a recours aux tables placées à la fin de ce traité (VIII et IX), tables qui donnent immédiatement la densité réelle du lait pur ou écrémé, ramené à 15°.

498.—**Crémomètre de Chevalier.** — C'est

un verre cylindrique, muni d'une graduation qui indique, quand on le remplit de lait de bonne qualité, l'épaisseur que doit avoir la couche de crème. Pour que les indications de cet instrument soient sûres, il faut qu'on tienne un compte scrupuleux de toutes les causes qui peuvent réagir sur elles et les modifier. Chevalier a disposé le crémomètre que représente la figure 111, de façon qu'il satisfasse complétement à sa destination. Il faut, en effet, que la colonne du liquide à observer ne soit ni trop mince, ni trop épaisse, ni trop haute, ni trop basse. L'expérience enseigne qu'une colonne trop mince donne des résultats très-variables, et que la limite entre la couche de crème et celle du lait est fréquemment difficile à bien distinguer. Des verres trop larges ne sont pas commodes; il faut donc s'en tenir ponctuellement aux rapports de grandeur qui sont fournis par la figure 111.

L'emploi du crémomètre exige certaines précautions pour que ses indications ne soient pas douteuses. Il importe, avant tout, de mélanger intimement toute la masse du lait sur laquelle on veut prendre l'échantillon, les couches supérieures de lait devenant, en peu de temps, plus riches en beurres que les inférieures. On place ensuite le crémomètre de manière que le cercle supérieur de l'échelle désigné par zéro (0) se trouve au niveau de l'œil, puis on verse le lait avec lenteur le long de la paroi et on remplit l'instrument exactement jusqu'au cercle 0. Après 24 heures de repos à la température ordinaire, la couche de crème s'est formée. On remarque avec attention, en dirigeant son rayon visuel dans le plan, non plus du cercle 0, comme tout à l'heure quand on remplissait le vase, mais dans le plan de la face inférieure de la couche de crème, on remarque, dis-je, avec quelle division de l'échelle ce dernier plan coïncide. Le degré qu'on y lit donne, en centièmes, la teneur en crème. Du bon lait, celui d'une étable prise en bloc, par exemple, doit en fournir 10 à 14 p. 100. Employé seul, le crémomètre donne des résultats douteux sur la pureté du lait, à raison des causes multiples qui peuvent hâter ou enrayer la séparation de la crème; mais, combiné à l'usage du lacto-densimètre, il décide les questions que l'emploi du lacto-densimètre seul laisserait, de son côté, indécises.

Je vais décrire maintenant la marche à suivre pour se prononcer, à l'aide de ces deux instruments, sur le degré de pureté ou de falsification d'un lait.

499. — **Expertise du lait à l'aide du lacto-densimètre et du crémomètre.** — Cette expertise se divise en trois opérations principales, quand on l'applique entièrement à un lait suspect, ce qui n'a lieu que si la première épreuve rend les deux autres indispensables et si les résultats obtenus du premier coup ne suffisent pas. L'observateur acquiert par la pratique une telle assurance que, dans la grande majorité des cas, il peut déjà, après la première opération, porter un jugement certain.

Première opération.— On remplit le crémomètre comme on ferait d'un verre ordinaire, jusqu'à deux doigts du bord; on prend en main le lacto-densimètre, on le plonge dans le lait jusqu'au degré 30 environ, puis on le lâche. Il flotte bientôt tranquillement et indique la densité du lait, dont on prend note immédiatement. Après avoir retiré le lacto-densimètre, on plonge dans le vase le thermomètre, et, au bout d'une ou deux minutes, quand l'instrument a pris la température du lait, on note son indication. On cherche ensuite le degré réel de l'échelle sur la table VIII et on trouve la qualité correspondante sur le lacto-densimètre. Si le degré réel, pour un lait entier, tombe entre 29 et 33, on voit, à droite, qu'il est pur ; s'il tombe entre 26 et 29, il y a $\frac{1}{10}$ d'eau ajouté ; entre 23 et 26, il y en a $\frac{2}{10}$, etc. Ces données se rapportent, *ce qu'il ne faut jamais perdre de vue,* non au lait que fournit une seule vache, mais au produit total d'une étable, ainsi qu'on l'apporte au marché.

Deuxième opération. — Le lait qui a servi à la première épreuve reste dans le crémomètre, qu'on achève de remplir jusqu'au cercle 0, avec les précautions précédemment indiquées. Puis on procède comme il a été dit. Au bout de 24 heures, on mesure l'épaisseur qu'a la couche de crème; on enlève cette dernière avec une petite cuiller hémisphérique et l'on passe à la troisième épreuve.

Troisième opération. — Elle consiste à reprendre la densité du lait complétement écrémé, avec les précautions que l'on a employées pour la détermination du poids spécifique du lait entier. On cherche dans la table IX, *Lait écrémé,* le degré réel et l'on trouve désigné sur le lacto-densimètre, côté gauche de l'échelle, le tantième d'eau correspondant. Le lait bleu pur tombe entre 32,5 et 36,5. Les accolades latérales accusent les dégradations successives dans le même sens qu'à droite pour le lait entier.

En règle générale, le lait vendu comme entier qui tombe à 34 degrés est déjà partiellement écrémé. Cependant il n'est pas rare que le même lait, examiné au crémomètre, puis sans crème, au lacto-densimètre, se montre irréprochable. Il ne faudrait donc jamais rejeter absolument du lait à 34 degrés; c'est au crémomètre à trancher la question. Pour 35 degrés réels, au contraire, l'écrémage a eu certainement lieu sur une échelle considérable; on devrait donc confisquer tout lait de 35 degrés réels, prétendu entier.

Il y a un cas surtout où le lacto-densimètre, employé seul, peut induire en erreur: c'est quand la crème a été enlevée au bout de 10 à 12 heures et remplacée par de l'eau. Le lait froid marque souvent 33 degrés après qu'on lui a pris 3 à 4 p. 100 de crème ; si donc on y ajoute quelques centièmes d'eau, il reviendra à 30 ou 31 degrés et, suivant le lacto-densimètre, il faudrait le regarder comme entier. Toutefois, le crémomètre et le poids spécifique du lait écrémé, qu'il ne faut jamais omettre de déterminer dans ce cas, mettront immédiatement sur la piste de la fraude.

Chaque fois que cela sera possible, l'expert devra opérer sur le lait provenant de l'étable d'où sera sorti le lait écrémé. Pour cela, il fera traire sous ses yeux, et aux heures ordinaires, toutes les vaches de l'étable ; on opérera le mélange du lait provenant de l'ensemble de la traite du matin avec celle du soir, et l'échantillon moyen sera prélevé sur le mélange. Les résultats obtenus dans l'examen des deux laits (lait saisi et lait de l'étable entière pris sous les yeux de l'expert) seront identiques si le lait saisi était pur. Les divergences qu'accuseraient les deux liquides préciseraient d'une façon nette la nature et l'étendue de la falsification (écrémage, dilution).

500. — **Cas douteux.** — Pratiquée comme je viens de le dire, d'après la méthode du Dr Müller, l'expertise du lait conduit, dans presque tous les cas, à une certitude complète sur la pureté ou sur le degré de falsification du lait. Il est cependant certains cas où les règlements de police de Paris et de Berne ont fait, à tort selon nous, recommander l'analyse chimique pour subvenir aux indications douteuses de la méthode que je viens de décrire. Un lait marque 27 à 29 degrés lacto-densimétriques, le crémomètre indique 10 p. 100 de crème ou environ, et le lait écrémé ne descend pas au-dessous de 32 degrés ni quelquefois même à 32. On recommande, dans un cas de ce genre, de doser l'eau et le beurre. Si l'on trouve 90 p. 100 d'eau et 3 p. 100 de beurre, la question est tranchée, le doute que faisait naître la méthode de Müller est levé ; mais si l'analyse donne 87 p. 100 d'eau et 2 à 2,5 de

beurre, condamnera-t-on le laitier ? Oui, en vertu de la jurisprudence adoptée, mais il se pourrait que la condamnation fût tout à fait injuste, et les belles recherches de Völcker ont montré, en effet, que les variations de l'eau et du beurre peuvent atteindre les limites citées plus haut dans des étables soumises à des alimentations et à des régimes différents. Il n'y a donc, et je suis en cela complétement d'accord avec Völcker et Müller, il n'y a donc qu'un seul moyen de contrôle de nature à éclairer la justice, c'est celui que j'ai indiqué dans le paragraphe précédent. L'emploi du lacto-densimètre et du crémomètre à l'étable, voilà la vraie, la seule solution des cas douteux.

En résumé, la méthode de Müller, appliquée simultanément au laboratoire et à l'étable, est la *seule* qui permette d'établir indubitablement la fraude dont un lait a été l'objet et l'étendue de cette fraude. Quant à la police des villes, elle doit essayer fréquemment le lait au lacto-densimètre, et saisir, pour le transmettre à un chimiste expert, le lait qui marque moins de 29 degrés ou plus de 34 degrés. Il va sans dire que le lait dont la densité serait comprise entre 30 et 33, mais dont la saveur ou l'aspect offriraient quelques caractères suspects, doit également être saisi et adressé au chimiste.

501. — **Analyse immédiate du lait.** — Il est souvent nécessaire, lorsqu'on s'occupe de recherches expérimentales sur la production du lait, de compléter les indications du lacto-densimètre et du crémomètre par la détermination du taux des divers principes immédiats qui constituent le lait. Je vais indiquer successivement les dosages suivants : eau, substance sèche totale, beurre, caséine, albumine, sucre de lait, azote total.

502. — **Dosage de l'eau et de la substance sèche.** — On remplit à moitié un tube à dessiccation de Liebig avec du sable pur, sec et exempt de poussière ;

on tare le tube ; on y introduit ensuite 5 grammes environ de lait (à la température de 15 degrés), on pèse de nouveau ; la différence des pesées donne le poids exact du lait employé. On chauffe au bain-marie, en faisant passer lentement dans le tube un courant d'hydrogène sec et pur ; au bout de 3 à 4 heures, on retire le tube du bain-marie, on l'essuie avec soin et on en prend le poids. Si, après une deuxième pesée, le poids reste stationnaire à 1 milligramme près, la dessiccation est terminée, et la perte accusée par la balance correspond à l'eau que renfermait le lait. Par différence, on connaît le taux de la substance sèche.

503. — **Dosage du beurre**. — On pèse 20 grammes de lait et on les mélange à 8 grammes de marbre en poudre, sec et pur, placés dans un verre de montre ; on dessèche le mélange au bain-marie. L'évaporation doit être conduite de manière que la plus grande quantité de l'eau du lait soit expulsée à une température inférieure au point de coagulation de l'albumine. On évite le dépôt de lait sur les bords du verre de montre en faisant usage, de temps à autre, d'un petit agitateur en verre à l'aide duquel on nettoie les bords du verre et qu'on laisse reposer sur la matière pendant toute l'opération. Quand le mélange est devenu pâteux, on l'agite et on le divise avec le bâton de verre jusqu'à dessiccation complète. Si l'opération a été bien menée, le résidu doit être exempt de toute coloration brune. On achève la dessiccation à l'étuve Gay-Lussac. On broie alors le résidu et on l'introduit, à l'aide d'un entonnoir, dans un tube de verre, long de 15 centimètres environ, large de $1^{cm},5$ et étiré à sa partie inférieure qu'on a garnie d'un tampon de coton ; on nettoie avec grand soin le verre de montre, dont on réunit tout le contenu dans le tube ; on lave le verre de montre à l'éther anhydre, et l'on épuise complétement le contenu du tube par ce réactif.

On peut également se servir de l'appareil à déplacement de Schlœsing, en en réduisant notablement les proportions. On évapore ensuite la solution de graisse dans l'éther et on pèse le beurre avec les précautions connues.

504. — **Dosage de la caséine.** — On étend de onze fois leur volume d'eau 25 centimètres cubes de lait et on ajoute, goutte à goutte, de l'acide acétique jusqu'à coagulation, on rassemble sur un filtre tout le coagulum, on le lave une ou deux fois avec un peu d'eau, puis à l'éther. La caséine se rassemble bien par ce traitement et se laisse détacher du filtre; on l'introduit dans l'appareil de Schlœsing et l'on épuise par l'éther jusqu'à disparition de résidu de graisse dans une goutte du liquide évaporé; on reporte la caséine dans le premier filtre taré, on dessèche et l'on pèse.

505. — **Dosage de l'albumine.** — On porte à l'ébullition le liquide provenant de la séparation de la caséine, l'albumine se coagule, on la rassemble sur un filtre taré, on la dessèche et on la pèse après refroidissement.

506. — **Dosage du sucre de lait.** — Le liquide dont on a séparé la caséine de l'albumine contient encore tout le sucre du lait; on l'étend d'eau de manière à obtenir un volume total de 500 centimètres cubes. Dans un matras, on place 10 centimètres cubes de la liqueur de Neubauer, on ajoute 40 centimètres cubes d'eau et 20 centimètres cubes de la liqueur sucrée; on conduit ensuite l'opération exactement comme il a été dit à propos de l'analyse des betteraves (§§ 297 et suiv.).

On pèse le cuivre métallique et l'on multiplie le poids trouvé par le facteur 0,569; on connaît ainsi le poids du sucre contenu dans 20 centimètres cubes de liquide correspondant à $0^{gr},400$ de lait.

507. — **Dosage de l'azote.** — Il est bon de doser directement l'azote pour contrôler les poids de caséine et

d'albumine obtenus. Pour cela, on évapore à sec, au bain-marie, 20 grammes de lait en présence d'acide oxalique dans un verre de montre très-mince; quand l'évaporation est complète, on broie le verre de montre et son contenu dans un mortier et l'on dose l'azote sur cette poudre introduite dans un tube à combustion (méthode de la chaux sodée).

508. — **Dosage des cendres.** — Dans une capsule de platine, on évapore, à sec, 25 grammes de lait, préalablement additionné de quelques gouttes d'acide acétique. On incinère avec précaution le résidu et on en prend le poids. Pour faire l'analyse des cendres du lait, il faut opérer sur un demi-litre de lait et achever l'incinération du résidu dans un courant d'oxygène. L'analyse des cendres se fait ensuite par la méthode donnée pour l'analyse des cendres végétales.

B. — ANALYSE DE LA CRÈME.

509. — **Composition de la crème.** — Les méthodes d'analyse du lait indiquées dans les paragraphes précédents s'appliquent à la détermination des principes immédiats de la crème, je n'ai donc rien à ajouter à ce sujet. Je me bornerai à réunir ici les résultats de quelques analyses de crème, faites sur des produits de provenance certaine et pouvant servir de points de comparaison pour le chimiste qui aurait à se prononcer en qualité d'expert sur des crèmes saisies par la police. Cette reproduction me semble d'autant plus utile qu'aucun ouvrage français, à ma connaissance du moins, ne renferme une seule analyse de crème. Le docteur Völcker, dans son remarquable mémoire sur le lait [1], a consigné les résultats de ses recher-

[1] On Milk, *Journ. of the Roy. agri. Soc. of Engl.*, t. XXIV, 1863.

ches sur la crème obtenue avec du lait pur de bonne qualité. J'en extrais les chiffres suivants :

	I.	II.	III.	IV.
Eau.	74.46	64.80	56.50	61.67
Matière grasse pure .	18.18	25.40	31.57	33.43
Caséine	2.69	7.61	8.44	2.62
Sucre du lait	4.08			1.56
Cendres	0.59	2.19	3.49	0.73
	100.00	100.00	100.00	100.00
	Az = 0.43		Az = 0.42	

I. — Écrémage après 15 heures de repos. P. S. 1,0194, à 62° Fahr.

II. — Crème de 48 heures. Considérée par Völcker comme le type bonne crème. P. S. = 1.0127 à 62° Fahr.

III. IV. } Crèmes de 48 heures, très-riches en beurre.

Martiny a fait, en 1869, l'essai suivant, sur l'influence d'une addition d'eau sur la quantité et la qualité de la crème. Il a pris du lait pur, 300 grammes, présentant la composition indiquée plus bas, et l'a abandonné au repos pendant 27 heures, à la température de 18° à 20°. Il a opéré de même sur un mélange à volume égal de ce lait et d'eau, 150 grammes de lait et 150 grammes d'eau. Après 27 heures, il a déterminé les proportions de crème et de lait écrémé fournies par les deux lots, puis il a analysé les deux crèmes.

Voici les résultats de cette expérience :

APRÈS ÉCRÉMAGE.

	Lait pur.	Lait étendu.
Crème	21gr,90	13gr,70
Lait écrémé . . .	274 ,00	282 ,10
	295gr,90	295gr,80
Évaporation . . .	4 ,10	4 ,20
	300gr,00	300gr,00

Composition du lait et des deux crèmes:

	Lait pur.	Crème du lait pur.	Crème du lait étendu.
Eau	86gr,67	52gr,75	64gr,05
Matière grasse	4 ,04	40 ,20	31 ,48
Caséine. . .	2 ,30	1 ,06	0 ,87
Cendres. . .	0 ,64	0 ,31	0 ,08

Müller, de Stockholm, auquel on doit tant de recherches sur le lait et ses produits, a donné pour les analyses de la crème, du lait pur et du lait écrémé, les chiffres moyens centésimaux suivants :

	Lait.	Lait écrémé.	Crème.
Eau.	86gr,81	89gr,60	52 à 63
Caséine et sucre	8 ,47	8 ,49	6,3 à 7,6
Graisse . . .	3 ,97	1 ,19	40,6 à 39,3
Cendres . . .	0 ,75	0 ,80	0,42

Je rapellerai, en terminant, que l'expert chargé de l'examen des crèmes suspectes devra toujours, autant que possible, opérer par comparaison sur des crèmes préparées avec le même lait que les crèmes suspectes. Pour cela, il fera prélever un échantillon authentique de *la traite d'une journée* dans l'étable d'où provient le lait qui a servi à fabriquer la crème suspecte. Il préparera de la crème avec le lait, en l'abandonnant au repos pendant le temps voulu, 24 ou 36 heures, suivant l'indication du producteur de la crème saisie, et soumettra cette crème à l'analyse. Toutes les crèmes contenant moins de 15 à 16 p. 100 de graisse doivent être considérées comme suspectes. De 18 à 25 p. 100 de beurre, il y a lieu d'établir la comparaison dont je viens de parler, si les circonstances dans lesquelles on se trouve le permettent.

Quant aux falsifications (addition d'amidon, de farine, etc...), le chimiste un peu exercé les décèlera facilement.

C. — ANALYSE DU BEURRE.

510. — **Composition du beurre.** — Les procédés de préparation exercent sur la composition du beurre une influence des plus marquées; la propagation des bonnes méthodes de préparation du beurre constitue l'une des obligations des Stations agronomiques situées dans les régions peu avancées sous le rapport du traitement des produits de la laiterie. Outre que le beurre bien préparé est plus riche en matière grasse et possède par conséquent une valeur supérieure, il s'altère et rancit beaucoup moins vite que le beurre trop riche en eau et en matière azotée, c'est-à-dire mal fabriqué. Dans le beurre livré à la consommation, l'analyse décèle des variations considérables dans les taux respectifs de matière grasse, d'eau et de caséine, comme le montrent les nombres suivants, dans lesquels on peut trouver des termes de comparaison utiles à consulter :

	1	2	3	4	5	6	7
Graisse. . .	79.72	82.70	80.70	90.18	87	85	83
Caséine, etc..	3.38	2.45	2.80	1.87	9	4	5
Eau	16.90	14.85	73.50	6.10		10	11
Sél marin . .	» »	» »	3 »	1.85 (1)	4	1	1
	100.00	100.00	100.00	100.00	100	100	100

1 et 2. Beurres anglais. 4. Beurre de Stockholm.
3. Beurre de Brunswick. 5. Beurre de Schleswig.
6 et 7. Beurre de Lorraine et des Vosges.

Tout beurre qui contient moins de 78 et plus de 90 p. 100 de graisse pure doit être considéré comme suspect. Certains beurres, exportés par la Suisse, contiennent des proportions parfois considérables de graisse étrangère (suif,

(1) Cendres.

axonge, etc.), que l'on peut découvrir en déterminant les points de fusion et de solidification du mélange. Il est possible quelquefois de reconnaître à l'œil nu la sophistication. Il n'est pas rare de voir s'opérer spontanément, dans les vases qui renferment le beurre, la séparation du suif ou de l'axonge ajoutés.

511. — **Analyse du beurre. Dosage de l'eau.** — Dans un tube à essai on introduit 20 grammes de beurre environ, dont on détermine exactement le poids par double pesée. On place ce tube dans un bain-marie ou à l'étuve de Gay-Lussac, on dessèche complétement, jusqu'à cessation de perte de poids et l'on pèse de nouveau.

512. — **Dosage de la matière grasse.** — On fait digérer avec de l'éther pur le résidu du dosage de l'eau. Lorsque la dissolution est complète, on filtre rapidement sur un entonnoir chaud, on lave le résidu à l'éther jusqu'à disparition de toute trace de graisse dans l'éther. On prend exactement le volume de la solution éthérée, on en mesure une fraction qu'on évapore à sec, au bain-marie. On pèse le résidu et, du poids trouvé, on déduit par le calcul le taux de la graisse du beurre.

513. — **Dosage des acides gras. Méthode de Hehner-Angell.** — On pèse dans une capsule de verre ou de porcelaine 3 à 4 grammes de beurre complétement anhydre (fondu et filtré à travers du coton), on le dissout dans 50 grammes d'alcool et on saponifie à l'aide de 1 à 2 grammes de potasse caustique en chauffant avec précaution le mélange au bain-marie. Dans cette opération, la plus grande partie des acides volatils se dégage à l'état d'éthers. On concentre la solution de savon limpide jusqu'à consistance sirupeuse; on ajoute alors peu à peu 100 grammes d'eau chaude et l'on évapore ensuite jusqu'à expulsion complète de l'alcool.

La solution aqueuse de savon est décomposée par l'acide

chlorhydrique et chauffée au bain-marie, jusqu'à ce que les acides gras séparés surnagent la liqueur à l'état d'huile limpide. On rassemble ces acides sur un filtre épais préalablement humecté d'eau et on les lave à l'eau distillée chaude jusqu'à ce que la liqueur qui filtre ne donne plus aucune réaction acide au papier réactif très-sensible. Il faut environ $\frac{1}{2}$ à 1 litre d'eau pour ce lavage. On dessèche le filtre et son contenu dans l'étuve de Gay-Lussac (il ne faut pas que la température excède jamais 100°) jusqu'à ce que le poids de la matière demeure constant (il faut 3 à 4 heures pour obtenir ce résultat). On pèse et l'on calcule d'après ce poids le taux p. 100 des acides gras contenus dans le beurre analysé.

D'après certains analystes, le taux moyen des acides gras fixes du beurre serait de 87.5 p. 100 ; d'autres indiquent de 88 p. 100 à 90 p. 100, tandis que tous les autres corps gras en renferment de 93 à 95 p. 100. On peut admettre le chiffre moyen de 89 p. 100 comme approximativement exact, comme maximum pour le beurre de bonne qualité.

On calcule la pureté du beurre analysé avec la formule suivante $(S-89)\times X=11$, dans laquelle S est le poids des acides gras trouvés, X le taux p. 100 des graisses étrangères.

Cette méthode ne donne pas de résultats *absolus*, puisque la teneur des acides gras fixes varie notablement, comme on vient de le voir, avec les différentes sortes de beurre.

514. — **Dosage de la caséine et des cendres.** — Le résidu insoluble dans l'éther resté sur le filtre est lavé à l'eau ; on évapore à sec la solution, et si elle donne un résidu insoluble dans l'eau, on l'ajoute à la matière déposée sur le filtre ; on dessèche celui-ci, on le pèse et on l'incinère. On déduit le poids des cendres du poids trouvé d'abord ; la différence correspond à la caséine de 20 grammes de beurre.

515. — **Dosage du sucre et du sel marin.** — Dans

un volume connu de la solution aqueuse obtenue après traitement par l'éther, on dose le sucre de lait par la liqueur de Neubauer, en observant toutes les précautions indiquées précédemment. Dans l'autre partie, évaporée à sec, on dose le sel marin par pesée, ou mieux le chlore par liqueur titrée. On connaît ainsi le degré de salure du beurre.

D. — ANALYSE DU FROMAGE.

516. — **Composition du fromage.** — La composition des fromages varie essentiellement avec leur mode de fabrication. Ils contiennent, suivant les espèces, de 15 à 40 p. 100 de caséine, de 20 à 40 p. 100 de matière grasse, le reste étant formé d'eau, de sels, de sucre de lait et autres principes de lait, cendres, etc.

517. — **Dosage de l'eau et de la graisse.** — A. Müller a indiqué le procédé suivant : On dessèche, à la température ordinaire, au-dessus de l'acide sulfurique, de petits cubes de fromage pesant de 2 à 5 grammes. Lorsque la substance ne perd plus de son poids, on place un ou plusieurs de ces cubes dans un matras d'une capacité de 50 centimètres cubes environ et l'on ajoute 30 centimètres cubes d'éther; on divise le fromage avec une spatule de platine. On bouche hermétiquement le vase et on laisse digérer pendant quelques jours, en agitant fréquemment le mélange.

On décante alors jusqu'à la dernière goutte, dans un matras taré, la solution éthérée et l'on distille lentement. On dessèche de nouveau le résidu, sur l'acide sulfurique, et l'on recommence le traitement par l'éther. Après deux ou trois traitements semblables, toute la graisse est enlevée. On dessèche complétement : le résidu laissé par l'éther (caséine) est desséché et pesé. En retranchant, du poids du fromage sur lequel on opère, la somme des poids obtenus pour la graisse et le résidu, on a le poids de l'eau contenue dans le fromage.

518. — **Dosage de l'azote et des cendres.** — Le résidu insoluble dans l'éther, bien desséché, constitue une masse poreuse, friable, qu'on peut réduire facilement en poudre impalpable se prêtant très-bien au dosage de l'azote par la chaux sodée et au dosage des cendres par l'incinération.

On peut également doser directement les cendres en incinérant dans un vaste creuset un poids minime de fromage (2 à 3 grammes).

519. — **Dosage du sucre.** — La différence entre le poids du fromage et la somme des poids d'eau, de graisse, de caséine et de cendres correspond assez exactement, dans les fromages jeunes, au poids du sucre de lait. On peut d'ailleurs doser directement ce corps dans l'eau provenant du lavage à froid de la caséine séparée de la matière grasse (§ 506).

Certains fromages vieux renferment des quantités variables d'ammoniaque toute formée. On peut doser ce composé en broyant le fromage avec de la chaux et en exposant le mélange pendant 8 à 10 jours au-dessus d'acide sulfurique titré. (Méthode de Schlœsing, § 128.)

L'examen du petit-lait, produit secondaire des fromageries employé à l'alimentation des porcs, se fait par les méthodes applicables au lait lui-même.

L'étude des transformations que subit, avec le temps, le lait employé à la fabrication des divers fromages, conduirait sans doute à des résultats fort intéressants, car nous sommes actuellement dans une ignorance à peu près complète sur les modifications que subissent les principes immédiats du lait dans les fermentations qui accompagnent la préparation des fromages.

APPENDICE AUX CHAPITRES II ET III

Je réunis dans cet Appendice le procédé appliqué par Müntz au dosage de l'azote dans un grand volume de terre arable et l'analyse des sulfocarbonates. Ces procédés encore inédits ont été imaginés après le tirage des chapitres relatifs à l'analyse des sols et à celle des engrais.

520. — Procédé de dosage de l'azote dans le sol. — La méthode de A. Müntz est surtout destinée à saisir les petites différences qui peuvent se produire dans la teneur en azote du sol, sous l'influence de la végétation ou des phénomènes météorologiques. Elle est plus spécialement applicable à la détermination de l'apport d'azote que l'atmosphère fait aux récoltes.

1. *Dessiccation de la terre.* — La terre doit être amenée à l'état sec; mais pendant la dessiccation, il peut se dégager de petites quantités d'ammoniaque. L'appareil suivant (fig. 112) a été disposé pour permettre de recueillir cette ammoniaque, dont l'azote est à ajouter à celui de la terre. — On place la terre, soit 500 à 700 grammes, dans le ballon B, d'une capacité de près de 1 litre; ce ballon B plonge dans un bain-marie à niveau constant A, dont l'eau est maintenue à l'ébullition; le ballon communique avec un réfrigérant R porté sur un support S. L'eau condensée se rend avec les traces de vapeur ammoniacale dans le vase V où se trouve une petite quantité d'acide sulfurique. Le vide est fait dans tout l'appareil par la trompe à eau T. Il est bon de maintenir le vide à la température de 100° pendant 2 ou 3 jours. A ce moment, on détache le ballon B et on en prend le poids, puis on introduit la terre dans le tube à dosage et on pèse de nouveau le ballon, la différence donne la quantité de terre sèche employée. Quant

aux traces d'ammoniaque condensées, on les dose par la méthode de Th. Schlœsing. (Voir § 129.)

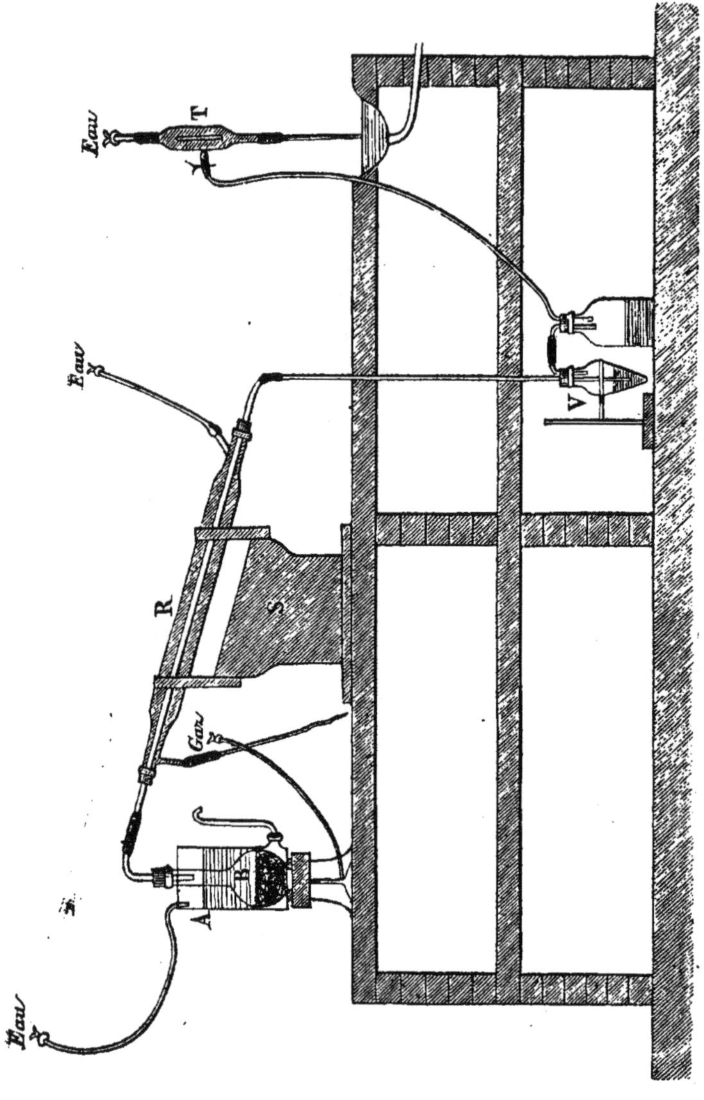

Fig. 112. Appareil à dessécher la terre.

2. *Appareil de dosage* (fig. 113). — Le tube à dosage B est un gros tube en verre vert d'un diamètre intérieur de

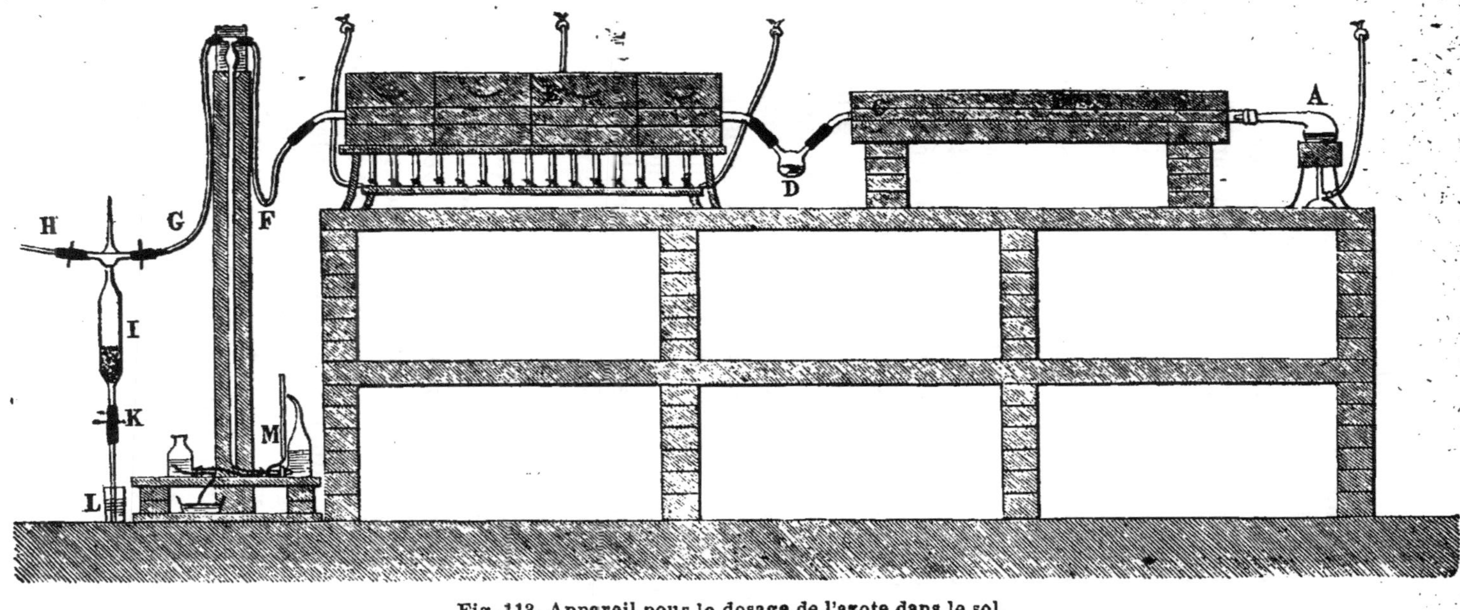

Fig. 113. Appareil pour le dosage de l'azote dans le sol.

22 à 25 millimètres et d'une longueur de $1^m,30$ environ. Ce tube est étiré à l'une de ses extrémités et légèrement recourbé; on introduit vers la partie étirée C, un tampon d'amiante, puis de l'oxyde de cuivre sur une longueur de 1 décimètre; le reste du tube est complétement rempli de terre qu'on maintient à l'autre extrémité par un tampon d'amiante. Ce tube, entouré de clinquant, est placé sur une longue grille à charbon; il porte un bouchon en caoutchouc avec une cornue ou un ballon A contenant environ 200 grammes de chlorate de potasse préalablement fondu et pulvérisé. La partie étirée du tube est reliée par un caoutchouc à une petite cornue tubulée D, pareille à celle que Th. Schlœsing emploie pour le dosage des nitrates; l'autre tubulure de cette petite cornue est reliée à un tube en verre de Bohême placé lui-même dans un tube en cuivre et qui contient de l'oxyde de cuivre sur une longueur d'environ 30 centimètres et du cuivre métallique produit par la réduction de l'oxyde de cuivre, sur une longueur de $0^m,40$ à $0^m,45$, ce tube étant placé sur une grille à gaz E. L'extrémité étirée de ce tube est reliée à la trompe à mercure à 2 branches F. La branche libre est reliée en G avec un appareil pouvant produire de l'acide carbonique au moyen de marbre et d'acide chlorhydrique. Cet appareil contient quelques centimètres d'huile destinée à faire tomber la mousse qui se produit sous l'influence du vide. La partie H de l'appareil communique avec une pompe pneumatique. L'appareil étant ainsi disposé et muni de caoutchouc pouvant garder le vide, on fait rapidement le vide au moyen de la pompe et on s'assure que l'appareil tient; le vide étant obtenu, on interrompt la communication avec la pompe en plaçant une pince en H et on détermine un dégagement d'acide carbonique qui remplit tout l'appareil; puis on fait le vide une seconde fois et, par ce balayage on expulse les dernières traces d'air que renfermait l'appa-

reil. Enfin, on dégage de nouveau une certaine quantité d'acide carbonique afin d'éviter la déformation des tubes sous l'influence de la chaleur, on place une pince en G, puis on relie, à la partie inférieure de la trompe, le mesureur M rempli de potasse et de mercure.

On commence par porter au rouge le tube E et l'oxyde de cuivre placé en C, et on chauffe graduellement avec du charbon allumé la terre partant de C pendant qu'on opère un dégagement régulier d'oxygène. Le chauffage du tube B doit se faire lentement : il faut environ 4 heures pour qu'il soit chauffé sur toute sa longueur. On le maintient au rouge jusqu'à ce que la combustion soit terminée, ce qu'on reconnaît à l'oxydation du cuivre métallique dans le tube E, une petite fenêtre étant pratiquée à cet effet dans le tube de cuivre. On arrête alors le dégagement d'oxygène et on fait le vide à l'intérieur de l'appareil. Pour extraire les dernières traces d'azote, on remplit de nouveau l'appareil d'acide carbonique et on fait le vide une seconde fois. Le gaz est reçu dans le mesureur M, où l'acide carbonique est immédiatement absorbé. L'appareil à acide carbonique est chaque fois, au préalable, purgé d'air d'une façon complète.

La petite cornue bitubulée D est destinée à retenir l'eau produite pendant la calcination de la terre, soit aux dépens de la matière organique, soit par décomposition des silicates hydratés. Cette eau contient généralement, après la combustion, des traces d'ammoniaque. Elle est réunie au liquide acide contenant l'ammoniaque dégagée pendant la dessiccation et sur lequel on a prélevé une quantité proportionnelle à celle de la terre analysée.

Dans un même dosage, on retrouve donc cette ammoniaque dont la quantité est généralement voisine de 1 milligramme, et l'on ajoute l'azote calculé à celui qu'on a déterminé directement dans le mesureur.

3. *Mesure du gaz.* — Le mesureur M (fig. 114) est un flacon de près de 1 litre de capacité dont le goulot a été étiré en une pointe fine, presque horizontale, qu'on peut briser ou fermer à la lampe facilement. Ce flacon porte une tubulure dans le bas, on y fixe solidement un bouchon de caoutchouc à 2 trous dont l'un porte un tube droit des-

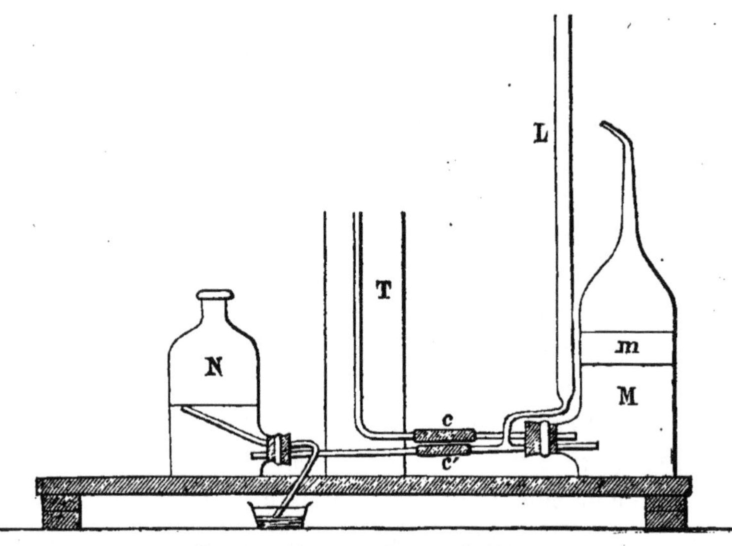

Fig. 114. Mesureur des gaz de Müntz.

tiné à amener le gaz et l'autre un tube en T dont l'une des branches L a un diamètre intérieur d'environ 1 centimètre et une hauteur un peu supérieure à celle du flacon. Une autre branche est reliée, en C', par un caoutchouc, avec un flacon N à niveau constant. Lorsque le vide est fait d'une manière complète dans l'appareil à dosage, on relie le mesureur, en C, avec la trompe à mercure, puis on verse, par le tube L, 150 centimètres cubes de potasse concentrée (600 grammes de potasse pour 1 litre de dissolution) ; on ferme en C' pendant cette opération ; alors on verse, par le même tube L, assez de mercure pour que tout l'air soit expulsé par la pointe ouverte du flacon, puis on ferme cette pointe à la lampe et on rétablit la communication avec le niveau constant N. Les gaz se rendent dans le mesureur. Lorsque l'opération est terminée, on place les pinces en C et C′ et on détache le mesureur. On le place dans un bain d'eau, maintenue à 0° par des morceaux de glace. Au bout d'un certain temps, on verse du mercure par le tube L jusqu'à un repère fixe, placé à quelques millimètres au-dessous de la pointe; puis on détermine, à l'aide d'un cathétomètre, la différence de niveau entre le mercure à l'intérieur du flacon et le mercure du tube. On mesure également la hauteur de la colonne de potasse dont on a déterminé la densité. On a ainsi tous les éléments pour calculer la pression du gaz; sa température sera toujours de 0°. Pour déterminer le volume, on prend une quantité de mercure pesée qu'on introduit par le tube L après avoir brisé la pointe. Lorsque le gaz est complétement déplacé, on ferme de nouveau la pointe et on verse du mercure jusqu'au repère fixe du tube, après avoir laissé ce mercure prendre la température de 0°. On a ainsi le volume du gaz déterminé par le poids du mercure introduit avec très-grande précision.

La tension de vapeur de la solution de potasse a été déterminée à 0°.

521. — **Analyse des sulfocarbonates.** — Depuis quelques années, les sulfocarbonates alcalins, dont l'emploi a été conseillé par J. Dumas pour combattre le phylloxera, sont devenus des produits commerciaux importants. Mais ces produits sont loin d'avoir une composition constante; les proportions des éléments actifs qu'ils renferment, le sulfure de carbone et la potasse, varient entre des limites très-écartées ; leur analyse doit donc être faite comme celle de tout engrais à composition variable. Il existe un grand nombre de procédés pour doser le sulfure de carbone dans les sulfocarbonates. Quelques-

uns peuvent donner des résultats passables, lorsqu'ils sont toujours employés de la même manière ; mais il arrive le plus souvent que des chimistes expérimentés trouvent, par le même procédé et en opérant sur le même échantillon, des chiffres très-différents.

522. — **Procédé de Müntz.** — C'est la constatation de ces divergences qui nous a amenés, Müntz et moi, au même moment, et à l'insu l'un de l'autre, à imaginer les procédés que je vais décrire.

Le procédé de Müntz donne, comme le suivant, des résultats constants, avec une approximation suffisante pour la pratique. Il est basé sur la décomposition du sulfocarbonate de zinc par la chaleur et sur l'énergie avec laquelle le pétrole retient le sulfure de carbone. Ce corps se dissout dans le pétrole qui augmente de volume proportionnellement à la quantité de sulfure de carbone qu'il reçoit ; il n'y a pas de contraction.

Dans un ballon B (fig. 115) de $\frac{1}{2}$ litre de capacité, on verse 30 centimètre cubes du sulfocarbonate à essayer, soit 42 grammes, puisque la densité est presque toujours égale à 1,40; on ajoute 30 centimètres cubes d'eau et 100 centimètres cubes d'une solution saturée de sulfate de zinc. On adapte un bouchon qui peut sans inconvénient être en caoutchouc et qui porte un long tube étiré, dont la partie la plus rapprochée du ballon est entourée d'un petit réfrigérant R et dont la partie étirée plonge dans du pétrole contenu dans une cloche graduée C. Cette cloche a 50 à 60 centimètres cubes de capacité ; elle est divisée en $\frac{1}{10}$ ou en $\frac{1}{5}$ de centimètre cube. On y a placé d'abord 30 à 32 centimètres cubes de pétrole à lampe ordinaire et on a lu le volume qu'il occupait. Le tube étiré y étant placé de manière à être immergé aux $\frac{2}{3}$ de la hauteur du pétrole, on agite le mélange des liquides qui se trouvent dans le ballon et on détermine ainsi un dégagement gazeux dû en partie à de l'acide carbonique. Ce gaz barbote et se lave dans le pétrole. Quand ce dégagement a cessé, on chauffe le ballon avec précaution, en refroidissant le tube au moyen d'un courant d'eau : peu à peu on élève la

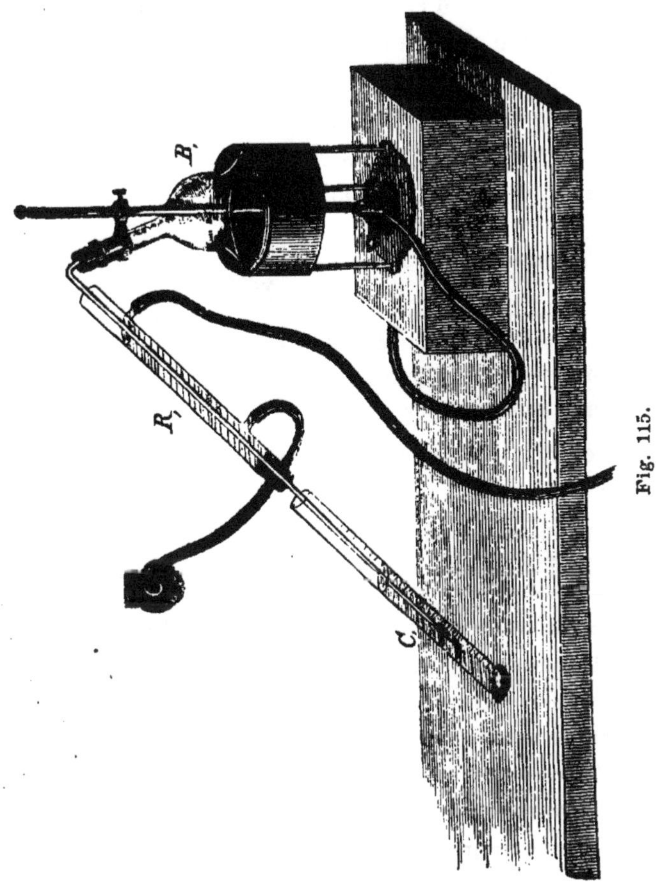

Fig. 115.

température jusqu'à l'ébullition, de manière à produire une distillation d'eau qui entraîne les dernières parties de sulfure de carbone. Lorsqu'il y a environ 8 à 10 centimètres cubes d'eau condensée dans la cloche graduée, on arrête l'eau du réfrigérant, on augmente l'ébullition et en même temps on retire la cloche lentement, de manière à y faire tomber l'eau condensée dans le tube étiré et qui contient encore des globules de sulfure de carbone.

On lit le volume du liquide dans la cloche ; on en retranche le volume d'eau condensée, qui se sépare avec une grande netteté. L'augmentation de volume du pétrole, à laquelle on ajoute 0cc,2 (1), correspond au volume de sulfure de carbone condensé, qu'on multiplie par la densité 1,27 pour obtenir le poids contenu dans 30 centimètres cubes de sulfocarbonate analysé.

Exemple :

Avant volume du pétrole.		31cc,1
Après volume du liquide dans la cloche	49,6	
Volume de l'eau condensée.	13,8	
Volume du pétrole		35 ,8
Augmentation due au sulfure de carbone		4cc,7
Correction		0 ,2
Volume du sulfure de carbone		4cc,9

4,9 × 1,27 = 6gr,22, soit 14.8 p. 100 de sulfocarbonate.

Cette méthode permet de doser le sulfure de carbone avec une approximation suffisante ; l'erreur possible n'atteint pas ½ p. 100. L'opération dure une demi-heure environ. Si on voulait augmenter la précision de la méthode, on opérerait sur un poids de sulfocarbonate plus grand, ce qui diminuerait l'erreur relative ; mais dans la pratique cela n'offre aucune utilité.

523. — **Procédé au sulfate de plomb.** — Pendant que Müntz appliquait le sulfate de zinc au dosage du sulfure de carbone, j'employais le sulfate de plomb humide dans le même but.

---

(1) Correction pour l'adhérence du pétrole au tube étiré.

Dans le ballon B (fig. 115), on place 100 grammes de sulfate de plomb récemment précipité [1]; puis on verse dans le ballon 50 grammes du sulfocarbonate à analyser et l'on procède, pour le reste de l'opération, comme il vient d'être dit. La substitution du sulfate de plomb à la solution saturée de sulfate de zinc a l'avantage d'éviter la distillation d'une grande quantité d'eau. L'opération dure ainsi moins de temps. Les résultats obtenus, par ces deux procédés, sur le même échantillon de sulfocarbonate sont identiques. Aucun des procédés proposés jusqu'ici n'est exact à plus de 2 p. 100 près. Le procédé à l'hyposulfite [2] est impraticable et expose l'opérateur à des explosions à peu près inévitables.

524. — **Dosage de la potasse.** — Le dosage de la potasse se fait sur 2 grammes de sulfocarbonate qu'on traite dans un ballon par de l'acide chlorhydrique. On étend de 50 centimètres cubes d'eau et l'on fait bouillir pendant $\frac{1}{4}$ d'heure. On filtre, on évapore à sec et on fait le dosage par le procédé de Th. Schlœsing ou par le platine, comme s'il s'agissait d'un chlorure de potassium.

(1) Préparé en décomposant le carbonate par l'acide sulfurique et lavant jusqu'à neutralité du sulfate obtenu. On conserve le sulfate sous l'eau.

(2) *Comptes rendus de l'Académie,* novembre 1882.

TABLES POUR LE CALCUL DES ANALYSES

INSTRUCTION SUR L'EMPLOI DE CES TABLES.

I. — **Table des équivalents employés dans l'ouvrage.**

II. **Table des coefficients pour le calcul des analyses.** — La deuxième colonne, portant en tête *Substance trouvée*, contient les facteurs par lesquels il faut multiplier le poids des corps, donné par la balance, pour connaître le poids équivalent de la substance cherchée. Exemple : On dose l'acide phosphorique dans 1 gramme d'une substance quelconque, on a obtenu $0^{gr},241$ de phosphate de fer ($PhO^5F^2O^3$); pour connaître le poids d'acide phosphorique contenu dans 1 gramme de cette matière, on effectuera le produit $0{,}47 \times 0{,}241$; le poids correspondant d'acide phosphorique est égal à $0^{gr},11327$.

III. — **Table pour le calcul du phosphate tribasique.** — Ayant dosé, dans 100 grammes d'un superphosphate, $13^{gr},52$ d'acide phosphorique soluble, on trouvera le taux correspondant de phosphate tribasique rendu soluble, en multipliant 13,52 par le facteur $2{,}183 = 29{,}47$ p. 100.

Si l'on se contente d'une approximation, très-suffisante dans beaucoup de cas, un simple coup d'œil sur la table montre que $13^{gr},52$ d'acide phosphorique correspondent à $29^{gr},5$ environ de phosphate tribasique.

IV. — Table pour le calcul de l'ammoniaque, du sulfate d'ammoniaque et des nitrates de soude et de potasse, d'après le poids de l'azote. — Elle donne immédiatement, pour chaque fraction de 0,25 d'azote contenue dans un des quatre corps azotés inscrits en haut de la table, le taux correspondant d'ammoniaque, de sulfate d'ammoniaque, de nitrate de soude et de nitrate de potasse.

V. — Table pour le calcul de l'azote dosé en volume. — Elle est accompagnée d'un texte explicatif.

VI. — Table pour les analyses de nitrates. — Cette table est destinée à rendre inutile tout calcul pour la fixation : 1° du taux d'azote ; 2° du taux de nitrate pur dans un nitrate de soude ou de potasse du commerce, analysé par la méthode de Schlœsing. Cette table a été calculée seulement pour des nitrates renfermant plus de 72 p. 100 de nitrate pur, le commerce et l'agriculture n'ayant jamais à faire analyser des nitrates à plus bas titre. Les nombres en caractères gras (colonnes 1 et 5 de chaque page) indiquent le nombre de centimètres cubes de bioxyde d'azote provenant de la décomposition, par le protochlorure de fer, de 5 centimètres cubes d'une solution du nitrate à analyser renfermant, par litre, 66 grammes de sel s'il s'agit de nitrate de soude, et 80 grammes si l'on a affaire à du nitrate de potasse. Le nombre placé en tête de la page indique le volume de bioxyde d'azote provenant de la décomposition de 5 centimètres cubes de liqueur normale de nitrate de soude ou de potasse, mesuré à la même pression et à la même température que le volume de gaz obtenu dans la décomposition des nitrates à analyser.

Un exemple fera comprendre le maniement de cette table :

D'une part, 5 centimètres cubes de solution normale

de nitrate de soude ont donné 94 centimètres cubes de bioxyde d'azote à la température et à la pression auxquelles on a opéré.

De l'autre, 5 centimètres cubes d'une solution de nitrate de soude du commerce (66 grammes par litre) ont fourni $85^{cc},5$ de bioxyde d'azote à la même température et à la même pression.

On cherche la table portant en tête le nombre 94^{cc}, et en regard du nombre $85^{cc},5$ (5e colonne) on trouve 90,95 et dans la colonne suivante 14,981 ; d'après cela, le nitrate analysé renferme 90,95 p. 100 de nitrate pur et 14,981 p. 100 d'azote. Si, pour obtenir les mêmes volumes respectifs (94^{cc} et $85^{cc},5$) de bioxyde d'azote, c'est du nitrate de potasse au lieu de nitrate de soude qu'on analyse, le nitrate essayé contient 90,95 p. 100 de nitrate de potasse et 12,608 p. 100 d'azote.

VII. — **Table pour le dosage des nitrates dans les engrais composés.** — Cette table porte en tête de chaque page : *Nitrate de soude,* ce sel ayant été choisi comme terme de comparaison pour la mesure des volumes de bioxyde d'azote obtenus dans l'analyse des engrais complexes. Les indications de la table ne commencent qu'à partir de 50 centimètres cubes de bioxyde d'azote mesuré, c'est-à-dire qu'il faut s'arranger, comme je l'ai dit § 181, de manière à obtenir toujours au moins 50 centimètres cubes de bioxyde d'azote, dans la décomposition par le protochlorure de fer.

On se sert de cette table de la manière suivante:

Supposons que 20 centimètres cubes de solution concentrée d'un engrais complexe, correspondant à 10 grammes d'engrais à analyser, fournissent $55^{cc},5$ de bioxyde d'azote, 5 centimètres cubes de liqueur normale d'AzO^5NaO donnant, à la même température et à la même pression,

92 centimètres cubes de bioxyde. Dans la table portant en tête 92 centimètres cubes (p. 788), on trouve en regard de 55,5 (1re colonne), 32^{mgr},78895 : cela signifie que 20 centimètres cubes de la liqueur employée (soit 10 grammes d'engrais), renferment 32^{mgr},78895 d'azote à l'état nitrique. 100 grammes d'engrais contiennent, d'après cela, 0^{gr},328 d'azote à l'état d'acide nitrique, soit 0,328 p. 100. On voit combien sont minimes les quantités d'azote nitrique qu'on peut doser par ce procédé, car, si 20 centimètres cubes, au lieu de correspondre à 10 grammes d'engrais, représentent 1 gramme seulement de matière première, on arrive, sans la moindre difficulté à doser l'azote nitrique dans un engrais complexe à moins de $\frac{1}{10000}$ près (0^{gr},0328 pour 100 grammes). Que l'azote nitrique provienne de nitrate de potasse ou de nitrate de soude, dans un engrais complexe, on n'a pas à modifier la méthode ; le taux de la potasse, s'il y en a, est indiqué par l'analyse de la partie soluble de l'engrais et entre en ligne de compte dans la fixation de la valeur vénale de l'engrais.

VIII et IX. — **Tables pour l'examen du lait.** — La première (table VIII) sert à déterminer la densité réelle du lait *entier*, étant données les indications du lacto-densimètre et du thermomètre.

La deuxième (table IX) sert au même usage pour le lait *bleu*, c'est-à-dire privé de sa crème.

HYDROGÈNE = I.

Aluminium . .	Al.	13.7	Magnésium . .	Mg.	12.0
Antimoine . .	Sb.	122.0	Manganèse . .	Mn.	27.5
Argent. . . .	Ag.	108.0	Mercure . . .	Hg.	100.0
Arsenic . . .	As.	75.0	Molybdène . .	Mo.	48.0
Azote	Az.	14.0	Nickel	Ni.	29.5
Baryum . . .	Ba.	68.5	Or	Au.	197.0
Bismuth . . .	Bi.	210.0	Oxygène . . .	O.	8.0
Bore.	B.	10.9	Palladium . .	Pd.	53.3
Brome. . . .	Br.	80.0	Phosphore . .	Ph.	31.0
Cadmium. . .	Cd.	56.0	Platine. . . .	Pt.	98.7
Calcium . . .	Ca.	20.0	Plomb. . . .	Pb.	103.5
Carbone . . .	C.	6.0	Potassium . .	K.	39.1
Chlore. . . .	Cl.	35.5	Rubidium. . .	Rb.	85.4
Chrome . . .	Cr.	26.7	Sélénium. . .	Se.	39.7
Cobalt. . . .	Co.	29.5	Silicium . . .	Si.	21.0
Cœsium . . .	Cs.	133.0	Sodium . . .	Na.	23.0
Cuivre. . . .	Cu.	31.7	Soufre. . . .	S.	16.0
Étain	Sn.	59.0	Strontium . .	Sr.	43.8
Fer	Fe.	28.0	Tellure . . .	Te.	64.0
Fluor	Fl.	19.0	Thallium. . .	Tl.	204.0
Glucinium . .	Gl.	7.0	Titane. . . .	Ti.	25.0
Hydrogène . .	H.	1.0	Uranium . . .	Ur.	60.0
Iode.	I.	127.0	Vanadium . .	Va.	68.6
Lithium . . .	L.	7.0	Zinc.	Zn.	32.6

SUBSTANCE CHERCHÉE.		SUBSTANCE TROUVÉE.	
Acide acétique.	$2(C^4H^4O^4)$.	SO^3.	1.500
— acétique.	$C^4H^4O^4$.	CO^2.	1.364
— arsénieux	AsO^3.	AsS^3.	0.805
— arsénieux	AsO^3.	2I.	0.423
— arsénique	AsO^5.	AsS^3.	0.935
— carbonique. . . .	CO^2.	CaO, CO^2.	0.440
— carbonique. . . .	CO^2.	BaO, CO^2.	0.223
— carbonique. . . .	CO^2.	PbO, CO^2.	0.165
— chlorhydrique . .	HCl.	SO^3.	0.912
— chlorhydrique . .	HCl.	AgCl.	0.2542
— malique.	$C^8H^6O^{10}$.	SO^3.	1.675
— nitrique.	AzO^5.	AzH^3.	3.176
— nitrique.	AzO^5.	SO^3.	1.350
— nitrique.	AzO^5.	Az.	3.857
— phosphorique. . .	PhO^5.	$PhO^5Fe^2O^3$.	0.470
— phosphorique. . .	PhO^5.	$PhO^5 2MgO$.	0.640
— phosphorique. . .	PhO^5.	$PhO^5 3CaO$.	0.458
— phosphorique. . .	PhO^5.	PhO^5, Al^2O^3.	0.582
— sulfurique	SO^3.	$C^2O^3 + 3HO$.	0.635
— sulfurique. . . .	SO^3.	BaO, SO^3.	0.343
— tartrique	$C^8H^6O^{12}$.	SO^3	1.875
Ammoniaque	AzH^3.	$AzH^4Cl + PtCl^2$.	0.0761
Ammoniaque	AzH^3.	AzH^4Cl.	0.318

SUBSTANCE CHERCHÉE.		SUBSTANCE TROUVÉE.	
Ammoniaque	AzH^3.	Az.	1.214
Ammonium (oxyde d'). .	AzH^4O.	$AzH^4Cl + PtCl^2$.	0.1164
Argent.	Ag.	AgCl.	0.753
Argent (oxyde d') . . .	AgO.	AgCl.	0.8085
Azote	Az.	AzH^3.	0.823
Azote	Az.	$(AzH^4Cl), PtCl^2$.	0.0627
Azote	Az.	SO^3.	0.350
Azote	Az.	Platine du chlorure doub.	0.1415
Baryte.	BaO.	CO^2.	3.477
Baryte.	BaO.	$BaO.CO^2$.	0.777
Baryte.	BaO.	$BaO.SO^3$.	0.656
Calcium	Ca.	CaO.	0.7142
Carbonate de chaux. . .	$CaO.CO^2$.	SO^3.	1.728
— de chaux. . .	$CaO.CO^2$.	CO^2.	2.273
— de chaux. . .	$CaO.CO^2$.	CaO.	1.786
— de magnésie .	$MgO.CO^2$.	CO^2.	1.909
— de magnésie .	$2(MgO.CO^2)$.	$PhO^5 2MgO$.	0.757
— de magnésie .	$MgOCO^2$.	MgO.	2.100
— de potasse . .	$KO.CO^2$.	CO^2.	3.142
— de potasse . .	$KO.CO^2$.	SO^3.	1.728
— de soude. . .	$NaO.CO^2$.	SO^3.	1.325
— de soude. . .	$NaO.CO^2$.	CO^2.	2.409
Carbone	C.	CO^2.	0.273

SUBSTANCE CHERCHÉE.		SUBSTANCE TROUVÉE.	
Chaux.	CaO.	CO^2.	1.273
Chaux.	CaO.	$CaO.CO^2$.	0.560
Chaux.	CaO.	$CaO.SO^3$.	0.412
Chlore.	Cl.	$MgCl$.	0.747
Chlore.	Cl.	KCl.	0.476
Chlore.	Cl.	$NaCl$.	0.607
Chlore.	Cl.	$AgCl$.	0.247
Chlorure de sodium. . .	$NaCl$.	Cl.	1.647
— de potassium .	KCl.	$KCl. PtCl^2$.	0.305
— de potassium .	KCl.	Cl.	2.101
Cuivre.	Cu.	CuO.	0.798
Étain	Sn.	SnO.	0.803
Fer	Fe.	FeO.	0.778
Fer	$2Fe$.	Fe^2O^3.	0.700
Fer	Fe.	$AzH^4O,SO^3 + FeO.SO^3$.	0.143
Fer (protoxyde)	$2FeO$.	Fe^2O^3.	0.900
Fer (peroxyde).	Fe^2O^3.	$2FeO$.	1.111
Fer (peroxyde).	Fe^2O^3.	$Fe^2O^3PhO^5$.	0.530
Fécule.	$C^{12}H^{10}O^{10}$.	$C^{12}H^{12}O^{12}$.	0.900
Humique (substance) . .		CO^2.	0.471
Humique (substance) . .		C.	1.724
Magnésie.	MgO.	PhO^52MgO.	0.360
Magnésie.	MgO.	$MgO.SO^3$.	0.334

SUBSTANCE CHERCHÉE.		SUBSTANCE TROUVÉE.	
Manganèse (protoxyde) .	$3MnO$.	Mn^3O^4.	0.930
Manganèse (peroxyde). .	MnO^2.	Mn^3O^4.	1.035
Potasse	KO.	(KCl).	0.632
Potasse	KO.	CO^2.	2.141
Potasse	KO.	SO^3.	1.178
Potasse	KO.	KO,SO^3.	0.541
Potasse	KO.	$KCl. PtCl^2$.	0.193
Plomb	Pb.	PbO,SO^3.	0.683
Protéique (matière). . .		Az.	6.250
Soude	NaO.	$NaCl$.	0.530
Soude	NaO.	$NaOCO^2$.	0.585
Soude	NaO.	$NaO.SO^3$.	0.437
Soude	NaO.	$NaO.AzO^5$.	0.365
Sucre de canne	$C^{12}H^{11}O^{11}$.	$C^{12}H^{12}O^{12}$.	0.950
— de lait	$C^{12}H^{11}O^{11}+HO$	($C^{12}H^{12}O^{12}$).	1.000
— de raisin	$C^{12}H^{12}O^{12}$.	$CuO.SO^3 + 5aq$.	0.144
— de raisin	$C^{12}H^{12}O^{12}$.	CuO.	0.453
— de glucose. . . .	$C^{12}H^{12}O^{12}$.	Cu.	0.569
— de canne	$C^{12}H^{11}O^{11}$.	CuO.	0.430
Sulfate de potasse . . .	$KO.SO^3$.	$BaOSO^3$.	0.747
— de chaux. . . .	$CaO.SO^3$.	$CaO.CO^2$.	1.320
— de chaux. . . .	$CaO.SO^3$.	SO^3.	1.700
Zinc.	Zn.	ZnO.	0.803

1	2.183	34	74.222	67	146.261
2	4.366	35	76.405	68	148.444
3	6.549	36	78.588	69	150.627
4	8.732	37	80.771	70	152.810
5	10.915	38	82.954	71	154.993
6	13.098	39	85.137	72	157.176
7	15.281	40	87.320	73	159.359
8	17.464	41	89.503	74	161.542
9	19.647	42	91.686	75	163.725
10	21.830	43	93.869	76	165.908
11	24.013	44	96.052	77	168.091
12	26.196	45	98.235	78	170.274
13	28.379	46	100.418	79	172.457
14	30.562	47	102.601	80	174.640
15	32.745	48	104.784	81	176.823
16	34.928	49	106.967	82	179.006
17	37.111	50	109.150	83	181.189
18	39.294	51	111.333	84	183.372
19	41.477	52	113.516	85	185.555
20	43.660	53	115.699	86	187.738
21	45.843	54	117.882	87	189.921
22	48.026	55	120.065	88	192.104
23	50.209	56	122.248	89	194.287
24	52.392	57	124.431	90	196.470
25	54.575	58	126.614	91	198.653
26	56.758	59	128.797	92	200.836
27	58.941	60	130.980	93	203.019
28	61.124	61	133.163	94	205.202
29	63.307	62	135.346	95	207.385
30	65.490	63	137.529	96	209.568
31	67.673	64	139.712	97	211.751
32	69.856	65	141.895	98	213.934
33	72.039	66	144.078	99	216.117

TAUX D'AZOTE p. 100.	AzH^3 p. 100.	AzH^3SO^3HO p. 100.	$NaO.AzO^5$ p. 100.	$KO.AzO^5$ p. 100.	TAUX D'AZOTE p. 100.
1.00	1.214	4.714	6.072	7.219	1.00
1.25	1.516	5.892	7.589	9.024	1.25
1.50	1.821	7.071	9.107	10.829	1.50
1.75	2.123	8.249	10.625	12.634	2.75
2.00	2.429	9.428	12.143	14.439	2.00
2.25	2.703	10.606	13.661	16.244	2.25
2.50	3.036	11.785	15.179	18.049	2.50
2.75	3.331	12.963	16.697	19.854	2.75
3.00	3.643	14.142	18.215	21.659	3.00
3.25	3.945	15.320	19.733	23.464	3.25
3.50	4.250	16.449	21.251	25.269	3.50
3.75	4.552	17.677	22.768	27.074	3.75
4.00	4.857	18.856	24.286	28.879	4.00
4.25	5.159	20.034	25.804	30.684	4.25
4.50	5.464	21.213	27.322	32.489	4.50
4.75	5.766	22.391	28.840	34.294	4.75
5.00	6.071	23.570	30.358	36.099	5.00
5.25	6.373	24.748	31.876	37.904	5.25
5.50	6.679	25.927	33.394	39.709	5.50
5.75	6.981	27.105	34.912	41.514	5.75
6.00	7.286	28.284	36.430	43.319	6.00
6.25	7.588	29.462	37.947	45.124	6.25
6.50	7.893	30.641	39.465	46.929	6.50
6.75	8.195	31.819	40.983	48.734	6.75
7.00	8.500	32.998	42.501	50.539	7.00
7.25	8.802	34.176	44.019	52.344	7.25
7.50	9.107	35.355	45.537	54.149	7.50
7.75	9.409	36.553	47.055	55.954	7.75

TAUX D'AZOTE p. 100.	AzH^3 p. 100.	AzH^3SO^3HO p. 100.	$NaO.AzO^5$ p. 100.	$KO.AzO^5$ p. 100.	TAUX D'AZOTE p. 100.
8.00	9.714	37.712	48.573	57.759	8.00
8.25	10.017	38.890	50.091	59.564	8.25
8.50	10.321	40.069	51.609	61.369	8.50
8.75	10.624	41.247	53.126	63.174	8.75
9.00	10.929	42.426	54.644	64.979	9.00
9.25	11.231	43.604	56.162	66.784	9.25
9.50	11.536	44.783	57.680	68.589	9.50
9.75	11.838	45.961	59.198	70.394	9.75
10.00	12.143	47.140	60.716	72.199	10.00
10.25	12.445	48.318	62.234	74.004	10.25
10.50	12.750	49.497	63.752	75.809	10.50
10.75	13.053	50.675	65.270	77.614	10.75
11.00	13.357	51.854	66.788	79.419	11.00
11.25	13.660	53.032	68.305	81.224	11.25
11.50	13.964	54.211	69.823	83.029	11.50
11.75	14.267	55.389	71.341	84.834	11.75
12.00	14.572	56.568	72.859	86.639	12.00
12.25	14.874	57.746	74.377	88.444	12.25
12.50	15.179	58.925	75.895	90.249	12.50
12.75	15.481	60.103	77.413	92.054	12.75
13.00	15.786	61.282	78.931	93.859	13.00
13.25	16.089	62.460	80.449	95.664	13.25
13.50	16.393	63.639	81.967	97.469	13.50
13.75	16.696	64.817	83.484	99.274	13.75
14.00	17.000	66.996	85.002	......	14.00
14.25	17.303	67.174	86.520	......	14.25
14.50	17.607	68.353	88.038	......	14.50

TAUX D'AZOTE p. 100.	AzH^3 p. 100.	AzH^3SO^3HO p. 100.	$NaO.AzO^5$ p. 100.	$KO.AzO^5$ p. 100.	TAUX D'AZOTE p. 100.
14.75	17.910	69.531	89.556	......	14.75
15.00	18.214	70.716	91.074	......	15.00
15.25	18.517	71.888	92.592	......	15.25
15.50	18.822	73.067	94.100	......	15.50
15.75	19.125	74.245	95.628	......	15.75
16.00	19.429	75.424	97.146	......	16.00
16.25	19.732	76.602	98.663	......	.....
16.50	20.036	77.781	......	......	.....
16.75	20.339	78.959	......	......	.....
17.00	20.643	80.138	......	......	.....
17.25	20.946	81.316	......	......	.....
17.50	21.250	82.495	......	......	.....
17.75	21.553	83.673	......	......	.....
18.00	21.857	84.852	......	......	.....
18.25	22.161	86.030	......	......	.....
18.50	22.464	87.209	......	......	.....
18.75	22.768	88.387	......	......	.....
19.00	23.072	89.566	......	......	.....
19.25	23.375	90.744	......	......	.....
19.50	23.679	91.923	......	......	.....
19.75	23.982	93.101	......	......	.....
20.00	24.286	94.280	......	......	.....
20.25	24.589	95.458	......	......	.....
20.50	24.893	96.637	......	......	.....
20.75	25.197	97.815	......	......	.....
21.00	25.500	98.994	......	......	.....
21.21	25.755	100.000	......	......	.....

T.	COEFFICIENTS.	T.	COEFFICIENTS.
0°	0.00000165289	16°	0.00000156121
1	0.00000164685	17	0.00000155582
2	0.00000164085	18	0.00000155047
3	0.00000163489	19	0.00000154515
4	0.00000162898	20	0.00000153986
5	0.00000162311	21	0.00000153462
6	0.00000161728	22	0.00000152941
7	0.00000161149	23	0.00000152423
8	0.00000160574	24	0.00000151909
9	0.00000160004	25	0.00000151398
10	0.00000159438	26	0.00000150891
11	0.00000158875	27	0.00000150387
12	0.00000158317	28	0.00000149887
13	0.00000157762	29	0.00000149389
14	0.00000157211	30	0.00000148896
15	0.00000156665		

Pour abréger les calculs, Brown (*Journ. of the chim. Soc.* 2e série, t. III, p. 210) a dressé une table pour les températures comprises entre 0 et 30 degrés, donnant avec 11 décimales la valeur résultant de la formule :

$$\frac{0,0012562}{(1 + 0,00367\ T)\ 760}$$

Pour obtenir en grammes le poids de l'azote trouvé en volume, il suffit de multiplier le nombre de centimètres cubes trouvés par la pression observée et le produit par le coefficient inscrit dans le tableau, en regard de la température observée.

Supposons qu'on ait mesuré 53 centimètres cubes d'azote à 15 degrés centigrades et à la pression 743^{mm},3, ces 53 centimètres cubes pèsent : 0^{gr},00000156665 × 53 × 743,3 = 0^{gr},061718.

VI. — Table des nitrates.

5cc de liqueur normale donnent 90cc de AzO^2.

AzO^2 en cent. cub.	NITRATE pur p. 100.	AZOTE pour 100 de NaO, AzO^5	AZOTE pour 100 de KO, AzO^5.	AzO^2 en cent. cub.	NITRATE pur p. 100.	AZOTE pour 100 de NaO, AzO^5	AZOTE pour 100 de KO, AzO^5.
65.0	72.22	11.895	10.010	**77.5**	86.11	14.182	11.934
65.5	72.77	- 986	- 087	**78.0**	86.66	- 274	12.011
66.0	73.33	12.078	- 164	**78.5**	87.22	- 365	- 088
66.5	73.88	- 169	- 241	**79.0**	87.77	- 457	- 165
67.0	74.44	- 261	- 318	**79.5**	88.33	- 548	- 241
67.5	74.99	- 352	- 395	**80.0**	88.88	- 640	- 318
68.0	75.55	- 444	- 472	**80.5**	89.44	- 731	- 395
68.5	76.11	- 535	- 549	**81.0**	89.99	- 823	- 472
69.0	76.66	- 627	- 626	**81.5**	90.55	- 914	- 549
69.5	77.22	- 718	- 703	**82.0**	91.11	15.006	- 626
70.0	77.77	- 810	- 780	**82.5**	91.66	- 097	- 703
70.5	78.33	- 901	- 857	**83.0**	92.22	- 189	- 780
71.0	78.88	- 993	- 934	**83.5**	92.77	- 280	- 857
71.5	79.44	13.084	11.010	**84.0**	93.33	- 372	- 934
72.0	79.99	- 176	- 087	**84.5**	93.88	- 463	13.011
72.5	80.55	- 267	- 164	**85.0**	94.44	- 555	- 088
73.0	81.11	- 359	- 241	**85.5**	94.99	- 646	- 165
73.5	81.66	- 450	- 318	**86.0**	95.55	- 738	- 241
74.0	82.22	- 542	- 395	**86.5**	96.11	- 829	- 318
74.5	82.77	- 633	- 472	**87.0**	96.66	- 921	- 395
75.0	83.33	- 725	- 549	**87.5**	97.22	16.012	- 472
75.5	83.88	- 816	- 626	**88.0**	97.77	- 104	- 549
76.0	84.44	- 908	- 703	**88.5**	98.33	- 195	- 626
76.5	84.99	- 999	- 780	**89.0**	98.88	- 287	- 703
77.0	85.55	14.091	- 857	**89.5**	99.44	- 378	- 780

Table des nitrates.

5^{cc} de liqueur normale donnent 90^{cc},5 de AzO^2.

AzO^2 en cent.cub.	NITRATE pur p. 100.	AZOTE pour 100 de NaO, AzO^5	AZOTE pour 100 de KO, AzO^5.	AzO^2 en cent.cub.	NITRATE pur p. 100.	AZOTE pour 100 de NaO, AzO^5	AZOTE pour 100 de KO, AzO^5.
65.5	72.37	11.920	10.032	**78.0**	86.18	14.195	11.946
66.0	72.92	12.011	- 108	**78.5**	86.74	- 286	12.023
66.5	73.48	- 102	- 185	**79.0**	87.29	- 377	- 099
67.0	74.03	- 193	- 261	**79.5**	87.84	- 468	- 176
67.5	74.58	- 284	- 338	**80.0**	88.39	- 559	- 253
68.0	75.13	- 375	- 415	**80.5**	88.95	- 650	- 329
68.5	75.69	- 466	- 491	**81.0**	89.50	- 741	- 406
69.0	76.24	- 556	- 568	**81.5**	90.05	- 832	- 482
69.5	76.79	- 648	- 644	**82.0**	90.60	- 923	- 559
70.0	77.34	- 739	- 721	**82.5**	91.16	15.014	- 635
70.5	77.90	- 830	- 797	**83.0**	91.71	- 105	- 712
71.0	78.45	- 921	- 874	**83.5**	92.26	- 196	- 789
71.5	79.00	13.012	- 951	**84.0**	92.81	- 287	- 865
72.0	79.55	- 103	11.027	**84.5**	93.36	- 378	- 942
72.5	80.11	- 194	- 104	**85.0**	93.92	- 469	13.018
73.0	80.66	- 285	- 180	**85.5**	94.47	- 560	- 095
73.5	81.21	- 376	- 257	**86.0**	95.02	- 651	- 172
74.0	81.76	- 467	- 334	**86.5**	95.57	- 742	- 248
74.5	82.32	- 558	- 410	**87.0**	96.13	- 833	- 325
75.0	82.87	- 649	- 487	**87.5**	96.68	- 924	- 401
75.5	83.42	- 740	- 563	**88.0**	97.23	16.015	- 478
76.0	83.97	- 831	- 640	**88.5**	97.78	- 106	- 554
76.5	84.53	- 922	- 716	**89.0**	98.34	- 197	- 631
77.0	85.08	14.013	- 793	**89.5**	98.89	- 288	- 708
77.5	85.63	- 104	- 870	**90.0**	99.44	- 397	- 784

Table des nitrates.

5cc de liqueur normale donnent 91cc de AzO^2.

AzO^2 en cent.cub.	NITRATE pur p. 100.	AZOTE pour 100 de NaO, AzO^5	AZOTE pour 100 de KO, AzO^5.	AzO^2 en cent.cub.	NITRATE pur p. 100.	AZOTE pour 100 de NaO, AzO^5	AZOTE pour 100 de KO, AzO^5.
66.0	72.52	11.945	10.053	**78.5**	86.26	14.208	11.957
66.5	73.07	12.035	- 129	**79.0**	86.81	- 298	12.033
67.0	73.62	- 126	- 205	**79.5**	87.36	- 389	- 109
67.5	74.17	- 217	- 281	**80.0**	87.91	- 479	- 185
68.0	74 72	- 307	- 357	**80.5**	88.46	- 570	- 262
68.5	75.27	- 398	- 434	**81.0**	89.01	- 660	- 338
69.0	75.82	- 488	- 510	**81.5**	89.56	- 751	- 414
69.5	76.37	- 579	- 586	**82.0**	90.10	- 841	- 490
70.0	76.92	- 669	- 662	**82.5**	90.65	- 932	- 566
70.5	77.47	- 760	- 738	**83.0**	91.20	15.022	- 642
71.0	78.02	- 850	- 814	**83.5**	91.75	- 113	- 719
71.5	78.57	- 941	- 891	**84.0**	92.30	- 203	- 795
72.0	79.12	13.031	- 967	**84.5**	92.85	- 294	- 871
72.5	79.67	- 122	11.043	**85.0**	93.40	- 384	- 947
73.0	80.21	- 212	- 119	**85.5**	93.95	- 475	13.023
73.5	80.76	- 303	- 195	**86.0**	94.50	- 567	- 099
74.0	81.31	- 393	- 271	**86.5**	95.05	- 656	- 176
74.5	81.86	- 484	- 348	**87.0**	95.60	- 746	- 252
75.0	82.41	- 574	- 424	**87.5**	96.15	- 835	- 328
75.5	82.96	- 665	- 500	**88.0**	96.70	- 927	- 404
76.0	83.51	- 755	- 576	**88.5**	97.25	16.018	- 480
76.5	84.06	- 846	- 652	**89.0**	97.80	- 108	- 556
77.0	84.61	- 936	- 728	**89.5**	98.35	- 199	- 633
77.5	85.16	14.027	- 805	**90.0**	98.90	- 289	- 709
78.0	85.71	- 117	- 881	**90.5**	99.45	- 380	- 785

Table des nitrates.

5cc de liqueur normale donnent 91cc,5 AzO^2.

AzO^2 en cent. cub.	NITRATE pur p. 100.	AZOTE pour 100 de NaO, AO^5	AZOTE pour 100 de KO, AO^5.	AzO^2 en cent. cub.	NITRATE pur p. 100.	AZOTE pour 100 de NaO, AO^5	AZOTE pour 100 de KO, AO^5.
66.5	72.67	11.970	10.073	**79.0**	86.33	14.220	11.967
67.0	73.22	12.060	- 149	**79.5**	86.88	- 310	12.043
67.5	73.77	- 150	- 225	**80.0**	87.43	- 400	- 119
68.0	74.31	- 240	- 301	**80.5**	87.97	- 490	- 195
68.5	74.86	- 330	- 376	**81.0**	88.52	- 580	- 270
69.0	75.40	- 420	- 452	**81.5**	89.07	- 670	- 346
69.5	75.95	- 510	- 528	**82.0**	89.61	- 760	- 422
70.0	76.50	- 600	- 604	**82.5**	90.16	- 850	- 498
70.5	77.04	- 690	- 679	**83.0**	90.70	- 940	- 573
71.0	77.59	- 780	- 755	**83.5**	91.25	15.030	- 649
71.5	78.14	- 870	- 831	**84.0**	91.80	- 120	- 725
72.0	78.68	- 960	- 907	**84.5**	92.34	- 210	- 801
72.5	79.23	13.050	- 983	**85.0**	92.89	- 300	- 876
73.0	79.78	- 140	11.058	**85.5**	93.44	- 390	- 952
73.5	80.32	- 230	- 134	**86.0**	93.98	- 480	13.028
74.0	80.87	- 320	- 210	**86.5**	94.53	- 570	- 104
74.5	81.42	- 410	- 286	**87.0**	95.08	- 660	- 179
75.0	81.96	- 500	- 361	**87.5**	95.62	- 750	- 255
75.5	82.51	- 590	- 437	**88.0**	96.17	- 840	- 313
76.0	83.05	- 680	- 513	**88.5**	96.72	- 930	- 407
76.5	83.60	- 770	- 589	**89.0**	97.26	16.020	- 482
77.0	84.15	- 860	- 664	**89.5**	97.81	- 110	- 558
77.5	84.69	- 950	- 740	**90.0**	98.36	- 200	- 634
78.0	85.24	14.040	- 816	**90.5**	98.90	- 290	- 710
78.5	85.79	- 130	- 892	**91.0**	99.45	- 380	- 785

Table des nitrates.

5cc de liqueur normale donnent 92cc de AzO^2.

AzO^2 en cent.cub.	NITRATE pur p. 100.	AZOTE pour 100 de NaO, AO⁵	de KO, AO⁵.	AzO^2 en cent.cub.	NITRATE pur p. 100.	AZOTE pour 100 de NaO, AO⁵	de KO, AO⁵.
67.0	72.82	11.994	10.094	**79.5**	86.41	14.232	11.977
67.5	73.36	12.084	- 169	**80.0**	86.95	- 322	12.053
68.0	73.91	- 173	- 245	**80.5**	87.49	- 411	- 128
68.5	74.45	- 263	- 320	**81.0**	88.04	- 501	- 203
69.0	74.99	- 352	- 395	**81.5**	88.58	- 590	- 279
69.5	75.54	- 442	- 471	**82.0**	89.12	- 680	- 354
70.0	76.08	- 531	- 546	**82.5**	89.67	- 769	- 429
70.5	76.62	- 621	- 621	**83.0**	90.21	- 859	- 505
71.0	77.17	- 710	- 697	**83.5**	90.76	- 948	- 580
71.5	77.71	- 800	- 772	**84.0**	91.30	15.038	- 655
72.0	78.26	- 889	- 847	**84.5**	91.84	- 127	- 731
72.5	78.80	- 979	- 923	**85.0**	92.39	- 217	- 806
73.0	79.34	13.068	- 998	**85.5**	92.93	- 306	- 881
73.5	79.89	- 158	11.073	**86.0**	93.47	- 396	- 957
74.0	80.43	- 247	- 149	**86.5**	94.02	- 485	13.032
74.5	80.97	- 337	- 224	**87.0**	94.56	- 575	- 107
75.0	81.52	- 426	- 299	**87.5**	95.10	- 664	- 183
75.5	82.06	- 516	- 375	**88.0**	95.65	- 754	- 258
76.0	82.60	- 605	- 450	**88.5**	96.19	- 843	- 333
76.5	83.15	- 695	- 525	**89.0**	96.73	- 933	- 409
77.0	83.69	- 784	- 601	**89.5**	97.28	16.022	- 484
77.5	84.23	- 874	- 676	**90.0**	97.82	- 112	- 559
78.0	84.78	- 964	- 751	**90.5**	98.36	- 201	- 635
78.5	85.32	14.053	- 827	**91.0**	98.91	- 291	- 710
79.0	85.86	- 143	- 902	**91.5**	99.45	- 380	- 785

Table des nitrates.

5^{cc} de liqueur normale donnent 92^{cc},5 de AzO^2.

AzO^2 en cent. cub.	NITRATE pur p. 100.	AZOTE pour 100 de NaO, AzO^5	AZOTE pour 100 de KO, AzO^5.	AzO^2 en cent. cub.	NITRATE pur p. 100.	AZOTE pour 100 de NaO, AzO^5	AZOTE pour 100 de KO, AzO^5.
67.5	72.97	12.018	10.114	**80.0**	86.48	14.244	11.987
68.0	73.51	- 107	- 189	**80.5**	87.02	- 333	12.062
68.5	74.05	- 196	- 264	**81.0**	87.56	- 422	- 137
69.0	74.59	- 285	- 339	**81.5**	88.10	- 511	- 212
69.5	75.13	- 374	- 414	**82.0**	88.64	- 600	- 287
70.0	75.67	- 463	- 489	**82.5**	89.18	- 689	- 362
70.5	76.21	- 552	- 564	**83.0**	89.72	- 778	- 437
71.0	76.75	- 642	- 639	**83.5**	90.27	- 867	- 512
71.5	77.29	- 731	- 714	**84.0**	90.81	- 956	- 587
72.0	77.83	- 820	- 789	**84.5**	91.35	15.045	- 662
72.5	78.37	- 909	- 864	**85.0**	91.89	- 134	- 737
73.0	78.91	- 998	- 938	**85.5**	92.43	- 223	- 811
73.5	79.45	13.087	11.013	**86.0**	92.97	- 312	- 886
74.0	79.99	- 176	- 088	**86.5**	93.51	- 401	- 961
74.5	80.54	- 265	- 163	**87.0**	94.05	- 490	13.036
75.0	81.08	- 354	- 238	**87.5**	94.59	- 579	- 111
75.5	81.62	- 443	- 313	**88.0**	95.13	- 668	- 186
76.0	82.16	- 532	- 388	**88.5**	95.67	- 757	- 261
76.5	82.70	- 621	- 463	**89.0**	96.21	- 846	- 336
77.0	83.24	- 710	- 538	**89.5**	96.75	- 935	- 411
77.5	83.78	- 799	- 613	**90.0**	97.29	16.024	- 486
78.0	84.32	- 888	- 688	**90.5**	97.83	- 113	- 561
78.5	84.86	- 977	- 763	**91.0**	98.37	- 202	- 636
79.0	85.40	14.066	- 838	**91.5**	98.91	- 291	- 711
79.5	85.94	- 155	- 912	**92.0**	99.45	- 380	- 785

Table des nitrates.

5cc de liqueur normale donnent 93cc de AzO^2.

AzO^2 en cent. cub.	NITRATE pur p. 100.	AZOTE pour 100 de NaO, AzO^5	AZOTE pour 100 de KO, AzO^5.	AzO^2 en cent. cub.	NITRATE pur p. 100.	AZOTE pour 100 de NaO, AO^2	AZOTE pour 100 de KO, AO^5.
68.0	73.11	12.042	10.134	**80.5**	86.55	14.255	11.997
68.5	73.65	- 131	- 209	**81.0**	87.09	- 344	12.072
69.0	74.19	- 219	- 283	**81.5**	87.63	- 433	- 146
69.5	74.73	- 308	- 358	**82.0**	88.17	- 521	- 221
70.0	75.26	- 396	- 432	**82.5**	88.70	- 610	- 295
70.5	75.80	- 485	- 507	**83.0**	89.24	- 698	- 370
71.0	76.34	- 573	- 581	**83.5**	89.78	- 787	- 444
71.5	76.88	- 662	- 656	**84.0**	90.32	- 875	- 519
72.0	77.41	- 750	- 731	**84.5**	90.86	- 964	- 593
72.5	77.95	- 839	- 805	**85.0**	91.39	15.052	- 668
73.0	78.49	- 928	- 880	**85.5**	91.93	- 141	- 742
73.5	79.03	13.016	- 954	**86.0**	92.47	- 229	- 817
74.0	79.56	- 105	11.029	**86.5**	93.01	- 318	- 891
74.5	80.10	- 193	- 103	**87.0**	93.54	- 406	- 966
75.0	80.64	- 282	- 178	**87.5**	94.08	- 495	13.040
75.5	81.18	- 370	- 252	**88.0**	94.62	- 583	- 115
76.0	81.71	- 459	- 327	**88.5**	95.16	- 672	- 189
76.5	82.25	- 547	- 401	**89.0**	95.69	- 760	- 264
77.0	82.79	- 636	- 476	**89.5**	96.23	- 849	- 338
77.5	83.33	- 724	- 550	**90.0**	96.77	- 938	- 413
78.0	83.87	- 813	- 625	**90.5**	97.31	16.026	- 487
78.5	84.40	- 901	- 699	**91.0**	97.84	- 115	- 562
79.0	84.94	- 990	- 774	**91.5**	98.38	- 203	- 636
79.5	85.48	14.078	- 848	**92.0**	98.92	- 292	- 711
80.0	88.02	- 167	- 923	**92.5**	99.46	- 380	- 785

Table des nitrates.

5cc de liqueur normale donnent 93cc,5 de AzO^2

AzO^2 en cent.cub.	NITRATE pur p. 100.	AZOTE pour 100 de NaO, AzO^5	AZOTE pour 100 de KO, AzO^5.	AzO^2 en cent.cub.	NITRATE pur p. 100.	AZOTE pour 100 de NaO, AzO^5	AZOTE pour 100 de KO, AzO^5.
68.5	73.26	12.066	10.154	**81.0**	86.63	14.267	12.007
69.0	73.79	- 154	- 229	**81.5**	87.16	- 355	- 081
69.5	74.33	- 242	- 303	**82.0**	87.69	- 443	- 155
70.0	74.86	- 330	- 377	**82.5**	88.23	- 531	- 229
70.5	75.40	- 418	- 451	**83.0**	88.76	- 619	- 303
71.0	75.93	- 506	- 525	**83.5**	89.30	- 707	- 377
71.5	76.46	- 594	- 599	**84.0**	89.83	- 795	- 451
72.0	77.00	- 682	- 673	**84.5**	90.37	- 883	- 525
72.5	77.53	- 770	- 747	**85.0**	90.90	- 971	- 599
73.0	78.07	- 858	- 821	**85.5**	91.44	15.059	- 673
73.5	78.60	- 946	- 895	**86.0**	91.97	- 147	- 748
74.0	79.14	13.034	- 969	**86.5**	92.51	- 235	- 822
74.5	79.67	- 122	11.043	**87.0**	93.04	- 323	- 896
75.0	80.21	- 210	- 118	**87.5**	93.58	- 411	- 970
75.5	80.74	- 298	- 192	**88.0**	94.11	- 499	13.044
76.0	81.28	- 386	- 266	**88.5**	94.65	- 587	- 118
76.5	81.81	- 475	- 340	**89.0**	95.18	- 675	- 192
77.0	82.35	- 563	- 414	**89.5**	95.72	- 763	- 266
77.5	82.88	- 651	- 488	**90.0**	96.25	- 851	- 340
78.0	83.42	- 739	- 562	**90.5**	96.79	- 939	- 414
78.5	83.95	- 827	- 636	**91.0**	97.32	16.028	- 488
79.0	84.49	- 915	- 710	**91.5**	97.86	- 116	- 563
79.5	85.02	14.003	- 784	**92.0**	98.39	- 204	- 637
80.0	85.56	- 091	- 858	**92.5**	98.92	- 292	- 711
85.5	86.09	- 179	- 933	**93.0**	99.46	- 380	- 785

94cc

Table des nitrates.

5cc de liqueur normale donnent 94cc de AzO^2.

AzO^2 en cent. cub.	NITRATE pur p. 100.	AZOTE pour 100 de NaO, AzO^5	AZOTE pour 100 de KO, AzO^5.	AzO^2 en cent. cub.	NITRATE pur p. 100.	AZOTE pour 100 de NaO, AzO^5	AZOTE pour 100 de KO, AzO^5.
69.0	73.40	12.090	10.174	**81.5**	86.70	14.280	12.018
69.5	73.93	- 177	- 248	**82.0**	87.23	- 368	- 092
70.0	74.46	- 265	- 322	**82.5**	87.76	- 455	- 165
70.5	74.99	- 352	- 395	**83.0**	88.29	- 543	- 239
71.0	75.53	- 440	- 469	**83.5**	88.82	- 631	- 313
71.5	76.06	- 528	- 543	**84.0**	89.36	- 718	- 387
72.0	76.59	- 615	- 617	**84.5**	89.89	- 806	- 460
72.5	77.12	- 703	- 690	**85.0**	90.42	- 893	- 534
73.0	77.65	- 790	- 764	**85.5**	90.95	- 981	- 608
73.5	78.19	- 878	- 838	**86.0**	91.48	15.069	- 681
74.0	78.72	- 966	- 912	**86.5**	92.02	- 156	- 755
74.5	79.25	13.053	- 985	**87.0**	92.55	- 244	- 829
75.0	79.78	- 141	11.059	**87.5**	93.08	- 332	- 903
75.5	80.31	- 229	- 133	**88.0**	93.61	- 419	- 976
76.0	80.85	- 316	- 207	**88.5**	94.14	- 507	13.050
76.5	81.38	- 404	- 280	**89.0**	94.68	- 594	- 124
77.0	81.91	- 491	- 354	**89.5**	95.21	- 682	- 198
77.5	82.44	- 579	- 428	**90.0**	95.74	- 770	- 271
78.0	82.97	- 667	- 502	**90.5**	96.27	- 857	- 345
78.5	83.51	- 754	- 575	**91.0**	96.80	- 945	- 419
79.0	84.04	- 842	- 649	**91.5**	97.34	16.033	- 493
79.5	84.57	- 930	- 723	**92.0**	97.87	- 120	- 566
80.0	85.10	14.017	- 797	**92.5**	98.40	- 208	- 640
80.5	85.63	- 105	- 870	**93.0**	98.93	- 295	- 714
81.0	86.17	- 192	- 944	**93.5**	99.46	- 383	- 788

Table des nitrates.

5cc de liqueur normale donnent 94cc,5 de AzO^2.

AzO^2 en cent. cub.	NITRATE pur p. 100.	AZOTE pour 100 de NaO, AzO^5	AZOTE pour 100 de KO, AzO^5	AzO^2 en cent. cub.	NITRATE pur p. 100.	AZOTE pour 100 de NaO, AzO^5	AZOTE pour 100 de KO, AzO^5
69.5	73.54	12.113	10.194	**82.0**	86.77	14.293	12.029
70.0	74.07	- 200	- 267	**82.5**	87.30	- 380	- 102
70.5	74.60	- 287	- 340	**83.0**	87.83	- 467	- 175
71.0	75.13	- 374	- 414	**83.5**	88.35	- 554	- 249
71.5	75.66	- 461	- 487	**84.0**	88.88	- 642	- 322
72.0	76.19	- 549	- 561	**84.5**	89.41	- 729	- 396
72.5	76.71	- 636	- 634	**85.0**	89.94	- 816	- 469
73.0	77.24	- 723	- 707	**85.5**	90.47	- 903	- 542
73.5	77.77	- 810	- 781	**86.0**	91.00	- 991	- 616
74.0	78.30	- 897	- 854	**86.5**	91.53	15.078	- 689
74.5	78.83	- 985	- 928	**87.0**	92.06	- 165	- 762
75.0	79.36	13.072	11.001	**87.5**	92.59	- 252	- 836
75.5	79.89	- 159	- 074	**88.0**	93.12	- 339	- 909
76.0	80.42	- 246	- 148	**88.5**	93.65	- 427	- 983
76.5	80.95	- 334	- 221	**89.0**	94.17	- 514	13.056
77.0	81.48	- 421	- 295	**89.5**	94.70	- 601	- 129
77.5	82.01	- 508	- 368	**90.0**	95.23	- 688	- 203
78.0	82.53	- 595	- 441	**90.5**	95.76	- 775	- 276
78.5	83.06	- 682	- 515	**91.0**	96.29	- 863	- 350
79.0	83.59	- 770	- 588	**91.5**	96.82	- 950	- 423
79.5	84.12	- 857	- 662	**92.0**	97.35	16.037	- 496
80.0	84.65	- 944	- 735	**92.5**	97.88	- 124	- 570
80.5	85.18	14.031	- 808	**93.0**	98.41	- 211	- 643
81.0	85.71	- 118	- 882	**93.5**	98.94	- 299	- 717
81.5	86.24	- 206	- 955	**94.0**	99.47	- 383	- 790

Table des nitrates.

5cc de liqueur normale donnent 95cc de AzO^2.

AzO^2 en cent. cub.	NITRATE pur p. 100.	AZOTE pour 100 de NaO, AzO	AZOTE pour 100 de KO, AzO	AzO^2 en cent. cub.	NITRATE pur p. 100.	AZOTE pour 100 de NaO, AzO^5	AZOTE pour 100 de KO, AzO^5.
70.0	73.68	12.136	10.213	**82.5**	86.84	14.302	12.036
70.5	74.21	- 222	- 286	**83.0**	87.36	- 388	- 109
71.0	74.73	- 309	- 359	**83.5**	87.89	- 475	- 182
71.5	75.26	- 396	- 432	**84.0**	88.42	- 562	- 255
72.0	75.78	- 482	- 505	**84.5**	88.94	- 648	- 327
72.5	76.31	- 569	- 578	**85.0**	89.47	- 735	- 400
73.0	76.84	- 656	- 651	**85.5**	89.99	- 821	- 473
73.5	77.36	- 742	- 723	**86.0**	90.52	- 908	- 546
74.0	77.89	- 829	- 796	**86.5**	91.05	- 995	- 619
74.5	78.42	- 916	- 869	**87.0**	91.57	15.081	- 692
75.0	78.94	13.002	- 942	**87.5**	92.10	- 168	- 765
75.5	79.47	- 089	11.015	**88.0**	92.63	- 255	- 838
76.0	79.99	- 175	- 088	**88.5**	93.15	- 341	- 911
76.5	80.52	- 262	- 161	**89.0**	93.68	- 428	- 984
77.0	81.05	- 349	- 234	**89.5**	94.21	- 515	13.057
77.5	81.57	- 435	- 307	**90.0**	94.73	- 601	- 129
78.0	82.10	- 522	- 380	**90.5**	95.26	- 688	- 202
78.5	82.63	- 609	- 453	**91.0**	95.78	- 775	- 275
79.0	83.15	- 695	- 526	**91.5**	96.31	- 861	- 348
79.5	83.68	- 782	- 598	**92.0**	96.84	- 948	- 421
80.0	84.21	- 868	- 671	**92.5**	97.36	16.034	- 494
80.5	84.73	- 955	- 744	**93.0**	97.89	- 121	- 567
81.0	85.26	14.042	- 817	**93.5**	98.42	- 208	- 640
81.5	85.78	- 128	- 890	**94.0**	98.94	- 295	- 713
82.0	86.31	- 215	- 963	**94.5**	99.47	- 384	- 786

Table des nitrates.

5cc de liqueur normale donnent 95cc,5 de AzO^2.

AzO^2 en cent.cub.	NITRATE pur p. 100.	AZOTE pour 100 de NaO, AzO^5	AZOTE pour 100 de KO, AzO^5.	AzO^2 en cent.cub.	NITRATE pur p. 100.	AZOTE pour 100 de NaO, AzO^5	AZOTE pour 100 de KO, AzO^5.
70.5	73.82	12.158	10.232	**83.0**	86.91	14.316	12.048
71.0	74.34	- 244	- 305	**83.5**	87.43	- 402	- 121
71.5	74.86	- 331	- 377	**84.0**	87.95	- 488	- 193
72.0	75.39	- 417	- 450	**84.5**	88.48	- 575	- 266
72.5	75.91	- 504	- 523	**85.0**	89.00	- 661	- 338
73.0	76.43	- 590	- 595	**85.5**	89.52	- 747	- 411
73.5	76.96	- 676	- 668	**86.0**	90.05	- 834	- 484
74.0	77.48	- 762	- 740	**86.5**	90.57	- 920	- 556
74.5	78.01	- 849	- 813	**87.0**	91.09	15.006	- 629
75.0	78.53	- 935	- 886	**87.5**	91.62	- 093	- 702
75.5	79.05	13.021	- 958	**88.0**	92.14	- 179	- 774
76.0	79.58	- 108	11.031	**88.5**	92.67	- 265	- 847
76.5	80.10	- 194	- 104	**89.0**	93.19	- 351	- 919
77.0	80.62	- 280	- 176	**89.5**	93.71	- 438	- 992
77.5	81.15	- 366	- 249	**90.0**	94.24	- 524	13.065
78.0	81.67	- 453	- 322	**90.5**	94.76	- 610	- 137
78.5	82.19	- 539	- 394	**91.0**	95.28	- 697	- 210
79.0	82.72	- 625	- 467	**91.5**	95.81	- 783	- 283
79.5	83.24	- 712	- 539	**92.0**	96.33	- 869	- 355
80.0	83.76	- 798	- 612	**92.5**	96.85	- 956	- 428
80.5	84.29	- 884	- 685	**93.0**	97.38	16.042	- 501
81.0	84.81	- 971	- 757	**93.5**	97.90	- 128	- 573
81.5	85.34	14.057	- 830	**94.0**	98.42	- 215	- 646
82.0	85.86	- 143	- 903	**94.5**	98.95	- 301	- 718
82.5	86.38	- 230	- 975	**95.0**	99.47	- 387	- 791

Table des nitrates.

5^{cc} de liqueur normale donnent 96^{cc} de AzO^2.

AzO^2 en cent. cub.	NITRATE pur p. 100.	AZOTE pour 100 de NaO, AzO^5	AZOTE pour 100 de KO, AzO^5.	AzO^2 en cent. cub.	NITRATE pur p. 100.	AZOTE pour 100 de NaO, AzO^5	AZOTE pour 100 de KO, AzO^5.
71.0	73.95	12.181	10.251	**83.5**	86.97	14.326	12.056
71.5	74.47	- 266	- 323	**84.0**	87.49	- 412	- 129
72.0	74.99	- 352	- 395	**84.5**	88.02	- 497	- 201
72.5	75.52	- 438	- 468	**85.0**	88.54	- 583	- 273
73.0	76.04	- 524	- 540	**85.5**	89.06	- 669	- 345
73.5	76.56	- 610	- 612	**86.0**	89.58	- 755	- 417
74.0	77.08	- 695	- 684	**86.5**	90.10	- 841	- 490
74.5	77.60	- 781	- 756	**87.0**	90.62	- 927	- 562
75.0	78.12	- 867	- 829	**87.5**	91.14	15.012	- 634
75.5	78.64	- 953	- 901	**88.0**	91.66	- 098	- 706
76.0	79.16	13.039	- 973	**88.5**	92.18	- 184	- 779
76.5	79.68	- 125	11.045	**89.0**	92.70	- 270	- 851
77.0	80.20	- 210	- 118	**89.5**	93.22	- 356	- 923
77.5	80.72	- 296	- 190	**90.0**	93.74	- 441	- 995
78.0	81.24	- 382	- 262	**90.5**	94.27	- 527	13.067
78.5	81.77	- 468	- 334	**91.0**	94.79	- 613	- 140
79.0	82.29	- 554	- 406	**91.5**	95.31	- 699	- 212
79.5	82.81	- 639	- 479	**92.0**	95.83	- 785	- 284
80.0	83.33	- 725	- 551	**92.5**	96.35	- 870	- 356
80.5	83.85	- 811	- 623	**93.0**	96.87	- 956	- 428
81.0	84.37	- 897	- 695	**93.5**	97.39	16.042	- 501
81.5	84.89	- 983	- 767	**94.0**	97.91	- 128	- 573
82.0	85.41	14.068	- 840	**94.5**	98.43	- 214	- 645
82.5	85.93	- 154	- 912	**95.0**	98.95	- 300	- 717
83.0	86.45	- 240	- 984	**95.5**	99.47	- 385	- 790

Table des nitrates.

5^{cc} de liqueur normale donnent 96^{cc},5 de AzO^2.

AzO^2 en cent. cub.	NITRATE pur p. 100.	AZOTE pour 100 de NaO, AzO^5	de KO, AzO^5.	AzO^2 en cent. cub.	NITRATE pur p. 100.	AZOTE pour 100 de NaO, AzO^5	de KO, AzO^5.
71.5	74.09	12.203	10.270	**84.0**	87.04	14.336	12.065
72.0	74.61	- 288	- 341	**84.5**	87.56	- 421	- 136
72.5	75.12	- 373	- 413	**85.0**	88.08	- 506	- 208
73.0	75.64	- 459	- 485	**85.5**	88.60	- 592	- 280
73.5	76.16	- 544	- 557	**86.0**	89.11	- 677	- 352
74.0	76.68	- 629	- 629	**86.5**	89.63	- 762	- 424
74.5	77.20	- 715	- 700	**87.0**	90.15	- 848	- 495
75.0	77.71	- 800	- 772	**87.5**	90.67	- 933	- 567
75.5	78.23	- 885	- 844	**88.0**	91.19	15.018	- 639
76.0	78.75	- 971	- 916	**88.5**	91.70	- 104	- 711
76.5	79.27	13.056	- 988	**89.0**	92.22	- 189	- 783
77.0	79.79	- 141	11.059	**89.5**	92.74	- 274	- 854
77.5	80.31	- 227	- 131	**90.0**	93.26	- 360	- 926
78.0	80.82	- 312	- 203	**90.5**	93.78	- 445	- 998
78.5	81.34	- 397	- 275	**91.0**	94.29	- 530	13.070
79.0	81.86	- 483	- 347	**91.5**	94.81	- 616	- 142
79.5	82.38	- 568	- 418	**92.0**	95.33	- 701	- 214
80.0	82.90	- 653	- 490	**92.5**	95.85	- 786	- 285
80.5	83.41	- 739	- 562	**93.0**	96.37	- 871	- 357
81.0	83.93	- 824	- 634	**93.5**	96.89	- 957	- 429
81.5	84.45	- 909	- 706	**94.0**	97.40	16.042	- 501
82.0	84.97	- 994	- 777	**94.5**	97.92	- 127	- 573
82.5	85.49	14.080	- 849	**95.0**	98.44	- 213	- 645
83.0	86.00	- 165	- 921	**95.5**	98.96	- 298	- 716
83.5	86.52	- 250	- 993	**96.0**	99.48	- 383	- 790

Table des nitrates.

5cc de liqueur normale donnent 97cc de AzO^2.

AzO^2 en cent. cub.	NITRATE pur p. 100.	AZOTE pour 100 de NaO, AzO^5	AZOTE pour 100 de KO, AzO^5	AzO^2 en cent. cub.	NITRATE pur p. 100.	AZOTE pour 100 de NaO, AzO^5	AZOTE pour 100 de KO, AzO^5
72.0	74.22	12.225	10.288	**84.5**	87.11	14.345	12.073
72.5	74.74	- 310	- 360	**85.0**	87.62	- 430	- 144
73.0	75.25	- 395	- 431	**85.5**	88.14	- 515	- 216
73.5	75.77	- 479	- 502	**86.0**	88.65	- 600	- 287
74.0	76.28	- 564	- 574	**86.5**	89.17	- 685	- 358
74.5	76.80	- 649	- 645	**87.0**	89.69	- 770	- 430
75.0	77.31	- 734	- 717	**87.5**	90.20	- 854	- 501
75.5	77.83	- 819	- 788	**88.0**	90.72	- 939	- 573
76.0	78.34	- 903	- 859	**88.5**	91.23	15.024	- 644
76.5	78.86	- 988	- 931	**89.0**	91.75	- 109	- 715
77.0	79.38	13.073	11.002	**89.5**	92.26	- 194	- 787
77.5	79.89	- 158	- 073	**90.0**	92.78	- 279	- 858
78.0	80.41	- 243	- 145	**90.5**	93.29	- 363	- 929
78.5	80.92	- 328	- 216	**91.0**	93.81	- 448	13.001
79.0	81.44	- 412	- 288	**91.5**	94.32	- 533	- 072
79.5	81.95	- 497	- 359	**92.0**	94.84	- 618	- 144
80.0	82.47	- 582	- 430	**92.5**	95.36	- 703	- 215
80.5	82.98	- 667	- 502	**93.0**	95.87	- 787	- 286
81.0	83.50	- 752	- 573	**93.5**	96.39	- 872	- 358
81.5	84.01	- 837	- 645	**94.0**	96.90	- 957	- 429
82.0	84.53	- 921	- 716	**94.5**	97.42	16.042	- 501
82.5	85.05	14.006	- 787	**95.0**	97.93	- 127	- 572
83.0	85.56	- 091	- 859	**95.5**	98.45	- 212	- 643
83.5	86.08	- 176	- 930	**96.0**	98.96	- 296	- 715
84.0	86.59	- 261	12.001	**96.5**	99.48	- 381	- 786

Table des nitrates.

5cc de liqueur normale donnent 97cc,5 de AzO^2.

AzO^2 en cent. cub.	NITRATE pur p. 100.	AZOTE pour 100 de NaO, AzO^5	AZOTE pour 100 de KO, AzO^5.	AzO^2 en cent. cub.	NITRATE pur p. 100.	AZOTE pour 100 de NaO, AzO^5	AZOTE pour 100 de KO, AzO^5.
72.5	74.35	12.247	10.306	**85.0**	87.17	14.359	12.084
73.0	74.87	- 331	- 378	**85.5**	87.69	- 443	- 155
73.5	75.38	- 416	- 449	**86.0**	88.20	- 528	- 226
74.0	75.89	- 500	- 520	**86.5**	88.71	- 612	- 298
74.5	76.41	- 585	- 591	**87.0**	89.23	- 697	- 369
75.0	76.92	- 669	- 662	**87.5**	89.74	- 781	- 440
75.5	77.43	- 754	- 733	**88.0**	90.25	- 866	- 511
76.0	77.94	- 838	- 804	**88.5**	90.76	- 950	- 582
76.5	78.46	- 923	- 875	**89.0**	91.28	15.035	- 653
77.0	78.97	13.007	- 946	**89.5**	91.79	- 119	- 724
77.5	79.48	- 092	11.018	**90.0**	92.30	- 204	- 795
78.0	79.99	- 176	- 089	**90.5**	92.82	- 288	- 866
78.5	80.51	- 261	- 160	**91.0**	93.33	- 373	- 937
79.0	81.02	- 345	- 231	**91.5**	93.84	- 457	13.009
79.5	81.53	- 430	- 302	**92.0**	94.35	- 542	- 080
80.0	82.05	- 514	- 373	**92.5**	94.87	- 626	- 151
80.5	82.56	- 599	- 444	**93.0**	95.38	- 711	- 222
81.0	83.07	- 683	- 515	**93.5**	95.89	- 795	- 293
81.5	83.58	- 768	- 586	**94.0**	96.41	- 880	- 364
82.0	84.10	- 852	- 658	**94.5**	96.92	- 964	- 435
82.5	84.61	- 937	- 729	**95.0**	97.43	16.049	- 506
83.0	85.12	14.021	- 800	**95.5**	97.94	- 133	- 577
83.5	85.64	- 105	- 871	**96.0**	98.46	- 218	- 649
84.0	86.15	- 190	- 942	**96.5**	98.97	- 302	- 720
84.5	86.66	- 274	12.013	**97.0**	99.48	- 387	- 791

Table des nitrates.

5^{cc} de liqueur normale donnent 98^{cc} de AzO^2.

AzO^2 en cent. cub.	NITRATE pur p. 100.	AZOTE pour 100		AzO^2 en cent. cub.	NITRATE pur p. 100.	AZOTE pour 100	
		de NaO, AzO^5	de KO, AzO^5.			de NaO, AzO^5	de KO, AzO^5.
73.0	74.48	12.268	10.325	85.5	87.24	14.372	12.095
73.5	75.00	- 352	- 395	86.0	87.75	- 456	- 166
74.0	75.51	- 437	- 466	86.5	88.26	- 541	- 237
74.5	76.02	- 521	- 537	87.0	88.77	- 625	- 308
75.0	76.53	- 605	- 608	87.5	89.28	- 709	- 379
75.5	77.04	- 689	- 679	88.0	89.79	- 793	- 450
76.0	77.55	- 773	- 750	88.5	90.30	- 877	- 520
76.5	78.06	- 857	- 820	89.0	90.81	- 961	- 591
77.0	78.57	- 942	- 891	89.5	91.32	15.046	- 662
77.5	79.08	13.026	- 962	90.0	91.83	- 130	- 733
78.0	79.59	- 110	11.033	90.5	92.34	- 214	- 804
78.5	80.10	- 194	- 104	91.0	92.85	- 298	- 875
79.0	80.61	- 278	- 175	91.5	93.36	- 382	- 945
79.5	81.12	- 362	- 245	92.0	93.87	- 466	13.016
80.0	81.63	- 447	- 316	92.5	94.38	- 551	- 087
80.5	82.14	- 531	- 387	93.0	94.89	- 635	- 158
81.0	82.65	- 615	- 458	93.5	95.40	- 719	- 229
81.5	83.16	- 699	- 529	94.0	95.91	- 803	- 300
82.0	83.67	- 783	- 600	94.5	96.42	- 887	- 370
82.5	84.18	- 867	- 670	95.0	96.93	- 971	- 441
83.0	84.69	- 951	- 741	95.5	97.44	16.056	- 512
83.5	85.20	14.036	- 812	96.0	97.95	- 140	- 583
84.0	85.71	- 120	- 883	96.5	98.46	- 224	- 654
84.5	86.22	- 204	- 954	97.0	98.97	- 308	- 725
85.0	86.73	- 288	12.025	97.5	99.48	- 392	- 795

Table des nitrates.

5cc de liqueur normale donnent 98cc,5 de AzO^2.

AzO^2 en cent. cub.	NITRATE pur p. 100.	AZOTE pour 100 de NaO, AzO^5	AZOTE pour 100 de KO, AzO^5.	AzO^2 en cent. cub.	NITRATE pur p. 100.	AZOTE pour 100 de NaO, AzO^5	AZOTE pour 100 de KO, AzO^5.
73.5	74.61	12.290	10.343	**86.0**	87.30	14.381	12.103
74.0	75.12	- 373	- 413	**86.5**	87.81	- 465	- 173
74.5	75.63	- 457	- 483	**87.0**	88.32	- 549	- 244
75.0	76.14	- 541	- 554	**87.5**	88.83	- 632	- 314
75.5	76.64	- 624	- 624	**88.0**	89.34	- 716	- 385
76.0	77.15	- 708	- 695	**88.5**	89.84	- 800	- 455
76.5	77.66	- 792	- 765	**89.0**	90.35	- 883	- 526
77.0	78.17	- 875	- 836	**89.5**	90.86	- 967	- 596
77.5	78.68	- 959	- 906	**90.0**	91.37	15.051	- 666
78.0	79.18	13.043	- 976	**90.5**	91.87	- 134	- 737
78.5	79.69	- 126	11.047	**91.0**	92.38	- 218	- 807
79.0	80.20	- 210	- 117	**91.5**	92.89	- 302	- 878
79.5	80.71	- 294	- 188	**92.0**	93.40	- 385	- 948
80.0	81.21	- 377	- 258	**92.5**	93.90	- 469	13.018
80.5	81.72	- 461	- 328	**93.0**	94.41	- 553	- 089
81.0	82.23	- 545	- 399	**93.5**	94.92	- 636	- 159
81.5	82.74	- 628	- 469	**94.0**	95.43	- 720	- 230
82.0	83.24	- 712	- 540	**94.5**	95.93	- 804	- 300
82.5	83.75	- 796	- 610	**95.0**	96.44	- 887	- 371
83.0	84.26	- 879	- 681	**95.5**	96.95	- 971	- 441
83.5	84.77	- 963	- 751	**96.0**	97.46	16.055	- 511
84.0	85.27	14.047	- 821	**93.5**	97.96	- 138	- 582
84.5	85.78	- 130	- 892	**97.0**	98.47	- 222	- 652
85.0	86.29	- 214	- 962	**97.5**	98.98	- 306	- 723
85.5	86.80	- 298	12.033	**98.0**	99.49	- 389	- 793

Table des nitrates.

5cc de liqueur normale donnent 99cc AzO^2.

AzO^2 en cent.cub.	NITRATE pur p. 100.	AZOTE pour 100 de NaO, AzO^5	AZOTE pour 100 de KO, AzO^5.	AzO^2 en cent.cub.	NITRATE pur p. 100.	AZOTE pour 100 de NaO, AzO^5	AZOTE pour 100 de KO, AzO^5.
74.0	74.74	12.311	10.360	**86.5**	87.37	14.392	12.112
74.5	75.25	- 394	- 430	**87.0**	87.87	- 475	- 182
75.0	75.75	- 477	- 501	**87.5**	88.38	- 559	- 252
75.5	76.26	- 560	- 571	**88.0**	88.88	- 642	- 322
76.0	76.76	- 644	- 641	**88.5**	89.39	- 725	- 392
76.5	77.27	- 727	- 711	**89.0**	89.89	- 808	- 462
77.0	77.77	- 810	- 781	**89.5**	90.40	- 892	- 533
77.5	78.28	- 894	- 851	**90.0**	90.90	- 975	- 603
78.0	78.78	- 977	- 921	**90.5**	91.41	15.058	- 673
78.5	79.29	13.060	- 991	**91.0**	91.91	- 141	- 743
79.0	79.79	- 143	11.061	**91.5**	92.42	- 225	- 813
79.5	80.30	- 227	- 131	**92.0**	92.92	- 308	- 883
80.0	80.80	- 310	- 201	**92.5**	93.43	- 391	- 953
80.5	81.31	- 393	- 271	**93.0**	93.93	- 475	13.023
81.0	81.81	- 476	- 341	**93.5**	94.44	- 558	- 093
81.5	82.32	- 560	- 411	**94.0**	94.94	- 641	- 163
82.0	82.82	- 643	- 482	**94.5**	95.45	- 724	- 233
82.5	83.33	- 726	- 552	**95.0**	95.95	- 808	- 303
83.0	83.83	- 809	- 622	**95.5**	96.46	- 891	- 373
83.5	84.34	- 893	- 692	**96.0**	96.96	- 974	- 443
84.0	84.84	- 976	- 762	**96.5**	97.47	16.057	- 514
84.5	85.35	14.059	- 832	**97.0**	97.97	- 141	- 584
85.0	85.85	- 142	- 902	**97.5**	98.48	- 224	- 654
85.5	86.36	- 226	- 972	**98.0**	98.98	- 307	- 724
86.0	86.86	- 309	12.042	**98.5**	99.49	- 390	- 794

Table des nitrates.

5cc de liqueur normale donnent 99cc,5 de AzO₂.

AzO^2 en cent.cub.	NITRATE pur p. 100.	AZOTE pour 100 de NaO,AzO^5	AZOTE pour 100 de KO,AzO^5.	AzO^2 en cent.cub.	NITRATE pur p. 100.	AZOTE pour 100 de NaO,AzO^5	AZOTE pour 100 de KO,AzO^5.
74.5	74.87	12.332	10.378	**87.0**	87.43	14.403	12.121
75.0	75.37	- 414	- 448	**87.5**	87.93	- 486	- 191
75.5	75.87	- 497	- 517	**88.0**	88.44	- 568	- 261
76.0	76.38	- 580	- 587	**88.5**	88.94	- 651	- 330
76.5	76.88	- 663	- 657	**89.0**	89·44	- 734	- 400
77.0	77.38	- 746	- 727	**89.5**	89.94	- 817	- 470
77.5	77.88	- 829	- 796	**90.0**	90.45	- 900	- 539
78.0	78.39	- 912	- 866	**90.5**	90.95	- 983	- 609
78.5	78.89	- 994	- 936	**91.0**	91.45	15.066	- 679
79.0	79.39	13.077	11.006	**91.5**	91.95	- 148	- 749
79.5	79.89	- 160	- 075	**92.0**	92.46	- 231	- 818
80.0	80.40	- 243	- 145	**92.5**	92.96	- 314	- 888
80.5	80.90	- 326	- 215	**93.0**	93.46	- 397	- 958
81.0	81.40	- 409	- 284	**93.5**	93.96	- 480	13.02
81.5	81.90	- 491	- 354	**94.0**	94.47	- 563	- 097
82.0	82.41	- 574	- 424	**94.5**	94.97	- 645	- 167
82.5	82.91	- 657	- 494	**95.0**	95.47	- 728	- 237
83.0	83.41	- 740	- 563	**95.5**	95.97	- 811	- 306
83.5	83.91	- 823	- 633	**96.0**	96.48	- 894	- 376
84.0	84.42	- 906	- 703	**96.5**	96.98	- 977	- 446
84.5	84.92	- 989	- 772	**97.0**	97.48	16.060	- 516
85.0	85.42	14.071	- 842	**97.5**	97.98	- 143	- 585
85.5	85.92	- 154	- 912	**98.0**	98.49	- 225	- 655
86.0	86.43	- 237	- 982	**98.5**	98.99	- 308	- 725
86.5	86.93	- 320	12.051	**99.0**	99.49	- 391	- 795

VII. — Nitrate de soude.

5cc de liqueur normale donnent 90cc AzO^2 = 0gr,0543529 Az.

1cc de AzO^2 contient $\frac{0,0543529}{90}$ = 0gr,000603921 azote.

AzO^2	Azote.	AzO^2	Azote.	AzO^2	Azote.	AzO^2	Azote.
c. c.	mgr.	c. c.	mgr.	c. c.	mgr.	c. c.	mgr.
50.0	30.19605	60.5	36.53722	70.5	42.57643	80.5	48.61564
50.5	- 49801	61.0	- 83918	71.0	- 87839	81.0	- 91760
51.0	- 79997	61.5	37.14114	71.5	43.18035	81.5	49.21956
51.5	31.10193	62.0	- 44310	72.0	- 48231	82.0	- 52152
52.0	- 40389	62.5	- 74506	72.5	- 78427	82.5	- 82348
52.5	- 70585	63.0	38.04702	73.0	44.08623	83.0	50.12544
53.0	32.00781	63.5	- 34898	73.5	- 38819	83.5	- 42740
53.5	- 30977	64.0	- 65094	74.0	- 69015	84.0	- 72936
54.0	- 61173	64.5	- 95290	74.5	- 99211	84.5	51.03132
54.5	- 91369	65.0	39.25486	75.0	45.29407	85.0	- 33328
55.0	33.21565	65.5	- 55682	75.5	- 59603	85.5	- 63524
55.5	- 51761	66.0	- 85878	76.0	- 89799	86.0	- 93720
56.0	- 81957	66.5	40.16074	76.5	46.19995	86.5	52.23916
56.5	34.12153	67.0	- 46270	77.0	- 50191	87.0	- 54112
57.0	- 42349	67.5	- 76466	77.5	- 80387	87.5	- 84308
57.5	- 72545	68.0	41.06662	78.0	47.10583	88.0	53.14504
58.0	35.02741	68.5	- 36858	78.5	- 40779	88.5	- 44700
58.5	- 32937	69.0	- 67054	79.0	- 70975	89.0	- 74896
59.0	- 63133	69.5	- 97250	79.5	48.01171	89.5	54.05092
59.5	- 93329	70.0	42.27447	80.0	- 31368	90.0	- 35289
60.0	36.23526						

Nitrate de soude.

5cc de liqueur normale donnent 90cc AzO^2 = 0gr,0543529 Az.

1cc de AzO^2 contient $\frac{0,0543529}{90,5}$ = 0gr,000600584 azote.

AzO^2	Azote.	AzO^2	Azote.	AzO^2	Azote.	AzO^2	Azote.
c. c.	mgr.	c. c.	mgr.	c. c.	mgr.	c. c.	mgr.
50.0	30.02920	60.5	36.33533	71.0	42.64146	81.0	48.64730
50.5	- 32949	61.0	- 63562	71.5	- 94175	81.5	- 94759
51.0	- 62978	61.5	- 93591	72.0	43.24204	82.0	49.24788
51.5	- 93007	62.0	37.23620	72.5	- 54234	82.5	- 54818
52.0	31.23036	62.5	- 53650	73.0	- 84263	83.0	- 84847
52.5	- 53066	63.0	- 83679	73.5	44.14292	83.5	50.14876
53.0	- 83095	63.5	38.13708	74.0	- 44321	84.0	- 44905
53.5	32.13124	64.0	- 43737	74.5	- 74350	84.5	- 74934
54.0	- 43153	64.5	- 73766	75.0	45.04380	85.0	51.04964
54.5	- 73182	65.0	39.03796	75.5	- 34409	85.5	- 34993
55.0	33.03212	65.5	- 33825	76.0	- 64438	86.0	- 65022
55.5	- 33241	66.0	- 63854	76.5	- 94467	86.5	- 95051
56.0	- 63270	66.5	- 93883	77.0	46.24496	87.0	52.25080
56.5	- 93299	67.0	40.23912	77.5	- 54526	87.5	- 55110
57.0	34.23328	67.5	- 53942	78.0	- 84555	88.0	- 85139
57.5	- 53358	68.0	- 83971	78.5	47.14584	88.5	53.15168
58.0	- 83387	68.5	41.14000	79.0	- 44613	89.0	- 45197
58.5	35.13416	69.0	- 44029	79.5	- 74642	89.5	- 75226
59.0	- 43445	69.5	- 74058	80.0	48.04672	90.0	54.05256
59.5	- 73474	70.0	42.04088	80.5	- 34701	90.5	- 35285
60.0	36.03504	70.5	- 34117				

91^{cc}

Nitrate de soude.

5^{cc} de liqueur normale donnent 91^{cc} de AzO^2

1^{cc} de AzO^2 contient $\frac{0{,}0543529}{91}$ = 0^{gr},000597284 azote.

AzO^2	Azote.	AzO^2	Azote.	AzO^2	Azote.	AzO^2	Azote.
c. c.	mgr.	c. c.	mgr.	c. c.	mgr.	c. c.	mgr.
50.0	29.86420	60.5	36.13568	71.0	42.40716	81.5	48.67864
50.5	30.16284	61.0	- 43432	71.5	- 70580	82.0	- 97728
51.0	- 46148	61.5	- 73296	72.0	43.00444	82.5	49.27593
51.5	- 76012	62.0	37.03160	72.5	- 30309	83.0	- 57457
52.0	31.05876	62.5	- 33025	73.0	- 60173	83.5	- 87321
52.5	- 35741	63.0	- 62889	73.5	- 90037	84.0	50.17185
53.0	- 65605	63.5	- 92753	74.0	44.19901	84.5	- 47049
53.5	- 95469	64.0	38.22617	74.5	- 49765	85.0	- 76914
54.0	32.25333	64.5	- 52481	75.0	- 79630	85.5	51.06778
54.5	- 55197	65.0	- 82346	75.5	45.09494	86.0	- 36642
55.0	- 85062	65.5	39.12210	76.0	- 39358	86.5	- 66506
55.5	33.14926	66.0	- 42074	76.5	- 69222	87.0	- 96370
56.0	- 44790	66.5	- 71938	77.0	- 99086	87.5	52.26235
56.5	- 74654	67.0	40.01802	77.5	46.28951	88.0	- 56099
57.0	34.04518	67.5	- 31667	78.0	- 58815	88.5	- 85963
57.5	- 34383	68.0	- 61531	78.5	- 88679	89.0	53.15827
58.0	- 64247	68.5	- 91395	79.0	47.18543	89.5	- 45691
58.5	- 94111	69.0	41.21259	79.5	- 48407	90.0	- 75556
59.0	35.23975	69.5	- 51123	80.0	- 78272	90.5	54.05420
59.5	- 53839	70.0	- 80988	80.5	48.08136	91.0	- 35284
60.0	- 83704	70.5	42.10852	81.0	- 38000		

Nitrate de soude.

5cc de liqueur normale donnent 91cc,5 de AzO^2

1cc de AzO^2 contient $\frac{0,0543529}{91,5}$ = 0gr,000594020 azote.

AzO^2	Azote.	AzO^2	Azote.	AzO^2	Azote.	AzO^2	Azote.
c. c.	mgr.	c. c.	mgr.	c. c.	mgr.	c. c.	mgr.
50.0	29.70100	60.5	35.93821	71.0	42.17542	81.5	48.41263
50.5	- 99801	61.0	36.23522	71.5	- 47243	82.0	- 70964
51.0	30.29502	61.5	- 53223	72.0	- 76944	82.5	49.00665
51.5	- 59203	62.0	- 82924	72.5	43.06645	83.0	- 30366
52.0	- 88904	62.5	37.12625	73.0	- 36346	83.5	- 60067
52.5	31.18605	63.0	- 42326	73.5	- 66047	84.0	- 89768
53.0	- 48306	63.5	- 72027	74.0	- 95748	84.5	50.19469
53.5	- 78007	64.0	38.01728	74.5	44.25449	85.0	- 49170
54.0	32.07708	64.5	- 31429	75.0	- 55150	85.5	- 78871
54.5	- 37409	65.0	- 61130	75.5	- 84851	86.0	51.08572
55.0	- 67110	65.5	- 90831	76.0	45.14552	86.5	- 38273
55.5	- 96811	66.0	39.20532	76.5	- 44253	87.0	- 67974
56.0	33.26512	66.5	- 50233	77.0	- 73954	87.5	- 97675
56.5	- 56213	67.0	- 79934	77.5	46.03655	88.0	52.27376
57.0	- 85914	67.5	40.09635	78.0	- 33356	88.5	- 57077
57.5	34.15515	68.0	- 39336	78.5	- 63057	89.0	- 86778
58.0	- 45316	68.5	- 69037	79.0	- 92758	89.5	53.16479
58.5	- 75017	69.0	- 98738	79.5	47.22459	90.0	- 46180
59.0	35.04718	69.5	41.28439	80.0	- 52160	90.5	- 75881
59.5	- 34419	70.0	- 58140	80.5	- 81861	91.0	54.05582
60.0	- 64120	70.5	- 87841	81.0	48.11562	91.5	- 35283

Nitrate de soude.

5cc de liqueur normale donnent 92cc de AzO^2

1cc de AzO^2 contient $\frac{0,0543529}{92} = 0^{gr},000590793$ azote.

AzO^2	Azote.	AzO^2	Azote.	AzO^2	Azote.	AzO^2	Azote.
c. c.	mgr.	c. c.	mgr.	c. c.	mgr.	c. c.	mgr.
50.0	29.53960	61.0	36.03831	71.5	42.24162	82.0	48.44494
50.5	- 83499	61.5	- 33370	72.0	- 53702	82.5	- 74034
51.0	30.13039	62.0	- 62910	72.5	- 83242	83.0	49.03573
51.5	- 42578	62.5	- 92450	73.0	43.12781	83.5	- 33113
52.0	- 72118	63.0	37.21989	73.5	- 42321	84.0	- 62652
52.5	31.01658	63.5	- 51529	74.0	- 71860	84.5	- 92192
53.0	- 31197	64.0	- 81068	74.5	44.01400	85.0	50.21732
53.5	- 60737	64.5	38.10608	75.0	- 30940	85.5	- 51271
54.0	- 90276	65.0	- 40148	75.5	- 60479	86.0	- 80811
54.5	32.19816	65.5	- 69687	76.0	- 90019	86.5	51.10350
55.0	- 49356	66.0	- 99227	76.5	45.19558	87.0	- 39890
55.5	- 78895	66.5	39.28766	77.0	- 49098	87.5	- 69430
56.0	33.08435	67.0	- 58306	77.5	- 78638	88.0	- 98969
56.5	- 37974	67.5	- 87846	78.0	46.08177	88.5	52.28509
57.0	- 67514	68.0	40.17385	78.5	- 37717	89.0	- 58048
57.5	- 97054	68.5	- 46925	79.0	- 67256	89.5	- 87588
58.0	34.26593	69.0	- 76464	79.5	- 96796	90.0	53.17128
58.5	- 56133	69.5	41.06004	80.0	47.26336	90.5	- 46667
59.0	- 85672	70.0	- 35544	80.5	- 55875	91.0	- 76207
59.5	35.15212	70.5	- 65083	81.0	- 85415	91.5	54.05746
60.0	- 44752	71.0	- 94623	81.5	48.14954	92.0	- 35286
60.5	- 74291						

Nitrate de soude.

5cc liqueur normale donnent 92cc,5 de AzO^2.

1cc de AzO^2 contient $\frac{0,0543529}{92,5} = 0^{gr},000587598$ azote.

AzO^2	Azote.	AzO^2	Azote.	AzO^2	Azote.	AzO^2	Azote.
c. c.	mgr.	c. c.	mgr.	c. c.	mgr.	c. c.	mgr.
50.0	29.37990	61.0	35.84347	72.0	42.30705	82.5	48.47683
50.5	- 67369	61.5	36.13727	72.5	- 60085	83.0	- 77063
51.0	- 96749	62.0	- 43107	73.0	- 89465	83.5	49.06443
51.5	30.26129	62.5	- 72487	73.5	43.18845	84.0	- 35823
52.0	- 55509	63.0	37.01867	74.0	- 48225	84.5	- 65203
52.5	- 88489	63.5	- 31247	74.5	- 77605	85.0	- 94583
53.0	31.14269	64.0	- 60627	75.0	44.06985	85.5	50.23962
53.5	- 43649	64.5	- 90007	75.5	- 36364	86.0	- 53342
54.0	- 73029	65.0	38.19387	76.0	- 65744	86.5	- 82722
54.5	32.02409	65.5	- 48766	76.5	- 95124	87.0	51.12102
55.0	- 31789	66.0	- 78146	77.0	45.24504	87.5	- 41482
55.5	- 61168	66.5	39.07526	77.5	- 53884	88.0	- 70862
56.0	- 90548	67.0	- 36906	78.0	- 83264	88.5	52.00242
56.5	33.19928	67.5	- 66286	78.5	46.12644	89.0	- 29622
57.0	- 49308	68.0	- 95666	79.0	- 42024	89.5	- 59002
57.5	- 78688	68.5	40.25046	79.5	- 71404	90.0	- 88382
58.0	34.08068	69.0	- 54426	80.0	47.00784	90.5	53.17761
58.5	- 37448	69.5	- 83806	80.5	- 30163	91.0	- 47141
59.0	- 66828	70.0	41.13186	81.0	- 59543	91.5	- 76521
59.5	- 96208	70.5	- 42565	81.5	- 88923	92.0	54.05901
60.0	35.25588	71.0	- 71945	82.0	48.18303	92.5	- 35281
60.5	- 54967	71.5	42.01325				

Nitrate de soude.

5cc de liqueur normale donnent 93cc de AzO^2.

1cc de AzO^2 contient $\frac{0,0543529}{93}$ = 0gr,000584439 azote.

AzO^2	Azote.	AzO^2	Azote.	AzO^2	Azote.	AzO^2	Azote.
c. c.	mgr.	c. c.	mgr.	c. c.	mgr.	c. c.	mgr.
50.0	29.22195	61.0	35.65077	72.0	42.07960	83.0	48.50843
50.5	- 51416	61.5	- 94299	72.5	- 37182	83.5	- 80065
51.0	- 80638	62.0	36.23521	73.0	- 66404	84.0	49.09287
51.5	30.09860	62.5	- 52743	73.5	- 95626	84.5	- 38509
52.0	- 39082	63.0	- 81975	74.0	43.24848	85.0	- 67731
52.5	- 68304	63.5	37.11187	74.5	- 54070	85.5	- 96953
53.0	- 97526	64.0	- 40409	75.0	- 83292	86.0	50.26175
53.5	31.26748	64.5	- 69631	75.5	44.12514	86.5	- 55397
54.0	- 55970	65.0	- 98853	76.0	- 41736	87.0	- 84619
54.5	- 85192	65.5	38.28075	76.5	- 70058	87.5	51.13841
55.0	32.14414	66.0	- 57297	77.0	45.00180	88.0	- 43063
55.5	- 43636	66.5	- 86519	77.5	- 29402	88.5	- 72285
56.0	- 72858	67.0	39.15741	78.0	- 58624	89.0	52.01507
56.5	33.02080	67.5	- 44963	78.5	- 87846	89.5	- 30729
57.0	- 31302	68.0	- 74185	79.0	46.17068	90.0	- 59951
57.5	- 60524	68.5	40.03407	79.5	- 46290	90.5	- 89172
58.0	- 89746	69.0	- 32629	80.0	- 75512	91.0	53.18394
58.5	34.18968	69.5	- 61851	80.5	47.04733	91.5	- 47616
59.0	- 48190	70.0	- 91073	81.0	- 33955	92.0	- 76838
59.5	- 77412	70.5	41.20294	81.5	- 63177	92.5	54.06060
60.0	35.06634	71.0	- 49516	82.0	- 92399	93.0	- 35282
60.5	- 35855	71.5	- 78738	82.5	48.21621		

Nitrate de soude.

5cc de liqueur normale donnent 93cc,5 de AzO^2.

1cc de AzO^2 contient $\frac{0,0543529}{93,5}$ = 0gr,000581314 azote.

AzO^2	Azote.	AzO^2	Azote.	AzO^2	Azote.	AzO^2	Azote.
c. c.	mgr.	c. c.	mgr.	c. c.	mgr.	c. c.	mgr.
50.0	29.06570	61.0	35.46015	72.0	41.85460	83.0	48.24906
50.5	- 35635	61.5	- 75081	72.5	42.14526	83.5	- 53971
51.0	- 64701	62.0	36.04146	73.0	- 43592	84.0	- 83037
51.5	- 93767	62.5	- 33212	73.5	- 72657	84.5	49.12103
52.0	30.22832	63.0	- 62278	74.0	43.01723	85.0	- 41169
52.5	- 51898	63.5	- 91343	74.5	- 30789	85.5	- 70234
53.0	- 80964	64.0	37.20409	75.0	- 59855	86.0	- 99300
53.5	31.10029	64.5	- 49475	75.5	- 88920	86.5	50.28366
54.0	- 39095	65.0	- 78541	76.0	44.17986	87.0	- 57431
54.5	- 68161	65.5	38.07606	76.5	- 47052	87.5	- 86497
55.0	- 97227	66.0	- 36672	77.0	- 76117	88.0	51.15563
55.5	32.26292	66.5	- 65738	77.5	45.05183	88.5	- 44628
56.0	- 55358	67.0	- 94803	78.0	- 34249	89.0	- 73694
56.5	- 84424	67.5	39.23869	78.5	- 63314	89.5	52.02760
57.0	33.13489	68.0	- 52935	79.0	- 92380	90.0	- 31826
57.5	- 42555	68.5	- 82000	79.5	46.21446	90.5	- 60891
58.0	- 71621	69.0	40.11066	80.0	- 50512	91.0	- 89957
58.5	34.00686	69.5	- 40132	80.5	- 79577	91.5	53.19023
59.0	- 29752	70.0	- 69198	81.0	47.08643	92.0	- 48088
59.5	- 58818	70.5	- 98263	81.5	- 37709	92.5	- 77154
60.0	- 87884	71.0	41.27329	82.0	- 66774	93.0	54.06220
60.5	35.16949	71.5	- 56395	82.5	- 95840	93.5	- 35285

Nitrate de soude.

5cc de liqueur normale donnent 94cc de AzO^2.

1cc de AzO^2 contient $\frac{0,0543529}{94} = 0^{gr},000578222$ azote.

AzO²	Azote.	AzO²	Azote.	AzO²	Azote.	AzO²	Azote.
c. c.	mgr.	c. c.	mgr.	c. c.	mgr.	c. c.	mgr.
50.0	28.91110	61.5	35.56065	72.5	41.92109	83.5	48.28153
50.5	29.20021	62.0	- 84976	73.0	42.21020	84.0	- 57064
51.0	- 48932	62.5	36.13887	73.5	- 49931	84.5	- 85975
51.5	- 77843	63.0	- 42798	74.0	- 78842	85.0	49.14887
52.0	30.06754	63.5	- 71709	74.5	43.07754	85.5	- 43798
52.5	- 35665	64.0	37.00620	75.0	- 36665	86.0	- 72709
53.0	- 64576	64.5	- 29531	75.5	- 66576	86.5	50.01620
53.5	- 93487	65.0	- 58443	76.0	- 94487	87.0	- 30531
54.0	31.22398	65.5	- 87354	76.5	44.23398	87.5	- 59442
54.5	- 51309	66.0	38.16265	77.0	- 52309	88.0	- 88353
55.0	- 80221	66.5	- 45176	77.5	- 81220	88.5	51.17264
55.5	32.09132	67.0	- 74086	78.0	45.10131	89.0	- 46175
56.0	- 38043	67.5	39.02998	78.5	- 39042	89.5	- 75086
56.5	- 66954	68.0	- 31909	79.0	- 67953	90.0	52.03998
57.0	- 95865	68.5	- 60820	79.5	- 96864	90.5	- 32909
57.5	33.24776	69.0	- 89731	80.0	46.25776	91.0	- 61820
58.0	- 53687	69.5	40.18642	80.5	- 54687	91.5	- 99731
58.5	- 82598	70.0	- 47554	81.0	- 83598	92.0	53.29642
59.0	34.11509	70.5	- 76465	81.5	47.12509	92.5	- 48553
59.5	- 40420	71.0	41.05376	82.0	- 41420	93.0	- 77464
60.0	- 69332	71.5	- 34287	82.5	- 70331	93.5	54.06375
60.5	- 98243	72.0	- 63198	83.0	- 99242	94.0	- 35286
61.0	35.27154						

Nitrate de soude.

5cc de liqueur normale donnent 94cc,5 de AzO^2.

1cc de AzO^2 contient $\frac{0,0543529}{94,5}$ = 0gr,000575162 azote.

AzO^2	Azote.	AzO^2	Azote.	AzO^2	Azote.	AzO^2	Azote.
c. c.	mgr.	c. c.	mgr.	c. c.	mgr.	c. c.	mgr.
50.0	28.75810	61.5	35.37246	73.0	41.98682	84.0	48.31360
50.5	29.04568	62.0	- 66004	73.5	42.27440	84.5	- 60118
51.0	- 33326	62.5	- 94762	74.0	- 56198	85.0	- 88877
51.5	- 62084	63.0	36.23520	74.5	- 84956	85.5	49.17635
52.0	- 90842	63.5	- 52278	75.0	43.13715	86.0	- 46393
52.5	30.19600	64.0	- 81036	75.5	- 42473	86.5	- 75151
53.0	- 48358	64.5	37.09794	76.0	- 71231	87.0	50.03909
53.5	- 77116	65.0	- 38553	76.5	- 99989	87.5	- 32667
54.0	31.05874	65.5	- 67311	77.0	44.28747	88.0	- 61425
54.5	- 34632	66.0	- 96069	77.5	- 57505	88.5	- 90183
55.0	- 63391	66.5	38.24827	78.0	- 86263	89.0	51.18941
55.5	- 92149	67.0	- 53585	78.5	45.15021	89.5	- 47699
56.0	32.20907	67.5	- 82343	79.0	- 43779	90.0	- 76458
56.5	- 49665	68.0	39.11101	79.5	- 72537	90.5	52.05216
57.0	- 78423	68.5	- 39859	80.0	46.01296	91.0	- 33974
57.5	33.07181	69.0	- 68617	80.5	- 30054	91.5	- 62732
58.0	- 35939	69.5	- 97375	81.0	- 58812	92.0	- 91490
58.5	- 64697	70.0	40.26134	81.5	- 87570	92.5	53.20248
59.0	- 93455	70.5	- 54892	82.0	47.16328	93.0	- 49006
59.5	34.22213	71.0	- 83650	82.5	- 45086	93.5	- 77764
60.0	- 50972	71.5	41.12408	83.0	- 73844	94.0	54.06522
60.5	- 79730	72.0	- 41166	83.5	48.02602	94.5	- 35280
61.0	35.08488	72.5	- 69924				

Nitrate de soude.

5cc de liqueur normale donnent 95cc de AzO^2.

1cc de AzO^2 contient $\frac{0,0543529}{95} = 0_{gr},000572135$ azote.

AzO^2	Azote.	AzO^2	Azote.	AzO^2	Azote.	AzO^2	Azote.
c. c.	mgr.	c. c.	mgr.	c. c.	mgr.	c. c.	mgr.
50.0	28.60675	61.5	35.18630	73.0	41.76585	84.5	48.34540
50.5	- 89281	62.0	- 47237	73.5	42.05192	85.0	- 63147
51.0	29.17888	62.5	- 75843	74.0	- 33799	85.5	- 91754
51.5	- 46495	63.0	36.04450	74.5	- 62405	86.0	49.20361
52.0	- 75102	63.5	- 33057	75.0	- 91012	86.5	- 48967
52.5	30.03708	64.0	- 61664	75.5	43.19619	87.0	- 77574
53.0	- 32315	64.5	- 90270	76.0	- 48226	87.5	50.06181
53.5	- 60922	65.0	37.18877	76.5	- 76832	88.0	- 34788
54.0	- 89529	65.5	- 47484	77.0	44.05439	88.5	- 63394
54.5	31.18135	66.0	- 76091	77.5	- 34046	89.0	- 92001
55.0	- 46742	66.5	38.0[illegible]697	78.0	- 62653	89.5	51.20608
55.5	- 75349	67.0	- 33304	78.5	- 91259	90.0	- 49215
56.0	32.03956	67.5	- 61911	79.0	45.19866	90.5	- 77821
56.5	- 32562	68.0	- 90518	79.5	- 48473	91.0	52.06428
57.0	- 61169	68.5	39.19124	80.0	- 77080	91.5	- 35035
57.5	- 89776	69.0	- 47731	80.5	46.05686	92.0	- 63642
58.0	33.18383	69.5	- 76338	81.0	- 34293	92.5	- 92248
58.5	- 46989	70.0	40.04945	81.5	- 62900	93.0	53.20855
59.0	- 75596	70.5	- 33551	82.0	- 91507	93.5	- 49462
59.5	34.04203	71.0	- 62158	82.5	47.20113	94.0	- 78069
60.0	- 32810	71.5	- 90765	83.0	- 48720	94.5	54.06675
60.5	- 61416	72.0	41.19372	83.5	- 77327	95.0	- 35282
61.0	- 90023	72.5	- 47978	84.0	48.05934		

Nitrate de soude.

5^{cc} de liqueur normale donnent 95^{cc},5 de AzO^2.

1^{cc} de AzO^2 contient $\frac{0,0543529}{95,5}$ = 0^{gr},000569140 azote.

AzO^2	Azote.	AzO^2	Azote.	AzO^2	Azote.	AzO^2	Azote.
c. c.	mgr.	c. c.	mgr.	c. c.	mgr.	c. c.	mgr.
50.0	28.45700	61.5	35.00211	73.0	41.54722	84.5	48.09233
50.5	- 74157	62.0	- 28668	73.5	- 83179	85.0	- 37690
51.0	29.02614	62.5	- 57125	74.0	42.11636	85.5	- 66147
51.5	- 31071	63.0	- 85582	74.5	- 40093	86.0	- 94604
52.0	- 59528	63.5	36.14039	75.0	- 68550	86.5	49.23061
52.5	- 87985	64.0	- 42496	75.5	- 97007	87.0	- 51518
53.0	30.16442	64.5	- 70953	76.0	43.25464	87.5	- 79975
53.5	- 44899	65.0	- 99410	76.5	- 53921	88.0	50.08432
54.0	- 73356	65.5	37.27867	77.0	- 82378	88.5	- 36889
54.5	31.01813	66.0	- 56324	77.5	44.10835	89.0	- 65346
55.0	- 30270	66.5	- 84781	78.0	- 39292	89.5	- 93803
55.5	- 58727	67.0	38.13238	78.5	- 67749	90.0	51.22260
56.0	- 87184	67.5	- 41695	79.0	- 96206	90.5	- 50717
56.5	32.15641	68.0	- 70152	79.5	45.24663	91.0	- 79174
57.0	- 44098	68.5	- 98609	80.0	- 53120	91.5	52.07631
57.5	- 72555	69.0	39.27066	80.5	- 81577	92.0	- 36088
58.0	33.01012	69.5	- 55523	81.0	46.10034	92.5	- 64545
58.5	- 29469	70.0	- 83980	81.5	- 38491	93.0	- 93002
59.0	- 57926	70.5	40.12437	82.0	- 66948	93.5	53.21459
59.5	- 86383	71.0	- 40894	82.5	- 95405	94.0	- 49916
60.0	34.14840	71.5	- 69351	83.0	47.23862	94.5	- 78373
60.5	- 43297	72.0	- 97808	83.5	- 52319	95.0	54.06830
61.0	- 71754	72.5	41.26265	84.0	- 80776	95.5	- 35287

Nitrate de soude.

5cc de liqueur normale donnent 96cc de AzO^2.

1cc de AzO^2 contient $\frac{0,0543529}{96}$ = 0gr,000566176 azote.

AzO²	Azote.	AzO²	Azote.	AzO²	Azote.	AzO²	Azote.
c. c.	mgr.	c. c.	mgr.	c. c.	mgr.	c. c.	mgr.
50.0	28.30880	62.0	35.10291	73.5	41.61393	85.0	48.12496
50.5	- 59188	62.5	- 38600	74.0	- 89702	85.5	- 40804
51.0	- 87497	63.0	- 66908	74.5	42.18011	86.0	- 69113
51.5	29.15806	63.5	- 95217	75.0	- 46320	86.5	- 97422
52.0	- 44115	64.0	36.23526	75.5	- 74628	87.0	49.25731
52.5	- 72424	64.5	- 51835	76.0	43.02937	87.5	- 54040
53.0	30.00732	65.0	- 80144	76.5	- 31246	88.0	- 82348
53.5	- 29041	65.5	37.08452	77.0	- 59555	88.5	50.10657
54.0	- 57350	66.0	- 36761	77.5	- 87864	89.0	- 38166
54.5	- 85659	66.5	- 65070	78.0	44.16172	89.5	- 67275
55.0	31.13968	67.0	- 93379	78.5	- 44481	90.0	- 95584
55.5	- 42276	67.5	38.21688	79.0	- 72790	90.5	51.23892
56.0	- 70585	68.0	- 49996	79.5	45.01099	91.0	- 52201
56.5	- 98894	68.5	- 78305	80.0	- 29408	91.5	- 80510
57.0	32.27203	69.0	39.06614	80.5	- 57716	92.0	52.08819
57.5	- 55512	69.5	- 34923	81.0	- 86025	92.5	- 37128
58.0	- 83820	70.0	- 63232	81.5	46.14334	93.0	- 65436
58.5	33.12129	70.5	- 91540	82.0	- 42643	93.5	- 93745
59.0	- 40438	71.0	40.19849	82.5	- 70952	94.0	53.22054
59.5	- 68747	71.5	- 48158	83.0	- 99260	94.5	- 50363
60.0	- 97056	72.0	- 76467	83.5	47.27569	95.0	- 78672
60.5	34.25364	72.5	41.04776	84.0	- 55878	95.5	54.06980
61.0	- 53673	73.0	- 33084	84.5	- 84187	96.0	- 35289
61.5	- 81982						

Nitrate de soude.

5cc de liqueur normale donnent 96cc,5 de AzO^2.

1cc de AzO^2 contient $\frac{0,0543529}{96,5} = 0^{gr},000563212$ azote.

AzO^2	Azote.	AzO^2	Azote.	AzO^2	Azote.	AzO^2	Azote.
c. c.	mgr	c. c.	mgr.	c. c.	mgr.	c. c.	mgr.
50.0	28.16210	62.0	34.92100	74.0	41.67990	85.5	48.15719
50.5	- 44372	62.5	35.20262	74.5	- 96152	86.0	- 43881
51.0	- 72534	63.0	- 48424	75.0	42.24315	86.5	- 72043
51.5	29.00696	63.5	- 76586	75.5	- 52477	87.0	49.00205
52.0	- 28858	64.0	36.04748	76.0	- 80639	87.5	- 28367
52.5	- 57020	64.5	- 32910	76.5	43.08801	88.0	- 56529
53.0	- 85182	65.0	- 61073	77.0	- 36963	88.5	- 84691
53.5	30.13344	65.5	- 89235	77.5	- 65125	89.0	50.12853
54.0	- 41506	66.0	37.17397	78.0	- 93287	89.5	- 41015
54.5	- 69668	66.5	- 45559	78.5	44.21449	90.0	- 69178
55.0	- 97831	67.0	- 73721	79.0	- 49611	90.5	- 97340
55.5	31.25993	67.5	38.01883	79.5	- 77773	91.0	51.25502
56.0	- 54155	68.0	- 30045	80.0	45.05936	91.5	- 53664
56.5	- 82317	68.5	- 58207	80.5	- 34098	92.0	- 81826
57.0	32.10479	69.0	- 86369	81.0	- 62260	92.5	52.09988
57.5	- 38641	69.5	39.14531	81.5	- 90422	93.0	- 38150
58.0	- 66803	70.0	- 42694	82.0	46.18584	93.5	- 66312
58.5	- 94965	70.5	- 70856	82.5	- 46746	94.0	- 94474
59.0	33.23127	71.0	- 99018	83.0	- 74908	94.5	53.22636
59.5	- 51289	71.5	40.27180	83.5	47.03070	95.0	- 50799
60.0	- 79452	72.0	- 55342	84.0	- 31232	95.5	- 78961
60.5	34.07614	72.5	- 83504	84.5	- 59394	96.0	54.07123
61.0	- 35776	73.0	41.11666	85.0	- 87557	96.5	- 35285
61.5	- 63938	73.5	- 39828				

Nitrate de soude.

5cc de liqueur normale donnent 97cc de AzO^2.

1cc de AzO^2 contient $\frac{0,0543529}{97}$ = 0gr,000560339 azote.

AzO^2	Azote.	AzO^2	Azote.	AzO^2	Azote.	AzO^2	Azote.
c. c.	mgr.	c. c.	mgr.	c. c.	mgr.	c. c.	mgr.
50.0	28.01695	62.0	34.74101	74.0	41.46508	86.0	48.18915
50.5	- 29711	62.5	35.02118	74.5	- 74525	86.5	- 46932
51.0	- 57728	63.0	- 30135	75.0	42.02542	87.0	- 74949
51.5	- 85745	63.5	- 58152	75.5	- 30559	87.5	49.02966
52.0	29.13762	64.0	- 86169	76.0	- 58576	88.0	- 30983
52.5	- 41779	64.5	36.14186	76.5	- 86593	88.5	- 59000
53.0	- 69796	65.0	- 42203	77.0	43.14610	89.0	- 87017
53.5	- 97813	65.5	- 70220	77.5	- 42627	89.5	50.15034
54.0	30.25830	66.0	- 98237	78.0	- 70644	90.0	- 43051
54.5	- 53847	66.5	37.26254	78.5	- 98661	90.5	- 71067
55.0	- 81864	67.0	- 54271	79.0	44.26678	91.0	- 99084
55.5	31.09881	67.5	- 82288	79.5	- 54695	91.5	51.27101
56.0	- 37898	68.0	38.10305	80.0	- 82712	92.0	- 55118
56.5	- 65915	68.5	- 38322	80.5	45.10728	92.5	- 83135
57.0	- 93932	69.0	- 66339	81.0	- 38745	93.0	52.11152
57.5	32.21949	69.5	- 94356	81.5	- 66762	93.5	- 39169
58.0	- 49966	70.0	39.22373	82.0	- 94779	94.0	- 67186
58.5	- 77983	70.5	- 50389	82.5	46.22796	94.5	- 95203
59.0	33.06000	71.0	- 78406	83.0	- 50813	95.0	53.23220
59.5	- 34017	71.5	40.06423	83.5	- 78830	95.5	- 51237
60.0	- 62034	72.0	- 34440	84.0	4 .06847	96.0	- 79254
60.5	- 90050	72.5	- 62457	84.5	- 34864	96.5	54.07271
61.0	34.18067	73.0	- 90474	85.0	- 62881	97.0	- 35288
61.5	- 46084	73.5	41.18491	85.5	- 90898		

Nitrate de soude.

5cc de liqueur normale donnent 97cc,5 de AzO^2.

1cc de AzO^2 contient $\frac{0,0543529}{97,5}$ = 0,000557.65 azote.

AzO^2	Azote.	AzO^2	Azote.	AzO^2	Azote.	AzO^2	Azote.
c. c.	mgr.	c. c.	mgr.	c. c.	mgr.	c. c.	mgr.
50.0	27.87325	62.0	34.56283	74.0	41.25241	86.0	47.94199
50.5	28.15198	62.5	– 84156	74.5	– 53114	86.5	48.22072
51.0	– 43071	63.0	35.12029	75.0	– 80987	87.0	– 49945
51.5	– 70944	63.5	– 39902	75.5	42.08860	87.5	– 77818
52.0	– 98818	64.0	– 67776	76.0	– 36734	88.0	49.05692
52.5	29.26691	64.5	– 95649	76.5	– 64607	88.5	– 33565
53.0	– 54564	65.0	36.23522	77.0	– 92480	89.0	– 61438
53.5	– 82437	65.5	– 51395	77.5	43.20353	89.5	– 89311
54.0	30.10311	66.0	– 79269	78.0	– 48227	90.0	50.17185
54.5	– 38184	66.5	37.07142	78.5	– 76100	90.5	– 45081
55.0	– 66057	67.0	– 35015	79.0	44.03973	91.0	– 72931
55.5	– 93930	67.5	– 62888	79.5	– 31846	91.5	– 00804
56.0	31.21804	68.0	– 90762	80.0	– 59720	92.0	51.28678
56.5	– 49677	68.5	38.18635	80.5	– 87593	92.5	– 56551
57.0	– 77550	69.0	– 46508	81.0	45.15466	93.0	– 84424
57.5	32.05423	69.5	– 74381	81.5	– 43339	93.5	52.12297
58.0	– 33297	70.0	39.02255	82.0	– 71213	94.0	– 40171
58.5	– 61170	70.5	– 30128	82.5	– 99086	94.5	– 68044
59.0	– 89043	71.0	– 58001	83.0	46.26959	95.5	– 95917
59.5	33.16916	71.5	– 85874	83.5	– 54832	95.0	53.23790
60.0	– 44790	72.0	40.13748	84.0	– 82706	96.0	– 51664
60.5	– 72663	72.5	– 41621	84.5	47.10579	96.5	– 79537
61.0	34.00536	73.0	– 69494	85.0	– 38452	97.0	54.07410
61.5	– 28409	73.5	– 97367	85.5	– 66325	97.5	– 35283

Nitrate de soude.

5cc de liqueur normale donnent 98cc de AzO^2.

1cc de AzO^2 contient $\frac{0,0543529}{98}$ = 0gr,000554621 azote.

AzO^2	Azote.	AzO^2	Azote.	AzO^2	Azote.	AzO^2	Azote.
c. c.	mgr.	c. c.	mgr.	c. c.	mgr.	c. c.	mgr.
50.0	27.73105	62.5	34.66381	74.5	41.31926	86.5	47.97471
50.5	28.00836	63.0	- 94112	75.0	- 59657	87.0	48.25202
51.0	- 28567	63.5	35.21843	75.5	- 87388	87.5	- 52933
51.5	- 56298	64.0	- 49574	76.0	42.15119	88.0	- 80664
52.0	- 84029	64.5	- 77305	76.5	- 42850	88.5	49.08395
52.5	29.11760	65.0	36.05036	77.0	- 70581	89.0	- 36126
53.0	- 39491	65.5	- 32767	77.5	- 98312	89.5	- 63857
53.5	- 67222	66.0	- 60498	78.0	43.26043	90.0	- 91589
54.0	- 94953	66.5	- 88229	78.5	- 53774	90.5	50.19320
54.5	30.22684	67.0	37.15960	79.0	- 81505	91.0	- 47051
55.0	- 50415	67.5	- 43691	79.5	44.09236	91.5	- 74782
55.5	- 78146	68.0	- 71422	80.0	- 36968	92.0	51.02513
56.0	31.05877	68.5	- 99153	80.5	- 64699	92.5	- 30244
56.5	- 33608	69.0	38.26884	81.0	- 92430	93.0	- 57975
57.0	- 61339	69.5	- 54615	81.5	45.20161	93.5	- 85706
57.5	- 89070	70.0	- 82347	82.0	- 47892	94.0	52.13437
58.0	32.16801	70.5	39.10078	82.5	- 75623	94.5	- 41168
58.5	- 44532	71.0	- 37809	83.0	46.03354	95.0	- 68899
59.0	- 72263	71.5	- 65540	83.5	- 31085	95.5	- 96630
59.5	- 99994	72.0	- 93271	84.0	- 58816	96.0	53.24361
60.0	33.27726	72.5	40.21002	84.5	- 86547	96.5	- 52092
60.5	- 55457	73.0	- 48733	85.0	47.14278	97.0	- 79823
61.0	- 83188	73.5	- 76464	85.5	- 42009	97.5	54.07554
61.5	34.10919	74.0	41.04195	86.0	- 69740	98.0	- 35285
62.0	- 38650						

Nitrate de soude.

5^{cc} de liqueur normale donnent 98^{cc},5 de AzO^2.

1^{cc} de AzO^2 contient $\frac{0,0543529}{98,5}$ = 0^{gr},000551806 azote.

AzO^2	Azote.	AzO^2	Azote.	AzO^2	Azote.	AzO^2	Azote.
c. c.	mgr.	c. c.	mgr.	c. c.	mgr.	c. c.	mgr.
50.0	27.59030	62.5	34.48787	75.0	41.38545	87.0	48.00712
50.5	- 86620	63.0	- 76377	75.5	- 66135	87.5	- 28302
51.0	28.14210	63.5	35.03968	76.0	- 93725	88.0	- 55892
51.5	- 41800	64.0	- 31558	76.5	42.21315	88.5	- 83483
52.0	- 69391	64.5	- 59148	77.0	- 48906	89.0	49.11073
52.5	- 96981	65.0	- 86739	77.5	- 76496	89.5	- 38663
53.0	29.24571	65.5	36.14329	78.0	43.04086	90.0	- 66254
53.5	- 52162	66.0	- 41919	78.5	- 31677	90.5	- 93844
54.0	- 79752	66.5	- 69509	79.0	- 59267	91.0	50.21434
54.5	30.07342	67.0	- 97100	79.5	- 86857	91.5	- 49024
55.0	- 34933	67.5	37.24690	80.0	44.14448	92.0	- 76615
55.5	- 62523	68.0	- 52280	80.5	- 42038	92.5	51.04205
56.0	- 90113	68.5	- 79871	81.0	- 69628	93.0	- 31795
56.5	31.17703	69.0	38.07461	81.5	- 97218	93.5	- 59386
57.0	- 45294	69.5	- 35051	82.0	45.24809	94.0	- 86976
57.5	- 72884	70.0	- 62642	82.5	- 52399	94.5	52.14566
58.0	32.00474	70.5	- 90232	83.0	- 79989	95.0	- 42157
58.5	- 28065	71.0	39.17822	83.5	46.07580	95.5	- 69747
59.0	- 55655	71.5	- 45412	84.0	- 35170	96.0	- 97337
59.5	- 83245	72.0	- 73003	84.5	- 62760	96.5	53.24927
60.0	33.10836	72.5	40.00593	85.0	- 90351	97.0	- 52518
60.5	- 38426	73.0	- 28183	85.5	47.17941	97.5	- 80108
61.0	- 66016	73.5	- 55774	86.0	- 45531	98.0	54.07698
61.5	- 93606	74.0	- 83364	86.5	- 73121	98.5	- 35289
62.0	34.21197	74.5	41.10954				

99^{cc}

Nitrate de soude.

5cc de liqueur normale donnent 99cc de AzO^2.

1cc de AzO^2 contient $\frac{0,0543529}{99}$ = 0gr,000549019 azote.

AzO^2	Azote.	AzO^2	Azote.	AzO^2	Azote.	AzO^2	Azote.
c. c.	mgr.	c. c.	mgr.	c. c.	mgr.	c. c.	mrg.
50.0	27.45095	62.5	34.31368	75.0	41.17642	87.5	48.03916
50.5	- 72545	63.0	- 58819	75.5	- 45093	88.0	- 31367
51.0	- 99996	63.5	- 86270	76.0	- 72544	88.5	- 58818
51.5	28.27447	64.0	35.13721	76.5	- 99995	89.0	- 86269
52.0	- 54898	64.5	- 41172	77.0	42.27446	89.5	49.13720
52.5	- 82349	65.0	- 68623	77.5	- 54897	90.0	- 41171
53.0	29.09800	65.5	- 96074	78.0	- 82348	90.5	- 68621
53.5	- 37251	66.0	36.23525	78.5	43.09799	91.0	- 96072
54.0	- 64702	66.5	- 50976	79.0	- 37250	91.5	50.23523
54.5	- 92153	67.0	- 78427	79.5	- 64701	92.0	- 50974
55.0	30.19604	67.5	37.05878	80.0	- 92152	92.5	- 78425
55.5	- 47055	68.0	- 33329	80.5	44.19602	93.0	51.05876
56.0	- 74506	68.5	- 60780	81.0	- 47053	93.5	- 33327
56.5	31.01957	69.0	- 88231	81.5	- 74504	94.0	- 60778
57.0	- 29408	69.5	38.15682	82.0	45.01955	94.5	- 88229
57.5	- 56859	70.0	- 43133	82.5	- 29406	95.0	52.15680
58.0	- 84310	70.5	- 70583	83.0	- 56857	95.5	- 43131
58.5	32.11761	71.0	- 98034	83.5	- 84308	96.0	- 70582
59.0	- 39212	71.5	39.25485	84.0	46.11759	96.5	- 98033
59.5	- 66663	72.0	- 52936	84.5	- 39210	97.0	53.25484
60.0	- 94114	72.5	- 80387	85.0	- 66661	97.5	- 52935
60.5	33.21564	73.0	40.0783	85.5	- 94112	98.0	- 80386
61.0	- 49015	73.5	- 35289	86.0	47.21563	98.5	54.07837
61.5	- 76466	74.0	- 62740	86.5	- 49014	99.0	- 35288
62.0	34.03917	74.5	- 90191	87.0	- 76465		

Nitrate de soude.

5cc de liqueur normale donnent 99cc,5 de AzO^2.

1cc de AzO^2 contient $\frac{0,0513529}{99,5}$ = 0gr,00051660 azote

AzO^2	Azote.	AzO^2	Azote.	AzO^2	Azote.	AzO^2	Azote.
c. c.	mgr.	c. c.	mgr.	c. c.	mgr.	c. c.	mgr.
50.0	27.31300	62.5	34.14125	75.0	40.96950	87.5	47.79775
50.5	- 58613	63.0	- 41438	75.5	41.24263	88.0	48.07088
51.0	- 85926	63.5	- 68751	76.0	- 51576	88.5	- 34401
51.5	28.13239	64.0	- 96064	76.5	- 78889	89.0	- 61714
52.0	- 40552	64.5	35.23377	77.0	42.06202	89.5	- 89027
52.5	- 67865	65.0	- 50690	77.5	- 33515	90.0	49.16340
53.0	- 95178	65.5	- 78003	78.0	- 60828	90.5	- 43653
53.5	29.22491	66.0	36.05316	78.5	- 88141	91.0	- 70966
54.0	- 49804	66.5	- 32629	79.0	43.15454	91.5	- 98279
54.5	- 77117	67.0	- 59942	79.5	- 42767	92.0	50.25592
55.0	30.04430	67.5	- 87255	80.0	- 70080	92.5	- 52905
55.5	- 31743	68.0	37.14568	80.5	- 97393	93.0	- 80218
56.0	- 59056	68.5	- 41881	81.0	44.24706	93.5	51.07531
56.5	- 86369	69.0	- 69194	81.5	- 52019	94.0	- 34844
57.0	31.13682	69.5	- 96507	82.0	- 79332	94.5	- 62157
57.5	- 40995	70.0	38.23820	82.5	45.06645	95.0	- 89470
58.0	- 68308	70.5	- 51133	83.0	- 33958	95.5	52.16783
58.5	- 95621	71.0	- 78446	83.5	- 61271	96.0	- 44096
59.0	32.22934	71.5	39.05759	84.0	- 88584	96.5	- 71409
59.5	- 50247	72.0	- 33072	84.5	46.15897	97.0	- 98722
60.0	- 77560	72.5	- 60385	85.0	- 43210	97.5	53.26035
60.5	33.04873	73.0	- 87698	85.5	- 70523	98.0	- 53348
61.0	- 32186	73.5	40.15011	86.0	- 97836	98.5	- 80661
61.5	- 59499	74.0	- 42324	86.5	47.25149	99.0	54.07974
62.0	- 86812	74.5	- 69637	87.0	- 52062	99.5	- 35287

VIII. — TABLES DE CORRECTION POUR LE LAIT ENTIER (NON ÉCRÉMÉ)

Températures du lait.

Indications du lacto-densimètre.	0	1	2	3	4	5	6	7	8	9	10	11	12	13	14	15	16	17	18	19	20	21	22	23	24	25	26	27	28	29	30
14	12.9	12.9	12.9	13.0	13.0	13.1	13.1	13.1	13.2	13.3	13.4	13.5	13.6	13.7	13.8	14.0	14.1	14.2	14.4	14.6	14.8	15.0	15.2	15.4	15.6	15.8	16.0	16.2	16.4	16.6	16.8
15	13.9	13.9	13.9	14.0	14.0	14.1	14.1	14.1	14.2	14.3	14.4	14.5	14.6	14.7	14.8	15.0	15.1	15.2	15.4	15.6	15.8	16.0	16.2	16.4	16.6	16.8	17.0	17.2	17.4	17.6	17.8
16	14.9	14.9	14.9	15.0	15.0	15.1	15.1	15.1	15.2	15.3	15.4	15.5	15.6	15.7	15.8	16.0	16.1	16.3	16.5	16.7	16.9	17.1	17.3	17.5	17.7	17.9	18.1	18.3	18.5	18.7	18.9
17	15.9	15.9	15.9	16.0	16.0	16.1	16.1	16.1	16.2	16.3	16.4	16.5	16.6	16.7	16.8	17.0	17.1	17.3	17.5	17.7	17.9	18.1	18.3	18.5	18.7	18.9	19.1	19.3	19.5	19.7	20.0
18	16.9	16.9	16.9	17.0	17.0	17.1	17.1	17.1	17.2	17.3	17.4	17.5	17.6	17.7	17.8	18.0	18.1	18.3	18.5	18.7	18.9	19.1	19.3	19.5	19.7	19.9	20.1	20.3	20.5	20.7	21.0
19	17.8	17.8	17.8	17.9	17.9	18.0	18.1	18.1	18.2	18.3	18.4	18.5	18.6	18.7	18.8	19.0	19.1	19.3	19.5	19.7	19.9	20.1	20.3	20.5	20.7	20.9	21.1	21.3	21.5	21.7	22.0
20	18.7	18.7	18.7	18.8	18.8	18.9	19.0	19.0	19.1	19.2	19.3	19.4	19.5	19.6	19.8	20.0	20.1	20.3	20.5	20.7	20.9	21.1	21.3	21.5	21.7	21.9	22.1	22.3	22.5	22.7	23.0
21	19.6	19.6	19.7	19.7	19.7	19.8	19.9	20.0	20.1	20.2	20.3	20.4	20.5	20.6	20.8	21.0	21.2	21.4	21.6	21.8	22.0	22.2	22.4	22.6	22.8	23.0	23.2	23.4	23.6	23.8	24.1
22	20.6	20.6	20.7	20.7	20.7	20.8	20.9	21.0	21.1	21.2	21.3	21.4	21.5	21.6	21.8	22.0	22.2	22.4	22.6	22.8	23.0	23.2	23.4	23.6	23.8	24.1	24.3	24.5	24.7	24.9	25.2
23	21.5	21.5	21.6	21.7	21.7	21.8	21.9	22.0	22.1	22.2	22.3	22.4	22.5	22.6	22.8	23.0	23.2	23.4	23.6	23.8	24.0	24.2	24.4	24.6	24.8	25.1	25.3	25.5	25.7	26.0	26.3
24	22.4	22.4	22.5	22.6	22.7	22.8	22.9	23.0	23.1	23.2	23.3	23.4	23.5	23.6	23.8	24.0	24.2	24.4	24.6	24.8	25.0	25.2	25.4	25.6	25.8	26.1	26.3	26.5	26.7	27.0	27.3
25	23.3	23.3	23.4	23.5	23.6	23.7	23.8	23.9	24.0	24.1	24.2	24.3	24.5	24.6	24.8	25.0	25.2	25.4	25.6	25.8	26.0	26.2	26.4	26.6	26.8	27.1	27.3	27.5	27.7	28.0	28.3
26	24.3	24.3	24.4	24.5	24.6	24.7	24.8	24.9	25.0	25.1	25.2	25.3	25.5	25.6	25.8	26.0	26.2	26.4	26.6	26.9	27.1	27.3	27.5	27.7	27.9	28.2	28.4	28.6	28.9	29.2	29.5
27	25.2	25.3	25.4	25.5	25.6	25.7	25.8	25.9	26.0	26.1	26.2	26.3	26.5	26.6	26.8	27.0	27.2	27.4	27.6	27.9	28.2	28.4	28.6	28.8	29.0	29.3	29.5	29.7	30.0	30.3	30.6
28	26.1	26.2	26.3	26.4	26.5	26.6	26.7	26.8	26.9	27.0	27.1	27.2	27.4	27.6	27.8	28.0	28.2	28.4	28.6	28.9	29.2	29.4	29.6	29.9	30.1	30.4	30.6	30.8	31.1	31.4	31.7
29	27.0	27.1	27.2	27.3	27.4	27.5	27.6	27.7	27.8	27.9	28.1	28.2	28.4	28.6	28.8	29.0	29.2	29.4	29.6	29.9	30.2	30.4	30.6	30.9	31.2	31.5	31.7	31.9	32.2	32.5	32.8
30	27.9	28.0	28.1	28.2	28.3	28.4	28.5	28.6	28.7	28.8	29.0	29.2	29.4	29.6	29.8	30.0	30.2	30.4	30.6	30.9	31.2	31.4	31.6	31.9	32.2	32.5	32.7	33.0	33.3	33.6	33.9
31	28.8	28.9	29.0	29.1	29.2	29.3	29.5	29.6	29.7	29.8	30.0	30.2	30.4	30.6	30.8	31.0	31.2	31.4	31.7	32.0	32.3	32.5	32.7	33.0	33.3	33.6	33.8	34.1	34.4	34.7	35.1
32	29.7	29.8	29.9	30.0	30.1	30.3	30.4	30.5	30.6	30.8	31.0	31.2	31.4	31.6	31.8	32.0	32.2	32.4	32.7	33.0	33.3	33.6	33.8	34.1	34.4	34.7	34.9	35.2	35.5	35.8	36.2
33	30.6	30.7	30.8	30.9	31.0	31.2	31.3	31.4	31.6	31.8	32.0	32.2	32.4	32.6	32.8	33.0	33.2	33.4	33.7	34.0	34.3	34.6	34.9	35.2	35.5	35.8	36.0	36.3	36.6	36.9	37.3
34	31.5	31.6	31.7	31.8	31.9	32.1	32.2	32.3	32.5	32.7	32.9	33.1	33.3	33.5	33.8	34.0	34.2	34.4	34.7	35.0	35.3	35.6	35.9	36.2	36.5	36.8	37.1	37.4	37.7	38.0	38.4
35	32.4	32.5	32.6	32.7	32.8	33.0	33.1	33.2	33.4	33.6	33.8	34.0	34.2	34.4	34.7	35.0	35.2	35.4	35.7	36.0	36.3	36.6	36.9	37.2	37.5	37.8	38.1	38.4	38.7	39.1	39.5

IX. — TABLES DE CORRECTION POUR LE LAIT BLEU (LAIT ÉCRÉMÉ)

Températures du lait.

Indications du lacto-densimètre.	0	1	2	3	4	5	6	7	8	9	10	11	12	13	14	15	16	17	18	19	20	21	22	23	24	25	26	27	28	29	30
18	17.2	17.2	17.2	17.2	17.2	17.3	17.3	17.3	17.3	17.4	17.5	17.6	17.7	17.8	17.9	18	18.1	18.2	18.4	18.6	18.8	18.9	19.1	19.3	19.5	19.7	19.9	20.1	20.3	20.5	20.7
19	18.2	18.2	18.2	18.2	18.2	18.3	18.3	18.3	18.3	18.4	18.5	18.6	18.7	18.8	18.9	19	19.1	19.2	19.4	19.6	19.8	19.9	20.1	20.3	20.5	20.7	20.9	21.1	21.3	21.6	21.7
20	19.2	19.2	19.2	19.2	19.2	19.3	19.3	19.3	19.3	19.4	19.5	19.6	19.7	19.8	19.9	20	20.1	20.2	20.4	20.6	20.8	20.9	21.1	21.3	21.5	21.7	21.9	22.1	22.3	22.5	22.7
21	20.2	20.2	20.2	20.2	20.2	20.3	20.3	20.3	20.3	20.4	20.5	20.6	20.7	20.8	20.9	21	21.1	21.2	21.4	21.6	21.8	21.9	22.1	22.3	22.5	22.7	22.9	23.1	23.3	23.5	23.7
22	21.1	21.1	21.1	21.1	21.2	21.3	21.3	21.3	21.3	21.4	21.5	21.6	21.7	21.8	21.9	22	22.1	22.2	22.4	22.6	22.8	22.9	23.1	23.3	23.5	23.7	23.9	24.1	24.3	24.5	24.7
23	22.0	22.0	22.0	22.0	22.1	22.2	22.3	22.3	22.3	22.4	22.5	22.6	22.7	22.8	22.9	23	23.1	23.2	23.4	23.6	23.8	23.9	24.1	24.3	24.5	24.7	24.9	25.1	25.3	25.5	25.7
24	22.9	22.9	22.9	22.9	23.0	23.1	23.2	23.2	23.2	23.3	23.4	23.5	23.6	23.7	23.9	24	24.1	24.2	24.4	24.6	24.8	24.9	25.1	25.3	25.5	25.7	25.9	26.1	26.3	26.5	26.7
25	23.8	23.8	23.8	23.8	23.9	24.0	24.1	24.1	24.1	24.2	24.3	24.4	24.5	24.6	24.8	25	25.1	25.2	25.4	25.6	25.8	25.9	26.1	26.3	26.5	26.7	26.9	27.1	27.3	27.5	27.7
26	24.8	24.8	24.8	24.8	24.9	25.0	25.1	25.1	25.1	25.2	25.3	25.4	25.5	25.6	25.8	26	26.1	26.3	26.5	26.7	26.9	27.0	27.2	27.4	27.6	27.8	28.0	28.2	28.4	28.6	28.8
27	25.8	25.8	25.8	25.8	25.9	26.0	26.1	26.1	26.1	26.2	26.3	26.4	26.5	26.6	26.8	27	27.1	27.3	27.5	27.7	27.9	28.1	28.3	28.5	28.7	28.9	29.1	29.3	29.5	29.7	29.9
28	26.8	26.8	26.8	26.8	26.9	27.0	27.1	27.1	27.1	27.2	27.3	27.4	27.5	27.6	27.8	28	28.1	28.3	28.5	28.7	28.9	29.1	29.3	29.5	29.7	29.9	30.1	30.3	30.5	30.7	31.0
29	27.8	27.8	27.8	27.8	27.9	28.0	28.1	28.1	28.1	28.2	28.3	28.4	28.5	28.6	28.8	29	29.1	29.3	29.5	29.7	29.9	30.1	30.3	30.5	30.7	30.9	31.1	31.3	31.5	31.7	32.0
30	28.7	28.7	28.7	28.7	28.8	28.9	29.0	29.0	29.1	29.2	29.3	29.4	29.5	29.6	29.8	30	30.1	30.3	30.5	30.7	30.9	31.2	31.3	31.5	31.7	31.9	32.1	32.3	32.5	32.7	33.0
31	29.7	29.7	29.7	29.7	29.8	29.9	30.0	30.0	30.1	30.2	30.3	30.4	30.5	30.6	30.8	31	31.2	31.4	31.6	31.8	32.0	32.2	32.4	32.6	32.8	33.0	33.2	33.4	33.6	33.9	34.1
32	30.7	30.7	30.7	30.7	30.8	30.9	31.0	31.0	31.1	31.2	31.3	31.4	31.5	31.6	31.8	32	32.2	32.4	32.6	32.8	33.0	33.2	33.4	33.6	33.9	34.1	34.3	34.5	34.7	35.0	35.2
33	31.7	31.7	31.7	31.7	31.8	31.9	32.0	32.0	32.1	32.2	32.3	32.4	32.5	32.6	32.8	33	33.2	33.4	33.6	33.8	34.0	34.2	34.4	34.6	34.9	35.2	35.4	35.6	35.8	36.1	36.3
34	32.6	32.6	32.6	32.7	32.8	32.9	32.9	33.0	33.1	33.2	33.3	33.4	33.5	33.6	33.8	34	34.2	34.4	34.6	34.8	35.0	35.2	35.4	35.6	35.9	36.2	36.4	36.7	36.9	37.2	37.4
35	33.6	33.5	33.5	33.6	33.7	33.8	33.8	33.9	34.0	34.1	34.2	34.3	34.4	34.6	34.8	35	35.2	35.4	35.6	35.8	36.0	36.2	36.4	36.6	36.9	37.2	37.4	37.7	38.0	38.3	38.5
36	34.4	34.4	34.5	34.6	34.7	34.8	34.8	34.9	35.0	35.1	35.2	35.3	35.4	35.6	35.8	36	36.2	36.4	36.6	36.9	37.1	37.3	37.5	37.7	38.0	38.3	38.5	38.8	39.1	39.4	39.7
37	35.3	35.4	35.5	35.6	35.7	35.8	35.8	35.9	36.0	36.1	36.2	36.3	36.4	36.6	36.8	37	37.2	37.4	37.6	37.9	38.2	38.4	38.6	38.8	39.1	39.4	39.6	39.9	40.2	40.5	40.8
38	36.2	36.3	36.4	36.5	36.6	36.7	36.8	36.9	37.0	37.1	37.2	37.3	37.4	37.6	37.8	38	38.2	38.4	38.6	38.9	39.2	39.4	39.7	39.9	40.2	40.5	40.7	41.0	41.3	41.6	41.9
39	37.1	37.2	37.3	37.4	37.5	37.6	37.7	37.8	37.9	38.0	38.2	38.3	38.4	38.6	38.8	39	39.2	39.4	39.6	39.9	40.2	40.4	40.7	41.0	41.3	41.6	41.9	42.1	42.4	42.7	43.0
40	38.0	38.1	38.2	38.3	38.4	38.5	38.6	38.7	38.8	38.9	39.1	39.2	39.4	39.6	39.8	40	40.2	40.4	40.6	40.9	41.2	41.4	41.7	42.0	42.3	42.6	42.9	43.2	43.5	43.8	44.1

TABLE DES MATIÈRES

CHAPITRE Ier. — MÉTHODES GÉNÉRALES D'ANALYSE.

I. — REMARQUES PRÉLIMINAIRES.

II. — DOSAGE DE L'EAU ET DE LA SUBSTANCE SÈCHE.

III. — PRÉPARATION ET DOSAGE DES CENDRES.

IV. — DOSAGE ET ANALYSE DES MATIÈRES ORGANIQUES.

IX. — DOSAGE DE L'ACIDE PHOSPHORIQUE.

A. — Dosage rigoureux de l'acide phosphorique.

B. — Dosage de l'acide phosphorique par le molybdate.

C. — Dosage de l'acide phosphorique en présence du fer seul.

D. — Dosage de l'acide phosphorique par l'urane.

E. — Dosage de l'acide phosphorique en l'absence du fer et de l'alumine.

F. — Dosage de l'acide phosphorique soluble dans le citrate d'ammoniaque.

X. — DOSAGE DE LA POTASSE.

XI. — DOSAGE DE L'ACIDE CHLORHYDRIQUE.

XII. — ANALYSE DES MATIÈRES SILICATÉES. — MÉTHODE DE LA VOIE MOYENNE.

XIII. — FOURS A HAUTE TEMPÉRATURE.

CHAPITRE II. — ANALYSE DES SOLS, DES ARGILES ET DES CALCAIRES.

I. — PRISE DES ÉCHANTILLONS.

II. — ANALYSE MÉCANIQUE DU SOL.

III. — ANALYSE PHYSICO-CHIMIQUE DU SOL.

IV. — ANALYSE CHIMIQUE DU SOL.

V. — ANALYSE DES ARGILES ET DE LA PARTIE DU SOL INSOLUBLE DANS LES ACIDES.

VI. — ANALYSE DES MATIÈRES CALCAIRES.

A. — Analyse du sulfate de chaux (gypse et plâtre).

B. — Analyse complète d'un calcaire.

C. — Analyse de la chaux destinée au chaulage.

GUANO DU PÉROU.

POUDRETTE, TOURTEAUX DE POISSON, TOURTEAUX DIVERS, ETC.

VII. — ENGRAIS PHOSPHATÉS ET POTASSIQUES.

Cendres de bois, de houille, de tourbe.

VIII. — ENGRAIS POTASSIQUES.

Sels de Strassfurt. — Salins du Midi. — Salins de betterave. — Chlorure de potassium et carbonate de potasse.

IX. — ANALYSE DES ENGRAIS COMPLEXES.

A. — Dosage des matières solubles dans l'eau.

Pages.

B. — Dosage des matières insolubles dans l'eau.

CHAPITRE IV. — ANALYSE DES VÉGÉTAUX, SÉPARATION ET DOSAGE DES PRINCIPES IMMÉDIATS.

I. — ANALYSE IMMÉDIATE DES VÉGÉTAUX.

A. — Analyse complète du tabac.

B. — Composition du tabac.

Pages.

IV. — Pommes de terre. — Topinambours.

V. — Fourrages fermentés et ensilés. — Maïs. — Foin brun. — Pulpes. — Drêches, etc.

VI. — Séparation et dosage des principales matières azotées des végétaux.

CHAPITRE V. — ANALYSE DES EAUX MÉTÉORIQUES ET TERRESTRES. — ANALYSE DE L'AIR.

III. — Analyse des moûts de vin et de bière, mélasses, vinasses, sirops.

IV. — Essai des vinaigres, falsifications.

Pages.

CHAPITRE VII. — ANALYSE DES PRODUITS ANIMAUX.

I. — ANALYSE SOMMAIRE DU FUMIER DE FERME.

II. — ANALYSE COMPLÈTE DU FUMIER.

A. — Traitement de la partie liquide.

B. — Traitement du résidu insoluble.

III. — ANALYSE DE L'URINE.

INDEX ALPHABÉTIQUE

*

D

E

N

O

P

R

S

ERRATUM

Page 262, 3e ligne d'en haut, au lieu de *volatilité*, lisez : *solubilité*.

Pour paraître prochainement :

ANNALES
DE LA SCIENCE AGRONOMIQUE
FRANÇAISE ET ÉTRANGÈRE

ORGANE DES STATIONS AGRONOMIQUES ET DES LABORATOIRES AGRICOLES

PUBLIÉES SOUS LES AUSPICES DU MINISTÈRE DE L'AGRICULTURE

Rédacteur en chef : **L. GRANDEAU**

COMITÉ DE RÉDACTION DES ANNALES :

U. Gayon, directeur de la Station agronomique de Bordeaux; Guinon, directeur de la Station agronomique de Châteauroux ; Laugier, directeur de la Station agronomique de Nice ; A. Girard, professeur à l'Institut agronomique ; A. Mathieu, sous-directeur et professeur honoraire de l'École nationale forestière ; Th. Schlœsing, de l'Institut, professeur à l'Institut national agronomique ; E. Risler, directeur de l'Institut national agronomique ; A. Müntz, chef des travaux chimiques à l'Institut national agronomique ; P. Fliche, professeur à l'École nationale forestière.

CORRESPONDANTS DES ANNALES POUR L'ÉTRANGER :

E. Ebermayer, professeur à l'Université de Munich ; Tollens, professeur à l'Université de Göttingen ; J. König, directeur de la Station agronomique de Munster ; Fr. Nobbe, directeur de la Station agronomique de Tharant.

R. Warington, chimiste du laboratoire de Rothamsted ; Ed. Kinch, professeur de chimie agricole au collège royal d'agriculture de Cirencester.

Moser, chevalier de Moosbruch, directeur de la Station agronomique de Vienne ; A. de Seckendorff, directeur de la Station forestière de Vienne.

Les *Annales* paraîtront par fascicule, et formeront, chaque année, 2 volumes in-8° raisin, avec figures et planches, d'environ 25 à 30 feuilles chacun.

Prix de l'abonnement : 20 fr.

Pour l'étranger, le port en sus.

S'adresser, pour les abonnements, à la Maison Berger-Levrault et Cie, à Paris, 5, rue des Beaux-Arts et à Nancy, 11, rue Jean-Lamour.

Nancy, imp. Berger-Levrault et Cie.

www.ingramcontent.com/pod-product-compliance
Ingram Content Group UK Ltd.
Pitfield, Milton Keynes, MK11 3LW, UK
UKHW021128260726
13994UKWH00001B/41

9 782329 498973